JN162333

構造工学シリーズ 27

爆発・衝撃作用を受ける土木構造物の安全性評価

―希少事象に備える―

土木学会

Structural Engineering Series 27

Safety Evaluation for Civil Engineering Structures under Impact and Blast Loadings

– Preparing for Rare Events –

Edited by
Kazunori FUJIKAKE
Professor of Civil Engineering
National Defense Academy

Published by
Subcommittee of Investigation Research on Blast & Impact Resistant Design
Committee of Structural Engineering
Japan Society of Civil Engineers
Yotsuya 1-chome, Shinjuku-ku
Tokyo, 160-0004 Japan
September, 2017

まえがき

土木構造物の中には落石防護構造物，砂防堰堤，車両防護構造物あるいは港湾構造物のように落石や土石流あるいは車両や船舶といったものの衝突を考慮して設計されているものがある。これらの構造物の設計は，これまで主に許容応力度設計法に基づいて行われてきた。しかしながら，これらの構造物に対しても，合理的で経済的な設計法が求められるようになってきたことを背景として性能設計への移行が強く求められている。

土木学会構造工学委員会では「構造物の性能照査型耐衝撃設計に関する研究小委員会（桝谷　浩委員長，平成 16 年 5 月～平成 19 年 4 月）」，および「構造物の耐衝撃性能評価研究小委員会（園田佳巨委員長，平成 20 年 8 月～平成 24 年 10 月）」において，性能設計の概念に基づいて衝撃荷重を受ける構造物の設計基準を策定するための考え方（包括設計コード）について議論し，平成 25 年 1 月に構造工学シリーズ 22「防災・安全対策技術者のための衝撃作用を受ける土木構造物の性能設計―基準体系の指針―」としてまとめた。しかしながら，実際の衝撃荷重を受ける構造物の設計への本指針の適用を考えると検討すべき課題も多く残されていたことは否めない。

一方，これまでに土木構造物の設計においては，爆薬やガス等の爆発によって発生する爆発荷重は，その発生確率が極めて小さいということで一般的に無視されてきた。しかしながら，重化学プラントにおける爆発事故や欧米における爆破テロ等の増加を踏まえると，我が国の土木構造物においても爆発荷重に対する適切な安全性の確保を求める声が次第に高まってきている。また，地球温暖化よる異常気象に起因して，近年，原子力施設においては，自然現象に係わる想定の大幅な引き上げとそれに対する防護対策の強化が求められ，竜巻飛来物の衝突に対する安全性評価も厳格化されつつある。これらの事象のように発生する確率は極めて小さいものの，一度発生すると社会に対して大きなインパクトを及ぼすような希少事象に対しては，安全・安心な社会を構築するために積極的に設計で考慮することが必要である。

そこで本小委員会では，欧米における耐爆設計法に関する基準類や研究論文等を調査し，安全性に対する考え方，安全性の評価方法等について調べ，今後，防災の観点から性能照査型の耐爆設計方法を確立する上で必要となる基礎的な資料をまとめることにした。また，あわせて，落石防護構造物や砂防堰堤等の性能照査型設計法の拡充・進展を行うとともに，竜巻飛来物に対する原子力施設の防護対策等についても言及することとした。これらの目的を達成するために本小委員会内に 1) 耐爆設計法 WG（主査：藤掛一典），2)落石防護工等設計 WG（主査：今野久志），3)構造要素 WG（主査：三上　浩），4)衝撃解析 WG（主査：浅井光輝）という 4 つのワーキンググループを設置した。これらのワーキング活動を通してまとめられたのが本書である。本書の内容が，今後の土木構造物に対する耐爆・耐衝撃設計法を考える際の一助になれば幸いである。

この3年間，熱心に活動して頂いた委員の方々，ならびに執筆者各位の多大な努力に敬意を表すとともに厚くお礼申し上げます。また，本小委員会活動にご理解を頂くとともに暖かなご支援を頂戴した構造工学委員会委員長の睦好宏史先生，白土博通先生ならびに構造工学委員会運営小委員会の中村　光先生，麻生稔彦先生，内田裕市先生，中村聖三先生，梶田幸秀先生におかれましては，この場をお借りして謹んで心よりお礼申し上げます。そして，本小委員会の活動および本書の出版に当たり，土木学会研究事業課の橋本剛志氏ならびに土木学会出版事業課の小野寺顕太郎氏には格別のご協力とご支援を頂きました。ここに記して深く感謝申し上げます。

平成29年4月

土木学会構造工学委員会
耐爆・耐衝撃設計法に関する調査研究小委員会
委員長　藤掛一典

土木学会構造工学委員会
耐爆・耐衝撃設計法に関する調査研究小委員会委員構成

委員長	藤掛　一典	防衛大学校　システム工学群　建設環境工学科
幹事長	今野　久志	(独)土木研究所　寒地土木研究所　寒地基礎技術研究グループ
幹　事	浅井　光輝	九州大学大学院　工学研究院　社会基盤部門
	磯部　大吾郎	筑波大学 システム情報系 構造エネルギー工学域
	大野　友則	大野防衛工学研究所
	岸　徳光	釧路工業高等専門学校
	栗橋　祐介	室蘭工業大学大学院　くらし環境系領域　社会基盤ユニット
	白井　孝治	一般財団法人電力中央研究所　原子力リスク研究センター
	園田　佳巨	九州大学大学院　工学研究院　社会基盤部門
	別府　万寿博	防衛大学校　システム工学群　建設環境工学科
	桝谷　浩	金沢大学　理工研究域　環境デザイン学系
委　員	阿部　孝章	元(独)土木研究所　寒地土木研究所　寒地水圏研究グループ
	有川　太郎	中央大学　理工学部　都市環境学科
	荒木　恒也	(独)土木研究所　寒地土木研究所　寒地基礎技術研究グループ
	石川　信隆	防衛大学校名誉教授
	市野　宏嘉	防衛大学校　システム工学群　建設環境工学科
	梅沢　広幸	東亜グラウト工業(株)　技術開発室　技術開発部
	片山　雅英	伊藤忠テクノソリューションズ(株)　科学システム事業部
	香月　智	防衛大学校　システム工学群　建設環境工学科
	上林　厚志	(株)竹中工務店 技術研究所　構造部門　RC 構造グループ
	酒井　正嗣	(株)衝撃工学研究所
	佐藤　彰	日本サミコン(株)　技術部
	塩見　昌紀	ゼニス羽田(株)
	徐　晨	元金沢大学　理工研究域　環境デザイン学系
	瀬尾　直樹	(株)フジヤマ
	高森　潔	東京製綱(株)　エンジニアリング事業部　環境建材部
	玉井　宏樹	九州大学大学院　工学研究院　社会基盤部門
	中村　佐智夫	日本サミコン(株)　研究所
	南波　宏介	一般財団法人電力中央研究所　地球工学研究所

西田　陽一	(株)プロテックエンジニアリング　技術開発部
西本　安志	シバタ工業(株)　技術部　商品企画第２グループ
丹羽　一邦	(株)テラバイト　技術部
長谷川　俊昭	清水建設(株)　技術研究所　社会システム技術センター
福永　一基	ゼニス羽田(株)
松澤　遼	伊藤忠テクノソリューションズ(株)　科学システム事業部
松林　卓	前田建設工業(株)　技術研究所
M. Madurapperuma	(株)テラバイト　技術部
三上　浩	三井住友建設(株)　技術本部　技術研究所
村石　尚	東亜グラウト工業(株)
山口　悟	元(独)土木研究所　寒地土木研究所　寒地基礎技術研究グループ
山澤　文雄	(独)土木研究所　寒地土木研究所　寒地基礎技術研究グループ
山本　佳士	名古屋大学大学院　工学研究科　社会基盤工学専攻
楊　克倹	(株)構造計画研究所　耐震技術部
若林　修	東京コンサルタンツ(株)　新潟支店
渡辺　高志	(株)構造計画研究所 防災・環境部

(50 音順)

目　次

第Ⅰ編　爆発作用を受ける土木構造物の安全性評価

第Ⅱ編　落石防護構造物の性能照査設計に資する各種検討事例

執筆者一覧

第Ⅰ編　爆発作用を受ける土木構造物の安全性評価

第 1 章　藤掛一典
第 2 章　藤掛一典
第 3 章　藤掛一典
第 4 章　藤掛一典
第 5 章　別府万寿博
第 6 章　楊　克倹
第 7 章　市野宏嘉
第 8 章　別府万寿博
第 9 章　藤掛一典，上林厚志
第 10 章　藤掛一典，酒井正嗣
第 11 章　別府万寿博
第 12 章　藤掛一典，山本佳士，Manoj Madurapperuma
第 13 章　松澤　遼，片山雅英
第 14 章　磯部大吾郎
第 15 章　別府万寿博
第 16 章　別府万寿博
第 17 章　別府万寿博
第 18 章　南波宏介

第Ⅱ編　落石防護構造物の性能照査設計に資する各種検討事例

第 1 章　若林　修
第 2 章　香月　智
第 3 章　荒木恒也，今野久志，西田陽一，玉井宏樹
第 4 章　中村佐智夫，今野久志，渡辺高志，桝谷　浩
第 5 章　今野久志，中村佐智夫，西田陽一，佐藤　彰

第Ⅲ編　衝撃作用を受ける各種構造物の性能設計例

第 1 章　石川信隆，香月　智
第 2 章　松林　卓
第 3 章　白井孝治
第 4 章　栗橋祐介
第 5 章　三上　浩

第Ｉ編　爆発作用を受ける土木構造物の安全性評価

第１章　爆発の基本

1.1 爆発とは

爆発(Explosion)とは，物理的あるいは核反応や化学反応に起因して発生する急速な気体の膨張を伴う現象であり，大きな爆発音とともに大きな圧力が発生することが特徴である[1)~7)]。爆発現象は，自然災害，事故あるいは爆破テロ等によって発生する。物理的な爆発としては，高圧ボンベの破損による爆発や火山の噴火爆発がある。一方，化学反応に起因した爆発には爆薬，ガスあるいは粉塵等の可燃性物質の爆発がある。

1.2 爆薬の爆発

爆薬の爆発のような燃焼反応による爆発のうち，その反応が音速以上の速度で伝播する現象を爆轟，伝播速度が音速に達しないものを爆燃と呼ぶ[1)~7)]。図 1.1 に示すように爆轟が起こると衝撃波が形成されるのに対して，爆燃では圧力波が形成される[1)~7)]。衝撃波では瞬間的な圧力の上昇を伴うのに対して，圧力波にはこのような現象は見られない。

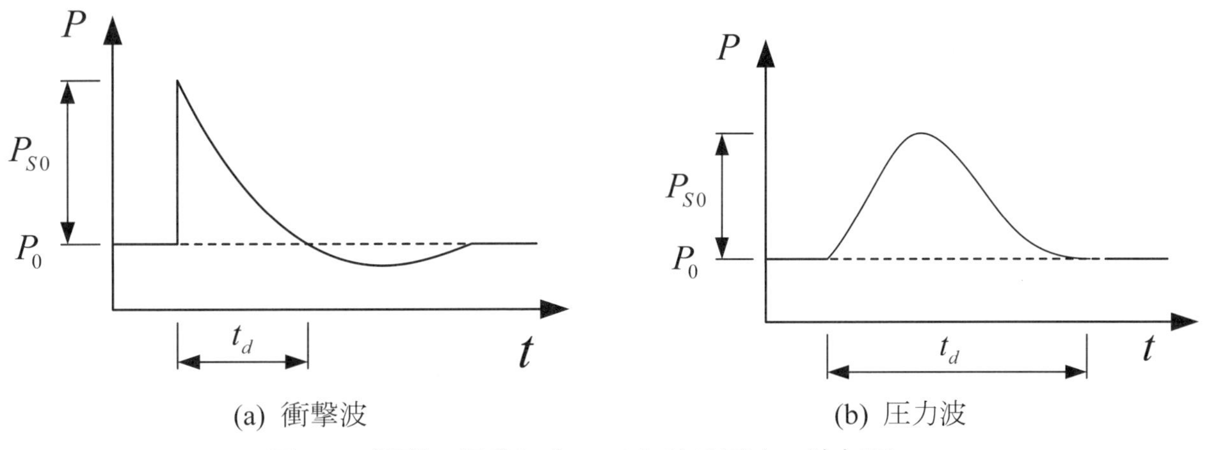

図 1.1　爆薬の爆発によって生じる圧力の時刻歴

爆薬は，一般的に起爆の難易度によって表 1.1 に示すように一次爆薬(primary explosives)，二次爆薬(secondary explosives)，および三次爆薬(tertiary explosives)に分類される。少量のエネルギーで容易に点火されて爆轟状態となる爆薬を一次爆薬と呼ぶ。一次爆薬には DDNP（ジアゾニトロフェノール），アジ化鉛(lead azide)，雷こう(mercury fulminate)等がある。DDNP はその起爆性の高さから電気雷管の起爆薬としてよく用いられている。次に，雷管によって起爆するなど，かなりのエネルギーを集中的に与えないと爆轟しない爆薬を二次爆薬と呼ぶ。二次爆薬には，ニトログリセリン，TNT（トリニトロトルエン），RDX 等がある。雷管で起爆しても爆轟せず，二次爆薬をブースターとして用いることによってはじめて起爆するような非常に鈍感な爆薬を三次爆薬と呼ぶ。三次爆薬の代表例としては硝酸アンモニウムや硝安油剤爆薬（ANFO 爆薬）がある。

TNT（トリニトロトルエン）は，世界的に火薬類の基準爆薬となっており，火薬類の持つエネルギーをこれに等価な TNT 爆薬の質量に換算して標記するのが一般的となっている。表 1.2 に代表的な爆薬の質量比エネルギーおよびTNT等価質量(TNT equivalent)を示す。各爆薬に対するTNT等価質量は，各爆薬の質量比エネルギーをTNTの質量比エネルギーで割ったものである。例えば，100kgのRDXはエネルギー的にはTNT118.5kg（爆薬の質量×TNT等価質量）と等価となる。

表 1.1　爆薬の分類 [2)]

分　類	爆薬の種類
一次爆薬(primary explosives)	DDNP（ジアゾニトロフェノール） アジ化鉛 雷こう
二次爆薬(secondary explosives)	ニトログリセリン TNT RDX
三次爆薬(tertiary explosives)	硝酸アンモニウム 硝安油剤爆薬（ANFO爆薬）(ammonium nitrate fuel oil explosive)

表 1.2　代表的な爆薬の質量比エネルギーおよびTNT等価質量 [2),3)]

爆薬	質量比エネルギー Q_x (kJ/kg)	TNT等価質量 (Q_x/Q_{TNT})
Amatol 80/20（80%硝酸アンモニウム，20%TNT）	2650	0.586
Compound B (60%RDX，40%TNT)	5190	1.148
RDX	5360	1.185
HMX	5680	1.256
アジ化鉛	1540	0.340
雷こう	1790	0.395
ニトログリセリン（液体）	6700	1.481
PETN	5800	1.282
Pentolite 50/50 (50%PETN, 50%TNT)	5110	1.129
Tetryl	4520	1.000
TNT	4520	1.000
Torpex (42%RDX, 40%TNT, 18%Aluminium)	7540	1.667
Blasting gelatin (91%ニトログリセリン, 7.9%ニトロセルロース，0.9%制酸剤，0.2%水)	4520	1.000
60%　Nitroglycerin dynamite	2710	0.600

1.3 蒸気雲爆発

可燃性ガスあるいは液体が漏洩した後，蒸気となり大気中に雲のように拡散した状態を蒸気雲(vapor cloud)と呼び，この蒸気雲に引火して爆発に至る現象を蒸気雲爆発（VCE : Vapor Cloud Explosion）[4),8),9)]と呼ぶ。また，蒸気雲爆発は，一般的にはガス爆発と呼ばれる。図1.2に可燃性物質の漏洩に伴う火災や爆発等の事故発生事象を示す。この図に示されるように，可燃性物質が漏洩した直後に引火されても火災が発生するのみで爆発に至ることはない。蒸気雲爆発を生じるためには，可燃性物質と空気の混合体の濃度が燃焼範囲にあることが必要となる。表 1.3 に代表的な可燃性物質の燃焼範囲を示す。

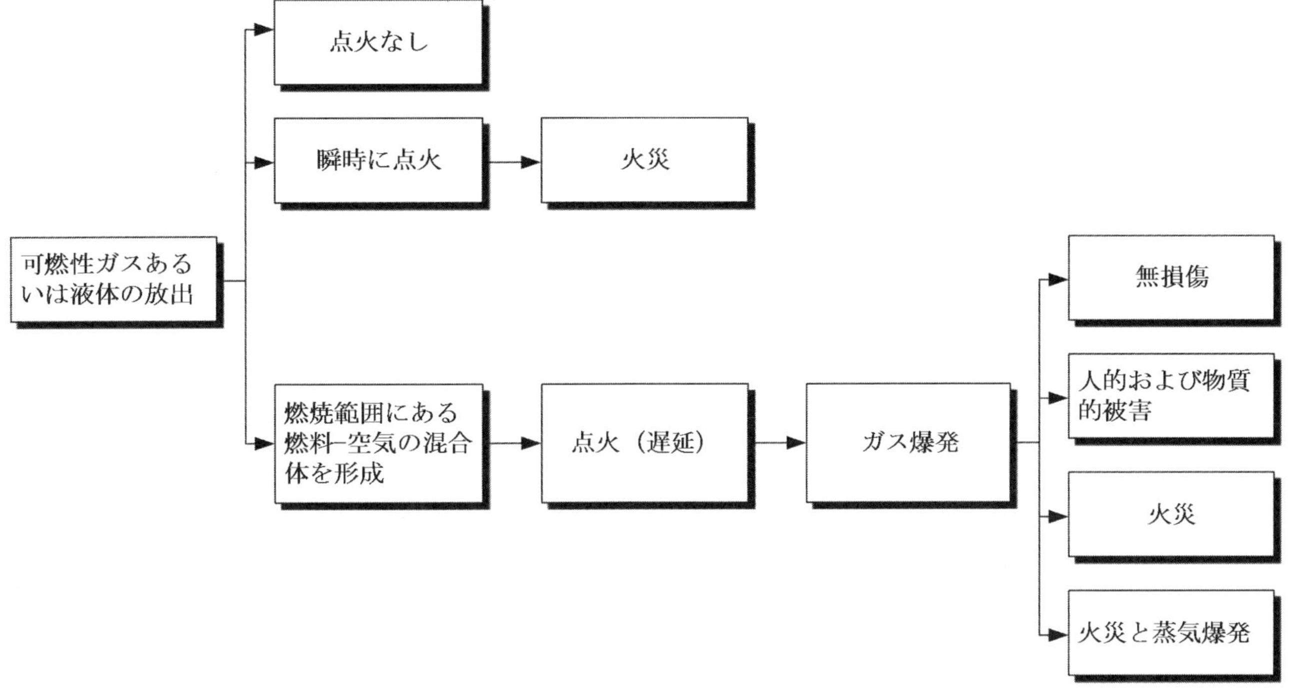

図 1.2　可燃性物質の漏洩に伴う事故事象 8)

表 1.3　可燃性物質の燃焼範囲 8), 10)

種　　類	燃焼範囲 (%)	
	下限(LFL)	上限(UFL)
メタン(methane)	5.0	15.0
エタン(etane)	3.0	12.4
プロパン(propane)	2.1	9.5
ブタン(n-Butane)	1.8	8.4
ペンタン(n-Pentane)	1.4	7.8
ヘキサン(n-hexane)	1.2	7.4
エチレン(ethylene)	2.7	36.0
プロピレン(propylene)	2.4	11.0
1 ブタン(1-buttene)	1.6	10.0
アセチレン(acetylene)	2.5	100
硫化水素(hydrogen sulfide)	4.0	44.0
水素(hydrogen)	4.0	75.0
アンモニア(ammonia)	15.0	28.0
一酸化炭素(carbon monoxide)	12.5	74.0

1.4 沸騰液膨張蒸気爆発

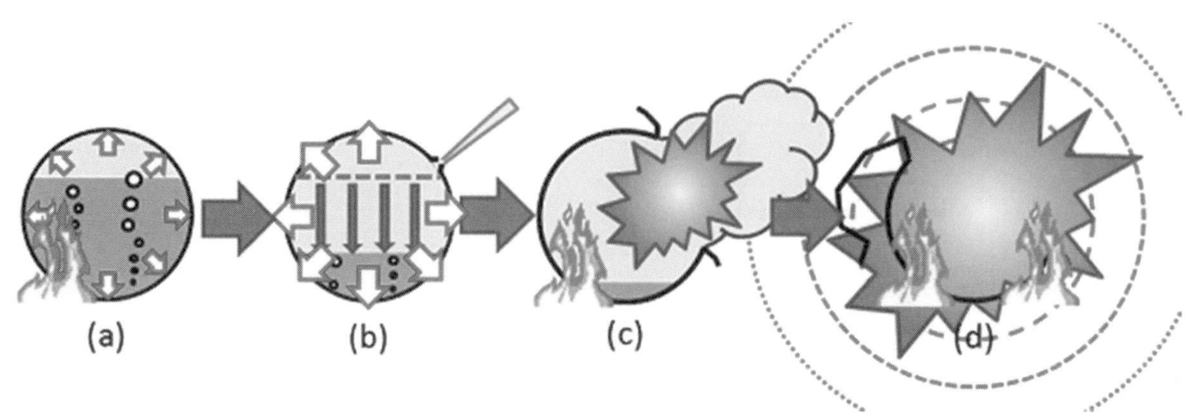

図 1.3　沸騰液膨張蒸気爆発の発生プロセス [11)]

液化石油ガスなどは，通常，加圧容器にて液体として貯蔵される。この加圧容器周辺で火災が発生し容器が加熱されると，容器内の液体は気化し容器内の圧力は大きくなる（図 1.3(a)の状態）。この状態で容器の一部が破裂すると容器内の圧力は瞬間的に大気圧まで低下し，貯蔵されている液体は一気に気化することで爆発現象（図 1.3(c)の状態）が起こる。さらに気化した液化石油ガスは周辺に拡散，引火して蒸気雲爆発（図 1.3(d)の状態）を起こすことも考えられる。この一連の爆発現象を沸騰液膨張蒸気爆発（Boiling Liquid Expanding Vapor Explosion）[6)~9)]あるいは英語名の頭文字を用いて BLEVE と呼んでいる。

1.5 粉塵爆発

アルミニウム，マグネシウム，石炭，小麦粉等の可燃性の粉塵が発生する工場や炭鉱では粉塵爆発[2), 12)]が問題になることがある。粉塵爆発とは，可燃性の粉塵が空気中に浮遊・拡散して形成された粉塵雲に何等かの原因で引火して爆発する現象である。可燃性粉塵が着火・爆発するためには，1) 粉塵雲中の粉塵の濃度が爆発下限濃度（火炎伝播を生じる最低濃度）以上であること，および 2) 十分なエネルギー量とエネルギー密度をもつ着火源があることが必要となる。したがって，粉塵爆発を防止するためには粉塵の除去と着火源の排除が重要となる。粉塵爆発の着火源としては，衝撃，摩擦，研磨火花，電気火花，電気設備による加熱，静電気放電，自然発火，溶断・溶接火花等多くのものが考えられる。表 1.4 に代表的な可燃性粉塵の爆発危険特性データを示す。

1.6 爆薬の爆轟圧

爆薬が爆発する現象は，化学反応熱で支えられた衝撃波（爆轟波）が爆薬内を伝播する現象とみなすことができる。爆薬の爆轟波面圧力を爆轟圧と呼んでいる。Jones，Paterson，Cook らによって提案された爆轟圧の計算式を次に示す[13)]。

$$\text{Jones:}\quad P_{\mathrm{det}} = 0.4157 \cdot d\left(1 - 0.5430 \cdot d + 0.1925 \cdot d^2\right) \cdot D^2 \tag{1.1}$$

$$\text{Paterson:}\quad P_{\mathrm{det}} = 0.3846 \cdot d\left(1 - 0.3316 \cdot d + 0.0007 \cdot d^2\right) \cdot D^2 \tag{1.2}$$

$$\text{Cook:}\quad P_{\text{det}} = 0.3353 \cdot d\left(1 - 0.3016 \cdot d + 0.0826 \cdot d^2\right) \cdot D^2 \tag{1.3}$$

ここで，P_{det} ：爆轟圧(dyn/cm^2)，d ：爆薬の密度(g/cm^3)，D ：爆速(cm/s)である。1 dyn とは，1g の物体に働いてその方向に 1cm/s^2 の加速度を与える力の大きさを表す(1dyn=10^{-5} N)。例えば，密度が 1200kg/m^3，爆速が 5000m/s である爆薬の爆轟圧は，式(1.1)で与えられる Jones の式を用いると次のように計算される。

$$P_{\text{det}} = 0.4157 \times 1.2 \times \left(1 - 0.5430 \times 1.2 + 0.1925 \times 1.2^2\right) \times \left(5 \times 10^5\right)^2 = 7.8 \times 10^{10}\ \text{dyn/cm}^2\text{=7,800 MPa}$$

すなわち，76,980 気圧(7,800MPa)という爆轟圧が生じることがわかる。表 1.5 に各種爆薬の密度，爆速および爆轟圧の実測値を示す。

表 1.4　代表的な可燃性粉塵の爆発危険特性データ [12)]

粉塵の種類	粒子径（μm)	爆発下限濃度 (g/m3)	最小着火エネルギー (mJ)	最大爆発圧力 (×100kPa)
セルロース	51	60	100<	9.3
小麦粉	57	60		8.3
でんぷん	14	65		9.6
活性炭	18	60		8.8
カーボン	<63	60		8.0
石炭	<63	15	1,000<	7.3
木炭	14	60		9.0
亜鉛	21	250		6.8
アルミニウム粉	11	60	<10	11.8
マグネシウム	28	30		17.5
トナー	<10	60	<4	8.9

表 1.5　各種爆薬の密度，爆速および爆轟圧の実測値 [13)]

爆薬名	密度 (g/cm^3)	爆速（m/s)			爆轟圧（kbar)				爆轟圧計算値
		試料数	爆 速 平均値	標準偏差	試料数	爆轟圧平均値	標準偏差	信頼区間幅	
TNT	0.8	7	3910	140	7	41.1	7.0	7.7	34
TNT	1.0	7	4590	240	7	64.9	8.1	8.9	57
PETN	0.9	5	4760	330	5	55.0	9.7	15.5	58
2 号榎ダイナマイト	1.5	7	5370	220	6	139.0	25.2	32.4	112
あかつき爆薬	1.0	7	3490	210	7	42.3	4.9	5.3	33
PETN/TNT (60/40)	1.7		7200		16	240	25.6	14.6	235
Geogel 60%	1.5		6200		5	170	15.7	25.2	148
BeliteA 60%	1.1		3300		18	46	8.6	4.6	32

注）1kbar=100kPa

1.7 通常反射(regular reflection)とマッハ反射(Mach reflection)

今，図 1.4 に示すように波頭速度 U で大気中を伝播している入射波が剛な壁に入射角 α_I で衝突すると反射角 α_R で反射を生じる。この図に示すように爆風圧波の入射・反射により大気の状態は，①静止大気圧領域，②入射波領域ならびに③反射波領域の 3 つの領域に分けることができる。この時，壁に埋め込んだ圧力計で計測した場合，入射波が到達するまでは大気圧が，到達後には反射圧が計測される。したがって，壁に埋め込んだ圧力計によって入射波圧のみを計測することはできない。

爆風の反射では，入射角度が約 40° 以上でマッハ反射を，それ以下の入射角度では通常反射を生じることが知られている [1)~7)]。マッハ反射では，地表で反射した反射波は入射波の通過により高温で圧縮された媒体を伝播するために伝播速度が入射波の速度を上回ることになる。そのため，図 1.5 に示すように入射波に反射波が追いつき二つの波が合体して地表面にほぼ垂直なマッハステム(Mach stem)と呼ばれる第三の衝撃波面を形成する。このマッハステムの形成により爆発の威力が増すことになる。また，この三つの衝撃波面が合体する点は三重点(triple point)と呼ばれる。

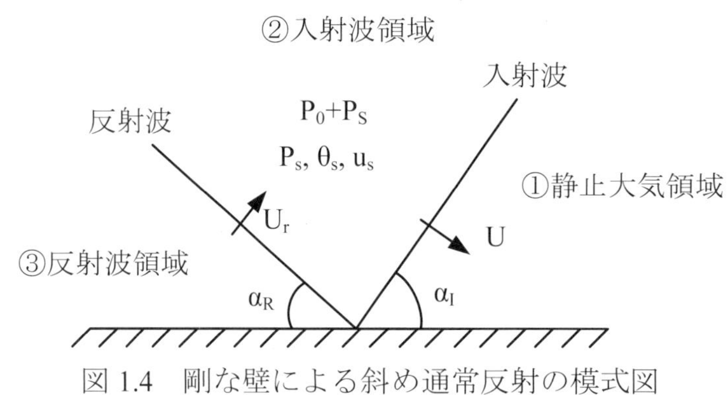

図 1.4　剛な壁による斜め通常反射の模式図

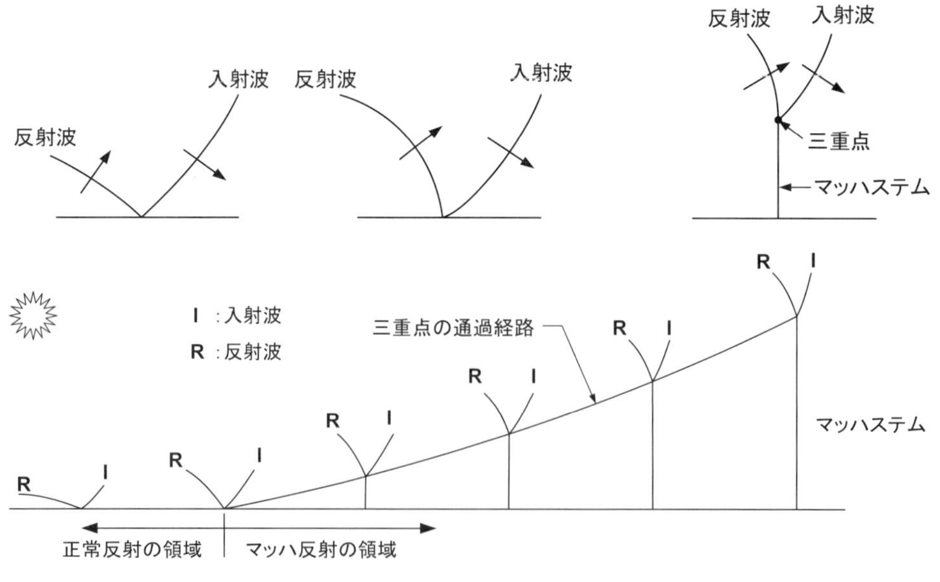

図 1.5　マッハ反射におけるマッハステムの形成

1.8 爆薬の爆発による最大過圧

爆薬の爆発時に任意の位置における最大過圧を知ることは非常に重要である。

Brode は解析的に最大過圧を次式で与えている [2)]。

$$p_s = \frac{6.7}{Z^3} + 1 \quad \text{bar} \qquad (p_s > 10 \quad \text{bar}) \tag{1.4a}$$

$$p_s = \frac{0.975}{Z} + \frac{1.455}{Z^2} + \frac{5.85}{Z^3} - 0.019 \quad \text{bar} \qquad (0.1 < p_s < 10 \text{ bar}) \tag{1.4b}$$

ここで，Z は換算距離（相似距離）(scaled distance)と呼ばれ次式で与える。なお，1bar=100kPa=10^5Pa である。

$$Z = R/W^{1/3} \tag{1.5}$$

ここで，R ：爆薬中心からの距離(m)，W ：爆薬質量(kg)

また，Henrych は次式を提案している [2)]。

$$p_s = \frac{14.072}{Z} + \frac{5.540}{Z^2} - \frac{0.357}{Z^3} + \frac{0.00625}{Z^4} \quad \text{bar } (0.05 \leqq Z < 0.3) \tag{1.6a}$$

$$p_s = \frac{6.194}{Z} - \frac{0.326}{Z^2} + \frac{2.132}{Z^3} \quad \text{bar } (0.3 \leqq Z < 1.0) \tag{1.6b}$$

$$p_s = \frac{0.662}{Z} + \frac{4.05}{Z^2} + \frac{3.288}{Z^3} \quad \text{bar } (1.0 \leqq Z \leqq 10.0) \tag{1.6c}$$

1.9 爆風圧のスケール則 (blast wave scaling law)

小さなスケールの爆発実験結果からより大きなスケールの爆発によって生じる爆風の特性を知ろうとする場合に爆風のスケール則は非常に重要である。一般的によく用いられる爆風のスケール則にホプキンソン・クランツのスケール則(Hopkinson-Cranz Scaling law) [1)~7)] がある。

ホプキンソン・クランツのスケール則では，図 1.6 に示すように同一の爆薬を用いた場合に爆薬の大きさならびに爆薬の中心からの距離が相似(相似比=λ)な 2 地点 A ならびに B で観測される過圧に関しては，最大過圧は等しく，正圧の継続時間ならびに力積の比は相似比に等しいと考える。この仮定の正しさは多くの実験によって立証されている。今，ここで，二つの爆薬の質量を W_1, W_2，直径を d_1，d_2 とすると次式が成り立つ。

$$\frac{d_1}{d_2} = \left(\frac{W_1}{W_2}\right)^{1/3} \tag{1.7}$$

また，爆薬の直径ならびに爆薬の中心から観測位置までの距離には次の相似関係がある。

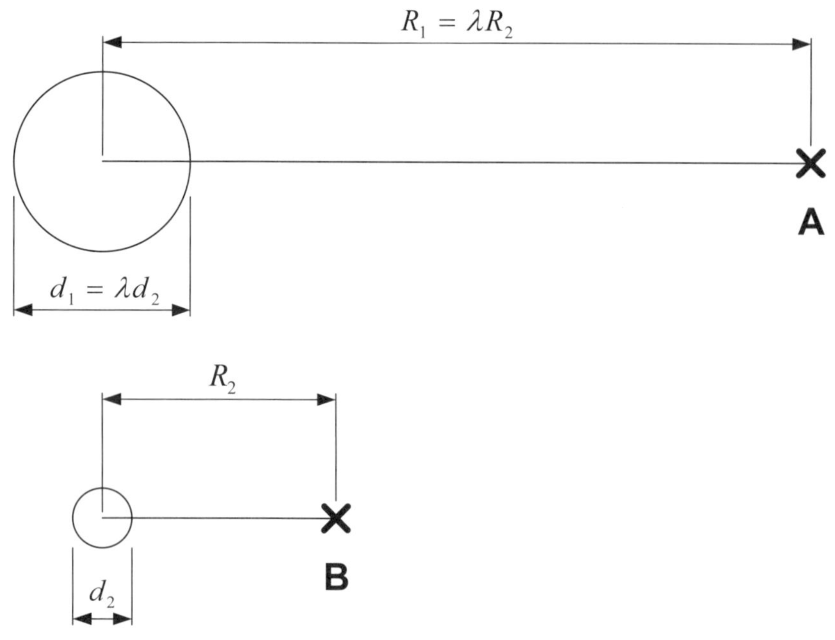

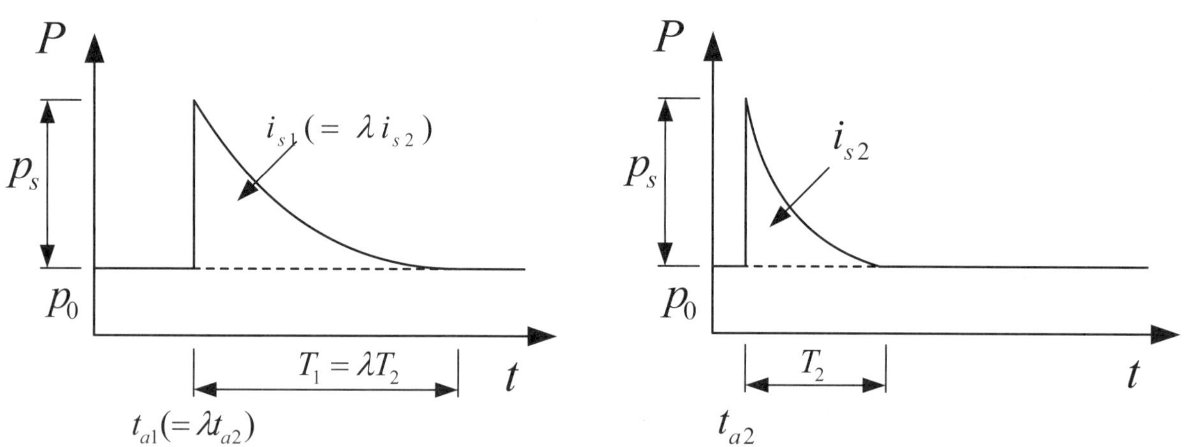

A 点における爆風圧の時刻歴　　　　　B 点における爆風圧の時刻歴

図 1.6　ホプキンソン・クランツのスケール則(Hopkinson-Cranz Scaling law)

$$\frac{d_1}{d_2} = \frac{R_1}{R_2} = \lambda \tag{1.8}$$

したがって，式(1.7)および(1.8)より次式が成り立つ。

$$\frac{R_1}{R_2} = \left(\frac{W_1}{W_2}\right)^{1/3} \tag{1.9}$$

式(1.9)の関係を踏まえ，図 1.6 に示すそれぞれの距離 R_1，R_2 において観測される最大過圧は等しいとすると，次式で与えられる換算距離(Scaled distance)Z を導くことができる。

$$Z = \frac{R}{W^{1/3}} \tag{1.10}$$

ホプキンソン・クランツのスケール則では，同じ爆薬の爆発に対しては式で(1.10)で与えられる換算距離 $Z = R/W^{1/3}$ が等しい点の爆風圧は等しくなる。すなわち，同一爆薬の爆風の特性は爆薬量(W)と爆源からの距離(R)の二つのパラメータから計算される換算距離によって決まることになる。また，ホプキソン・クランツのスケール則は，式(1.10)で表される換算距離の定義から三乗根スケール則(cube-root scaling law)とも呼ばれる。

参考文献

1) Baker, W. E., Cox, P. A., Westine, P. S., Kulesz, J. J. and Strehlow, R. A.: Explosion Hazards and Evaluation, Elsevier Scientific Publishing Company, 1983.
2) Smith, P. D. and Hetherington J. G.: Blast and Ballistic Loading of Structures, Butterworth-Heinemann, 1994.
3) Edited by Mays, G. C. and Smith, P. D.: Blast Effects on Buildings, Design of Buildings to Optimize Resistance to Blast Loading, Thomas Telford, 1995.
4) Task Committee: Structural Design for Physical Security, State of the Practice, ASCE, 1999.
5) Krauthammer, T.: Modern Protective Structures, CRC Press, 2007.
6) Task Committee on Blast-Resistant Design of the Petrochemical Committee of the Energy Division of the ASCE, Design of Blast-Resistant Buildings in Petrochemical Facilities, ASCE, 2010.
7) Edited by Dusenberry, D. O.: Handbook for Blast Resistant Design of Buildings, John Wiley & Sons, Inc., 2010.
8) Bjerketvedt, D., Bakke, J. R. and van Wingerden, K.: Gas Explosion Handbook, Journal of Hazardous Materials, Vol. 52, pp.1-150, 1997.
9) Center for Chemical Process Safety : Guidelines for Vapor Cloud Explosion, Pressure Vessel Burst, BLEVE, and Flash Fire Hazards, Second Edition, John Wiley & Sons, Inc., 2010.
10) Yaws, C.: Matheson Gas Data book, 7th Edition, McGraw-Hill Professional, 2001.
11) 爆発研究所：http://bakuhatsu.jp/explosion/bleve/.
12) 日本粉体工業技術協会：粉じん爆発火災対策，オーム社，2006.
13) 佐々宏一：火薬工学，森北出版，2001.

第２章　爆薬の爆轟理論

2.1 はじめに

爆薬が爆轟すると 1)生成される高圧縮状態のガスの膨張により大きなエネルギーを発生するとともに，2)その現象は極短時間で起こるためにエネルギーの発生速度が極めて大きいという特徴を有している。爆薬の爆轟によって生成されるガスは，温度 3,000～4,000℃，圧力 100～300kbar にも達することが知られている[1),2)]。

爆薬等の物質の燃焼はいわゆる酸化反応である。例えば，水素と酸素を反応させて水を生成する化学反応を見てみると，水素と酸素を混合しただけでは反応は起こらない。反応を励起するためには，図 2.1 に示すように大きな活性化エネルギーを加える必要がある。それにより発熱反応が励起されると発熱量 Q を放出することになる。水素と酸素から水が作られる際に発生する発熱量は 242kJ/mol である。この例と同様に，爆薬を爆発させるためにも大きな活性化エネルギーが必要となる。

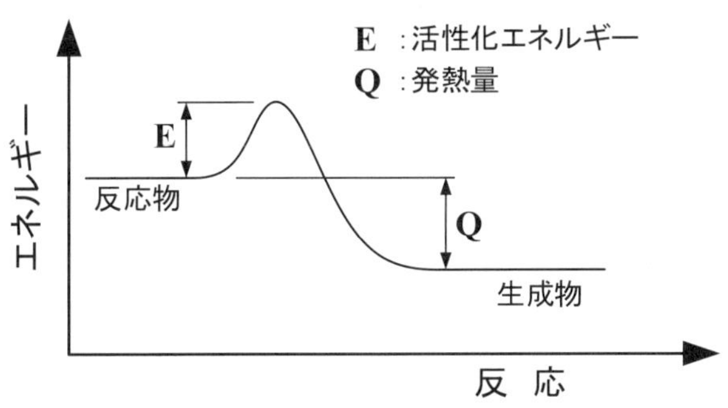

図 2.1　発熱反応の模式図

未反応の爆薬の中に衝撃波が入射すると，衝撃波によって大きな活性化エネルギーが供給され爆薬は反応を開始する。衝撃波のすぐ後には図 2.2 に示すように反応帯と呼ばれる反応領域(reaction zone)が形成される。この衝撃波面の最も圧力が高い部分をノイマンスパイク点（von Neumann spike），反応が終了したとみなさせる位置・時間をチャップマン・ジュゲ(CJ)点(Chapman-Jouget point)とそれぞれ呼ぶ[1)~3)]。反応帯の幅は，爆薬の種類によって異なり，高速爆薬で 1mm 程度，低速爆薬で 1cm 程度になる[4)]。

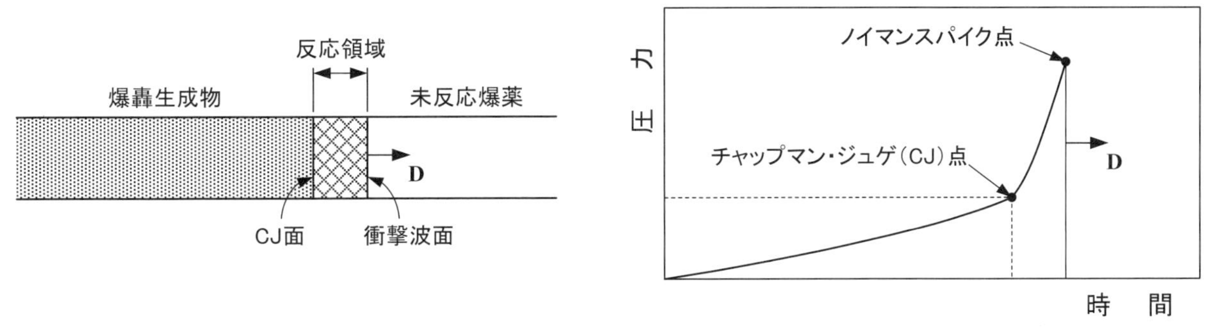

図 2.2　衝撃波の伝播による反応領域の形成と圧力-時間関係の模式図[3)]

2.2 一次元の爆轟理論

爆薬中を伝播する一次元の定常爆轟波に関する理論は，流体力学と熱力学の知見に基づきチャップマン(Chapman)とジュゲ(Jouguet)により確立された。この一次元の爆轟理論は，提唱者の頭文字を取り CJ 理論とも呼ばれている。この爆轟理論では，衝撃波面の到達により化学反応は瞬間的に完了すると仮定する。図 2.3 に衝撃波面の一次元伝播モデルを示す。衝撃波面の爆轟速度（爆速）を D，衝撃波面後方の爆轟生成ガスの粒子速度を U とする。未反応爆薬ならびに爆轟生成物の密度，比体積，圧力，内部エネルギーをそれぞれρ_0，V_0，P_0，E_0ならびにρ，V，P，Eとする。ここで，密度と比体積の間には，$V_0 = 1/\rho_0$，$V = 1/\rho$の関係が成立している。

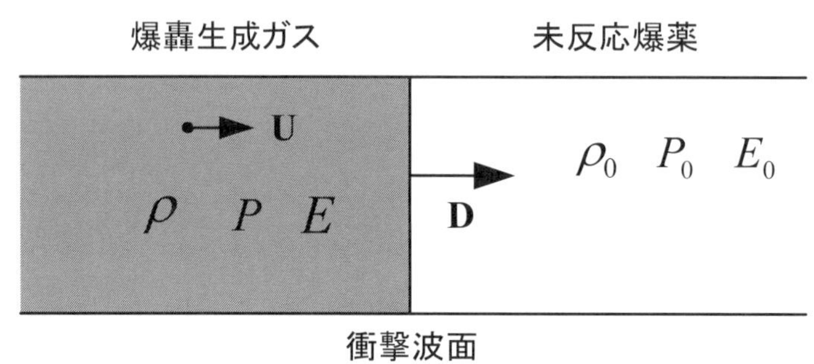

図 2.3　衝撃波面の一次元伝播モデル（一次元衝撃波モデル）

衝撃波面の前後における物理量の関係は，質量保存則，運動量保存則ならびにエネルギー保存則から次のように与えることができる[1)~3)]。

$$\text{質量保存則より}\ \rho_0 D = \rho(D - U) \tag{2.1}$$

$$\text{運動量保存則より}\ P - P_0 = \rho_0 UD \tag{2.2}$$

$$\text{エネルギー保存則より}\ PU = \frac{1}{2}\rho_0 DU^2 + \rho_0 D(E - E_0) \tag{2.3}$$

式(2.1)～(2.3)はランキン-ユゴニオの式とも呼ばれている。これらの式から次の 3 式を導出することができる。

$$-\left(\frac{D}{V_0}\right)^2 = \frac{P - P_0}{V - V_0} \tag{2.4}$$

$$U = (P - P_0)\cdot(V_0 - V) \tag{2.5}$$

$$E - E_0 = \frac{1}{2}(P + P_0)\cdot(V_0 - V) \tag{2.6}$$

式(2.6)はユゴニオ曲線(Hugoniot curve)[3)]と呼ばれる関係式で，模式的に圧力(P)-体積(V)関係で表したものを図 2.4 に示す。式(2.4)で表される関係式は，2 点の傾きを表しておりレーリー線(Rayleigh line)[3)]と呼ばれている。

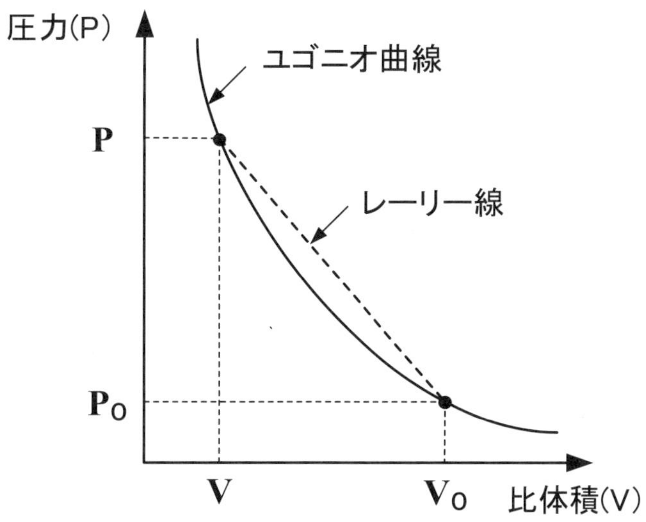

図 2.4　ユゴニオ曲線とレーリー線（P-V 平面）

爆轟理論を用いて爆薬の爆轟特性を計算するためには，爆轟生成ガスの状態方程式を与える必要がある。爆轟によって生成されるガスを理想気体と仮定し，次の状態方程式を適用するのが一般的である。

$$PV^{\gamma} = K \tag{2.7}$$

ここで，γ：比熱比，K：定数である。爆轟によって発生する単位質量当たりの爆発熱を Q とし，式(2.7)で表される状態方程式にエネルギー保存則を考慮すると次式を得ることができる。

$$P = \frac{1}{2}\rho_0 U^2(\gamma+1) + Q\rho_0(\gamma-1) \tag{2.8}$$

図 2.5 に示すように上式は圧力(P)-粒子速度(U)平面における爆轟生成ガスのユゴニオ曲線を表す式であり，原点を通るレーリー線($P = \rho_0 DU$)がユゴニオ曲線に接する点が CJ 点と定義される。 したがって，CJ 点における圧力(P_{CJ})および粒子速度(U_{CJ})は次のように計算することができる。

$$U_{CJ} = \sqrt{\frac{2Q(\gamma-1)}{\gamma+1}} \tag{2.9}$$

$$P_{CJ} = \rho_0(\gamma+1)U_{CJ}{}^2 \tag{2.10}$$

CJ 点においては次式を満足する

$$P_{CJ} = \rho_0 DU_{CJ} \tag{2.11}$$

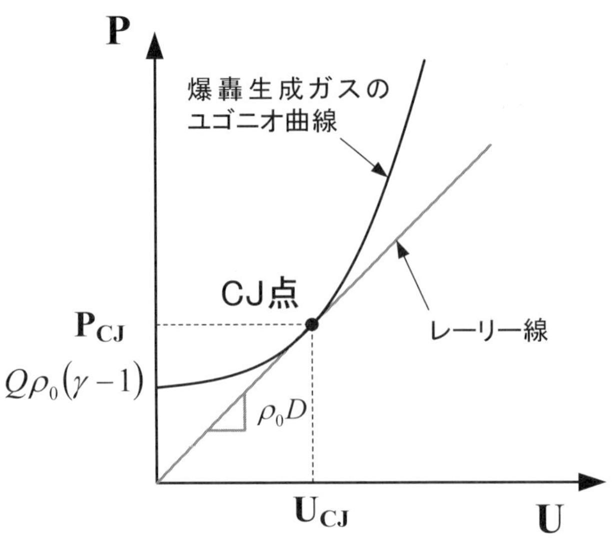

図 2.5　ユゴニオ曲線とレーリー線（P-U 平面）

また，ノイマンスパイク点の圧力(P_{VN})は，図 2.6 に示すように CJ 点を通るレーリー線を延長して未反応爆薬のユゴニオ曲線の交点として求めることができる。

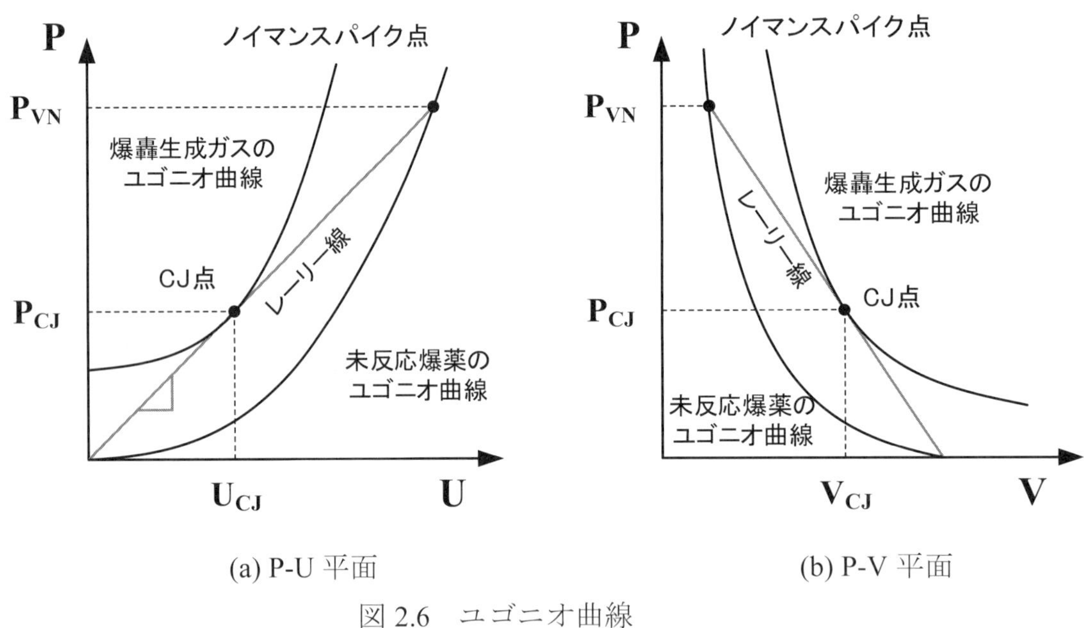

(a) P-U 平面　　(b) P-V 平面

図 2.6　ユゴニオ曲線

次に，ここでは，TNT を一例として実際にその爆轟速度，CJ 点ならびにノイマンスパイク点の圧力を求めてみる。表 2.1 から TNT の密度，発熱量，比熱比は次のように与えることができる。

密　度：ρ_0=1.56g/cm^3=1.56×10^{3}kg/m^3

発熱量：Q=1,080cal/g=4.51×10^{6}J/kg

比熱比：γ=2.44

表 2.1　代表的な爆薬の特性

爆薬名	成分	爆発熱 Q (cal/g)	爆轟速度 D (m/s)	密度 ρ (g/cm3)	比熱比 γ
Composition B	RDX/60,　TNT/40	1240	7840	1.68	2.63
RDX	-	1280	8180	1.65	2.70
PETN	-	1390	8300	1.70	2.63
Pentolite	PETN/50,TNT/50	1220	7470	1.66	2.54
TNT	-	1080	6700	1.56	2.44
Nitroglycerin	-	1600	7700	1.60	2.33

これらの物性から計算される式(2.8)の関係を，図 2.7 に示す。式(2.9)および式(2.10)を用いて CJ 点における粒子速度および圧力は次のように計算される。

$$U_{CJ}=\sqrt{\frac{2Q(\gamma-1)}{\gamma+1}}=\sqrt{\frac{2\times4.51\times10^{6}\times(2.44-1)}{2.44+1}}=1943\ \mathrm{m/s}$$

$$P_{CJ}=\rho_0(\gamma+1)U_{CJ}{}^{2}=1.56\times10^{3}\times(2.44+1)\times1943^{2}=20.26\times10^{9}=20.26\ \mathrm{GPa}$$

また，次の関係より

$$\frac{P_{CJ}}{U_{CJ}}=\rho_0 D$$

ここで，D は爆轟速度（爆速）を表す。

$$D=\frac{1}{\rho_0}\cdot\frac{P_{CJ}}{U_{CJ}}=\frac{1}{1.56\times10^{3}}\times\frac{20.26\times10^{9}}{1943}=6684\ \mathrm{m/s}\fallingdotseq6700\mathrm{m/s}$$

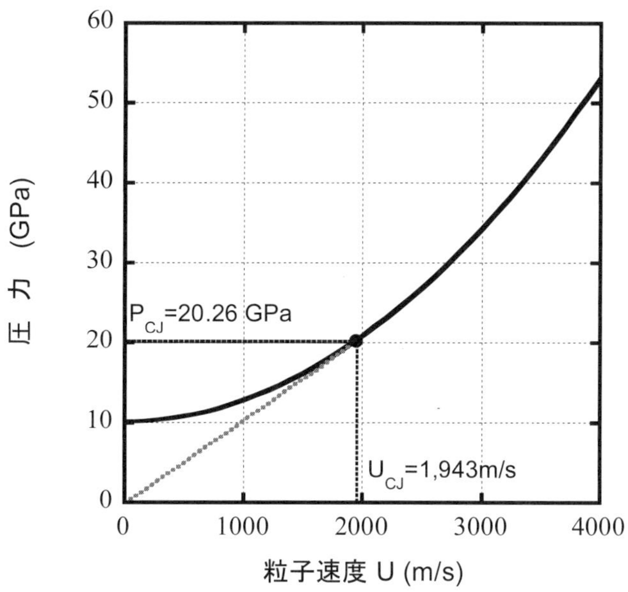

図 2.7　P-U 平面における TNT のユゴニオ曲線

$$\rho_{CJ} = \frac{\rho_0 D}{D - U_{CJ}}$$

$$\rho_{CJ} = \frac{\rho_0 D}{D - U_{CJ}} = \frac{1.56 \times 10^3 \times 6684}{6684 - 1943} = 2.20 \times 10^3 \, \mathrm{kg/m^3}$$

$$V_{CJ} = \frac{1}{\rho_{CJ}} = \frac{1}{2.20 \times 10^3} = 4.548 \times 10^{-4} \, \mathrm{m^3/kg}$$

図2.8に示すようにノイマンスパイク点の粒子速度および圧力は，CJ点を通るレーリー線を延長して未反応爆薬のユゴニオ曲線の交点として次のように求めることができる。

$$U_{VN} = \frac{2}{\rho_0(\gamma + 1)} \cdot \left(\frac{P_{CJ}}{U_{CJ}} \right)$$

$$P_{VN} = \left(\frac{P_{CJ}}{U_{CJ}} \right) \cdot U_{VN}$$

$$U_{VN} = \frac{2}{\rho_0(\gamma + 1)} \cdot \left(\frac{P_{CJ}}{U_{CJ}} \right) = \frac{2}{1.56 \times 10^3 \times (2.44 + 1)} \cdot \left(\frac{20.26 \times 10^9}{1943} \right) = 3886 \, \mathrm{m/s}$$

$$P_{VN} = \left(\frac{P_{CJ}}{U_{CJ}} \right) \cdot U_{VN} = \left(\frac{20.26 \times 10^9}{1943} \right) \times 3886 = 40.52 \times 10^9 = 40.52 \, \mathrm{GPa}$$

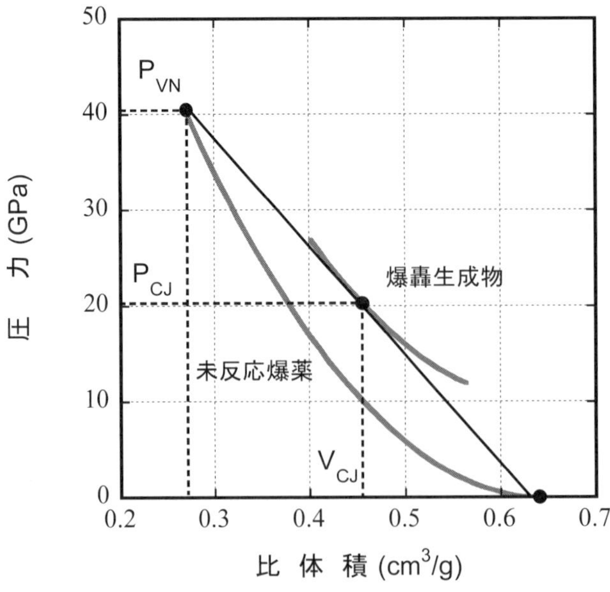

図2.8　TNTの圧力-比体積関係（CJ点およびノイマンスパイク点）

参考文献

1) Baker, W. E., Cox, P. A., Westine, P. S., Kulesz, J. J. and Strehlow, R. A.: Explosion Hazards and Evaluation, Elsevier Scientific Publishing Company, 1983.
2) Smith, P. D. and Hetherington J. G.: Blast and Ballistic Loading of Structures, Butterworth-Heinemann, 1994.
3) Meyers, M. A.: Dynamic Behavior of Materials, Jhon Wiley & Sons, inc., 1994.
4) 中原正二，蓮江和夫，甲賀　誠，伊達新吾：新編火薬学概論，産業図書，2014.

第３章　爆薬の爆発により構造物に作用する爆発荷重

3.1 爆風圧のパラメータ

爆薬の爆発により発生する爆風(blast wave)は，爆源から外側に伝播するに従い爆風圧は減少するもののその継続時間は大きくなる。爆源から離れたある位置で観測される爆風圧の時刻歴を模式的に図 3.1 に示す。この模式図において，大気圧より大きな圧力が作用する領域を正圧領域(positive phase), 大気圧より小さい圧力が作用する領域を負圧領域(negative phase)とそれぞれ呼ぶ。爆風圧は，爆薬の爆轟反応による衝撃波の発生により急激な圧力の増加を生じた後，周辺の空気粒子の膨張に伴い過圧は減少し大気圧に至る。そして，空気粒子の慣性効果による過度な膨張により負圧領域が最終的に形成される。この爆風圧を規定するための代表的なパラメータとしては, 大気圧 P_0 (ambient pressure)，最大過圧 P_{S0} (peak static overpressure)，最大負圧 P_{S0}^- (peak negative static overpressure)，到達時間 t_a，正圧の継続時間 t_0 (positive phase duration)，負圧の継続時間 t_0^- (negative phase duration)がある [1)~7)]。その他にもそれぞれ次式で計算される正圧領域における力積 I_S (positive phase impulse)，負圧領域における力積 I_S^- (negative phase impulse)がある [1)~7)]。

$$I_S = \int_{t_a}^{t_a+t_0} P_S(t)dt \tag{3.1}$$

$$I_S^- = \int_{t_a+t_0}^{t_a+t_0+t_0^-} P_S(t)dt \tag{3.2}$$

爆源からの距離が大きくなるにしたがい最大過圧や力積は減少するが，継続時間は大きくなる。これらの各パラメータは換算距離(Scaled distance)の関数として与えられる。また，最大過圧に比較して最大負圧の大きさは小さいために負圧領域は一般的に無視されることが多い。図 3.2 および図 3.3 に米国国防省(DOD)の統一施設基準(UFC: Unified Facilities Criteira)で用いられている換算距離と各パラメータの関係を示す [8)]。図 3.2 は大気中における TNT 爆薬の爆発を対象にしているのに対して，図 3.3 は地表面における TNT 爆薬の爆発を対象にしている。

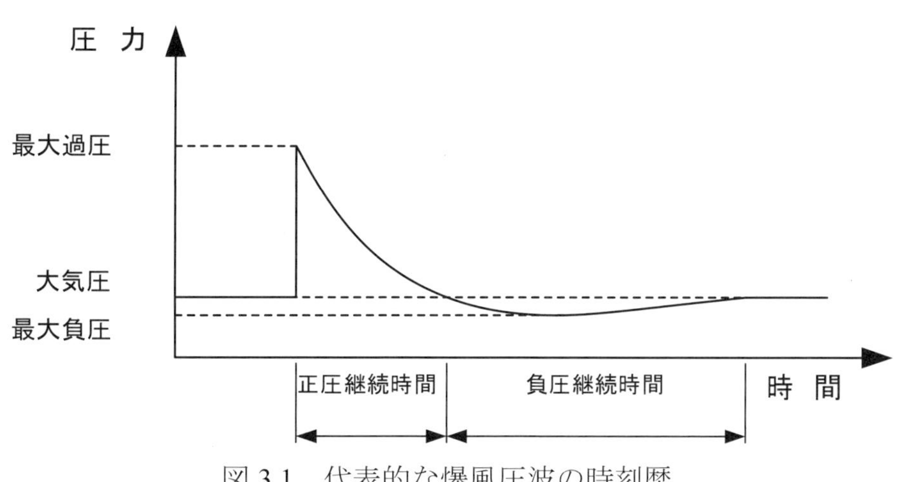

図 3.1　代表的な爆風圧波の時刻歴

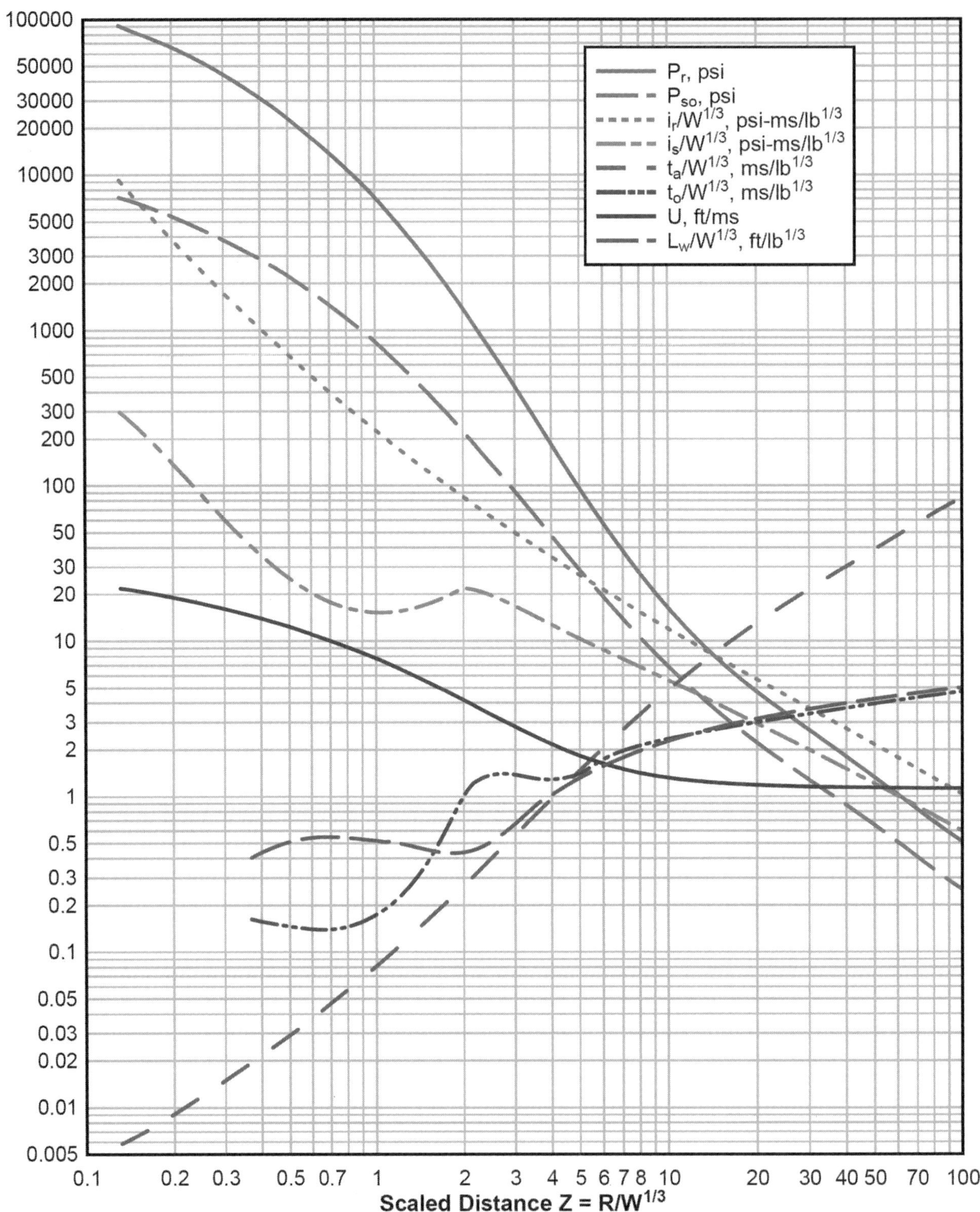

図 3.2　大気中の解放領域における TNT 爆発に対する各パラメータ [8)]

(1 psi = 6.895kPa, 1 psi-ms/lb$^{1/3}$ = 8.935 kPa-ms/kg$^{1/3}$, 1 ft/msec = 0.305 m/sec, 1 ft/lb$^{1/3}$ = 0.397 m/kg$^{1/3}$)

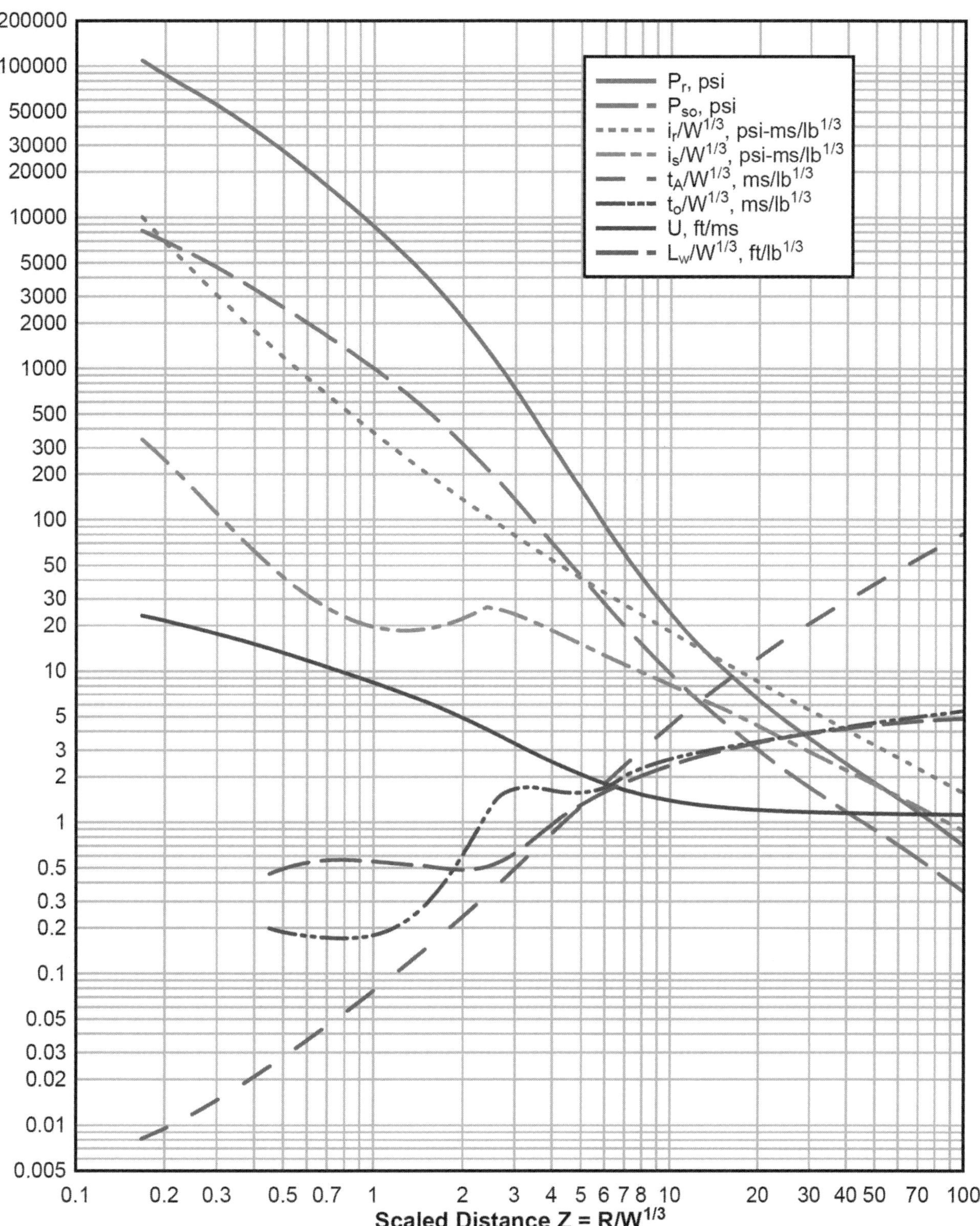

図 3.3　地表面における TNT 爆発に対する各パラメータ [8)]

(1 psi = 6.895kPa, 1 psi-ms/lb$^{1/3}$ = 8.935 kPa-ms/kg$^{1/3}$, 1 ft/msec = 0.305 m/sec, 1 ft/lb$^{1/3}$ = 0.397 m/kg$^{1/3}$)

また，爆薬の爆発による急激な生成ガスの膨張によって周辺の空気粒子は正圧領域では外側に，負圧領域では内向きの大気の流れを生じる。この大気の流れは，風によって生じる風圧と同様に圧力を発生する。この爆発による大気の流れによって生じる圧力は動圧(dynamic pressure)[1)~8)]と呼ばれる。

最大過圧以外のパラメータとしては，最大反射圧(maximum reflected pressure)，最大動圧(Peak dynamic pressure)，衝撃波頭速度(Shock front velocity)，爆風圧波長(Blast wave length)がある[1)~8)]。これらのパラメータは二次パラメータ(secondary parameters)として，最大過圧の関数として与えられるのが一般的である。

3.2 爆風圧の時刻歴モデル

爆薬の爆発によって生じる爆風圧の時刻歴を表すのに次式で表される Friedlander の式がよく用いられる[2)]。

$$p(t) = P_{s0}\left(1 - \frac{t}{T_S}\right)\exp\left(-\frac{bt}{T_s}\right) \tag{3.3}$$

ここで，P_{s0} ：最大過圧，T_s ：正圧の継続時間，b ：定数である。式(3.3)で与えられる爆風圧の時刻歴を図 3.4 に示す。この図からわかるように定数 b の設定によって曲線の形状が異なる。式(3.3)で計算される爆風圧の時刻歴は，定数 b が小さくなるにしたがい，三角形波に漸近していく。定数 b は換算距離 Z に応じて表 3.1 のように与えることができる[2)]。

表 3.1　換算距離 Z と定数 b の関係

Z (m/kg$^{1/3}$)	b
0.4	8.5
0.6	8.6
0.8	10.0
1.0	9.00
1.5	3.50
2.0	1.90
5.0	0.65
10.0	0.20
20.0	0.12
50.0	0.24
100.0	0.50

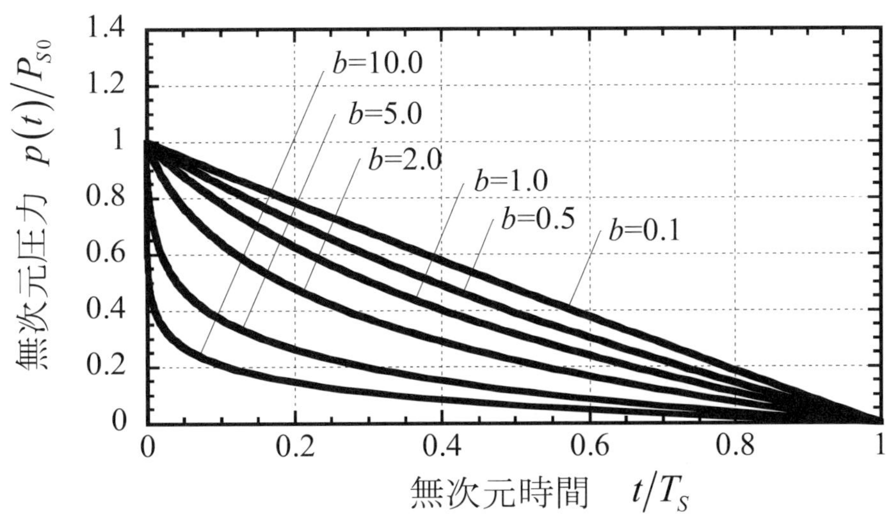

図 3.4　 Friedlander の式による爆風圧の時刻歴

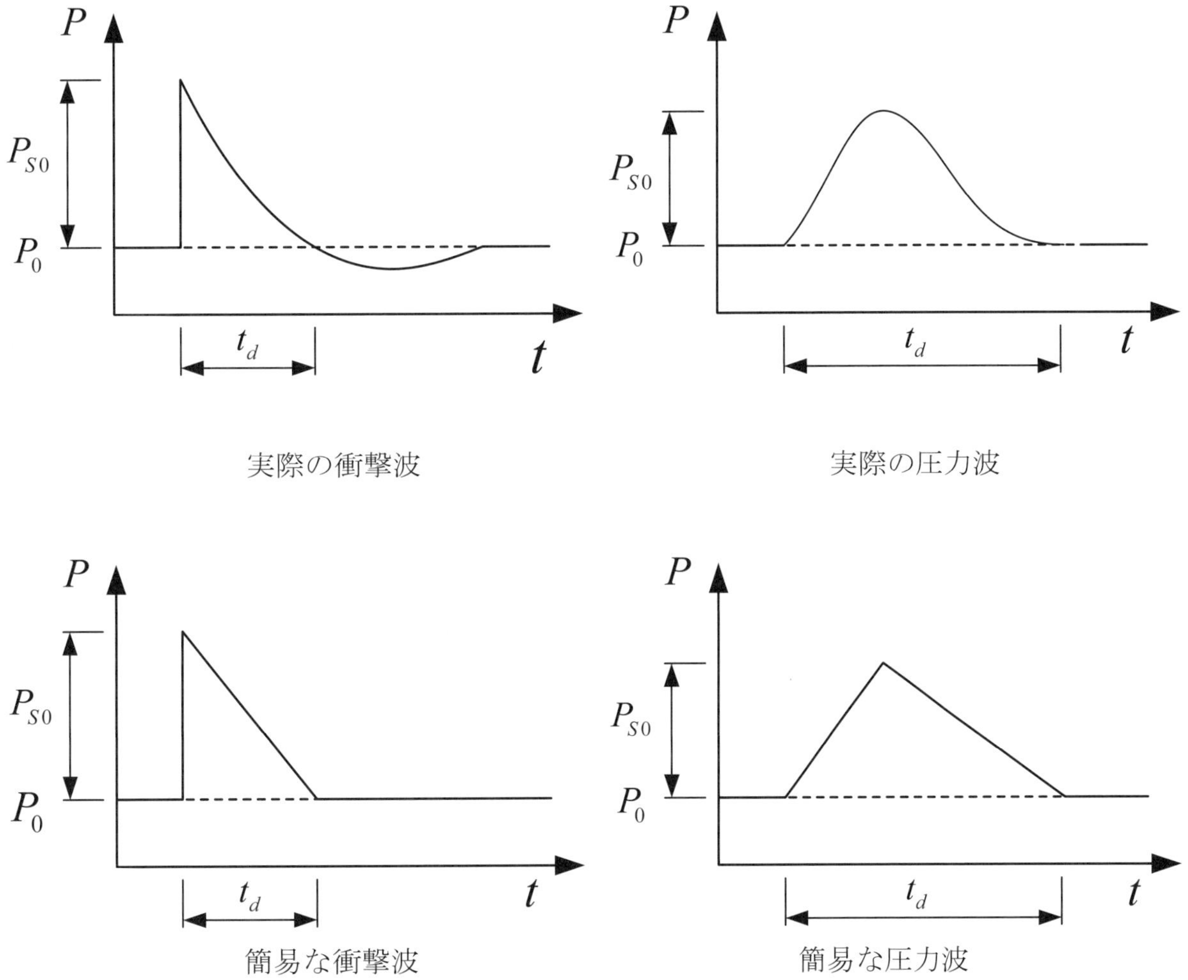

実際の衝撃波　　実際の圧力波

簡易な衝撃波　　簡易な圧力波

図 3.5　簡易な衝撃波ならびに圧力波モデル

土木建築構造物の耐爆設計では，図 3.5 に示すような簡易な衝撃波ならびに圧力波モデルを用いるのが一般的である。

3.3 最大反射圧

大気中を伝播する爆風圧波は平面に当たると反射が起こる。反射平面では入射圧以上の圧力が作用することになる。大気を理想気体と仮定すると，爆風の反射圧は次式で与えることができる。

$$p_r = 2p_s + (\gamma + 1) \times \frac{1}{2} \rho_s u_s{}^2 \tag{3.4}$$

ここに，p_s：入射最大過圧，γ：大気の比熱比，ρ_s：大気の密度，u_s：大気の粒子速度である。今，大気の比熱比をγ=1.4 とすると式(3.4)は次式のようになる。

$$p_r = 2p_s \left[\frac{7p_0 + 4p_s}{7p_0 + p_s} \right] \tag{3.5}$$

そして，ここで，少ない爆薬量の爆発でかつ爆源から長い距離離れた場所における反射を考える。すなわち，これは大気圧 p_0 に比較して入射最大過圧 p_s が極めて小さい場合（$p_s << p_0$）の反射圧を意味する。このような場合の反射圧は次のように与えることができる。

$$p_r = 2p_s \left[\frac{7 + 4\frac{p_s}{p_0}}{7 + \frac{p_s}{p_0}} \right] \approx 2p_s \tag{3.6}$$

次に，大きな爆薬量の爆発でかつ爆源に近い近接領域における反射を考える。すなわち，これは大気圧 p_0 に比較して入射最大過圧 p_s が極めて大きい場合（$p_s >> p_0$）の反射圧を意味する。このような場合の反射圧は次のように与えることができる。

$$p_r = 2p_s \left[\frac{7\frac{p_0}{p_s} + 4}{7\frac{p_0}{p_s} + 1} \right] \approx 2p_s \times 4 = 8p_s \tag{3.7}$$

これらのことから，大気を理想気体と仮定した場合には反射圧は入射最大過圧の 2～8 倍と評価されることが分かる。

構造物の耐爆設計では，反射圧は，一般的に入射過圧に反射係数をかけることにより次式で決定される。

$$P_r = C_r \cdot P_{S0} \tag{3.8}$$

ここで，C_r：反射係数(reflection coefficient)

爆風圧波が垂直に平面に入射した場合（入射角=0°）に，UFC3-340-2 では反射係数と最大過圧との関係を図 3.6 のように与えている。大気を理想気体と仮定した場合の反射係数は最大でも 8 であるのに対して，図 3.6 をみると入射最大過圧が増加すると反射係数が 8 を超えて増加することがわかる。これは入射最大過圧が大きくなると大気の電離や解離が発生し理想気体とはみなすことができないことに起因している。

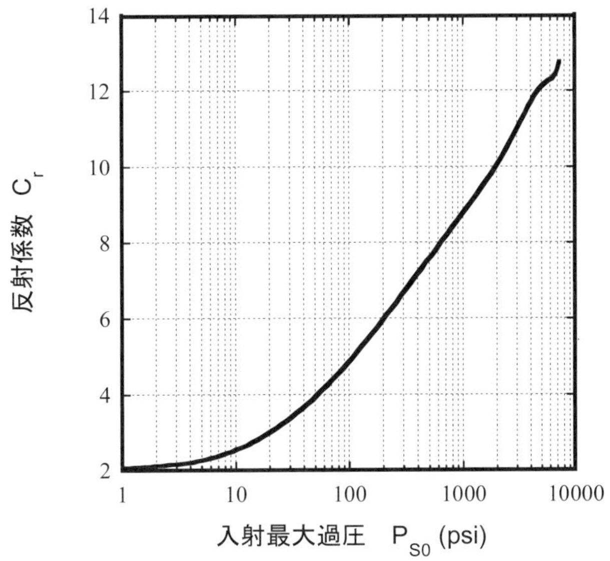

図 3.6　入射角 0°における入射最大過圧と反射係数の関係（UFC 3-340-02）(1psi=6.895kPa)

また，Newmark は，最大過圧 138kPa までの入射角 0°に対する反射係数を次式によって与えている。

$$C_r = P_r / P_{S0} = 2 + 0.0073 P_{S0} \tag{3.9}$$

ただし，最大過圧 P_{so} の単位は kPa である。この式(3.9)で与えられる関係と UFC3-340-02 で採用されている反射係数と入射最大過圧の関係を併せて図 3.7 に示す。この図から最大入射過圧 138kPa までの範囲で式(3.9)は UFC3-340-02 で与えられる関係に一致していることが分かる。

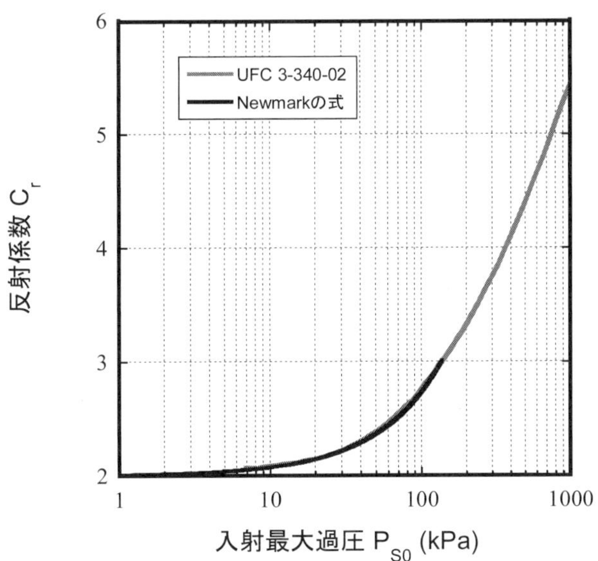

図 3.7　入射角 0°における入射最大過圧と反射係数の関係
（Newmark による提案式と UFC3-340-02 との比較）

実際には反射係数は，衝撃波や圧力波といった爆風圧のタイプ，入射最大過圧ならびに入射角にも依存して決定されるのが一般的である。図 3.8 に TNO Green Book[9]で採用されている反射係数と入射角度の関係を示す。ここで，TNO Green Book は，オランダ政府からの委託によりオランダ科学研究機構(Netherland Organization for Applied Scientific Research)がまとめた危険物質の爆発による構造物や人体の安全性を評価するためのガイドラインである。

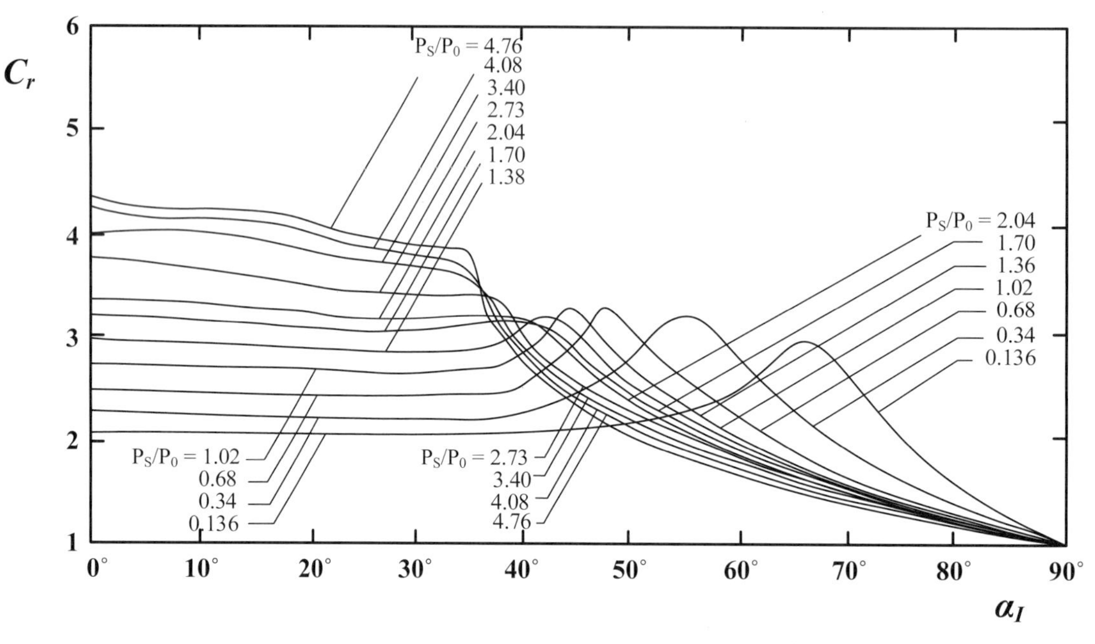

衝撃波の場合

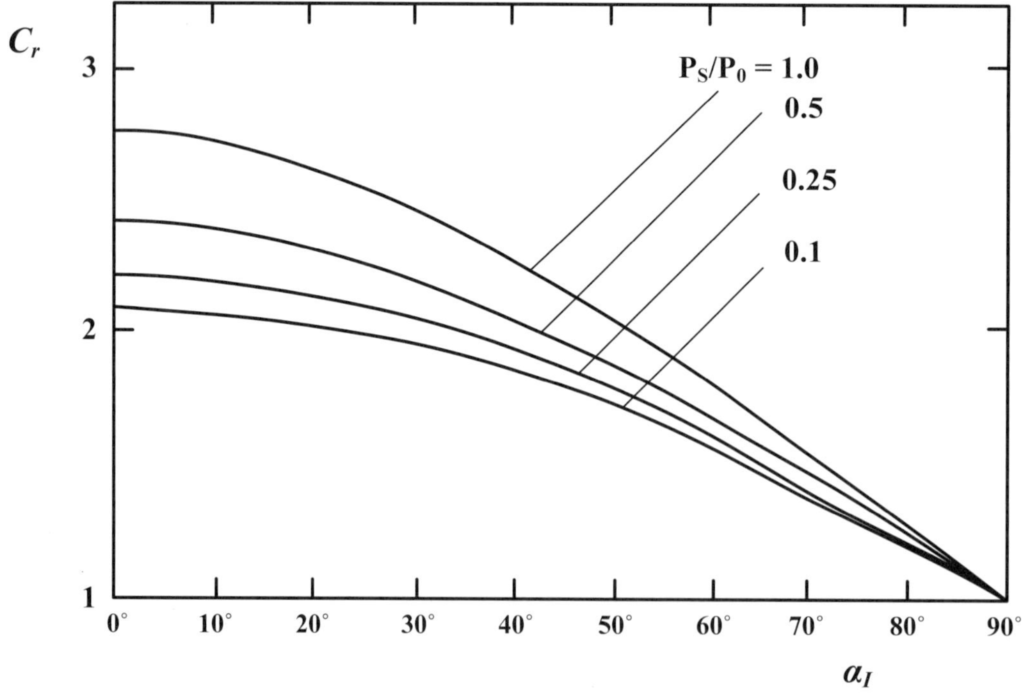

圧力波の場合

図 3.8　TNO Green Book で採用されている反射係数と入射角の関係

3.4 爆風波の波面パラメータ(wavefront parameter)

大気中を高速で伝播する爆風の波面の状態を規定するパラメータに粒子速度 (u_s), 最大動圧(q_s)ならびに衝撃波面後方の大気の密度(ρ_s)がある。UFC3-340-02 では，これらのパラメータを入射最大過圧(P_{s0})の関係として図 3.9 のように与えている。

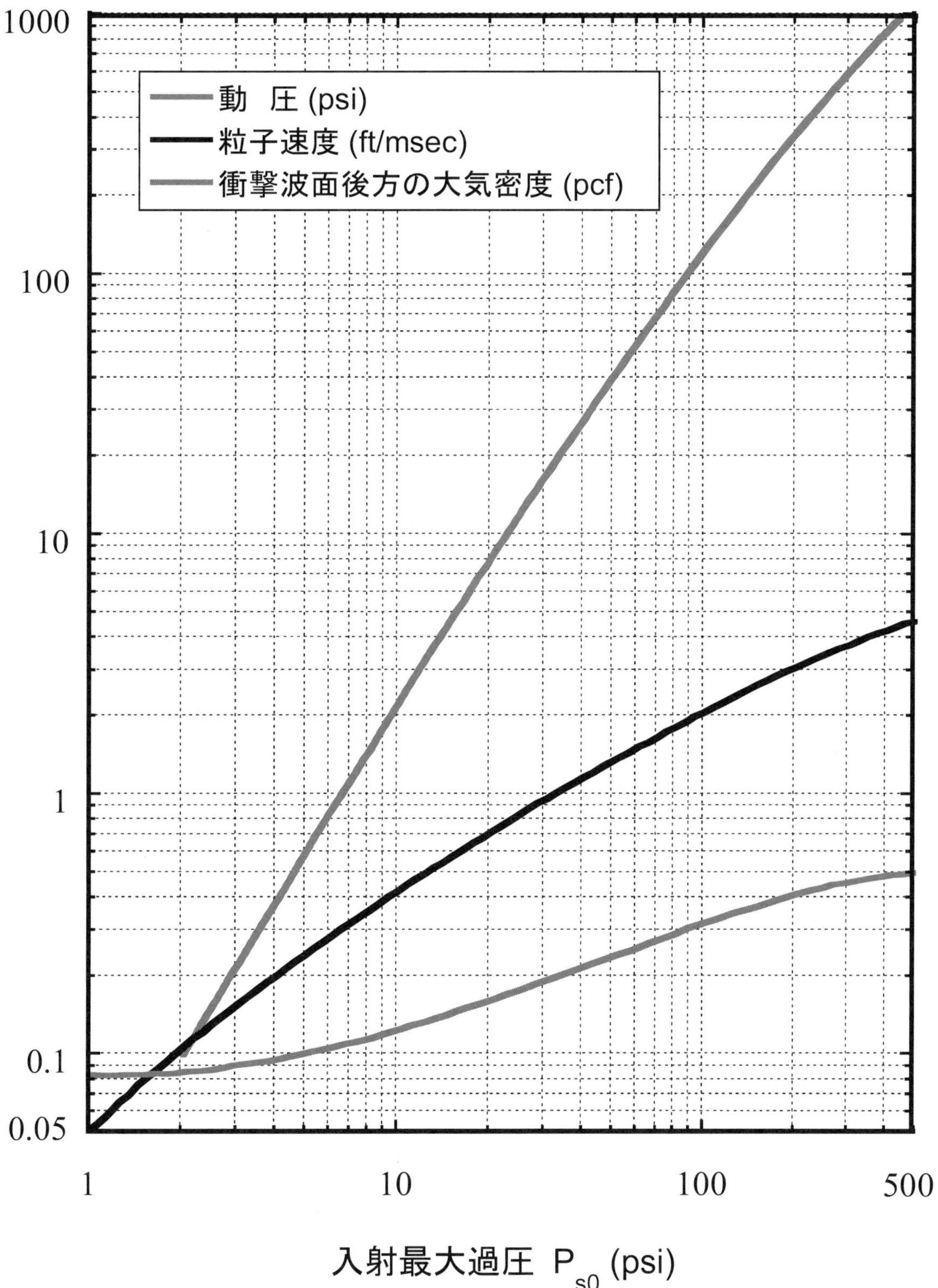

図 3.9　UFC3-340-02 における各波面パラメータと入射最大過圧との関係
(1 psi = 6.895kPa, 1 ft/msec = 0.305 m/sec, 1 pcf = 16.019 kg/m^3)

また，Rankine and Hugoniot によれば，各波面パラメータ(u_s，q_s，ρ_s)は次式で与えることができる。

粒子速度(u_s)

$$u_s = \sqrt{\frac{6p_s + 7p_0}{7p_0}} \cdot a_0 \tag{3.10}$$

動圧(q_s)

$$q_s = \frac{5{p_s}^2}{2(p_s + 7p_0)} \tag{3.11}$$

爆風波通過直後の大気密度(ρ_s)

$$\rho_s = \frac{6p_s + 7p_0}{p_s + 7p_0}\rho_0 \tag{3.12}$$

ここで，p_s は最大過圧，p_0 は周辺大気圧，a_0 は周辺の大気圧における音速，ρ_0 は爆風到着直前の大気の密度である。

式(3.10)～(3.12)で与えられる各波面パラメータと入射最大過圧との関係に UFC3-340-02 で規定されるそれらの関係を併せて図 3.10～図 3.12 に示す。これらの図から UFC3-340-02 で採用されている各波面パラメータと入射最大過圧の関係は，式(3.10)～(3.12)で与えられるそれぞれの関係に等しいことがわかる。

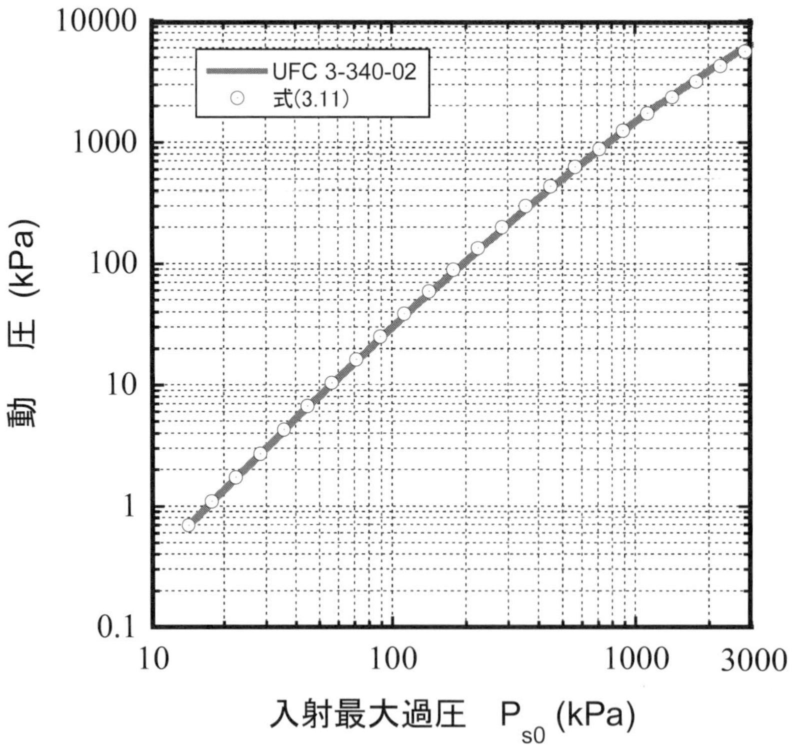

図 3.10　動圧と入射最大過圧との関係

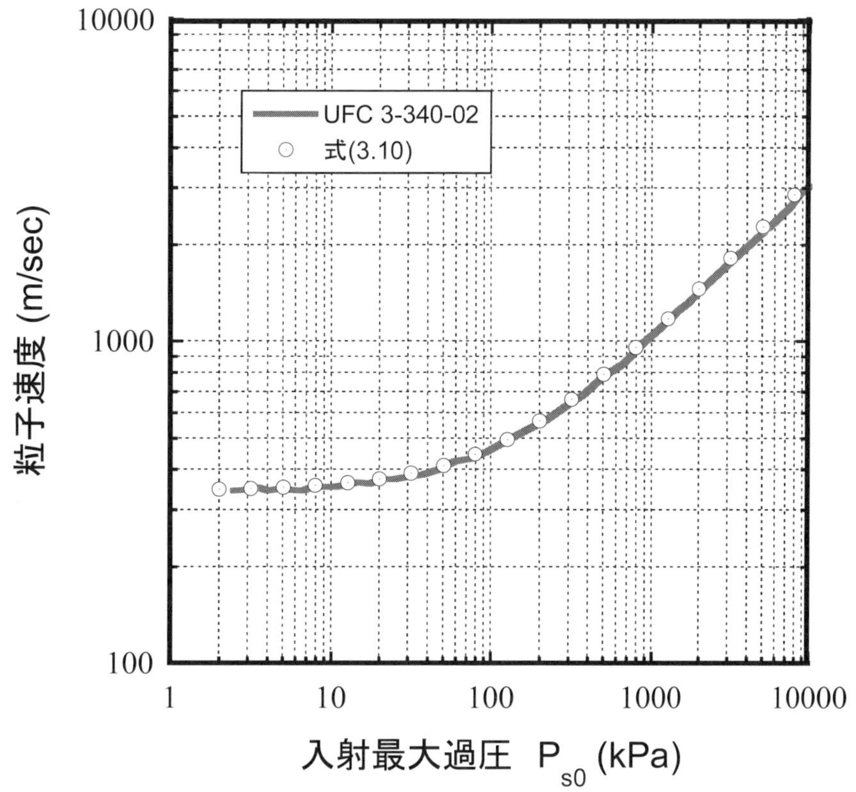

図 3.11　粒子速度と入射最大過圧との関係

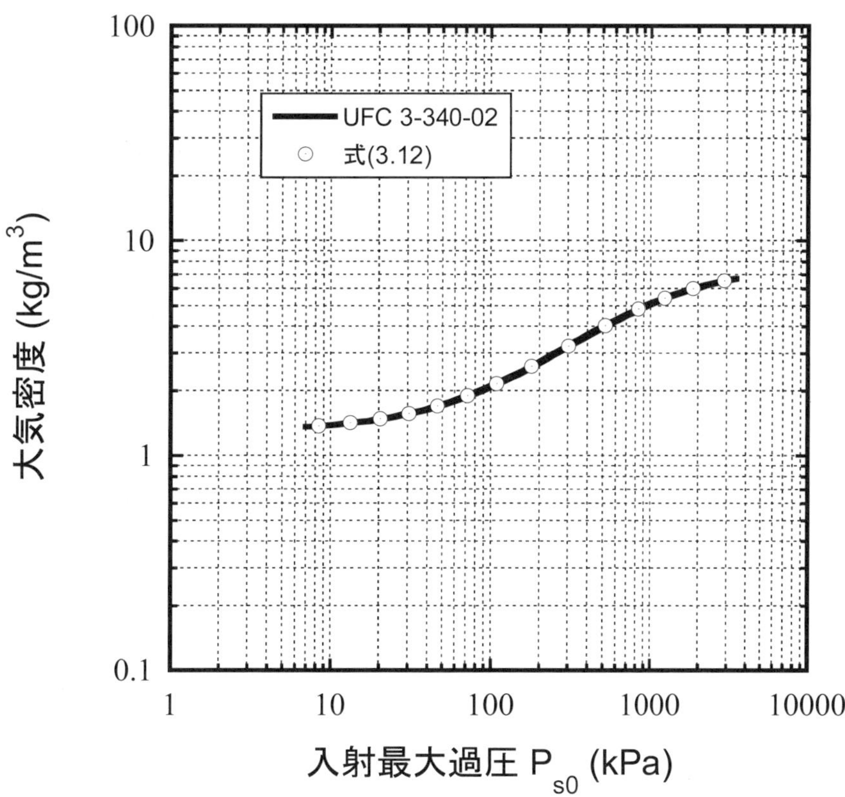

図 3.12　大気密度と入射最大過圧との関係

また，最大動圧に関しては次に示す近似式も提案されている。

$$q_s = \frac{5p_s^2}{2(p_s + 7p_0)} \approx 0.0032\,p_s \tag{3.13}$$

上式で与えられる関係を図 3.13 に示す。最大過圧 150kPa 程度までは式(3.11)（厳密式）の値と式(3.13)（近似式）の結果がほぼ一致している。これに対して，最大過圧が 150kPa を超えると近似式の計算結果が厳密式の値を上回ることになる。

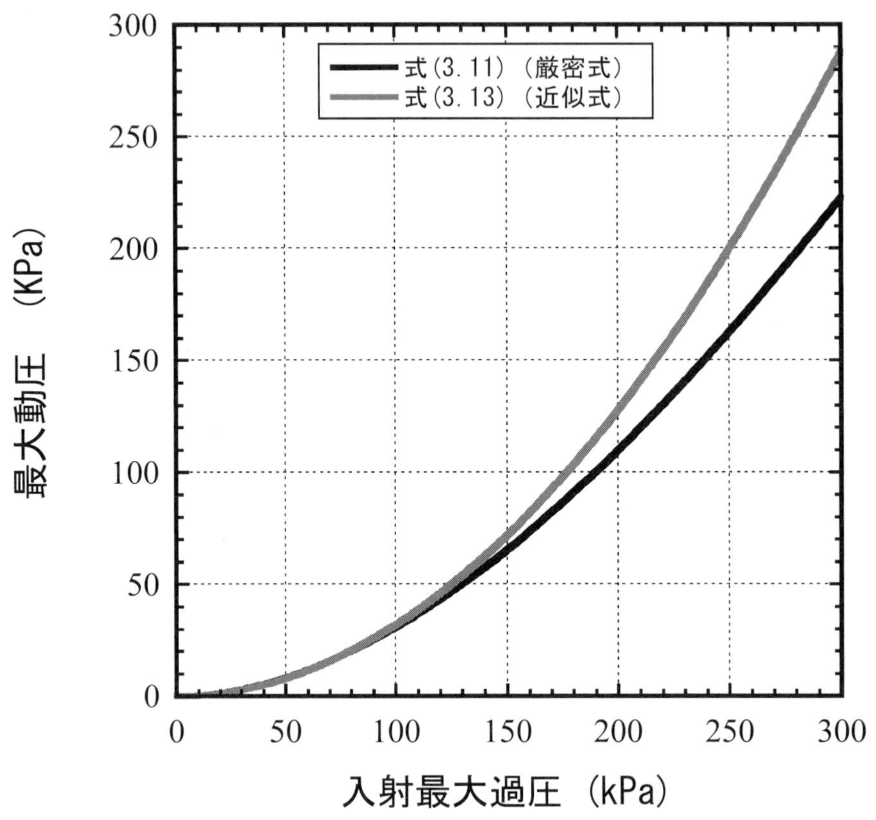

図 3.13　最大動圧と最大過圧の関係（厳密式と近似式）

3.5 構造物に作用する爆発荷重

爆風に耐える構造物を設計するためには，構造物全体，あるいは壁，頂版，柱，梁などの各々の構造部材に作用する爆破荷重を爆風の伝播と構造物との相互作用を考慮して決定する必要がある。爆源から伝播した爆風が構造物に当たると，構造物は爆風による過圧と抗力を受ける。実際の構造物と爆風の相互作用は，図 3.14 に示すように反射・回折等の現象を伴い非常に複雑となる。構造物の各部（前壁，頂版，側壁，後壁）に作用する爆破荷重は，時間のみならず爆源からの距離の関数として与えられ場所により異なる。しかしながら，耐爆設計では，爆風が構造物を通過する時間は極めて小さいので，設計目的においては，図 3.15 に示すように単純化して考えるのが一般的である。図 3.15 の爆風は左から右に水平に移動することを表している。爆源と構造物との配置関係や距離に応じて，構造物は爆風効果（入射過圧(side-on overpressure)，動圧(dynamic pressure)および反射過圧(reflected overpressure)）の種々のコンビネーションを受ける。

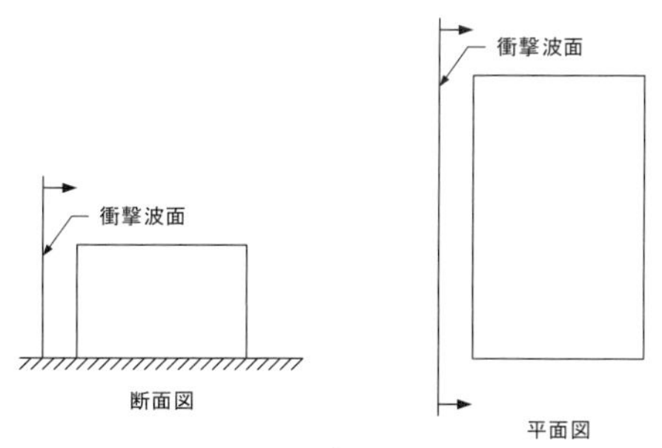

衝撃波面が構造物に接近

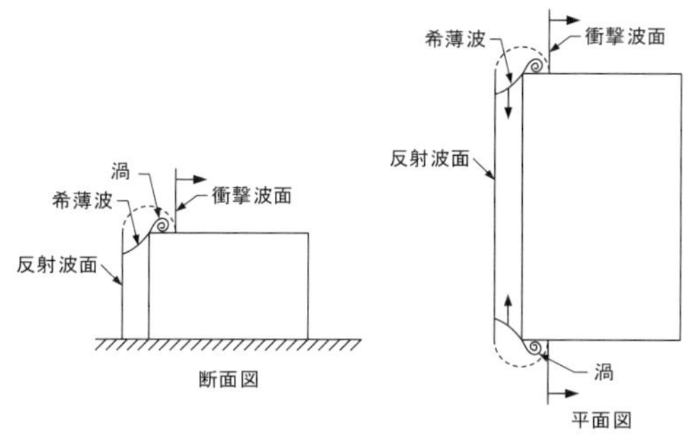

前壁による反射波・希薄波の形成

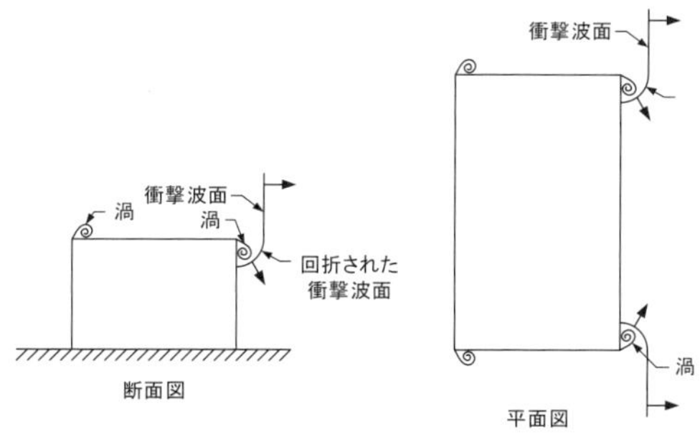

衝撃波面が後壁に回り込む回折現象

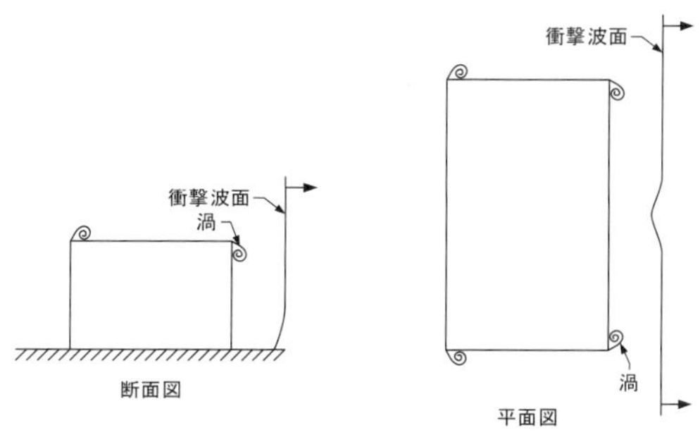

衝撃波面が構造物を完全に通過

図 3.14　爆風波の反射および回折現象

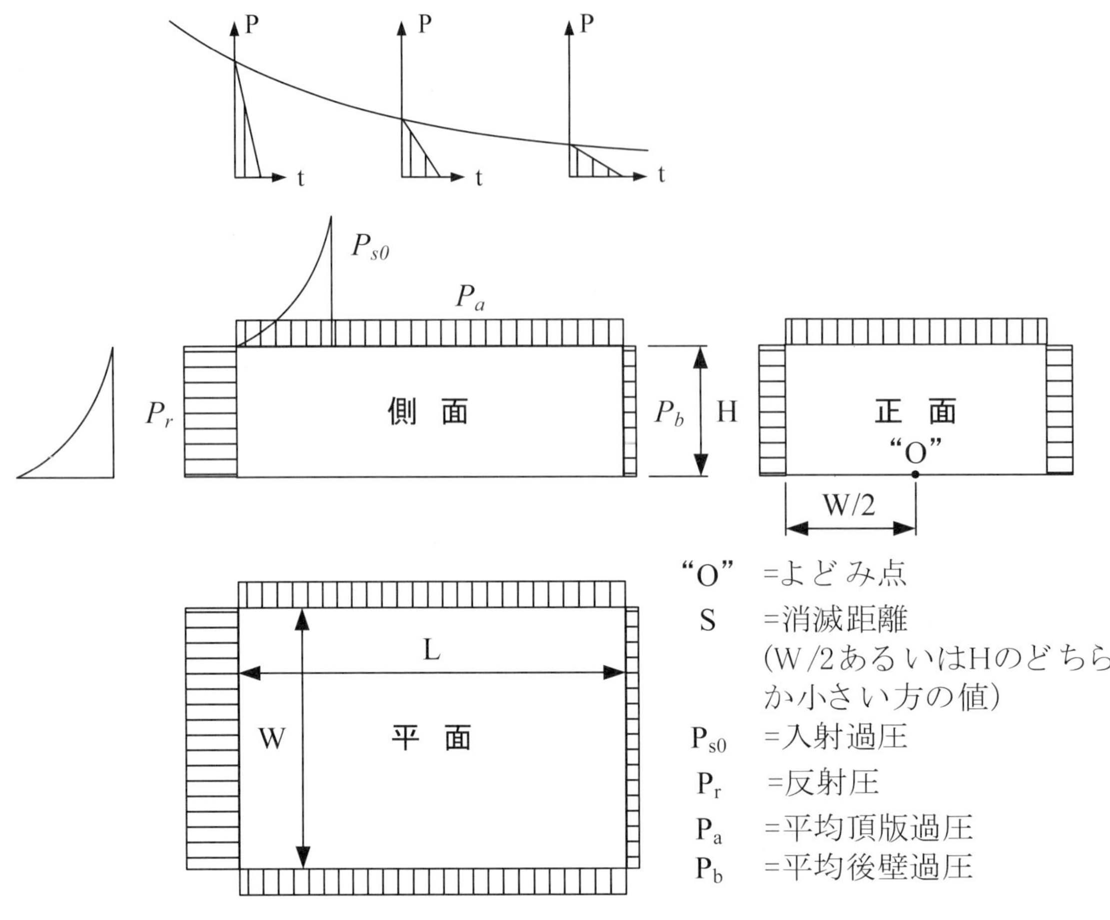

図 3.15　構造物に作用する爆破荷重の単純化

3.5.1 前壁に作用する爆発荷重

図 3.15 に示す爆風圧が垂直に前壁に入射すると次式で与えられる反射過圧(Pr)が作用する。

$$P_r = C_r \cdot P_{s0} \tag{3.14}$$

反射過圧の大きさは，入射角α_I，過圧の立ち上がり時間等に依存する。構造物の前壁の耐爆設計では，具体的な爆発シナリオが与えられない限り一般的には衝撃波が前壁に直角に入射(α_I=0)するものと考える。しかしながら，構造物全体にとっては斜め入射（約 30～60°）がクリティカルになる場合もあるので注意を要する。また，前壁に作用する反射圧は，前壁の端部で発生する希薄波の影響により次式で計算される緩和時間 t_c でよどみ圧 P_s(Stagnation pressure)まで低下する。

$$P_s = P_{s0} + C_d \cdot q_0 \tag{3.15}$$

$$t_c = 3S/U < t_d \tag{3.16}$$

ここで，P_{s0}=入射過圧，C_d=抗力係数（前壁に対しては C_d=1），S=緩和距離(clearing distance)=H あるいは W/2 の小さい方の値，H=建物の高さ，W=建物の幅である。なお，式(3.16)で評価される反射圧の継続時間 t_c は自由領域における過圧の継続時間 t_d を超えることはない。

図 3.16 に前壁に作用する爆風圧を示す。耐爆設計では，三角形荷重に対する簡易な動的応答チャートを利用するために二直線で表される圧力-時間関係を等価な三角形荷重に置き換えると便利である。二直線で表される圧力-時間関係で与えられる力積は次式で計算できる。

$$I_w = 0.5(P_r - P_s)t_c + 0.5P_s t_d \tag{3.17}$$

したがって，等価な三角形荷重の継続時間は二直線モデルの力積から次式で与えることができる。

$$t_e = 2I_w / P_r = (t_d - t_c)P_s / P_r + t_c \tag{3.18}$$

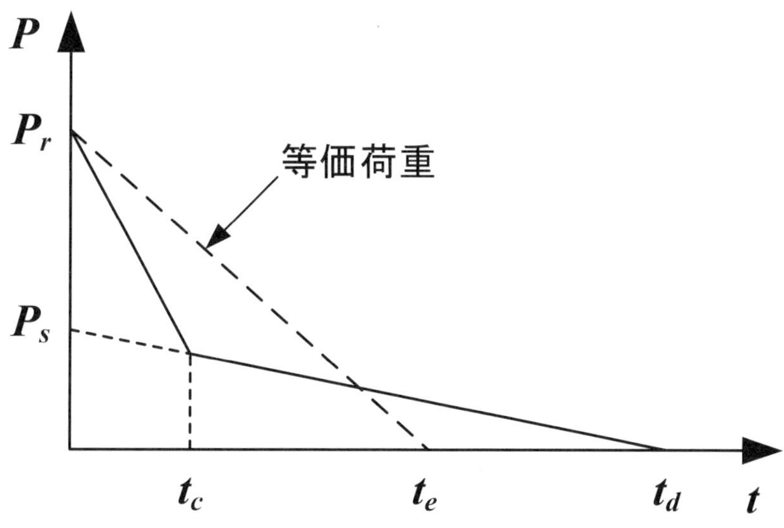

図 3.16　前壁に作用する爆圧

3.5.2 頂版や側壁に作用する爆発荷重

頂版や側壁に作用する爆風圧に関しては，図 3.17 に示すように等価な等分布荷重として設計では考慮するのが一般的である。爆風圧を等価な等分布荷重として考慮するための等価荷重係数は，爆風の波長 L_w と頂版や側壁の支間長 L の比との関係で図 3.18 のように与えることができる。最終的に頂版や側壁の設計で考慮する有効過圧 P_a (effective side-on overpressure)は次式で与える。

$$P_a = C_e \cdot P_{s0} + C_d \cdot q_0 \tag{3.19}$$

ここで，C_e：等価荷重係数，C_d：抗力係数，q_0：動圧である。頂版や側壁のための抗力係数は，最大動圧の関数として与えることができる。UFC 3-340-02 では表 3.2 に示す値を用いることを推奨している。頂版や側壁の設計で用いる爆破荷重を図 3.19 に示す。最大有効圧 P_a は爆風の先端が頂版の右端に達した時間に対応する。

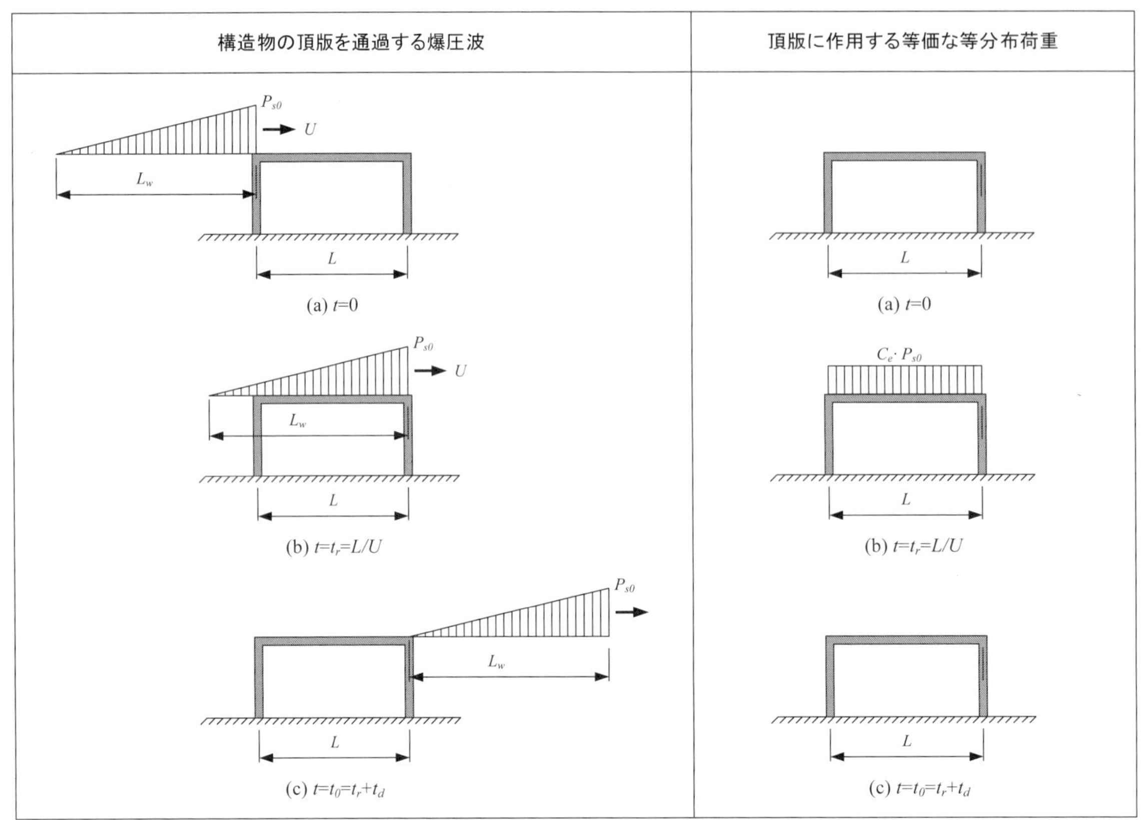

図 3.17　頂版に作用する爆風圧と等価な等分布荷重

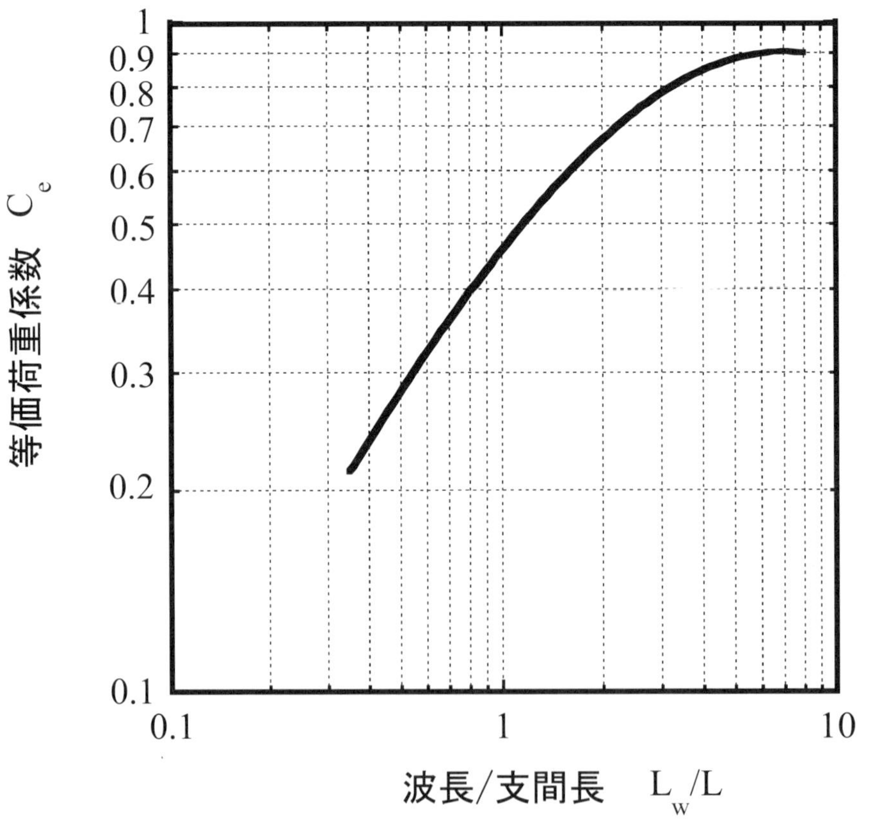

図 3.18　等価荷重係数と波長/支間長の関係

表 3.2　頂版や側壁の抗力係数

最大動圧	抗力係数　C_d
0～172.4 kPa (0～25 psi)	-0.40
172.4～344.7 kPa (25～50 psi)	-0.30
344.7～896.3 kPa (50～130 psi)	-0.20

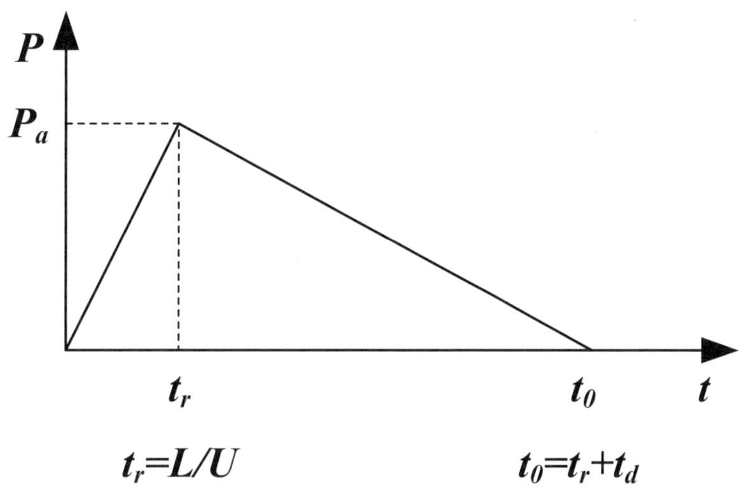

図 3.19　頂版や側壁に作用する荷重

3.5.3 後壁に作用する爆発荷重

後壁に作用する荷重の模式図を図 3.20 に示す。後壁に爆発荷重が到達する時間は次式で与えられる。

$$t_a = L/U \tag{3.20}$$

後壁に作用する有効荷重の最大値は，側壁や頂版と同じく次式で算定できる。

$$P_a = C_e \cdot P_{s0} + C_d \cdot q_0 \tag{3.21}$$

ただし，最大荷重に到達する時間 t_r に関しては，基準によりその考え方が異なっている。
例えば，UFC 3-340-02 では，

$$t_r = L/U + S/U \tag{3.22}$$

TNO Green Book では，

$$t_r = L/U + 4S/U \tag{3.23}$$

で与えている。ここで，S=解放距離(clearing distance)を表し，H あるいは W/2 のうちどちらか小さい方の値を消滅距離とする。

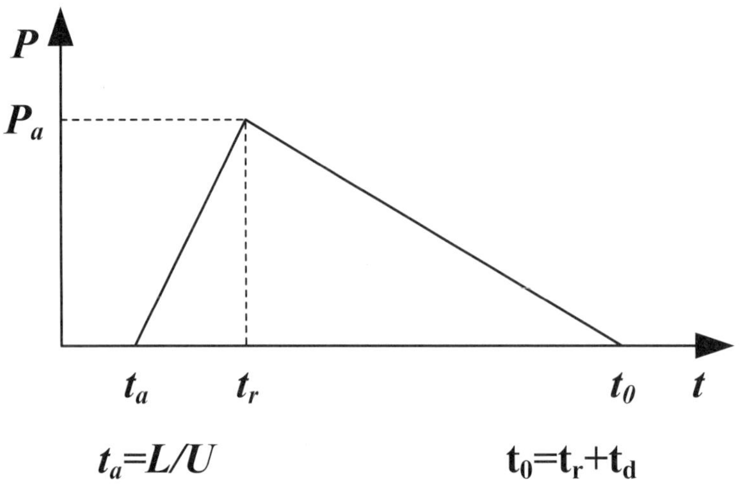

図 3.20　後壁に作用する爆発荷重

参考文献

1) Baker, W. E., Cox, P. A., Westine, P. S., Kulesz, J. J. and Strehlow, R. A.: Explosion Hazards and Evaluation, Elsevier Scientific Publishing Company, 1983.

2) Smith, P. D. and Hetherington J. G.: Blast and Ballistic Loading of Structures, Butterworth-Heinemann, 1994.

3) Edited by Mays, G. C. and Smith, P. D.: Blast Effects on Buildings, Design of Buildings to Optimize Resistance to Blast Loading, Thomas Telford, 1995.

4) Task Committee: Structural Design for Physical Security, State of the Practice, ASCE, 1999.

5) Krauthammer, T.: Modern Protective Structures, CRC Press, 2007.

6) Task Committee on Blast-Resistant Design of the Petrochemical Committee of the Energy Division of the ASCE, Design of Blast-Resistant Buildings in Petrochemical Facilities, ASCE, 2010.

7) Edited by Dusenberry, D. O.: Handbook for Blast Resistant Design of Buildings, John Wiley & Sons, Inc., 2010.

8) Unified Facilities Criteria (UFC) UFC 3-340-02: Structures to Resist the Effects of Accidental Explosions, Department of Defense, 2008.

9) TNO Green Book: Method for the determination of possible damage to people and objects resulting from release of hazardous materials, TNO, Netherland, 1989.

第４章　ガス爆発により構造物に作用する爆発荷重

4.1 圧力容器からのガスの漏洩速度

重化学プラントにおける蒸気雲爆発をはじめとするガス爆発について検討する上で，圧力容器あるいは配管からの圧縮ガスの漏洩速度について知ることは非常に重要となる。部分的な破損に起因して発生する圧力容器や配管からのガスの漏洩速度は，漏洩サイズ（流出孔のサイズ），ガスの成分と物性，ガス圧，ガスの温度，容器の大きさと形状，および凝縮が起こるかどうか等の要因に依存する[1)~3)]。図 4.1 に示す圧力容器からのガスの漏洩に関しては，漏洩場所からの漏洩ガス速度は音速以上であるか亜音速（音速以下）であるかのどちらかである。もし次に示す式(4.1)が満足される場合，漏洩ガスはチョーキング(choking)を起こし音速以上の流出となる[2),3)]。

$$\frac{p_1}{p_2} \le \left(\frac{2}{\gamma + 1}\right)^{\frac{\gamma}{\gamma - 1}} \tag{4.1}$$

ここで，p_1：大気圧，p_2：容器内の圧力，γ：比熱比$=c_p/c_v$である。なお，c_p：一定圧力における蒸気の比熱(J/kg℃)，c_v：一定体積における蒸気の比熱(J/kg℃)である。一方，式(4.1)を満足しない場合には，漏洩ガス速度は亜音速となる。

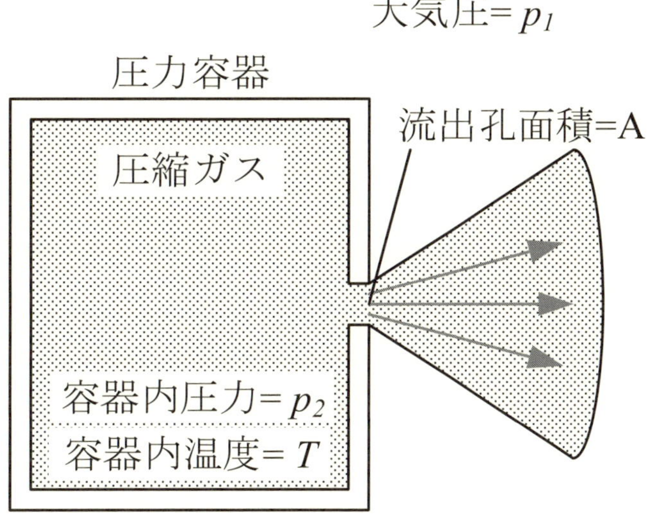

図 4.1　圧力容器からの圧縮ガスの漏洩

ガスの漏洩速度が音速以上と判定された場合の初期のガス漏洩速度は，次式で計算できる。

$$m_{og} = A \cdot C_D \sqrt{\gamma \left(\frac{2}{\gamma + 1}\right)^{\frac{\gamma+1}{\gamma-1}}} \cdot \frac{p_2}{\sqrt{\dfrac{T \cdot R}{M}}} \tag{4.2}$$

ここで，m_{og}：初期ガス漏洩速度(kg/s)，A：流出孔面積(m^2)，C_D：流出係数(一般的に 0.62 とする)，γ：比熱比=c_p/c_v，P_2:容器内の圧力(N/m^2)，T:容器内の温度(K)，R:気体定数=8314(kg.m^2/K.kmol.s^2)，M：分子量(kg/kmol)である。

次に，亜音速で漏洩する場合の初期のガス漏洩速度は，式(4.3)による修正係数Ψを用いて式(4.4)で与えることができる[2),3)]。

$$\Psi = \left(\frac{p_1}{p_2}\right)^{\frac{1}{\gamma}} \cdot \sqrt{\left(1-\frac{p_1}{p_2}\right)^{\frac{\gamma-1}{\gamma}}} \cdot \sqrt{\frac{2}{\gamma-1}\cdot\left(\frac{\gamma+1}{2}\right)^{\frac{\gamma+1}{\gamma-1}}} \tag{4.3}$$

$$m_{og} = \Psi \cdot A \cdot C_D \sqrt{\gamma\left(\frac{2}{\gamma+1}\right)^{\frac{\gamma+1}{\gamma-1}}} \cdot \frac{p_2}{\sqrt{\frac{T\cdot R}{M}}} \tag{4.4}$$

摩擦によるエネルギー損失がない容器からの漏洩に関しては，漏洩が発生した直後の極わずかな時間内においては一定の漏洩速度とみなすこともできる。しかしながら，漏洩が継続すると容器内の圧力は低下することから漏洩速度も同様に低下することになる。漏洩速度の低下は，初期漏洩速度(m_{og})と容器内のガス総質量(w)に大きく依存し，指数関数的であり概ね次式により与えることができる。

$$m_g = m_{og} \cdot \exp\left(-\frac{m_{og}}{w}t\right) \tag{4.5}$$

ここで，m_g：時間の関数としての漏洩速度(kg/s)，m_{og}：初期漏洩速度(kg/s)，w：容器内のガスの総質量(kg)，t：漏洩発生からの時間(s)である。

ここに示した圧力容器からのガスの漏洩速度の計算においては，図 4.2 に示すようなホームページも準備されている。ここで一例として，貯蔵温度 25℃(=298K)，貯蔵圧力 5bar(=500kPa)のメタンガス(総質量 100kg)の圧力容器に直径 50mm の孔が開いたときの初期漏洩速度および漏洩速度の時刻歴を計算してみる。メタンガスの分子量および比熱比は，それぞれ M=16.04(kg/kmol)および γ=1.3 である。この場合のガスの漏洩速度は，式(4.1)を満足することから音速以上になることがわかる。したがって，メタンガスの初期漏洩速度(m_{og})は，式(4.2)を用いて 1.03(kg/s)と評価される。この計算で求めたメタンガスの漏洩速度の時刻歴を図 4.3 に示す。また，この例において，仮に容器内のメタンガスの圧力を 1.8bar とすると，式(4.1)は満足されないことから漏洩速度は亜音速と判定される。この場合のメタンガスの漏洩速度の時刻歴を図 4.4 に参考までに示す。

Gas release

Continuous gas release

Molecular weight:	17.4	kg/kmol
Gas specific heat ratio (gamma):	1.32	
Coefficient of discharge:	0.62	default
Leak diameter:	0.05	m
Temperature in containment:	288	◉ Kelvin ○ degree Celsius
Ambient pressure:	1	○ Pa ◉ bar ○ psi
Pressure inside containment:	5	○ Pa ◉ bar ○ psi

calculate　reset

Initial gas leak rate:	1.10073182	◉ kg/s ○ kg/h
Velocity of the escaping gas at leak point :	Sonic	

Time-dependent gas release

Total mass of gas in the vessel:	100	kg
Up to time after release:	600	s
Time step in presentation:	1	s

calculate　reset

図 4.2　圧縮容器からのガスの漏洩速度の計算 4)

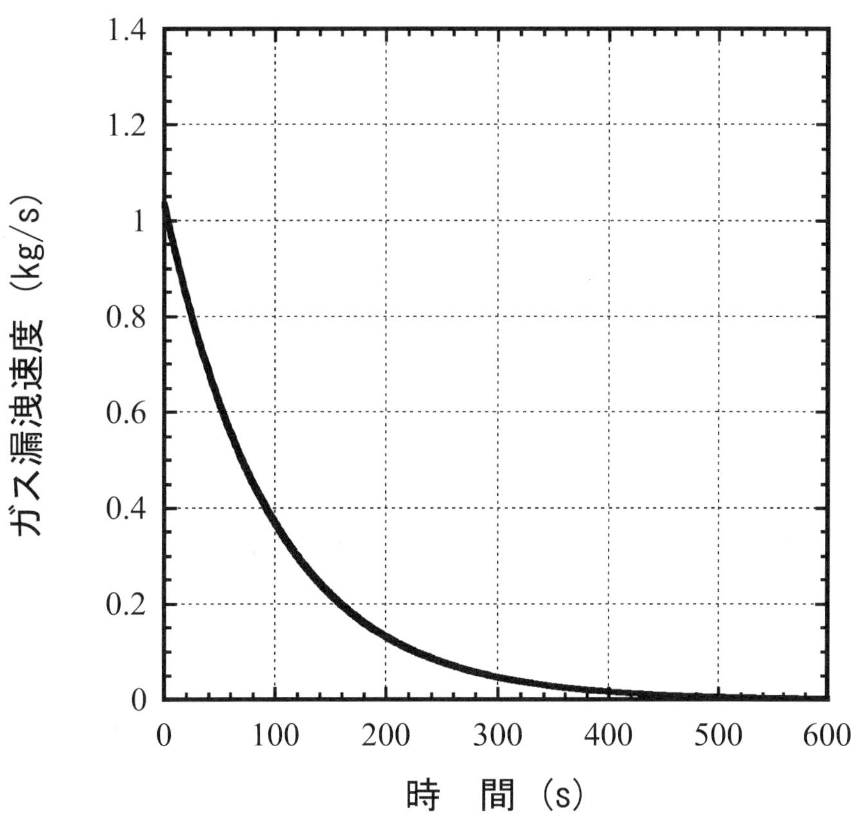

図 4.3　メタンガスの漏洩速度の時刻歴（容器内圧力=5bar の場合）

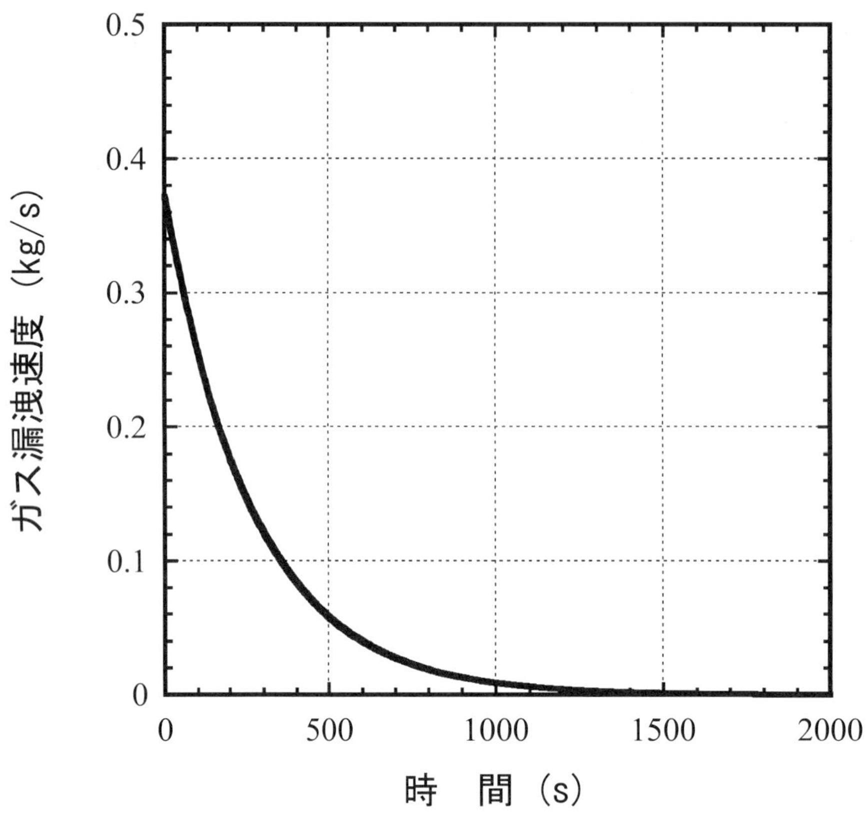

図 4.4　メタンガスの漏洩速度の時刻歴（容器内圧力=1.8bar の場合）

4.2 ガス爆発の TNT 爆発への換算方法

4.2.1 等価 TNT 質量の計算

そもそもガス爆発と爆薬の爆発は反応の様相が異なるが，TNT 爆薬による爆風圧等を推定するための図表がガス爆発による爆風圧の評価にもよく使われている。過去のガス爆発事故を調べた結果によればガス爆発における局所的な圧力は高くても数気圧程度であることが知られている。これに対して，TNT 爆薬の爆発における過圧は，爆薬に近いところでは非常に大きく評価されることになる[1)-3)]。したがって，ガス爆発による爆風圧を TNT 換算して評価する場合には，特に爆源近傍において注意が必要となる。

蒸気雲爆発に対して TNT 換算を行う場合，まず，蒸気雲中に含まれる気化した炭化水素ガスの質量 W_f を把握しなければならない。沸点以上の温度で圧力をかけて液化したガスが漏洩して瞬間的に気化する現象をフラッシュと呼ぶ。また，その際に気化する液量と流出した液量の比をフラッシュ率(flush fraction)と呼び，その値は次式で計算される[2)]。

$$F = 1 - \exp\left(\frac{-C_p \Delta T}{L}\right) \tag{4.6}$$

ここで，F：フラッシュ率，C_p ：平均比熱（mean specific heat），ΔT ：容器内温度と大気圧における沸点温度の差，L ：気化潜熱（latent heat of vaporization）である。蒸気雲中に含まれる燃料の質量は，フラッシュ率に漏洩した液量を掛けて計算することができる。ただし，エアゾール効果や噴霧効果を考慮して係数 2 を掛けることによって蒸気雲中の燃料の質量は次式で算定する[2)]。

$$W_f = 2 \times F \times W_R \tag{4.7}$$

ここで，F：フラッシュ率，W_f ：蒸気雲中の燃料の質量，W_R ：漏洩した液体の質量である。

蒸気雲中に含まれる気化した炭化水素ガスの質量(W_f)に対する等価な TNT 換算した爆薬量(W_{TNT})は，エネルギー的な等価性に補正係数を考慮して次式で与える[2)]。

$$W_{TNT} = \alpha_C \frac{W_f H_f}{H_{TNT}} \tag{4.8}$$

ここで，W_{TNT} ：等価 TNT 質量，W_f ：蒸気雲中の燃料の質量，H_f ：燃料の燃焼熱，H_{TNT} ：TNT の爆発エネルギー=4.68MJ/kg，α_C ：TNT 等価係数(TNT-equivalency/ yield factor)=0.03 である。

4.2.2 英国 Flixborough のガス爆発事故への適用

ここでは，1974 年 6 月 1 日に英国の Flixborough にある Nypro 社のプラントで発生したガス爆発事故を例題として前項で示した等価 TNT 質量への換算方法の適用を行う。この事故では，酸化プラントにおける二つの反応容器の間のパイプが破損し 10 気圧で 423K に加熱されたシクロヘキサンが数十秒で漏洩し，空気と混合され蒸気雲を形成し爆発に至ったと考えられる。工場内の 5 つの反応容器に合計 250,000kg のシクロヘキサンが貯蔵されていたが，実際に漏洩したシクロヘキサンの量は明確ではない[2), 5), 6)]。しかしながら，この全量が漏洩したとは考えづらく，二つの反応容器を結合していたパイプが破損して漏洩したということを考えると，二つの反応容器に貯蔵されていた 100,000kg のシクロヘキサンが漏洩したと考えるのが妥当である。

図 4.5　連結パイプが吹き飛んだ爆発後の二つの反応容器(R4 および R6)の状況[5)]

表 4.1　シクロヘキサンの熱力学的データ

シクロヘキサンの燃焼熱（Heat of combustion）＝46.7MJ/kg
液体シクロヘキサンの平均比熱（mean specific heat）=1.8kJ/kg/K
シクロヘキサンの潜熱（latent heat）=674kJ/kg
反応容器におけるプロセス温度=423K
大気圧における沸騰温度=353K

表 4.1 にシクロヘキサンの熱力学的データを示す。このデータを用いるとシクロヘキサンのフラッシュ率は，式(4.6)から次のように計算できる。

$$F = 1 - \exp\left(\frac{-C_p \Delta T}{L}\right) = 1 - \exp\left(\frac{-1.8 \times (423 - 353)}{674}\right) = 0.17$$

次に，シクロヘキサンの漏洩量を 100,000kg とすると，蒸気雲中の気化した燃料の質量は，式(4.7)から次のように計算される。

$$W_f = 2 \times F \times W_R = 2 \times 0.17 \times 100{,}000 = 34{,}000\,\text{kg}$$

したがって，等価 TNT 質量は，式(4.8)から次のように計算される。

$$W_{TNT} = \alpha_C \frac{W_f H_f}{H_{TNT}} = 0.03 \times \frac{34{,}000 \times 46.7}{4.68} = 10{,}178\,\text{kg}$$

このように等価 TNT 質量が計算されると，ある距離における TNT 換算した爆発による過圧は表 4.2 に示すように計算することができる。

表 4.2　Flixbourough におけるガス爆発事故における等価 TNT 換算による過圧の評価結果

爆源からの距離 R (m)	換算距離 (m/kg$^{1/3}$)	過圧　(bar)
50	2.3	1.2
100	4.6	0.39
200	9.2	0.13
500	23	0.04
1000	46	0.018
2000	92	0.010

注）1bar=100kPa

4.3　TNO Multi-Energy Method（TNOマルチエネルギー法）

Van den Berg[7)]や Van den Berg et al.[8)]は，可燃性物質が漏洩して発生した蒸気雲爆発事故の調査等を通して，蒸気雲爆発の規模と強度は，蒸気雲中に含まれる可燃性物質（燃料）の総量とは無関係であることを明らかにしている。また，蒸気雲爆発の規模や強度を大きく左右するパラメータは，蒸気雲が形成された空間のうち障害物により拘束されたり閉塞されたりしている空間の寸法や程度（図 4.6 参照）であることを明らかにしている。すなわち，障害物や閉鎖空間があるとそこで乱流が発生し，その発生した乱流によって燃焼が加速的に進み爆轟に至る場合があるのである。乱流が生じない状態における一般的な炭化水素系の可燃性ガスの火炎伝播速度は 5～30m/s であると考えられる。この程度の火炎伝播速度では，重大な爆風圧は生じないのである。

そこで Multi-Energy Method[1)~3)]では，燃料の漏洩に伴い形成される蒸気雲の全体ではなく，その一部が爆発効果に関係すると考える。Multi-Energy Method を適用する上での基本的な考え方を次に示す。

- 障害物のない解放領域で発生した蒸気雲は，爆発しても過圧を生じることはない。
- 爆轟によって生じる破壊力のある爆風波は，部分的に拘束された空間や障害物があるような部分でのみ発生する。それ以外の部分では爆轟を生じることはなくただ燃焼するのみである。
- Multi-Energy Method では，蒸気雲中の数々の爆発源に対応するサブ爆発として蒸気雲爆発を捕える。

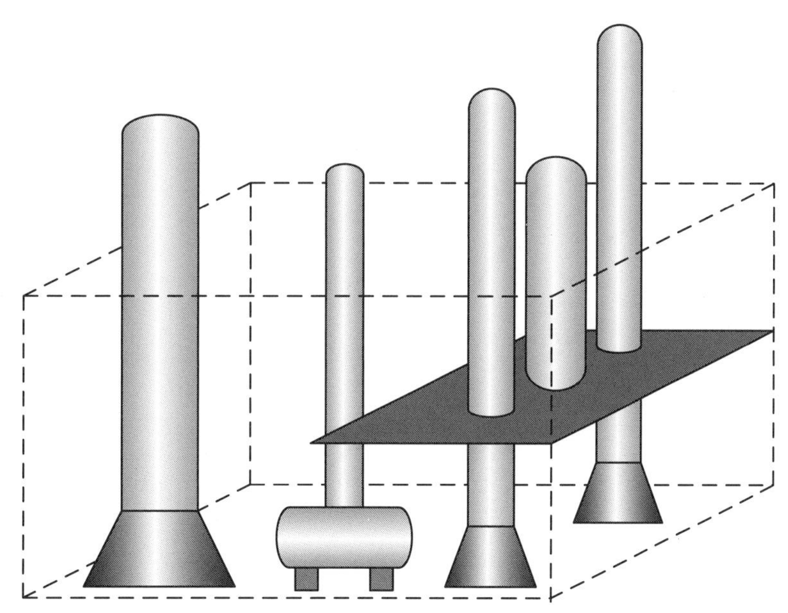

図 4.6　障害物となるプラント機器やプラットフォームの一例

TNO Multi-Energy Method では，蒸気雲を幾つかの部分に分け，その各部分の燃焼エネルギーを推定し，それぞれの部分に初期強度（1～10）を割り当てる。閉空間における蒸気雲爆発の初期強度としては 6～7 以上が割り当てられるのに対して，解放空間における爆発に対しては一般的に 2 程度を割り当てる。蒸気雲爆発に寄与する蒸気雲の質量あるいは体積を推定できれば，蒸気雲の燃焼エネルギーを求めることができる。

Multi-Energy Method では，爆源からの距離の関数として種々の爆発パラメータを設定する。爆発によって生じる爆風圧波形を 3 種類で規定する。チャートは燃焼熱 3.5×10^6J/m^3 を有する燃料-空気の混合体として求められたものである。過圧，動圧および正圧の継続時間が爆源からの換算距離の関数として図 4.7～図 4.9 に示すチャートを用いて与えられる。換算距離 $\overline{R}$ は次式により与える[1)~3)]。

$$\overline{R} = \frac{R}{\left(E/P_0\right)^{1/3}} \tag{4.9}$$

ここで，R：爆源からの距離，E：爆源の燃焼エネルギー，P_0：大気圧である。

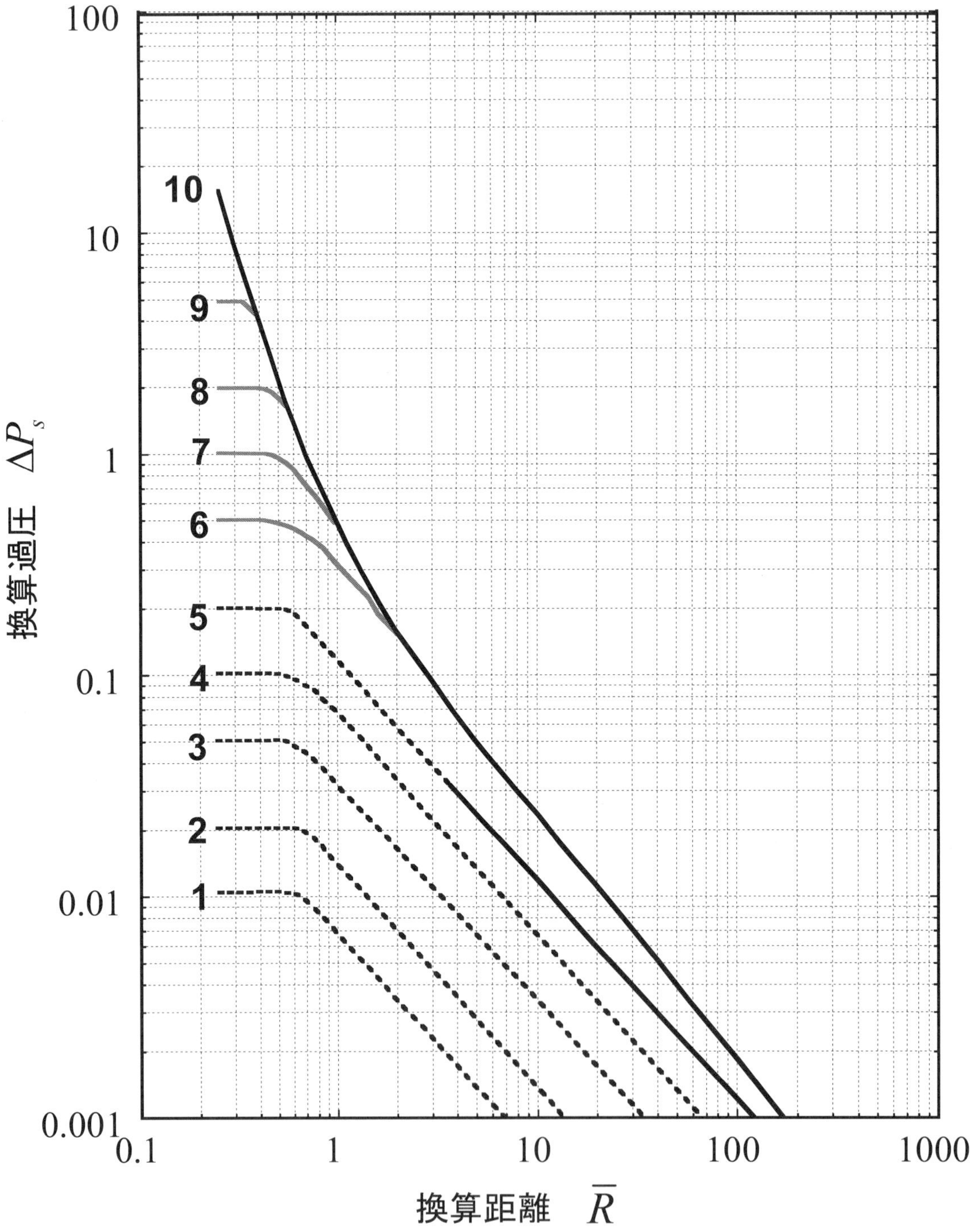

図 4.7　TNO Multi-Energy Method における換算過圧と換算距離の関係

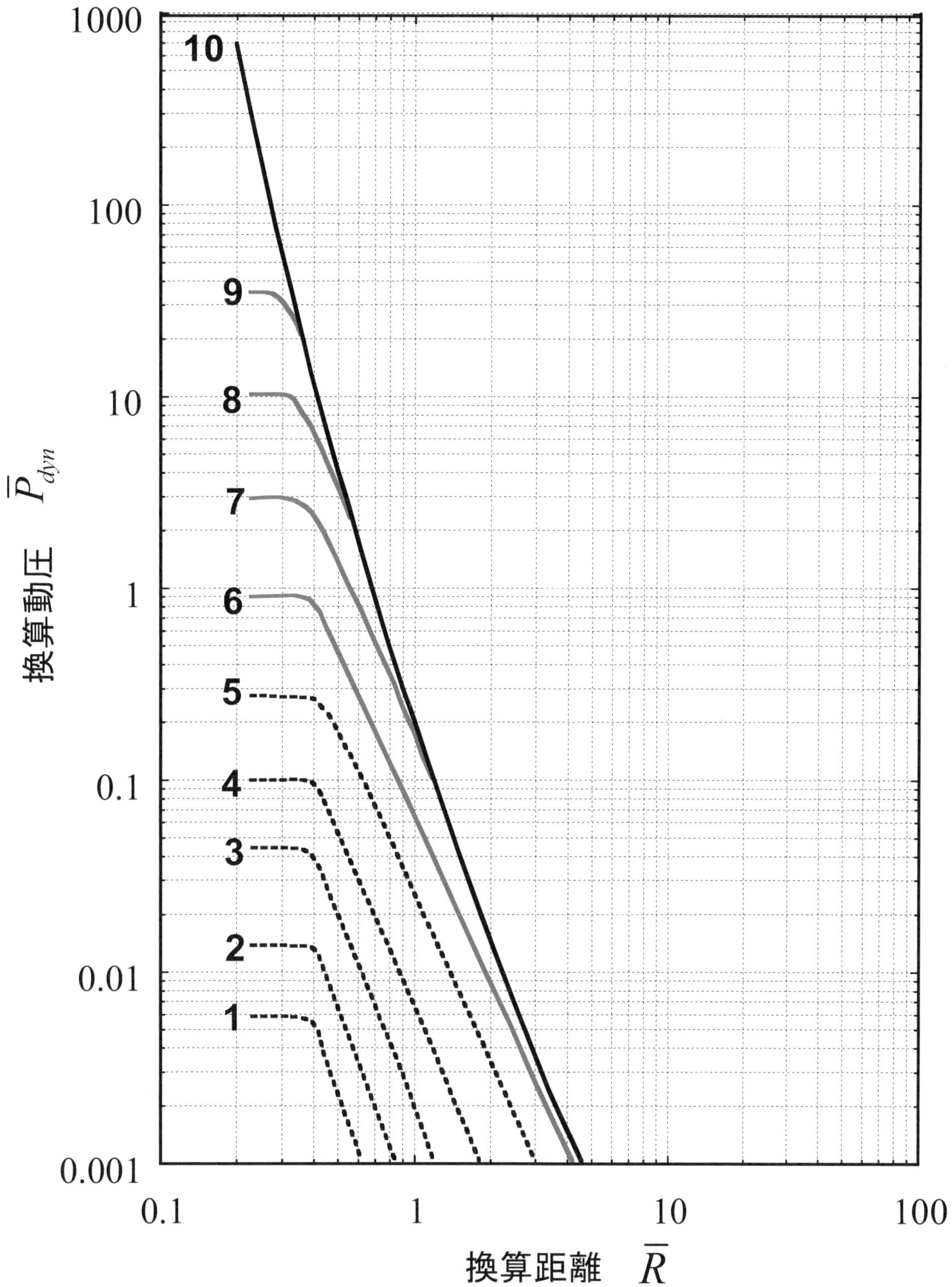

図 4.8　TNO Multi-Energy Method における換算動圧と換算距離の関係

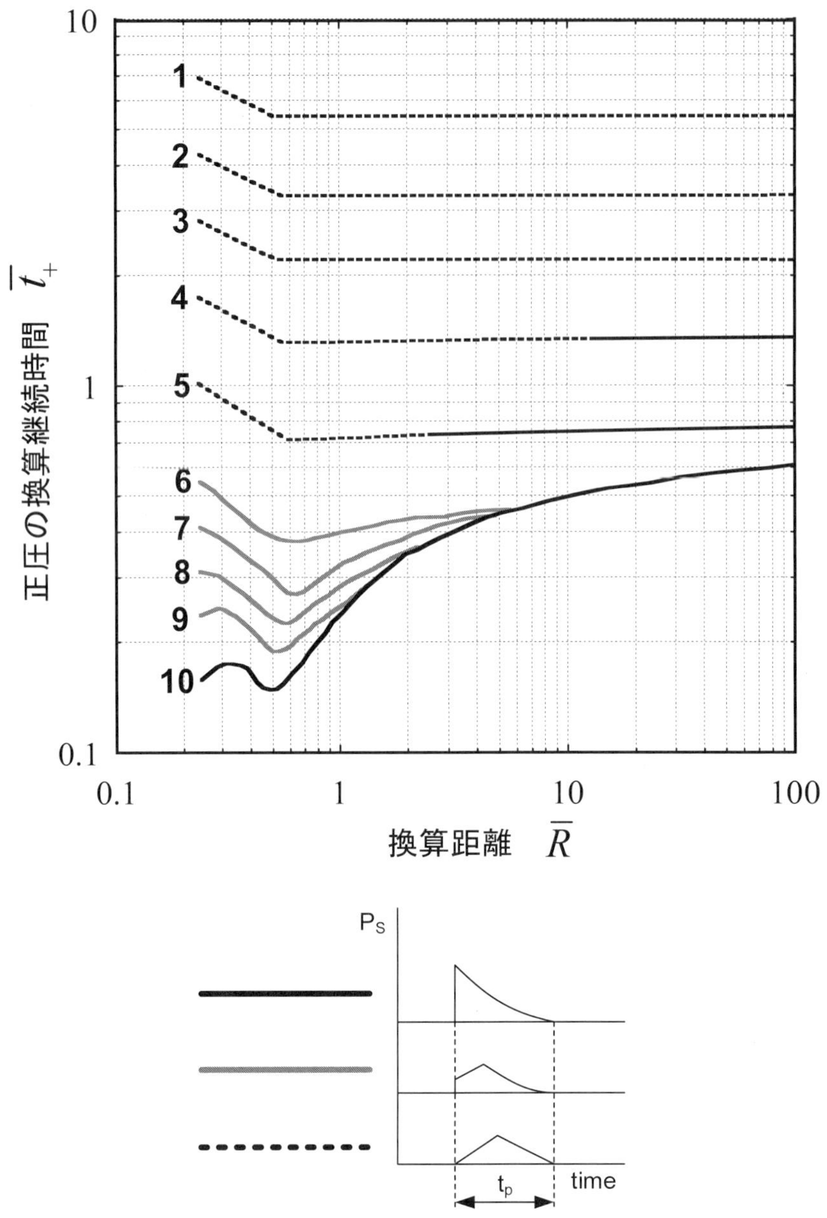

図 4.9　TNO Multi-Energy Method における正圧の継続時間と換算距離の関係

過圧（P_S），動圧（P_{dyn}）と正圧の継続時間（t_+）は，図 4.7～図 4.9 に示すチャートを用いて次式で評価する。

$$P_S = \Delta P_S \cdot P_0 \tag{4.10}$$

ここで，ΔP_S：図 4.7 から求まる換算過圧

$$P_{dyn} = \overline{P}_{dyn} \cdot P_0 \tag{4.11}$$

ここで，$\overline{P}_{dyn}$：図 4.8 から求まる換算動圧

$$t_+ = \bar{t}_+ \left[\frac{(E/P_0)^{1/3}}{c_0} \right] \tag{4.12}$$

ここで，$\bar{t}_+$：図 4.9 から求まる正圧の換算継続時間である。

4.4 TNO Multi-Energy Method（TNO マルチエネルギー法）の適用例

4.4.1 Flixborough 爆発事故への Multi-Energy Method の適用

ここでは，Multi-Energy Method を適用して Flixborough 爆発事故[2),5),6)]の検討を行う。

(1)　爆発源の特定と燃焼エネルギーの評価

シクロヘキサンのプロセスユニットは部分的に拘束された部分を有しており大きな爆発の源になったと考えられる。形成された蒸気雲に含まれていたと考えられる燃料の総量は，4.2.2 の検討から 34,000kg であった。蒸気雲が形成された場所に有ったシクロヘキサンのプロセスユニットの体積は V=100m×50m×10m=5×$10^4$$m^3$ である。したがって，この部分的に拘束された体積に対応する蒸気雲の燃焼エネルギーは，E=50,000m^3×3.5MJ/m^3=175,000MJ となる。また，部分的に拘束された部分以外の蒸気雲の燃焼エネルギーは，34,000kg×46.7MJ/kg－175,000＝1,412,800MJ となる。

(2)　爆発源の初期強度の決定

初期強度の決定は単純に次のように考える。

・強力な爆発を生じる恐れのある場合，強度数=10 を採用する。

・残りの部分に対する強度数は 2 を考える。

表 4.3 にプラント内に形成されたと考えられる蒸気雲の潜在的な爆発重大度を表す燃料気化爆源の特性と位置をまとめて示す。

表 4.3　Flixborough 蒸気雲の潜在的な爆発重大度を表す燃料気化爆源の特性と位置

爆源	燃焼エネルギー E (MJ)	強度	位置
プロセスユニット装置（Charge I）	175,000	10	装置の中心
残りの蒸気雲（Charge II）	1,412,800	2	蒸気雲の中心

(3)　爆発効果の計算

TNO Multi-Energy Method のチャートから爆発効果を算定するためには，換算距離を与える必要がある。ここでは，一例として，爆源からの距離 1,000m における無次元換算距離を計算する。

Charge I に対して

$$\overline{R} = \frac{1{,}000m}{\left(175{,}000 \times 10^6 J/101{,}325Pa\right)^{1/3}} = 8.3$$

Charge II に対して

$$\overline{R} = \frac{1{,}000m}{\left(1{,}412{,}800 \times 10^6 J/101{,}325Pa\right)^{1/3}} = 4.2$$

これらの換算距離に対応する換算過圧および換算継続時間をチャートから求めた結果を表 4.4 に示す。

表 4.4　チャートから求められた爆発パラメータ

	R (m)	E (MJ)	強度数	$\bar{R}$	ΔP_S	$\bar{t}_+$
Charge I	1,000	175,000	10	8.3	0.028	0.45
Charge II	1,000	1,412,800	2	4.2	0.0032	3.0

Charge I および Charge II における最大過圧および継続時間は次のように計算できる。

Charge I：

$$P_S = \Delta P_S \cdot P_0 = 0.028 \times 101{,}325 = 2{,}837Pa = 0.028bar$$

$$t_+ = \bar{t}_+ \frac{(E/P_0)^{1/3}}{c_0} = 0.45 \times \frac{(175{,}000 \times 10^6 J/101{,}325Pa)^{1/3}}{340\, m/s} = 0.159s$$

Charge II：

$$P_S = \Delta P_S \cdot P_0 = 0.0032 \times 101{,}325 = 324Pa = 0.003bar$$

$$t_+ = \bar{t}_+ \frac{(E/P_0)^{1/3}}{c_0} = 3 \times \frac{(1{,}412{,}800 \times 10^6 J/101{,}325Pa)^{1/3}}{340\, m/s} = 2.1s$$

表 4.5 および表 4.6 に，Charge I および Charge II に対応する爆源からの各距離に対する最大過圧と正圧の継続時間の計算結果を示す。

表 4.5　Charge I に対する過圧と正圧の継続時間（E=175,000MJ，強度数=10）

R (m)	$\bar{R}$	ΔP_S	P_S (bar)	$\bar{t}_+$	t_+ (s)
50	0.41	3.4	3.45	0.15	0.053
100	0.83	0.70	0.71	0.19	0.067
200	1.67	0.21	0.21	0.29	0.102
500	4.17	0.065	0.066	0.40	0.141
1000	8.34	0.028	0.028	0.45	0.159
2000	16.67	0.013	0.013	0.49	0.173
5000	41.68	0.0050	0.005	0.53	0.187

表 4.6　Charge II に対する過圧と正圧の継続時間（E=1,412,800MJ，強度数=2）

R (m)	$\bar{R}$	ΔP_S	P_S (bar)	$\bar{t}_+$	t_+ (s)
100	0.42	0.020	0.020	3.3	2.3
200	0.83	0.016	0.016	3.0	2.1
500	2.08	0.0065	0.007	3.0	2.1
1000	4.15	0.0032	0.003	3.0	2.1
2000	8.31	0.0016	0.002	3.0	2.1

4.4.2　LPG 貯蔵タンクの爆発

図 4.10　LPG 貯蔵タンクの概要

図 4.10 に示すように直径 20m，高さ 10m の円筒形 LPG 貯蔵タンクがある。このタンクは直径 30cm，高さ 1m のコンクリート製杭 267 本で支持されている。ここでは，タンク直下の 1m の隙間部分が何らかの原因で漏洩したプロパンと空気の混合体で満たされていると仮定し，この混合体が爆発した際の 50m 離れた場所における過圧および力積を決定してみる。

(1)　障害物体積比の計算

まず，タンク下の拘束領域（直径 20m，高さ 1m の部分）の体積を計算する。

$$V_{region} = \frac{\pi}{4} D^2 H = \frac{\pi}{4} \times 20^2 \times 1 = 314.2 m^3$$

この部分には直径は 0.3m で高さ 1m のコンクリート製杭 267 本が配置されている。その障害物の体積は，次の通りである。

$$V_{obstructred} = 267 \times \frac{\pi}{4} \times d^2 \times H = 267 \times \frac{\pi}{4} \times 0.3^2 \times 1 = 18.9 m^3$$

ここで，障害物体積比（VBR: Volume blockage ratio）を計算すると次のようになる。

$$VBR = \frac{V_{obstructred}}{V_{region}} = \frac{18.9}{314.2} = 0.06$$

(2)　蒸気雲爆発による最大過圧の推定

低い発火エネルギーにより解放領域（3D）で蒸気雲爆発した場合の最大過圧は，次式で評価できる[2)]。

$$P_{max} = 0.84\left(\frac{VBR \cdot L_P}{D}\right)^{2.75} S_L^{\,2.7} D^{0.7} \tag{4.13}$$

ここで，VBR：蒸気雲の障害物体積比（蒸気雲が形成された場所の障害物によって占有されている体積比），L_P：火炎経路長（引火地点から配置された障害物の最外端までの距離），D：蒸気雲が形成された部分にある障害物の平均直径，S_L：燃料の理論層流火炎速度である。

一方，低い発火エネルギーによって 2D 方向にのみ火炎進展が許された場合の最大過圧は次式で与えられる[2)]。

$$P_{max} = 3.38\left(\frac{VBR \cdot L_P}{D}\right)^{2.25} S_L^{\,2.7} D^{0.7} \tag{4.14}$$

今回の問題においては，発火がタンク中央直下で起こると仮定したことから，火炎の進展方向は 2 次元方向(2D)であり，火炎経路長は L_P=10m となる。プロパンの層流火炎速度は S_L=0.46m/s であるから，爆源における最大過圧は，式(4.14)を用いて次のように評価できる。

$$P_{max} = 3.38\left(\frac{VBR \cdot L_P}{D}\right)^{2.25} S_L^{\,2.7} D^{0.7} = 3.38\left(\frac{0.06 \times 10}{0.3}\right)^{2.25} 0.46^{2.7} \times 0.3^{0.7} = 0.85bar$$

(3)　Multi-Energy Method による過圧

(2)の検討から爆源における最大過圧は 0.85bar と評価できた。ここで，大気圧を 1bar とすると，式(4.10)で与えられる換算過圧は 0.85 となる。この換算過圧を図 4.7 に示す Multi-Energy Method のチャートと比較すると，強度数は 6～7 と評価できる。ここでは，安全側の考慮から強度数 7 とする。

爆源の燃焼エネルギーは，次のように計算できる。

$$E = H_C\left(V_{region} - V_{obstructed}\right) = 3.5\, MJ/m^3\,(314.2 - 18.9) = 1{,}033.6MJ$$

したがって，爆源から 50m の距離における換算距離は，式(4.9)から次のように計算できる。

$$\overline{R} = \frac{R}{(E/P_0)^{1/3}} = \frac{50}{(1{,}033.6 \times 10^6/101{,}325)^{1/3}} = 2.3$$

図 4.7 および図 4.9 から，この換算距離に対応する無次元過圧，無次元継続時間を求めると，無次元過圧 ΔP_S=0.131 および無次元継続時間 $\overline{t_+}$=0.373 となる。よって，最大過圧および正圧の継続時間は，式(4.10)と式(4.12)から，次のように計算される。

$$P_S = \Delta P_S \cdot P_0 = 0.131 \times 101{,}325 = 13{,}274Pa = 13.3kPa$$

$$t_+ = \bar{t}_+ \frac{(E/P_0)^{1/3}}{c_0} = 0.373 \times \frac{(1033.6 \times 10^6 J/101{,}325Pa)^{1/3}}{340\, m/s} = 0.0238s$$

正圧の継続時間は 23.8ms となることから力積は次のように計算できる。

$$i = \frac{1}{2} P_S \cdot t_+ = \frac{1}{2} \times 13{,}300 \times 0.0238 = 158.3Pa \cdot s$$

参考文献

1) Bjerketvedt, D., Bakke, J. R. and van Wingerden, K.: Gas Explosion Handbook, Journal of Hazardous Materials, Vol. 52, pp.1-150, 1997.
2) Center for Chemical Process Safety : Guidelines for Vapor Cloud Explosion, Pressure Vessel Burst, BLEVE, and Flash Fire Hazards, Second Edition, John Wiley & Sons, Inc., 2010.
3) 安全工学会：実践・安全工学シリーズ 2「プロセス安全の基礎」，化学工業日報社，2012.
4) GEXCON : http://www.gexcon.com/tools/TDgasRelease
5) Venart, J. E. S. : Flixborough: The Explosion and Its Aftermath, Institution of Chemical Engineers, Trans IChemE, Paet B, Vol.82, pp.105-127, 2004.
6) Venart, J. E. S. : Flizborough: A Final Footnote, Journal of Loss Prevention in the Process Industries, Vol.20, pp.621-643, 2007.
7) Van den Berg, A. C. : The multi-energy method: A framework for vapour cloud explosion blast prediction, Journal of Hazardous Materials, Vol.12, pp.1-10, 1985.
8) Van den Berg, A. C., van Wingerden, C. J. M., Zeeuwen, J. P., and Pasman, H. J. : Current research at TNO on vapor cloud explosion modeling, Proceedings of International Conference on Vapor Cloud Modeling, Cambridge, Massachusetts, pp.687-711, 1987.

第５章　一質点系モデルによる爆破応答

5.1　はじめに

構造物の耐爆設計法の歴史は古く, 1964 年には構造物を簡易な解析モデルに置換して解析する方法 [1)]が提案され，それ以降も詳細な解析方法や安全性の評価法が提案されている [1)-3)]。ただし，これらの耐爆設計法は爆薬の爆発を対象にしたものが多く，トリニトロトルエン（TNT）へ換算した質量（TNT 換算質量）および爆薬と構造物との距離が爆風圧算定における重要なパラメータとなる。水素の爆発を爆薬の爆発と関係づける場合には，水素爆発によるエネルギーを TNT 換算質量へ変換する方法や実験式による方法が提案されている [2)-5)]。また，これらの方法によって爆発による衝撃荷重を算定することが出来れば，その荷重を構造解析モデルに入力することで，構造物の安全性を評価することが可能となる。

5.2　一質点系モデルの概要

構造物に作用する圧力～時間関係が得られれば，その圧力を入力した構造解析結果に基づいて構造物の安全性を評価することができる。構造物の応答計算の方法としては，有限要素法などの詳細な数値解析を行って損傷評価を行うことも可能であるが，本稿では実務的な観点から簡易な一質点系モデルによる応答解析の方法 [1)-3)]を概説する。

構造物に入力される衝撃荷重~時間関係の形状に関わらず，衝撃荷重を受ける構造物の動的応答は構造物と衝撃荷重の特性に大きく依存する。その応答を簡略的に求める方法として，衝撃荷重作用時の有効質量と有効剛性を適切に評価した一質点系モデル（図 5.1）が提案されている。

一質点系モデルを設定する際には，構造部材の種類（はり，版など）や境界条件（固定，ピン支持など）および載荷状態（集中荷重，等分布荷重など）に応じて適切な等価質量 Me（質量係数 K_M を部材の質量に乗じたもの），等価剛性 Ke（荷重係数 K_L を部材の剛性に乗じたもの）を設定する必要がある。これらの等価質量と等価剛性は，一質点系モデルの変位，速度，加速度応答が，実際の構造部材（はり，版など）における着目点の応答と一致するように設定されたものである。例えばはりや一方向版部材については，表 5.1 を参考に弾性応答のパラメータが設定される。このとき，コンクリート版については，ひび割れの影響を考慮した剛性 [1)]を用いることもできる。

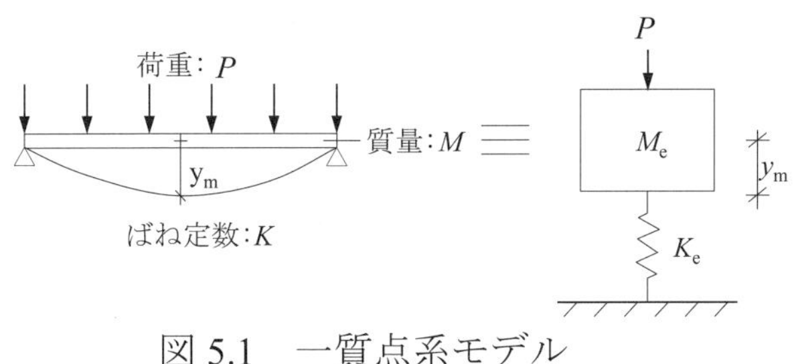

図 5.1　一質点系モデル

これらのパラメータの設定に基づいて, 以下の運動方程式を解けば, 変位～時間関係が得られる。

$$K_{LM} M\ddot{y}_m + R = P \tag{5.1}$$

ここに，K_{LM} は荷重質量係数であり質量係数 K_M を荷重係数 K_L で除したものである，M は部材の質量，$\ddot{y}_m$ は一質点系モデルの加速度，R は部材の抵抗力で K を部材の剛性とすると $R=K\,y_m$（y_m は一質点系モデルの変位）で表される，P は一質点系モデルに作用する荷重であり，圧力～時間関係に作用面積を乗じて求められる。

なお，爆風圧による構造部材の安全性評価においては最大応答を求めることが目的であることが多く，また設計上安全側の応答を得るため，一般的に減衰は考慮しない。

表 5.1　弾性一質点系モデル設定時のパラメータの例

版と支持条件	荷重状態	荷重係数 K_L	質量係数 K_M	荷重質量係数 K_{LM}	バネ係数 K	動的反力 V
単純支持された 1 方向材	集中荷重 F がスパン中央に作用	1.0	0.49	0.49	$48EI/L^3$	0.78R-0.28F
両端固定された 1 方向材	集中荷重 F がスパン中央に作用	1.0	0.37	0.37	$192EI/L^3$	0.78R-0.28F

5.3　線形一質点系モデルによる応答解析

式(5.1)の運動方程式を解けば，対象としている構造物の着目点の弾性応答変位が得られる。衝撃荷重を受ける構造物の変位応答は，作用する荷重の継続時間（三角形パルス荷重の場合，図 5.2, 5.3 中の t_0）と構造物の（1 次）固有周期 T の比（作用時間比）に大きな影響を受けることが知られている。図 5.2 に，三角形パルス荷重の場合の一質点系モデルの動的増加係数（Dynamic Increase Factor: DIF，以下，動的倍率）[1]と作用時間比の関係を示す。ここで動的倍率とは，動的応答解析で得られた最大応答変位 y_{max} を，三角形パルス荷重の最大値 P_0 が静的に作用した場合の変位 y_s(静的変位)で除した値である。図から，作用時間比の増大にともなって動的倍率も増加することがわかる。例えば，作用時間比が 0.1（荷重の継続時間が構造物の固有周期の 0.1 倍）に対する動的倍率は 0.1 となるため，動的最大変位は三角形パルス荷重の最大値を静的に作用させた際に得られる変位の 0.1 倍にしかならない。一方，作用時間比が 3.0（荷重の継続時間が構造物の固有周期の 3.0 倍）に対する動的倍率は 1.8 に達しており，動的最大変位は静的変位の 1.8 倍となる．爆轟現象の場合，荷重の継続時間は極めて短いため，一般的に動的倍率も小さくなる。なお，この動的倍率を用いると等価な（静的）荷重を得ることも可能となる。すなわち，図 5.1 に示す一質点系モデルによる動的最大変位に対して，静的解析による変位が等しくなる荷重を算定すればよい。上記の考察から，三角形パルス荷重の最大値 P_0 に動的倍率を乗じた荷重が等価な（静的）荷重となる。

次に，爆燃など衝撃波を形成することなく荷重が緩やかに増加するような場合を考える。図 5.3 に，二等辺三角形荷重による動的倍率を示す。図から，二等辺三角形荷重の場合は三角形パルス荷重と異なり，作用時間比に応じて動的倍率が振動していることがわかる。例えば，作用時間比が 1.0 のときに最大の動的倍率 1.5 を示すが，作用時間比が 2.0 では動的倍率も 1.0 であり動的最大変位と静的変位が等しい結果となる。このように，動的倍率は荷重波形の形状に大きく影響を受ける。

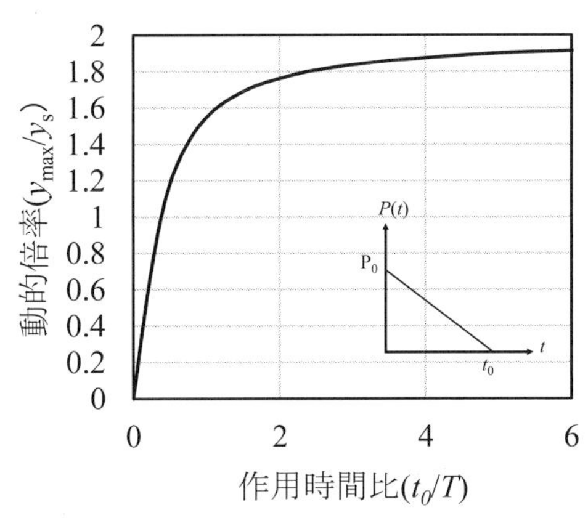

図 5.2　三角形パルス荷重による動的倍率

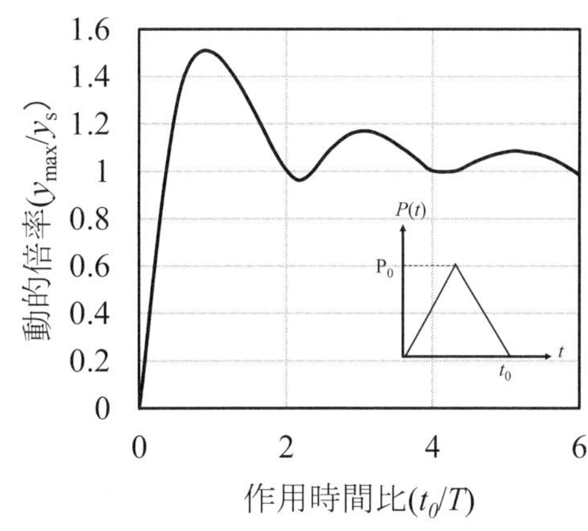

図 5.3　三角形パルス荷重による動的倍率

5.4　弾性一質点系モデルの特徴と荷重～力積曲線（PI 曲線）

衝撃荷重の継続時間 t_0 と一質点系モデルの固有周期 T の大小関係に基づいて，以下の 3 種類に分類できる。

①構造物の固有周期に比べて衝撃荷重の継続時間が短い($t_0 << T$)：衝撃的載荷

②構造物の固有周期に比べて衝撃荷重の継続時間が長い($t_0 >> T$)：準静的載荷

③構造物の固有周期と衝撃荷重の継続時間が同程度($t_0 \fallingdotseq T$)：動的載荷

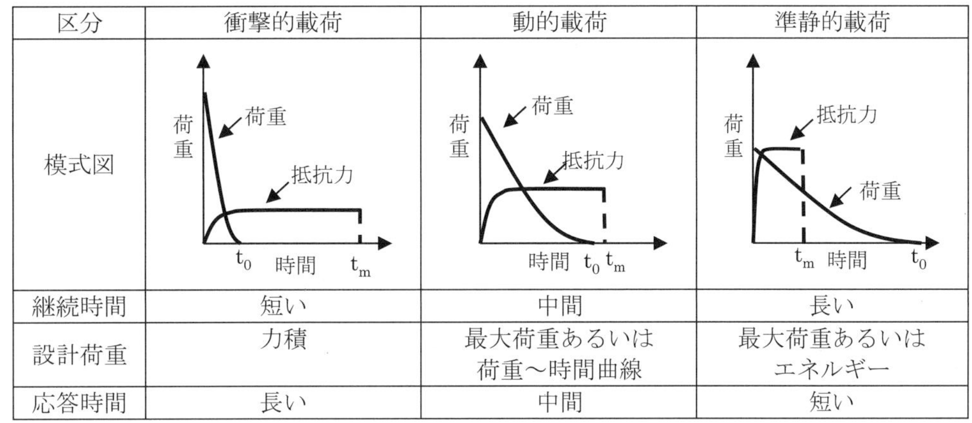

区分	衝撃的載荷	動的載荷	準静的載荷
模式図	荷重 荷重 抵抗力 t_0 時間 t_m	荷重 荷重 抵抗力 時間 t_0 t_m	荷重 抵抗力 荷重 t_m 時間 t_0
継続時間	短い	中間	長い
設計荷重	力積	最大荷重あるいは荷重～時間曲線	最大荷重あるいはエネルギー
応答時間	長い	中間	短い

衝撃的載荷とは，構造物の固有周期に比べて，荷重の継続時間が極めて短い場合に生ずる。したがって，設計荷重には力積が使われることが多い。準静的載荷は，構造物の固有周期に比べ，荷重の継続時間が極めて長いため，静的荷重あるいはエネルギー保存則を用いて設計される。一方，動的載荷は，衝撃的応答と擬静的応答の中間として位置づけられ，最大荷重や荷重～時間曲線による数値解析によって変位応答を求める。

5.4.1　衝撃的載荷における最大変位

衝撃荷重が極めて短い時間に一質点系モデルに作用すると，力積－運動量定理より，質点は次の初速度 $\dot{x}_0$ で運動を開始する。

$$\dot{x}_0 = \frac{I}{M} \tag{5.2}$$

したがって，この場合の衝撃力は以下に示す初期運動エネルギー K を構造物に与えることになる。

$$K = \frac{1}{2}M\dot{x}_0^2 = \frac{I^2}{2M} \tag{5.3}$$

エネルギー保存則より，最大応答変位が次のように求まる。

$$\frac{I^2}{2M} = \frac{1}{2}Kx_{max}^2 \tag{5.4}$$

$$x_{max} = \frac{I}{\sqrt{KM}} \tag{5.5}$$

静的変位と比較するため，変位の動的応答倍率を求めると，次のようになる。

$$\frac{x_{max}}{F/K} = \frac{I}{\sqrt{KM}(F/K)} = \frac{\frac{1}{2}Ft_d}{\sqrt{KM}(F/K)} = \frac{1}{2}\omega t_d \tag{5.6}$$

ここに，$\omega = \sqrt{K/M}$ で一質点系モデルの固有円周波数を示す。

式（5.6）は，衝撃的載荷時の漸近線を表す。

5.4.2　準静的載荷における最大変位

衝撃力が，構造物の固有周期に比べて極めて長い間作用する状態を考える。このとき，外力は図 5.4 に示すステップ荷重としてモデル化される。

外力によって構造になされる仕事が，一質点系モデルのひずみエネルギーに置換されるので，次式が成立する。

$$F_0 x_{max} = \frac{1}{2}Kx_{max}^2 \tag{5.7}$$

図 5.4　ステップ外力

最大応答変位は，次のように求められる。

$$x_{max} = 2\frac{F_0}{K} \tag{5.8}$$

静的変位と比較するため，変位の動的応答倍率を求めると次のようになる。

$$\frac{x_{max}}{F_0/K} = 2 \tag{5.9}$$

式（5.9）は，準静的載荷時の漸近線を表している。

5.4.3　応答区分に対応した最大変位の動的応答倍率

先に述べた二つの最大応答変位を比較したものを図 5.5 に示す。図の縦軸は最大変位の動的応答倍率を，横軸には構造物の固有円周波数と衝撃力の継続時間の積（これは，構造物の固有周期と衝撃力の継続時間との比）を示している。これより，外力の継続時間が短い領域における最大応答変位は，衝撃応答変位の漸近線に接近し，外力の継続時間が長くなるにつれて衝撃応答変位の漸近線からも離れていく。衝撃荷重の継続時間がある程度長くなると，準静的応答の漸近線に近づいていく。なお，最大応答変位は，静的変位の 2 倍であることは，これまでに述べたとおりである。

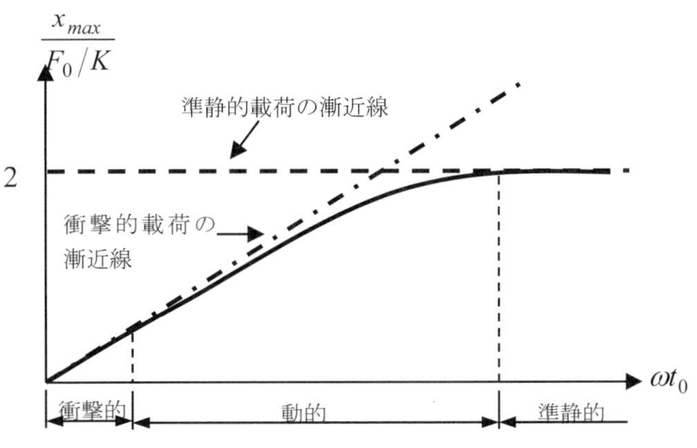

図 5.5　最大変位の動的応答倍率

5.4.4　荷重～力積曲線（あるいは等損傷曲線）

図 5.5 に示した最大変位の動的応答倍率の縦軸と横軸を修正することを考える。

準静的載荷時の最大変位は，静的載荷時変位の 2 倍である。すなわち，

$$\frac{x_{max}}{F_0/K} = 2.0 \qquad \frac{Kx_{max}}{2F_0} = 1 \tag{5.10}$$

式（5.10）の逆数をとり，縦軸を次のように変換する。

$$\frac{2F_0}{Kx_{max}}\left[\propto \frac{\text{最大衝撃荷重}}{\text{最大バネ力}}\right] = 1 \tag{5.11}$$

これは，最大衝撃荷重と最大バネ力との比を意味しており，荷重の継続時間 t_0 が極めて短い場合（衝撃的載荷）には，無限大となる。一方，荷重の継続時間が長くなり準静的載荷に近づくと，その値は 1.0 に漸近する。

次に，最大変位の動的応答倍率の横軸は ωt_d である。衝撃的載荷の漸近線式（5.6）より，

$$\frac{x_{max}}{F/K} = \frac{I}{\sqrt{KM}(F/K)} \tag{5.12}$$

$$\frac{I}{x_{max}\sqrt{KM}} = 1 \tag{5.13}$$

すなわち，横軸の変数として $\frac{I}{x_{max}\sqrt{KM}}$ を用いると，新しい衝撃応答の漸近線が $\frac{I}{x_{max}\sqrt{KM}} = 1$ で与えられることがわかる。

図 5.6 に，縦軸と横軸をそれぞれ $\frac{2F_0}{Kx_{max}}$ と $\frac{I}{x_{max}\sqrt{KM}}$ に変換した荷重～力積曲線(Pressure-Impulse 曲線，PI 曲線)を示す。

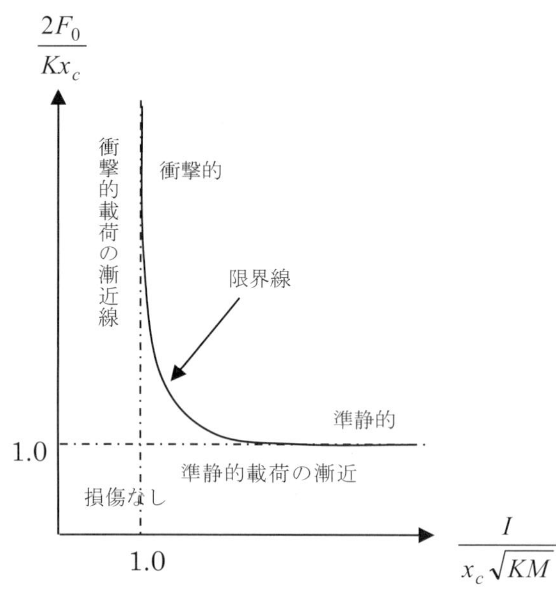

図 5.6　荷重～力積曲線

さて，構造物のある限界変位 x_c が与えられたとき（$x_{max} \le x_c$），構造物の最大変位 x_{max} は，質点 M，剛性 K および最大荷重 F_0，荷重の継続時間 t_d に影響を受ける。衝撃的載荷では，$x_{max} = \frac{I}{\sqrt{KM}} \le x_c$ なので，限界変位に達しない条件として次式が導かれる。

$$\frac{x_{max}}{x_c} = \frac{I}{x_c\sqrt{KM}} \le 1.0 \tag{5.14}$$

式（5.14）は，図 5.6 において，衝撃的載荷の漸近線の左の領域であれば，限界変位に到達せず安全であることを意味している。

次に，準静的載荷では，$x_{max} = \frac{2F_0}{K} \le x_c$ なので，限界変位に達しない条件として次式が導かれる。

$$\frac{x_{max}}{x_c} = \frac{2F_0}{x_c K} \le 1.0 \tag{5.15}$$

式（5.15）は，図 5.6 において，準静的載荷の漸近線の下側の領域であれば，限界変位に到達せず安全であることを意味している。同様の考え方で，動的載荷の領域でも曲線の左および下側であれば安全であることを意味している。

5.5　弾塑性一質点系モデルによる応答解析

構造物の弾塑性特性を考慮する場合には，式(5.1)の抵抗力 R に非線形性を考慮する必要がある。一例として，図 5.7 に完全弾塑性の場合の抵抗力特性を示す。図では単純ばりを例示しており，はり中央部に塑性ヒンジが生じて崩壊メカニズムが形成され，最大抵抗力 R_m で塑性変形する。このような抵抗力特性を式(5.1)に考慮して運動方程式を解けば，動的最大変位が得られる。ただし，弾性解析と同様に，1 質点系モデルの質量係数や荷重係数を決定する必要がある。弾塑性応答では，塑性ヒンジが形成され，変位の分布形状が変化するため質量係数が変化する。一例として，表 5.2 に弾塑性応答におけるパラメータの例を示す。

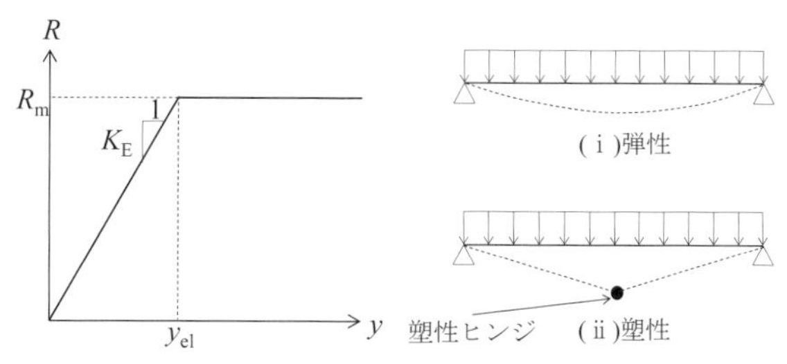

図 5.7　完全弾塑性モデル

表 5.2　弾塑性 1 質点系モデルにおけるパラメータの例

部材と支持条件	荷重状態	荷重係数 K_L	質量係数 K_M	荷重質量係数 K_{LM}	最大抵抗力 R_m	バネ係数 K	動的反力 V
単純支持されたはり・一方向版部材	集中荷重 P がスパン中央に作用	1.0	0.33	0.33	$4M_P/L$	$48EI/L^3$	$0.75R$-$0.25P$
両端固定されたはり・一方向版部材	集中荷重 P がスパン中央に作用	1.0	0.33	0.33	$4(M_{Ps}+M_{Pm})$ /L	$192EI/L^3$	$0.75R$-$0.25P$

※M_P：塑性モーメント，M_{Ps}：支点部断面における塑性モーメント，M_{Pm}：スパン中央断面における塑性モーメント

弾塑性解析によって動的最大変位が得られるが，設計時の安全性評価指標として塑性率 μ が用いられることが多い。塑性率とは，動的最大変位 y_{max} を弾性限界変位 y_{el} で除したものであり，構造物の塑性化の程度を示す。逆に，塑性率が得られれば，弾性限界変位を乗じることで動的最大変位を得ることもできる。図 5.8 に，三角形パルス荷重による塑性率と作用時間比の関係を示す。塑性率は最大抵抗力 R_m と三角形パルス荷重の最大値 P_0 との比によって変化することがわかる。例えば，R_m/P_0 が 2.0 の場合（最大抵抗力が最大荷重の 2.0 倍）は作用時間比が増加すると次第に塑性率も大きくなり，作用時間比 10 の際には塑性率は μ=1.0（弾性限界）となる。一方，R_m/P_0 が 0.1 の場合（最大抵抗力が最大荷重の 0.1 倍）は，作用時間比が 0.1 と小さくても塑性率は 5.0 にも達し，作用時間比の増加にしたがって塑性率も急激に増大する。

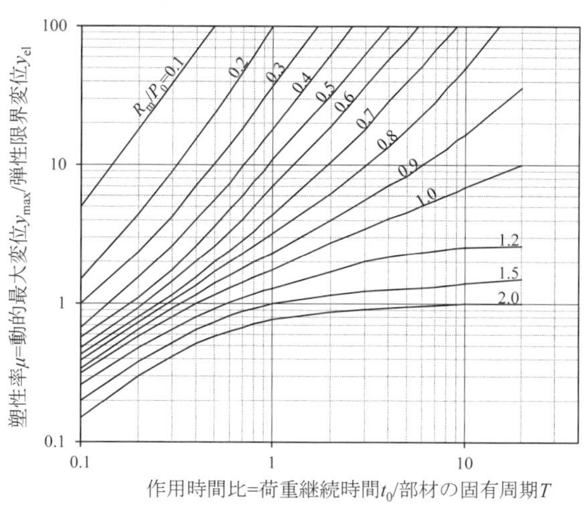

図 5.8　三角形パルス荷重による塑性率

図 5.9 は，二等辺三角形荷重による塑性率と作用時間比の関係を示したものである。図から，R_m/P_0 が 2.0 の場合は作用時間比が増加すると次第に塑性率も振動しながら大きくなるが，作用時間比 10 に対しても塑性率は μ=0.5 程度（弾性範囲）である。一方，R_m/P_0 が 0.1 の場合は作用時間比 0.1 に対して塑性率は 5～6 程度であり，作用時間比の増加にともない塑性率も急増する。ただし，全体的に三角形パルス荷重よりも増加の勾配は緩やかな傾向を示す。

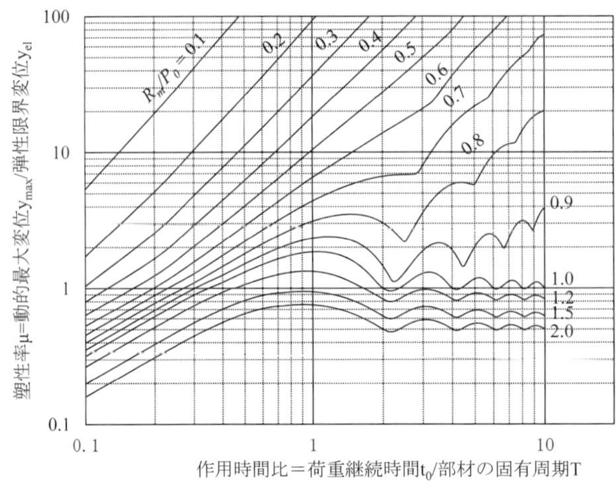

図 5.9　二等辺三角形荷重による塑性率

衝撃荷重を受ける 1 質点系モデルの動的最大変位が求まれば，部材の安全性や損傷程度を判定することができる。一般的に，部材の材端回転角と損傷程度の関係が提案されており [3]，これらに基づいて部材の安全性や健全度が評価されている。表 5.3 に，曲げ変形する鉄筋コンクリート部材の損傷程度と材端回転角の関係の一例 [3]を示す。この場合には，損傷レベルとして小損傷から甚大損傷の 4 段階を設定している。また，表 5.4 に示すように構造物全体の被害状態と部材の損傷レベルの関係についても提案されており [3]，このような指標が与えられれば，部材だけでなく構造物やビルなどの健全性を評価することもできる。

表 5.3　部材の損傷程度と材端回転角（曲げ破壊）の関係

損傷程度	材端回転角θ(rad) 主要構造材 （柱・梁・耐力壁）	 補助構造材 （床・せん断壁）
小損傷	降伏耐力～0.010	降伏耐力～0.010
中損傷	0.010～0.017	0.010～0.033
大損傷	0.017～0.033	0.033～0.067
甚大損傷	0.033～	0.067～

表 5.4　構造物全体の被害状態と部材の損傷程度の関係

<table>
<tr><td rowspan="2"></td><td colspan="6">構造物全体の被害状態</td></tr>
<tr><td>微被害</td><td>軽被害</td><td>小被害</td><td>中被害</td><td>大被害</td><td>甚大被害</td></tr>
<tr><td>主要構造材
(柱・梁)</td><td></td><td></td><td>小損傷</td><td>中損傷</td><td>大損傷</td><td>甚大損傷</td></tr>
<tr><td>補助構造材
(床・壁)</td><td></td><td>小損傷</td><td>中損傷</td><td>大損傷</td><td colspan="2">甚大損傷</td></tr>
<tr><td>非構造材
(窓・建具)</td><td>小損傷</td><td>中損傷</td><td>大損傷</td><td colspan="3">甚大損傷</td></tr>
<tr><td>備考</td><td>1.非構造材に永久変形が生じる</td><td>1.構造材が僅かに降伏．局所変形は生じない
2.非構造材に機能を失う大変形が生じる</td><td>1.構造材に僅かに残留変形・局所変形が生じる
2.非構造材が破損したり飛散する</td><td>1.構造材に大きな残留変形・局所変形が生じる</td><td>1.進行性崩壊，局所崩壊，倒壊の危険がある大変形を生じる</td><td>1.部材の安定が保持されず，進行性崩壊の危険がある</td></tr>
</table>

参考文献

1) Theodor Krauthammer：Modern Protective Structures，CRC Press，2008.

2) 大野友則編著：基礎からの爆発安全工学，森北出版，2011.

3) 日本建築学会：建築物の耐衝撃設計の考え方，2015.

4) 三宅純巳：水素の爆発と安全性，水素エネルギーシステム，Vol.22，No.2，pp.9-17，1997.

5) 安全工学協会：安全工学講座(2) 爆発，海文堂，1983.

第６章　ASCE 耐爆設計指針による RC 構造物の耐爆設計解析

本章では，米国の ASCE（American Society of Civil Engineers）が制定した石油関連施設の耐爆設計ガイドライン（以降，耐爆設計指針と呼ぶ）[1)]に基づき，動的有限要素応答解析を適用した鉄筋コンクリート（RC）構造物の耐爆設計例について紹介する。以下では，まず米国の ASCE 耐爆設計指針の設計プロセスとクライテリアの概要について説明し（6.1 節），さらに耐爆設計における非線形動的有限要素解析の適用事例を示す（6.2 節）。

6.1　ASCE 耐爆設計指針

6.1.1　構造物の耐爆設計プロセス

耐爆設計とは，構造設計において規定される爆発荷重に対して構造物が要求性能を満足しているかどうかを確認する行為であり、これまで米国の ASCE 耐爆設計指針[1)]に基づいて実施されることが多い。

図6.1にASCEの耐爆設計指針[1)]による構造物の耐爆設計プロセスを示す。設計の基本手順は，次に示す[1]～[7]のようにまとめられる。

[1] 設計範囲の定義：手順①と②で構造物に対する発注者の要求条件やニーズを整理する。

[2] 爆発危険度分析：手順③と④で爆発のシナリオを確認し、設計爆風圧を設定する。

[3] 要求性能の決定：手順⑤で爆発時における構造物の要求性能について規定する。

[4] 爆風荷重の決定：手順⑦は構造物の部材における爆風荷重を決める。

[5] 構造形式，使用材料と設計クライテリアの選定：手順⑥⑧と⑨では，構造物の要求性能に基づき、構造物の構造形式および適用材料を選定するとともに，要求性能に応じたクライテリアの決定を行う。

[6] 構造解析と部材断面設計の実施：手順⑩⑪⑫は構造物の状況に応じて適切な構造計算手法を選択し、構造物の部材断面設計を実施する。

[7] 詳細設計の実施と設計図書の作成：手順⑬⑭⑮で構造物の詳細設計を実施し、設計図書を完成する。

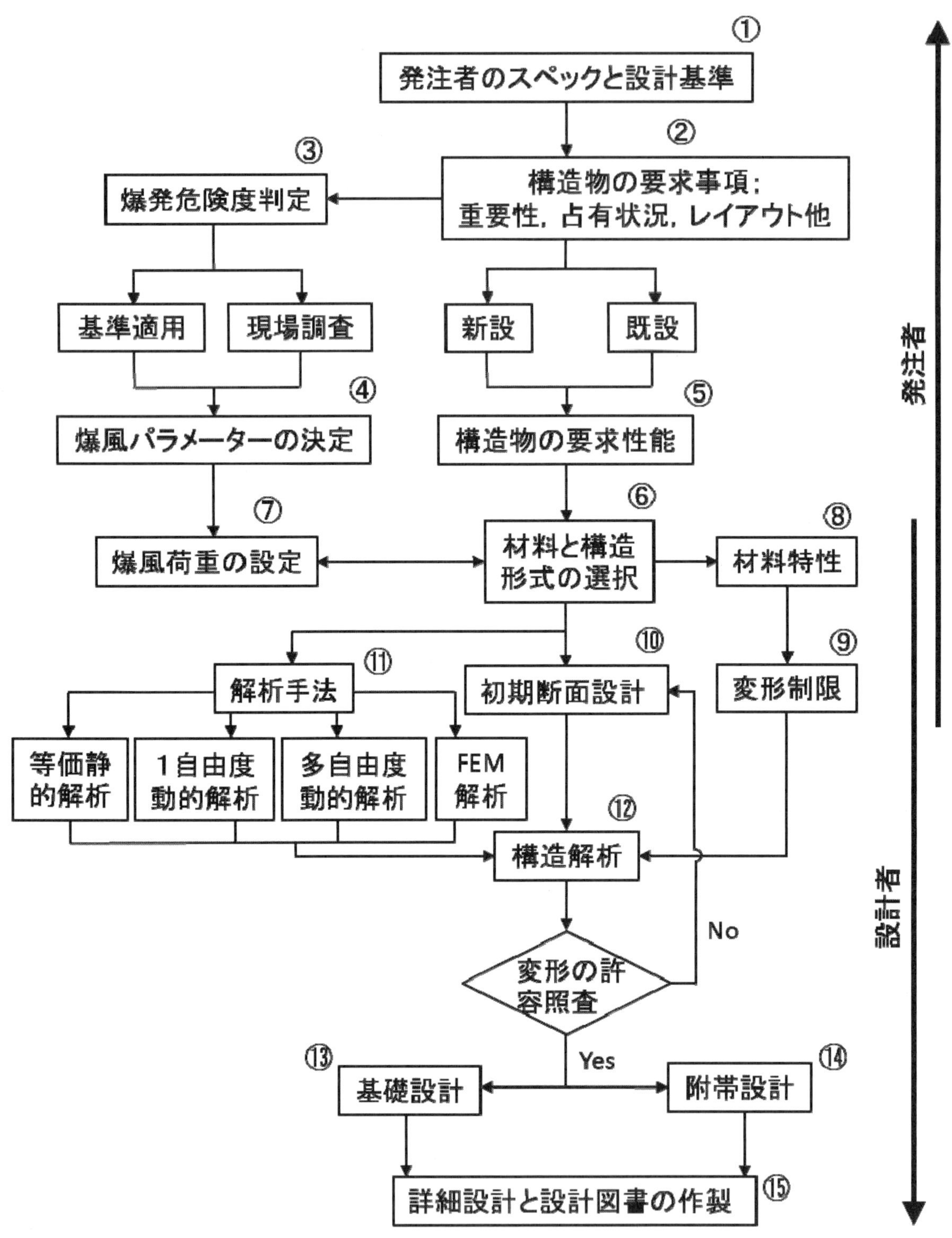

図 6.1　構造物耐爆設計のプロセス [1)]

6.1.2　爆破荷重を受ける鉄筋コンクリート構造物の設計クライテリア

構造物の耐爆設計では，人命保護を前提として，構造物の損傷程度を主要設計目標としている。ASCE 耐爆設計指針[1]では，RC 構造の耐爆設計クライテリアを表 6.1 のように規定している。また，この表中に示す小破，中破，および大破は，RC 部材の破壊の程度を表し，それぞれ次のように定義される。

小破：構造物および部材によっては局部的な損傷があるが、建物はまだ使用できる。場合によっては，補修が必要となる。ただし，補修コストはそれ程ではない。

中破：構造物および部材に広域的な損傷があり、補修しなければ建物を使用できない状態である。補修コストは高価である。

大破：構造物および部材はかなりの損傷を受けており、風雨や雪など悪環境条件下によっては崩壊する可能性もある。補修コストは，建替えコストに等しいほど高価となる。

表 6.1　ASCE 耐爆設計基準による RC 部材の応答クライテリア

部材のタイプ	支配応力	許容塑性率 μ_a	許容支点回転角，θ_a 注(2)		
			小破	中破	大破
梁	曲げ	N/A	1	2	4
	せん断: 注(1)				
	コンクリートだけ	1.3			
	コンクリート＋スターラップ	1.6			
	スターラップ	3.0			
	圧縮	1.3			
スラブ	曲げ	N/A	2	4	8
	せん断: 注(1)				
	コンクリートだけ	1.3			
	コンクリート＋スターラップ	1.6			
	スターラップ	3.0			
	圧縮	1.3			
梁-柱	曲げ		1	2	4
	圧縮(C)	1.3			
	引張(T)	注(3)			
	C と T の中間	10.0			
	せん断　注(1)	1.3			
せん断壁	曲げ	3.0	1	1.5	2
	せん断　注(1)	1.5			

注(1)　せん断耐力が曲げ耐力の 120%以下の場合には，支配的破壊状態はせん断とする。

注(2)　許容支点回転角が 2°以上の場合には，スターラップを配置すること。

注(3)　塑性率＝$0.05(\rho-\rho')<10$

6.1.3　爆破荷重を受ける鉄筋コンクリート構造物の安全性照査

爆破荷重を受ける鉄筋コンクリート構造物の安全性照査は，表6.1に示すASCE耐爆設計指針クライテリアに基づき，次のように行うのが一般的である。

(1)　梁，スラブ，壁などの軸力を考慮しない部材について

① 表6.1のクライテリアを適用して部材の変形角が許容制限値内であることの確認をする。許容制限値を超える場合には，断面サイズと主筋のいずれか，または両方を増加する。

② 表6.1の注(1)によって破壊型を確認し，曲げ破壊先行なら作業を終える。

③ せん断破壊先行と判定された場合，塑性率が許容制限値内であれば作業を終了する。ただし，塑性率が許容制限値を超える場合には，次の２つの手法で対応する。すなわち，a)せん断補強筋量の増加により曲げ破壊先行型へ変更して作業を終えるか，あるいは，b)断面サイズと主筋量のいずれか，または両方を増加させた後，①および②のプロセスに戻るかである。

(2)　軸力を考慮する部材（主に柱）について

通常軸力を考慮する部材は，モーメントー軸力相互作用特性を考慮して非線形降伏特性を算定する。このとき曲げ破壊先行型の場合においても塑性率の照査が必要になることに注意を要する。

① 表6.1の注(1)によって破壊型を確認する。通常，柱は曲げ破壊先行型とするのが望ましいが必須ではない。

② 変形角および塑性率がともに表6. 1の許容制限値内である場合には作業を終了する。

③ 変形角あるいは塑性率が許容制限値を超える場合，可能であれば主筋の増加のみで対応し，不可の場合のみ断面サイズを増加するようにすると良い。一般的に主筋を増やすことが効果的な場合が多い。

6.2　非線形動的有限要素解析

耐爆設計における構造物の応答計算には，等価静的解析，1 自由度モデルや多自由度モデルによる動的解析あるいは有限要素モデルによる動的解析のいずれかの手法を適用するのが一般的である。部材レベルの応答計算による設計と構造全体の応答計算による設計がある。設計コストを考えれば単純な解析モデルが望ましいが，構造物の建設コストを総合的に考えて有限要素モデルによる動的解析を適用すべきケースも少なくなく，高精度な応答計算と解析手法の簡便さのバランスが求められている。

ASCE 耐爆設計指針では，次のいずれかに該当する場合には応答計算に有限要素解析を適用することが推薦されている。1)部材の固有振動数と構造全体の固有振動数の比が 0.5～2.0　になった場合，2)構造物と基礎の詳細解析評価を行い，支点反力と部材断面力の時刻歴応答を適用して設計することによって，基礎の建設コストを最小化することを期待したい場合，3)座屈，全体変形，P-δ効果など構造物の全体的挙動を評価して設計する場合，および 4)構造の非対称性（構造部材が非対称に配置されている場合等），形状不整，剛性不整，重量分布不整などがある場合である。特に 1)の場合には，構造の全体挙動を考慮せずに部材だけで解析することは不正確な解析結果を得る可能性が高いので構造全体の有限要素解析が推奨される。

これまでに多くの汎用解析ソフト ABAQUS, ADINA, ANSYS, DYNA, DYNA3D, LS-DYNA, NASTRAN, NONSAP などが非線形動的解析に適用されている。またその他のソフト CBARCS, COSMOS/M, STABLE, ANSR-1 も耐爆設計解析用に開発されている。

6.1 節に示した ASCE 耐爆設計指針では，具体的な解析モデルを規定しているわけではなく，設計者の判断に任されているのが実情である。ここでは，次に非線形動的有限要素解析を適用し

た耐爆設計の事例を示す。

6.2.1 非線形動的有限要素解析を適用した耐爆設計の事例

ここで紹介する耐爆設計の事例は，大規模な化学プラントにおける制御センターが入る鉄筋コンクリート建屋に対してのものである。制御センターには，多くの人が常駐しており，爆発の発生などの非常時には，安定的に生産ラインを停止することが求められる。そのために，鉄筋コンクリート建屋の耐爆設計が必要となった。

この耐爆設計事例では，爆発荷重を受ける鉄筋コンクリート建屋の応答を評価するために非線形動的有限要素解析を適用した。図 6.2～図 6.5 に鉄筋コンクリート建屋構造および地盤の有限要素モデルを示す。鉄筋コンクリート建屋構造に関しては，梁・柱は非線形梁要素（図 6.3）で，壁と屋上スラブは非線形シェル要素（図 6.4）で，そして基礎スラブは弾性 3 次元ソリッド要素でそれぞれモデル化した。また，地盤は非線形 3 次元ソリッド要素でモデル化し，図 6.5 に示す半無限境界の粘性境界特性は，その地盤層の土質特性から算定した [2),3)]。

RC 梁の非線形特性は，図 6.6 に示すように断面寸法および配筋を用いて ACI 基準により算定しバイリニア関係で与えた。RC 柱の非線形特性は，図 6.7 に示すように柱断面に作用する曲げモーメント-軸力の相互作用特性を考慮したバイリニア関係として与えた。また，壁と屋上スラブの非線形特性は，ACI 基準によって算定し、バイリニア特性を適用した。

構造物に作用する爆発荷重は，爆発の規模や爆源からのスタンドオフを考慮して ASCE 耐爆設計指針によって図 6.8 のように決定した。解析では，まず設計用静的荷重と自重を負荷して静的解析を実施した。その後，静的荷重を負荷した状態で爆風荷重による弾塑性動的有限要素応答解析を実施した。

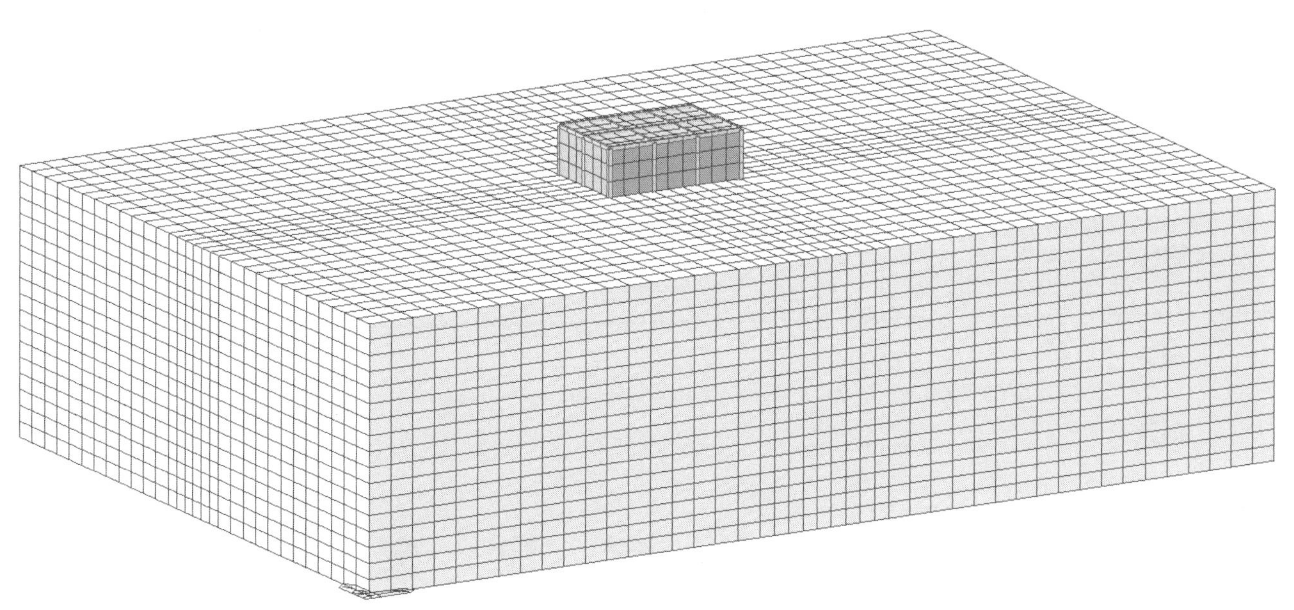

図 6.2 耐爆設計解析（建屋−地盤連成モデル）

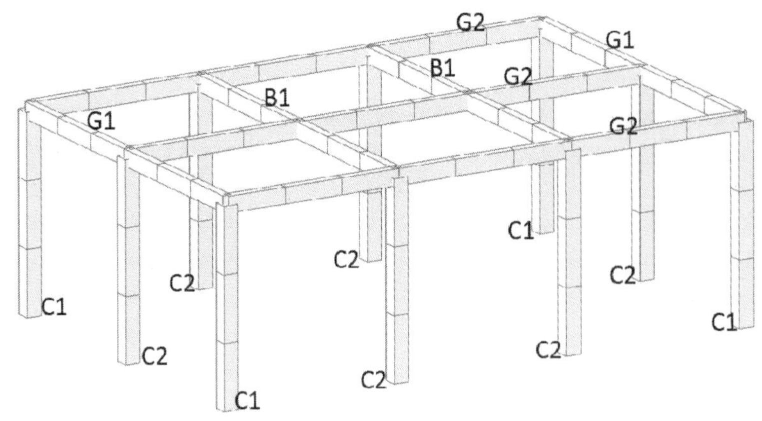

図 6.3 耐爆設計解析（柱梁のモデル）

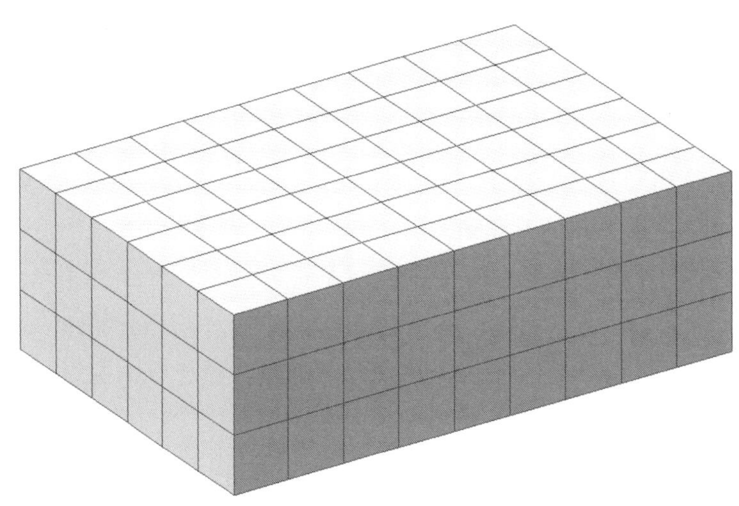

図 6.4 耐爆設計解析（壁や屋上スラブのモデル）

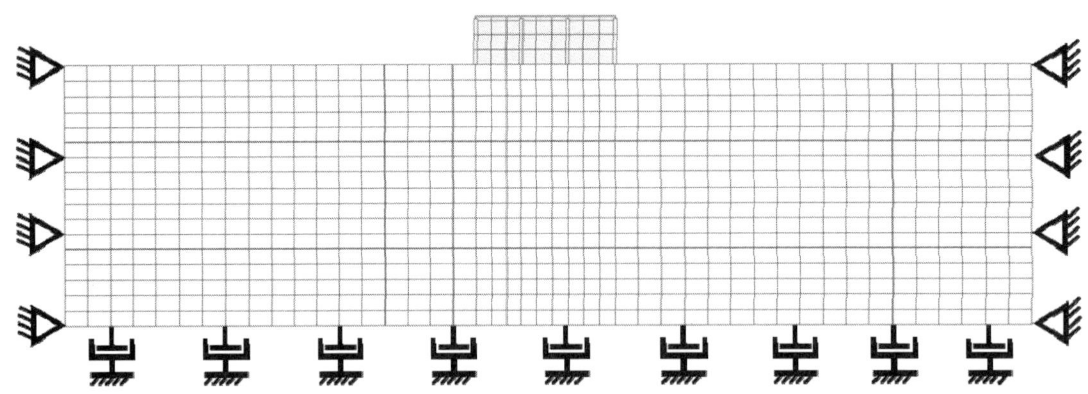

図 6.5　耐爆設計解析（地盤：半無限境界の場合）

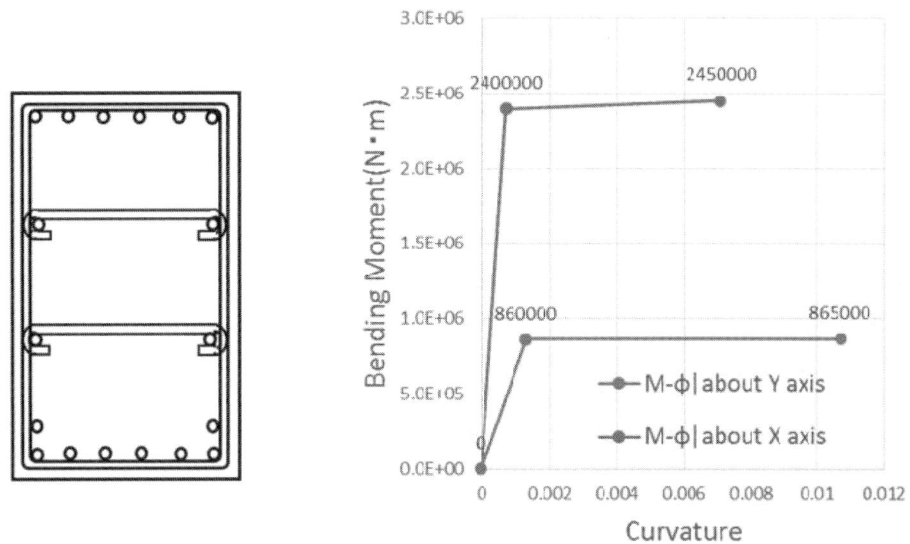

図 6.6 耐爆設計解析（RC 部材の断面および配筋例：梁断面とその非線形特性）

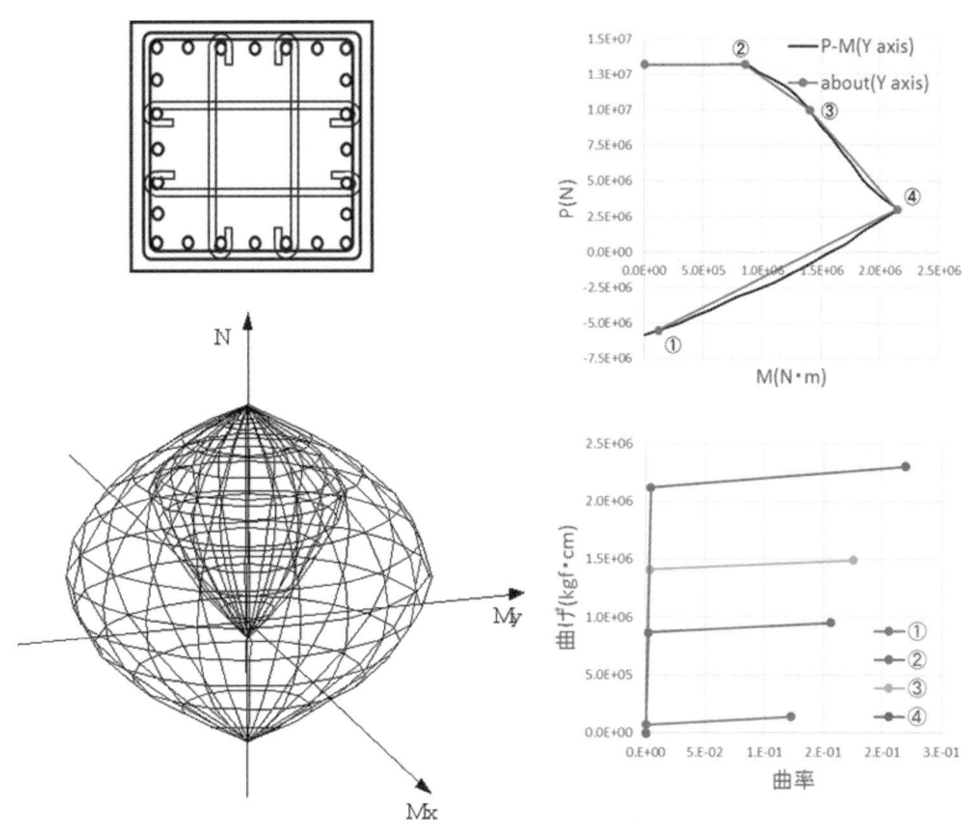

図 6.7 耐爆設計解析（RC 部材の断面および配筋例：柱断面とその非線形特性）

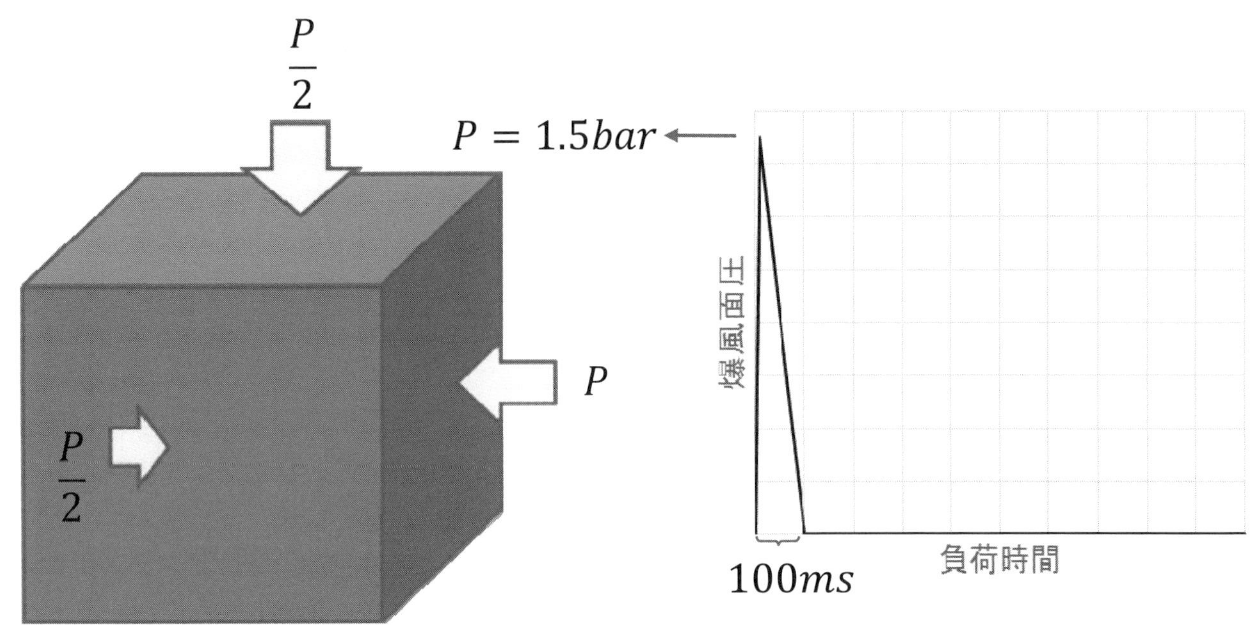

図6.8 耐爆設計解析（爆風荷重）

図 6.9～図 6.11 に主要な計算結果を示す。また，表 6.2 および表 6.3 に柱・梁部材の塑性率および変形角の照査結果をそれぞれ示す。特に表 6.3 では，対象構造物が重要度の高いものであることから人的被害および施設や設備の損害を最小限に収めるという発注者からの要求に応じて，部材の許容変形角として，表 6.1 に示す ASCE 耐爆設計指針による RC 部材の応答クライテリアに規定される小破という基準を適用した。これらの表から，各部材の塑性率および変形角は許容制限値以内にあることがわかる。実際にはこの他に，壁やスラブの塑性率および変形角照査と面内面外せん断に関する照査も行っている。

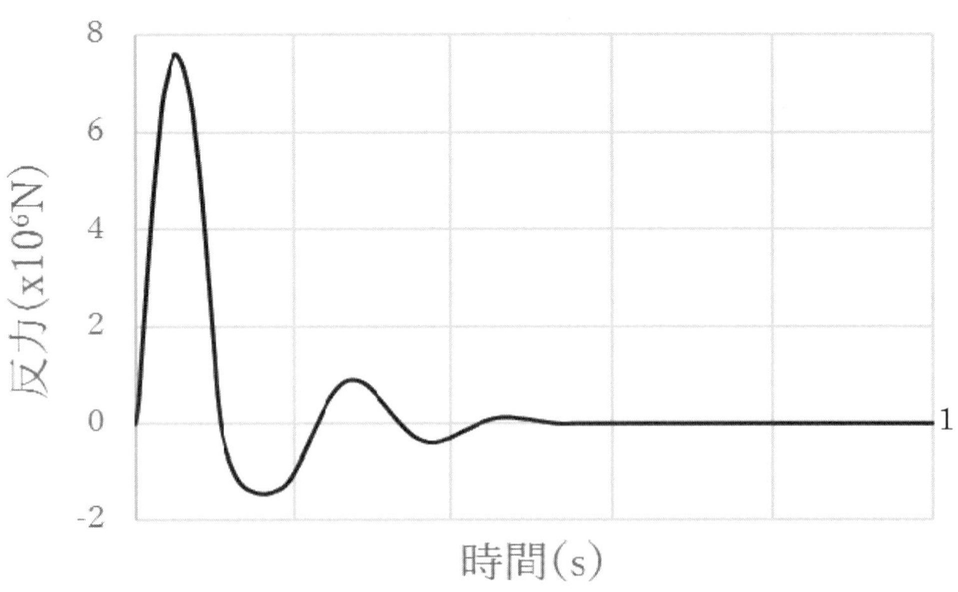

図 6.9 耐爆設計解析結果（爆風方向反力の時刻暦応答）

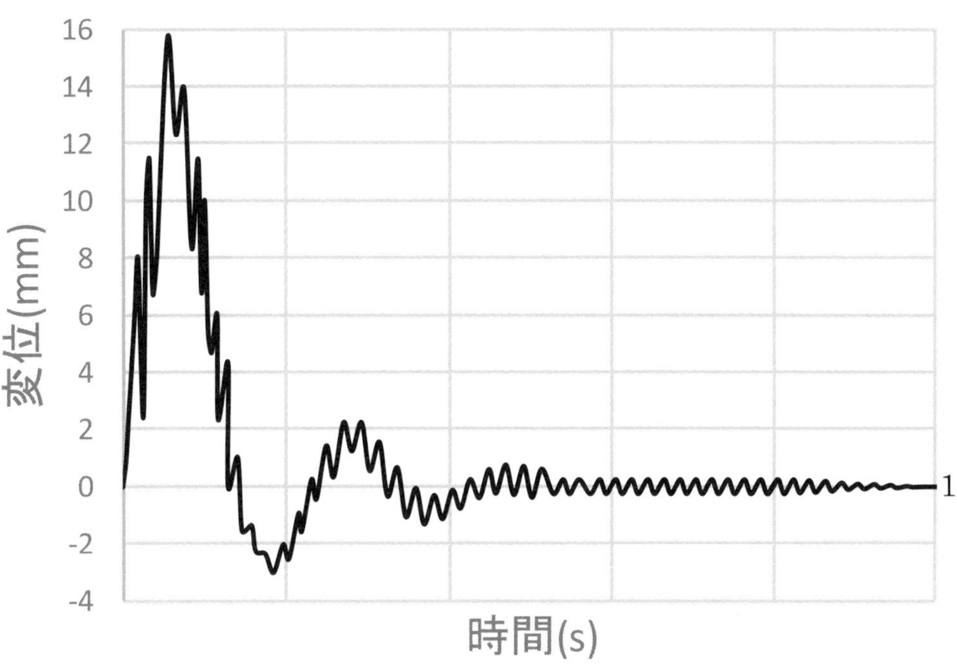

図 6.10 耐爆設計解析結果（爆風方向変位の時刻暦応答）

図6.11 耐爆設計解析結果（変形図）

表 6.2　有限要素解析結果による各部材の塑性率に関する照査

部材		最大曲率	塑性率	許容塑性率	判定
柱	C1	4.01×10^{-03}	0.82	1.3	OK
	C2	5.43×10^{-03}	1.11	1.3	OK
梁	G1	1.20×10^{-03}	0.38	N.A.	OK
	G2	4.36×10^{-03}	1.38	N.A.	OK
	B1	3.40×10^{-03}	1.22	N.A.	OK

表 6.3　有限要素解析結果による各部材の変形角に関する照査

部材		最大回転角 (degree)	許容変形角 (degree)	判定
柱	C1	0.38	1.0	OK
	C2	0.51	1.0	OK
梁	G1	0.15	1.0	OK
	G2	0.55	1.0	OK
	B1	0.48	1.0	OK

参考文献

1) ASCE: Design of Blast-Resistant Buildings in Petrochemical Facilities, Second Edition, 2010.

2) 日本建築学会：建物と地盤の動的相互作用を考慮した応答解析と耐震設計，2006.

3) 日本電気協会：電気設備の耐震対策指針，1980.

第７章　地中爆発を考慮した耐爆設計

7.1　地中爆発を考慮した耐爆設計に関する考え方

テロ攻撃や事故により地上にある構造物が爆発の危険にさらされる場合の主な例として，①砲弾や爆弾が構造物に直撃して爆発する，②構造物に仕掛けられた爆発物が爆発する，③爆発物を積載した車両や航空機が構造物に衝突して爆発する，④空中など，爆発物が構造物から離れた位置で爆発する，といった事態が考えられる。なかでも①～③では，爆発物が構造物に接触，あるいはごく近接して爆発し，爆発物と構造物との間に間隙がある④の場合と比較して構造物の被害は激甚であり，鉄筋コンクリート部材であっても貫通や裏面剥離などの損傷を受け構造物内部にも被害をもたらす[1),2)]。その一方で，地下構造物の場合は，爆発物の直撃や接触状態での爆発を地盤材料によって防ぐことができる利点がある。そのため，人員や重要機材，危険物などを爆発から防護するための構造物を地中構造物として設計することがある。その適用例としては，政府機関が指示・統制等のために使用する地下施設，情報通信ネットワークのサーバー室，航空機等の高価な機材の地下格納庫，爆発物・毒物の地下貯蔵庫などが考えられる。

図 7.1 に地中構造物の耐爆設計の手順を示す。地中で爆発が発生すると，地盤内に爆発による衝撃的な土圧(以後,爆土圧とよぶ。)が発生し，地中の構造物に作用する。地中構造物の耐爆設計を行う上では，爆土圧の特性，すなわち爆土圧～時間関係を把握することが重要になる。ただし，爆土圧の特性は，爆薬の種類および量，爆発と構造物との離隔距離のほか，爆土圧の媒質となる地盤材料の土質によって大きく異なる。したがって，地上および空中における爆発を対象とした爆発荷重の設定との大きな違いは，媒質が爆発荷重に及ぼす影響が極めて大きい点である。

本章では，地中爆発によって爆土圧の作用を受けることが想定される構造物の設計に資することを目的とし，爆土圧の特徴について言及しつつ地中爆発における爆発荷重の設定方法と，爆土圧を受けるコンクリート部材の変形の評価例を示す。

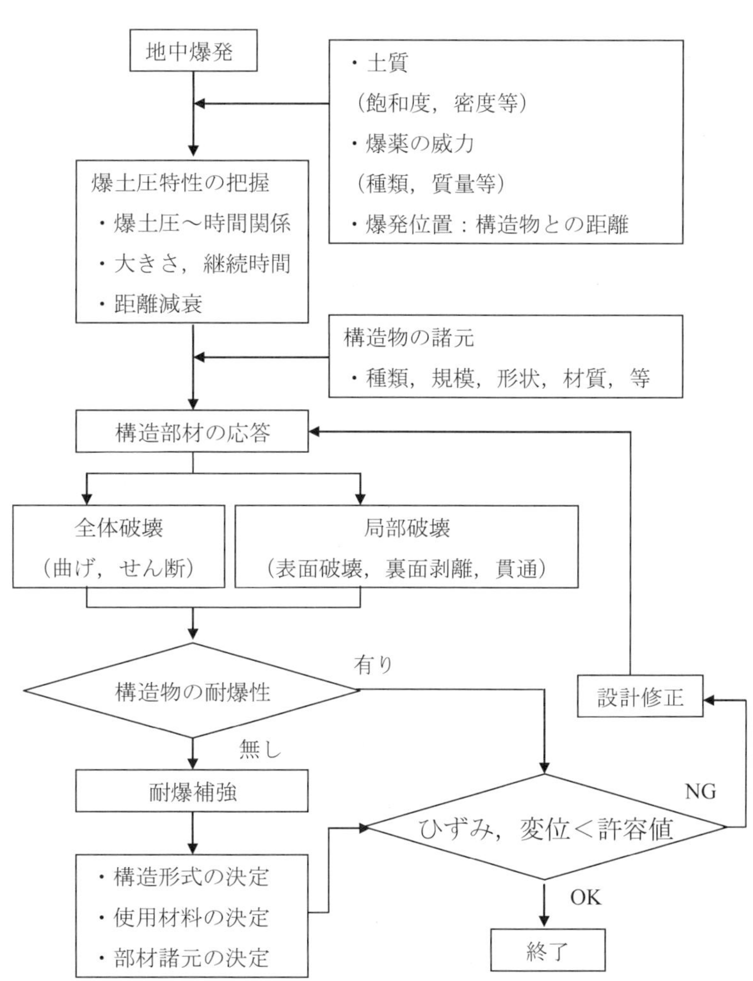

図 7.1 地中構造物の耐爆設計の手順

7.2　地中爆発における爆発荷重の設定方法

7.2.1　爆土圧の性質

爆土圧～時間関係の例を図 7.2 に示す。爆土圧も爆風圧と同様に，爆圧が到達した時点で瞬時に上昇して最大値に達し，その後急激に減少して静止土圧以下（負圧）になった後，静止土圧に戻るという特性を示す。ただし，土質，爆薬量および爆源からの距離などの条件によっては必ずしもこの限りではなく，爆土圧～時間関係の波形の形状はこれらの条件により著しく変化する。とりわけ，爆土圧の大きさは，爆薬の質量および爆源からの距離が同等であっても，爆土圧の媒体となる土質によって大きく変化する。たとえば，緩い乾燥砂と飽和粘土とでは，爆土圧の最大値が 2 桁以上異なる可能性がある [3]。土の物性の多様性および不均質性のため，爆土圧の性質は爆風圧と比較して極めて複雑である。

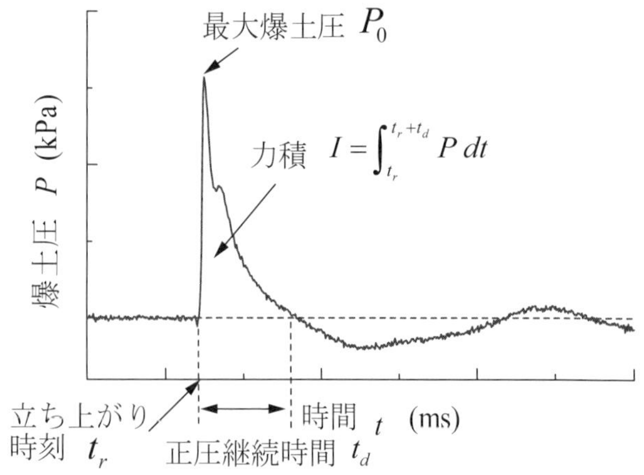

図 7.2 爆土圧～時間関係の計測例

7.2.2　爆土圧の評価

7.2.2.1　爆土圧の計測例と爆土圧～時間関係の特徴

爆発荷重を考慮した構造物を設計する際には，爆発荷重を等価な三角形形状の衝撃荷重として近似することが多い [4]。そこで，爆土圧～時間関係の特性を調べる必要がある。爆土圧を計測するための規模の大きな爆発実験は，施設，費用および安全性の制限から数多く実施することが困難なため，それに代わる小規模な実験が行われる [5),6)]。ここでは，幅 180cm×奥行き 180cm×高さ 60cm の模擬地盤内の深さ 30cm の位置で，約 10g の爆薬を爆発させ，爆土圧を計測した実験例 [6] を挙げる。この実験では，爆土圧が土質の影響を強く受けることを踏まえ，模擬地盤の試料は中目砂（平均粒径 0.40mm），山砂（同 0.20mm）および赤土（同 0.055mm）の 3 種類とし，それぞれの飽和度（土の間隙のうち，水が占める体積の割合を百分率表示した指標）がパラメータとされている。以下に，爆土圧～時間関係の特徴について述べる。

図 7.3 および図 7.4 は，爆源からの距離 40cm および 80cm の位置で得られた爆土圧～時間関係を，試料の種類別に示したものである。なお，時間軸の原点は，爆源からの距離が 40cm の位置で得られた爆土圧が立ち上がった瞬間の時刻としている。3 種類の試料において計測された爆土圧～時間関係に共通した特徴として，爆土圧が到達した後 0.2ms～数 ms 程度の時間で最大爆土圧を示し，その後は滑らかな曲線を描き低下していくことが挙げられる。ただし，飽和度が高いほど爆土圧の立ち上がり時間が短くなり，最大爆土圧が明瞭に示されるようになる。中目砂および山砂の爆土圧～時間関係は，飽和度が 85%以上ではほとんどのケースで瞬間的な立ち上がりを示す。しかし，赤土については，飽和度が大きくなっても爆土圧の立ち上がり部は比較的緩やかであるという特徴が

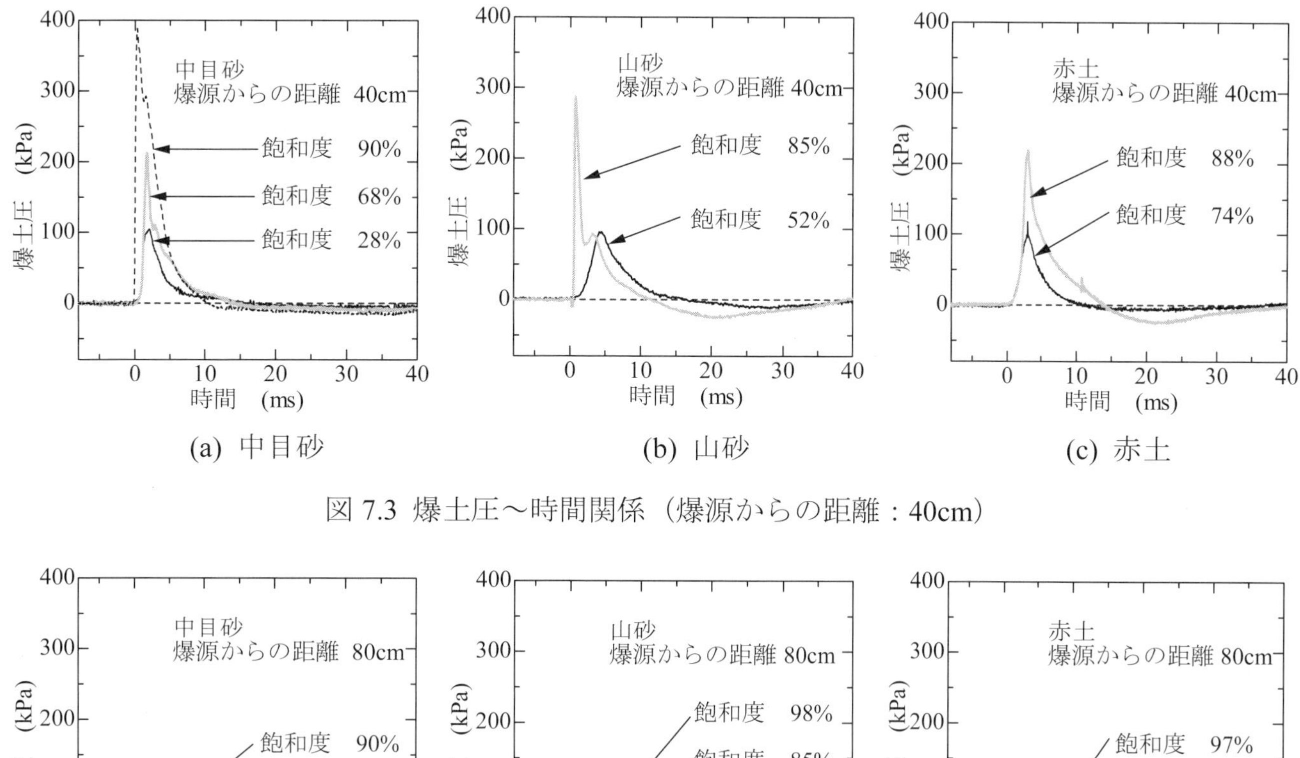

(a) 中目砂　(b) 山砂　(c) 赤土

図 7.3 爆土圧～時間関係（爆源からの距離：40cm）

(a) 中目砂　(b) 山砂　(c) 赤土

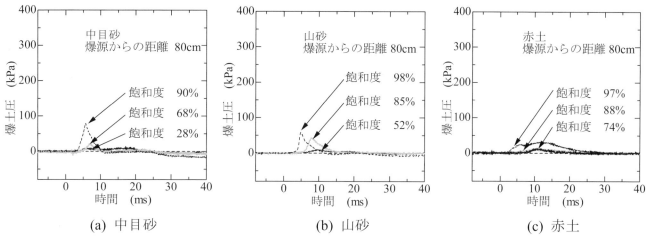

図 7.4 爆土圧～時間関係（爆源からの距離：80cm）

認められた。また，同じ飽和度，同じ種類の地盤であっても，爆源からの距離が 40cm から 65cm, 80cm と離れるにしたがって爆土圧の立ち上がりは緩やかになる。

次に，爆土圧の最大値に着目する。図 7.5 は最大爆土圧と飽和度との関係を示したものである。試料の種類や爆源からの距離によって多少異なるが，飽和度が 50～80%に達するまでは，飽和度が上昇しても最大爆土圧はほぼ一定値を示す。飽和度が 50～80%を超えると，最大爆土圧は急激に増加する傾向を示している。例えば，爆源からの距離 40cm において，中目砂で飽和度 12%の場合の最大爆土圧は 85kPa である。同じ距離でも飽和度が 90%に上昇すると，最大爆土圧は約 4.9 倍の 417kPa まで増加する。このように，爆土圧と飽和度との関係は非線形的な傾向を示す。飽和度が低い状態では，土粒子の表面の水分が少なく，土粒子相互の摩擦や空気間隙の存在による地盤の変形によって爆発のエネルギーが吸収されて爆土圧の減衰が大きくなるため，計測される最大爆土圧は小さい。飽和度の上昇とともに，土中の空気間隙は水で満たされるために土粒子間の摩擦の低減，空気間隙の減少により爆土圧が減衰されにくくなり，大きな爆土圧が計測されている。また，3 種類の試料のうち，同等の飽和度では赤土の最大爆土圧が最も小さい。赤土は中目砂および山砂と比較して間隙が多い構造であり，空気間隙が爆発時のエネルギーを吸収している。

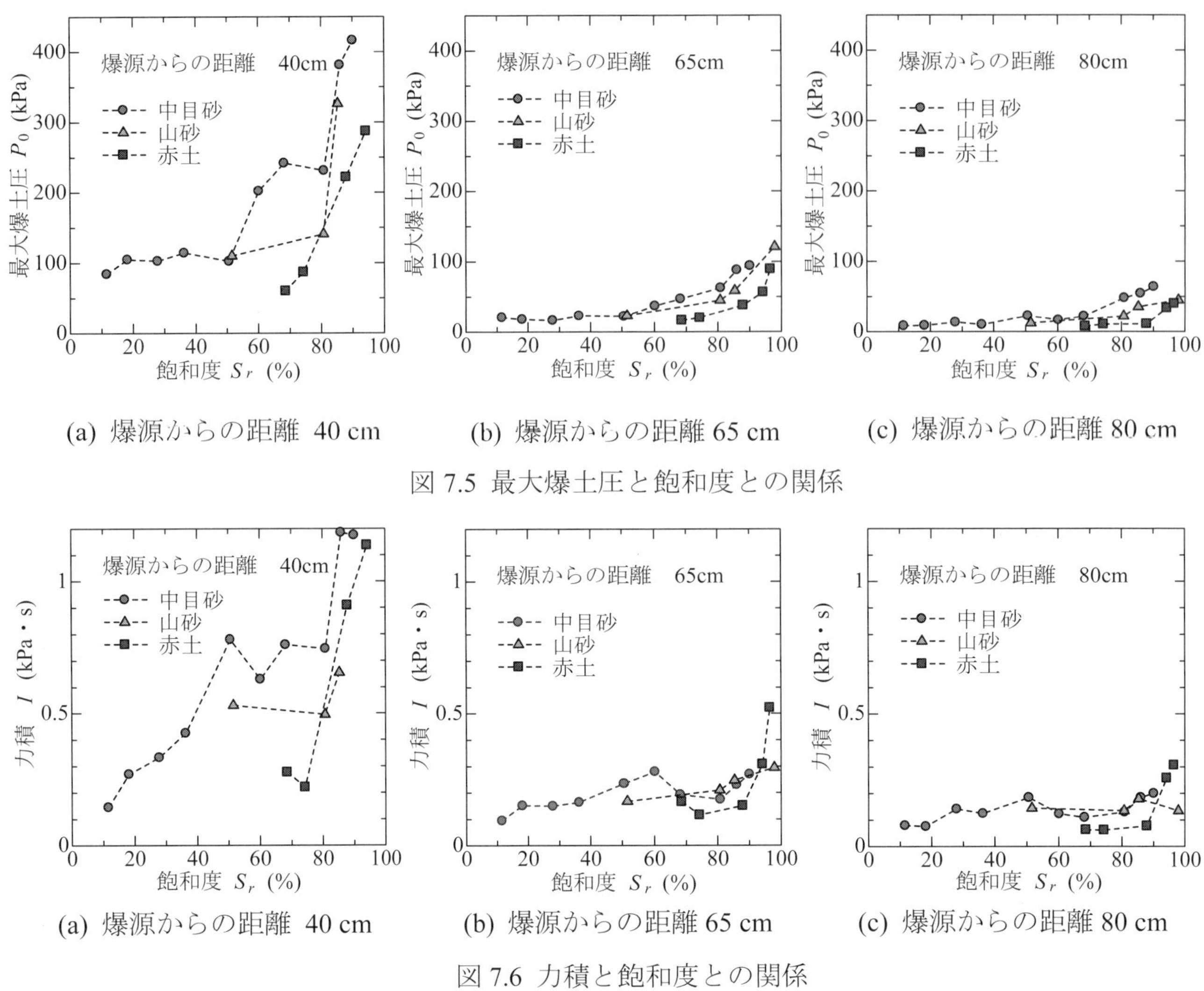

(a) 爆源からの距離 40 cm　(b) 爆源からの距離 65 cm　(c) 爆源からの距離 80 cm

図 7.5 最大爆土圧と飽和度との関係

(a) 爆源からの距離 40 cm　(b) 爆源からの距離 65 cm　(c) 爆源からの距離 80 cm

図 7.6 力積と飽和度との関係

正圧継続時間内の爆土圧を時間に関して積分すると，単位面積当たりの力積が得られる。ここでは，これを単に力積と呼ぶ。爆源からの距離 40cm，65cm および 80cm における力積と飽和度との関係を図 7.6 に示す。これより，全般的に，飽和度が上昇すると力積は増加する傾向が認められる。例えば，中目砂の場合について飽和度 12%の場合，爆源からの距離が 40cm における力積は 0.15 kPa･s である。同じ距離でも飽和度が 90%に上昇すると，力積は 1.18kPa･s に増加し，約 7.9 倍に増加している。飽和度の上昇に伴う力積の変化の様相は，最大爆土圧の場合とは多少異なり，飽和度が 50%以下の領域においても力積は飽和度の上昇とともに増加している。山砂の場合は，爆源からの距離が 80cm のケースを除き，飽和度が上昇すると力積も増加する傾向にある。赤土の場合についても，飽和度の上昇に伴って力積が増加する傾向にある。とくに飽和度 85%以上の領域においては，力積が急激に増加する特徴がある。

以上より，飽和度の増大は地中爆発における爆発荷重の増大に直結する。したがって，地中構造物の設計にあたっては，構造物周囲の地盤材料の排水，防水に留意する必要がある。

7.2.2.2　爆土圧の評価式

爆土圧の計測例が限定されていることもあり，さまざまな土質条件に適応しうる爆土圧の評価式は数少ない。米国陸軍工兵隊は多様な地盤において地中爆発実験を行い，最大爆土圧の大きさ P_0 を推定する式を提案している [3]。

$$P_0 = 160\, f\rho c\left(R / M^{1/3}\right)^{-n} \tag{7.1}$$

力積 I_0 については,

$$I_0 / M^{1/3} = 1.1 f(144\rho)\left(R / M^{1/3}\right)^{(-n+1)} \tag{7.2}$$

ここに，P_0：最大爆土圧(psi)，I_0：力積(lb·s/inch^2)，f：爆源の深さと薬量に依存する係数で，十分に深い場合は 1，ρc：音響インピーダンス(psi/fps)，c：弾性波速度(fps)，ρ：密度(lb·s^2/ft^4)，n：減衰係数，R：爆源からの距離(ft)，M：TNT 換算薬量(lb)，である。c，ρc および n は，表 7.1 のように土質別に目安となる値が示されている [3]。式(7.1)の P_0 はフリーフィールドの圧力値（地中構造物等がない土中での圧力値）である。構造物に作用する反射圧を求めたい場合については換算の必要があり，その一例として式(7.1)の P_0 を 1.5 倍して反射圧の値とする方法がある [4]。式(7.1)および式(7.2)中の減衰係数 n は特定の土質指標の関数ではなく，土の種類ごとに定められており，選ぶ土の種類により爆土圧の値が大きく変化する。

また，前項の小規模な実験を基にして最大爆土圧 P_0 および力積 I_0 を評価する式も提案されている [6]。この式は飽和度と密度をパラメータとしており，式(7.1)および式(7.2)の減衰係数に相当する部分にもこれらのパラメータを反映できることが特色である．まず，P_0(kPa)は,

$$\ln P_0 = A_P + B_P \ln\left(R / M^{1/3}\right) \tag{7.3}$$

ただし,

$$A_P = 1.85\rho_t + 4.10 \tag{7.3a}$$

$$B_P = e^{\left\{\frac{(S_r+5)}{99}\right\}^9} - 4.5 \tag{7.3b}$$

次に，力積 I_0(kPa・s)は,

$$\ln(I_0) = A_I + B_I \ln Z \tag{7.4}$$

ただし,

$$A_I = 2.63\times10^{-2} S_r - 0.483 \tag{7.4a}$$

$$B_I = -1.43\times10^{-2} S_r - 1.16 \tag{7.4b}$$

ここに，P_0：最大爆土圧(kPa)，ρ_t：土の湿潤密度(g/cm^3)，S_r：飽和度(%)，R：爆源からの距離(m)，M：TNT 換算薬量(kg)，である。式(7.3)および式(7.4)の P_0 および I_0 は反射圧による値である。また，これらの式は式(7.1)および式(7.2)における $f = 1$ の条件で行われた実験から得られている。

表 7.1 ρc および n の値[3)]

土質	弾性波速度 c (fps)	音響インピーダンス ρc (psi/fps)	減衰係数 n
緩く乾燥した砂礫で相対密度が低いもの	600	12	3-3.25
砂質ローム，緩く乾燥した砂，裏込め土	1,000	22	2.75
相対密度が高い砂	1,600	44	2.5
湿った砂質粘土で 4%以上の空気間隙を含むもの	1,800	48	2.5
飽和した砂質粘土又は砂で，空気間隙が 1%以下のもの	5,000	130	2.25-2.5
完全に飽和した粘土および頁岩	>5,000	150-180	1.5

7.3　爆土圧を受ける部材の変形の評価

爆風圧の場合と同じく，爆土圧を受ける構造部材を一質点系モデルに置換することにより，簡易に応答解析を行うことができる。ここでは，まず埋設されたコンクリート板の上方位置で爆薬を地中爆発させ，その変形量を把握する。次に，前節で示した爆土圧評価式を用いて爆土圧を受ける構造部材の変形の評価を一質点系モデルにより行う方法を示す[7),8)]。

7.3.1　埋設コンクリート板に対する爆発荷重の載荷[7)]

図 7.7 および図 7.8 に示すように，縦横各 50cm，厚さ 5cm のコンクリート板を二辺単純支持とし，スパンが 40cm となるように設置した。次に，地盤材料を投入し，鋼板およびコンクリート板の上面から鉛直上方 50 cm の位置に爆薬を配置した。さらに，上載荷重を付加するための地盤材料と土嚢を爆薬から 50 cm の高さまで積み上げた。爆薬は C-4 爆薬 125g を使用した。埋設に使用する地盤材料は 7.2.2 の実験と同様の中目砂，山砂および赤土（平均粒径 0.055mm）の 3 種類とし，それぞれの飽和度を変化させて実験に供された。爆発後，コンクリート板の支間中央の残留変位を計測した。爆発後のコンクリート板の状態の一例を図 7.9 に示す。

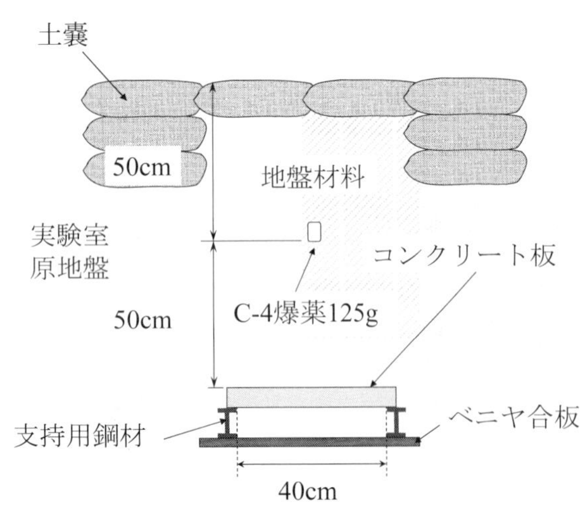

図 7.7 埋設コンクリート板に対する爆発実験

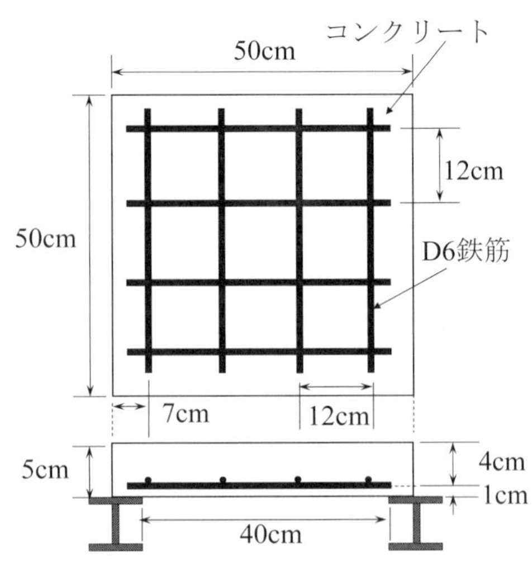

図 7.8 コンクリート板

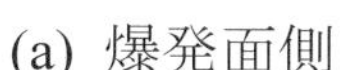

(a) 爆発面側　　(b) 爆発面の反対側　　(c) 側面

図 7.9 爆発後のコンクリート板の状態の一例

7.3.2　部材の変形の評価例 [8)]

爆土圧を受ける二辺単純支持のコンクリート板を図 7.10 に示すように単純はりとみなし，これを等価な一質点系モデルに置換して，動的なたわみを求める。このとき，爆発荷重は等分布荷重として板面に均等に作用するものとする。爆土圧～時間関係は，図 7.3 および図 7.4 より三角形状を示すと考えてよい。そこで，荷重～時間関係を図 7.11 のように仮定する。簡単のため減衰は考慮しない。図 7.10 示す一質点系モデルの運動方程式は，次式で表される。

$$m_e\left(\frac{d^2y}{dt^2}\right)+k_e y=F_e(t) \tag{7.5}$$

ここに，m_e：板の等価質量，$F_e(t)$：等価爆発荷重，k_e：等価ばね定数，である。

等価質量 m_e は，図 7.10 に示すはりの支間中央点のたわみ量 $u_{x=l/2}$ と図 7.10 に示す質点の変位量 y が等しくなるように，以下の手順で決定する。

図 7.10 において，はり支間中央 ($x=l/2$)のたわみ $u_{x=l/2}$ は，等分布荷重を p として次式で与えられる。

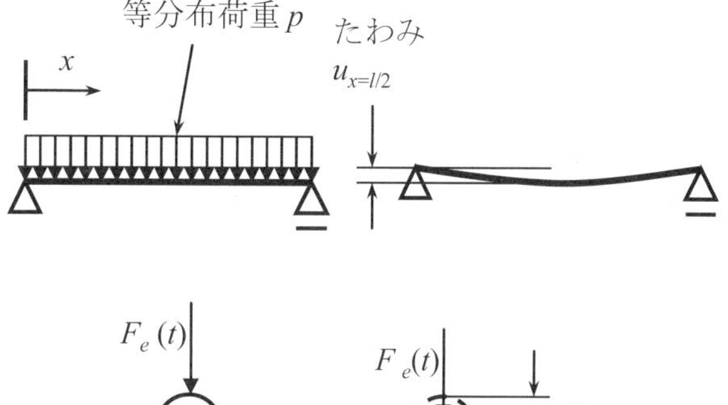

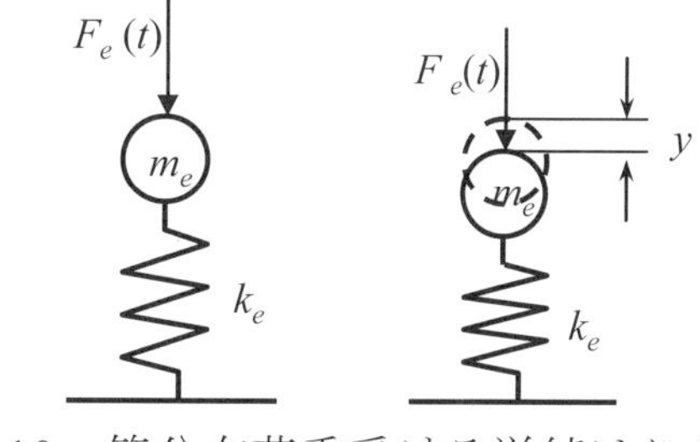

図 7.10　等分布荷重受ける単純はりとそれと等価な一質点系モデル

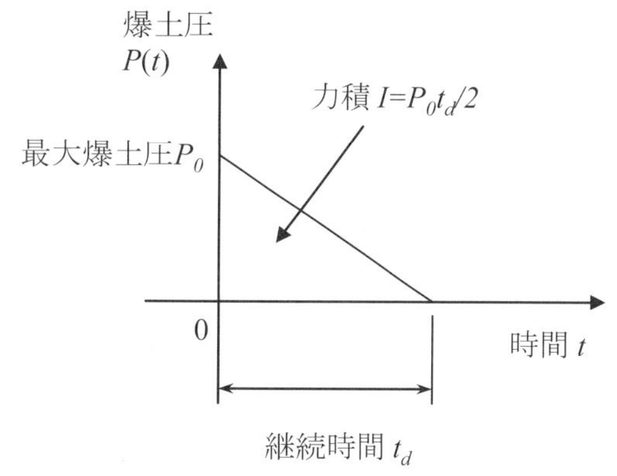

図 7.11 爆土圧のモデル化

$$u_{x=\frac{l}{2}}=\frac{5pl^4}{384EI} \tag{7.6}$$

ここに，l：はりの長さ，I：断面二次モーメント，E：はりの弾性係数，である。

端点から距離 x だけ離れた位置におけるたわみ u_x を式(7.6)を用いて表すと，次式が得られる。

$$u_x = \left(u_{x=\frac{l}{2}}\right) \times \frac{16}{5l^4}\left(x^4 - 2lx^3 + l^3 x\right) \tag{7.7}$$

はりの運動エネルギーE_Kは，はりの密度を ρ，はりの断面積を A として，次式で表される。

$$E_K = \frac{1}{2}\int_0^l \rho A\left(\frac{du_x}{dt}\right)^2 dx \tag{7.8}$$

式(7.7)，(7.8)より，

$$E_K = 0.252\rho Al\left(\frac{d\left(u_{x=\frac{l}{2}}\right)}{dt}\right)^2 \tag{7.9}$$

式(7.9)を，はりの質量 $m=\rho Al$ を用いて表すと，

$$E_K = 0.252m\left(\frac{d\left(u_{x=\frac{l}{2}}\right)}{dt}\right)^2 \tag{7.10}$$

となる。

一方，図 7.10 において，質点に荷重が作用し，y だけ変位している場合の運動エネルギーE_Kは，次式で表される。

$$E_K = \frac{1}{2}m_e\left(\frac{dy}{dt}\right)^2 \tag{7.11}$$

当初の仮定より，

$$y = u_{x=\frac{l}{2}} \tag{7.12}$$

式(7.10)～(7.12)より，等価な質量 m_e が次のように得られる。

$$m_e = 0.504m \cong \frac{1}{2}m \tag{7.13}$$

次に，板に作用する爆土圧を，質点に作用する等価な荷重 F_e に変換する。爆土圧がはりに対して

する仕事 W は，次式で表される。

$$W = \int_0^l p u_x dx = \frac{16}{25} \times plu_{x=\frac{l}{2}} \tag{7.14}$$

図 7.10 に示す一質点系モデルに作用する等価荷重 F_e がする仕事 W は，次のように与えられる。

$$W = F_e y \tag{7.15}$$

式(7.12)，(7.14)，(7.15)より，等価荷重 F_e が次のように得られる。

$$F_e = \frac{16}{25} pl = \frac{16}{25} F \tag{7.16}$$

ここに，F : 爆土圧の合力，である。

等価ばね定数 k_e は，式(7.6)，(7.12)，(7.16)を用いて，次式のように得られる。

$$k_e = \frac{16}{25} \times \frac{384}{5} \times \frac{EI}{l^3} \tag{7.17}$$

次に，式(7.5)を解いてたわみを求める。式(7.5)の解として次式が得られる。

$$y(t) = -\frac{1}{\omega m_e} \cos \omega t \int F_e(t) \sin \omega t dt + \frac{1}{\omega m_e} \sin \omega t \int F_e(t) \cos \omega t dt \tag{7.18}$$

ここに，$\omega = \sqrt{k_e / m_e}$ である。

式(7.18)に式(7.16)を代入すると，

$$y(t) = -\frac{16}{25 \omega m_e} \cos \omega t \int F(t) \sin \omega t dt + \frac{16}{25 \omega m_e} \sin \omega t \int F(t) \cos \omega t dt \tag{7.19}$$

ここで，爆土圧～時間関係を図 7.11 に示すような三角パルス状と仮定すると，荷重 F は次式で表される。

$$\begin{cases} F(t) = F_0 \left(1 - \dfrac{t}{t_d} \right) & (0 \le t \le t_0) \\ F(t) = 0 & (t \ge t_0) \end{cases} \tag{7.20}$$

式 (7.13)，(7.19)，(7.20)より，時刻 t における支間中央のたわみは次式で与えられる。

$0 \le t \le t_0$ のとき，

$$u(t) = \frac{32F_0}{25\omega^2 m}\left(1 - \frac{t}{t_d} - \cos\omega t + \frac{1}{\omega t_d \sin\omega t}\right) \tag{7.21a}$$

$t \ge t_0$ のとき，

$$u(t) = \frac{32F_0}{25\omega^2 m}\left[\frac{1}{\omega t_d}\{\sin\omega t - \sin\omega(t - t_d)\} - \cos\omega t\right] \tag{7.21b}$$

式(7.21)を用いて，7.3.1 の実験について爆土圧を受けるコンクリート板の支間中央の残留変形を評価する。

まず，外力となる爆土圧を決定する。表 7.2 に示す飽和度，湿潤密度および換算距離を 7.2.2 で示した最大爆土圧評価式（式(7.3)）および力積評価式（式(7.4)）に代入すると，表 7.2 に示す最大爆土圧および力積が得られる。爆土圧を図 7.11 に示す三角パルス状の荷重～時間関係と仮定すると，継続時間 t_d を求めることができる。コンクリートの弾性係数の設計用値を 14GPa，密度 2,400kg/m^3 とし，これと寸法（厚さ 5cm，長さ 50cm，支間長 40cm，幅 50cm）より ω，m を求めて式(7.21)に代入すると支間中央のたわみが得られる。得られたたわみの最大値と実験で計測した残留変形を表 7.2 に示す。中目砂の実験結果に対しては計算値と良く一致する。山砂および赤土を用いた場合，大きな爆土圧を受けてコンクリート板の変形が大となるため弾性応答を前提とした式(7.21)による計算値と残留変形の実測値が乖離している。弾性応答またはそれに近い場合については，ここに述べたような簡易な方法によって爆土圧を受ける構造部材の変形の概略の傾向を評価できる。

表 7.2　残留変位の実測値と計算値

地盤材料の種類	実験時の条件		式(7.3)または式(7.4)による計算値		残留変位の実測値(mm)	式(7.21)による最大たわみ (mm)
	飽和度 (%)	湿潤密度 (g/cm^3)	最大爆土圧 (kPa)	力積 (kPa・s)		
中目砂	11	1.60	1254	0.43	2	2.0
	41	1.55	1143	0.96	3	3.4
	53	1.66	1409	1.51	5	4.3
山砂	71	1.74	1621	2.13	15	5.6
	79	1.82	1873	2.64	32	6.6
	87	1.86	1999	3.27	43	7.3
赤土	85	1.35	781	3.10	7	3.3
	96	1.48	956	4.15	27	4.0

参考文献

1) M.K.McVay : Spall Damage of Concrete Structures, Technical Report SL88-22, U.S.Army Corps of Engineers Waterways Experimental Station, 1988.

2) 森下政浩, 田中秀明, 伊藤孝, 山口弘 : 接触爆発を受ける RC 版の損傷, 構造工学論文集, Vol.46A, pp.1787-1797, 2000.

3) Headquarters, Department of the Army, Washington DC: Fundamentals of protective design for conventional weapons, TM5-855-1, Cha.5, 1986.

4) P.D.Smith and J.G.Hetherington: Blast and Ballistic Loading of Structures, Elsevire Science Ltd, pp.136, 150-156, 1994.

5) Eng-Choon Leong, S Anand, Hee-Kiat Cheong, Chee-Hiong Lim: A revisit to TM-5-855-1: Scaled distances and peak stresses, Design and Analysis of Protective Structures against Impact/Impulsive/Shock Loads, pp. 29-40, 2003.

6) 市野宏嘉, 大野友則, 別府万寿博, 蓮江和夫 : 爆薬の地中爆発において地盤の粒度組成および飽和度が爆土圧特性に及ぼす影響, 土木学会論文集 C, Vol.64, No.2, pp.353-368, 2008.

7) 市野宏嘉, 大野友則, 別府万寿博, 蓮江和夫 : 爆土圧を受ける地中埋設構造部材の変形と損傷に関する実験的研究, 構造工学論文集 Vol.55A, pp.1350-1357, 2009.3.

8) 大野友則, 藤本一男, 飯田光明, 藤掛一典, 別府万寿博, 染谷雄史 : 基礎からの爆発安全工学, 森北出版株式会社, pp.207-211, 2011.

第８章　爆破における飛散片に対する安全性

8.1　飛散物および飛翔体の分類

爆破によって生じる飛散物は 1 次飛散物（Primary fragments）と 2 次飛散物（Secondary fragments）の 2 つに分類されている [1)-3)]。1 次飛散物とは，爆発物と直接接触した容器（弾薬，薬缶，爆発物の製造に使用されるその他の容器）の破砕から生じるものであり，初速は 1000m/s 前後，爆源からかなり離れた場所においても被害を及ぼす。なお，被害を及ぼす破片の質量は 1g 以上であり比較的小さいといわれている [3)]。2 次飛散物とは，爆発が構造物の近傍で発生したときに，周辺の構造物が破壊され，その破片が飛散したものである。これらの飛散物の寸法は一般に 1 次飛散物よりも大きく，1 次飛散物よりも遠くまで飛ぶことはない [3)]。また，飛翔体は衝突によって変形しない剛飛翔体，変形する柔飛翔体に大別されている [4)]。

8.2　局部破壊現象

飛散物や飛来物の衝突を受けるコンクリート部材は，物体の衝突速度と部材の諸元の相違によって曲げ・せん断等の構造全体の破壊および局部的な破壊が生じることが知られている。局部破壊は，図 8.1 に示すように表面破壊，裏面剥離および貫通の 3 つの破壊モードに分類されている [5)]。すなわち，表面破壊は，表面側のコンクリートのみが破壊する現象，裏面剥離は，衝突位置裏側のコンクリートが破片となって飛散する現象，貫通は，飛翔体が部材を完全に突き抜ける現象である。設計上の観点からは構造物内部の人命および財産を護るために，裏面剥離および貫通の発生を防止することが必要である。

また，局部破壊現象に関しては，爆発荷重を受けて生じる金属材料の裏面剥離現象（scabbing）のメカニズム [6)-8)]については既に研究されており，応力波の影響によって材料内部にひび割れが生じることが解明されている。しかしながら，飛翔体の高速衝突を受けるコンクリート材料については，局部破壊の発生メカニズムそのものについての検討例が少なく，未解明な点が多い。

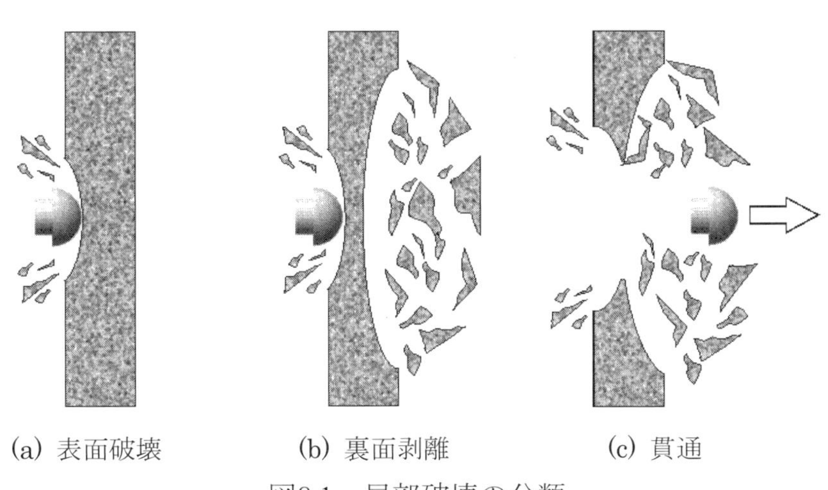

(a) 表面破壊　　(b) 裏面剥離　　(c) 貫通

図8.1　局部破壊の分類

8.3　飛散片に対する構造安全性に対する既往の研究

表 8.1 は，これまで国内で行われたコンクリート構造物に対する飛来物の衝突実験の実験条件で

ある[9)-19)]。国内における既往の研究の衝突条件は，飛翔体の質量は 0.5kg～1463kg，衝突速度は数 m/s～200m/s の範囲で行われている。爆破によって生じる飛散物に対するコンクリート構造物の耐衝撃設計について検討するためには，これまでの範囲に加えて，飛翔体がさらに高速度（数 100m/s～数 1000m/s）領域で，質量が小さい（数 g～数 10g）範囲で衝突する場合について検討していく必要もあると考えられる。

表8.1　国内で行われた衝突実験の実験条件

実施者	飛翔体						RC板				
	速度 (m/s)	直径 (cm)	質量 (kg)	先端形状	剛	柔	寸法 (cm)	板厚 (cm)	強度	補強板	積層構造
武藤ら[9)]	100～215	10.1	3.6	平坦	○	○	150×150	6～35			
武藤ら10[)]	215	76	1463	-		○	700×700	90～160		○	
大沼ら[11)]	100～250	30	100	平坦	○	○	250×250	30～60		○	
小島[12)]	100～200	6	2	半球	○	○	120×120	12～24		○	○
北川[13)]	170	3.5	0.43	平坦	○	○	60×60	8,9,10			○
岡本ら[14)]	170	3.5	0.43	平坦	○		60×60	3,4,5,6 7～11	○		○
大野ら[15)]	200	3.8	0.45	半球 円錐 平坦	○	○	60×60	7～15			
小暮ら[16)]	180	3.8	0.45	平坦	○		60×60	5～16		○	
伊藤ら[17)]	4.6～47.5	9.8	70	平坦	○		150×150	10，20，30	○	○	
伊藤ら[18)]	4.6～47.5	9.8	70	半球 円錐 平坦	○		150×150	10，20，30	○		
水野[19)]	150	13，26	25	平坦 円錐		○	150×150	6～16			○

一方，海外に目を転じると，米国では，軍事関連施設の建設や，爆破テロあるいは爆破事故による被害防止対策として，爆発および飛散物，飛来物（以後，あわせて飛翔体という）に対する構造物の防護設計法が既に提案されている[1)-3), 20), 21)]。また欧州においては，原子力発電関連施設に飛翔体が高速度で衝突した場合の局部破壊抑止に対する設計式が提案されている[22)]。飛散物や飛来物の高速衝突によるコンクリート構造物の局部破壊に関する基礎的研究は，軍事目的や，原子力発電所の建設に際しての航空機の衝突に対する安全性に関する検討から行われており，主に壁部材に生じる局部損傷の破壊モードを予測するための評価式[22)-28)]が提案されている。

しかしながら，これらの評価式は個々の研究機関が行った実験に基づく回帰式であるため，適用範囲が異なっており，実験範囲以外では精度が低下することが指摘されている[5), 26)]。また，最近では，局部破壊を予測するための理論的検討も行われている[29)-38)]が，実験と比較した例が少なく，精度についてはほとんど議論されていない。以下に，既往の研究成果として，1)飛散物の分類，2)局部破壊の分類，3)既往の防護設計指針の紹介，4)高速衝突に対する局部破壊評価式の分類と問題点，について説明する。また，代表的な局部破壊評価式による算定例を示す。

8.4　爆発および飛翔体の高速衝突に対する防護設計指針の紹介

米国では，軍事や防災を目的として国防総省（Department of Defense，以後，DoDと称する），米陸軍，米国エネルギー省（U.S. Department of Energy，以後，DoEと称する）アメリカ合衆国連邦緊急事態管理庁（Federal Emergency Management Agency，以後，FEMAと称する）等の機関によって爆発に対する防護設計コードが提案されている[1)-3)]。また，英国では，United Kingdom Atomic Energy Authority（以後，UKAEAと称する）が中心となって作成したガイドラインでは飛翔体が高速度で衝突した場合の局部破壊評価に対する設計式が提案されている[22)]。表8.2は，既往の防護設計指針における飛散物，飛来物の高速衝突に対する耐衝撃設計に関する記述の概要である。例えば，米国陸軍テクニカルマニュアル（TM 5-1300，TM-5-855-1等）やDoEの設計コードDoE/TIC-11268は，爆発物を取扱う施設の防護設計，軍事用施設の耐爆・耐衝撃設計法，既存の構造物の耐爆性能の評価のために提案されたものである。これらの設計指針では，爆発にともなって発生する飛散物について，飛散物の分類，爆薬量や爆薬容器の諸元から1次飛散物の初速度，質量，発生数，形状に関する推定式，爆発地点からの飛散距離と飛散物の速度の関係式等が示されている。また，UKAEAのガイドラインSRD R 439では，飛来物の衝突に対するコンクリートや鋼材の板厚を設計するための局部損傷に関する設計式が示されている。

表 8.2　既往の防護設計指針における飛散物・飛来物に関する事項

設計コード名（年）	提案機関	目的	飛散物・飛来物関する記述事項等
TM5-1300/NAVFACP-397/AFR88-22[21)] (1990)	米国 陸海空軍	爆発物を取扱う（開発，試験，製造，加工，保管，処分）施設の防護設計	・爆薬量や爆薬容器の諸元からの1次飛散物の初速度，質量，発生数，形状等の推定式 ・爆発地点からの距離と飛散物の速度の関係式 ・飛散物の衝突に対するRC板，鋼板の設計式（貫入深さ，裏面剥離・貫通限界板厚） ・飛散物の衝突に対する鋼板の設計式（貫入深さ，貫通限界板厚）　等
ARMY TM 5-855-1/ AIR FORCE AFPAM 32-1147(I)/NAVY NAVFAC P-1080/DSWA DAHSCWEMAN-97[3)] (1998)	米国 陸海空軍等	軍用施設設計（通常兵器の攻撃に対する構造物の強化方法）	・飛散物，飛来物に対する構造物の部材設計に関する設計手順 ・1次飛散物の一般的形状　等
DoE/TIC-11268[1)] (1980)	米国 エネルギー省 (DoE)	・爆発荷重や飛散物の衝撃に強い構造物の設計 ・既存の構造物の耐爆性能の評価	・飛散物に対する衝撃設計法についてグラフ，設計式による設計手順 ・飛散物の分類 ・飛散物の発生状況（速度，質量，形状） ・飛散物の衝突に対するコンクリート板の設計式（貫入深さ，裏面剥離・貫通限界板厚） ・飛散物の衝突に対する鋼板の板厚設計式（貫入深さ，貫通限界板厚）等
SRD R 439[22)] (1990)	英国 (UKAEA)	飛来物の衝突に対するコンクリート構造物の耐衝撃設計	・剛，柔飛翔体の衝突に対するRC板の設計式（貫通限界，裏面剥離限界板厚） ・鋼板で補強されたRC板の貫通限界板厚 ・先端形状の影響　等

8.5　局部破壊評価式の分類

表 8.3 に，高速飛翔体の衝突に対するコンクリートの局部破壊に関する既往の評価式の入力パラメータ，適用範囲について示す。コンクリートの局部破壊に関する評価式は既に 20 式程度提案されており，浜田式[28]，ACE 式[5]，修正 Petry 式[5]，Ammann-Whitney 式[5]，修正 NDRC 式[5]，米軍実用公式[28]，修正 BRL 式[28]，Degen 式[24]，Chang 式[25]，Halder-Miller 式[26]，Adeli-Amin 式[27]，UKAEA 式[22]，電力中央研究所式[39]等がある。これらの局部破壊評価式の多くは，衝突速度，コンクリート板の板厚，圧縮強度，鉄筋量や，飛翔体の質量，直径，先端形状や硬さの影響を入力パラメータとして貫入深さ，裏面剥離限界板厚，貫通限界板厚を計算するものである。

表 8.3　主な局部破壊評価式における入力パラメータおよび適用範囲

	評価項目			コンクリート板		飛翔体					適用範囲				その他考慮事項
	貫入深さ	裏面剥離限界板厚	貫通限界板厚	厚さ	圧縮強度	質量	速度	直径	先端形状	剛・柔	飛翔体 速度V	飛翔体 質量M	飛翔体 直径d	コンクリートの圧縮強度f_c	
評価式名（年）	x	s	e	t	f_c	M	V	D			m/s	kg	cm	N/mm^2	
浜田式 (1940)	-	-	○	-	○	○	○	○	-	不明	14-320	54.8-401.8	-	-	鉄筋強度，鉄筋間隔
ACE式 (1946)	○	○	○	-	○	○	○	○	-	剛	152-914	(0.005-0.022)D^3	3.7-15.5	-	傾斜弾着係数
修正Petry式 (1950)	○	○	○	○	-	○	○	○	-	剛	152-914	(0.005-0.022)D^3	≦40.5	-	鉄筋量
Ammann-Whitney式 (1965)	○	-	-	-	○	-	○	○	○	剛	305-914	(0.005-0.022)D^3	≦40.5	-	
修正NDRC式 (1966)	○	○	○	-	○	○	○	○	○	剛	30-914	(0.005-0.166)D^3	≦40.5	-	
米軍実用公式 (1968)	○	-	○	-	-	○	○	○	○	剛	≦549	-	-	-	
修正BRL式 (1968)	○	○	○	-	○	○	○	○	-	剛	152-914	(0.005-0.022)d^3	≦40.5	-	
Degen式 (1980)	○	-	○	-	○	○	○	○	○	剛	25-310	1.50-34.6	10-31	29.5-44.8	
Chang式 (1981)	-	○	○	-	○	○	○	○	-	剛	16-312	0.1-343	2-30	23.6-47.3	
Halder-Miller式 (1983)	○	○	○	-	○	○	○	○	○	剛	-	-	-	-	
Hughes式	○	○	○	-	-	○	○	○	○	剛	-	-	-	-	コンクリートの引張強度
Adeli-Amin式 (1985)	○	○	○	-	○	○	○	○	○	剛	27-312	0.01-34.9	≦30.5	-	
UKAEA式(1987)	○	○	○	-	○	○	○	○	○	剛・柔	貫入深さ25-300 裏面剥離29-238	貫入深さ(0.005-0.2)D^3 裏面剥離(0.015-0.4)D^3	−	貫入深さ:22-44 裏面剥離:26-44	
電力中央研究所式 (1995)	○	○	○	○	○	○	○	○	○	剛	5-250	50-183	≦76	23.5-35.3	

コンクリート板に関する既往の局部破壊評価式は，1)力のつり合い条件，2)エネルギーのつり合い条件に基づく半理論式，3)実験データの次元解析に基づく回帰式，4)実験回帰式のいずれかに基づいて定式化され，実験データと適合するように係数を決定している。1)力のつり合い条件に基づく式には，修正NDRC式，Degen式，2)エネルギーのつり合い条件に基づく式には，浜田式，Chang式，電力中央研究所式，Hughes式，3)実験データの次元解析に基づく式には，Haldar-Miller式，Adeli-Amin式，4)実験回帰式には，ACE式，修正Petry式，Ammann-Whitney式，米軍実用公式，修正BRL式，UKAEA式等がある。表8.4にこれらの評価式のうち，代表的なコンクリートの局部破壊に関する貫入深さおよび裏面剥離限界板厚の評価式を，表8.5にこれらの評価式のモデルの特徴を示す。

(1) 修正NDRC式

修正NDRC式[5]の貫入深さは，表8.5に示すように剛飛翔体が無限厚さのコンクリート板に衝突した際の力のつり合いに基づいて定式化されている。表8.5における圧力P_iは実験によって提案された式であり，貫入深さは，圧力式の両辺を積分して表される。裏面剥離限界板厚sは，貫入深さxを変数とした実験の回帰式である。

(2) Hughes式

Hughes[23]は，修正NDRC式の荷重モデルが実験結果と一致しないことや貫入深さの評価式における次元の不一致が精度低下の原因であることを指摘した上で，飛翔体の全運動エネルギーはコンクリートの貫入によって消費されるというモデルを提案した。貫入深さxに関する式は表8.5に示すエネルギーのつり合いと荷重モデルを用いて表される。裏面剥離限界板厚sは，貫入深さxを用いて実験回帰式として定式化されている。

(3) Chang式

Chang式[25]は，裏面剥離現象を理論的に検討した結果から導出されている。すなわち，表8.5に示すように，円柱状の飛翔体がコンクリート板に衝突したときに，コンクリート板の裏面に負の曲げモーメントが生じて板が曲げ降伏することによって裏面剥離が生じる，と仮定している。このとき，裏面剥離限界板厚は飛翔体の全運動エネルギーが板の変形による吸収エネルギーと等しくなるとして算定する。

(4) Haldar-Miller式

Haldar-Miller式[26]は，質量，速度およびコンクリートの圧縮強度をパラメータとして用いた次元解析から求まる無次元量の衝撃係数Iを用い，実験回帰式として貫入深さxを定式化している。裏面剥離限界板厚sについても，衝撃係数Iを用いて回帰式が提案されている。

鋼板に剛飛来物が衝突する場合の貫通を評価する式として Ballistic Research Laboratory (BRL)式[28]がある。なお，次式は既往の評価式を SI 単位で用いられるように係数は換算してある。

$$T^{1.5} = \frac{0.5MV^2}{1.4396\times10^9 K_s^2 D^{1.5}} \tag{8.1}$$

ここに T：貫入深さ[m]，M：質量[kg]，V：衝突速度[m/s]，K_s：鋼材のグレードによる係数（通常は 1.0），D：飛来物有効直径[m]を示す。

表 8.4　代表的なコンクリートの局部破壊評価式

評価式	貫入深さ	裏面剥離限界板厚	適用範囲
修正 NDRC 式	$G(x/D)=3.813\times10^{-5}\frac{NM}{D\sqrt{f'_c}}\left(\frac{V_0}{D}\right)^{1.8}$ $G(x/D)=\left(\frac{x}{2D}\right)^2$ ： $\frac{x}{D}\le 2$ $G(x/D)=\frac{x}{D}-1$ ： $\frac{x}{D}\ge 2$	$\frac{s}{D}=7.91\left(\frac{x}{D}\right)-5.06\left(\frac{x}{D}\right)^2$ （$\frac{x}{D}\le 0.65$） （$0.65\le\frac{x}{D}\le 11.75$）	衝突速度：152m/s～914m/s 飛翔体の質量：0.005 D^3 kg～0.166 D^3 kg 飛翔体の直径：最大 40.5cm
Hughes 式	$\frac{x}{D}=0.19\frac{N_H I'}{S}$ $I'=\frac{MV_0^2}{f_t D^3}$	$\frac{s}{D}=5.0\left(\frac{x}{D}\right)$ （$I'<40$） $\frac{s}{D}=1.74\left(\frac{x}{D}\right)+2.3$ （$40\le I'\le 3500$）	衝撃係数：$I'\le 3500$
Chang 式	無し	$\frac{s}{D}=1.84\left(\frac{61}{V_0}\right)^{0.13}\left(\frac{MV_0^2}{D^3 f'_c\times 10^6}\right)^{0.4}$	衝突速度：16m/s～312m/s 飛翔体の質量：0.1kg～343kg 飛翔体の直径：2cm～30cm コンクリートの圧縮強度：23.6N/mm^2～47.3N/mm^2
Haldar- Miller 式	$I=\frac{MNV_0^2}{D^3 f'_c}$ $\frac{x}{D}=-0.0308+0.2251I$ ($0.3\le I\le 4.0$) $\frac{x}{D}=0.6740+0.0567I$ ($4.0\le I\le 21$) $\frac{x}{D}=1.1875+0.0299I$ ($21\le I\le 455$)	$\frac{s}{D}=3.3437+0.0342I$ ($21\le I\le 385$)	衝撃係数： ・貫入深さ：$0.3\le I\le 455$ ・裏面剥離：$21\le I\le 385$
記号	x ：貫入深さ(cm)，s ：裏面剥離限界板厚(cm)，D ：飛翔体の直径(cm)，M ：飛翔体の質量(kg)，V_0 ：衝突速度(m/s)，f'_c，f_t ：コンクリートの圧縮および引張強度(N/mm^2)，N ：修正 NDRC 式および Haldar-Miller 式の先端形状係数（鋭い：1.14，平均的な弾丸形状：1.0，半球：0.84，平坦：0.72），N_H ：Hughes 式の先端形状係数（鋭い：1.39，平均的な弾丸形状：1.26，半球：1.12，平坦：1.0），I，I' ：Haldar-Miller 式および Hughes 式の衝撃係数，S ：ひずみ速度に関する係数．		

表 8.5　評価式におけるモデルの特徴

区分	力のつり合い条件	エネルギーのつり合い条件		回帰式
評価式	修正 NDRC 式	Hughes 式	Chang 式	Haldar-Miller 式
適用項目	貫入深さ （裏面剥離は回帰式）	貫入深さ （裏面剥離は回帰式）	裏面剥離 （貫入深さの式は無い）	貫入深さ 裏面剥離
概略図	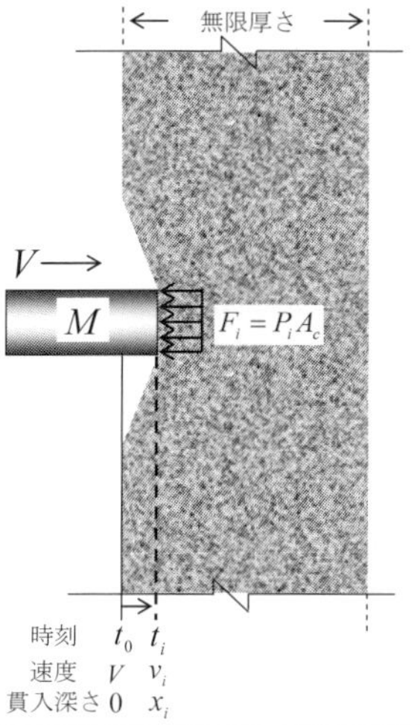 無限厚さ V M $F_i = P_i A_c$ 時刻 t_0 t_i 速度 V v_i 貫入深さ 0 x_i	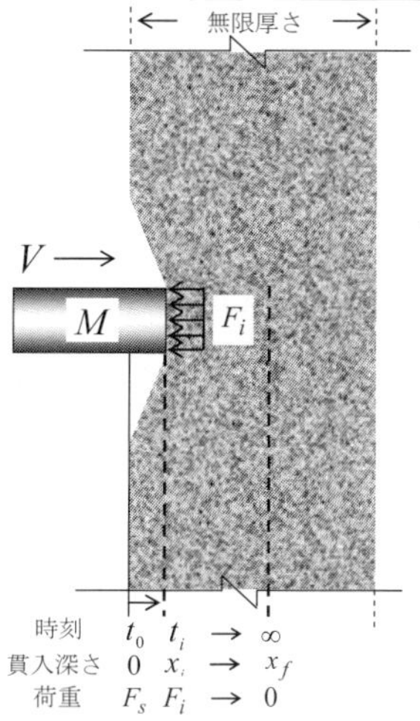 無限厚さ V M F_i 時刻 t_0 t_i → ∞ 貫入深さ 0 x_i → x_f 荷重 F_s F_i → 0	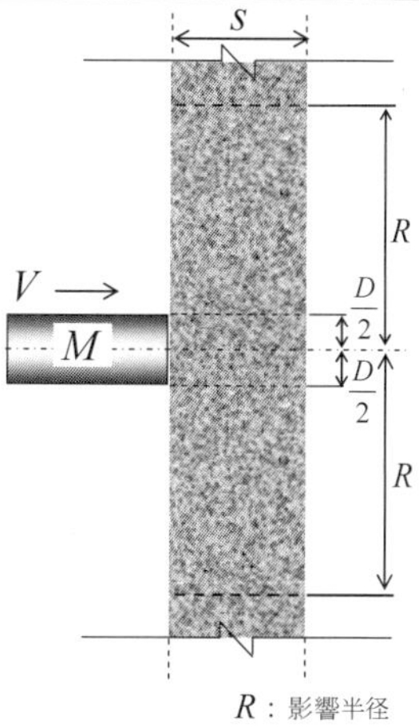 s V M R $\frac{D}{2}$ $\frac{D}{2}$ R R：影響半径	無し
仮定	飛翔体の全運動エネルギーは貫入において消費．	・飛翔体の全運動エネルギーは貫入において消費． ・衝撃係数のパラメータは次元解析から決める．	裏面剥離は曲げ破壊によって生じる．	衝撃係数のパラメータは次元解析から決める．
基本式の概要	運動方程式： $M\frac{d^2x_i}{dt_i^2} = -F_i = -P_i A_c$ 圧力（実験式）： $P_i = \left(\frac{f_c'^{0.5}}{180}\right)\left(\frac{263820}{N}\right)\left(\frac{v_i}{12000D}\right)^{0.2} g(z_i)$ $g(z_i) = \begin{cases} x_i/2D : (x_i \le 2) \\ 1.0 : (x_i \ge 2) \end{cases}$	エネルギー： $\frac{MV_0^2}{2} = \int_0^{x_f} F dx$ 荷重モデル： $F_i = F_s\left[1-\left(\frac{x_i}{x_f}\right)\right]^2$ $F_s = \frac{C}{N_H}\left(\frac{\pi D^2}{4}\right) S f_t$	エネルギー： $\frac{c_1 M V_0^2}{2} = 2\pi R M_u r_u$	衝撃係数： $I = \frac{MNV_0^2}{D^3 f_c'}$
記号	M：飛翔体の質量，V_0：衝突速度，x_i，v_i：時刻 t_i における飛翔体の貫入深さおよび速度，F_i，P_i：時刻 t_i における衝突荷重および圧力，D：飛翔体の直径，A_c：接触面積，f_c'，f_t：コンクリートの圧縮および引張強度，N：修正 NDRC 式および Haldar-Miller 式の先端形状係数，N_H：Hughes 式の先端形状係数，x_f：Hughes 式の最大貫入深さ，C，S：Hughes 式の実験定数およびひずみ速度に関する係数，s：裏面剥離限界板厚，$R = c_2\sqrt{Ds}(V_0/61)^a$：裏面剥離影響半径，$a$：実験定数，$M_u = c_3 s^2 f_c'$：単位長さ当りの終局曲げモーメント，$c_1$，$c_2$，$c_3$：Chang 式の係数，$r_u$：終局曲げモーメント発生時の最小回転角，$I$：衝撃係数．			

8.6　具体的な局部破壊の算定例

表 8.6 に示す飛来物に対して，鋼板の貫通限界およびコンクリート板の貫入量，裏面剥離および貫通限界版厚を算定する。なお，鉄筋コンクリートの局部破壊に対して鉄筋が与える影響は小さいことが報告されているため，以下の鉄筋コンクリートに関する算定の中では鉄筋については考慮していない。

表 8.6　各種評価式適用例算定時の設定条件

飛来物	質量：8.3kg 形状係数：0.84（半球形） 直径：10cm または 20cm 衝突速度：0m/s～80m/s
コンクリート	圧縮強度：25N/mm^2

8.6.1　鋼版に対する貫通限界板厚

式(8.1)に示す BRL 式を用いて算定した貫通限界板厚を図 8.2 に示す。

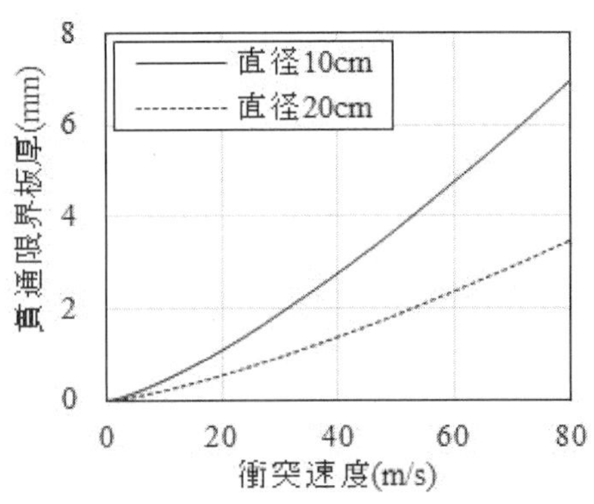

図 8.2　BRL 式による貫通限界版厚の算定例

8.6.2　鉄筋コンクリート版に対する貫入深さ

鉄筋コンクリート版に剛飛来物が衝突する場合の貫入深さを評価する式の一つに修正 NDRC 式がある。次式は，既往の評価式を SI 単位で用いられるように係数を換算したものである。また，本式は飛来物自体の損傷による低減係数を考慮することも可能である。

$$x_c / D = \alpha_c 0.01233\sqrt{F_c^{-0.5} MND^{-2.8} V^{1.8}} \tag{8.2}$$

ここに，x_c: 貫入深さ[m]，α_c: 貫入深さ低減係数，F_c: コンクリート強度[N/m^2]，M: 質量[kg]，N: 先端形状係数（0.72：平坦，0.84：鈍い，1.0：弾丸状，1.14：鋭利），D: 飛来物直径[m]，V: 衝突速度[m/s]を示す。

表 8.6 に示す設定条件に対して算定した貫入深さを図 8.3 に示す。

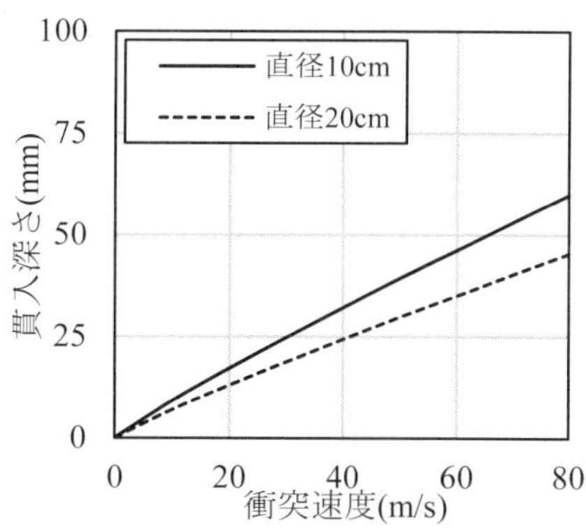

図 8.3　修正 NDRC 式による貫入量の算定例

8.6.3　鉄筋コンクリート版に対する裏面剥離限界版厚

鉄筋コンクリート版に剛飛来物が衝突する場合の裏面剥離限界版厚を評価する式の一つに Chang 式がある。なお，次式は既往の評価式を SI 単位で用いられるように係数を換算してある。また，本式は飛来物自体の損傷による低減係数を考慮することができる。

$$t_s / D = \alpha_s 1.84 \left(\frac{U}{V} \right)^{0.13} \frac{(MV^2)^{0.4}}{(D)^{1.2} (F_c)^{0.4}} \tag{8.3}$$

ここに，t_s : 裏面剥離限界厚さ[m]，α_s : 裏面剥離限界厚さ低減係数，U: 基準速度=60.96[m/s]，V: 衝突速度[m/s]，M: 質量[kg]，D: 飛来物有効直径[m]，F_c: コンクリート強度[N/m^2]を示す。

表 8.6 に示す設定条件に対して算定した裏面剥離限界版厚を図 8.4 に示す。

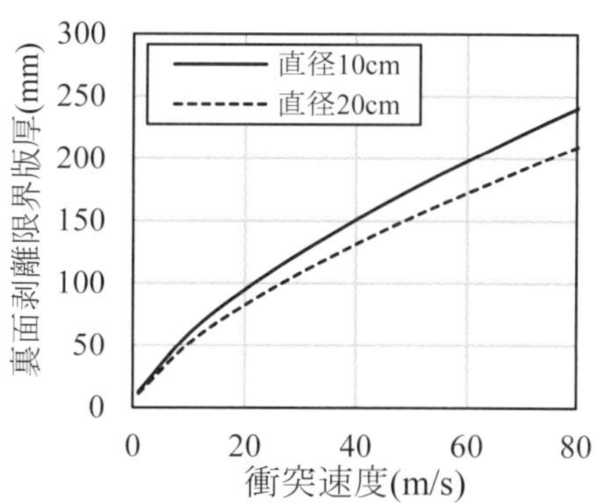

図 8.4　Chang 式による裏面剥離版厚の算定例

8.6.4 鉄筋コンクリート版に対する貫通限界版厚

鉄筋コンクリート版に剛飛来物が衝突する場合の貫通限界版厚を評価する式の一つに Degen 式がある。なお，本式で用いる貫入深さ x_c の評価では上記の修正 NDRC 式による貫入深さ算定値を用いることができる。また，本式も飛来物自体の損傷による低減係数を考慮することができる。

$$t_p / D = \alpha_p \left\{ 2.2 \left(\frac{x_c}{\alpha_c D} \right) - 0.3 \left(\frac{x_c}{\alpha_c D} \right)^2 \right\} \tag{8.4}$$

ここに，t_p=貫通限界厚さ[m]，a_p=貫通限界厚さ低減係数，D=飛来物有効直径[m]，x_c=修正 NDRC 式で算出した貫入深さ[m]を示す。

表 8.6 に示す設定条件に対して算定した貫通限界版厚を図 8.5 に示す。

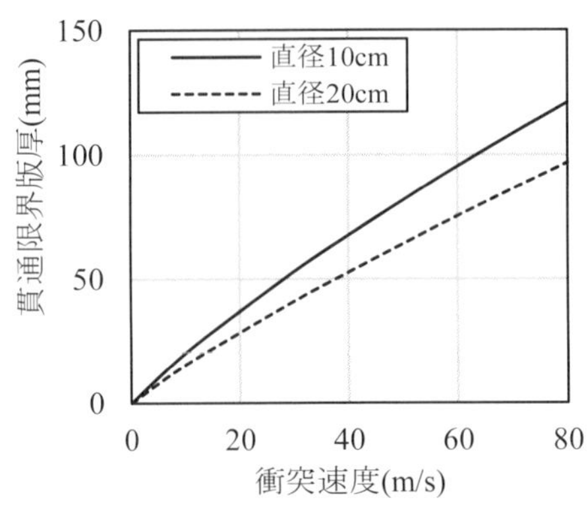

図 8.5　Degen 式による貫通限界版厚の算定例

8.7　まとめ

本章では，爆破によって生じる飛散物が構造物に衝突する場合に発生する局部破壊について概説した。爆発によって発生する飛散物の質量や速度分布は，爆破のシナリオによって大きく変化すると考えられるが，想定する飛散物の質量や速度が特定できる場合には，本章で紹介した局部破壊評価法の適用が可能である。今後，爆破によって発生する飛散物に関する研究や飛散物によって発生する構造物の全体破壊の評価法，および飛散物の衝突に対する補強方法なども検討する必要がある。

参考文献

1) Department of Energy, U.S.: A manual for the prediction of blast and fragment loadings on structures, DoE/TIC-11268, 1980.

2) Department of Defense, U.S.: DoD Ammunition and explosives safety standards, DoD 6055.9-STD, 2002.

3) Headquarters Department of the Army, Air force and Navy and the Defense special weapons agency: Technical manual design and analysis of hardened structures to conventional weapons effects, TM5-855-1/AFPAM32-1147(I)/NAVFAC P-1080/DAHSCWEMAN-97, 1998.

4) 大野友則：飛翔体の衝突に対する RC 版の挙動に関する研究の現状，コンクリート工学，（社）日本コンクリート工学協会，Vol.41，No.4，pp.20-28，2003.

5) Kennedy, R. P.: A review of procedures for the analysis and design of concrete structures to resist missile impact effects, Nuclear Engineering and Design, Vol.37, pp.183-203, 1976.

6) Rinehart, J, S.: Some quantitative data bearing on the scabbing of metals under explosive attack, Journal of Applied physics, Vol. 22, No. 5, pp. 555-560, 1951.

7) Rinehart, J, S.: Scabbing of metals under explosive attack: Multiple scabbing, Journal of Applied physics, Vol. 23, No. 11, pp. 1229-1233, 1952.

8) 谷村眞治：材料・構造物の衝撃問題研究（これまでの推移と今後の展望）：日本機械学会論文集（A編），63巻，616号，1997.

9) Muto, K., et al: Experimental studies on local damage of reinforced concrete structures by the impact of deformable missiles Part1-Outline of test program and small-scale tests-, Proc. of the 10th SMiRT, pp.257-264, 1989.

10) Muto, K., et al: Experimental studies on local damage of reinforced concrete structures by the impact of deformable missiles Part3-Full-scale tests, Proc. of the 10th SMiRT, pp.271-278, 1989.

11) Esashi, Y., Ohnuma, H. et al,: Experimental studies on local damage of reinforced concrete structures by the impact of deformable missiles Part2-Intermediate-scale tests, Proc. of the 10th SMiRT, pp.265-270, 1989.

12) 小島功：衝撃荷重を受ける鉄筋コンクリート板の局所挙動に関する実験的研究，FAPIG，第124号，pp24～34, 1990.

13) 北川真：高速飛翔体の衝突を受ける2重構造 RC 板の局部破壊と耐衝撃性，防衛大学校理工学研究科卒業論文，1993.

14) 岡本貢一，大野友則，上林厚志，上田眞稔，石川信隆：小型飛翔体の高速衝突に対する2層構造 RC 板の衝撃挙動と局部損傷の推定，構造工学論文集，Vol. 40A，pp.1567-1579, 1994.

15) Ohno, T, Uchida, T., Matsumoto, N. and Takahashi, Y.: Local damage of reinforced concrete slabs by impact of deformable projectiles, Nuclear Engineering and Design，138, pp.45-52，1992.

16) 小暮幹太，大野友則，河西良幸，坪田張二，内田孝：鋼板で補強された RC 板の耐衝撃性と補強鋼板の等価コンクリート厚の推定，構造工学論文集，Vol.39A, pp.1599～1608, 1993.

17) Ito, C., Ohnuma, H. Nomachi, S.G., Shirai, K. and Kono, K.: Local Rupture of Reinforced Concrete Slabs due to Collision of Hard Missile, Proc. of the 10th SMiRT, pp.183-188, 1989.

18) 伊藤千浩，白井孝治，大沼博志：剛飛来物の衝突に対する鉄筋コンクリート構造物の設計評価式，土木学会論文集，No. 507/I-30，pp. 201-208，1995.

19) 水野淳：鉄筋コンクリート造多層版の耐衝撃性評価に関する研究，東北大学博士論文，2000.

20) Federal Emergency Management Agency, U.S.: Reference manual to mitigate potential terrorist attacks against buildings, FEMA 426, 2003.

21) Headquarters Department of the Army, the Navy and the Air force: Structures to resist the effects of accidental explosions, TM-1300/NAVFAC P-397/AFR 88-22, 1990.

22) Barr, P.: Guidelines for the design and assessment of concrete structures subjected to impact, UK Atomic Energy Authority, HMSO, London, 1990.

23) Hughes, G.: Hard Missile Impact on Reinforced Concrete, Nuclear Engineering and Design, Vol.77, pp. 23-25, 1984.

24) Degen, P.P.: Perforation of reinforced concrete slabs by rigid missiles, Journal of the Structure Division, Proceedings of ASCE, Vol.106, No. ST7, pp.1623-1642, 1980.

25) Chang, W.S.: Impact of solid missiles on concrete barriers, Journal of the Structure Division, Proceedings of ASCE, Vol.107, No.ST2, pp. 257-271, 1981.

26) Haldar, A. and Miller, F. J.: Penetration depth in concrete for nondeformable missiles, Nuclear Engineering and Design, Vol.71, 1982.

27) Adeli, H. and Amin, A. M.: Local effects of impactors on concrete structures, Nuclear Engineering and Design, Vol.88, pp.301-317, 1982.

28) 土木学会衝撃問題研究小委員会：構造物の衝撃挙動と設計法，土木学会構造工学シリーズ6，1994.

29) Forrestal, M. J., Brar, N. S., and Luk, V. K.: Penetration of strain-hardening targets with rigid spherical-nose rods, ASME J. 58(1), pp. 7-10, 1991.

30) Forrestal, M. J., Altman, B. S., Cargile, J. D. and Hanchak, S. J.: An empirical equation for penetration depth of ogive-nose projectiles into concrete targets, International Journal of Impact Engineering Vol.15, No. 4, pp. 395-405, 1994.

31) Forrestal, M. J.: A spherical cavity-expansion penetration model for concrete targets, International Journal of Solids and Structures Vol. 34, No. 31-32, pp. 4127-4146, 1997.

32) Chen, X. W. and Li, Q. M.: Deep penetration of a non-deformable projectile with different geometrical characteristics, International Journal of Impact Engineering, pp. 619-637, 27, 2002.

33) Chen, X. W. and Li, Q. M.: Perforation of a thick plate by rigid projectiles, International Journal of Impact Engineering, pp. 743-759, 28, 2003.

34) Li, Q. M., and Chen, X. W.: Dimensionless formulae for penetration depth of concrete target impacted by a non-deformable projectile, International Journal of Impact Engineering, pp. 93-116, 28, 2003.

35) Li, Q. M. and Tong, D. J.: Perforation thickness and ballistic limit of concrete target subjected to rigid projectile impact, ASCE, Journal of Engineering Mechanics, Vol.129, No.9, pp.1083-1091, 2003.

36) Li, Q.M., Weng, H.J., Chen, X.W.: A modified model for the penetration into moderately thick plate by a rigid sharp-nosed projectile, International Journal of Impact Engineering, pp.193-204, 30, 2004.

37) Chen, X.W. Fan, S.C. and Li, Q.M.: Oblique and normal perforation of concrete targets by a rigid projectile, International Journal of Impact Engineering, pp.617-637, 30, 2004.

38) Li, Q. M., Reid, S.R., When, H.M., Telford, A. R.: Local impact effects of hard missiles on concrete targets: International Journal of Impact Engineering, pp.224-284, 32, 2005.

39) 電力中央研究所：飛来物の衝突に対するコンクリート構造物の耐衝撃設計手法，電力中央研究所報告 U24，1991.

第９章　窓の耐爆性とその設計

9.1 はじめに

世界中で爆破テロの数が増加するのに伴い，爆破荷重を受けた場合の窓ガラス，あるいは窓枠を含めた窓全体の安全性を合理的に検討するための設計法が大きな関心事になってきている。大きな爆発で生じた窓ガラスの飛散片は，数 km 離れた場所まで飛ばされる可能性があるとともに，それらが人体に当たると人体を著しく傷つける可能性があることが過去の事例から知られている [1)-4)]。

例えば，1974 年 8 月 30 日に東京の丸の内で起こった三菱重工ビル爆破事件では，爆発で飛び散ったガラス片等により 8 人が死亡，385 人が重軽傷を負っている。また，米国オクラホマ州の Murrah Building の爆破テロでは，生存者の 40%に当たる約 200 名が飛散したガラス片により裂傷や擦傷を負っている。1998 年 8 月 7 日に発生したケニアおよびタンザニアの米国大使館同時爆破テロでは，約 4,000 名以上の死傷者を出しているが，そのうちの大部分は，飛散したガラス片が負傷の原因とされている。2004 年 9 月 9 日に発生したインドネシアのジャカルタにあるオーストラリア大使館を狙った爆破テロ事件（写真 9.1 参照）では，建物の構造的な大きな損傷は認められないが，爆源から半径 500m 以内の建物ガラスが割れ，9 名が死亡，150 名以上が負傷する事態となっている。そして 2011 年 7 月 22 日に発生したスウェーデンのオスロ市にある政府機関の建物を狙った爆破テロ（写真 9.2 参照）では，建物内にいた 325 名以上の人のうち少なくとも 200 名が爆発や飛散片等により負傷している。

写真 9.1　2004 年ジャカルタの爆破テロ [3)]

写真 9.2　2011 年オスロの爆破テロ [3)]

9.2 各種のガラス

9.2.1 フロートガラス

建設材料として用いられるほとんどの板ガラスは，図 9.1 に示すフロート製法によって作られるいわゆるフロートガラス(float glass)[3)-5)]が主流になっている。このフロート製法では，錫とガラスの比重差を利用し，フロートバス中の溶融した錫の上に溶融したガラスを浮かべて製造する方法であり，厚みの等しい滑らかな表面を有する板ガラスを容易に作成することができることが利点である。また，徐冷窯において徐々に冷却する焼きなまし処理(annealing process)を施すことによって，内部応力を除去した歪みのない板ガラスを連続的に引き出すことができる。

フロートガラスが割れると，写真9.3に示すように鋭利な刃物のような破片になることから，このような破片が飛散あるいは落下すると非常に危険となる。

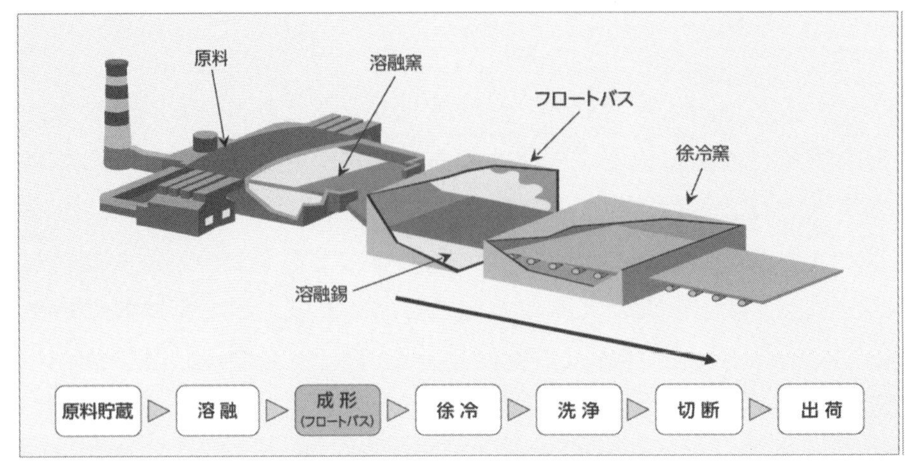

図9.1　フロートガラスの製造方法[5)]

写真9.3　フロートガラスの破損状況[5)]

9.2.2 合わせガラス

合わせガラス(laminated glass)[3)-5)]は，図 9.2 に示すように二枚以上のガラスの間に中間膜として PVB（ポリビニルブチラール）シートを熱圧着させて1枚のガラスとしたものである。この合わせガラスは，割れても PVB シートにより破片が拘束され飛び散らないために安全性が高いという特徴を有しており，写真9.4および写真9.5に示すように耐爆性も高いことが実証されている。

また，合わせガラスの材料として後述する強化ガラスを用いると優れた耐衝撃性能を有するガラスを作ることができる。このような合わせガラスは耐弾ガラスとして使用されている[6)]。

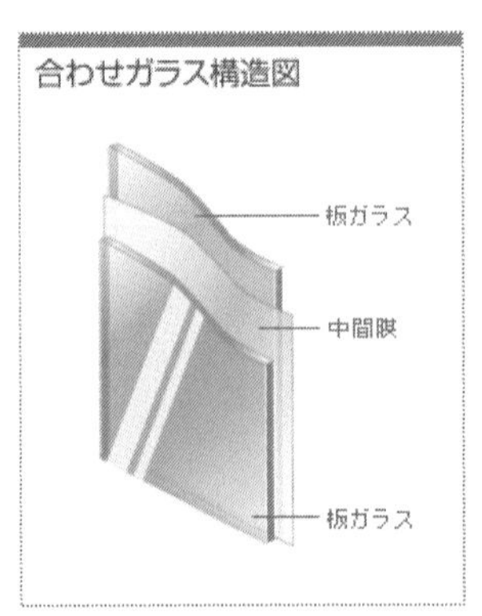

図9.2　合わせガラスの構造[5)]

写真 9.4　オクラホマ爆破事件で被災した合わせガラスの状況 [7)]

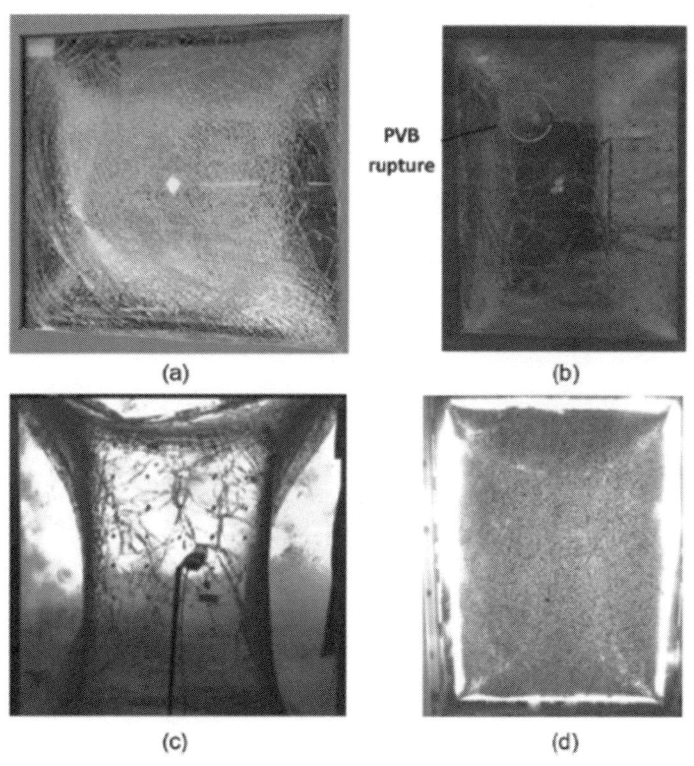

写真 9.5　爆破試験における合わせガラスの破壊状況 [3)]

9.2.3 倍強度ガラス

倍強度ガラス(heat strengthened glass)[3)-5)]は，ガラスを約 650℃くらいまで加熱後，両表面に空気を吹き付けて急冷させてガラス表面に圧縮応力を導入したガラスである。冷却速度が，強化ガラスより緩やかなのが倍強度ガラスである。なお，倍強度ガラスは，フロートガラスの 2 倍程度の強度を有している。

9.2.4 強化ガラス

強化ガラス(tempered glass)[3)-5)]は，倍強度ガラスと同様にガラスを軟化温度に近い約 650℃くらいまで加熱後，両表面に空気を吹き付けて急冷させた加工ガラスの一種である。このようにガラスを急冷することによって，図 9.3 に示すように強化ガラスの表面付近には圧縮応力，内部には引張応力が生じることになる。強化ガラスと倍強度ガラスの違いは，その加工における冷却速度のみである。強化ガラスの冷却速度は，倍強度ガラスのそれよりも大きい[6)]。強化ガラスは，一般的なガラスの 3～5 倍程度の強度を持ち，写真 9.6 に示すように破損した場合にも粒状となり安全性が極めて高いという特徴を有しており，車両等の窓ガラスにも利用されている。

強化ガラスは，写真 9.7 に示すように非常に高い耐爆性を有することが知られている。しかしながら，Zhang and Hao は強化ガラスの爆破実験により，爆破荷重により生じる強化ガラスの飛散片は鋭利ではないが，写真 9.8 に示すような非常に大きな飛散片の塊が背後に飛散する場合があるので，人体に対して鈍的外傷を生じさせる恐れが懸念されることを指摘している[3)]。

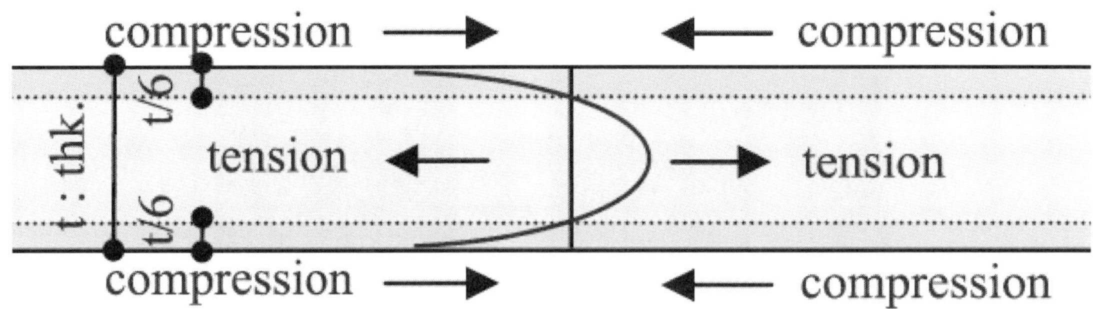

図 9.3　強化ガラスの応力状態[9)]

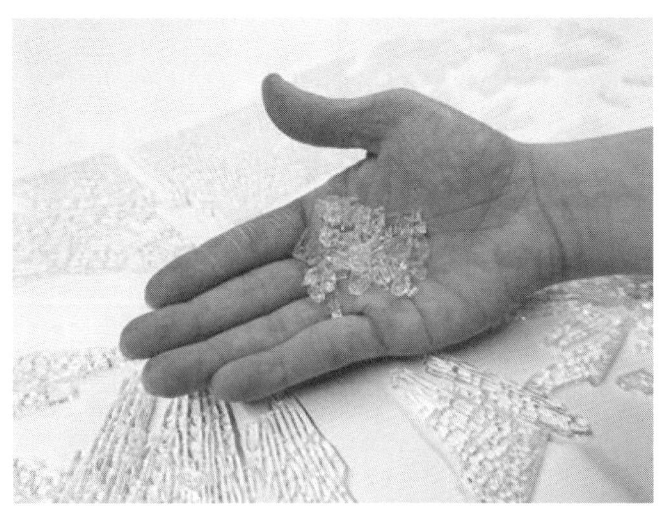

写真 9.6　割れた強化ガラスの破片の状態[8)]

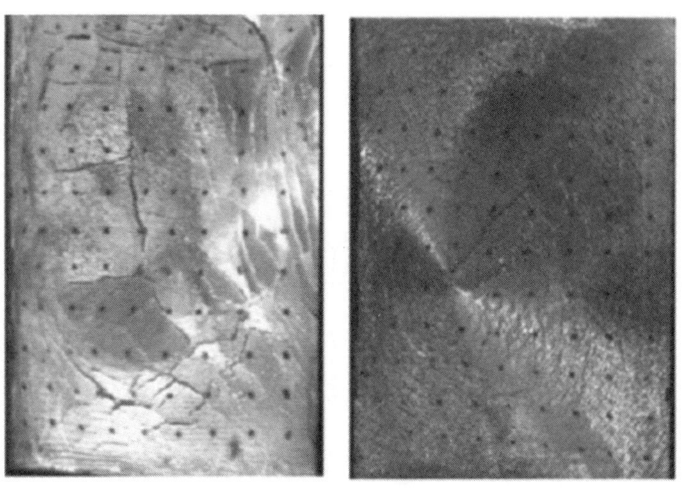

写真 9.7　強化ガラス(Tempered glass)の爆破試験結果 [3)]

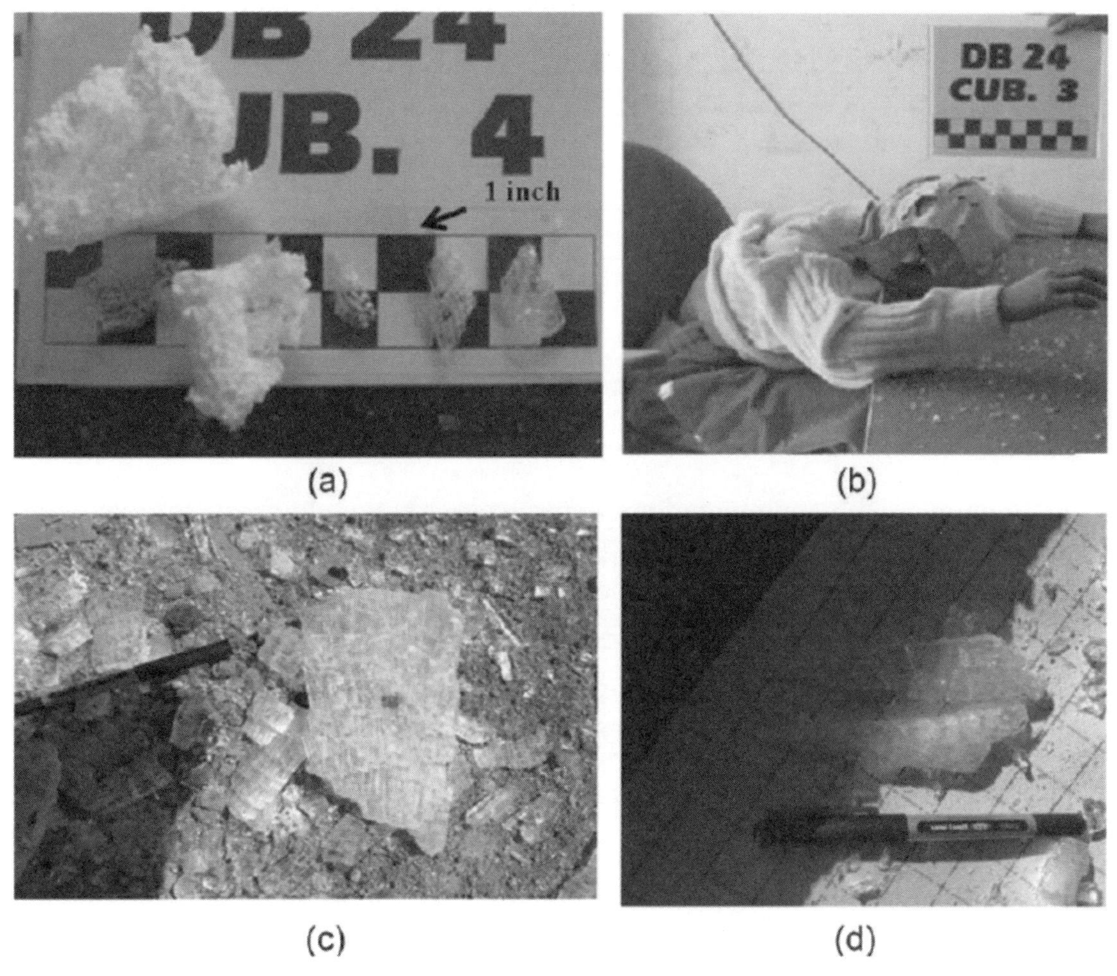

写真 9.8　爆風圧による強化ガラスからのガラス飛散片 [3)]

9.2.5 複層ガラス

複層ガラス(insulating glass)[3)-5)]は，図 9.4 に示すように複数枚の板ガラスを重ねて，その間に乾燥空気やアルゴンガス等を封入したもので，断熱性能を高めたガラスである。断熱性を高めたガラスということで英語では insulating glass と呼ばれる。複数のガラスを有する複層ガラスは，写真 9.9 に示すように爆破荷重の作用により一枚のガラスが割れたとしてもその他のガラスが防護してくれることから，非常に高い耐爆性を有している。また，通常の複層ガラスでは，フロートガラスを用いるのが一般的であるが，合わせガラスを用いることにより耐爆性をさらに上げることができる。

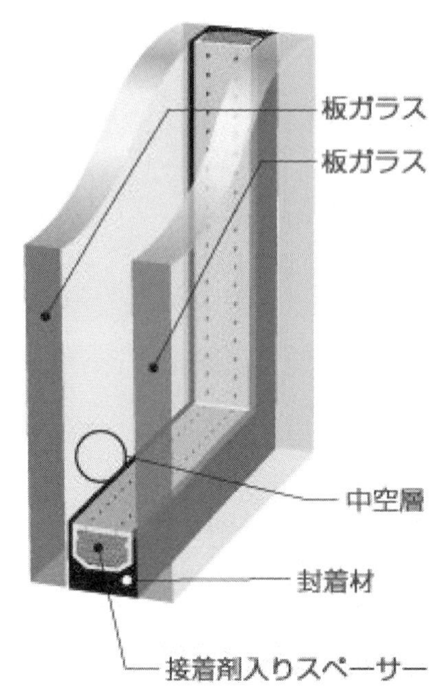

図 9.4　複層ガラスの構造 [5)]

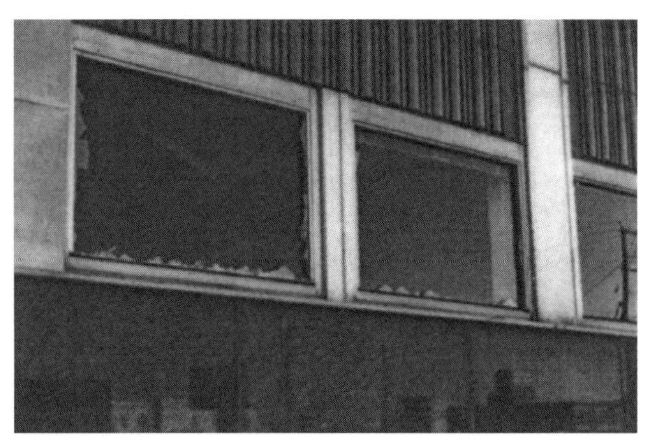

写真 9.9　オクラホマ爆破事件における複層ガラスの被災例 [7)]

9.3 防犯フィルムによる既存ガラスの耐爆補強

防犯フィルム(security film)[3),4),10)]は，窓から空き巣が侵入することを防止するために，室内側のガラス面に貼って使うポリエステルシートである。ガラスが割れても防犯フィルム自体で抵抗できるように厚み（厚さ 0.2～0.4mm）や強度を持たせている。写真 9.10 に既存の窓ガラスを防犯フィルムで補強した事例を示す。防犯フィルムを既存の窓ガラスに貼り付けることによって，ガラスが割れても破片の飛び散りや落下を防止できることから，既存の窓ガラスを容易に耐爆補強できる。

また，防犯フィルムによる補強に加えて，写真 9.11 に示すような捕捉システム(Catch system)を窓背後に設置するとさらに窓の耐爆性を高くすることができる。このシステムでは，割れたガラス片が付着したシートが背後に飛ぶのをケーブルが捕捉するので非常に有効である。

写真 9.10　防犯フィルムにより補強した窓ガラス [10)]

写真 9.11　捕捉ケーブルシステムを配置した耐爆窓の爆破試験結果 [3)]

9.4 窓の耐爆性能を調べるための試験法

ガラスは構造部材と比較すると比較的耐爆性に劣り，人に大きな危害を加える恐れがあることから，爆破に対する窓ガラスの安全性の評価は非常に重要である。そこで米国連邦調達庁(General Services Administration：GSA)は，爆破荷重を受けるガラスおよび窓システムの耐爆性能を評価するための標準試験法を規定している [11)]。この試験では，図 9.5 に示すような窓ガラスが配置された試験用個室を作り，実際に爆破荷重を作用させて窓ガラスの破片がどこまで飛散するのかを調べるものである。この GSA 基準では，壊れたガラス片がどこまで飛散するかによって，表 9.1 に示すように窓の性能条件を区別している。

表 9.1 に示す性能評価において，性能条件 3b 程度で飛散したガラス片により人的障害が発生するリスクが生じる。そして，性能条件 5 に至ると死亡する可能性もかなりでてくる。したがって，爆破テロ攻撃リスクがそれほど大きくない建物の窓の性能条件としては一般的に 3 あるいは 4 程度が望まれる。ただし，レベル 1 および 2 の性能が満足されるとガラスに関連した外傷の発生を完全

に防止できる[1)]。窓ガラスの耐爆性能を上げ，ガラス飛散片を生じさせないことが建物内外にいる人命を守る上で重要となる。GSA による窓の性能評価と米国国防省(DOD: Department of Defense)の新設建物の防護レベルとの関係を表 9.2 に示す[12)]。

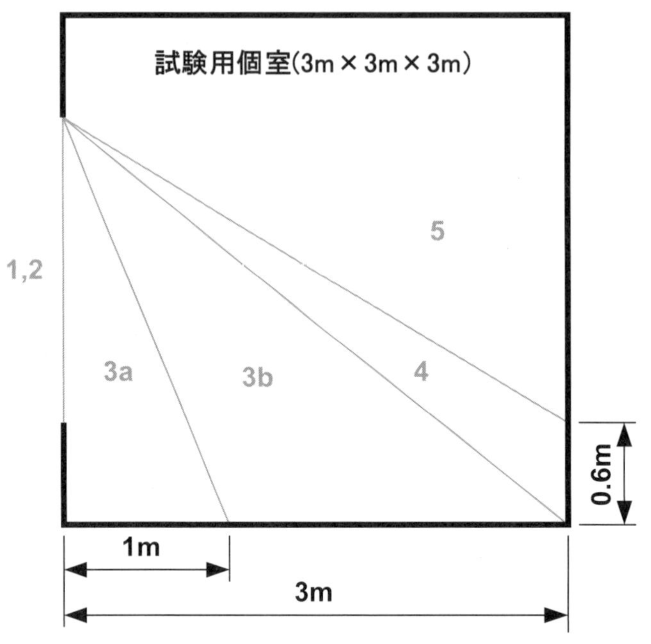

図 9.5　窓からの距離の関数とした窓ガラスの性能条件

表 9.1　窓の性能条件

性能条件	防護レベル	ハザードレベル	窓ガラスに関する記述
1	安全(Safe)	無し(none)	窓ガラスは壊れない。窓ガラスあるいはフレームは目視できる損傷はない。
2	極めて高い(Very high)	無し(none)	窓ガラスはひび割れるがフレームによって保持されている。許容できる塵や極めて小さな小片が窓枠や床にみられる。
3a	高い(high)	極めて低い(very low)	窓ガラスはひび割れる。割れた小片は窓から 1m(3.3ft)以内の床に散乱する。
3b	高い(high)	低い(low)	窓ガラスはひび割れる。割れた小片は窓から 3m(10ft)以内の床に散乱する。
4	普通(Medium)	中位(Medium)	窓ガラスはひび割れる。割れた小片は窓から 3m(10ft)以内の距離にある検出板 Witness plate に床からの高さは 2ft 以下で衝突する。
5	低い(low)	高い(high)	窓ガラスはひび割れ, 窓システムは壊滅的に壊れる。割れた小片は窓から 3m(10ft)以内の距離にある検出板 Witness plate に床からの高さは 0.6m2ft 以上で衝突する。

表 9.2　GSA による窓の性能評価と DOD による新設構造物の防護レベルの関係

GSA による窓の性能評価	DOD による新設構造物の防護レベル
1	高水準
2	中水準
3a	低水準
3b/4	極低水準
5	耐テロ基準以下

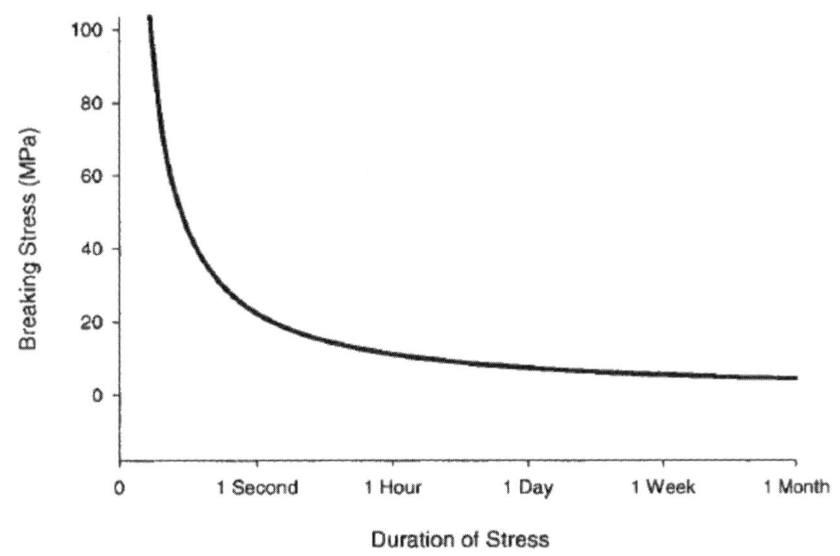

図 9.6　応力の作用時間とガラスの破壊応力との関係

9.5 窓ガラスの耐爆設計法

9.5.1 静的設計荷重チャートを用いた場合

ガラスのような脆性材料では，図 9.6 に示すように破壊強度は応力の作用時間によって大きく異なることが知られている。そこで Noville and Conrath[7)]は，爆風圧の作用時間は極めて短いものの，通常の静的な設計方法に準拠して設計を行うことを前提として， TNT 重量ならびにスタンドオフに基づき，作用する爆風圧を 60 秒間の静的設計荷重として評価するためのチャートを図 9.7 のように作成している。このようなチャートを利用すると比較的簡単に設計を行うことができる。

窓ガラスの許容爆風圧力の算定には次の式を用いることができる。

$$P_a = \frac{300 \cdot k_1 \cdot k_2}{A} \times \left(t + \frac{t^2}{4} \right) \tag{9.1}$$

ここで，P_a : ガラスの許容風圧力(N/m^2 または Pa)，A : ガラスの見つけ面積(m^2)，k_1 : ガラスの種類に応じて決まる係数（表 9.3 参照），k_2 : ガラスの構成に応じて決まる係数（表 9.4 参照），t : ガラスの呼び厚さ(mm)である。

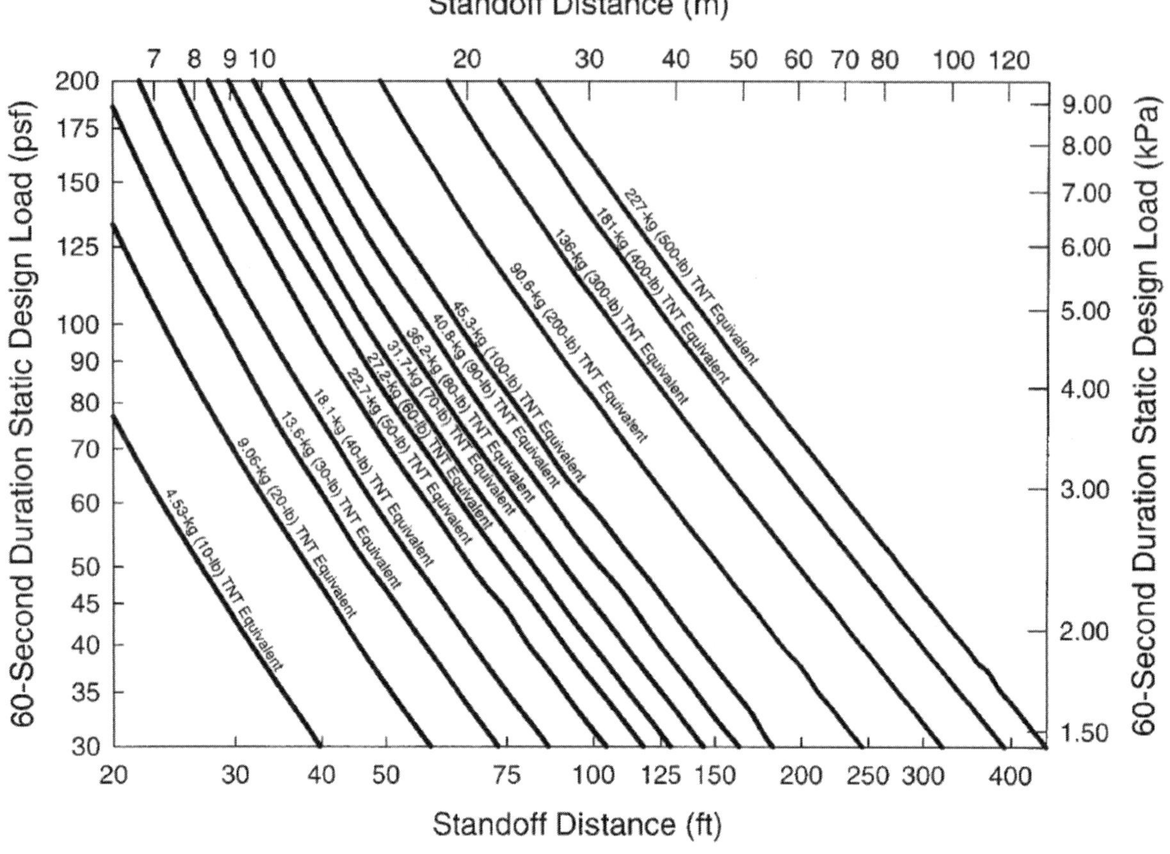

図 9.7　TNT 換算重量およびスタンドオフと 60 秒間静的設計荷重の関係を表すチャート 7)

表 9.3　品種別係数

ガラスの種類		k_1
普通板ガラス		1.0
磨き板ガラス		0.8
フロート板ガラス	8mm 以下	1.0
熱線吸収板ガラス	8mm を超え 12mm 以下	0.9
熱線反射ガラス	12mm を超え 20mm 以下	0.8
高性能熱線反射ガラス	20mm を超える	0.75
倍強度ガラス		2.0
強化ガラス		3.5
網入，線入磨き板ガラス		0.8
網入，線入型板ガラス		0.6
型板ガラス		0.6
色焼付ガラス		2.0

表 9.4　構成別係数

ガラスの種類		k_2
単板ガラス		1.0
合わせガラス		0.75
複層ガラス	T1 について計算する場合	$0.75\times\left[1+\left(\dfrac{t_2}{t_1}\right)^3\right]$
	T2 について計算する場合	$0.75\times\left[1+\left(\dfrac{t_1}{t_2}\right)^3\right]$

ここで，一例として，TNT 換算で 200lb（90.6kg）の爆薬が，スタンドオフ 100ft (=30.5m)で爆発することを想定し，見つけ面積 A=2(m^2)および呼び厚さ t=4mm の強化ガラスの安全性を検討してみる。この場合に対応する 60 秒間の静的爆風圧は，図 9.7 から Pa=4,000 Pa=4kPa と評価される。次に，強化ガラスの許容爆風圧を式(9.1)から計算する。

$$P_a=\frac{300\cdot k_1\cdot k_2}{A}\times\left(t+\frac{t^2}{4}\right)=\frac{300\times3.5\times1.0}{2.0}\times\left(4+\frac{4^2}{4}\right)=4,200$$

許容爆風圧は 4,200Pa となる。このように許容爆風圧が，60 秒換算の静的爆風圧を上回るので，この爆発想定に対して，強化ガラスは安全であるといえる。

9.5.2　UFC 基準を用いた場合

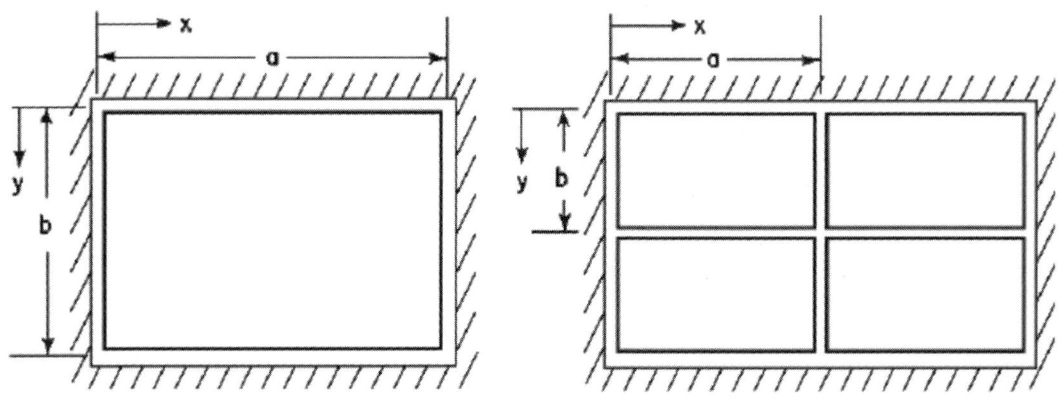

図 9.8　UFC による窓枠の幾何形状

米国国防省(DoD：Department of Defense)は，関連施設の建設に当たり統一施設基準(UFC：Unified Facilities Criteria)を整備している。それらのうち UFC-3-340-02[13)]として，爆発事故の荷重に耐えられる構造物の設計基準を出している。この UFC 基準は，窓の耐爆設計についても言及している。ただし，この UFC 基準を用いて窓ガラスの設計を行う場合，ガラスの種類，厚さ，図 9.8 に示す窓ガラスの縦横の長さ(a, b)から計算されるアスペクト比，および最大爆風圧に次のような制限が適用される。

使用ガラスの種類：強化ガラス(monolithic thermally tempered glazing)

ガラス厚さ：1/4≦t≦3/4 in（6.35≦t≦19.05mm）

アスペクト比：1.0≦a/b≦4.0

最大爆風圧：100 psi (=689.5 kPa=6.895 bar)

この UFC 基準では，図 9.9 に示すような最大爆風圧と作用時間との関係から短辺の長さ b を求めるチャートが作られている。このチャートは，窓ガラスの破壊確率が 0.001 以下になるように作成されている。

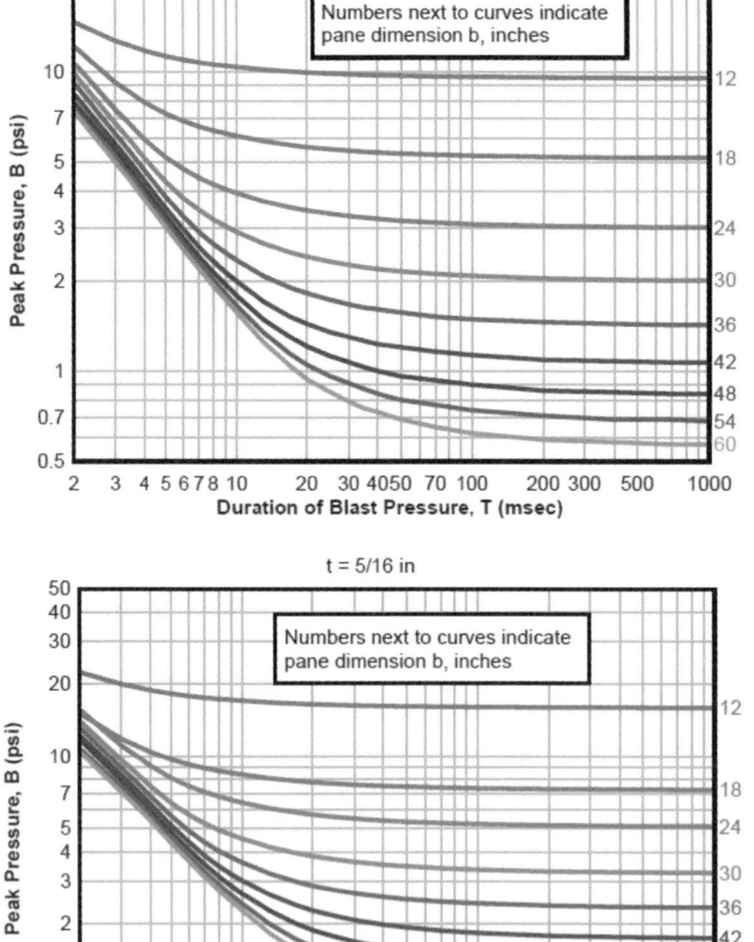

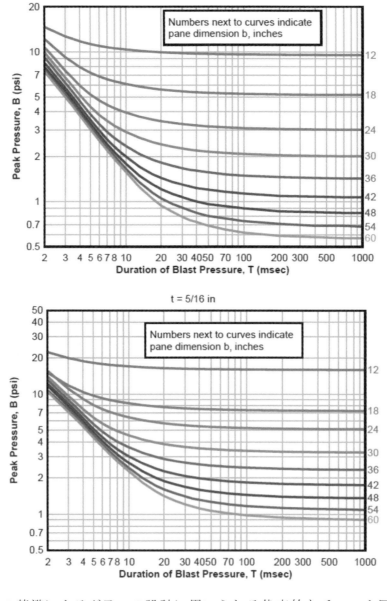

図 9.9　UFC 基準によるガラスの設計に用いられる代表的なチャート図（a/b=1.0）

このUFC基準で規定されるチャート図を用いると強化ガラスの耐爆安全性が簡易に検討できる。例えば，窓ガラスに対して，図9.10に示すGSAで規定される最小の爆風圧（最大爆風圧4 psi (28 kPa)　継続時間7 msec）[14)]が作用した場合の窓ガラスの最大寸法について検討してみる。ただし，窓のアスペクト比(a/b)は1.25とし，使用するガラス厚は1/4 in (6.35mm)とする。この場合，図9.11に示す設計用チャート図から，最大爆風圧が4 psi (28 kPa)で継続時間が7 msecに相当するガラスの短辺方向の長さbを求めるとb=24 in (609.6 mm)となる。したがって，この場合の窓の寸法は，a=30 in (762 mm)とb=24 in (609.6 mm)であれば安全と評価できる。

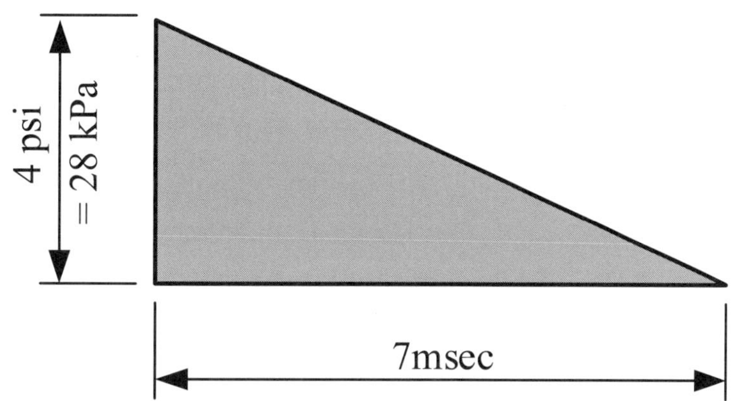

図9.10　GSAで規定されている窓の設計で考慮すべき最小の爆風圧荷重

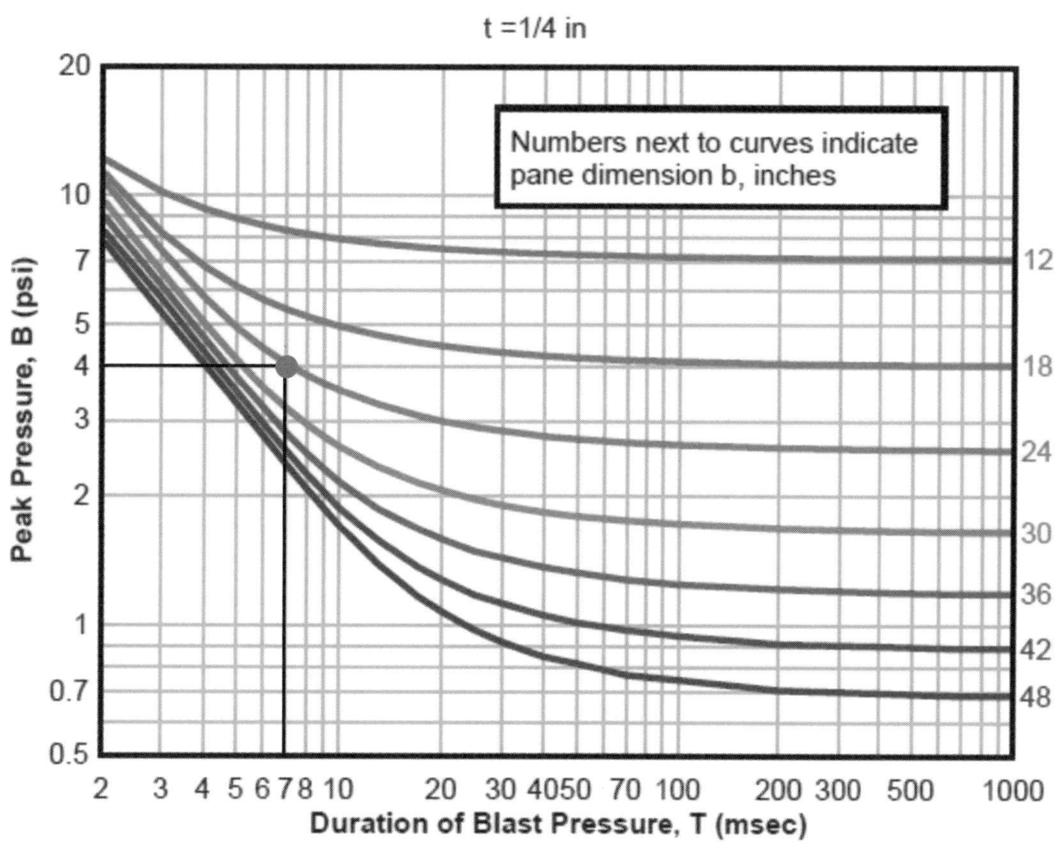

図9.11　UFC基準による窓ガラスの設計例（T=7msec，B=4psi）

参考文献

1) Norville, H. S., Harvill, N., Conrath, E. J., Shariat, S. and Mallonee, S.: Glass-related injuries in Oklahoma City Bombing, Journal of Performance of Constructed Facilities, Vol.13, No.2, pp.50-56, 1999.

2) Glenshaw, M. T., Vernick, J. S., Frattaroli, S., Brown, S. and Mallonee, S.: Injury Perceptions of Bombing Survivors – Interviews from the Oklahoma City Bombing, Prehospital and Disaster Medicine, Vol.23, No.6, pp.500-506, 2008.

3) Zhang, X. and Hao, H.: The response of glass window systems to blast loadings: An overview, International Journal of Protective Structures, Vol.7, No.1, pp.1-32, 2016.

4) Adhikary, S. D.: Review of Glazing and Glazing Systems under Blast Loading, Practice Periodical on Structural Design and Construction, ASCE, Vol.21, No.1, pp.1-10, 2016.

5) 日本板硝子：ガラス建材総合カタログ技術資料編，2014.

6) Task Committee: Structural Design for Physical Security, State of the Practice, ASCE, 1999.

7) Norville, H. S. and Conrath, E. J., Considerations for blast-resistant glazing design, Journal of Architectural Engineering, Vol.7, No.3, pp.80-86, 2001.

8) ガラスの種類辞典：http://www.glass-dictionary.com/2016/05/12/annzen.jpg

9) 石井久史：ガラスファサードの設計法について―構造・材料の側面から―，GBRC，日本建築総合試験所，Vol.37，No.1，2012.

10) Task Committee on Blast-Resistant Design of the Petrochemical Committee of the Energy Division of the ASCE, Design of Blast-Resistant Buildings in Petrochemical Facilities, ASCE, 2010.

11) US General Services Administration: Standard Test Method for Glazing and Window Systems Subjected to Dynamic Overpressure Loadings, 2003.

12) Lorraine, H. L., Hinman, E., Stone, H. F. and Roberts, A. M.: Survey of Windows Retrofit Solutions for Blast Mitigation, Journal of Performance of Constructed Facilities, ASCE, Vol.18, No.2, pp.86-94, 2004.

13) Unified Facilities Criteria (UFC) UFC 3-340-02: Structures to Resist the Effects of Accidental Explosions, Department of Defense, 2008.

14) Task Committee on Blast-Resistant Design of the Petrochemical Committee of the Energy Division of the ASCE, Design of Blast-Resistant Buildings in Petrochemical Facilities, ASCE, 2010.

第１０章　爆発が人体に及ぼす影響

10.1　爆発による人体が受ける障害の分類

火薬類の爆発により人体は，重大な肉体的および心理的な影響を受ける。爆発による人体損傷は，障害が生じる主因（爆発によって直接生じる過圧や飛散片による障害，構造物の崩壊よる障害，爆発によって生じた燃焼効果による障害）によって表 10.1 に示すように 1 次的障害，2 次的障害，3 次的障害および 4 次的障害に分類される[1]。このような分類は，爆発による負傷者の救急救命活動におけるトリアージを効率よく行う上で非常に役に立っている。

表 10.1　爆破による人体損傷の分類

分類	特徴	影響を受ける人体の部位	障害のタイプ
一次的障害 (Primary injury)	爆破によって生じる過圧による直接的な影響による損傷	気体が充満した器官 肺，消化器官，中耳	肺損傷，鼓膜損傷，中耳外傷，内臓出血，穿孔外傷，脳震盪
二次的障害 (Secondary injury)	爆破によって生じた飛散片（爆弾の破片，爆破によって生じる構造物の破片）による損傷	すべての部位	飛散物貫入傷害，鈍的外傷，眼球外傷
三次的障害 (Tertiary injury)	構造物の崩壊あるいは爆破により吹き飛ばされたことによる損傷	すべての部位	骨折，挫滅外傷（クラッシュ症候群），外傷性切断，外傷性脳損傷，絞扼性神経障害，筋区画症候群
四次的障害 (Quaternary injury)	一次的～三次的障害に属さない爆破による怪我や病気。慢性的な病気の悪化	すべての部位	火傷，ぜんそく，呼吸器疾患（ほこりや有毒ガスの吸入）

また，表 10.2 に爆源からの大まかな距離の違いによる建物の被害ならびに人体が受ける障害状況を示す。この表 10.2 によれば，爆薬の爆発により人体が受ける障害の状況は，建物の被害状況に関連して爆源からの距離に応じて近接，中位および遠方の 3 つに分類して考えることができる。すなわち，爆源に極めて近い場所では倒壊した建物による圧死が主であるのに対し，爆源から中位の場所では，外壁や床が壊れたことにより頭蓋骨骨折や脳震盪が起こる。さらに遠方の場所では，窓ガラスの飛散による裂傷が主となる傾向にある[2]。

北アイルランドにおける爆弾テロによる死亡者の検死結果[3]によれば，その死因は人体断裂 14%，多重外傷 39%，頭部および胸部外傷 21%，頭部外傷 12%，胸部外傷 11%のようになっており，ほとんどの方が重度の外傷により死亡しているのがわかる。そもそも爆弾テロは，多くの人々が集まる場所を標的としていることから，非常に近接で多くの人々が強烈な爆風や倒壊した建物に押し潰された結果，重度の外傷が主な死因となっているものと考えられる。

表 10.2　爆発による建物被害と人体が受ける障害の種類[2)]

爆発源からの距離	最も重大な建物被害	関係する障害
近い(close-in)	建物倒壊	床の落下や落下した構造部材に押し潰されたことによる死亡
中位(moderate)	外壁の破壊，外壁に面した床の破壊	頭蓋骨骨折，脳震盪
遠い(far)	窓損傷，照明器具の落下，飛散片	飛散ガラスによる裂傷，吹き飛ばされたり物体に当たったりしたための擦過傷

爆源から遠い距離においても，爆発によって飛散したガラスが原因の裂傷も大きな問題となっている。米国オクラホマ州の Murrah Building の爆破テロにおける爆源から 1 ブロック程離れたところにある二つの建物（Water Resource Board Building および Journal Record Building）におけるガラス関連の負傷者の分布状況を調べた結果[4)]を表 10.3 および表 10.4 に示す。これらの表から，窓ガラス関連の負傷者全体の約 50%が窓のある壁からの距離が 3.0m以内で負傷していることがわかる。このように窓から非常に近い位置で飛散したガラスにより負傷するケースが際立っていることが理解できる。

表 10.3　Water Resources Board Building におけるガラスにより負傷した被害者の状況

最も近い壁からの距離 [m (ft)]	負傷者の数 (建物における総数の割合)
＞6.0　(>20.0)	1 (4.35%)
4.5-6.0 (15.0-20.0)	5 (21.7%)
3.0-4.5 (10.0-15.0)	2 (8.70%)
1.5-3.0 (5.0-10.0)	7 (30.4%)
≦1.5 (≦5.0)	8 (34.8%)

表 10.4　Journal Record Building におけるガラスにより負傷した被害者の状況

最も近い壁からの距離 [m (ft)]	負傷者の数 (建物における総数の割合)
＞6.0　(>20.0)	20 (33.9%)
4.5-6.0 (15.0-20.0)	9 (15.2%)
3.0-4.5 (10.0-15.0)	4 (6.78%)
1.5-3.0 (5.0-10.0)	10 (16.9%)
≦1.5 (≦5.0)	16 (27.1%)

爆発による傷害の程度や予後の状況を左右する重大なファクターとしては，爆発の大きさ（爆薬量や爆薬の種類）と爆源から被災者までの距離の他にも空間の閉鎖性などがあげられる。例えば，

表 10.5 に示すように閉鎖空間で被災した場合の致死率は，解放空間で被災した場合のそれの約 10 倍程度になっている。

表 10.5 爆発場所と致死率ならびに外傷重症度 [3)]

	解放空間	閉鎖空間	バス
致死率	2.8	15.8	20.8
ISS [注)]＞15	6.8	11.0	11.0
多重外傷	4.7	11.1	7.8
手術が必要	13.5	17.6	14.9
ICU が必要	5.3	13.0	11.3

注）ISS：Injury Severity Score 外傷重症度スコア

10.2　爆風圧による肺や鼓膜の損傷

爆薬の爆発によって生じる爆風圧の作用から人命を守る場合，どの程度の爆風圧にまで人体が耐えることができるか知ることは非常に重要である。人体が耐えることのできる爆風圧の大きさは，爆風圧に対する人体の向き（正面，側面，背面）や姿勢（立位，座位，臥位），あるいは反射波を励起する壁の有無等も大きく依存することが動物実験の結果から知られている [5)]。例えば，モルモットを用いた実験により得られたモルモットが耐えることのできる爆風圧の大きさと姿勢ならびに向きの関係を図 10.1 に示す。この図から，耐えることのできる入射過圧の大きさを比較した場合，最も小さくなるのは背後に壁があるときであるのに対して，最も大きくなるのは腹臥位のような状態で顔を爆風の進行方向とは反対の方向に向けているときである。すなわち，このことから，人の場合においても地面に腹臥位となり爆風の進行方向とは反対に顔を向ける姿勢を取るのが良いと考えられる。

爆発により生じる過圧の影響を最も受けやすい人間の臓器は，肺，鼓膜，目および皮膚等である。このうち特に肺は重要な臓器であり，高圧の爆風圧が肺に侵入すると肺胞が壊され大出血を起こすとともに血管に空気が侵入することにより空気塞栓症を起こし死に至ることにもなるのである。過圧の大きさと肺の損傷に関しては，　過圧が 30～40psi(206.8～275.8kPa)程度になると肺に障害を及ぼす可能性が出てくる。そして，80psi(551.6kPa)以上になると重大な肺出血を生じ，100～120psi に達すると死に至ることもある。図 10.2 に米国国防省(DoD：Department of Defense)の統一施設基準(UFC：Unified Facilities Criteria)で採用されている肺損傷による生存率曲線を示す [6)]。この生存率曲線は，過圧(overpressure)と換算力積(scaled impulse)の関係によって与えられている。この換算力積は，爆風圧の力積(i)を人間の体重(W_h)の 1/3 乗で割ったものである。これは，人間の体重が大きくなるほど，過圧による肺損傷の程度が小さくなることを表している。ここで，質量 100lb(=44.36kg)の TNT 爆薬が地表面上で爆発した場合に，体重 154lb(69.9kg)の成人男性のスタンドオフ距離に対する生存率を計算した結果を表 10.6 に示す。この表から，爆源から 30ft(9.14m)程度離れていれば生存できる可能性があることがわかる。ただし，この生存率は爆風圧に対するもののみであり，飛散物による影響は考慮されていないことには注意を要する。

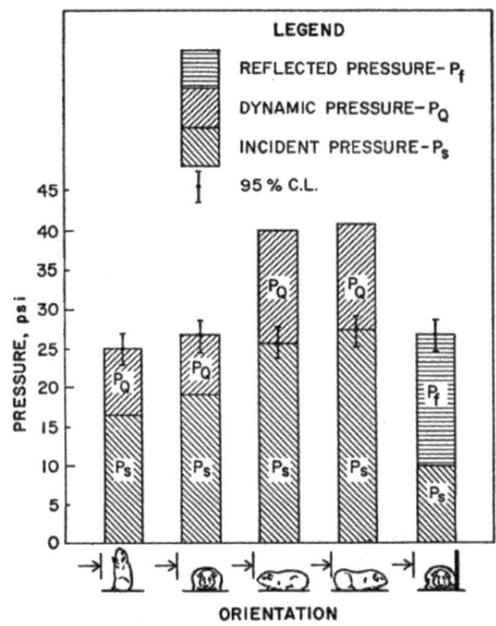

図 10.1　爆風圧を受けるモルモットを用いた試験結果 [5)]

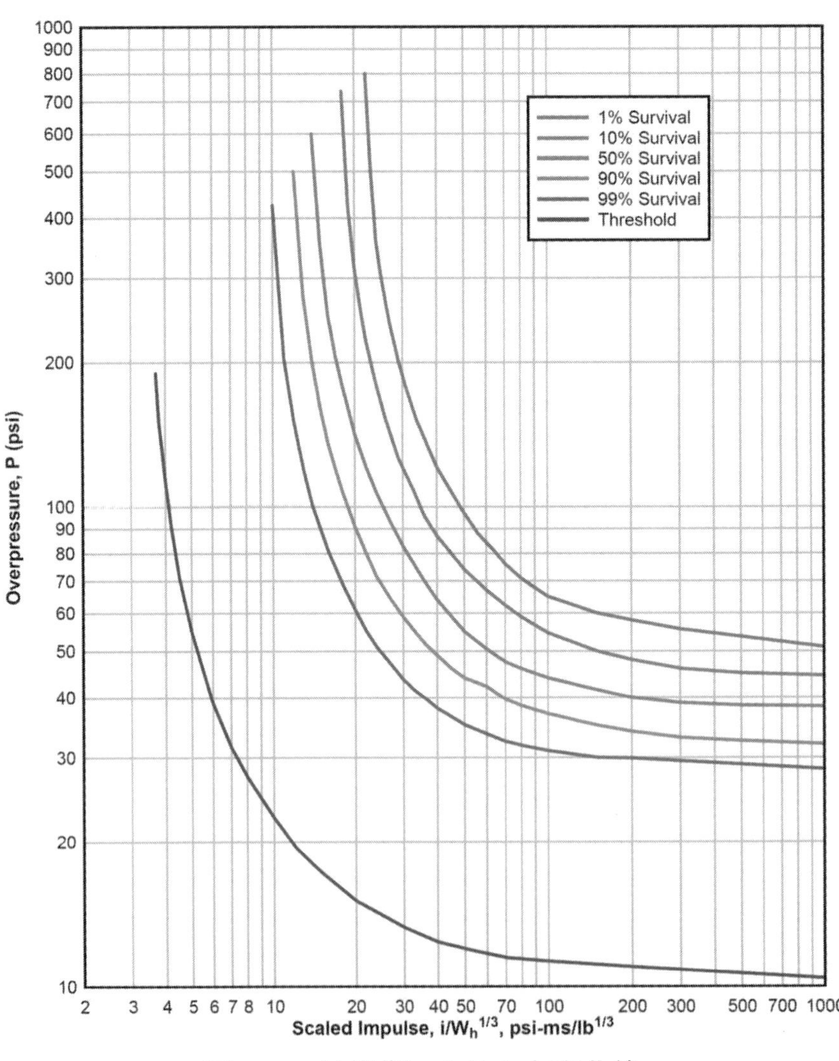

図 10.2　肺損傷による生存率曲線

(1 psi = 6.895 kPa, 1 psi-ms/lb$^{1/3}$ = 8.935 kPa-ms/kg$^{1/3}$)

表 10.6　TNT 爆薬量 100lb(=44.36kg)の爆発における成人男性(体重 154lb=70kg)の生存率

スタンドオフ距離 R		スケール距離	最　大	爆風圧	無次元	生存率
(ft)	(m)	Z=R/W1/3 (ft/lb1/3)	爆風圧 (psi)	の力積 (psi-ms)	化力積 $i/w_h^{(1/3)}$	
10	3.048	2.154	766.7	1067.6	199.17	1%未満
20	6.096	4.309	113.5	155.27	28.967	10%
30	9.144	6.463	34.59	81.163	15.142	99%以上
50	15.24	10.772	9.884	62.37	10.636	100%
100	30.48	21.544	2.851	23.137	4.317	100%
200	60.96	43.089	1.098	11.10	2.07	100%

次に，図 10.3 に鼓膜損傷と過圧の関係を示す。この図から鼓膜損傷を生じる過圧の閾値は 5psi, 50%確率の鼓膜損傷の過圧は 15psi であることがわかる。UFC 基準では，人体に障害を生じさせない範囲で人体が耐えられる過圧として 2.3psi を規定している。この過圧では，一過性の難聴を生じることはあっても特に問題はないとしている。

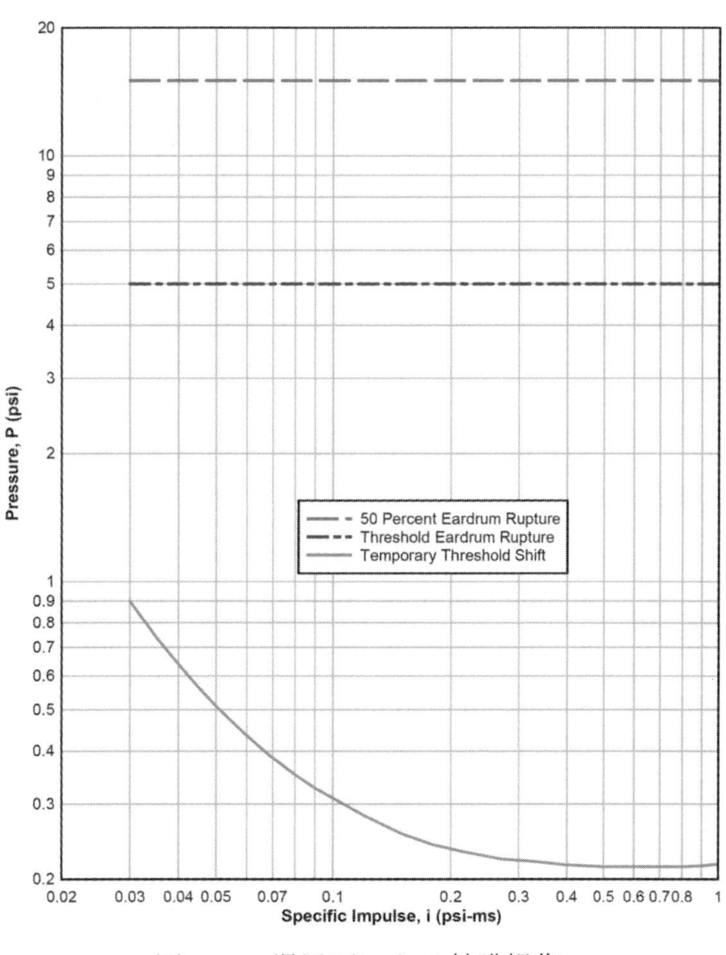

図 10.3　爆風圧による鼓膜損傷
(1 psi = 6.895 kPa, 1 psi-ms = 6.895 kPa-ms)

10.3　爆破テロに対する安全距離の設定

米国においては連邦緊急事態管理庁（FEMA）あるいはアルコール・タバコ・火器および爆発物取締局（BATF）は，表10.7および表10.8に示すように爆破テロに対する安全距離について規定している。これらの表で規定されている安全距離は，前項で述べた肺や鼓膜の損傷を生じさせないために必要な距離と比較するとかなり大きく設定されている。これは，爆薬の爆発により生じる飛散片やガラス片による障害を生じさせないように設定しているためである。例えば，1997年7月13日に発生したオーストラリアのキャンベラ市のRoyal Canberra Hospitalの発破解体事故では，発破解体によって生じた飛散片が500mあまり離れた場所にいた少女にあたり即死させるという悲しい事故が発生している。このように爆発によって生じる飛散片はかなりの範囲に渡って飛散することが理解できる。

表10.7　FEMAによる爆破テロにおける安全距離

脅威の種類		脅威の記述	TNT等価 爆薬量	屋　内 避難距離	屋　外 避難距離
爆薬		パイプ爆弾	5 lb 2.3kg	70 ft 21m	850 ft 259m
		自爆ベルト	10 lb 4.5kg	90 ft 27m	1,080 ft 330m
		自爆ベスト	20 lb 9kg	110 ft 34m	1,360 ft 415m
		ブリーフケース	50 lb 23kg	150 ft 46m	1,850 ft 564m
		コンパクトセダン	500 lb 227kg	320 ft 98m	1,500 ft 457m
		セダン	1,000 lb 454kg	400 ft 122m	1,750 ft 534m
		ライトバン	4,000 lb 1,814kg	640 ft 195m	2,750 ft 838m
		トラック	10,000 lb 4,536kg	860 ft 263m	3,750 ft 1,143m
		給水車	30,000 lb 13,608kg	1,240 ft 375m	6,500 ft 1,982m
		セミトレーラー	60,000 lb 27,216kg	1,570 lb 475m	7,000 ft 2,134m

表 10.8　BATF が規定している爆破テロの安全距離

車両の種類		爆薬の最大積載量	致　死可能範囲	最小避難距離	ガラス落下危険範囲
	コンパクトセダン	500 lb 227 kg	100 ft 30 m	1,500 ft 457 m	1,250 ft 381 m
	セダン	1,000 lb 455 kg	125 ft 38 m	1,750 ft 534 m	1,750 ft 534 m
	ライトバン	4,000 lb 1,818 kg	200 ft 61 m	2,750 ft 838 m	2,750 ft 838 m
	小型トラック	10,000 lb 4,545 kg	300 ft 91 m	3,750 ft 1,143 m	3,750 ft 1,143 m
	給水車／タンクローリー	30,000 lb 13,636 kg	450 kg 137 m	6,500 ft 1,982 m	6,500 ft 1,982 m
	セミトレーラー	60,000 lb 27,273 kg	600 ft 183 m	7,000 lb 2,134 m	7,000 lb 2,134 m

参考文献

1) Centers for Disease Control and Prevention (CDC): Explosions and Blast Injuries – A Primer for Clinicians, http://www.cdc.gov/masstrauma/preparedness/primer.pdf
2) Lorraine, H. L., Hinman, E., Stone, H. F. and Roberts, A. M.: Survey of Windows Retrofit Solutions for Blast Mitigation, Journal of Performance of Constructed Facilities, ASCE, Vol.18, No.2, pp.86-94, 2004.
3) Kluger, Y.: Bomb Explosions in Acts of Terrorism – Detonation, Wound Ballistics, Triage and Medical Concerns, Israel Medical Association Journal, Vol.5, pp.235-240, 2003.
4) Norville, H. S., Harvill, N., Conrath, E. J., Shariat, S. and Mallonee, S.: Glass-Related Injuries in Oklahoma City Bombing, Journal of Performance of Constructed Facilities, Vol.13, No.2, pp.50-56, 1999.
5) Teland, J. A.: Review of Blast Injury Prediction Models, Norwegian Defense Research Establishment, FFI-Rapport 2012/00539, 2012.
6) Unified Facilities Criteria (UFC) UFC 3-340-02: Structures to Resist the Effects of Accidental Explosions, Department of Defense, 2008.

第１１章　爆発荷重を受けるＲＣ構造物に対するリスク評価手法の提案

11.1　はじめに

2001 年 9 月に米国で発生した同時多発テロ事件以降，世界各国でテロ対策が強化されているが，10 年以上が経過した今も，世界中でテロ事件は頻発している。 National Consortium for the Study of Terrorism and Responses to Terrorism (START)[1]によると，図 11.1 に示すように 2001 年から 2004 年の間はテロ事件数が減少しているものの，その後は急激な増加傾向にあり，2011 年では年間 5,000 件程度のテロ事件が発生している。また，種別で見ると，全てのテロ事件のうち，半数近くが爆破テロによるものであることがわかる。爆破テロの脅威に対して，我が国においても空港等における火薬類の検知や火取法による規制など主としてソフト対策によるテロ対策の強化を図ってきているが，テロの発生可能性をゼロにすることはほぼ不可能であると考えられる。したがって，爆破テロのシナリオや発生可能性を検討した上で，爆破テロが発生した場合の構造物や人命の被害程度を評価する手法を確立し，効果的な対策を検討する必要がある。

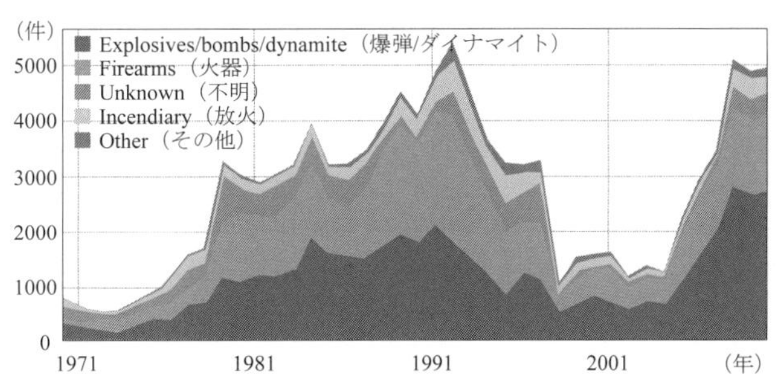

図 11.1　テロ発生件数の推移[1]

また近年，花火工場等での爆発事故が増加傾向にある。これらの工場等では，保管している火薬量が多いため，甚大な爆発災害へと発展しやすい特徴がある。このような爆発荷重に対する構造物の安全性を評価する手法や設計法の確立は急務であり，各学会でも爆発荷重を対象とした研究委員会が設立されている。

このような構造物の危険度を定量化する手法としてリスク評価手法がある [2)-4)]。構造物のリスク評価手法については，特に地震による構造リスク算定の分野で精力的に研究されてきた [5),6)]。なお，リスクとは「(望ましくない) 出来事が起こる可能性」と「結果（被害）の大きさ」の積で表現できる [7)]。一般に，リスク評価の過程は図 11.2 に示すように,外力の統計的頻度の評価（ハザード評価），構造物の脆弱性評価（フラジリティ評価），構造物のフラジリティを基にして得られる人的及び構造物の損失曲線（ロスカーブ）の評価及びこれらをまとめた外力の頻度と損失の関係曲線（リスクカーブ）の算定となる。爆破テロや爆発災害に対してリスク評価を行う場合には，これらの事象が確率統計的性質を有さない人為的あるいは偶発的な性質であるため，シナリオを設定するか過去の事例を統計的に検討する必要がある。爆発を受ける構造物のリスク算定手法を検討した例として，福島らの研究 [8)]がある。しかし，この中では，爆発荷重を受ける構造物の損傷が過去の経験に基づいて評価されており，構造損傷の定量化についてはより合理的な手法を提案する必要がある。

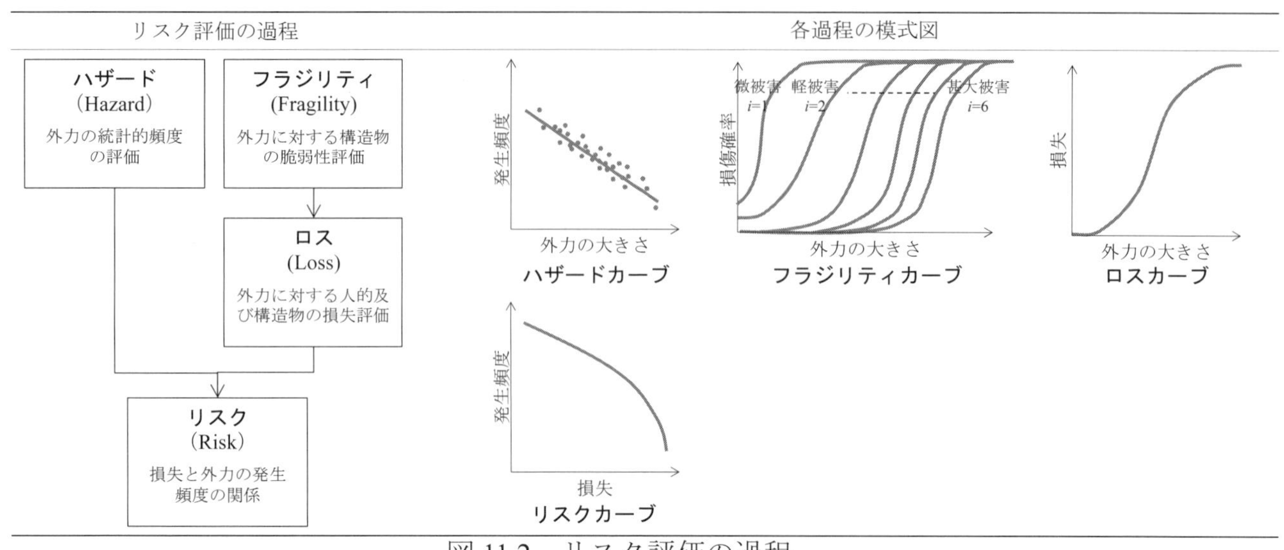

図 11.2　リスク評価の過程

本章では，爆破テロ等の爆発荷重を受ける RC 構造物のリスク評価の方法について，基礎的な検討及び提案を行うものである。提案手法では，まず，爆発荷重が生じる例として爆破テロを対象とし,過去に発生した爆破テロの発生頻度と死者数に基づいてハザードカーブを作成した。次に，構造物を梁，柱及び床スラブ部材に分割し，これらを 1 質点系モデルに置換してそれぞれの部材の損傷評価を行う。これらの部材の損傷に基づいて構造物全体の被害状態を評価する。最後に，構造物の被害状態からロスカーブを求め，ハザードと結合してリスクカーブを算定した。

11.2　爆発荷重を受ける構造物のリスク評価手法の概要

11.2.1　評価プロセス

リスクとは「(望ましくない) 出来事が起こる可能性」と「結果（被害）の大きさ」の積で表現することができるので，爆薬量 w の爆発荷重を受ける構造物のリスク $R(w)$は次式のように表される。なお，爆薬量 w は通常 TNT(トリニトロトルエン)の質量に換算して表わすことが慣例的に行われる。以降では，爆発量 w は TNT 換算質量として表すものとする。

$$R(w)= H(w)\times L(w) \tag{11.1}$$

ここに，w は爆薬の質量，$R(w)$はリスクを表し，爆薬量 w の爆発によって構造物が受ける損失の期待値を表す。$H(w)$はハザードであり，爆薬量 w の爆発が発生する頻度を表す。$L(w)$はロス(損失)を表し，爆薬量 w の爆発が起こった結果，構造物や人命が受ける損失の程度を表す。

ここでは，爆発荷重が生じる例として爆破テロを対象とし，過去の爆破テロの統計データから爆破テロの爆薬量と発生頻度の関係 $H(w)$を求める。次に，爆薬量 w と構造物の損傷確率の関係であるフラジリティ $Fi(w)$を求める。ここで i は被害状態(微被害，甚大被害など)であり，フラジリティ $Fi(w)$は被害状態 i 以上となる建物の損傷確率を示す。ロス $L(w)$は被害状態 i ごとの損失 Ci を設定することで，フラジリティ $Fi(w)$との関係から求めることができる。ここでは人的及び構造物の損失について評価する。ロスの評価では周辺建物の損失や屋外での人的損失など，より広域的な損失の評価が考えられるが，ここでは，爆破テロの対象となる構造物と構造物内の人員のみを評価の対象とした。以上のハザードとロスからリスクカーブを得ることができる。

11.2.2　各評価プロセスの概要

(1) ハザードの評価

爆破テロの発生や爆薬量を事前に把握することは難しいため，過去の統計データから爆薬量ごとのテロ発生頻度を推定した。まず，爆破テロの爆薬量を TNT 換算質量 w として表す。次に，テロの爆薬量と発生件数の統計データを整理し，爆薬量 w と発生頻度 $H'(w)$の関係を求める。後述するように，発生頻度は爆薬量 w の増加とともに指数関数的に減少するが，この場合，以下のような指数関数で近似することができる。

$$H'(w)=\alpha w^{-\beta} \qquad （ただし，\alpha>0,\ \beta>0） \tag{11.2}$$

式(11.2)は，爆破テロの統計的性質を表しているが，テロの発生確率は地域や時代によって変化すると考えられる。そこで，このような地域・時代特性を考慮するため，リスク評価を行う構造物の対象地域における発生頻度の増減割合(以下，相対頻度 λ と呼ぶ)を設定した。ここで相対頻度 λ は，例えば「爆薬量 10kg の爆破テロが 100 年に 1 度発生する」などのように設定する。この相対頻度を用いると，対象構造物のハザード $H(w)$は次式で表される。

$$H(\mathrm{w})=\lambda\alpha w^{-\beta} \tag{11.3}$$

(2) フラジリティの評価

(a) 爆発荷重の評価

構造物全体の被害状態を判定するにあたり，部材種別（柱，梁，床スラブ，窓ガラス）ごとの損傷程度を材端回転角 θ や最大爆風圧から判定し，これらを統合して構造物全体の被害状態を判定する。

フラジリティを評価するためには想定している爆薬量の範囲を設定し，各爆薬量 w の爆発による最大爆風圧 P_r を求める。次に，図 11.3 に示すように，爆風圧を受ける構造物に作用する圧力～時間関係を三角形パルスに近似して，荷重継続時間 t_r を求める。

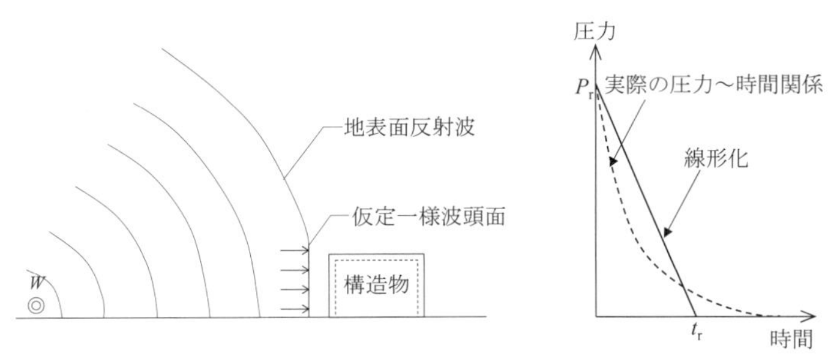

図 11.3　圧力～時間関係の線形化

(b) 部材の応答解析

図 11.3 の荷重が作用した際の部材の最大変位 y_m を求める。図 11.4 に示すとおり，それぞれの部材を等価な 1 質点系モデルに置換し，この等価 1 質点系モデルを用いて，最大抵抗 R_m, 固有周期 T, 弾性限界変位 y_{el} を求める。なお，本研究では，基礎的段階として部材は曲げ破壊するものとし，両端を単純支持とした単純梁と仮定した。

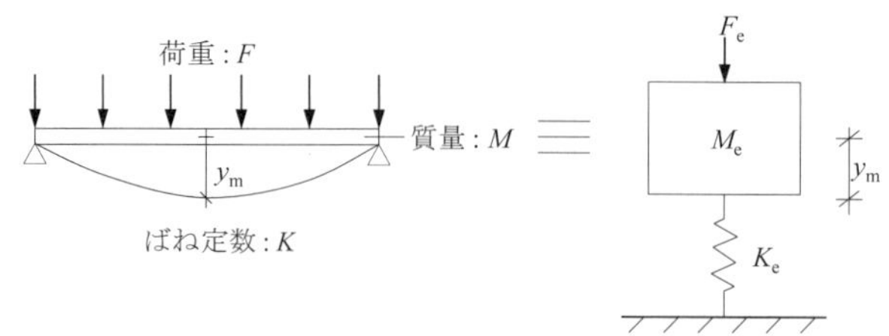

図 11.4　1質点系モデルによる部材の応答解析

(c) 材端回転角 θ による部材の損傷程度の判定

部材の最大変位 y_m が求まれば，図 11.5 及び式(11.4)を用いて材端回転角 θ (rad)を求めることができる。

$$\theta = \frac{2y_m}{L} \tag{11.4}$$

ここで，表 11.1 に示す向井らの報告[9]による材端回転角 θ と部材の損傷程度の関係を用いて，材端回転角 θ から個々の部材の損傷程度を無損傷もしくは「小損傷」，「中損傷」，「大損傷」，「甚大損傷」に分類する。

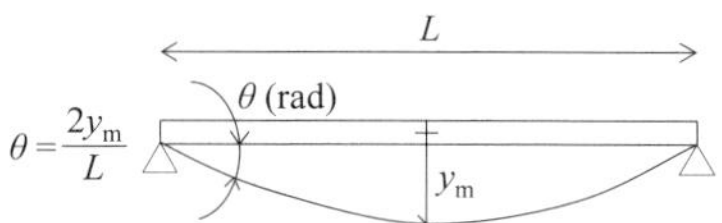

図 11.5　部材の最大変位 y_m と材端回転角 θ の関係

表 11.1　RC 部材の損傷程度と応答値の関係[9]
（曲げで決まる場合）

損傷程度 i'	応答値 θ(rad) 主要構造材（柱・梁・耐力壁）	補助構造材（床・せん断壁）
小損傷 (i'=1)	降伏耐力～0.010	降伏耐力～0.010
中損傷 (i'=2)	0.010～0.017 (1/100～1/60)	0.010～0.033 (1/100～1/30)
大損傷 (i'=3)	0.017～0.033 (1/60～1/30)	0.033～0.067 (1/30～1/15)
甚大損傷 (i'=4)	0.033～ (1/30～)	0.067～ (1/15～)

以上から，爆薬量 w の爆発に対する，対象構造物の部材種別の損傷程度を判定することができる。部材種別ごとの損傷確率は，次式から求めた。

$$f_{i's}(w) = \frac{N_{isw}}{N_s} \tag{11.5}$$

ここに，i' は損傷程度(i'=1 が小損傷，i'=2 が中損傷，i'=3 が大損傷，i'=4 が甚大損傷)を表す変数，s は部材種別(柱，梁，床スラブ，窓ガラス)を表す変数，$f_{i's}$(w)は爆薬量 w の爆破が生じた際に，各損傷程度 i' 以上となる部材種別 s の損傷確率である。N_{isw} は損傷程度 i' 以上となる部材の個数，N_s は部材種別 s の総数を表す。

(d) 構造物全体の被害状態の判定

部材種別ごとの損傷程度から構造物全体の被害状態を判定するために，向井らが報告した表 11.2 に示す部材の損傷程度と建物の被害状態の関係 [9)] を用いた。ここで，部材種別によって，建物の被害状態 i に対応する損傷程度 i' は異なっている。例えば，構造物全体で中被害となるときに対応する損傷程度は，主要構造材(柱，梁)では「中損傷」となるが，補助構造材(床・壁)では「大損傷」となる。

表 11.2　構造物全体の被害状態と部材の損傷程度の関係 [9)]

	構造物全体の被害状態 微被害 i=1	 軽被害 i=2	 小被害 i=3	 中被害 i=4	 大被害 i=5	 甚大被害 i=6
① 主要構造材 (柱・梁)			小損傷	中損傷	大損傷	甚大損傷
② 補助構造材 (床・壁)		小損傷	中損傷	大損傷	甚大損傷	
③ 非構造材 (窓・建具)	小損傷	中損傷	大損傷	甚大損傷		
備考	1.非構造材に永久変形が生じる。	1.構造材がわずかに降伏。局所変形は生じない。 2.非構造材に機能を失う大変形が生じる。	1.構造材にわずかに残留変形・局所変形が生じる。 2.非構造材が破損したり発散したりする。	1.構造材に大きな残留変形・局所変形が生じる。	1.進行性崩壊，局所崩壊，倒壊の危険がある大変形を生じる。	1.部材の安定が保持されず，進行性破壊の危険がある。

i を構造物全体の被害状態を表す変数(i=1 が微被害，i=2 が軽被害，i=3 が小被害，i=4 が中被害，i=5 が大被害，i=6 が甚大被害)として，ある爆薬量 w の爆破テロによって，被害状態が i 以上となる損傷確率 $F_i(w)$は次式のように求められる。

$$F_i(w) = \frac{\sum N_{isw}}{\sum N_s} \tag{11.6}$$

(3) ロスの評価

ある爆薬量 w によって建物が被る被害状態 i ごとに，建物損失 C_{Bi}，人的損失 C_{Hi} を算定し，合計損失を求める。そして，被害状態の割合を重みとした加重和を求めることで，当該爆薬量に対する損失を求める。すなわち，ある爆薬量 w の爆破テロにおけるロス $L(w)$は次式で与えられる。

$$L(w) = \sum_{i=1}^{5} C_i \left(F_i(w) - F_{i+1}(w)\right) + C_6 F_6(w) \tag{11.7}$$

$$C_{\mathrm{i}} = C_{\mathrm{Bi}} + C_{\mathrm{Hi}} \tag{11.8}$$

また，建物の最大損失は，構造物全体が甚大被害（i=6）を受けるときの建物損失と人的損失の合計であるので，次式で求められる。

$$\text{最大損失} = C_6 = C_{\mathrm{B6}} + C_{\mathrm{H6}} \tag{11.9}$$

(4) リスクの評価

式(11.3)で求めたハザード $H(w)$と式(11.7)で求めたロス $L(w)$を基に，爆薬量 w を媒介変数として，損失とテロ発生頻度を関係付ける。このようにして求められたものが，爆破テロによるリスク $R(w)$となる。リスク $R(w)$から，爆破テロの発生頻度と損失の期待値の関係を得ることができる。

次節以降において，具体的なデータに基づいてハザード，フラジリティ，ロス，リスクカーブを算定する。

11.3　ハザードの評価

11.3.1　爆破テロの年発生頻度と爆薬量の関係

STARTのデータベース[1)]より，2002年から2011年の間に発生した爆破テロについて，死者数別に発生件数を整理する。そして，死者数別の発生件数を年数(10年)で割ることで，1年あたりの発生件数(以下，年発生頻度と呼ぶ)を得る。こうして得られた年発生頻度と死者数の関係を指数関数で近似することで，図11.6に示す死者数と年発生頻度の関係を得ることができる。すなわち，死者数をn(人)としたときの世界的な爆破テロの年発生頻度$H''(n)$(件/年)は次式で近似することができる。

$$H''(n)=507.26n^{-1.777} \tag{11.10}$$

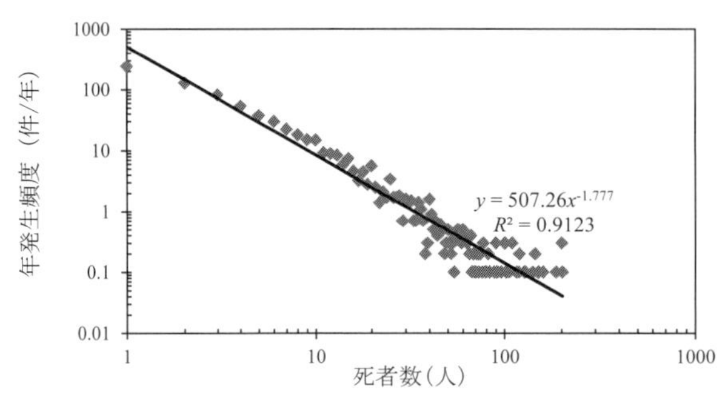

図 11.6　年発生頻度と死者数の関係

次に，死者数を爆薬量へと変換するため，清野ら[10)]による過去のテロデータから得た，爆薬量w(kg)と死者数n(人)に関する次の関係式を用いる。

$$w=5.55n \tag{11.11}$$

ここで，式(11.10)及び式(11.11)の死者数は構造物内にいる人員に限定したものではないと考えられるが，ここでは便宜的にそのまま用いることとした。

式(11.10)及び式(11.11)から，ある爆薬量w(kg)による爆破テロの年発生頻度$H'(w)$（件/年）は次式および図11.7のように近似できる。

$$H'(w)=10665w^{-1.777} \tag{11.12}$$

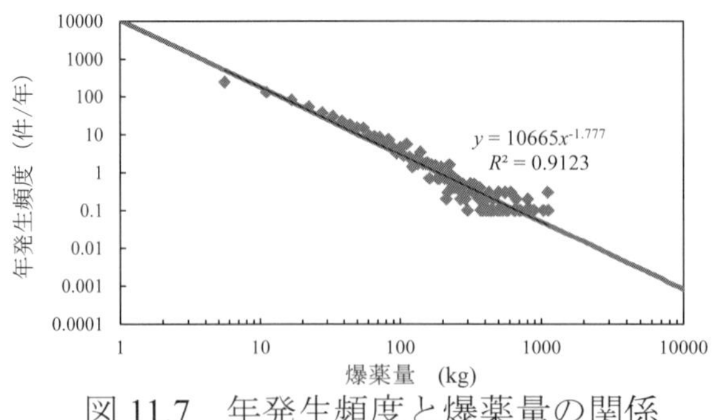

図 11.7　年発生頻度と爆薬量の関係

11.3.2　対象地域におけるハザードの評価

リスクを算定する対象構造物が建造されている地域(以下，対象地域と呼ぶ)における爆破テロの爆薬量と発生頻度の関係を求める。ここでは福島らの研究[8)]を参照して，図 11.7 に示した年発生頻度と爆薬量の関係における傾きは対象地域においても等しいと仮定し，相対頻度 λ を求める(図 11.8 参照)。ここでは，対象地域に対して「爆薬量 4.5 kg の爆破テロが 100 年に 1 度起きる(年発生頻度は 0.01 件/年)」と設定し，対象構造物の相対頻度 λ が以下のように求められる。

$$\lambda = \frac{0.01}{H'(4.5)} \approx 1.4 \times 10^{-5} \tag{11.13}$$

よって，対象構造物を対象とした爆破テロの年発生頻度 $H(w)$(件/年)は次式で表される。

$$H(w)=\lambda H'(w) \approx 0.1448 w^{-1.777} \tag{11.14}$$

図 11.8 に対象構造物に対する発生頻度と爆薬量の関係を示す。

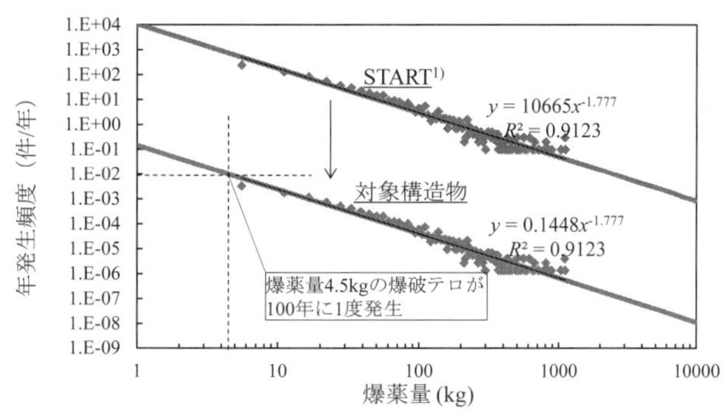

図 11.8　対象構造物のハザードカーブ

11.4. フラジリティの評価

フラジリティの評価では，設定した爆薬量の範囲で構造物の損傷確率を求める。以下に，爆薬量が与えられたときの構造部材の解析法や，構造物の被害度判定法について説明する。

11.4.1　構造物に作用する爆発荷重

本研究では，爆薬量として 1.0kg～10,000kg を設定する。爆発による構造物の被害は，爆発の位置，爆薬量 w，構造物との離隔距離 R などに関係する。空中または地表面爆発の場合，最大爆風圧の大きさは換算距離 Z(m/kg1/3)に基づいて評価できる[11)]。ここで，換算距離 Z は次式で定義される。

$$Z = \frac{R}{W^{1/3}} \tag{11.15}$$

ここでは，最大反射圧と反射圧による力積(反射力積)から圧力～時間関係を三角形パルスに置換する。換算距離 Z と最大反射圧 P_r 及び反射力積 i_r との関係は，過去の実験データ[11)]である図 11.9 の点線を次式及び図中の実線のように指数関数で近似した。

$$P_r=5.1238Z^{-2.079} \tag{11.16}$$

$$\frac{i_r}{w^{1/3}} = 1.2403Z^{-1.355} \tag{11.17}$$

ここで，P_r は最大反射圧(MPa)，i_r は反射力積(MPa-ms)である。

荷重継続時間 t_r(ms)は図 11.10 に示すように，反射力積 i_r と面積が等しくなるような三角形を仮定することで，次式のように求められる。

$$\frac{t_r}{w^{1/3}} = \frac{2}{P_r} \cdot \frac{i_r}{w^{1/3}} \approx 0.4841Z^{0.724} \tag{11.18}$$

なお，1 質点系モデルで用いる爆発荷重 F_1 は，最大反射圧 P_r と爆風を受ける部材面の表面積の積から求める。

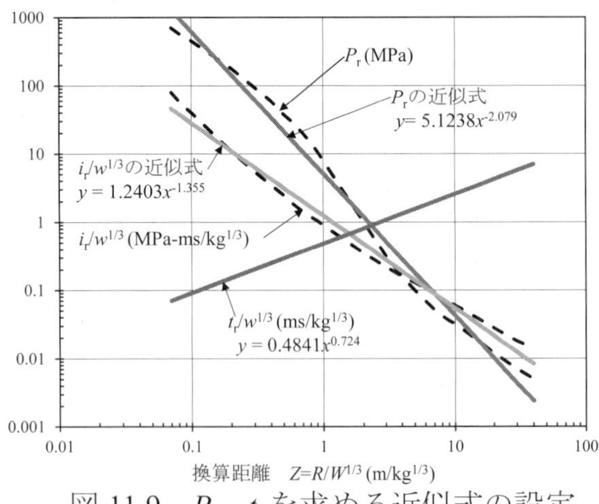

図 11.9　P_r，t_r を求める近似式の設定

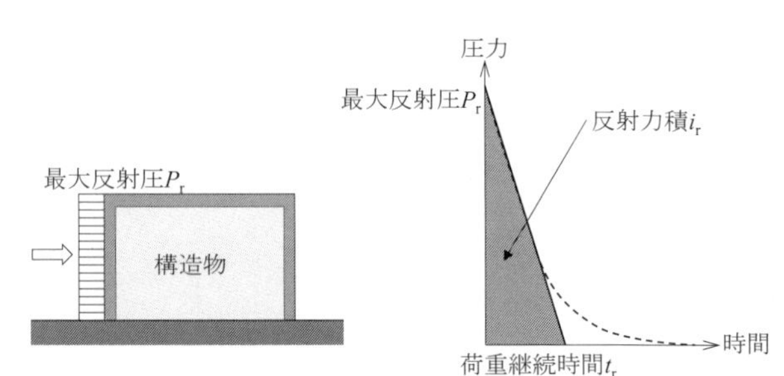

図 11.10　三角形パルスによる圧力～時間関係の近似

11.4.2　構造物の条件設定

RC 構造物の部材の寸法及び強度等の値は，一般的な構造物を参照して表 11.3 のように設定した。構造物は，幅，奥行きが 35m，高さが 12m の RC 造 3 階建であり，柱，梁，床スラブの部材数はそれぞれ 108,180,150 である。爆発位置は 1 階部分に固定とし，爆薬量 w(1.0～10,000kg)の爆発が発生した際の各部材の応答解析を行う。なお，本研究では，爆薬量は 1.0kg～10,000kg の範囲で 37 個の爆薬量を設定し,全ての部材に対して計算をする。すなわち，構造物のフラジリティを求めるために合計 18,426 回の計算を行った。なお，爆発位置から個々の部材に入射される爆風圧はある角度をもっており，反射圧に大きな影響を与えることがわかっているが [12)]，本研究では簡単のためそれぞれの部材は爆風圧を前面から垂直に受けるものとした。

表 11.3　対象構造物の条件設定

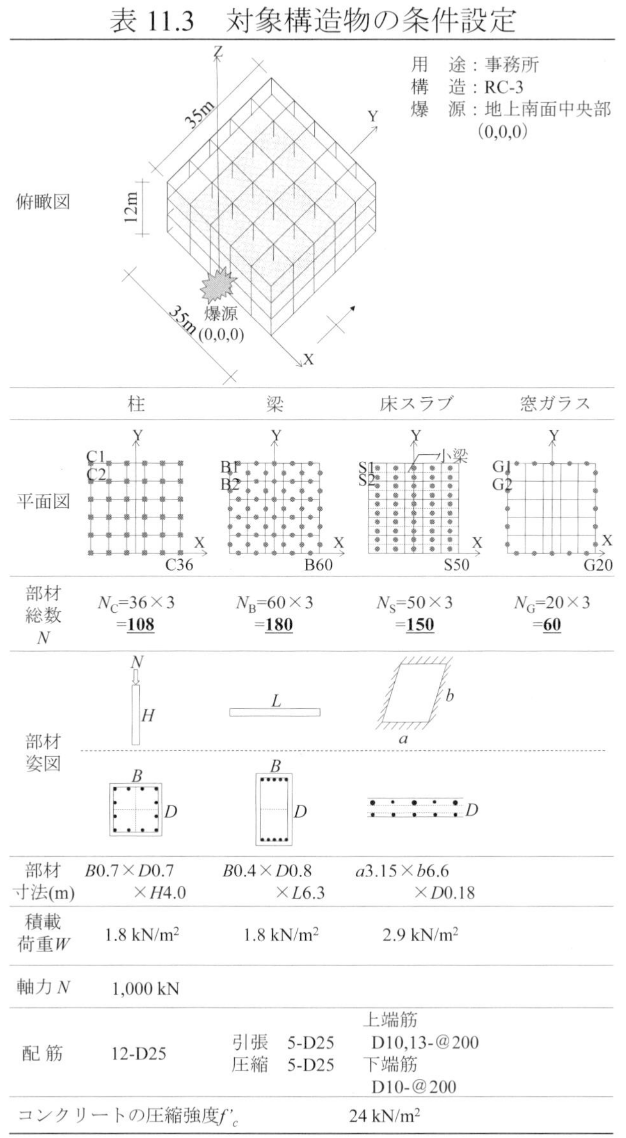

俯瞰図	用　途：事務所 構　造：RC-3 爆　源：地上南面中央部 (0,0,0)			
	柱	梁	床スラブ	窓ガラス
平面図	C36	B60	S50	G20
部材総数 N	N_C=36×3 =**108**	N_B=60×3 =**180**	N_S=50×3 =**150**	N_G=20×3 =**60**
部材姿図				
部材寸法(m)	B0.7×D0.7×H4.0	B0.4×D0.8×L6.3	a3.15×b6.6×D0.18	
積載荷重W	1.8 kN/m²	1.8 kN/m²	2.9 kN/m²	
軸力 N	1,000 kN			
配 筋	12-D25	引張　5-D25 圧縮　5-D25	上端筋 D10,13-@200 下端筋 D10-@200	
コンクリートの圧縮強度f'_c		24 kN/m²		

11.4.3　1質点系モデルによる爆発応答解析

柱，梁，床スラブは，それぞれ図 11.11，図 11.12 に示す抵抗関数を有する 1 質点系モデルに置換し，最大変位 y_m を求める。なお，床スラブについてはトリリニアな直線を簡略のためバイリニアに変換した[13]。また，1 質点系モデルに変換する際の荷重質量係数等の値及び算定式を表 11.4 に示す[13]。

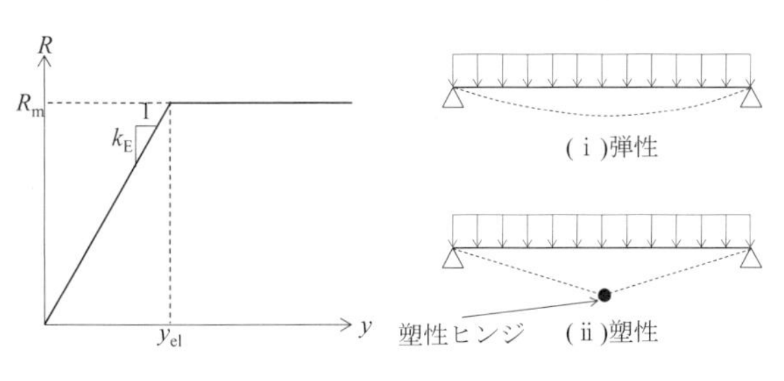

図 11.11　抵抗関数及び応答図（柱・梁）

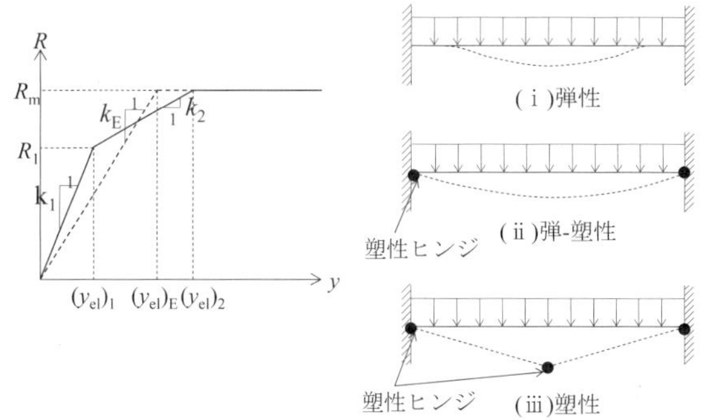

図 11.12　抵抗関数及び応答図（床スラブ）

表 11.4　1 質点系モデルへの変換係数 [13)]

ダイアグラム	荷重範囲	荷重質量係数K_{LM}	最大抵抗 R_m	ばね定数 k
L	(ⅰ)弾性	0.78	$\frac{8M_p}{L}$	$\frac{384EI_a}{5L^3}$
	(ⅱ)塑性	0.66	$\frac{8M_p}{L}$	0
(四周固定)	(ⅰ)弾性	0.72	$30.2M_p$ $(=R_1)$	$\frac{806EI_a}{a^2}$
b, a	(ⅱ)弾-塑性	0.75	$(1/a)\{12(M_{pfa}+M_{psa})+9(M_{pfb}+M_{psb})\}$	$\frac{201EI_a}{a^2}$
(a/b =0.5)	(ⅲ)塑性	0.59	$(1/a)\{12(M_{pfa}+M_{psa})+9(M_{pfb}+M_{psb})\}$	0

M_{pfa}：短辺方向中央軸における終局曲げ強度
M_{pfb}：長辺方向中央軸における終局曲げ強度
M_{psa}：短辺方向端部における終局曲げ強度
M_{psb}：長辺方向端部における終局曲げ強度

(1) 最大抵抗 R_m，弾性限界変位 y_{el}，固有周期 T

以下に，各部材の最大抵抗 R_m，弾性限界変位 y_{el}，固有周期 T を求める方法を示す。

まず，梁に対するモデルの作成方法を示す。爆発荷重によるひずみ速度効果を考慮するため，強度増加係数 SIF(Strength Increase Factor)及び動的増加係数 DIF (Dynamic Increase Factor)をそれぞれの材料強度に乗じる [12)]。強度増加係数 SIF 及び動的増加係数 DIF を表 11.5 にまとめて示す。

コンクリートの動的圧縮強度 f'_{dc} 及び鉄筋の動的引張降伏強度 σ_{dy} は次のように求められる。

$$f'_{dc} = \mathrm{DIF} \cdot \mathrm{SIF} \cdot f'_c \tag{11.19}$$

$$\sigma_{dy} = \mathrm{DIF} \cdot \mathrm{SIF} \cdot \sigma_y \tag{11.20}$$

ここに，f'_c はコンクリートの圧縮強度を，σ_y は鉄筋の引張降伏強度を示す。

また，コンクリートのヤング係数 E_c は，次のように求められる [14)-16)]。

$$E_c=3.35\times10^4\times(\gamma_c/24)^2\times(f'_c/60)^{1/3} \tag{11.21}$$

ここに，γ_c はコンクリートの単位体積重量を示す。

表 11.5　強度増加係数 SIF 及び動的応答係数

材料	SIF	DIF 曲げ	DIF 圧縮	DIF 引張
鉄筋	1.1	1.17	1.10	1.00
コンクリート	1.0	1.19	1.12	1.00

梁の有効高さ d，引張鉄筋の断面積 A_s 及び引張鉄筋比 ρ_s は次のとおり求められる。

$$d=\text{梁高さ}-(\text{かぶり厚}+\text{帯筋径}+\text{主筋の公称直径}/2) \tag{11.22}$$

$$A_s=506.7\times\text{一断面中の引張鉄筋本数} \tag{11.23}$$

$$r_s=A_s/Bd \tag{11.24}$$

終局強度の算定にあたっては，コンクリートの引張強度は無視し，引張力は鉄筋で，圧縮力はコンクリートで負担すると仮定する。梁の長さを L とすると，鉄筋コンクリートの終局曲げ強度 M_p 及び終局強度 R_m は次式で求められる [12),13),15)]。

$$M_p=r_sBd^2\sigma_{dy}(1-\rho_s\sigma_{dy}/(1.7f'_{dc})) \tag{11.25}$$

$$R_m = \frac{8M_p}{L} \tag{11.26}$$

部材の幅を B とすると，有効断面二次モーメント I_a は，ひび割れが発生した場所と発生しない場所(全断面有効）での剛性の平均値を用いて次式で求められる [12),13)]。

$$I_a = Bd^3/2(5.5\rho_s+0.083) \tag{11.27}$$

よって，ばね定数 k 及び弾性限界変位 y_{el} は，次式から求めることができる。

$$k = 384E_cI_a/5L^3 \tag{11.28}$$

$$y_{el} = \frac{R_m}{k} \tag{11.29}$$

一般的に,鉄筋コンクリートの単位体積重量 γ は 24 kN/m^3 である [16)]。部材の高さを D，1m^2 あたりの積載荷重を W とすると，梁の自重 W_1，積載荷重 W_2，全重量 W_t 及び全質量 M_t は次のとおり求められる。

$$W_t = W_1+W_2 = \gamma BDL + WBL \tag{11.30}$$

$$M_t = W_t /g \tag{11.31}$$

塑性時の荷重質量係数 [13)] は K_{LM}=0.66 であるので, 固有周期 T は次式により求めることができる。

$$T = 2\pi\sqrt{\frac{K_{LM}M_t}{k}} \tag{11.32}$$

次に，柱のモデル化について示す。f'_{dc}, E_c，σ_y，σ_{dy} は梁と共通であり，d，A_s, ρ_s は梁と同様の方法で求めるが，柱については，軸力 N の影響を考慮する必要がある。柱の受ける軸力 N' は，以下のように算定される。

$$N' = N+WBD \tag{11.33}$$

軸力を受ける柱の最大曲げモーメント M_p は,略算的に次式で求められる [16),17)]。

$$M_p = 0.8A_s\sigma_{dy}D+0.5N'D(1-N'/(BDf'_{dc})) \tag{11.34}$$

柱の長さを H とすると，終局強度 R_m は次のように得られる。

$$R_m = 8\ M_p/H \tag{11.35}$$

有効断面二次モーメント I_a，ばね定数 k 及び弾性限界変位 y_{el} は，梁の場合と同様にして求める。表 11.3 より，柱の全重量 W_t は次のとおり求められる。

$$W_t = \gamma BDH \tag{11.36}$$

以上から梁と同様に柱の固有周期 T を求めることができる。

最後に, 床スラブについてのモデル化を示す。四周が梁によって固定される床スラブは, 図 11.12 に示すように端部と中央部において塑性ヒンジが生じるため, 抵抗関数はトリリニアな形になる [13)]。ここでは，トリリニアな抵抗関数で囲まれた面積とバイリニアな抵抗関数で囲まれた面積が等しくなるようにバイリニア型に変換して柱及び梁と同様に計算した。最終的に，バイリニア型に変換した際の弾性限界変位 $(y_{el})_E$ 及びばね定数 k_E は次のように求められる。

$$(y_{el})_E = (y_{el})_1+(1- R_1/ R_m)\cdot(y_{el})_2 \tag{11.37}$$

$$k_E = R_m/(y_{el})_E \tag{11.38}$$

ここに，R_1 及び$(y_{el})_1$ は端部に塑性ヒンジが生じる時の最大抵抗と弾性限界変位を，$(y_{el})_2$ は中央部に塑性ヒンジが生じる時の弾性限界変位を示す(図 11.12 参照)。

固有周期 T は梁，柱同様に求めることができる。

以上から求められた各部材の最大抵抗 R_m，弾性限界変位 y_{el}，固有周期 T の値を表 11.6 にまとめて示す。

表 11.6　各部材の最大抵抗，弾性限界変位，固有周期

材料	最大抵抗R_m	弾性限界変位 y_{el}	固有周期T
柱	1,500 kN	0.0054 m	0.021 s
梁	840 kN	0.0011 m	0.042 s
床スラブ	1,800 kN	0.0015 m	0.054 s

(2) 最大変位 ym と材端回転角 θ

本研究では，先述したように多数の応答計算を必要とするため，以下のような省略化を試みた。まず，部材の最大変位 y_m は，縦軸に動的最大変位 y_m と弾性限界変位 y_{el} の比 m(靭性率)$=y_m/y_{el}$，横軸に荷重継続時間と固有周期の比 t_r/T, 系の最大抵抗と荷重の比 R_m/F_1 をパラメータとして，既往の文献で図表化されている[12),13),18),19)]。次にこの図から，与えられた爆発荷重，荷重継続時間，固有周期に応じて最大変位を求める。しかし，本研究の応答解析では広範囲な爆薬量に対して解析したため，t_r/T や R_m/F_1 の値が，既往の図表化された範囲外のケースが出てきた。そのため，そのような領域については新たに数値解析を行い図 11.13 に示す関係を求めた。さらに，それぞれの R_m/F_1 のパラメータごとの解析値を多項式で近似して，計算の簡略化を図った。例えば，応答解析の結果，R_m/F_1 が 0.066 という値をとった場合，線分化された近似式で最も近い値のものは $R_m/F_1=0.07$ になるので，これに対応した近似式を用いる。t_r/T の値を代入すれば最終的に最大変位 y_m が求まる。材端回転角 θ(rad)は式(11.4)から求めることができる。

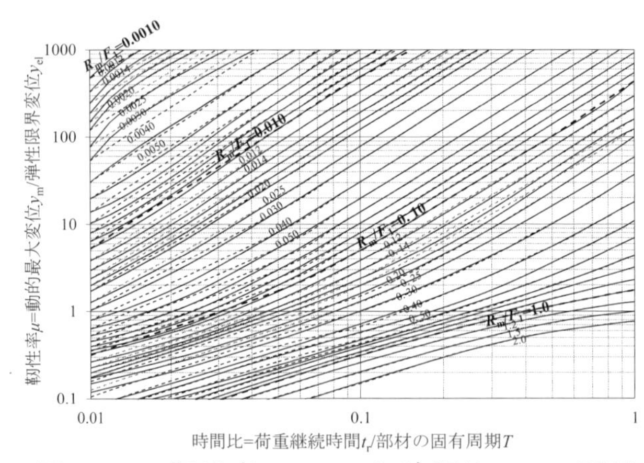

図 11.13　靭性率 $\mu=y_m/y_{el}$ と時間比 t_r/T の関係

11.4.4　部材種別ごとのフラジティ評価

向井らの報告[9)]を基に，材端回転角 θ から部材種別ごとの損傷度判定を行う。非構造材(窓・建具)の窓ガラスは，損傷程度と材端回転角 θ かの関係が示されていないため，他の文献 12),20)を基に，最大反射圧 P_r から損傷度判定を行う。向井らの報告 9)によると，窓ガラスは小損傷で既に割れが生じており，中損傷以降は破片の飛散距離が変化するのみであるので，小損傷について損傷度判定を行った。応答値とそれぞれの損傷程度の関係を表 12.7 に示す。

表 11.7　RC 構造部材の損傷程度と応答値の関係

①主要構造材（柱・梁）

	部材の損傷程度			
	小損傷(i'=1)	中損傷(i'=2)	大損傷(i'=3)	甚大損傷(i'=4)
材端回転角 θ(rad)	降伏耐力～0.010	0.010～0.017 (1/100～1/60)	0.017～0.033 (1/60～1/30)	0.033～ (1/30～)
備考	1.かぶりコンクリートに顕著なひびわれ。 2.コアコンクリートにはひび割れなし。	1.かぶりコンクリートの剥離。 2.コアコンクリートに小さなひび割れ。	1.コアコンクリートに顕著なひび割れ。 2.主筋の座屈。	（記述無し）

②補助構造材（床・壁）

	部材の損傷程度			
	小損傷(i'=1)	中損傷(i'=2)	大損傷(i'=3)	甚大損傷(i'=4)
材端回転角 θ(rad)	降伏耐力～0.010	0.010～0.033 (1/100～1/30)	0.033～0.067 (1/30～1/15)	0.067～ (1/15～)
備考	1.ひび割れが伸展し，鉄筋がわずかに降伏。	1.ひび割れが顕著になり，コンクリートの剥離が生じるようになる。	1.コンクリートの剥離が顕著になり鉄筋の座屈が生じる。	（記述無し）

③非構造部材（窓・建具）

	部材の損傷程度			
	小損傷(i'=1)	中損傷(i'=2)	大損傷(i'=3)	甚大損傷(i'=4)
備考	1.ガラスに割れが生じる．フレームには変形が生じ再使用不可。 2.ドアなどの建具にも残留変形が生じる。	1.ガラスは破損し飛散．但し，飛散距離・範囲は限定的。 2.建具に大きな残留変形が生じる。	1.ガラスは破損し飛散．飛散距離・速度が大きいが予測可能な範囲内。 2.建具はリバウンドによる損傷のため機能を失う。	1.ガラスは破損し，飛散範囲は広範で，予測不可能。 2.建具はもとの開口部から離れ，バリア機能は期待できない。
応答限界値	最大反射圧 7kPa～[12,20]			

各部材種別の損傷程度から，爆薬量 w の爆発荷重に対して，部材種別ごとの損傷確率 $f_{i'\,s}(w)$は式(11.5)を用いて求めることができる。例えば，梁(総部材数 180)において，ある爆薬量 w の爆発が生じた際に小損傷(i' =1)以上となる点が構造物全体で 60 箇所あった場合，小損傷以上となる損傷確率 f_1梁(w)＝60/180=0.33 と求められる。

上記の計算を爆薬量 1.0kg～10,000kg に対して繰り返すと，図 11.14～11.17 に示す各部材種別のフラジリティカーブが得られる。

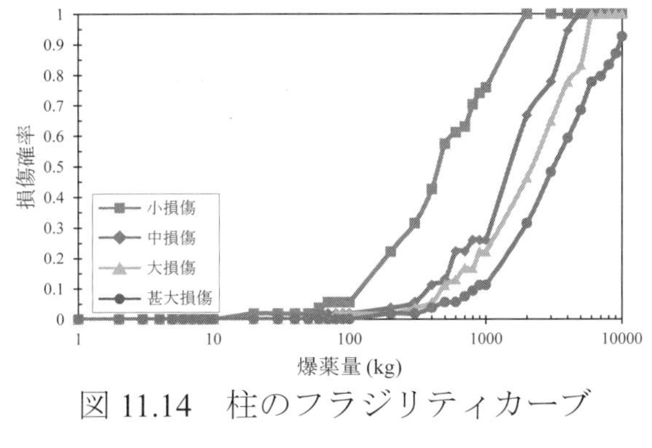

図 11.14　柱のフラジリティカーブ

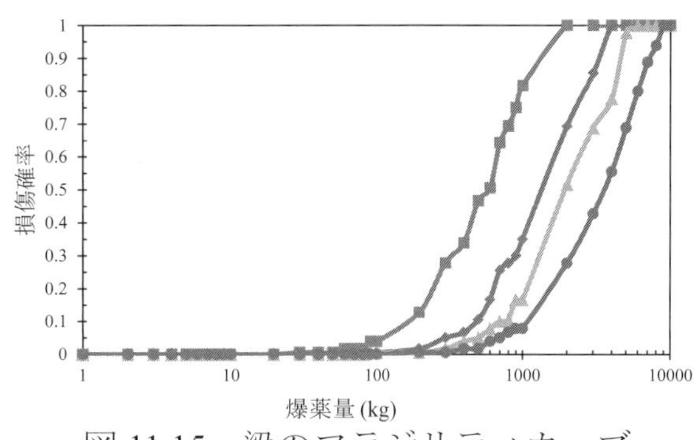

図 11.15　梁のフラジリティカーブ

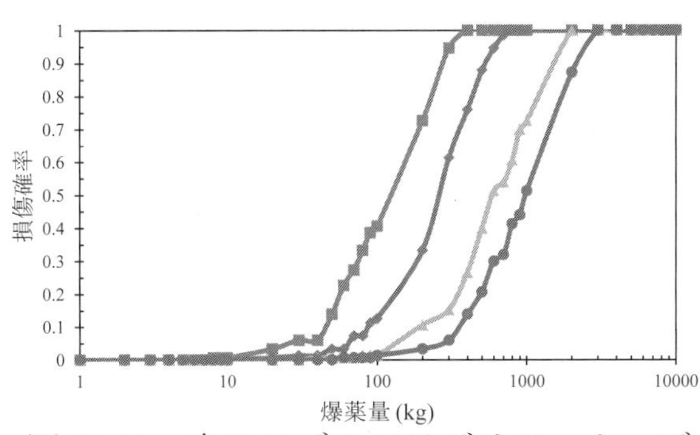

図 11.16　床スラブのフラジリティカーブ

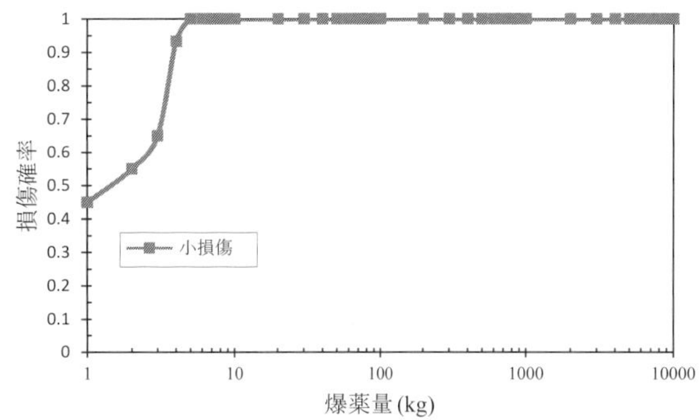

図 11.17　窓ガラスのフラジリティカーブ

11.4.5　構造物全体におけるフラジリティ評価

部材の損傷程度と構造物全体の被害状態の関係は，表 11.2 のように示されているので [9]，構造物全体のフラジリティカーブは,各被害状態に対して式(11.6)から求めることができる。ここでは，表 11.8 に示す対数正規分布関数を用いて近似した。微被害については関数で近似できなかったため，式(11.6)の結果をそのまま用いた。得られた結果を図 11.18 に示す。

表 11.8　対数正規分布関数によるフラジリティの近似

	微被害 i=1	軽被害 i=2	小被害 i=3	中被害 i=4	大被害 i=5	甚大被害 i=6
中央値 [kg]	-	112	379	1,010	1,479	2,024
対数平均値	-	4.72	5.94	6.92	7.30	7.61
対数標準偏差	-	0.748	0.891	0.858	0.843	1.01

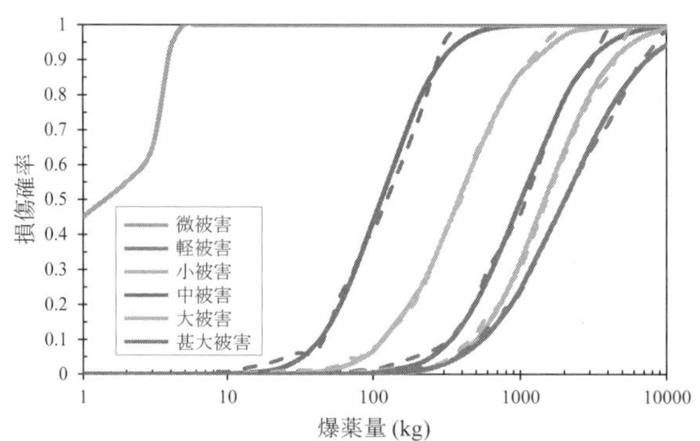

図 11.18　構造物全体のフラジリティカーブ

11.5　ロスの評価

爆薬量 w に対し，対象構造物と人命が被る損失を算定する。ここで，損失を求めるにあたり，対象構造物の建物価格等を表 11.9 のように設定した。

表 11.9　対象構造物の建物価格等

設定項目	設定値	備　考
建築面積	1,225m^2	35m×35m
延床面積	3,675m^2	建築面積×3階
調達価格	367,500千円	m^{2}単価100千円
内訳		
①主要構造材	183,750千円	調達価格×0.5
②補助構造材	110,250千円	調達価格×0.3
③非構造材	36,750千円	調達価格×0.1
④設備	36,750千円	調達価格×0.1
建物内人数	300人	一様分布と仮定

11.5.1　建物損失の評価

表 11.2，表 11.7 及び表 11.9 を基に，被害状態 i と建物損失 $C_{\mathrm{B}i}$ の関係を表 11.10 のように設定した。ここで，表 11.10 の各行の上段は損失額であり，下段が調達価格に対する損失の割合を示す。例えば，表 11.7 から，主要構造材(補助構造材)では，小損傷のときはかぶりコンクリートにひび割れが生じる程度なので，構造物全体における小被害(軽被害)のときに軽微な補修費として調達価格

の 10%とした。また，中損傷のときは，コアコンクリートにひび割れが生じるので，中規模な補修として 20%とした。大損傷のときは，主筋が座屈しているため，鉄骨による補強等，大規模な補修が必要となるため 50%，甚大損傷のときは，完全に使用不可と考えて 100%とした。同表より，非構造材では,小損傷のときに既にガラスが破壊されてフレーム自体も再使用不可になるので 60%とし，以後は比例的に増大させた。設備については，補助構造材の中に埋設されたものや非構造材のように外部に面したものがあると考え，補助構造材及び非構造材の値の平均値とした。

表 11.10　被害状態と建物損失の関係

	損失（上段：額（千円），下段：割合）					
	微被害 i=1	軽被害 i=2	小被害 i=3	中被害 i=4	大被害 i=5	甚大被害 i=6
① 主要構造材	0	0	18,375 (0.1)	36,750 (0.2)	91,875 (0.5)	183,750 (1.0)
② 補助構造材	0	11,025 (0.1)	22,050 (0.2)	55,125 (0.5)	110,250 (1.0)	110,250 (1.0)
③ 非構造材	22,050 (0.6)	25,725 (0.7)	29,400 (0.8)	36,750 (1.0)	36,750 (1.0)	36,750 (1.0)
④設備	11,025 (0.3)	14,700 (0.4)	18,375 (0.5)	25,725 (0.7)	36,750 (1.0)	36,750 (1.0)
合計 損失額C_{Bi}	33,075	51,450	88,200	154,350	275,625	367,500
再調達価格に対する割合C_{bi}	0.09	0.14	0.24	0.42	0.75	1.00

11.5.2　人的損失の評価

人的損失は，負傷の程度に応じて損失を設定した。負傷の程度は，軽傷，重傷，死亡の 3 段階とした。軽傷及び重傷の場合は，通院や入院により業務を遂行できない間，他に人員を補填する必要がある。その際の補填費用として，日平均給与と負傷程度ごとの平均入院日数及び平均通院日数の 1/2 との積から求めた。死亡の場合，死亡者がこれまでに蓄積したノウハウを失うとともに，新たに人員補填する際のトレーニング費用が発生すると考えられる。ノウハウの損失については年平均給与と平均経験年数の積から求めた。トレーニング費用については，トレーニング期間を 1 年と見積もり，年平均給与を上乗せした。ここで，平均給与及び平均経験年数は国家公務員給与実態調査[21)]を参考にして，負傷程度ごとの平均通院日数及び平均入院日数は地震における負傷者に関する既往研究[22)]を基に表 11.11 に示すとおり設定した。また，軽傷，重傷の定義は以下のとおりとした。

軽傷：負傷し,1 箇月(30 日)未満の治療を要する場合(人)

重傷：負傷し,1 箇月(30 日)以上の治療を要する場合(人)

以上から，負傷程度ごとの一人当たりの人的損失額について，表 11.12 のように設定した。

次に人的損失 C_{Hi} と建物の被害状態 i との考察を行う。まず建物被害に対し，何らかの人的被害が発生すると考え，表 11.10 の再調達価格に対する割合 C_{bi} と同数の人的被害発生率を設定した。負傷程度の比率については，小被害まではガラス破損による負傷であると考え，全てを軽傷に割り当てた。中被害以上は重傷者も出てくると考え，全被害者の 1/8(中被害),1/4(大被害),1/2(甚大被害)と設定した。甚大被害については，死亡率 10%を採用した。

以上から，損傷状態 i ごとに人的損失 C_{Hi} を表 11.13 に示すように求めた。

表 11.11　人的損失の評価を行うための設定

項目		損失	備考
平均給与		400千円/月	平成23年　国家公務員給与実態調査[21]より．
平均経験年数		21年	
平均通院日数			
	軽傷	8.8日	地震における負傷者に関する研究論文[22]より．
	重傷	55.6日	
平均入院日数			
	軽傷	13.5日	同上
	重傷	68.4日	

表 11.12　一人当たりの人的損失額

負傷の程度	1人当たりの損失額（千円）	算定法
軽　傷	239	日平均給与×（平均通院日数/2+平均入院日数）
重　傷	1,283	同上
死　亡	105,600	年平均給与×（平均経験年数+1）

表 11.13　被害状態と人的損失の関係

	損失（上段：額（千円），下段：割合）					
	微被害 i=1	軽被害 i=2	小被害 i=3	中被害 i=4	大被害 i=5	甚大被害 i=6
人的被害発生率	0.09	0.14	0.24	0.42	0.75	1.00
軽　傷	6,444 (0.09)	10,024 (0.14)	17,184 (0.24)	26,313 (0.37)	40,096 (0.56)	32,220 (0.45)
重　傷	0	0	0	20,202 (0.05)	73,112 (0.19)	173,160 (0.45)
死　亡	0	0	0	0	0	3,168,000 (0.10)
合計損失額C_{Hi}	6,444	10,024	17,184	46,515	113,208	3,373,380

11.5.3　構造物におけるロスの評価

表 11.10 及び表 11.13 のように，被害状態 i における建物損失 C_{Bi} と人的損失 C_{Hi} が求まるので，式(11.7)及び(11.8)を用いて，爆薬量 w の爆破テロにおけるロス $L(w)$を求めることができる。対象構造物におけるロスカーブを図 11.19 に示す。この図から，爆薬量が約 5kg までの間は，爆薬量が増加するにつれて，損失額も少しずつ増加していくが，爆薬量が約 5～40 kg の間では損失があまり変化しないことがわかる。これは，図 11.18 のフラジリティカーブを見ると，この間では既に微被害の損傷確率がほぼ 100%になっているが，主要構造材や補助構造材の損傷確率が非常に小さいためである。爆薬量が約 40 kg 以降は，図 11.18 における被害状態の損傷確率が増加していくため，図 11.19 の損失額も増加していく。また，建物損失と人的損失の関係に着目すると，爆薬量が 200 kg あたりで人的損失が建物損失よりも大きくなっており，それ以降は爆薬量が増加するにつれて合計損失に対する人的損失の割合が支配的になっていくことがわかる。

以上により，爆破テロの爆薬量と損失の関係を得るとともに，経済的な指標を用いて損失を評価することができた。

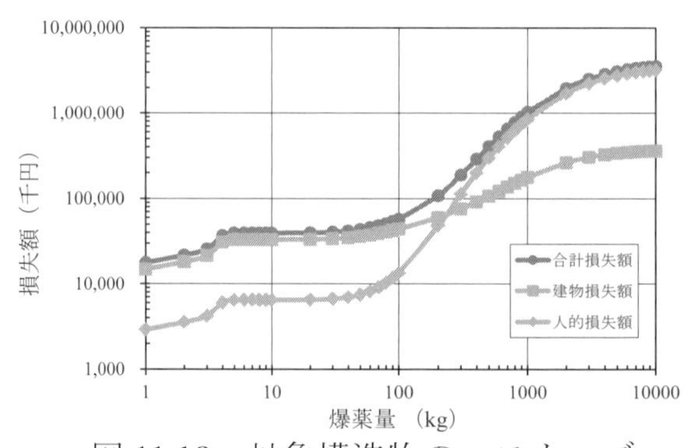

図 11.19　対象構造物のロスカーブ

11.6　リスクの評価

以上から求まったハザード $H(w)$及びロス $L(w)$から，爆薬量 w を媒介変数として図 11.20 に示すリスクカーブを得ることができる。この曲線は，爆破テロの年発生頻度とそれによって生じる損失の関係を示したものである。リスクカーブを用いて，年発生頻度による損失についての比較を行う。ここでは，年発生頻度は，0.01 件/年(100 年に 1 度)，0.002 件/年（500 年に 1 度），0.001 件/年（1,000 年に 1 度）の 3 つとした。

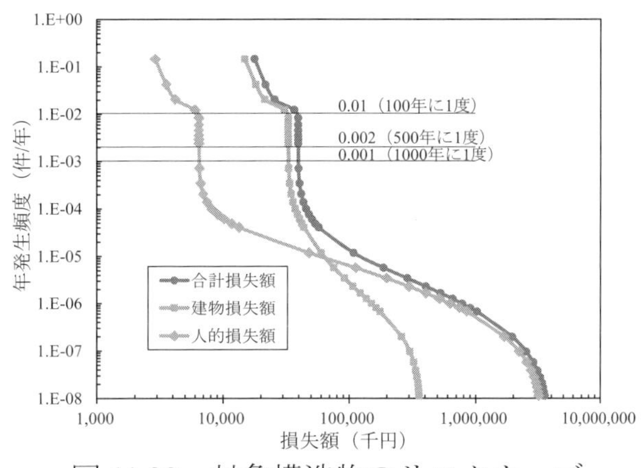

図 11.20　対象構造物のリスクカーブ

各年発生頻度における損失をまとめると表 11.14 のように求められる。表 11.14 から，年発生頻度を 0.01 件/年(100 年に 1 度)から 0.001 件/年(1,000 年に 1 度) の範囲で変化させても，損失の変化が少ないという結果になった。この理由は，図 11.8 のハザードカーブにおいて，年発生頻度を 0.01 から 0.001 に変化させたとき，起こり得る爆破テロの爆薬量は，4.5kg から約 11 kg と変化する。一方，図 11.18 のフラジリティカーブを見ると，爆薬量が 4.5 kg から約 11 kg に変化するとき，微被害の損傷確率が 1.0 のままで，構造物全体では主要構造材及び補助構造材にほとんど損傷が生じない。このため，損失があまり変化しなかったと考えられる。

表 11.14　年発生頻度による損失の比較

年発生頻度	建物損失額	人的損失額	合計損失額
0.01件/年 (100年に1度)	30,800	6,000	36,800
0.002件/年 (500年に1度)	33,000	6,400	39,400
0.001件/年 (1000年に1度)	33,300	6,500	39,800

（単位：千円）

さらに，式(11.13)で設定した相対頻度 λ を変化させた場合のリスクについて考察を行う。相対頻度 λ を 0.1 倍または 10 倍に変化させた場合のハザードカーブを図 11.21 に，全体損失額のリスクカーブを図 11.22 に示す。図 11.22 から,年発生頻度 0.01 件/年(100 年に 1 度)におけるそれぞれの損失を見ると，相対頻度 λ を 0.1 倍にすると損失額は約 0.5 倍になるのに対し，相対頻度 λ を 10 倍にした場合，損失額はほとんど変化しない。これは，年発生頻度が 0.01 件/年となる爆薬量について，相対頻度 λ では式(12.13)において 4.5 kg と設定したのに対し，λ を 0.1 倍にした場合は図 11.21 から爆薬量約 1.2 kg に，λ を 10 倍にした場合は約 15 kg となる。一方，図 11.18 のフラジリティカーブを見ると，爆薬量が 1.2 kg から 4.5 kg に変化するとき微被害の損傷確率が約 0.5 から 1.0 に変化するのに対し，爆薬量が 4.5 kg から 15 kg に変化するとき構造物全体で損傷確率はほとんど変化しない。このため，相対頻度を 0.1 倍，10 倍と変化させた場合の損失に以上のような変動が生じたと考えられる。このように,リスクカーブが得られれば，損失を定量的に議論することができる。

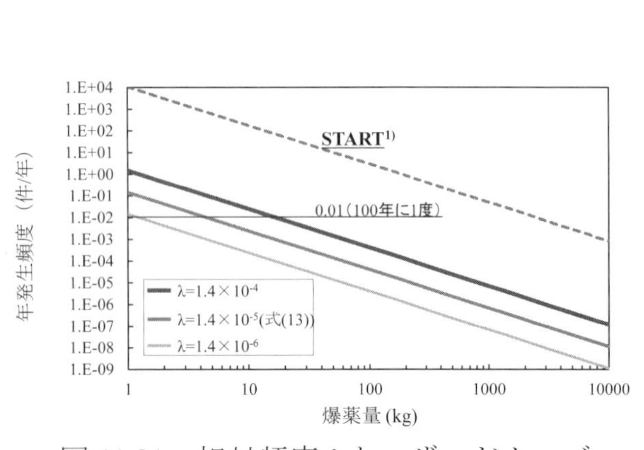

図 11.21　相対頻度 λ とハザードカーブの関係

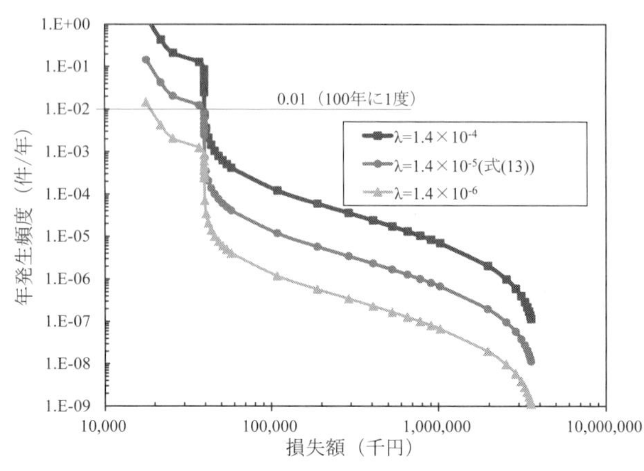

図 11.22　相対頻度 λ とリスクカーブの関係

11.7　おわりに

爆発荷重を受ける RC 構造物のリスク評価の方法に関する検討例を紹介した。紹介したリスク評価例では，爆発荷重が生じる例として爆破テロを対象とし，構造物のリスクカーブを求めている。本手法の問題点として，部材の破壊モードは曲げ破壊に限定しているとともに，壁や床による爆風圧の減衰，または増幅効果を考慮していない。しかし実際は，部材はせん断破壊する場合もあり，爆源から部材までの間には床や壁があることが多い。また，周辺建物の損失や屋外での人的損失など，より広域的な損失の評価も検討する必要がある。リスク評価の精度向上を図るためには，これらの課題を解決する必要がある。

参考文献

1) Global Terrorism Database，http://www.start.umd.edu/gtd/
2) 日本建築学会編：事例に学ぶ建築リスク入門，技報堂出版，2007.
3) D.M. カーメン，D.M. ハッセンザール：リスク解析学入門，シュプリンガー・フェアラーク東京，2001.
4) Bilal M. Ayyub：Risk Analysis in Engineering and Economics，Chapman and Hall，2003.
5) 星谷勝，中村孝明：構造物の地震リスクマネジメント，山海堂，2002.
6) 福島誠一郎，矢代晴実：地震ポートフォリオ解析による多地点に配置された建物群のリスク評価，日本建築学会計画系論文集,No.552,pp.169-176，2002.
7) ISO 13824：Bases for design of structures - General principles on risk assessment of system involving structures(構造物の設計の基本－構造物を含むシステムのリスクアセスメントに関する一般原

則)，2009.
8) 福島誠一郎，矢代晴実：人為災害リスクの定量化に関する基礎的研究，地域安全学会梗概集,No.23, pp.114-117，2008.
9) 向井洋一，井川望，崎野良比呂，櫛部淳道：部材応答のクライテリア，2012 年度日本建築学会大会(東海)，構造部門(応用力学)パネルディスカッション資料，2012.
10) 清野純史，岡本直剛，Charles Scawthorn：爆弾テロのリスク評価手法について，社会技術研究論文集，Vol.4,pp.84-93，2006.
11) TM5-855-1：Fundamentals of Protective Design For Conventional Weapons，1986.
12) 大野友則編著：基礎からの爆発安全工学，森北出版株式会社，2011.
13) M. Biggs：Introduction to Structural Dynamics，John, McGraw-Hill,Inc.，1964.
14) 日本建築学会：鉄筋コンクリート構造計算規準・同解説,第 8 版，2010.
15) 清宮理：構造設計概論，技報堂出版，2003.
16) 嶋津孝之，福原安洋，佐藤立美：鉄筋コンクリート構造，森北出版，1986.
17) 林静雄，清水照之：鉄筋コンクリート構造，森北出版，2004.
18) Theodor Krauthammer：Modern Protective Structures，CRC Press，2008.
19) Charles H.Norris：Structural Design For Dynamic Loads, McGraw-Hill,Inc.，1959.
20) 疋田強：火災・爆発危険性の測定法，日刊工業新聞社，1977.
21) 平成 23 年国家公務員給与等実態調査報告書，人事院給与局
22) 佐伯琢磨，中村雅紀，渡辺敬之，翠川三郎：地震による死傷者数及び負傷に対する治療費用の評価方法，地域安全学会論文集,No.3, pp.133-140，2001.

第１２章　爆発荷重を受ける橋梁の安全性に関する研究の現状

12.1 はじめに

これまで耐爆設計を必要とする対象構造物は，政府機関の建物(government buildings)，軍事施設(military facilities)，および石油化学施設(petrochemical facilities)のみであった[1)-7)]。ところが，2001 年 9 月 11 日に発生した米国同時多発テロ以降，橋梁やトンネル等の輸送基盤施設においてもテロの標的とされるようになってきている。例えば，2001 年 11 月 1 日には，カリフォルニア州知事が州内にある 4 つの吊り橋がテロの標的になっていることを公表している。また，2002 年 7 月にスペインで捕えられた Al Qaeda のメンバーから押収された資料にゴールデンゲート橋やブルックリン橋に対するテロの可能性を示唆するものがあったことが報告されている[8)]。このような現状を踏まえて米国では，爆破テロに対する橋梁の安全性を確保するための研究が盛んに行われている。

橋梁を対象とした爆破テロの可能性が高まっていることに対して，すべての橋梁を爆破荷重のような極限荷重を受けた場合にでも安全なように設計あるいは補強することは，経済的に考えて不可能である。そこで Williamson et al.[9)]は，既往の文献調査を行い図 12.1 に示すようなリスクマネジメントの考え方に基づき，テロ攻撃に対する橋梁のリスクを評価し，対策を講じる手法を提案している。図 12.1 に示すリスクマネジメントは，リスク評価とリスクマネジメントから構成される。リスク評価においては，橋梁のタイプ，交通量，緊急時の重要性，経済的な重要性，象徴的な構造物，代替ルートの有無等を調査し，橋梁の重要度を特定する。次に，想定されるテロ攻撃の脅威を特定する。表 12.1 に想定されるテロ攻撃の一例を示す。特定したリスクを分析して，発生頻度と影響度との積として求まるリスクレベルに応じて対策を講じることになる。そして，そのリスクが社会的に許容可能な大きさとなるまで低減させるために対策を講じる必要がある。

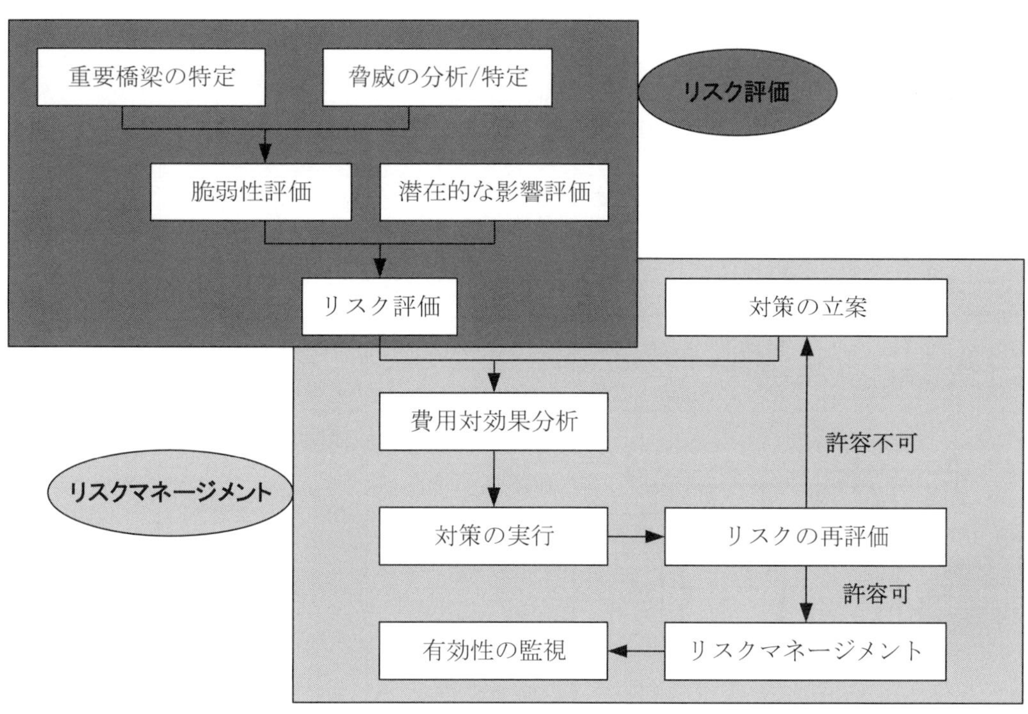

図 12.1　テロ攻撃に対する橋梁のリスクマネジメント[9)]

表 12.1　想定される橋梁に対するテロ攻撃の一例 [9)]

模式図	武器	位置	想定される効果
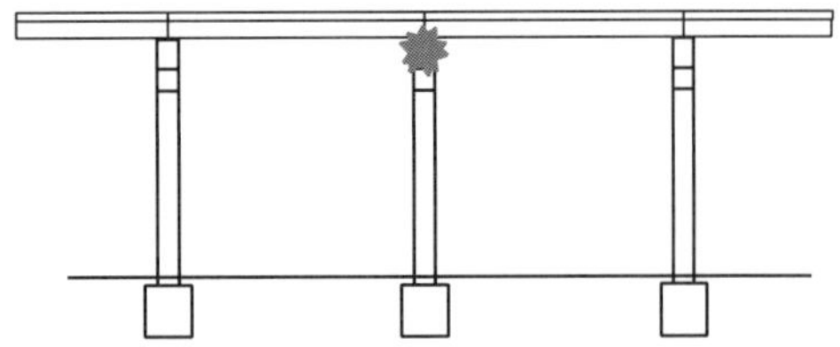	手荷物爆弾	桁支点位置	支承の破壊，2 スパンの破壊
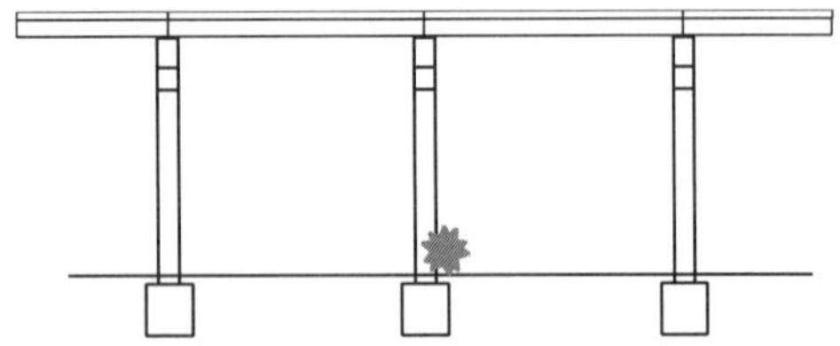	手荷物爆弾	橋脚下端位置	橋脚下端の損傷，2 スパンに渡る破壊
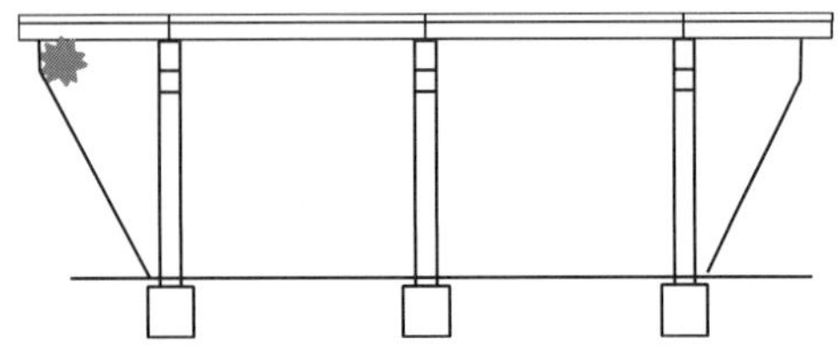	手荷物爆弾	橋台の台座位置	橋台の破壊，1 スパンに渡る破壊
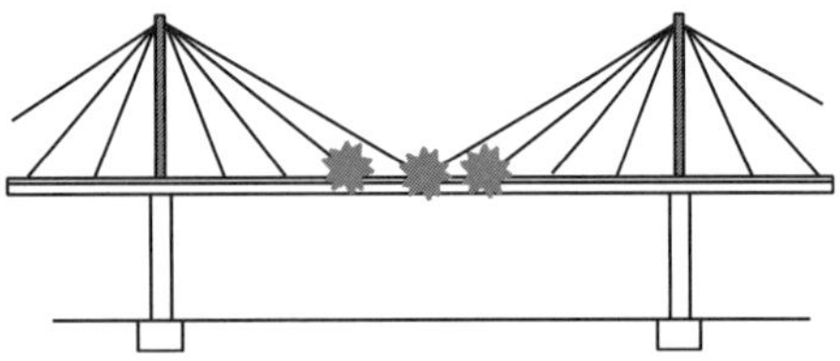	手荷物爆弾	ケーブルの定着部	定着部の破壊，1 スパンあるいは多スパンの破壊
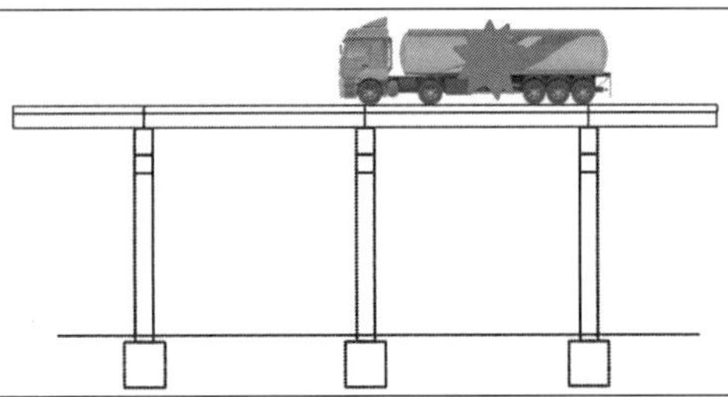	タンクローリー/トラック爆弾	床版上	床版の破壊，1 スパンあるいは多スパンに渡る破壊
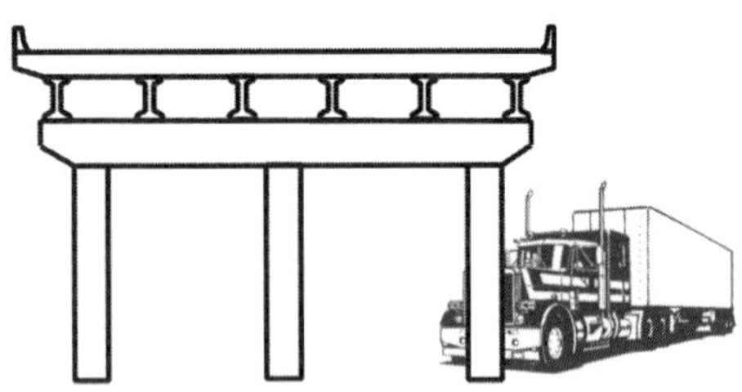	大型トラック	橋脚	橋脚破壊，火災の発生，2 径間破壊
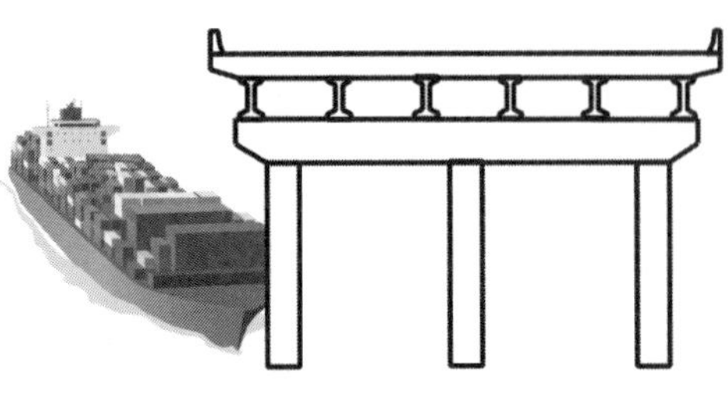	船舶，バージの衝突	橋脚	橋脚破壊，他径間破壊

表 12.2　橋梁を標的としたテロ攻撃に対する対策例

計画・調整対策（Planning and Coordination Measures）
1. 橋梁に関連するテロの脅威への対応と復旧を含む緊急対応計画を更新する 2. テロに対する情報収集，訓練，技術的サポートを得るために地方，州と連邦の法執行機関との連絡・調整を図る 3. 対応手順，連絡・調整体制に問題がないことを確かめるために定期的な訓練，机上訓練，実規模のシミュレーションを行う 4. 代替ルート，交通マネジメント，変更車線使用等を通して，運輸システムに関する追加の冗長性を図る 5. サービスの早急な回復と運輸社会基盤に対する国民の信頼を回復するために，がれき除去と修繕に関する復旧計画を作成する 6. 周囲に目を配れるとともに不審物を扱うことのできる保全管理者のためのトレーニング計画を立案する
情報コントロール対策（Information Control Measures）
1. 特定の橋梁に対する脆弱性，安全対策，緊急対応計画，あるいは構造に関する詳細の発表のための最低限知っておくべき手順を確立すること。（情報は何でも公表すれば良いというものではない） 2. テロリストに有益となるような潜在的情報に対するウェブサイトを検閲し削除する。しかしながら，ウェブサイトからのデータの除去は，共有すべき情報の必要性をバランスしなければならない。例えば，特定の橋梁についての情報，弱点を同定し，攻撃計画をする上で非常に役立つ。一方，一般的な設計ガイドラインはテロリストに対して限られた価値の情報を提供している。
現場の配置対策（Site Layout Measures）
1. 爆弾を準備するために使われるテロリストが隠れやすい隠れた空間をなくすために緊急時の電源を備えた照明を設置する 2. 問題となるエリアの視界を確保するために伸びすぎた草木を除去する 3. ランドスケープ重要な構造要素に対する車両からの離隔距離を増加させるための定期的なメインテナンス使った新たなランドスケーピングの使用。 4. 床版の下や維持管理室等の重要なエリアへのアクセスを禁止 5. 橋梁の下への車両の駐車を禁止 6. 新たな交通ルートや緊急車両のアクセスを確保できるようにするためにコンクリート製防護壁に開口入出口を提供 7. 各々の将来的な橋梁において冗長性を向上させる観点からは，4 車線を一橋梁で賄うのではなく 2 車線の二つの橋梁にすることが望まれる。 8. 爆破効果を増強するような建築構造を避けること，例えば，構造部材にオフセットやくぼみあるいは不必要な拘束エリアを設ける
アクセスコントロール/抑止対策（Access Control/ Deterrent Measures）
1. 警官パトロール，監視，警護を行う 2. 主塔内等の重要な部分へのアクセスを制限するために施錠システムを用いる 3. 外部や内部の侵入者検知システム（境界侵入センサー，人感センサー，ポイントセンサー）を配置する 4. 容易に破壊されたり回避されたりできないような場所への監視カメラ CCTV の設置を行い，行動の監視，不審な行動の検知と不審人物の特定を行う 5. メインテナンス人員に対するより高いレベルの認証システムを採用する 6. 重要な構造要素（例えば，定着アンカー部分，箱桁内や主塔内等）への立ち入り禁止/制限を行う 7. 橋脚を防護するために防護壁（バリア）を設置する 8. 放置車両の速やかな撤去を行う 9. 重要な橋梁の周りを飛行禁止区域にする 10. 異常事態の発生や疑わしい行動を通報するための緊急電話最新の警報システム（危険サイン，照明，警告音，アクセス制限するために自動でバリケードを設置）の使用

橋梁を標的としたテロ攻撃に対する抑止(deterrence)，防止(prevention)および軽減(mitigation)の観点から考えられる対策を表 12.2 に示す。このような対策を実際に実施することが非常に重要となる。

米国の国土安全保障省は，テロの脅威と攻撃から米国国土と国民を守るために 2002 年 3 月から国土安全保障警報システム（図 12.2 参照）の運用を開始している[10)]。このシステムでは，テロの脅威レベルに応じてカラー表示された警報が出されるようになっている。Low（緑）はテロ攻撃の危険性が低い状態，Guarded（青）はテロ攻撃の漠然とした危険性をはらんだ状態，Elevated（黄）はテロ攻撃の著しい危険性をはらんだ状態，High（オレンジ）はテロ攻撃の可能性が高いと予測されるとき発令，また，Severe（赤）はテロ攻撃の可能性が極めて高いと予測されるときに発令される。この国土安全保障警報システムと連動して，表 12.3 に示すテロの脅威レベルに応じた橋梁の安全対策を実施するのも一案として考えられている。そして，表 12.2 や表 12.3 に示したような対策を実施した結果，まだ許容できないリスクがある場合に必要となるのが爆破荷重に対する橋梁の安全性を確保するための設計あるいは補強である。

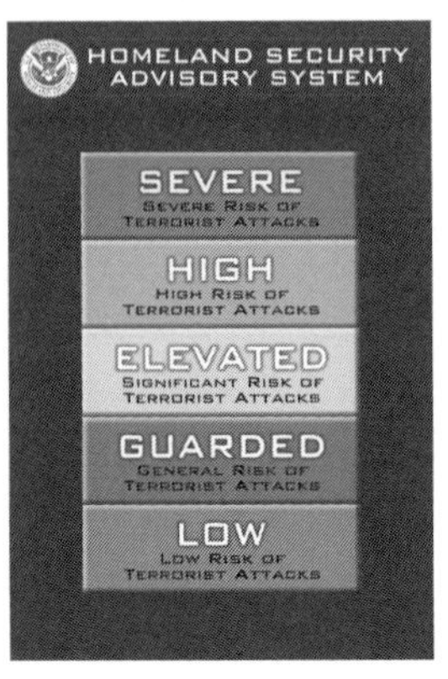

図 12.2　米国における国土安全保障警報システム [10)]

表 12.3　テロの脅威レベルに応じた安全対策の一例 [9)]

橋梁に対する脅威レベル	追加の安全対策（カテゴリー1 橋梁）
極めて高い	監視，防護柵，車両探査によるアクセス制限 以下のすべての対策を含む
高い	パトロールと検査点検の頻度を上げる 緊急対応計画の不定期訓練の実施 不必要なメインテナンスの延期 深刻な場面では，通行止めや車両捜査などを行うために国家警備隊やその他の法的機関との調整 以下のすべての対策を含む
著しい危険性がある	定期的な警官巡回パトロールの 以下のすべての対策を含む
漠然とした危険性がある	緊急対応手順の評価と更新 カメラやフェンスの周期的な点検の頻度を上げる 以下のすべての対策を含む
危険性が低い	モニタ監視システム 個人への脅威情報の発信 定期的な緊急行動計画の訓練実施と計画修正 緊急対処に関わる該当者の訓練 脅威と脆弱性評価の継続的なアップグレード

12. 2 爆破テロにより橋梁に作用する爆風圧

構造物に作用する爆発荷重は，構造物と爆発源の位置関係により図 12.3 に示すように概ね 1)接触爆発（Contact explosion），2)近接爆発（close-in explosion）および 3)遠方爆発（far-field explosion）の 3 つに分類される [11)]。接触爆発では，爆発源が極めて構造物に近い位置にあるために非常に大きな一様でない爆風圧が構造物に作用する結果，構造物には局所的な貫通破壊が顕著に問題となる。

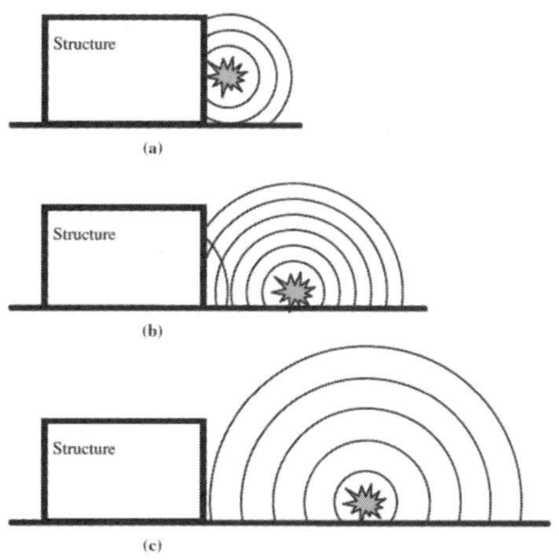

図 12.3　爆発荷重の分類　(a)接触爆発，(b)近接爆発，(c)遠方爆発 [11)]

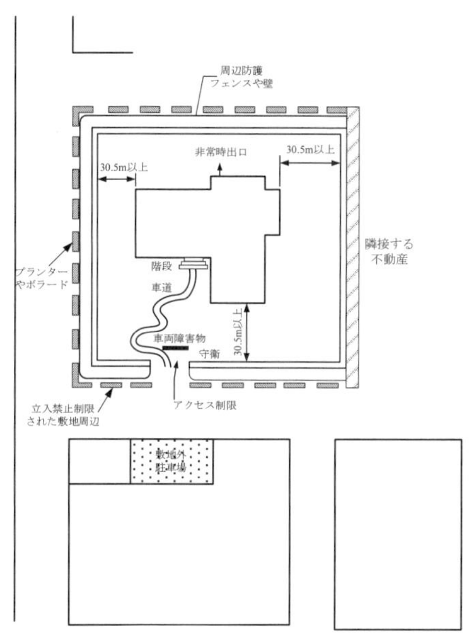

図 12.4　建物の耐爆設計におけるアクセス制限の一例 [2)]

近接爆発では，爆発源と構造物の間にある程度の離隔距離は確保されているものの球面波が構造物に作用することになるので構造物に作用する爆風圧は一様ではない。一方，遠方爆発の場合には，発生する爆風圧は平面波として構造物に作用することから構造物には一様な爆風圧が作用することになる。

爆破テロに対する建物の耐爆設計では，図 12.4 に示すように建物の外周にプランターやボラード等を用いたアクセス制限を積極的に行うことにより爆発位置と建物の距離をある程度確保することを前提として遠方爆発を想定するのが一般的となっている [2)]。このような考え方は，経済性の観点からも支持されている。一方，橋梁の爆破テロを想定した場合，そもそも橋梁自体が，車両を安全にその上を走行させることを目的として建設されていることから，建物の場合のようなアクセス制限を行うことが非常に困難であると言わざるを得ない。したがって，橋梁の爆破テロにおいては，橋梁の近接で自動車爆弾等が爆発することを想定する必要がある。

爆破テロによる橋梁に作用する爆風圧を考える上で，橋梁の幾何学的形状の影響で特に注意が必要なのが床版下での爆発である。床版下で爆薬が爆発した場合，図 12.5 および図 12.6 に示すように桁と床版あるいは床版と橋台で囲まれた閉塞空間においては入射波の多重反射により爆風圧が増圧される現象が見られる [12)]。また，床版下の爆発では，床版と爆薬の爆発位置の関係で，図 12.7 のようにある程度の高さが確保されると床版による入射波の反射により Mach 領域が形成されることにも注意を払う必要がある [12)]。米国陸軍工兵隊では，多重反射を考慮した爆風圧を計算するためのソフトウェアとして BlastX や Bridge Explosive Loading (BEL)を開発している [11)~13)]。図 12.8 に床版の上あるいは下で爆発した場合にそれぞれ発生する爆風圧を BlastX により計算した結果を示す [12)]。この結果から，床版上での爆発においては多重反射の影響は認められないものの，床版下の爆発では多重反射の影響が顕著に認められる。床版下の爆発では，床版には大きな上向きの爆風圧が作用することになるために床版と桁を一体として抵抗させるために，床版と桁の結合部にはスタッドを配置する必要がある。

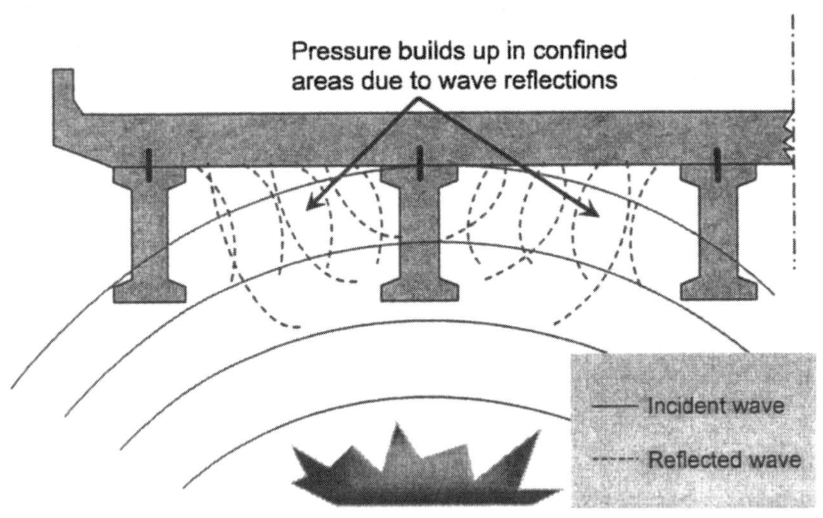

図 12.5　桁間における閉塞効果 [12)]

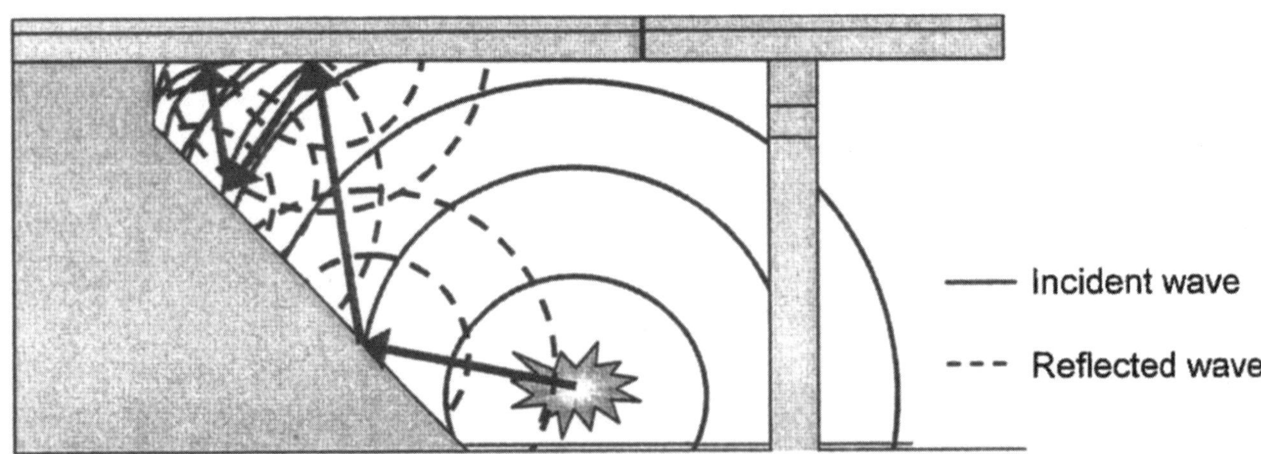

図 12.6　橋台と床版による閉塞効果 [12)]

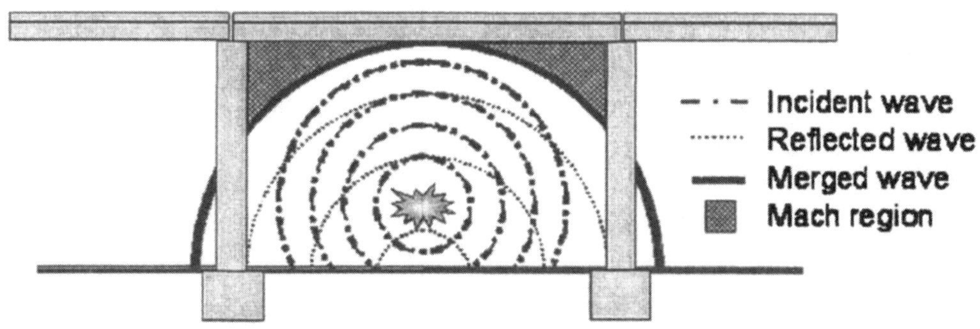

図 12.7　床版下に形成される Mach 領域 [12)]

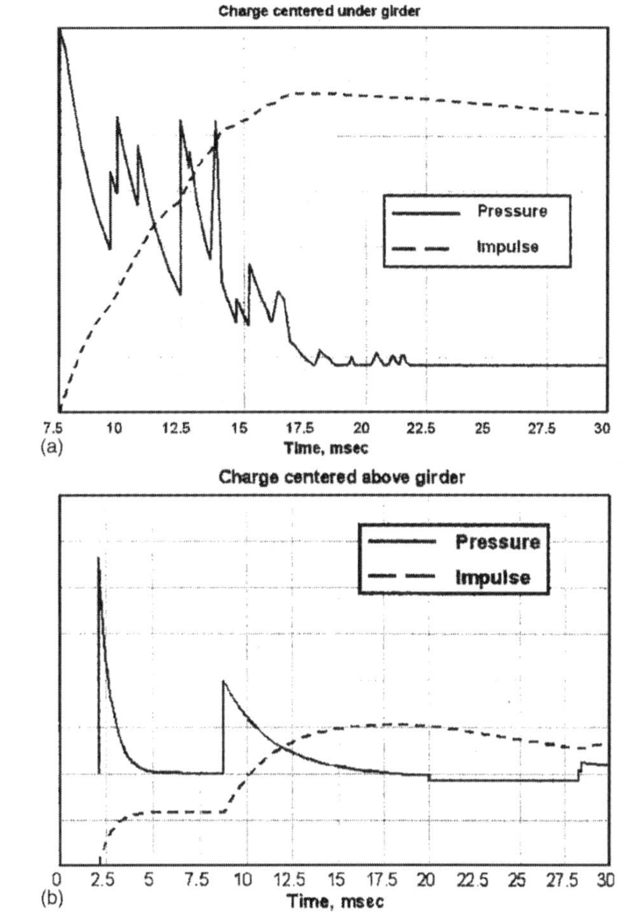

図 12.8　BlastX による爆風圧の計算例(a)桁下での爆発，(b)床版上での爆発 [12)]

12.3 橋脚に作用する爆風圧実験

これまでに壁のような平面的な構造部材が比較的遠方で爆発が生じた場合に受ける爆風圧を調べた実験的な研究は多いものの，比較的近接で爆発が生じた場合に橋脚のようなスレンダーな部材が受ける爆風圧に関する研究はほとんど行われていないのが現状である。

そこで Williamson et al.[11)]は，円形断面(直径 114mm)および正方形断面(114×114mm)を有する高さ 838mm の比較的スレンダーな柱に作用する爆風圧分布を換算距離 3(ft/lb$^{1/3}$)一定の条件の下で近接爆破実験(図 12.9 参照)により調べている。実験では，円柱および角柱の下端から 210，419 ならびに 629mm の高さにおける爆風圧を計測している。

図 12.10 に円柱および角柱の各位置で計測された爆風圧の時刻歴を示す。この図から柱の各部で計測される爆風圧の到着時間ならびに最大圧が異なることがわかる。これは，近接爆発で生じる爆風圧波は球面波の形状を有しており，爆薬の中心位置から柱の各部の計測位置までの距離が異なるために爆風圧の到着時間や最大圧に違いを生じるのである。

図 12.11 に米国陸軍工兵隊が開発した Bridge Explosive Loading (BEL)により計算した各計測位置における爆風圧を実験結果と併せて示す。BEL により計算した各計測位置における爆風圧は，実験結果と比較して大きめの評価を与えていることがわかる。これは，比較的スレンダーな柱のために反射において発生する希薄波の及ぼす影響が適切に評価されていないことが一因として考えられる。しかしながら，計算結果は実験結果と比較して大きめの評価を与えることから設計に用いる上では特に問題はないと考えられる。

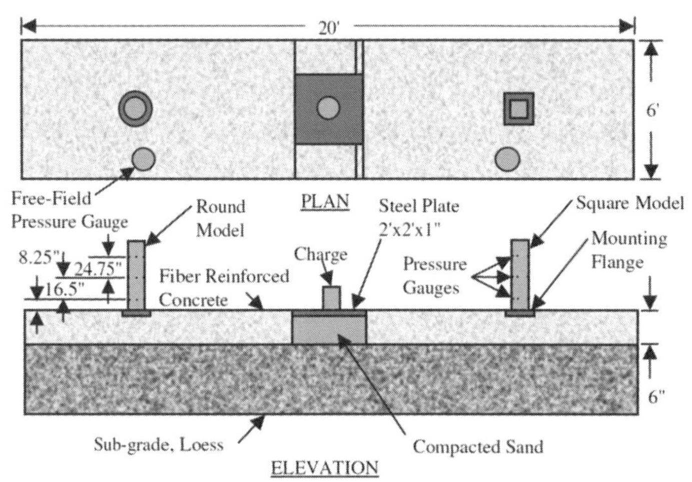

図 12.9　角柱および円柱に作用する爆風圧分布を調べるための近接爆発実験の概要

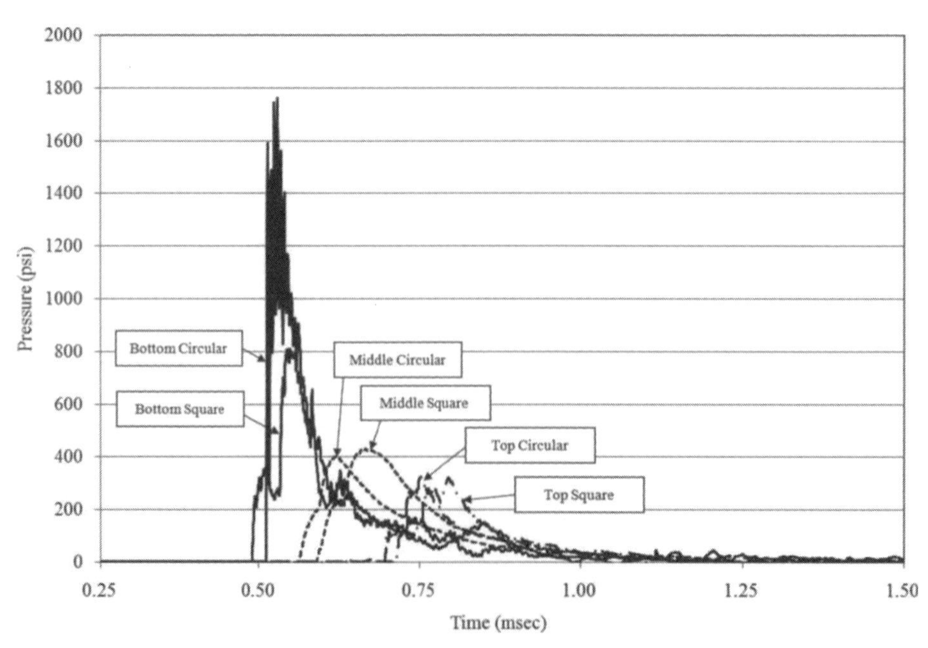

図 12.10　柱の各部で計測された爆風圧の時刻歴

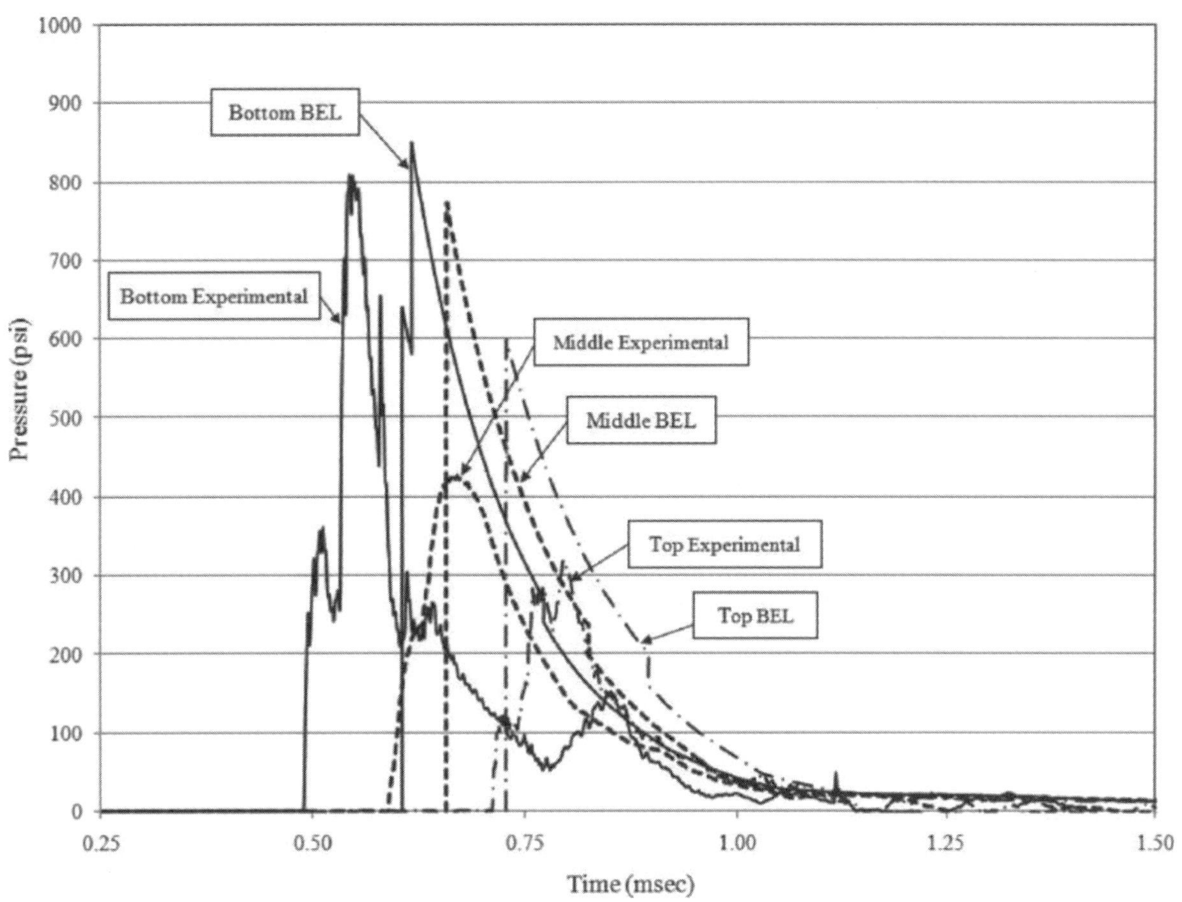

図 12.11　BEL による爆風圧の計算結果と実験結果との比較

12.4 爆発荷重を受ける橋梁の応答に関する解析的研究

爆破実験により橋梁の破壊性状を調べようとした場合，爆発実験のための特別な実験施設が必要になることからその実施は非常に困難である。しかしながら，最近では構造-流体の連成解析ができる汎用ソフト AUTODYN，LS-DYNA，DYTRAN 等の出現により，比較的容易に爆発荷重を受ける構造物の応答を解析的に評価することが可能になっている。ここでは，爆破荷重を受ける橋梁の応答を調べたいくつかの研究を紹介する。

12.4.1 Hao and Tang による研究

Hao and Tang[14), 15)]は，図 12.12 に示す大スパンの斜張橋を対象として，斜張橋を構成する RC 橋脚，主塔，プレストレストコンクリート桁および合成鋼桁部分について爆破テロを受けた場合の破壊性状について汎用ソフト LS-DYNA を用いた数値解析的検討を行っている。図 12.13～図 12.15 に計算対象である RC 橋脚，主塔，プレストレストコンクリート桁および合成鋼桁のそれぞれの断面を示す。RC 橋脚の高さは 74m とし，4m×10m の 2 室中空断面を有するものとしている。主塔は高さ 298m とし，基部は 18m×24m の中空小判型断面，床版レベル以上では中空円筒断面を有している。この中空円筒断面の直径は，床版レベルで 14m とし高さ 175m のところで 11m になるものとしている。図 12.16 に計算で用いる有限要素メッシュを示す。

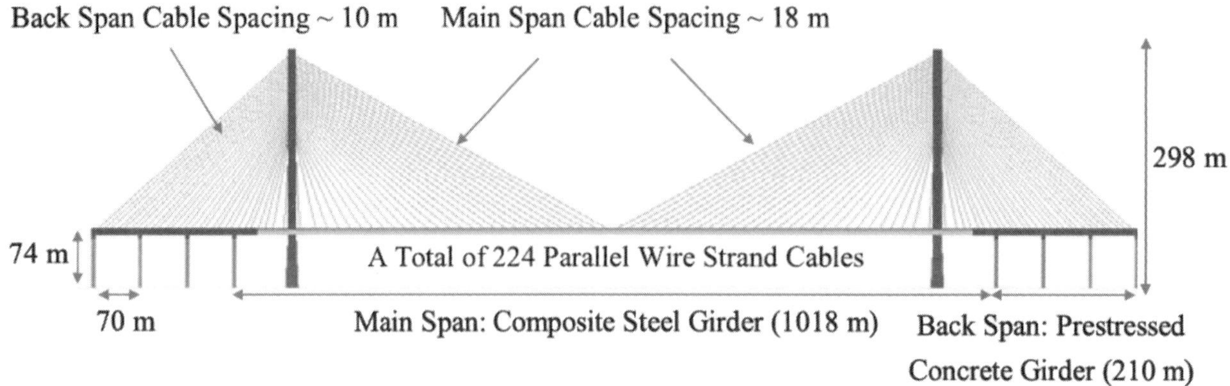

図 12.12　斜張橋の概要

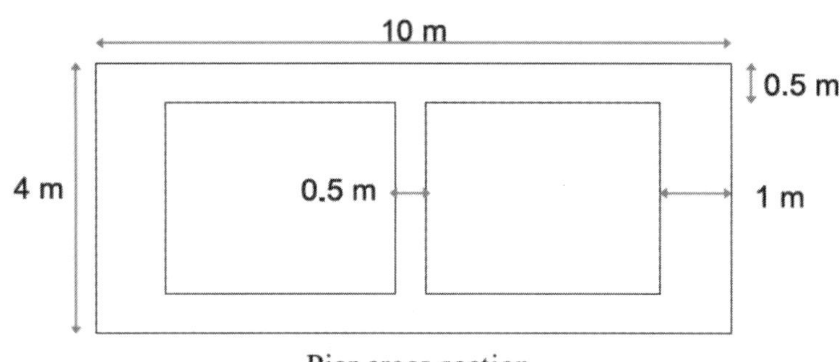

図 12.13　2 室中空断面を有する RC 橋脚の断面

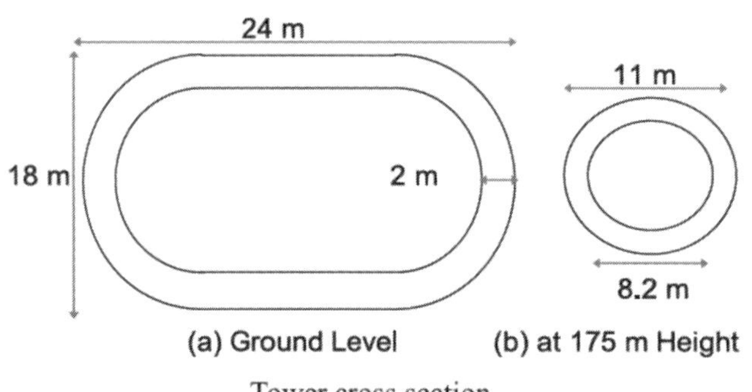

図 12.14　主塔の断面

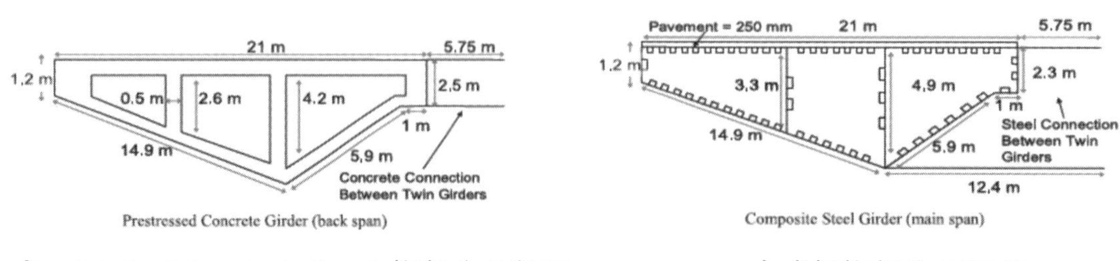

プレストレストコンクリート桁部分の断面　　　合成鋼桁部分の断面

図 12.15　プレストレストコンクリート桁および合成鋼桁の断面

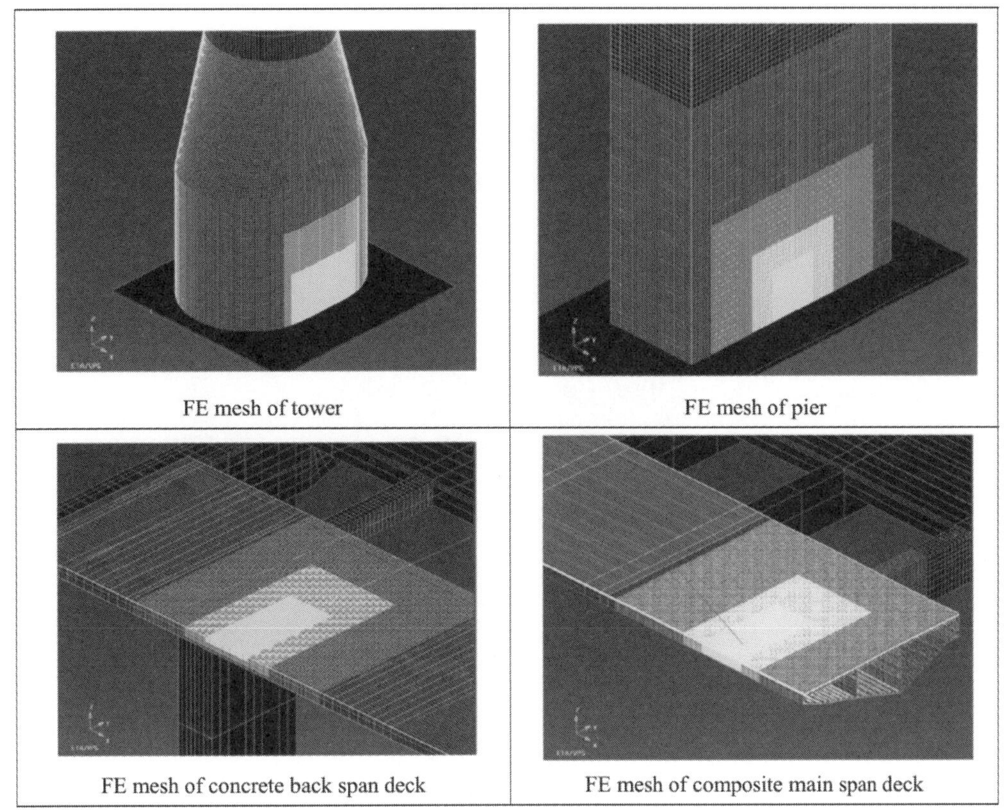

図 12.16　検討に用いる有限要素メッシュ

RC 橋脚および主塔の解析的検討では，爆薬量を 10,000kg としてスタンドオフを 10～45m まで変化させた換算距離 0.5～2.0 (m/kg$^{1/3}$)における爆破解析を行っている。換算距離 1.20 および 1.33(m/kg$^{1/3}$)の場合の RC 橋脚の損傷状況を図 12.17 および図 12.18 に示す。また，換算距離 1.10 および 1.20(m/kg$^{1/3}$)の場合の主塔の損傷状況を図 12.19 および図 12.20 に示す。図 12.17 に示す換算距離 1.2(m/kg$^{1/3}$)の場合には，橋脚基部の広い部分にコンクリートの破砕と飛散を伴った重大な損傷が認められる。一方，図 12.18 に示す換算距離 1.33(m/kg$^{1/3}$)の場合には，正面壁にある程度の損傷が認められるが側壁や後壁には大きな損傷は認められない。次に，主塔の損傷状況は，図 12.19 および図 12.20 に示すように換算距離 1.10(m/kg$^{1/3}$)では重大な損傷が認められるものの換算距離 1.20(m/kg$^{1/3}$)では重大な損傷は認められない。

Hao and Tang は，斜張橋の構成要素である主塔や RC 橋脚の爆破解析で得られた損傷状況を踏まえた斜張橋全体の解析を行い，進行性崩壊の可能性にも言及している。ここで，一例として換算距離 1.10(m/kg$^{1/3}$)の主塔の損傷を踏まえた斜張橋全体解析で得られた変形状況を図 12.21 に示す。この解析例では，近接爆発による主塔基部の損傷により桁を支えるケーブル張力が大きく減少するために最大変形量は 41.5m にも達し進行性崩壊を誘発することがわかる。このように橋梁の主塔や RC 橋脚等の鉛直荷重を支持するための重要な部材が爆発により破壊されると橋梁全体の壊滅的な崩壊を誘発することが分かった。Hao and Tang は，解析的検討を通して主塔と橋脚に対する進行性崩壊を防止するために必要な換算距離は，それぞれ 1.20 と 1.33 (m/kg$^{1/3}$)であるとしている。若干，主塔の換算距離の方が RC 橋脚のそれより小さくなっているのは，主塔の断面形状が円筒形であるのに対して RC 橋脚の断面形状が矩形であることに起因していると考えられる。

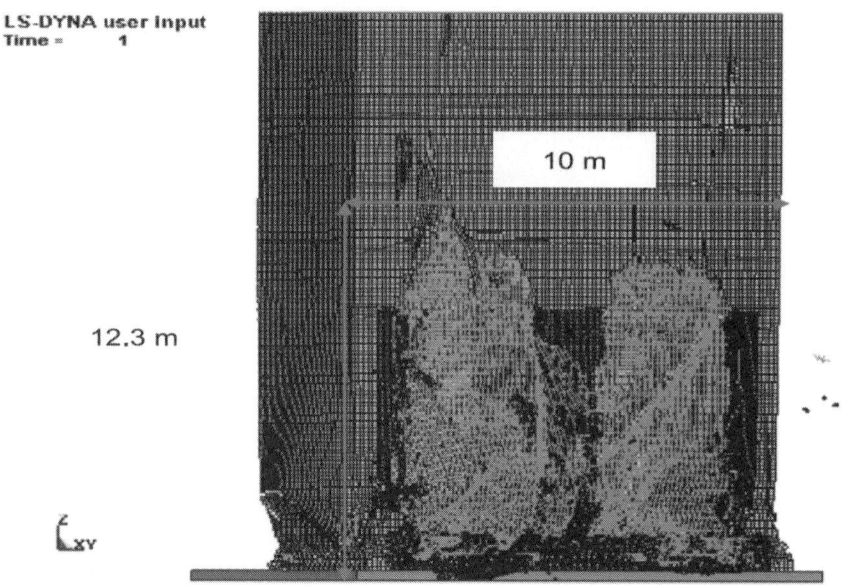

図 12.17　換算距離 1.2(m/kg$^{1/3}$)の場合の RC 橋脚の損傷状況

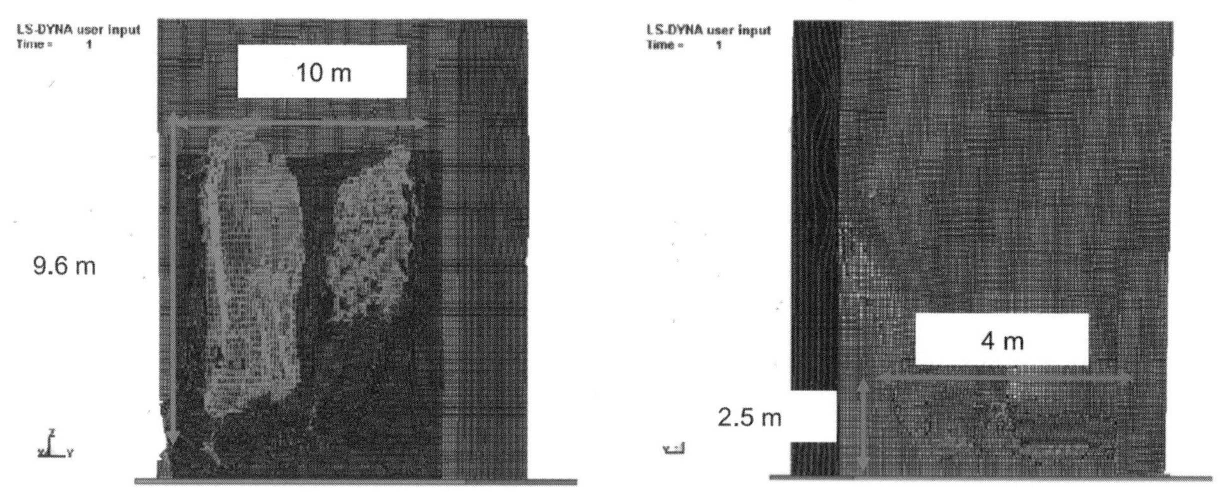

正面壁の損傷状況　　後壁の損傷状況

図 12.18　換算距離 1.33(m/kg$^{1/3}$)における RC 橋脚の損傷状況

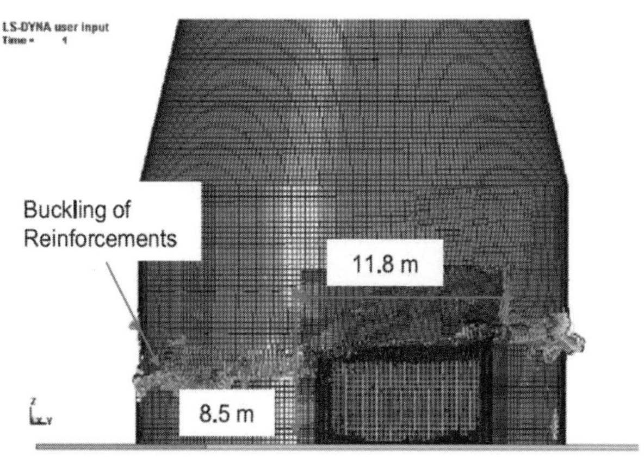

図 12.19　換算距離 1.10(m/kg$^{1/3}$)における主塔の損傷状況

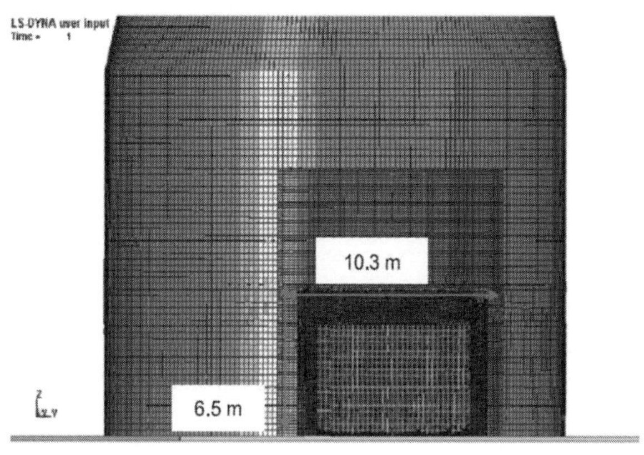

図 12.20　換算距離 1.20(m/kg$^{1/3}$)における主塔の損傷状況

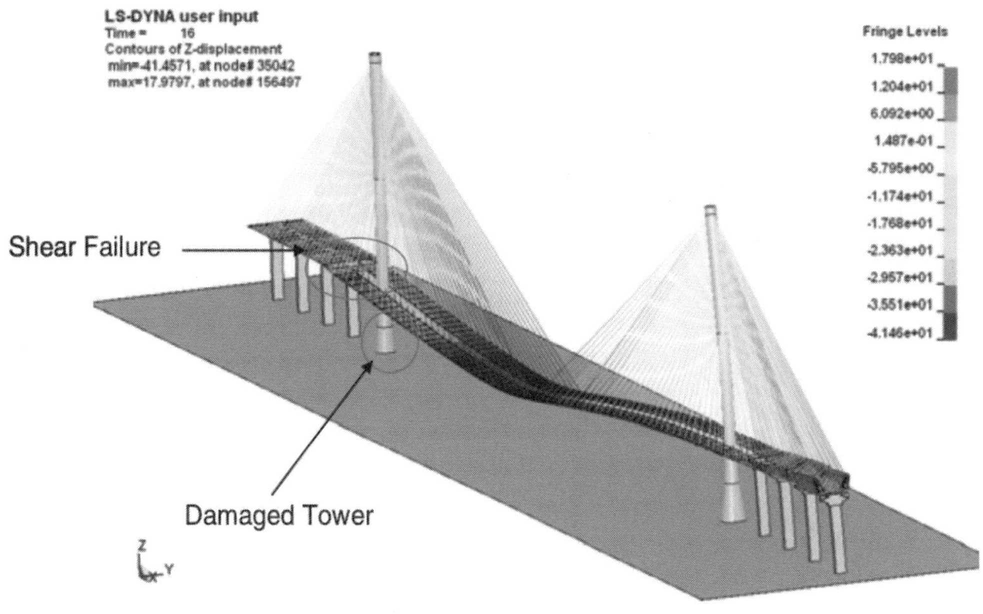

図 12.21　主塔の破壊に対する進行性崩壊の解析

12.4.2 Son et al.による研究

Son et al.[16),17)]は，AASHTO 基準で設計された 4 車線の鋼床版箱桁断面を有する斜張橋や吊り橋のような長大橋を計算対象として爆薬の爆発に対する解析的な検討を行っている。実際の解析的検討では，図 12.22 に示すように長大橋を構成する一部の鋼床版箱桁に対して計算を行っている。解析では，汎用ソフト MSC-Dytran を使用し，気体や爆薬は Euler 要素によって，構造物は Lagrangian 要素によってそれぞれモデル化している。また，爆薬は図 12.22 に示すように床版上 1.5m の位置で起爆するものとしている。本解析におけるパラメータは，鋼床版箱桁に導入する軸力および爆薬量である。鋼床版箱桁に導入する軸力は，降伏耐力を基準としてその 0，30 および 60%の 3 ケースである。軸力 0%は，軸力を導入しないことを意味しており，吊り橋の場合がこれに当たる。一方，降伏耐力の 30%および 60%の軸力を導入するケースは，斜張橋の場合に相当する。爆薬量は，セキュリティ上の理由から具体的な数値表示はないものの 1A，3A，5A，10A，20A，100A の 6 ケースと表示している。ただし，5A がコンパクトセダンを用いた場合の自動車爆弾に相当するという記述が添えられている。FEMA によればコンパクトセダンを用いた自動車爆弾の爆薬量は約 200kg 程度と考えている。したがって，A=40kg と考えられる。本数値解析による全計算ケースは，18 ケースとなる。

図 12.23 にある一定量の爆薬による床版の変形量に鋼床版箱桁に導入される軸力が及ぼす影響について示す。この図から分かるように，桁に導入される軸力が大きくなるほど，その P-Δ 効果の影響が加わることによって爆発荷重による床版の変形が大きくなることが理解できる。また，床版に導入される軸力の違いによる床版の爆破損傷状況を図 12.24 に示す。この図からも分かるように，床版に導入される軸力の値が大きくなるほど，P-Δ 効果の影響により床版の爆破損傷が著しくなることがわかる。このように床版あるいは桁に導入される軸力の大きさも床版の爆破損傷に大きな影響を及ぼすことは注意を要する。

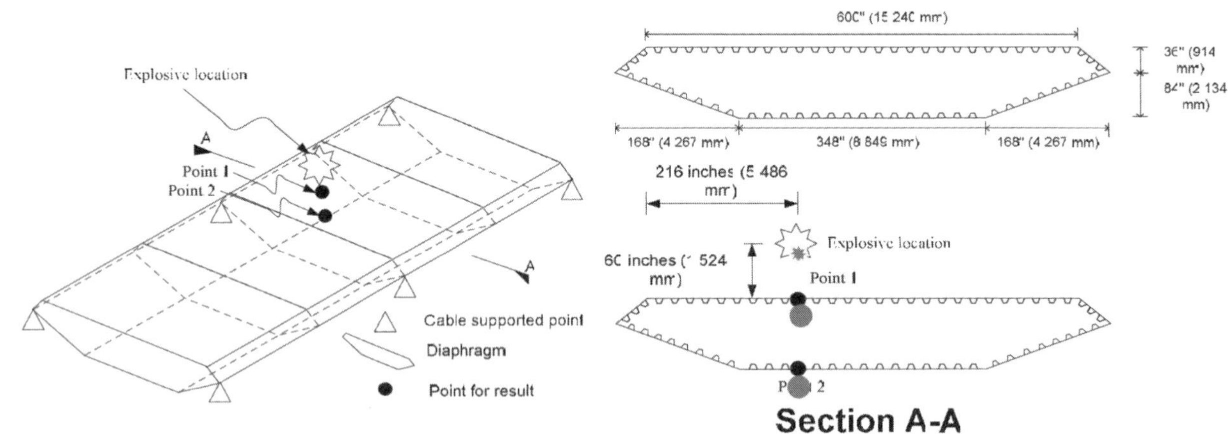

図 12.22　解析に用いる鋼床版箱桁橋のモデル(Son et al. 2006)

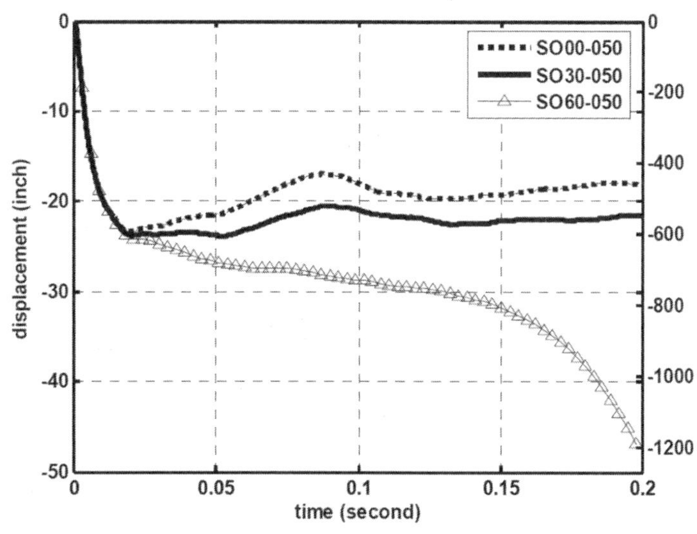

図 12.23　ある一定爆薬量の爆発による床版の変形に鋼床版箱桁の軸力が及ぼす影響(Son et al. 2006)

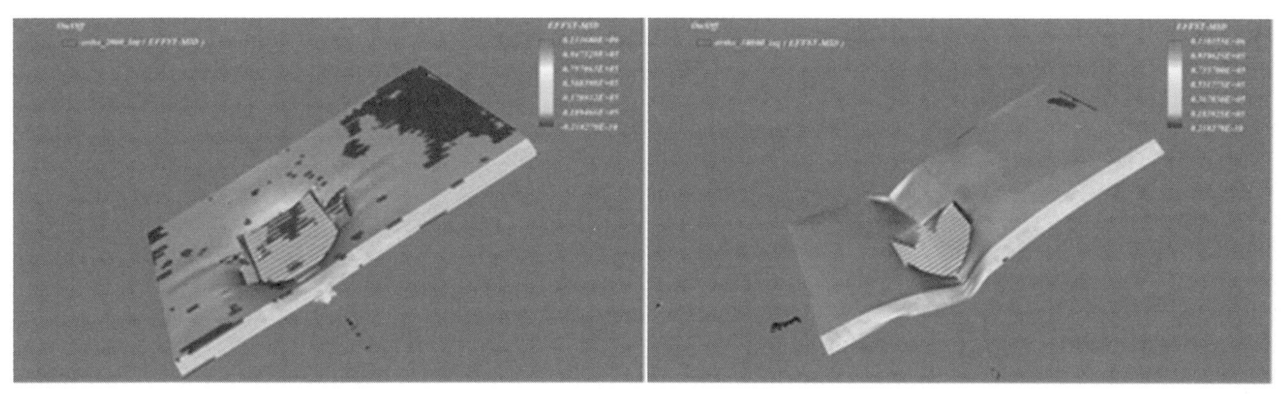

(a) no axial force　　　(b) 30% axial force

図 12-24　床版に導入される軸力の違いによる床版の爆破損傷状況(Son et al. 2006)

12. 4. 3　Son and Lee による研究

Son and Lee[18]は，中空断面を有する鋼製主塔とコンクリート充填複合主塔の耐爆性を解析的に検討している。解析では，流体-構造連成解析が可能な MD Nastran SOL700 を使用し，図 12.25 に示すように実際の斜張橋の構成要素である主塔ならびに床版からなる部分モデルを用いている。この部分モデルには，ケーブル要素は無視されているが，斜張橋全体の静的解析で得られたケーブル張力を主塔に反力として作用させている。主塔モデルおよび床版モデルを，それぞれ図 12.26 および図 12.27 に示す。解析における爆薬の設置位置は，図 12.28 に示すように床版上から 2m，主塔側面から 1m の位置である。爆薬は TNT とし半径 1m を有する球状としている。TNT 爆薬の密度を $1.65g/cm^3$ とすると，全 TNT 爆薬量は約 6,900kg である。この場合の換算距離は $Z=R/W^{1/3}=1.0/6{,}900^{1/3}=0.05(m/kg^{1/3})$ である。

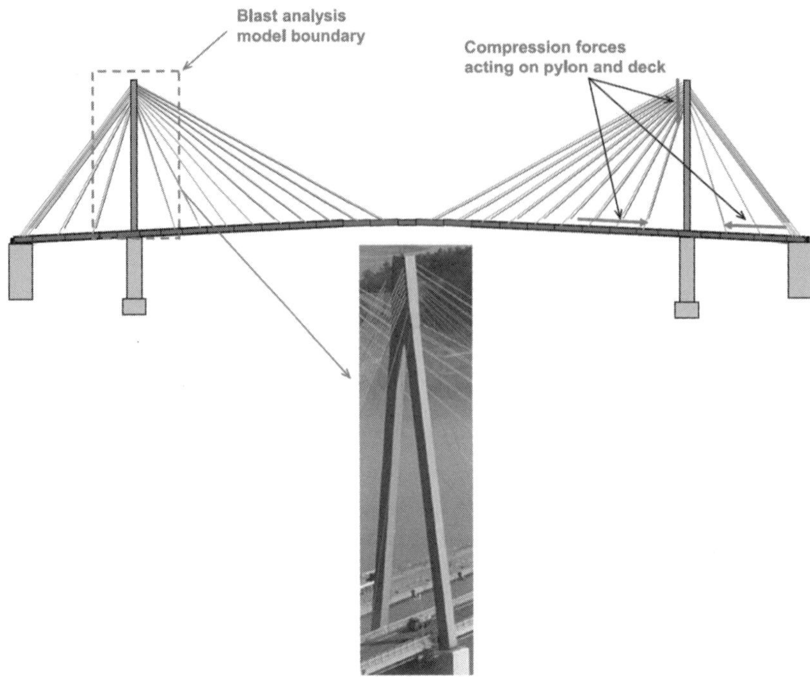

図 12.25　計算対象とした斜張橋の概要

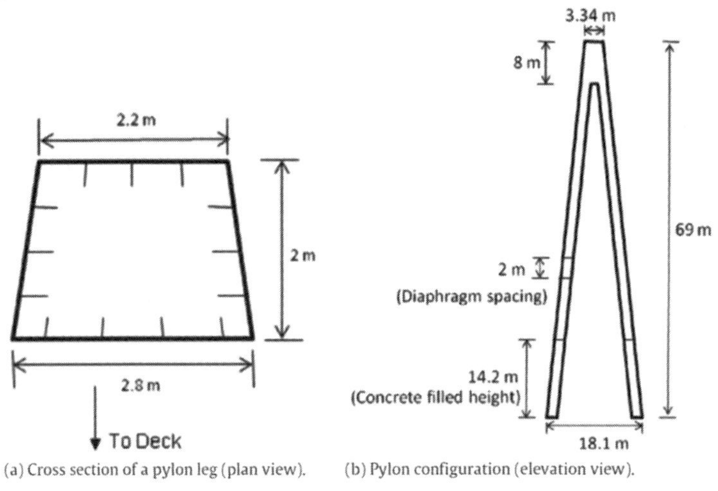

(a) Cross section of a pylon leg (plan view).　(b) Pylon configuration (elevation view).

図 12.26　主塔モデルの詳細

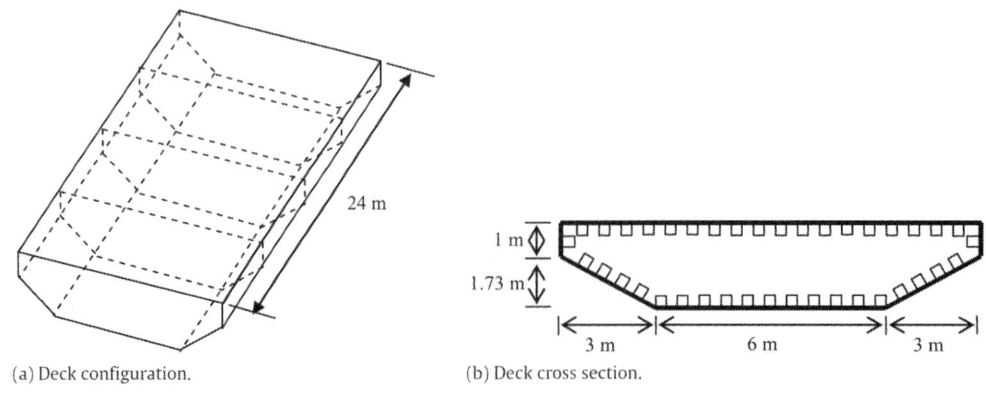

(a) Deck configuration.　(b) Deck cross section.

図 12.27　床版モデルの詳細

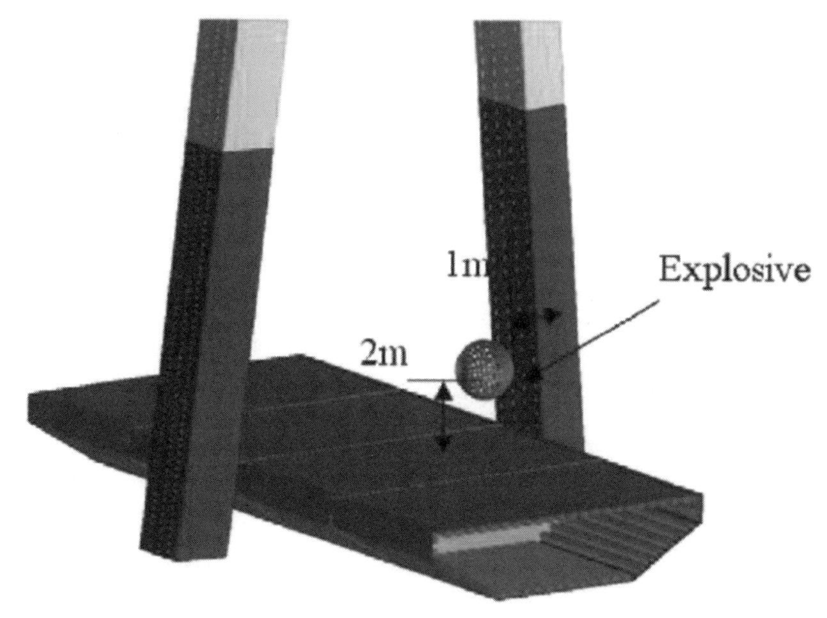

図 12.28　爆薬の設置位置と計算モデル

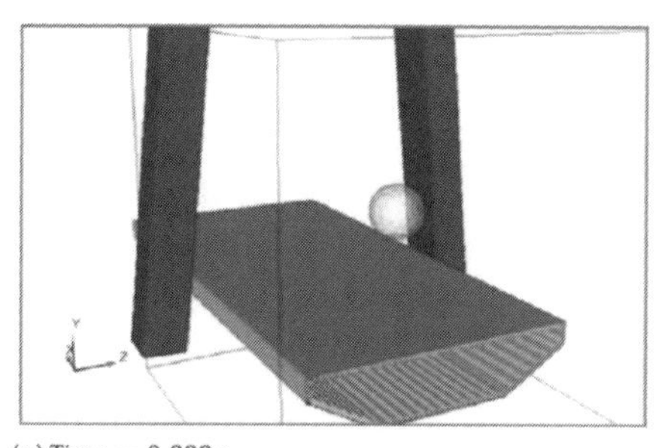

(a) Time = 0.000 s.

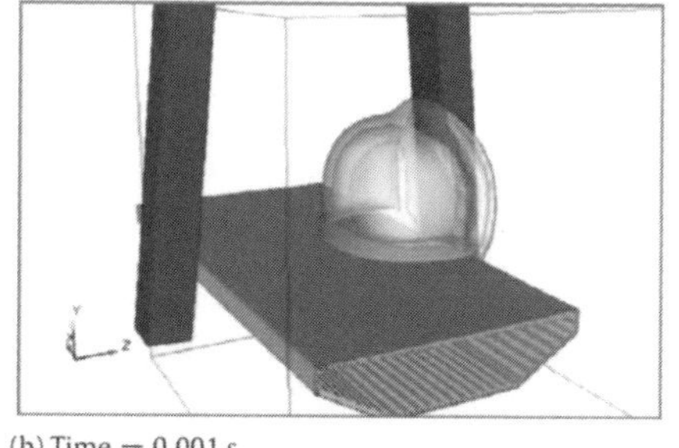

(b) Time = 0.001 s.

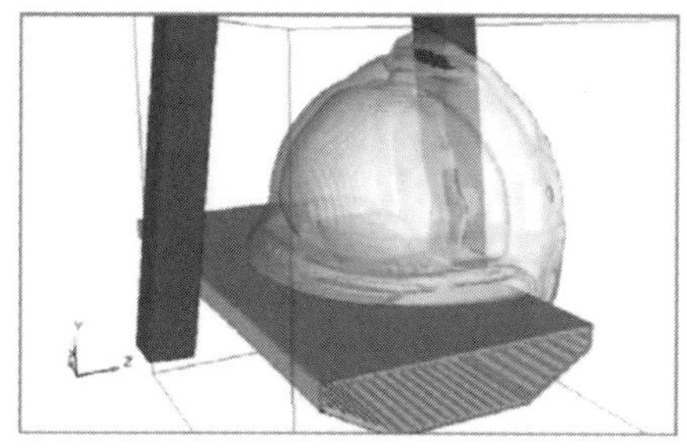

(c) Time = 0.002 s.

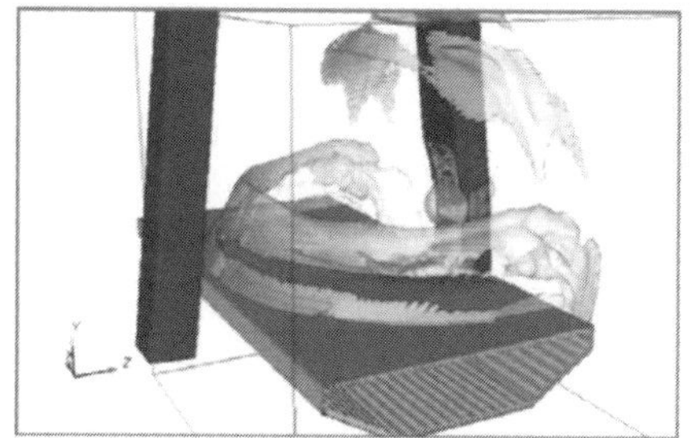

(d) Time = 0.003 s.

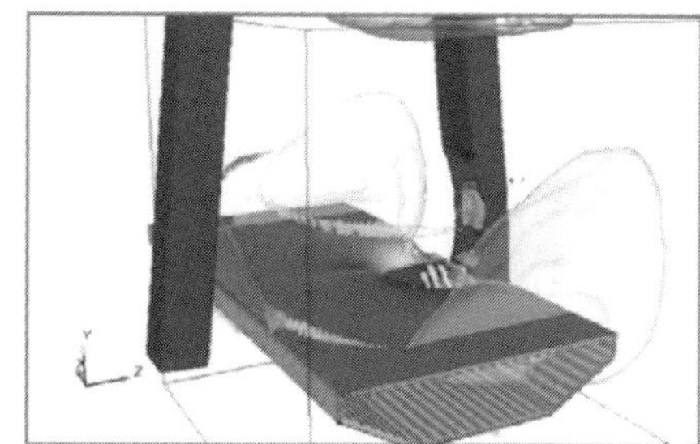

(e) Time = 0.004 s.

図 12.29　中空断面を有する鋼製主塔に作用する爆風圧と損傷進展状況

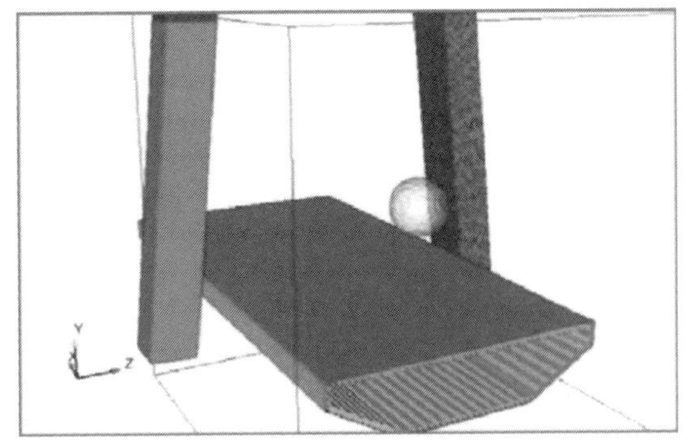

(a) Time = 0.000 s.

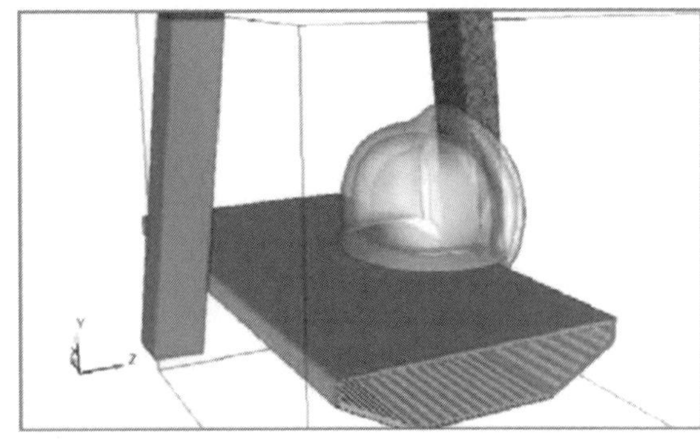

(b) Time = 0.001 s.

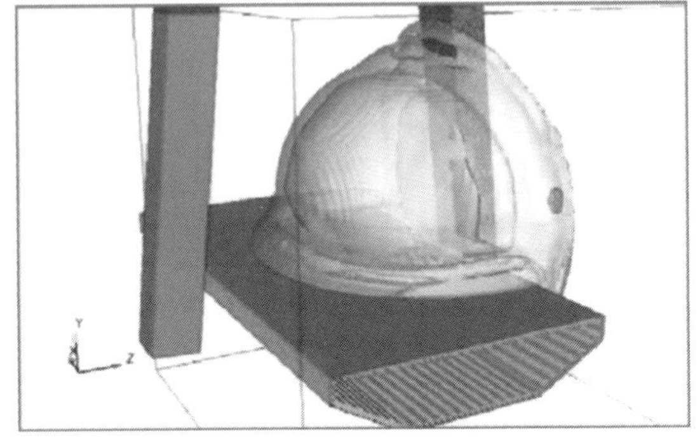

(c) Time = 0.002 s.

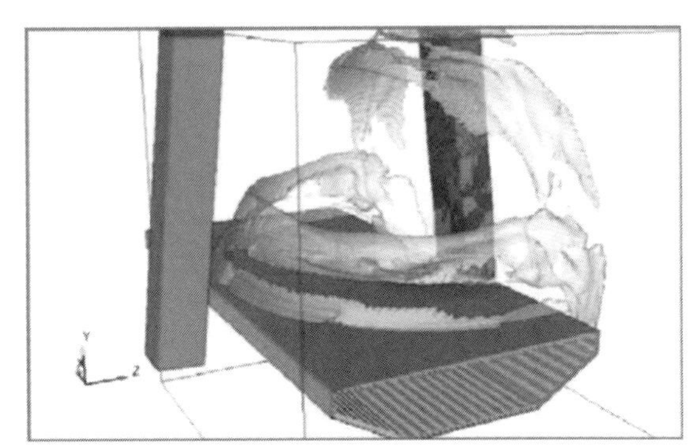

(d) Time = 0.003 s.

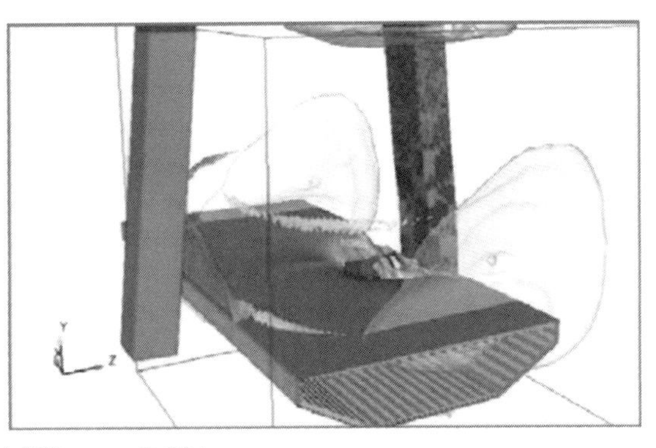

(e) Time = 0.004 s.

図 12.30　コンクリート充填複合主塔に作用する爆風圧と損傷進展状況

図 12.29 および図 12.30 に中空断面を有する鋼製主塔およびコンクリート充填複合主塔に作用する爆風圧とそれぞれの損傷進展状況を示す。また，図 12.31 および図 12.32 には，爆発後 0.9 秒における鋼製主塔ならびにコンクリート充填複合主塔の変形状況をそれぞれ示す。これらの図から，鋼製主塔には爆発荷重の作用により重大な損傷が発生し進行性崩壊が誘発されるのに対して，コンクリート充填複合主塔には大きな損傷は認めらない。したがって，コンクリート充填複合主塔を採用することで耐爆性が大幅に改善されることがわかる。

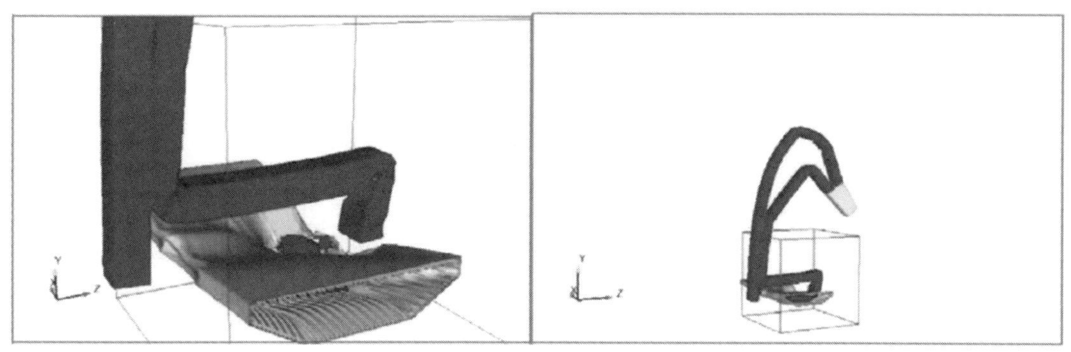

図 12.31　爆発後 0.9 秒における鋼製主塔の応答

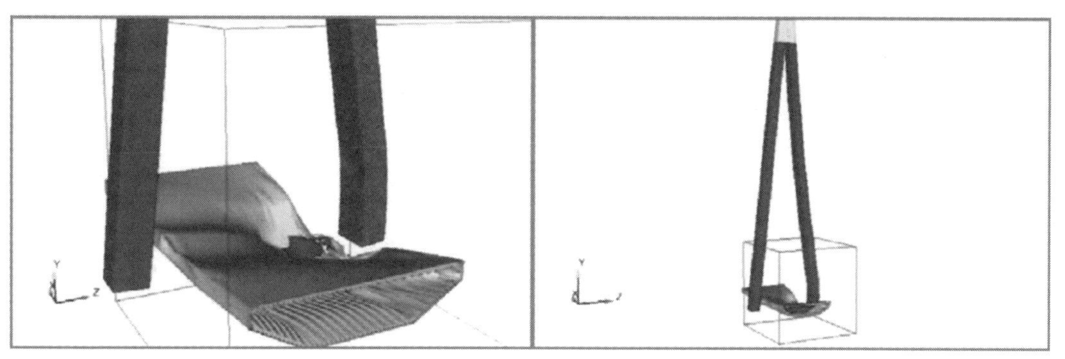

図 12.32　爆発後 0.9 秒におけるコンクリート充填複合主塔の応答

12.5 爆発荷重を受ける RC 橋脚に関する実験的研究

12.5.1　Williamson et al. による研究

Williamsons et al.[11), 19)~21)]は，RC 橋脚の近接爆破試験を計画するために，代表的な米国 11 州の運輸局ならびに米国高速道路協会(AASHTO)における RC 橋脚の設計基準を調査し表 12.4 にまとめている。この調査結果から，試験体作成の基本的な条件としてコンクリートの圧縮強度は 4000 psi (27.6MPa)とし，鉄筋は GR60(降伏強度 60kips=413.7MPa)(ASTM A-615 鉄筋)を使用し軸方向鉄筋比 1.0%を配筋するものとする。また，実物の RC 橋脚における鉄筋かぶりは 2in (51mm)を確保するものとしている。

実際の RC 橋脚の近接爆破試験では，1/2 スケールの RC 橋脚試験体を用いてその耐爆性を調べている。実験における試験体パラメータは，表 12.5 に示すように 1)RC 橋脚断面の形状および大きさ，2)せん断補強筋のタイプ，3)せん断補強筋の間隔，4)軸方向鉄筋の継ぎ手の有無である。断面形状は，特に近接爆発で発生する爆風圧が断面形状によりどのような影響を受けるのかを調べるために代表的な断面形状である円形および正方形を用いることにした。円形断面は直径 457mm と 762mm の二つ，正方形断面は 762×762mm である。軸方向鉄筋およびせん断補強筋には，直径 19mm(#6 鉄筋)および直径 13mm(#4 鉄筋)の異形鉄筋をそれぞれ使用している。図 12.33 に軸方向鉄筋およびせん断補強筋の断面配置を示す。

表 12.4　代表的な米国 11 州の道路局および米国高速道路協会における橋脚の設計基準の一例

State	Column Geometry			Concrete Standards			Col. Connection		Design Concerns
	Bent Type	Shape	Min. Diam. D (ft.)	f'_c (psi)	Class	Cover c (in.)	Footing (bottom)	Bent Cap (top)	
CA	Single	O/Re		3600		2	fixed	fixed	Seismic
CO	-	-	3	4000		2	fixed		Durability
CT	S/M	Round	3	4000	F	3	fixed		
DE	Multi	Round	3	4500	D	2	fixed	fixed	Seismic
FL	S/M	Ro/Re	3			3	fixed		
IL	Multi	Ro/Re	2.5			2	fixed	hinge	
ND	S/M	Ro/Re	2	3000	AE		fixed		
NJ	S/M	Round	3		A	2	fixed		
NY	Multi	Ro/Re			HP/ A	2	fixed	fixed	
SC	Single	O/Ro	3	4000		2	fixed	fixed	Seismic
TX	Multi	Ro/Re	1.5	3600	C	3	fixed	prop	
AASHTO				4000	A	3			

State	Long. Reinf. Standards				Shear Reinf. Standards				Splice Location
	Grade f_y (ksi)	Size Min.	Min # Long. Bars	Reinf. Ratio ρ_L %	Type	Grade f_{yh} (ksi)	Size Min.	Pitch max (in.)	
CA	60	5	6		BWH	60	5	3.75	mid height
CO	60	4			Hoops	60	4	3	
CT	60	4			Spiral	60	4		
DE	60	5			Spiral	60	5		mid height
FL	60				Hoops	60	4		
IL	60	7			S/H	60			
ND	60	5				60			
NJ	60				Spiral	60	5	3.5	mid height
NY	60				S/H	60	4	12	mid height
SC	60	8	6		BWH	60	6	12	mid height
TX	40	6	6	1	S/H	40†	3	6	
AASHTO	60	5	6		S/H	60	3	12	bottom

S/M = Single or Multi　　O = Oblong
S/H = Spiral or Hoop　　Ro = Round
BWH = butt welded hoops　　Re = Rectangular
All fields left blank are controlled by AASHTO Specifications
† Longitudinal Bars may be designed as Gr. 40 to reduce splice lengths

表 12.5　RC 橋脚試験体の概要

試験 No.	試験体名	橋脚の形状・寸法		軸方向鉄筋の継ぎ手位置	せん断補強筋		
		形状	寸法(mm)		間隔/ピッチ (mm)	タイプ	体積鉄筋比 (%)
1	1A1	円形	457	0.25L	152	フープ	0.82
2	1A2	円形	457	0.25L	152	フープ	0.82
3	1B	円形	457	0.25L	152	スパイラル	0.82
4	2A1	円形	762	0.25L	152	フープ	0.47
5	2A2	円形	762	0.25L	152	フープ	0.47
6	2B	円形	762	なし	152	スパイラル	0.47
7	2-seismic	円形	762	なし	89	スパイラル	0.80
8	2-blast	円形	762	0.25L	51	スパイラル	1.40
9	3A	正方形	762	0.25L	152	フープ・タイ	0.47
10	3-blast	正方形	762	0.25L	51	フープ・タイ	1.40

継ぎ手の位置 0.25L とは，フーチング上面から支間長(L)の 25%の位置に重ね継ぎ手を入れる。

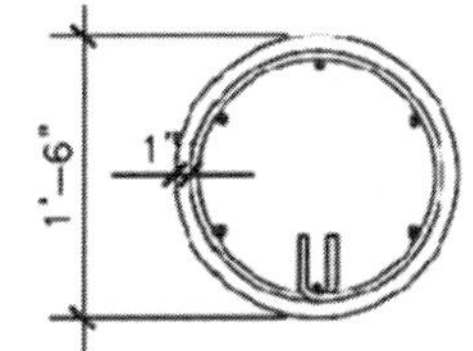

Column 1:
Longitudinal Reinf.: 6 #6 (#19) equally spaced
Transverse Reinf.: #4 (#13), A or B

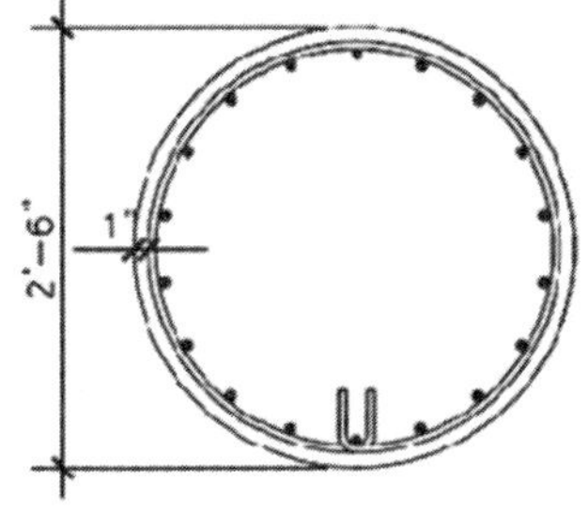

Column 2:
Longitudinal Reinf.: 18 #6 (#19) equally spaced
Transverse Reinf.: #4 (#13), A, B, Seismic, or Blast

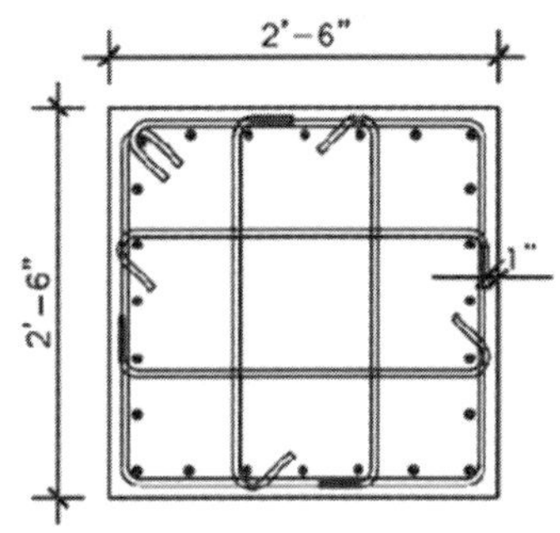

Column 3:
Longitudinal Reinf.: 24 #6 (#19) equally spaced
Transverse Reinf.: #4 (#13), A or Blast

図 12.33　鉄筋の断面配置

この実験では，構造細目としての最小せん断補強筋比ならびにせん断補強筋の定着部の形状ならびに定着長にも注意を払っている。ASSHOTO 基準ならびに ASSHOTO-LRFD 基準では，平常時ならびに地震時におけるせん断補強筋の必要最小体積鉄筋比をそれぞれ次のように規定している。

$$\rho_s \geq 0.45\left(\frac{A_g}{A_c}-1\right)\frac{f'_c}{f_y} \quad （平常時） \tag{12.1}$$

$$\rho_s \geq 0.12\frac{f'_c}{f_y} \quad （地震時） \tag{12.2}$$

ここで，A_g=全断面積(in^2)，A_c=せん断補強筋で囲まれるコアコンクリートの断面積(in^2)，f'_c=コンクリートの圧縮強度(psi)，f_y=鉄筋の降伏強度(psi)である。特に地震時には，かぶり部分のコンクリートが剥落しても軸方向の耐力を十分に保ち，軸方向鉄筋の座屈を防止するために式(12.2)で規定される最小せん断補強筋比以上のせん断補強筋を短い間隔で設置するようにしている。Williamson らは，近接爆破を受ける RC 橋脚には式（12.2）で規定される以上のせん断補強筋が必要になることを想定し，耐爆設計におけるせん断補強筋の最小体積鉄筋比として次式を提案している。

$$\rho_s \geq 0.18\frac{f'_c}{f_y} \text{（耐爆設計基準）} \tag{12.3}$$

この耐爆設計における最小せん断補強筋比は，耐震設計における式（12.2）で規定されるものの50%増となっている。

せん断補強筋の端部に設置するフックの形状や定着長は，コアコンクリートを適切に拘束する上で非常に重要である。定着部のフックの形状や定着長が十分でない場合，図12.34に示すような定着部における引抜破壊が生じコアコンクリートを十分に拘束することができなくなる恐れがある。本研究では，ASSHOTO基準，ASSHOTO-LRFD基準および最近の研究成果を踏まえて図12.35に示すような定着部の形状および寸法を設定している。

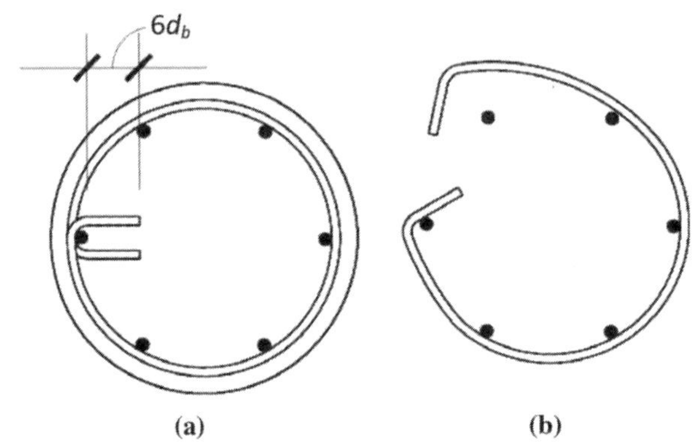

図12.34　標準フックを有するフープ筋：(a)試験前；(b)定着部の引抜破壊

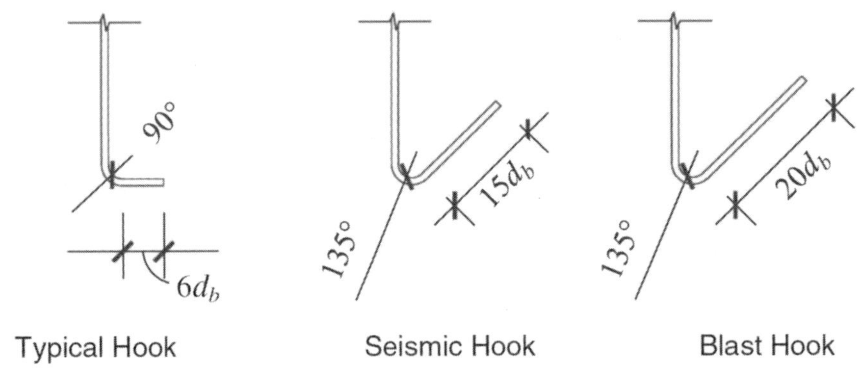

図12.35　せん断補強筋の定着部の形状および定着長さ

表12.6に試験ケースと試験結果を示す。全10ケースの近接爆破試験を行っている。

写真 12.1 に試験体は同じで換算距離が異なる爆破実験による試験体の破壊状況を示す。このように換算距離の小さい試験体の方が大きな損傷を受けることが分かる。したがって，橋脚の耐爆性を向上させる最善策の一つとして，離隔距離を確保することが挙げられる。換算距離が大きくなれば橋脚に作用する爆風圧の効果も小さくなる。

次に換算距離を同じにした近接爆破実験による断面形状が異なる試験体（2-blastおよび３A）の破壊状況を写真12.2に示す。円形断面を有する試験体の損傷程度は，正方形断面の場合よりも軽微であることがわかる。これは，図 12.36 に模式的に示すように円形断面を有する柱に作用する爆風圧や力積は，正方形断面を有する柱のそれらよりも小さくなることを意味している。

表 12.6　試験ケースと試験結果

試験体名	設　計	爆薬量 W	離隔距離 R	換算距離 $Z = R/W^{1/3}$ $\times z/w^{1/3}$	損傷レベル
1A1	Gravity	2.8w	5.8z	4.12	軽微なひび割れ
1A2	Gravity	2.9w	3.2z	2.24	せん断破壊
1B	Gravity spiral	3.4w	2.6z	1.73	被りコンクリートの圧壊/剥離
2A1	Gravity	2.8w	3.9z	2.76	軽微なひび割れ
2A2	Gravity	3.3w	2.4z	1.61	被りコンクリートの圧壊/剥離
2B	Gravity spiral	3.4w	2.4z	1.60	軽微なひび割れ
2-seismic	Seismic	3.3w	2.4z	1.61	軽微なひび割れ
2-blast	Blast	9.0w	3.4z	1.63	被りコンクリートの圧壊/剥離
3A	Gravity	9.1w	3.4z	1.63	広範囲な被りコンクリートの圧壊と飛散
3-blast	blast	8.5w	2.6z	1.27	広範囲な被りコンクリートの圧壊と飛散

注）設計における Gravity は重力のみ考慮（水平力は考慮していない）,Seismic は耐震設計および Blast は耐爆設計を表す。

1A1

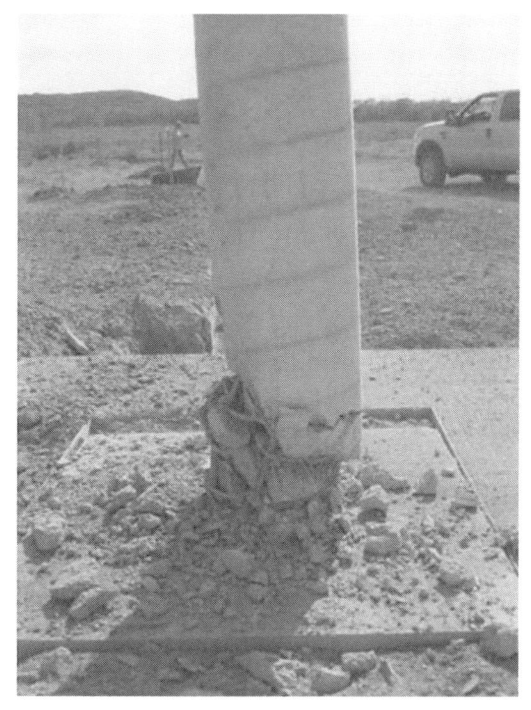

1A2

写真 12.1　換算距離が異なる場合の試験体の破壊状況

写真 12.2　断面形状が異なる試験体の破壊状況【円柱(2-blast)，正方形(3A)】

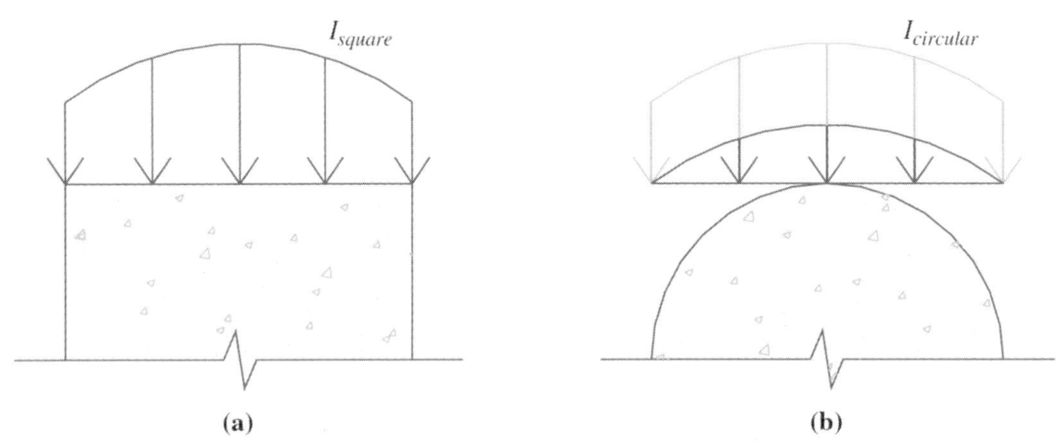

図 12.36　形状の異なる断面に作用する力積の比較

写真 12.3 に示す直径が異なる 1A2 と 2A2 試験体の破壊状況をみると，直径が大きい 2A2 試験体の損傷が軽微であることが分かる。このように柱断面の直径を大きくすることは，せん断耐力が増加することから耐爆性を向上させるために非常に有効であると言える。Williamson et al.は，近接爆破を考慮した場合の RC 橋脚の最小断面サイズとして 30in (762mm)を提案している。

RC 橋脚の耐爆設計を行う上で構造細目としての最小せん断補強筋比ならびにせん断補強筋の定着部の形状ならびに定着長が及ぼす影響を写真 12.4 に示す。この写真に示すように式（12.3）で規定される最小せん断補強筋比ならびにせん断補強筋の定着部の形状ならびに定着長を確保することによって，近接爆発によりかぶりコンクリートの剥落は認められるが，せん断補強筋で拘束されている部分のコアコンクリートは健全性を維持している。耐爆設計においてもせん断補強筋の設置間隔や定着部のディテールは非常に重要であることが分かる。

(a) 1A2

(b)　2A2

写真 12.3　寸法の異なる円形断面柱の破壊状況：(a) 1A2; (b) 2A2

(a)

(b)

写真 12.4　耐爆設計における構造細目を満足した試験体の破壊状況　(a) 2-Blast, (b) 3-Blast)

12.5.2 Fujikura and Bruneau による研究

Fujikura and Bruneau[22),23)]は，耐震性を有する RC 橋脚が耐爆性にも優れているのかどうかを実験的に調べている。図 12.37 に示すような 3 径間連続桁橋の爆破シナリオを想定し，実験に用いる試験体寸法を決定している。図 12.38 に実験で使用した 1/4 スケールで作成した RC 橋脚試験体を示す。RC 橋脚試験体は，RC 柱（RC1，RC2）および鋼板補強した RC 柱試験体（SJ1，SJ2）で構成されキャップビームおよびフーチングにより上下端が固定されている。RC1 および RC2 柱は，延性的な曲げ破壊をするように耐震設計されている。そのため塑性ヒンジ領域には，0.98%以上のせん断補強筋を配置するとともにせん断補強筋の設置間隔を軸方向鉄筋の直径の 6 倍以下としている。SJ1 および SJ2 柱は，もともとせん断補強筋の不足により脆性的な破壊となる RC 柱を厚さ 1.13mm の鋼板で巻き立て補強することにより延性的な曲げ破壊となるように設計されている。

爆破実験では，表 12.7 に示されるように RC 柱および SJ 柱に対して離隔距離を 2.16X および 3.25X とした全 4 ケース（Test1～Test4）の爆発実験（図 12.39 参照）を行っている。ただし，セキュリティ上の理由から，実際に用いた爆薬量 W および離隔距離の具体的な表示はない。また，表 12.7 に示す相対的な換算距離の表示値から Test1 および Test3 で柱に作用する爆風圧は，Test2 および Test4 で作用するそれらより大きくなることが理解できる。

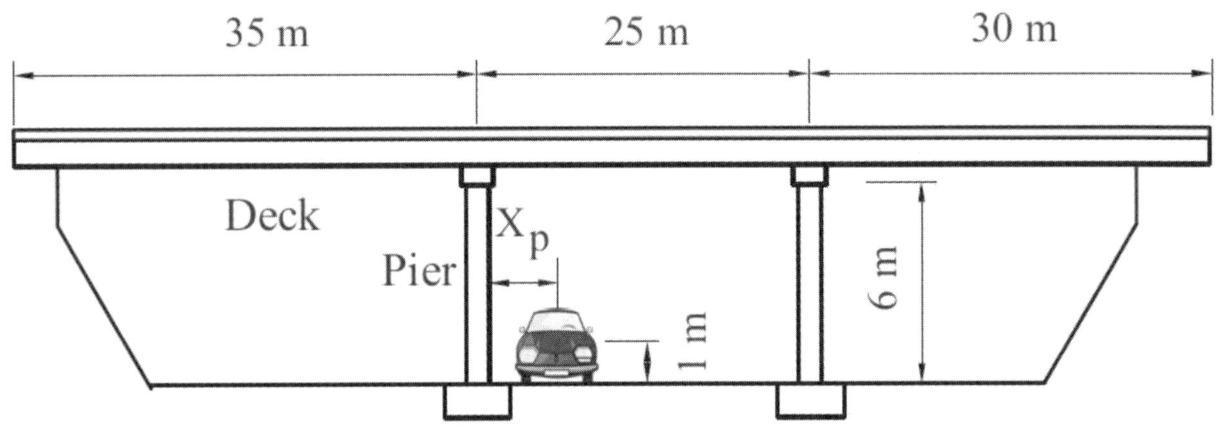

図 12.37　3 径間連続桁橋の爆破シナリオの模式図

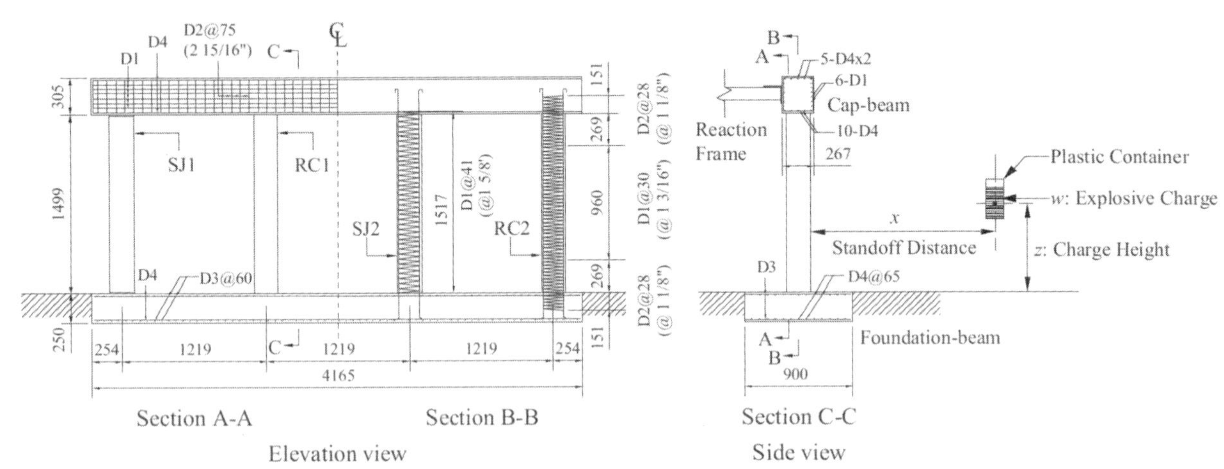

図 12.38　試験体の詳細と爆薬の設置位置関係

図 12.39　試験体の設置状況

表 12.7　実験ケースの概要と破壊状況

Test number	Column	Objective	Charge weight	Standoff distance	Charge height (m)	Relative scaled distance, Z (in $X/W^{0.333}$)	Test observations
Prototype	—	—	—	—	—	3.74	—
Test 1	RC1	θ=4 deg, collapse	W	2.16 X	0.250	2.16	Shear failure at base
Test 2	RC2	θ=2 deg, minor damage	W	3.25 X	0.250	3.25	Onset of shear failure at base
Test 3	SJ2	Same as Test 1	W	2.16 X	0.250	2.16	Shear failure at base
Test 4	SJ1	Same as Test 2	W	3.25 X	0.250	3.25	Shear failure at base

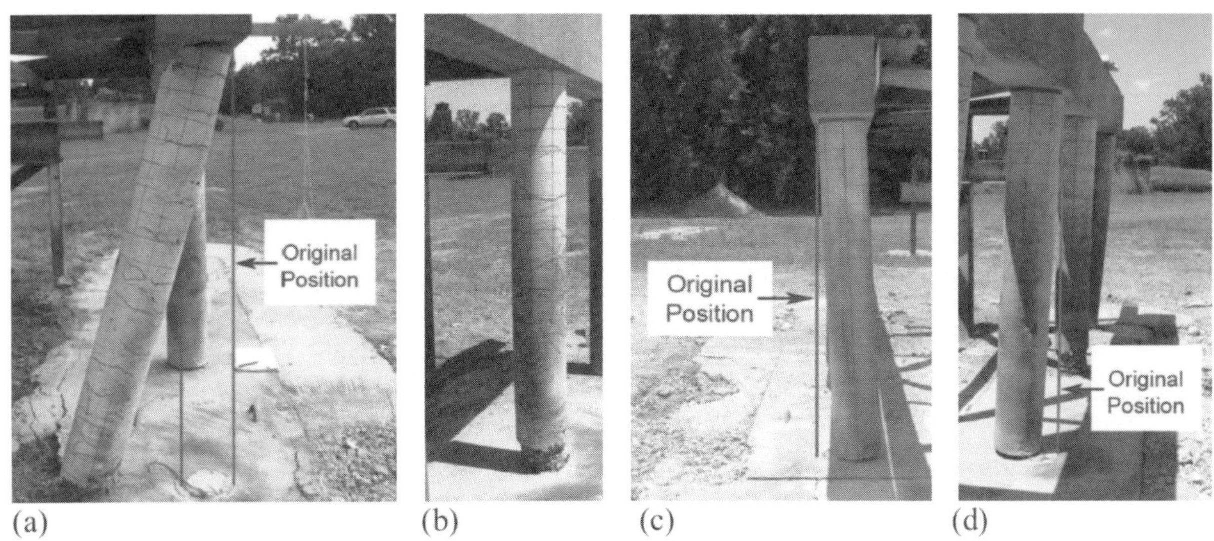

図 12.40　柱試験体の破壊状況：(a) RC1, Test1；(b) RC2, Test2；(c) RJ2, Test3；(d) RJ1, Test4

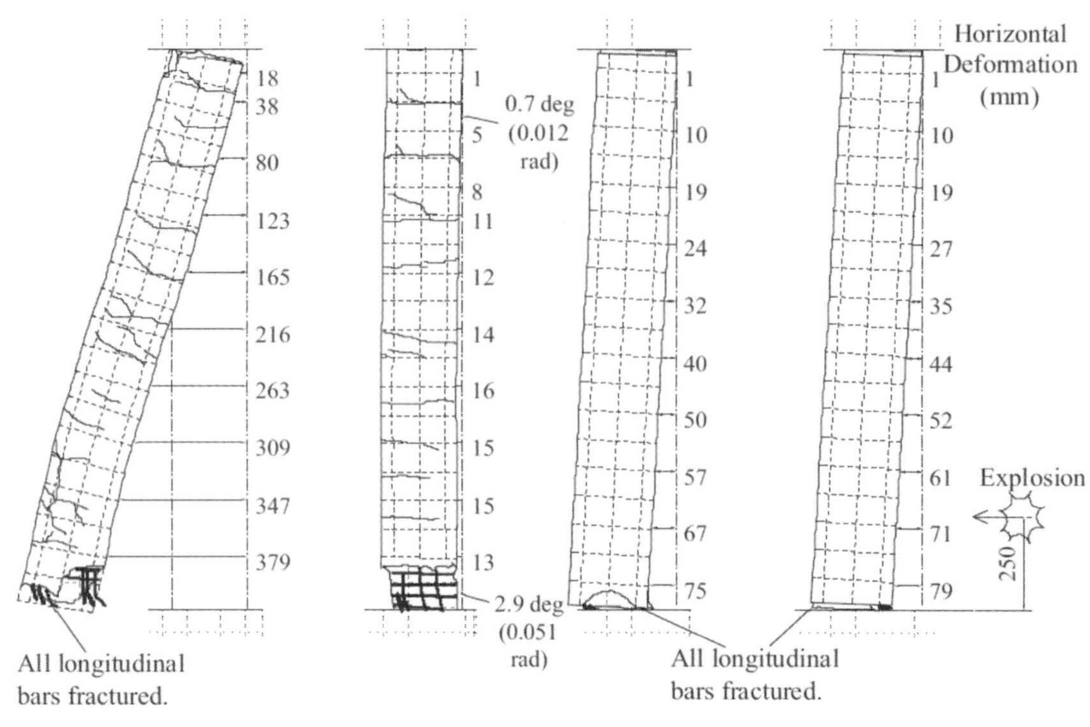

図 12.41　各柱試験体の側面の変形と破壊状況

爆破実験による各柱試験体の破壊状況を図 12.40 および図 12.41 に示す。これらの図から，柱試験体の下端のフーチングとの取り付け部付近におけるせん断破壊が顕著に認められる。もともと延性的な曲げ破壊を生じるように設計された各柱試験体においても，このように試験体の近接で爆発が生じた場合にはせん断破壊が卓越することには十分注意を払う必要がある。

Fujikura and Bruneau は，このようなせん断破壊現象を塑性ヒンジ領域に作用する曲げモーメントとその影響を踏まえた直接せん断耐力モデルにより説明している。ずなわち，曲げモーメントの作用によりひび割れが発生した断面における直接せん断耐力は，図 12.42 に示すように圧縮応力が作用している部分でのみ抵抗すると考える。ひび割れが生じた断面の直接せん断耐力は，次式により評価できる。

$$V_n = 0.8A'_{sf} f_y D_{sy} + A'_c K_1 D_c \tag{12.4}$$

ここで，A'_{sf} =圧縮部にある鉄筋の断面積，f_y=鉄筋の降伏強度，D_{sy}=ひずみ速度効果による鉄筋の降伏強度の増加率(=1.2)，A'_c=圧縮部におけるコンクリートの断面積，K_l=2.8MPa（普通コンクリート），D_c=ひずみ速度効果によるコンクリート圧縮強度の増加率(=1.25)である。

図 12.43 に橋脚基部の塑性ヒンジ領域における作用曲げモーメントとその影響を踏まえた直接せん断耐力の関係に作用せん断力を併せたものを示す。この図から，作用曲げモーメントが大きくなるとせん断力に抵抗できる圧縮応力の作用部分が小さくなるためにせん断耐力が減少することによりせん断破壊したことが理解できる。

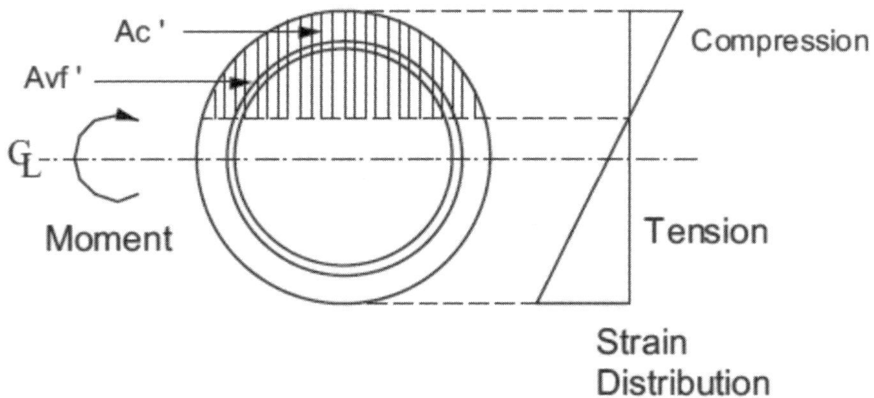

図 12.42　曲げモーメントの作用を受ける RC 柱断面

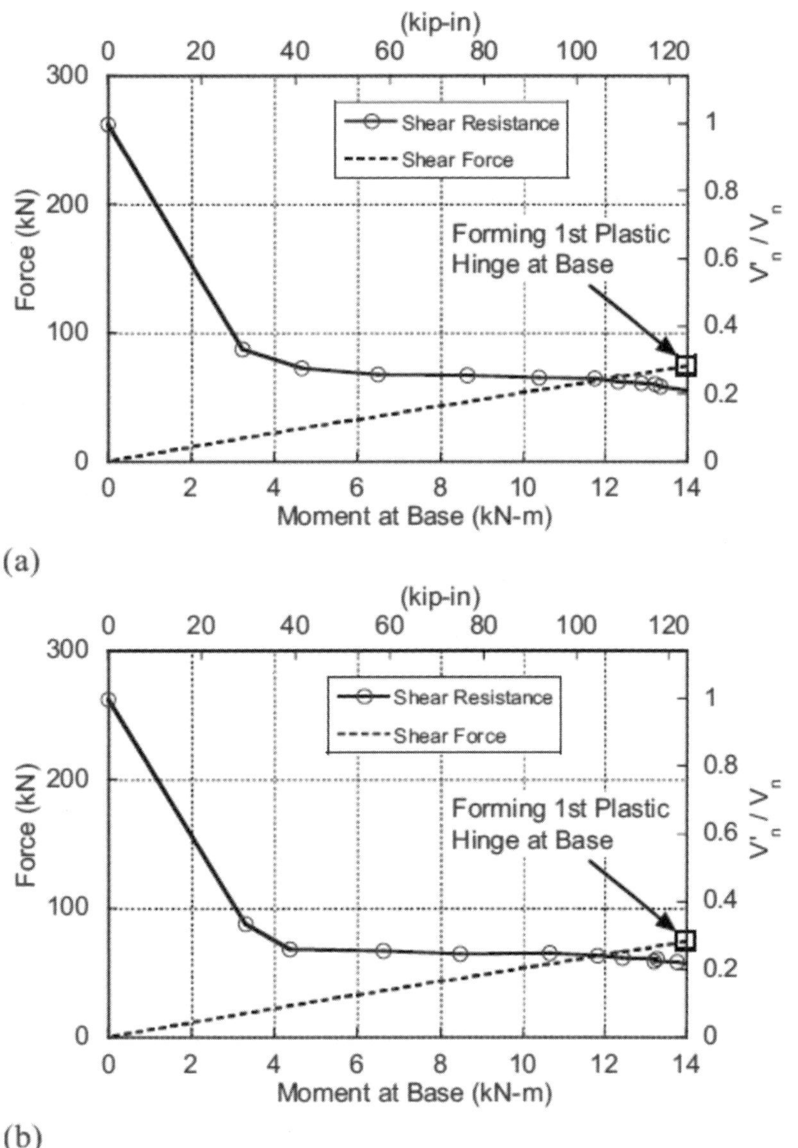

図 12.43　塑性ヒンジ領域における作用曲げモーメントの影響を踏まえたせん断耐力と作用せん断力の関係：(a)　RC 柱試験体,（b)　SJ 柱試験体

12.5.3 Fujikura et al.による研究

近年では，地震などの自然災害のみならず爆破テロや爆発事故等の人為的災害においても橋梁の安全性を確保する技術に関心が寄せられている。Fujikura et al.[24), 25)]は，図 12.44 に示すように耐震性のみならず耐爆性にも富んだ橋脚構造システムとしてコンクリート充填鋼管(Concrete-Filled Steel Tube，CFST)柱構造に着目し，爆破実験を行いその耐爆性能を調べている。

実験では，図 12.45 に示すように実物の 1/4 スケールの試験体を用いて爆破実験（図 12.46 参照）を行っている。爆破実験では，表 12.8 に示すように爆薬量および爆薬の設置位置（スタンドオフ x と設置高さ z）を試験パラメータとする 10 ケースの実験を行っている。

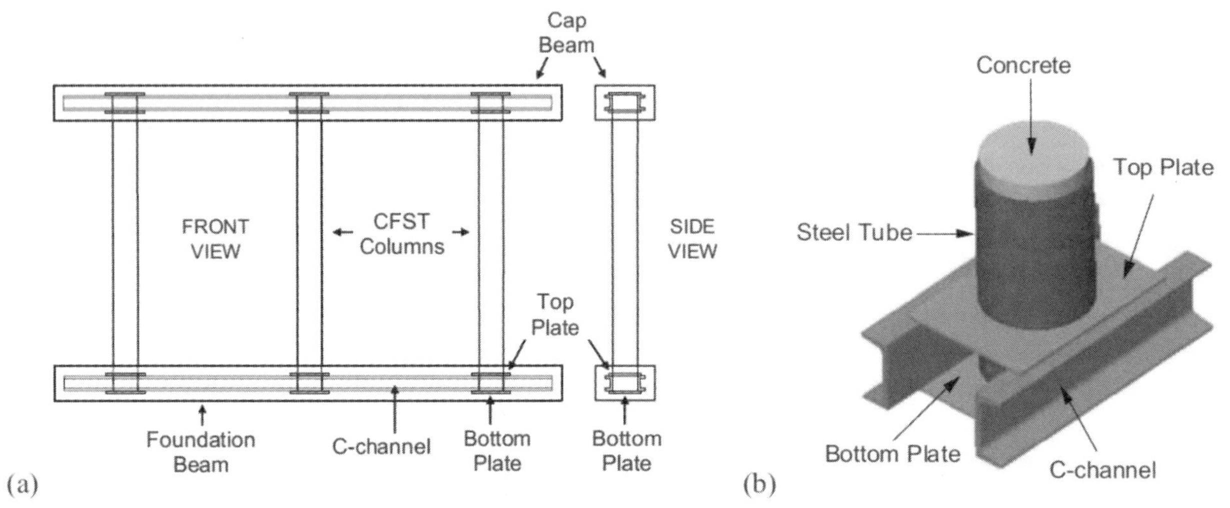

図 12.44　CFST 柱で構成された多柱橋脚構造システム：(a)概要；(b)柱-基礎接合部の詳細

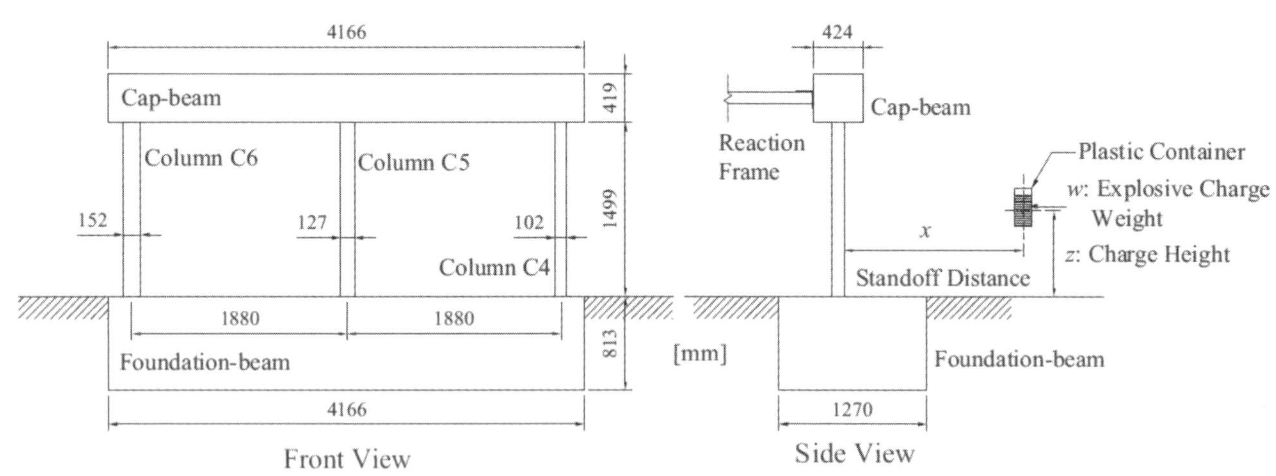

図 12.45　試験体と爆破試験の概要

図 12.46　爆破実験の状況

表 12.8　試験ケースと試験・解析結果

			Explosive parameters			Test	Analysis			
Test number	Column	Objective	w	x	z (m)	X_{test} (mm)	β	X_E (mm)	X_m (mm)	$X_m - X_E$ (mm)
1	B1-C4	Preliminary	0.1 W	3 X	0.25	0	—	—	—	—
2	B1-C4	Maximum deformation	0.55 W	3 X	0.75	0	—	—	—	—
3	B1-C4		W	2 X	0.75	30	0.472	6	36	30
4	B1-C6		W	1.1 X	0.75	46	0.458	4	50	46
5	B1-C5		W	1.3 X	0.75	76	0.447	3	79	76
6	B2-C4		W	1.6 X	0.25	24	0.465	10	34	24
7	B2-C4	Fracture of steel shell	W	0.6 X	0.25	395	—	—	—	—
9	B2-C6		W	0.8 X	0.25	45	0.440	6	51	45
10	B2-C5		W	0.8 X	0.25	100	0.417	5	105	100

写真 12.5　試験体の損傷状況（B1-C5 Test5）：(a)柱の変形状況；(b)試験体中央部の表面状況；(c)コアコンクリートの状況

CFST 試験体の代表的な損傷状況を写真 12.5 に示す。RC 柱橋脚が近接爆破を受けると，写真 12.6 に示すように RC 柱のコンクリートが圧砕され飛散するのが一般的であるが，写真 12.5 を見る限り CFST 構造とすることで破砕・飛散破壊を効果的に防止できることが分かる。

写真 12.6　代表的な RC 柱の近接爆破による破壊状況

また，Fujikura et al.は，近接爆発を受ける CFST 橋脚の最大応答変位を 1 質点モデルにより計算する方法を提案している。その方法では，作用する爆破荷重の継続時間 td と構造物が最大応答変位に達するまでの時間 tm を比較すると，本試験の範囲では tm/td＞3 となることから，力積応答を仮定して最大応答変位を計算する。すなわち，爆破による一質点モデルに作用する入力エネルギーは，完全に内部ひずみエネルギーに変換されると考えると，最大応答変位は次式により計算することができる。ただし，CFST 柱の復元力特性には弾性完全塑性を仮定している。

$$X_m = \frac{1}{2}\left(\frac{{I_{eq}}^2}{K_{LM}\, m\, R_u} + X_E\right) \tag{12.5}$$

$$I_{eq} = \beta D i_{eq}$$

ここで，X_m：最大応答変位，X_E：弾性変位，m：質量，K_{LM}：荷重質量係数，i_{eq}：単位面積当たりの等価力積，I_{eq}：単位長さ当たりの等価力積，D：柱の直径，β：断面形状を考慮した作用圧力の低減係数である。実験と計算結果の比較より円柱形の橋脚に作用する有効爆風圧は，平面に作用する場合のそれの 0.45 となった。図 12.47 に式(12.5)による評価結果と実験結果を併せて示す。式(12.5)による評価結果は実験結果と良い一致を示すことが分かる。

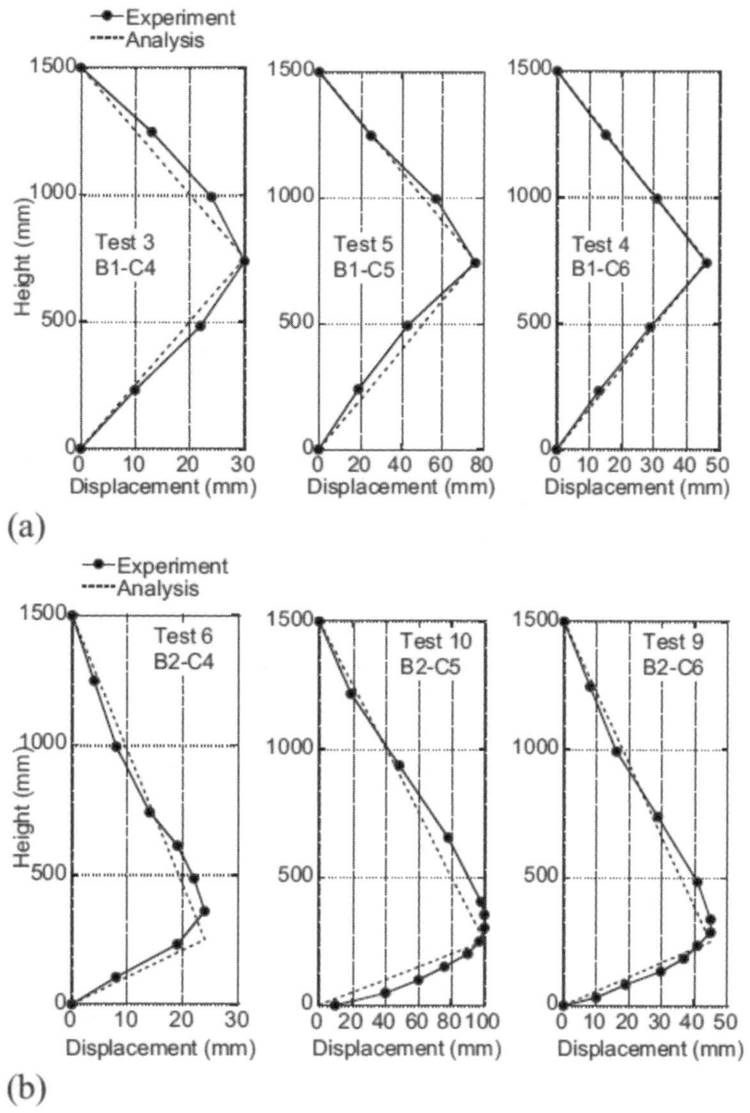

図 12.47　実験と解析による最大応答変位の比較：(a)中央部における爆発；(b)下部における爆発

12.5.4　Foglar and Koyar による研究

Foglar and Koyar[26)]は，表 12.9 に示すようにコンクリート強度や繊維補強の有無をパラメータとした鉄筋コンクリート床版の耐爆性を，チェコ陸軍工兵隊や警察の協力を得てほぼ実規模の試験体に対して調べている。使用する繊維は長さ 54mm のポリプロピレン繊維である。試験体寸法は，6,000×1,500×300 (mm)である。爆破実験では，写真 12.7 に示すように単純支持された RC 床版の支間中央部にスタンドオフ 450mm を確保した位置に質量 25kg の TNT 爆薬を設置して爆発させる。表 12.10 に試験結果のまとめを示す。

爆発試験による試験体の損傷状況を写真 12.8 および写真 12.9 に示す。コンクリート圧縮強度 30N/mm^2 を有する鉄筋コンクリート床版の場合，繊維混入の有無によらず爆発荷重の作用により床版に大きな貫通孔が形成される結果となっている。一方，コンクリート圧縮強度 55N/mm^2 の場合には，繊維の混入率が増加するに従い，局所破壊の程度が軽減されることがわかる。このことから，Foglar and Koyar は，鉄筋コンクリート床版の局所破壊に対する耐爆性を効果的に向上させるためには高強度コンクリートに繊維を混入することが有効であるとしている。

表 12.9　試験体

試験体 No.	1	2	3	4	5
コンクリート圧縮強度(N/mm^2)	30	30	55	55	55
繊維混入量(kg/m^3)	0	4.5	0	4.5	9.0
繊維の体積混入率(%)	0	0.5	0	0.5	1.0

写真 12.7　RC 床版の爆破実験の状況

表 12.10　各試験体の耐爆性の比較

Specimen No.	1	2	3	4	5
Concrete	C30/37	C30/37	C55/67	C55/67	C30/37
Fibers	–	4.5 kg/m^3	–	4.5 kg/m^3	9.0 kg/m^3
Puncture – top surface	0.43 m^2	0.26 m^2	0.02 m^2	–	–
Concrete spalling (soffit) – <concrete cover	2.35 m^2	1.89 m^2	1.51 m^2	0.73 m^2	0.61 m^2
Concrete spalling (soffit) – >concrete cover	1.71 m^2	1.09 m^2	1.2 m^2	0.44 m^2	0.37 m^2
Concrete spalling (top surface) – <concrete cover	0.43 m^2	0.26 m^2	0.89 m^2	0.68 m^2	0.66 m^2
Concrete spalling (top surface) – >concrete cover	0.43 m^2	0.26 m^2	0.29 m^2	0	0.08 m^2
Concrete spalling (left side) – <concrete cover	0.52 m^2	0.05 m^2	0.08 m^2	0	0
Concrete spalling (left side) – >concrete cover	0.35 m^2	0	0.02 m^2	0	0
Concrete spalling (right side) – <concrete cover	0.34 m^2	0.16 m^2	0.08 m^2	0	0
Concrete spalling (right side) – >concrete cover	0.23 m^2	0.11 m^2	0.02 m^2	0	0
Volume of crushed concrete	0.23 m^3	0.15 m^3	0.20 m^3	0.05 m^3	0.06 m^3
Permanent deflection	0.31 m	0.37 m	0.28 m	0.30 m	0.26 m

(a) 試験体 No.1 の裏面の破壊状況

(b) 試験体 No.2 の裏面の破壊状況

写真 12.8　圧縮強度 30N/mm^2 を有する鉄筋コンクリート床版の破壊状況に繊維混入が及ぼす影響

(a) 試験体 3（繊維混入率 0%）

(b) 試験体 4（繊維混入率 0.5%）

(c) 試験体 5（繊維混入率 1.0%）

写真 12.9　圧縮強度 55N/mm^2 を有する鉄筋コンクリート床版の破壊状況に繊維混入が及ぼす影響

12.6 爆破荷重を受ける鉄筋コンクリート床版の損傷

図 12.48 に示すような爆薬の爆発による鉄筋コンクリート床版の損傷判定に図 12.49 に示すような関係が用いられている [7]。この図は，鉄筋コンクリート床版厚(T，ft)，スタンドオフ距離(R，ft)およびTNT換算の爆薬量(W, lb)を用いて計算される $T/W^{1/3}$ と $R/W^{1/3}$ の関係から無損傷(No Damage)，裏面剥離破壊(Spall)および貫通(Breach)のそれぞれの破壊モードを判定するものである。ここで，自動車爆弾ならびに手荷物爆弾を想定した爆破テロ攻撃に対する RC 床版の損傷判定の一例を表 12.11 に示す。双方のケースともに厚さ 250mm を有する RC 床版に貫通孔が形成されることがわかる。次に両ケースにおいて爆薬量とスタンドオフはそのままとして RC 床版が無損傷となる床版厚を求めてみると，自動車爆弾および手荷物爆弾の場合に対して，それぞれ 4.76 ft (1,450mm)と 5.53ft(1,685mm)となる。爆破テロによる RC 床版に生じる損傷を回避するために RC 床版厚を 1,450mm 以上にすることは経済的に考えても現実的ではない。したがって，床版上での爆薬の爆発を想定した場合には， RC 床版の局所的な損傷はある程度許容せざるを得ないといえる。

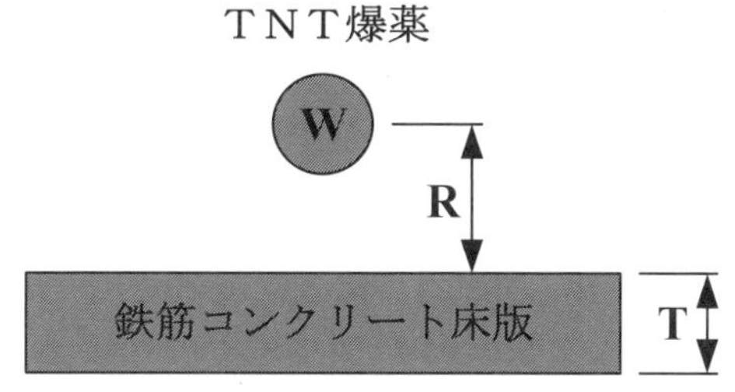

図 12.48　爆発荷重を受ける RC 床版

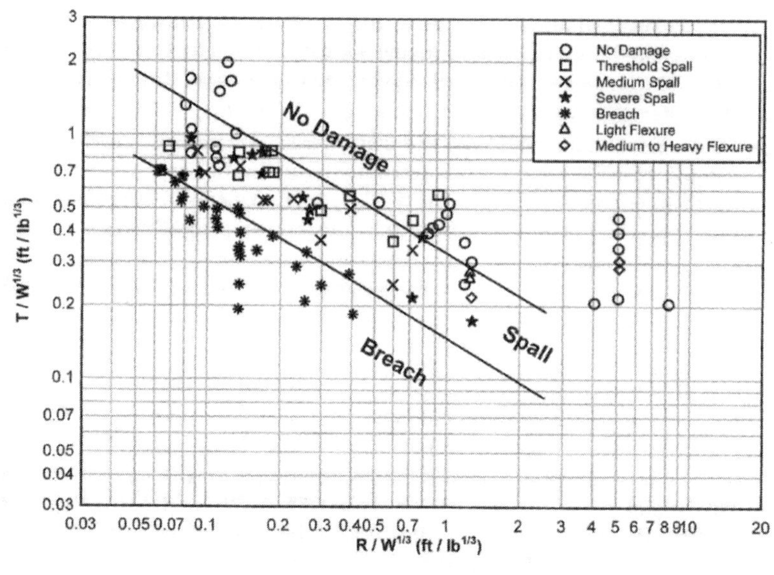

図 12.49　接触あるいは近接爆発を受ける RC 床版の破壊モード判定

表 12.11　爆破テロによる RC 床版の損傷判定の一例

爆破テロシナリオ	爆薬量 W (lb)	スタンドオフ R (ft)	RC 床版厚 T (ft)	$R/W^{1/3}$ ($ft/lb^{1/3}$)	$T/W^{1/3}$ ($ft/lb^{1/3}$)	損傷判定
自動車爆弾 (コンパクトカー)	500 (227 kg)	3 (914mm)	0.82 (250mm)	0.378	0.103	貫通
手荷物爆弾 (アタッシュケース)	50 (23 kg)	0.25 (76mm)	0.82 (250mm)	0.068	0.049	貫通

12.7 爆発事故で大破した中国河南省の橋梁の被災事例

Wang et al.[27]は，2013 年 2 月 1 日に中国の河南（Henan）省の高速道路の橋梁で発生した爆発事故に関する解析的な検討を行っている。この爆発事故では，花火を積んだトラックが橋梁上を走行中に爆発(図 12.50 参照)して，写真 12.10 に示すように 2 径間分の橋梁が大破・落下し 26 名が死亡する大事故になった。橋梁の断面を図 12.51 に示す。

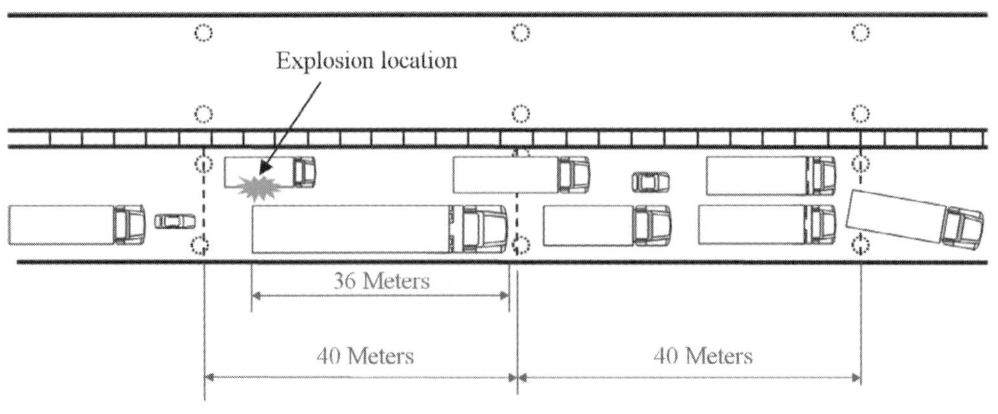

図 12.50　橋梁上の爆発事故の発生位置

写真 12.10　爆破により大破した橋梁と反対車線の高欄の破壊状況

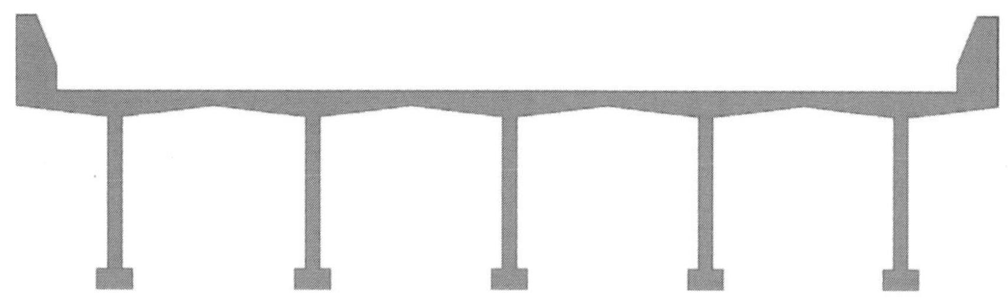

図 12.51　橋梁の断面

図 12.52　TNT 換算 800kg の爆薬の爆発で得られた橋梁の塑性ひずみの分布状況

Wang et al.は，実際に現場で観察された 1) 380kg の重量を有するエンジンおよびその付属品が 75m 離れたところまで飛散していること，2) 2000m 離れたところでも窓ガラスが割れていること，および 3) 写真 12.10 のように反対車線の橋梁の高欄が 7m に渡って壊れていることの 3 点に着目して，数値シミュレーションによる検討を行った結果，概ね TNT 換算で 800kg の火薬が爆発したものと考えられることを結論付けている。図 12.52 に解析で得られた TNT 換算で 800kg の火薬が爆発した場合の橋梁の破壊状況を示す。実際のトラックには過塩素酸カリウム，硫黄，アルミニウム等からなる火薬 1,085kg が積載されおり，この火薬質量は TNT 換算（換算係数 0.73）すると 792kg となることからも解析結果は妥当と考えられる。

この爆発事故では，TNT 換算で 800kg という大量の火薬が爆発したにもかかわらず，写真 12.10 に見られるように反対車線の橋梁には高欄部の破損が認められるものの橋梁本体に重大な損傷は写真を見る限り認められない。このように上下車線の橋梁をそれぞれ独立して建設することによって，一方の橋梁が爆発事故により大きな損傷を受けた場合においても，もう一方の橋梁においてはスタンドオフが確保されることで大きな爆破損傷が及ばない可能性があることがわかる。したがって，橋梁の耐爆性を向上させる上で，上下線の橋梁を分離して建設することは非常に有効であると考える。また，大量の爆薬の爆発による床版の大きな損傷は止むを得ないが，単純桁に代えて連続桁を採用することにより落橋をある程度防止できることも考えられる。

上下車線を一つの橋梁で建設した場合，このような爆発事故が発生すると完全に橋が落橋してしまい交通が遮断されてしまう恐れがあるが，別々に橋梁を建設していれば，緊急時にはどちらか一方の橋梁を使うことができる可能性が残される。

12.8 橋梁の耐爆設計法

Williamson et al.[11)]は，1/2 スケールの RC 橋脚の近接爆発実験の結果に基づき，RC 橋脚の耐爆設計を換算距離に応じて次に示す 3 つの設計カテゴリーに分類して行うことを提案している。

設計カテゴリーA

$$Z > 3\frac{\text{ft}}{\text{lb}^{1/3}} \tag{12.6}$$

設計カテゴリーB

$$3\frac{\text{ft}}{\text{lb}^{1/3}} \geq Z > 1.5\frac{\text{ft}}{\text{lb}^{1/3}} \tag{12.7}$$

設計カテゴリーC

$$Z \leq 1.5\frac{\text{ft}}{\text{lb}^{1/3}} \tag{12.8}$$

ここで，

$$1\frac{\text{ft}}{\text{lb}^{1/3}} = 0.4\frac{\text{m}}{\text{kg}^{1/3}}$$

この分類では，カテゴリーA に分類された場合には，RC 橋脚には耐爆性を確保するための特別な配慮は必要ないとしている。すなわち，標準の設計基準に従えば良いということになる。次に設計カテゴリーB に分類された場合には，耐震設計基準を満足することが要求される。すなわち，耐震性を満足する RC 橋脚であればこの程度の爆発には耐えられると考えている。そしてカテゴリーC に分類された場合は，非常に厳しい爆発条件に曝されるので RC 橋脚の耐爆性を確保するために最小せん断補強筋比やせん断補強筋の定着部に 135°のフックを付けるとともに鉄筋径の 20 倍を有する定着長を確保する必要がある。

Williamson et al.は，図 12.53 に示すように爆発荷重を受ける RC2 柱式橋脚の耐爆設計例を提示している。RC2 柱式橋脚の高さは 18ft(5.5m)とし，TNT 換算で 5,000lb(2,268kg)の爆薬を搭載した車両がスタンドオフ距離 15ft(4.6m)の位置で爆発するものと想定する。RC 橋脚で使用するコンクリートおよび鉄筋の力学的特性は表 12.12 の通りである。なお，この RC 橋脚は非地震域に建設されるものとして地震荷重は設計では考慮しないものとする。また，爆発荷重の作用による RC 橋脚下端の限界回転角は約 1° とする。

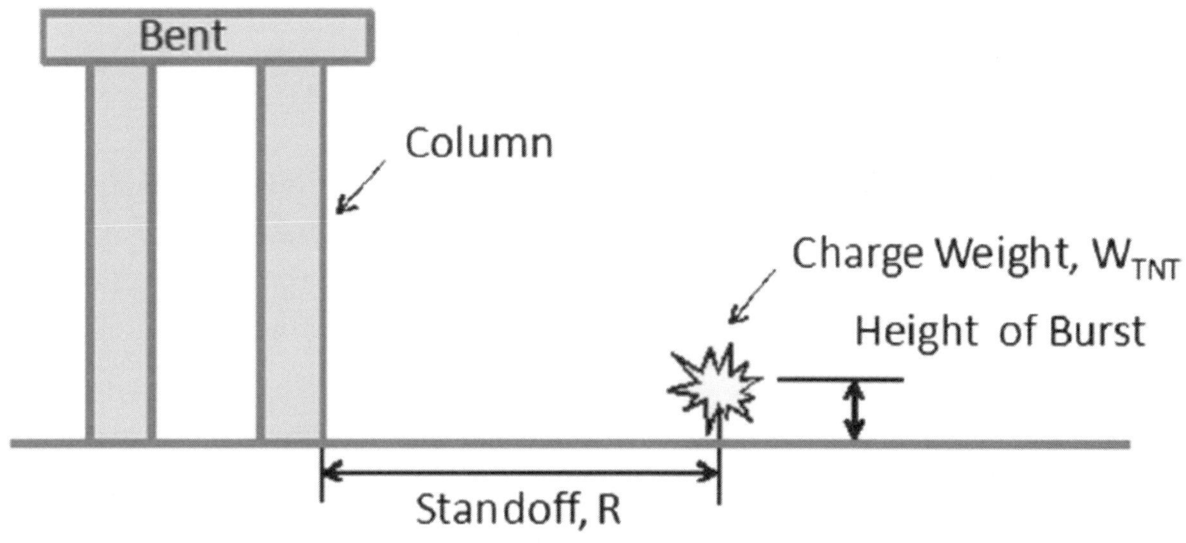

図 12.53　耐爆設計例

表 12.12　材料の特性値

	コンクリート	鉄筋
設計強度	f_c' =4,000 psi (28MPa)	f_y = 60 ksi　(420MPa)
動的強度の増加率	1.19	1.17
強度増加係数	1.1	1.1
材齢増加率	1.1	—
動的強度	5,760 psi (40 MPa)	77.2 ksi (532MPa)

換算距離を計算すると，

$$Z = \frac{R}{W^{1/3}} = \frac{15\ \text{ft}}{(5{,}000\ \text{lb})^{1/3}} = 0.88\frac{\text{ft}}{\text{lb}^{1/3}} = 0.35\frac{\text{m}}{\text{kg}^{1/3}}$$

したがって，本 RC 橋脚は設計カテゴリーC に分類される。

死荷重ならびに活荷重に対して設計されるRC橋脚の断面寸法ならびに配筋については，まずは次のように仮定している。RC橋脚の直径は36in(914mm)，鉄筋のかぶりは2in (51mm)，軸方向鉄筋には#9(D29鉄筋)10本を配筋，そしてせん断補強筋には#6(D19)鉄筋を設置間隔4in(102mm)で配置するものとする。この配筋に対する軸方向鉄筋比ならびにせん断補強筋の体積鉄筋比は，それぞれ0.98%および1.38%である。設計カテゴリーCに分類された場合のせん断補強筋に関する最小体積鉄筋比は次式により0.12%と計算される。

$$\rho = 0.18\frac{f_c'}{f_y} = 0.18\times\frac{4,000}{60,000} = 0.012$$

したがって，せん断補強筋の体積鉄筋比は，最小鉄筋比を上回っているので問題ない。RC橋脚の終局曲げモーメントは，834 kip-ft (1,131 kN-m)である。

米軍工兵隊が開発したソフトウェアBELを用いて，橋脚に作用する等価等分布最大爆風圧を計算した結果6,816 psi (47.0 MPa)となった。また，RC橋脚に作用する等分布荷重に換算した爆風圧の力積は4,789 psi-ms (33.0 MPa-ms)となった。この二つの値から爆風圧の継続時間は1.4 msである。一質点系モデルによる応答計算を行い橋脚下端の回転角を求めたところ9.7°となった。これは，限界回転角1°を大きく上回っていることから，橋脚の直径を大きくするとともに軸方向鉄筋を増やして剛性を大きくし変形量を小さくする必要があるといえる。

そこで，RC橋脚の直径を新たに60 in (1,524mm)とし，軸方向鉄筋には#14(D43)を26本配置するものとし，せん断補強筋には#7(D22)を設置間隔3.5 in (89mm)で配筋するものとする。したがって，軸方向鉄筋比は2.1%，せん断補強筋の体積鉄筋比は1.22%となり，必要な最小鉄筋比1.2%を満たしている。RC橋脚の終局曲げモーメントは8,131 kip-ft (11,024 kN-m)となる。RC橋脚に採用する最大爆風圧6,774psi (46.7MPa)，継続時間1.4ms，力積は4,752 psi-ms (32.8 MPa-ms)となった。この値を用いたSDOFモデルから計算された橋脚下端における回転角は1.0°となった。これは限界回転角と比較して許容値以下であるので安全であると評価される。

また，Williamson et al.は表12.13に示すような橋梁の重要度に応じたテロ攻撃に対する性能規定型設計基準を提案している。

表 12.13　橋梁の重要度に応じた性能規定型基準の一例

カテゴリー1（非常に重要）
考え方：構造部材は二つの荷重ケースに対して耐えられるように設計する　修理可能な程度の損傷を生じさせる大きな荷重　無視できる程度の損傷を生じさせる小さな荷重 **設計荷重：ケース 1（小さな荷重）** 各構造部材に対して最悪となる位置に次のようなシナリオを想定して設計 中型トラックの車両爆弾 中型の手荷物爆弾 車両衝突シナリオでは平均サイズのトラック衝突 **許容できる損傷：ケース 1（小さな荷重）** 局所的な床版破壊，支承は無損傷で健全，トラス/ケーブル/橋脚は設計荷重を十分に支持できる。構造的な冗長性，基礎の修復不可能な不安はない，桁の損失もない；最大たわみと支間長比　鋼桁＜5%，鉄筋コンクリート桁＜4% **設計荷重：ケース 2（大きな荷重）** 各構造部材に対して最悪となる位置に次のようなシナリオを想定して設計 大型トラックの車両爆弾 大型の手荷物爆弾 車両衝突シナリオの場合，大型トラックの衝突を考慮 **許容できる損傷：ケース 2（大きな荷重）** 局所的な床版の破壊，支承は小さな損傷を伴うものの健全である。設計荷重を支持できないものの容易に修理可能である。基礎の修復不可能な不安はない，桁の損失もない；最大たわみと支間長比　鋼桁＜12%，鉄筋コンクリート桁＜8%
カテゴリー2（重要）
考え方：修理可能な損傷を生じされる可能性のある小さな荷重に耐えられるように設計する **設計荷重**：カテゴリー1 と同様　ケース 1 **許容できる損傷**：カテゴリー1 と同様　ケース 1
カテゴリー3（やや重要）
考え方：修理可能な損傷を生じされる可能性のある小さな荷重に耐えられるように設計する **設計荷重**：カテゴリー1 と同様　ケース 1 **許容できる損傷**：1 スパンの損失にとどめる（進行性破壊は生じない）
カテゴリー4（重要でない）
基準なし

参考文献

1) Smith, P. D. and Hetherington J. G.: Blast and Ballistic Loading of Structures, Butterworth-Heinemann, 1994.
2) Edited by Mays, G. C. and Smith, P. D.: Blast Effects on Buildings, Design of Buildings to Optimize Resistance to Blast Loading, Thomas Telford, 1995.
3) Task Committee: Structural Design for Physical Security, State of the Practice, ASCE, 1999.
4) Krauthammer, T.: Modern Protective Structures, CRC Press, 2007.
5) Unified Facilities Criteria (UFC) UFC 3-340-02: Structures to Resist the Effects of Accidental Explosions, Department of Defense, 2008.
6) Task Committee on Blast-Resistant Design of the Petrochemical Committee of the Energy Division of the ASCE, Design of Blast-Resistant Buildings in Petrochemical Facilities, ASCE, 2010.
7) Edited by Dusenberry, D. O.: Handbook for Blast Resistant Design of Buildings, John Wiley & Sons, Inc., 2010.

8) The Blue Ribbon Panel on Bridge and Tunnel Security: Recommendations for Bridge and Tunnel Security, 2003.
9) Williamson, E. B. and Winget, D. G. :Risk Management and Design of Critical Bridges for Terrorist Attacks, Journal of Bridge Engineering, Vol.10, No.1, pp.96-106, 2005.
10) Homeland Security Advisory System :https://en.wikipedia.org/wiki/Homeland_Security_Advisory_System.
11) Williamson, E. B. et al. :Blast-resistant highway bridges: Design and detailing guidelines, National Cooperative Highway Research Program Report 645, Transportation Research Board of the National Academies, Washington DC., 2010.
12) Winget, D. G., Marchand, K. A. and Williamson, E. B,: Analysis and Design of Critical Bridges Subjected to Blast Loads, Journal of Structural Engineering, Vol.131, No.8, pp.1243-1255, 2005.
13) Williams, G. D. and Williamson, E. B. :Procedure for Predicting Blast Loads Acting on Bridge Columns, Journal of Bridge Engineering, Vol.17, No.3, pp.490-499, 2012.
14) Tang, E. K. C. and Hao, H. : Numerical simulation of a cable-stayed bridge response to blast loads, Part I: Model development and response calculations, Engineering Structures, Vol.32, pp.3180-3192, 2010.
15) Hao, H. and Tang, E. K. C. : Numerical simulation of a cable-stayed bridge response to blast loads, Part II: Damage prediction and FRP strengthening, Engineering Structures, Vol.32, pp.3193-3205, 2010.
16) Son, J., Astaneh-Asl, A. and Rutner, M. P. :Blast Performance of Long Span Cable-Supported Bridge Decks, IABSE Symposium Report, Budapest, pp.48-55, 2006.
17) Son, J. and Astaneh-Asl, A. :Blast Resistance of Steel Orthotropic Bridge Decks, Journal of Bridge Engineering, Vol.17. No.4, pp.589-598, 2012.
18) Son, J. and Lee, H.-J. : Performance of cable-stayed bridge pylons subjected to blast loading, Engineering Structures, Vol.33, pp.1133-1148, 2011.
19) Williamson, E. B., Bayrak, O., Davis, C., and Williams, G. D. : Performance of Bridge Columns Subjected to Blast Loads. I: Experimental Program, Journal of Bridge Engineering, Vol.16, No.6, pp.693-702, 2011.
20) Williamson E. B., Bayrak, O., Davis, C. and Williams, G. D. : Performance of Bridges Columns Subjected to Blast Loads. II: Results and Recommendations, Journal of Bridge Engineering, Vol.16, No.6, pp.703-710, 2011.
21) William, G. D. and Williamson, E. B. :Response of Reinforced Concrete Bridge Columns Subjected to Blast Loads, Journal of Structural Engineering, Vol.137, No.9, pp.903-913, 2011.
22) Fujikura, S. and Bruneau, M.: Experimental Investigation of Seismically Resistant Bridge Piers under Blast Loading, Journal of Bridge Engineering, Vol.16, No.1, pp.63-71, 2011.
23) Fujikura, S. and Bruneau, M. :Experimental and Analytical Investigation of Blast Performance of Seismically Resistant Bridge Piers, Technical Report MCEER-08-0028, 2008.
24) Fujikura, S., Bruneau, M. and Lopez-Garcia, D.: Experimental investigation of multihazard resistant bridge piers having concrete-filled steel tube under blast loading, Journal of Bridge Engineering, Vol.13, No.6, pp.586-594, 2008.
25) Fujikura, S., Bruneau, M. and Lopez-Gracia, D. :Experimental Investigation of Blast Performance of Seismically Resistant Concrete-Filled Steel Tube Bridge Piers, Technical Report MCEER-07-0005, 2007.

26) Foglar, M. and Koyar, M. :Conclusions from experimental testing of blast resistance of FRC and RC bridge decks, International Journal of Impact Engineering, Vol.59, pp.18-23, 2013.

27) Wang, W., Liu, R. and Wu, B. :Analysis of a bridge collapsed by an accidental blast loads, Engineering Failure Analysis, Vol.36, pp.353-361, 2014.

第１３章　トンネル内の爆風解析

13.1　概要

火薬や可燃物の爆発によって生じる爆風圧の伝播課程を調べた研究は，地表面上の開放空間を対象としたものが多い。トンネルのような半閉鎖空間では，開放空間における爆発とは異なる爆風の伝播過程が形成されるものと予想される。例えば，トンネル内に可燃性ガスが充満して何らかの原因で着火し爆発に至る，あるいはトンネル内を運搬中の爆薬が爆発に至る等，トンネル内空間における爆発事故を想定しておくことは非常に重要である。

そこで本章では，トンネル内空間を想定した爆風解析を実施し，爆風の基本的な伝播特性について検討した事例を紹介する。

13.2　爆風の減衰特性

火薬類の爆発によって生じる爆風の影響を評価する上では，爆源から評価点までの距離と，評価点において発生するピーク過圧との関係を議論するのが一般的である。これまで，国内外において，TNT 爆薬の地上爆発試験が行われ，爆風圧の減衰特性について調べられてきた [1),2)]。

爆風圧の減衰特性を整理する際には，爆源からの距離と爆薬の薬量を用いた換算距離が一般的に用いられている。ここで，換算距離 K は，爆源から評価点までの距離を R，爆薬の質量を M としたとき，次式で与えられる。

$$K = \frac{R}{M^{1/3}} \tag{13.1}$$

図 13.1 に Kingery[1)] による爆発試験から得られたピーク過圧と換算距離の関係を示す。この図によれば，薬量を TNT 爆薬 1kg 相当としたときの爆源から 1m における地点と，TNT 爆薬 1000kg 相当としたときの爆源から 10m における地点では換算距離 K がともに 1 となることから，発生するピーク過圧が同じになることを意味する。

ただし，Kingery 等の試験データは地表面爆発で生じる爆風圧を対象としているため，トンネル内のような半閉鎖空間に対する適用性については注意が必要である。

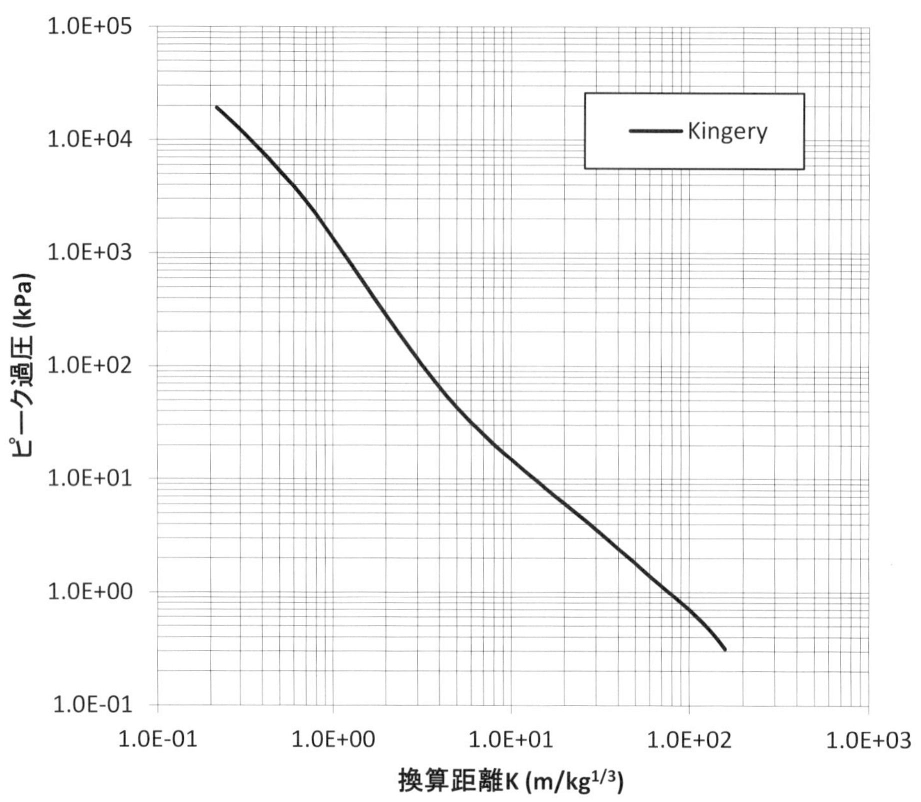

図 13.1　Kingery[1)]の実験データ

13.3　1次元爆風伝播解析

トンネルは軸方向に長い構造であるため，まずは1次元解析による基本的な爆風伝播について検討した。解析コードは1次元爆風解析プログラム OBUQ[3)]を使用し，トンネル長手方向に伝播する平面波として爆風を評価した。

図 13.2 に解析で得られたピーク過圧の減衰曲線を示す。ただし，1次元的な爆風の伝播において式(13.1)を適用することはできないため，ここでは爆源からの距離 R を単位断面積当たりの薬量：kg/m^2 で除した値を1次元の換算距離 K とする。すなわち，1次元の換算距離 K は

$$K = \frac{R}{(M/S)} \tag{13.2}$$

で与えられる。ここで M は TNT 換算量，S はトンネル断面積である。単位断面積あたりの薬量によらず，ほぼ同じ減衰曲線が得られることがわかる。ただし，トンネル内空間に対して薬量が小さい場合は3次元的な伝播効果が大きくなることが予想され，詳細な減衰特性を調べるためにはさらに検討を要する。

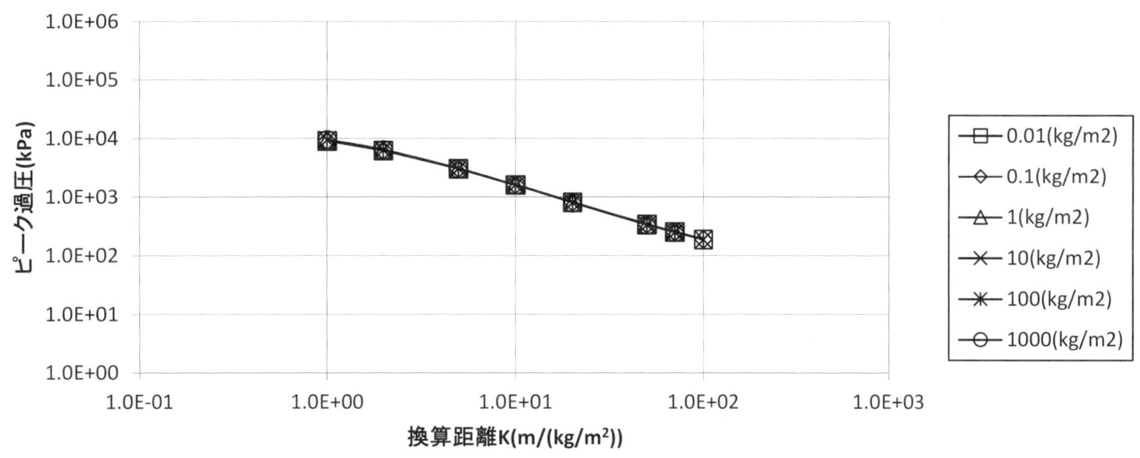

図 13.2　1 次元解析による爆風圧の減衰曲線

13.4　3 次元爆風伝播解析

前節の検討結果を踏まえ，ここでは 3 次元空間内の爆風伝播を検討した例について述べる。

13.4.1　解析モデルと条件

図 13.3 に解析モデルを示す。簡単のためトンネルを模擬した円筒形空間を対象とし，2 次元軸対称体系による解析とした。壁面は剛としている。爆源から出口までの距離は 100m と仮定した。100m より先には開放空間を設けている。トンネル内，開放空間ともに雰囲気は 1 気圧の空気とした。ここでは，爆源の薬量とトンネルの断面積をパラメータとした解析を実施し，中心軸付近で発生する圧力を評価した。

解析には爆風問題に適用性のある衝撃解析ソフトウェア ANSYS® AUTODYN® [4), 5)]を使用した。

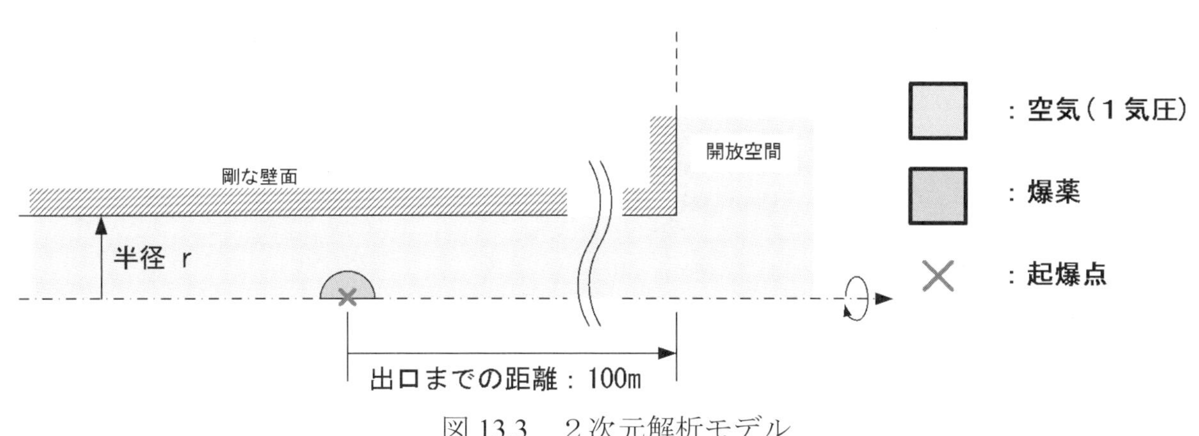

図 13.3　2 次元解析モデル

13.4.2　解析結果

代表的な計算結果の一例として，図 13.4 にトンネル半径を 5m，爆源の TNT 換算量を 10kg とした場合の爆風の伝播過程を圧力コンター図により示す。爆発によって生じた最初の衝撃波は同心球状に伝播を始めた後，剛壁において反射する。反射した衝撃波はトンネル中央で収束した後，再度剛壁に向かって伝播する。特にトンネル中央で収束した衝撃波はマッハ反射となり，中心付近に高いピークを持つ衝撃波を形成する。この反射と収束が繰り返されることで，トンネル内には複数の圧力波が形成されていく。図中，矢印(破線)で示した個所が最初の爆発で形成された先頭波であるが，反射・収束によって形成された後続の圧力波(実線)は次第に先頭波へ追いつき，重なり合うことで波頭における圧力を強めながらトンネル内を伝播していくことが理解できる。

図 13.5 に解析で得られた減衰曲線を示す。図中，トンネル出口(爆源から 100m の位置)を点線で示してある。参考として Kingery のデータを記載し，ここでは換算距離を式(14.1)としている。爆発直後におけるピーク過圧が Kingery のデータに対して小さいが，これは Kingery のデータが地上爆発によるものであるのに対し，本事例では空中を対象としているためである。図 13.5 中，「先頭波」は換算距離の小さい範囲で概ね Kingery の減衰曲線と同じ傾向を示すが，後続の圧力波が先頭波に追いついた時点で Kingery の曲線を上回り，トンネル出口に至るまで高いピーク過圧が生じる。「最大値」は，先頭波および後続圧力波を問わず評価点において取得した最も大きいピーク過圧をプロットしたものである。トンネル内ほぼ全域において「最大値」が「先頭波」の曲線を上回っており，最大の爆風圧が必ずしも先頭波で生じるわけではないことを示している。最終的に，トンネル出口以降の開放空間では圧力波が急速に減衰して「先頭波」および「最大値」ともにピーク過圧が大きく低下している。

図 13.6 は半径を 5m とし，薬量を変化させた場合の減衰曲線である。いずれもトンネル内ほぼ全域において「最大値」が「先頭波」の曲線を上回る傾向が見られるが，薬量が大きくなるにつれ「先頭波」の曲線と「最大値」の曲線は近づく傾向にある。

図 13.7 は 1 次元爆風解析と減衰曲線の比較を行うものである。ここでは，換算距離として式(13.2)で与えられる 1 次元のものを用いた。この図から薬量の増加に伴い，減衰曲線が 1 次元爆風解析によるものに近づいていくことがわかる。これは薬量に対する見かけのトンネル断面積が低下することで圧力波の伝播過程が 1 次元的に移行するためである。一方，薬量が小さい条件では減衰曲線が 1 次元爆風解析によるものと一致しない。薬量が小さくなることで見かけのトンネル断面積が増大して圧力波の 3 次元的な伝播効果が大きくなり，1 次元的な想定が成立していないことがわかる。

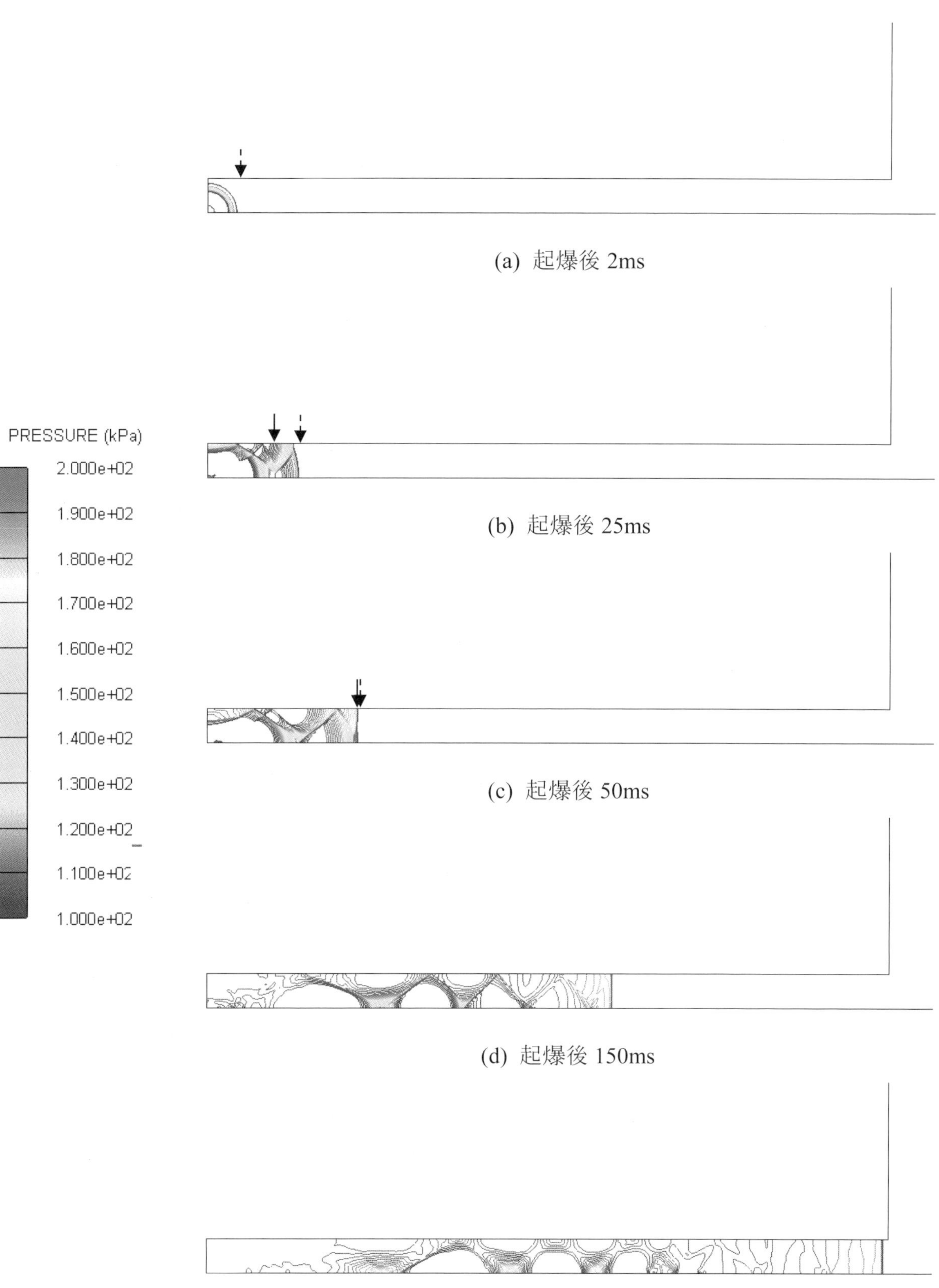

図 13.4　圧力コンター図(半径 5m，TNT 換算量 10kg)

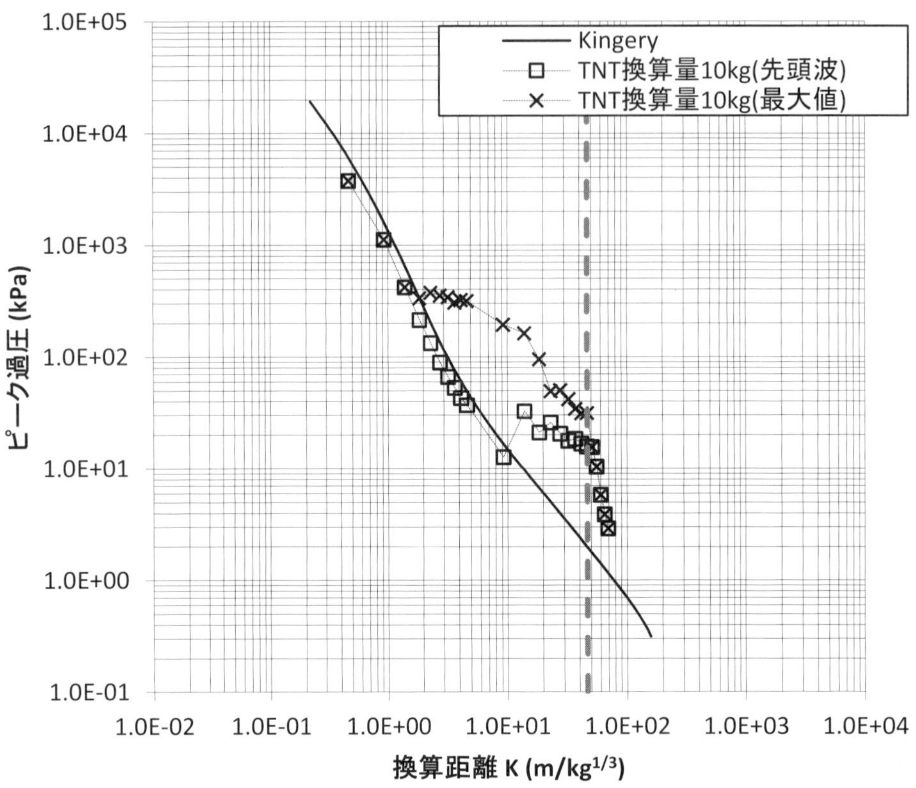

図 13.5　減衰曲線(半径 5m，TNT 換算量 10kg)

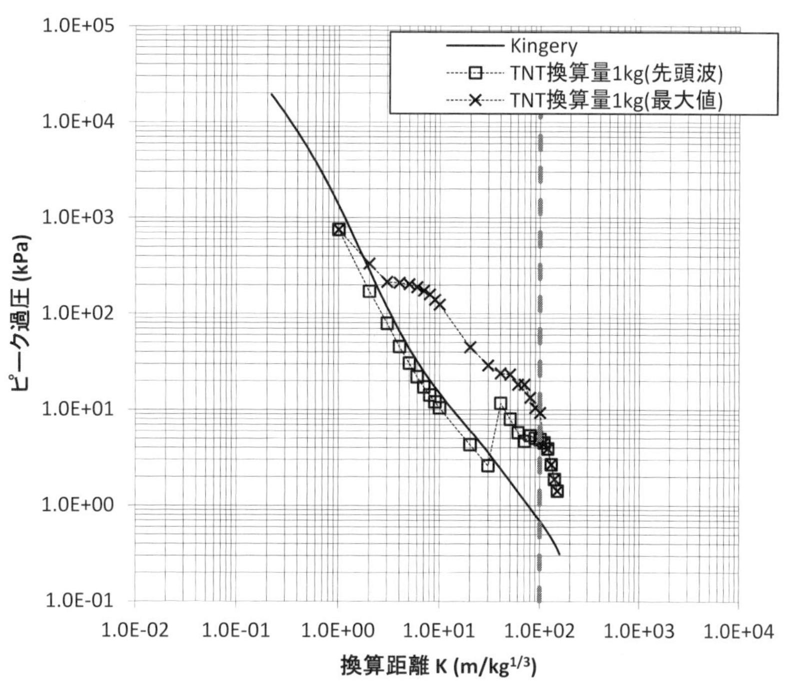

(a) TNT 換算量 1kg

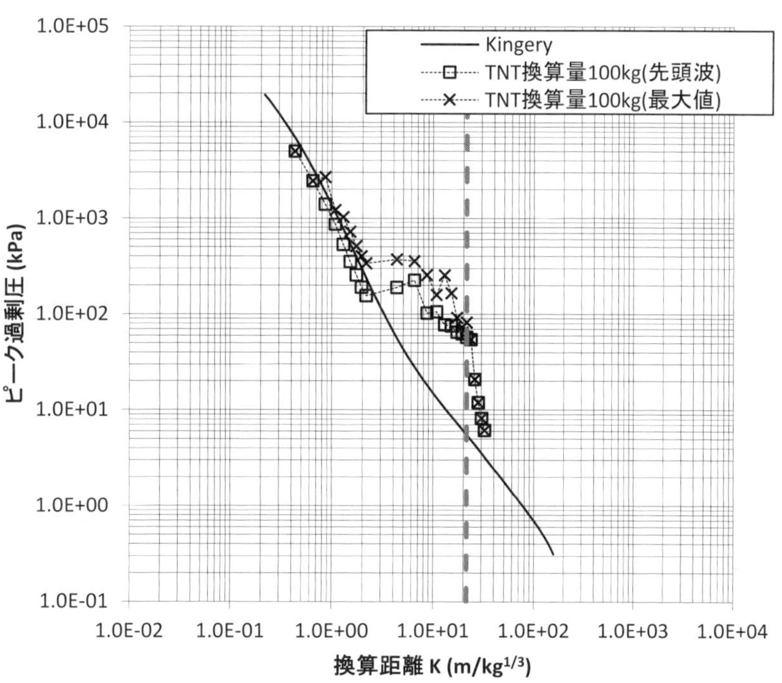

(b) TNT 換算量 100kg

図 13.6　薬量が異なる場合の減衰曲線(半径 5m)

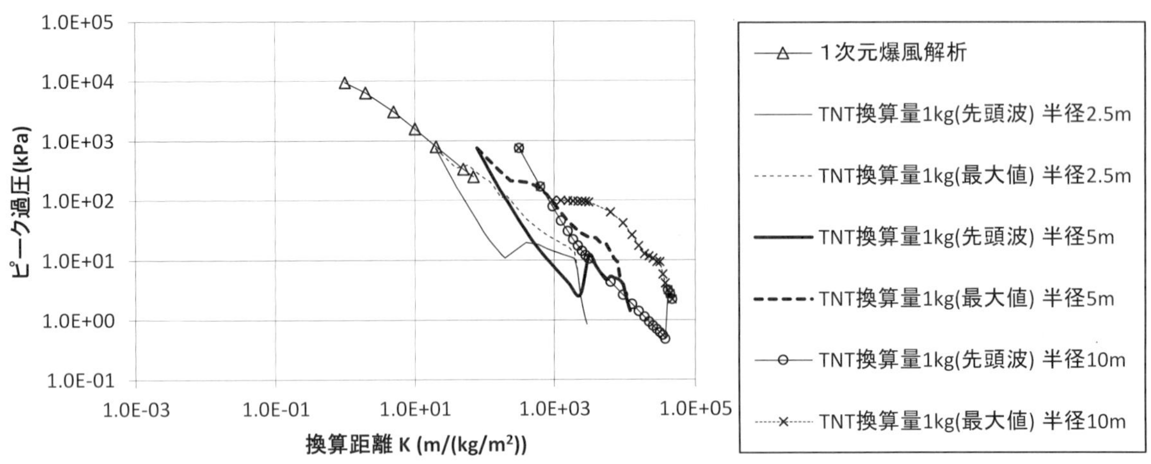

(a) TNT 換算量 1kg

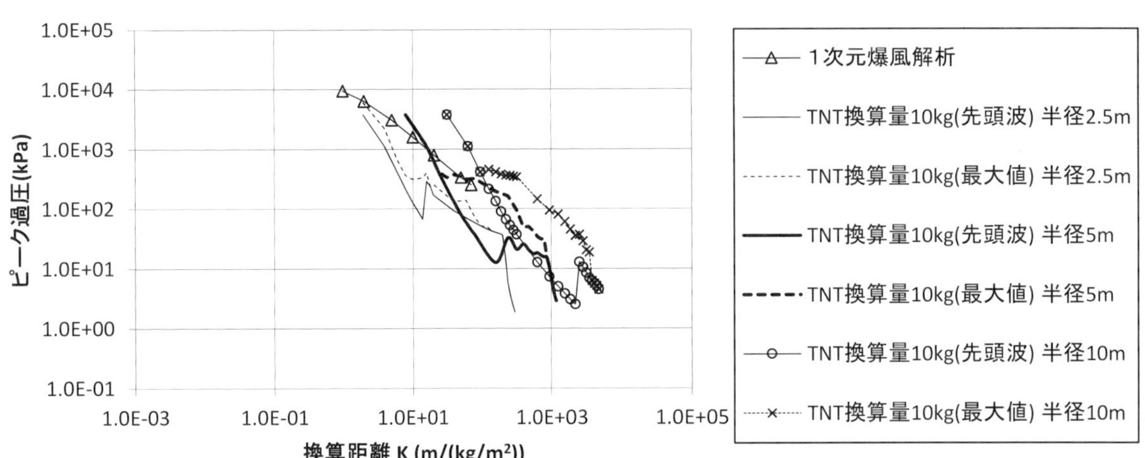

(b) TNT 換算量 10kg

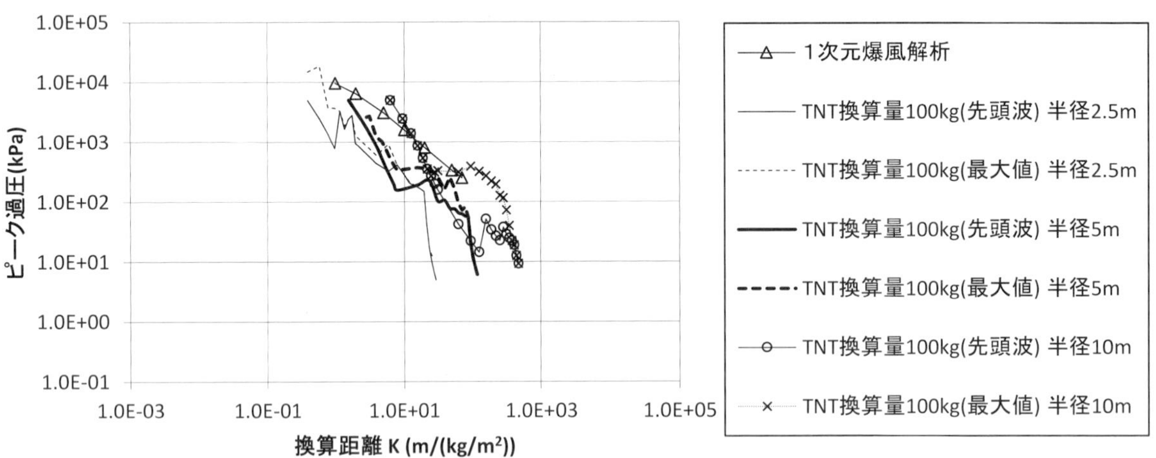

(c) TNT 換算量 100kg

図 13.7　減衰曲線の比較

13.5　結論

本事例は，トンネル内における爆発事故を想定し，爆風の基本的な減衰特性について数値解析により検討を行ったものである。１次元解析の結果，爆源の薬量によらず同じ減衰特性が得られることがわかった。一方，２次元円筒形モデルによる解析の結果，トンネル内の空間に圧力波が複雑に形成されることで単純な減衰曲線にはならず，薬量やトンネル断面積により減衰曲線が異なることが示された。しかしながら，薬量の増加に伴って１次元解析による減衰曲線に近づく傾向が得られた。

以上より，トンネル内空間を伝播する爆風圧を評価する上では，トンネル断面積に対して爆源の薬量が小さい条件下において，爆風が複雑な減衰特性を示すため詳細な評価を必要とするものの，反対に爆源の薬量が大きくなる条件では１次元的な評価が可能となることが示唆された。ただし，その伝播特性が変わる閾値となるトンネル断面積と薬量の関係を示すためには，より詳細な調査が必要である。

参考文献

1) C. N. Kingery, B. F. Pannill : PEAK OVERPRESSURE VS SCALED DISTANCE FOR TNT SURFACE BURSTS (HEMISPHERICAL CHARGES), BRL Memorandum Report No.1518, 1964.
2) 中山良男 他：超高圧起爆法による推進薬の爆発 第 1 報 爆風圧について，工業火薬学会誌, vol. 50, No.2, pp.81-87, 1989.
3) 田中克己：KHT-OBUQ コードによる爆風の解析 火薬類の爆風に関する研究, 化学技術研究所報告, Vol. 85, No. 6, pp.209-215, 1990.
4) 片山雅英，田中克己：空中爆発現象の数値解析上の諸問題に関する考察(第３報), 平成 14 年度衝撃波シンポジウム講演論文集, pp.257-260, 2003.
5) 阿部淳，片山雅英：２次元および３次元爆風解析における数値メッシュサイズの検討, 平成 21 年度衝撃波シンポジウム講演論文集, pp.353-356, 2010.

第１４章　偶発的荷重を受ける建物の進行性崩壊について

14.1　はじめに

本章では，爆発荷重などの偶発的で大規模な外力作用を受けた建物が引き起こす，進行性崩壊(progressive collapse)現象について数値解析的な観点から概説する。進行性崩壊は，文献 1)で以下のように定義されている。

Progressive collapse:
“Spread of local damage, from an initiating event, from element to element resulting, eventually, in the collapse of an entire structure of a disproportionately large part of it; also known as disproportionate collapse (ASCE 7-05)” .

進行性崩壊現象は，1968 年に英国で発生した Ronan Point Tower のガス爆発事故によって引き起こされた大規模な崩壊が議論の発端となり，2001 年 9 月の米国同時多発テロ（9.11）によるニューヨーク世界貿易センタービル（WTC）の全体崩壊によって広く認識されることとなった。9.11 の際に，WTC 1 号棟および 2 号棟は，航空機の衝突とそれによって引き起こされた火災が原因となり，後者は航空機衝突後約 1 時間，前者は約 1 時間半で完全に崩壊した。事件の詳細な時系列および調査結果については，米国政府調査局の Federal Emergency Management Agency（FEMA）[2)]によって 2002 年に，National Institute of Standards and Technology（NIST）[3)]によって 2005 年に報告書がまとめられている。日本でも，2003 年に日本建築学会 WTC 崩壊特別調査委員会によって報告書[4)]がまとめられた。これらの報告書では，WTC1, 2 号棟ともに飛行機の衝突によりコア柱や周辺の架構が切断されて応力再配分が起こり，その後発生した大規模な火災により残存する架構の耐力が失われ，床中央部が陥没し，最終的に進行性崩壊を招いたとしている。この他にも各界で科学的な検証が進み，例えば Quan ら[5)]は，WTC の正確なモデルを使用した訳ではなく，崩壊要因を特定する目的ではなかったが，航空機の衝突から全体崩壊までの解析を一貫して行い，妥当な崩壊シナリオを示すことに成功した。福田ら[6)]は，航空機衝突によるビルの被害状況および全体応答について数値シミュレーションによる検証を行っている。

WTC 崩壊に関する多くの論文の中でも，Bazant らが事件直後の 2002 年 1 月に発表した研究速報[7)]は特に有名である。Bazant らは速報の中で，建物上層部の位置エネルギーの消失が下層部の最大変形時におけるひずみエネルギーに等しいと近似することで，上層部の衝突によって生じる力が過大であったことを説明している。その力は設計用鉛直荷重を大きく超過しており，WTC のような超高層ビルにおいて上層部が垂直落下するような崩壊が起こる場合，進行性崩壊を防止する設計を行うことは現実的に困難であると述べている。またその一方で，例えば上層部の落下時の傾斜や部材破断などを考慮していないため，建物の崩壊プロセスを明らかにするためには大量のコンピュータシミュレーションが必要であるとしている。

本章では，最大軸力比が異なる複数の鋼構造モデルに対し，部材破断や部材接触などの強非線形現象を再現可能な ASI-Gauss 解析コード[8)]を用いて実施した解析結果に基づき，建物の強度により生じる進行性崩壊の規模の相違について考える。

14.2　S造建物の進行性崩壊解析

14.2.1　解析モデルと解析条件

進行性崩壊解析を実施するにあたり，構造部材の断面寸法が異なる10層3×3スパンのS造建物モデルを複数作成した。解析モデルの鳥瞰図を図14.1に示す。モデルの全高は40 m，階高は各層4 m，幅および奥行きスパン長は全て7 mとした。柱は1部材2要素分割，梁は1部材4要素分割し，床は4要素分割で表現した。

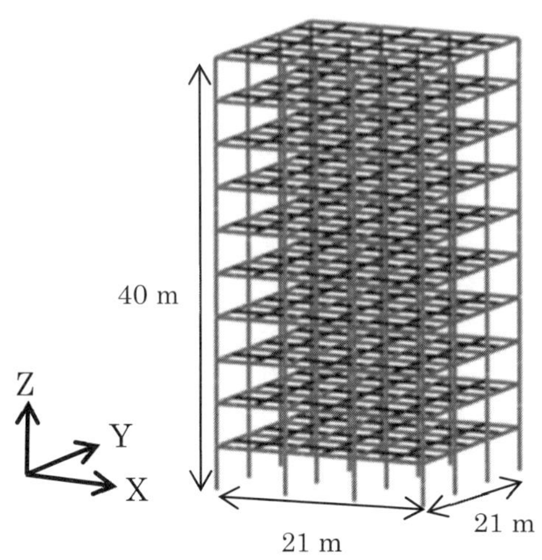

図14.1　解析モデルの鳥瞰図

建物の柱部材にはSM490を用いた角形鋼管，梁部材にはSS400を用いたH型鋼を使用した。各鋼材の物性値を表14.1に示す。床は塑性化を起こさない弾性要素とした。モデルを設計する際，建物には固定荷重と積載荷重を足し合わせた単位面積あたり800 kgf/m^{2}の荷重が作用するものとした。柱や梁の断面寸法は，ベースシア係数に基づき建物に必要とされる水平耐力を満たすように断面を決定した。作成したモデルの最大軸力比およびベースシア係数を表14.2に示す。建物の進行性崩壊現象を検証するため，いずれも日本の建築基準に対してはかなり強度の低いモデルとなっている。最大軸力比n=0.124，0.200，0.300，0.400，0.500のモデルをそれぞれモデルA，B，C，D，Eと表記する。

表14.1 鋼材の物性値

	E	σ_y	ν	ρ
SS400	206	245	0.3	7.9×10^{-6}
SM490	206	325	0.3	7.9×10^{-6}

E：ヤング率［GPa］，　σ_y：降伏応力［MPa］，

ν：ポアソン比［無次元］，　ρ：密度［kg/mm^3］

表14.2 各モデルの最大軸力比とベースシア係数

	最大軸力比n	ベースシア係数C_b
モデルA	0.124	0.200
モデルB	0.200	0.095
モデルC	0.300	0.048
モデルD	0.400	0.027
モデルE	0.500	0.016

建物の崩壊形態は，除去する柱の本数や位置などによって変化することが予想される。ここでは単層区画内の柱除去に限定し，各モデルに対し，図 14.2 に示すように除去する柱の平面位置と除去階層を変化させて解析を実施した。除去パターン①は，層内の全ての柱を一度に除去することで，Bazant らが先行研究 7)で想定していた上層部が垂直落下する崩壊形態を再現する。また，除去パターン②，③，④では，除去する柱の位置を列単位で変化させて非対称性を作り，上層部が落下時に傾くような崩壊形態を再現する。各除去パターンについて除去階層を 1 層から 10 層まで変化させ，計 200 パターンの進行性崩壊解析を実施した。柱の除去を 1.0 s 時に行い，計 10.0 s まで解析した。時間増分は 1 ms とした。

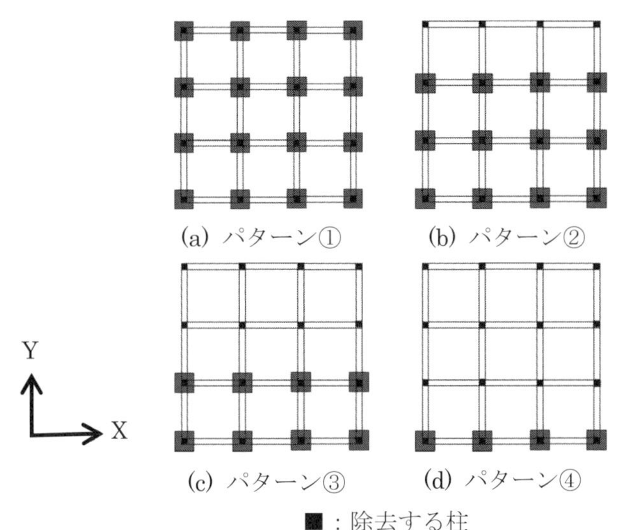

図 14.2 除去する柱の平面位置

進行性崩壊の規模を定量的に評価するための指標として，次に示すような崩壊前後における解析モデルの位置エネルギーが減少した割合を表す位置エネルギー減少率を用いた。

$$\text{位置エネルギー減少率} = \frac{U_0 - U_f}{U_0} \tag{14.1}$$

ここで，U は解析モデルが有する位置エネルギーを示し，添え字 $0, f$ はそれぞれ健全時，解析終了時の値であることを示す。位置エネルギーU は，モデルを構成するはり要素の位置エネルギーの和として以下の式で定義する。

$$U = \sum_{i=1}^{i_M} (\rho_i \times A_i \times l_i \times g \times H_i) \tag{14.2}$$

ここで，i は要素番号，i_M は破断要素を除く要素数，ρ は密度，A は断面積，l は要素長，H は地表面(Z=0)から要素中央部までの高さを表す。なお，上式を破断していない要素のみに適用することで，崩壊の規模を過大に評価することとした。位置エネルギー減少率が 1.0 に近いほど崩壊の規模が大きいことを示す。

本章ではさらに，Bazant らが文献 7)中で用いている”overload ratio” を建物の強度に対する一つの評価指標として使用する。 ”Overload ratio” は，上層部の垂直落下による下層部への衝突を図 14.3

に示すようなモデルで考え，上層部の位置エネルギー減少量が全て下層部の弾性ひずみエネルギーに変換されたことを仮定して得られる値であり，以下の式で定義される。

$$P_{dyn}/P_0 = 1 + \sqrt{1 + (2Ch/mg)} \tag{14.3}$$

ここで，P_{dyn} は上層部が落下する際に下層部に対して作用する力（これは言い換えれば，その際に下層部が上層部に対して作用する弾性的な抗力である），P_0 は下層部の設計用鉛直荷重(=mg，言い換えれば上層部の重量である), C は下層部の弾性係数, h は上層部が下層部に衝突するまでの距離, m は健全時に下層部が支えている上層部の質量，g は重力加速度を表す。なお，"overload ratio" は下層部の設計用鉛直荷重に対する上層部の落下によって生じる力の比として過荷重係数と訳されることが多いが，これは上に示すように言い換えれば，上層部の重量に対する下層部の弾性的な抗力の比である。そこで，本稿ではこれを許容荷重率と呼ぶことにする。実際，式(14.3)で上層部の重量 mg が不変とすれば，低強度の建物で下層部の弾性係数 C が小さい場合に P_{dyn}/P_0 は小さくなり，下層部の許容できる荷重が小さくなる（Bazant らは，設計用鉛直荷重 mg が増減し，下層部の弾性係数 C は不変と仮定しているため，低強度の建物では"overload ratio" は大きくなる。この場合には過荷重係数という訳は適している)。以降, 本章で扱う解析では, mg として落下する上層部の重量, 下層部の弾性係数 C としては層内の柱を並列接続, 層間の柱を直列接続として求めた合成弾性係数を用いる（すなわち，モデルの強度によって増減する)。

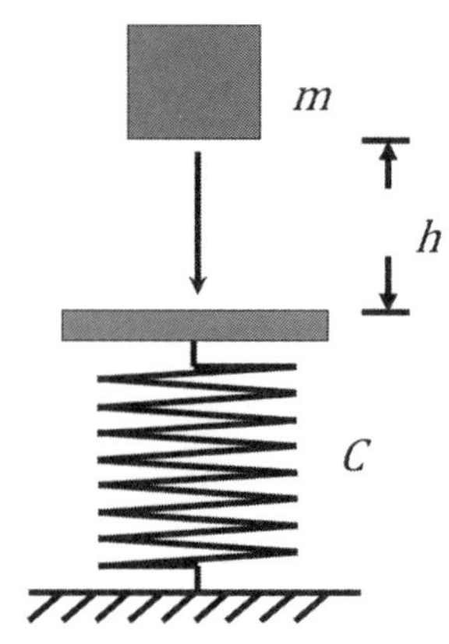

図 14.3 崩壊開始時の建物の上層部と下層部の衝突モデル

14.2.2　解析結果と考察

モデルの層内における全柱を同時に除去した場合（柱除去位置パターン①）の，モデルごとの許容荷重率の推移を図 14.4 に示す。ここで，上層部が下層部に衝突するまでの距離 h は 4.0 m，重力加速度 g は 9.8 m/s^2，m としては健全時に下層部が支えている上層部の質量を，下層部の弾性係数 C としては前節の方法に基づき求めた値を用いた。なお，柱除去層が 1 階の場合は衝突下層部の弾性係数 C が存在しないため，許容荷重率は求めていない。図において，同じ柱除去層でモデルごとの許容荷重率の値を比べると，モデル A から E へと強度が低くなるにつれ，許容荷重率の値が小さくなっていることが分かる。これはすなわち，低強度のモデルでは，衝突時の上層部の重量に対する下層部の弾性的な抗力が小さいことを示す。また，同一モデルの中で異なる柱除去層における許容荷重率を比較すると，柱除去層が中層であるほど許容荷重率の値が小さくなっている。これは，

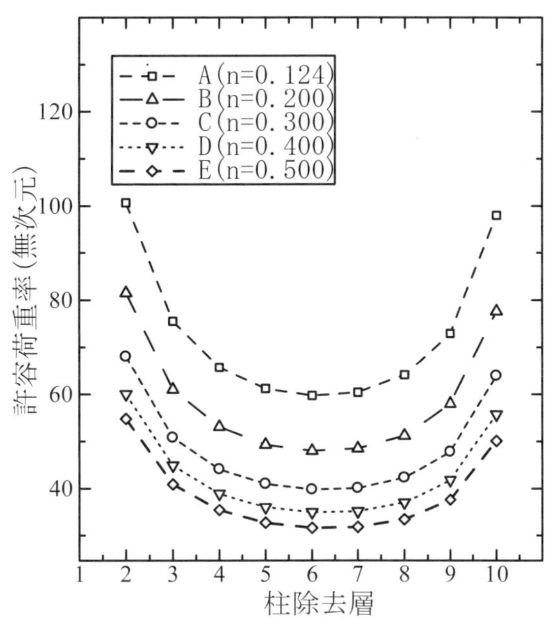

図 14.4 各モデルの許容荷重率の推移（柱除去位置：パターン①）

弾性係数 C が下層部の高さ L に反比例し，上層部の質量が L に負比例することに起因する。なお，柱除去位置パターン②，③，④の場合は，上層部と下層部間で柱が残存するため，上層部の自由落下を前提とした許容荷重率を厳密には求めることができない。しかし，ここでは上層部と下層部間に残存する柱の位置エネルギー減少量を計算に取り入れ，柱除去位置パターン①の場合と同じ許容荷重率を使用することで崩壊の危険性を過大に算定し，設計レベルで安全側に評価することとした。

崩壊挙動の解析結果を図 14.5 から図 14.10 に示す。まず，図 14.5，図 14.6 には柱除去位置パターン①，柱除去層 4 階の場合におけるモデル C(n=0.300)の結果，モデル E(n=0.500)の結果をそれぞれ示す。1.0 s 時の柱除去後，1.9 s 時に上層部と下層部が衝突して建物全体に衝撃力が伝播していることが分かる。その後，強度の高いモデル C は柱が除去された階層以外では崩壊が止まったが，強度の低いモデル E は下層部が衝撃力に耐えられずに崩壊が進行し，最終的に全体崩壊した。次に，図 14.7，図 14.8 には柱除去位置パターン②，柱除去層 7 階の場合におけるモデル C(n=0.300)の結果，モデル E(n=0.500)の結果をそれぞれ示す。この場合には柱除去位置のパターンに非対称性が生まれるが，強度の高いモデル C では上層部が圧潰したものの下層部への崩壊は進行していない。強度の低いモデル E では，3.0 s 時に上層部が傾斜し下層部を損傷したことにより崩壊が連鎖的に進行し，最終的に全体崩壊した。最後に，図 14.9，図 14.10 にはモデル C(n=0.300)，柱除去層 7 階の場合における柱除去位置パターン②の結果，柱除去位置パターン③の結果をそれぞれ示す。ここでは，柱の除去本数が減るパターン③の場合には崩壊の進行が止まることが分かる。一方，同じモデル，柱除去層で柱除去位置がパターン①の場合の図 14.5 と併せて見ると，除去される柱の本数が多いほど崩壊が進むとも限らず，ある程度の非対称性が生まれる場合に崩壊が進むことが分かる。また，モデルと柱除去位置パターンが同じで柱除去層の異なる図 14.7 と図 14.9 を比較すると，柱除去層が低層部にある方が崩壊は進行する危険性が高いことが分かる。

計 200 パターンの進行性崩壊解析を行った結果，モデルの強度や柱除去層，層内での柱の除去位置によって崩壊形態が異なることが確認された。これらの解析により得られた，各柱除去位置パターンにおける位置エネルギー減少率の推移を図 14.11 に示す。まず，パターン②，③，④の場合では，モデル A から E へと強度が低くなるほど位置エネルギー減少率が大きくなっている。すなわ

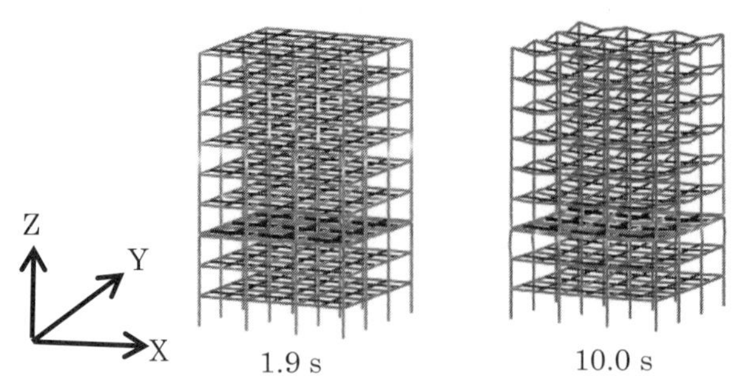

図 14.5 10 層 S 造建物の崩壊挙動
（モデル C(n=0.300)，柱除去位置：パターン①，柱除去層：4 階）

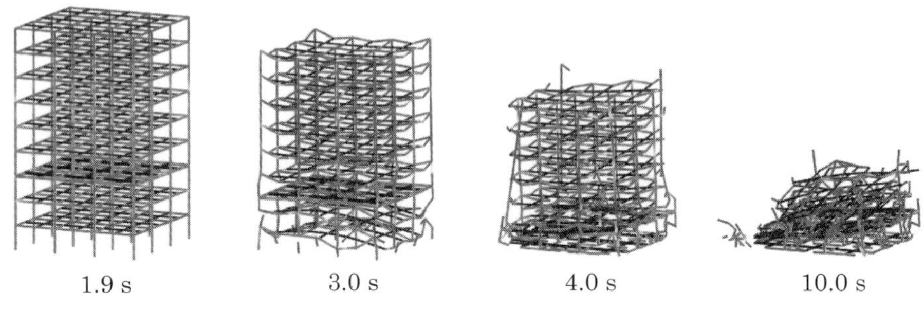

図 14.6 10 層 S 造建物の崩壊挙動
（モデル E(n=0.500)，柱除去位置：パターン①，柱除去層：4 階）

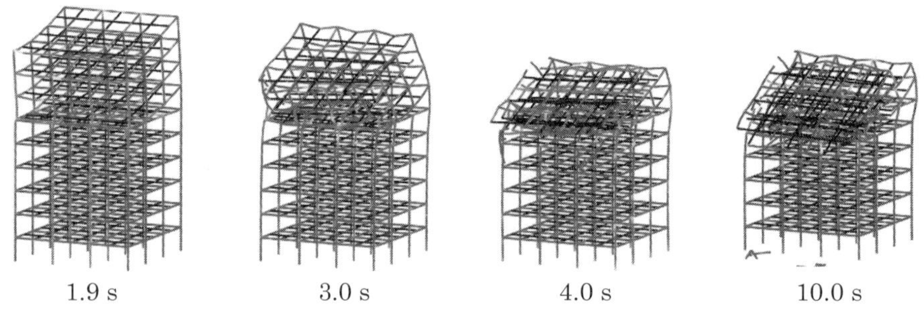

図 14.7 10 層 S 造建物の崩壊挙動
（モデル C(n=0.300)，柱除去位置：パターン②，柱除去層：7 階）

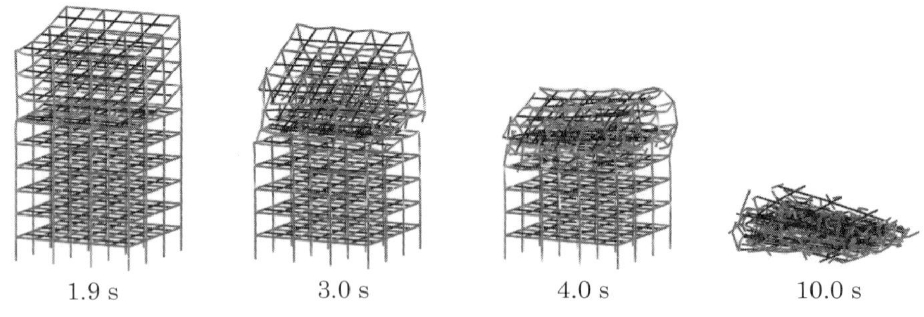

図 14.8 10 層 S 造建物の崩壊挙動
（モデル E(n=0.500)，柱除去位置：パターン②，柱除去層：7 階）

ち，崩壊の規模が増大していることが確認できる。また，同一モデルにおける柱除去層ごとの結果を比較すると，柱除去層が低層部であるほど位置エネルギー減少率が大きいことが分かる。これは，低層部の柱を除去した場合は落下する上層部のもつ位置エネルギーが大きくなり，衝突時の下層部への衝撃力が大きくなることや，除去する柱が低層部であるほど建物がバランスを崩し易くなることが原因と考えられる。また，一度に除去する柱の本数が多い除去パターンであるほど，位置エネ

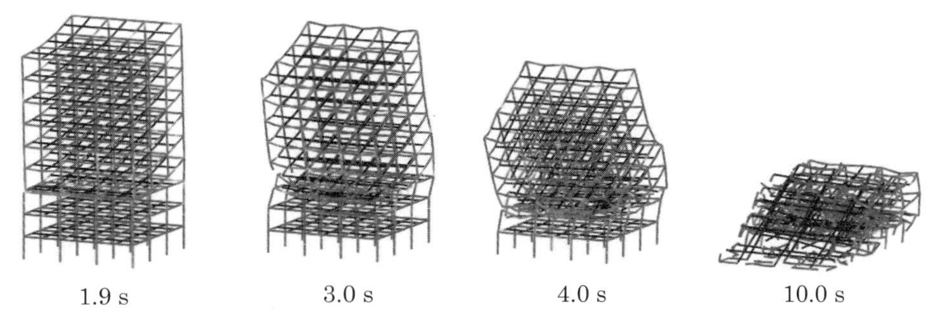

図 14.9 10 層 S 造建物の崩壊挙動
（モデル C(n=0.300)，柱除去位置：パターン②，柱除去層：4 階）

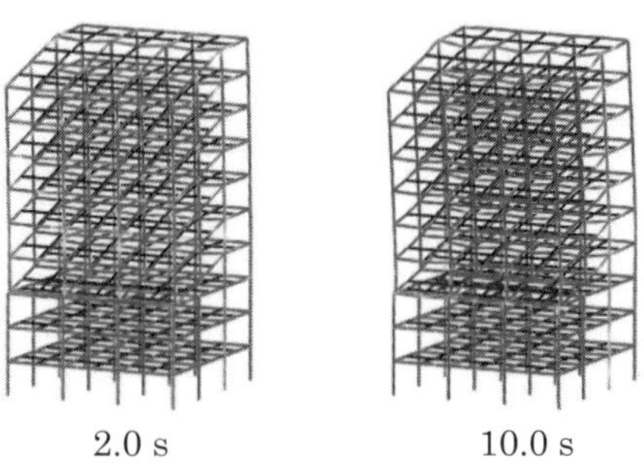

図 14.10 10 層 S 造建物の崩壊挙動
（モデル C(n=0.300)，柱除去位置：パターン③，柱除去層：4 階）

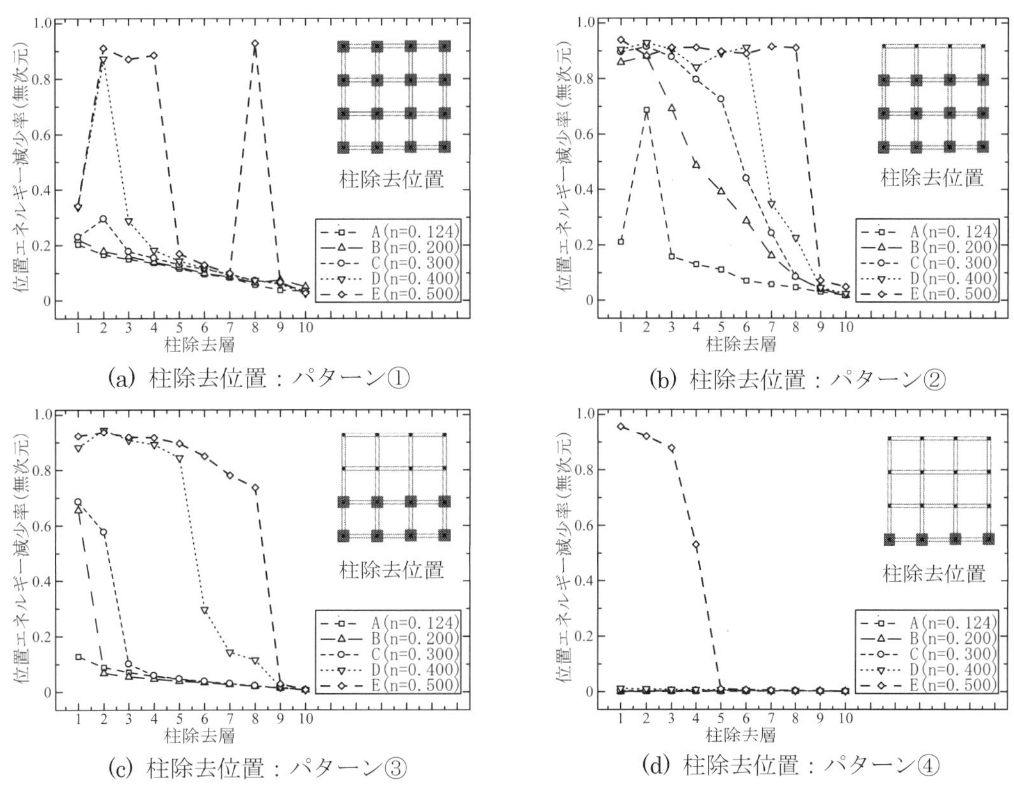

図 14.11 各柱除去位置パターンにおける位置エネルギー減少率

ルギー減少率は大きい。一方，パターン①の結果をその他のパターンの結果と比較すると，モデルが低強度であるほど崩壊が起こり易いという傾向は一致している。また，柱除去層が低層部であるほど崩壊し易いという傾向も一致している。しかし，パターン②に比べて多くの柱を除去しているにも関わらず，大きな崩壊に至るケースが少ないことから，ここでも除去する柱の本数が多いほど必ずしも大きな崩壊を起こし易い訳ではないことが分かる。これは，層内の柱を一斉に除去しているために上層部が垂直に落下し，下層部との衝突が点ではなく面で生じるために，衝撃力が多くの部材に均等に伝わり易くなること，またそれにより衝突後のモデルに傾きが生じ難いことが原因であると考えられる。例えばパターン①の柱除去層が1階の場合は，落下する上層部が地面に直接衝突するため衝突後のモデルに傾きが生じ難く，それが原因となり大きな崩壊に至らなかった。また，日本の設計基準強度に近いモデル A の場合は，今回の解析条件では最悪のケースとも言えるパターン②，柱除去層2階の場合以外のケースでは，大規模な崩壊は見られなかった。

次に，許容荷重率と位置エネルギー減少率の関係をモデルごとに比較したものを図14.12に，柱除去層ごとに比較したものを図14.13に示す。図14.12，図14.13はどちらも同じ結果を示し，前者ではモデルの強度ごとに，後者は柱除去層ごとに線で結んでいる。なお，最下層の柱を除去する場合では許容荷重率が定義できないため，図には1階柱除去の場合を除いた合計180パターンの解析結果がプロットされている。図14.12を見ると，どの柱除去位置パターンの場合でも，強度の低いモデルほど許容荷重率が小さくなり，位置エネルギー減少率が1.0に近付く大規模な崩壊を起こす場合が増すことが確認できる。また，モデルごとに見ると，柱除去層が低層部の場合には許容荷重率が大きくなるが，位置エネルギー減少率も大きくなる傾向がある。図14.13を見ると，許容荷重率が同程度の値の場合，柱除去層が低層部になるほど位置エネルギー減少率が大きい，すなわち大規模な崩壊が起こり易くなっていることが確認できる。さらに，大規模な崩壊を引き起こす許容荷重率の値は，全体的に柱除去層や層内の柱除去位置によって異なっていることが分かる。

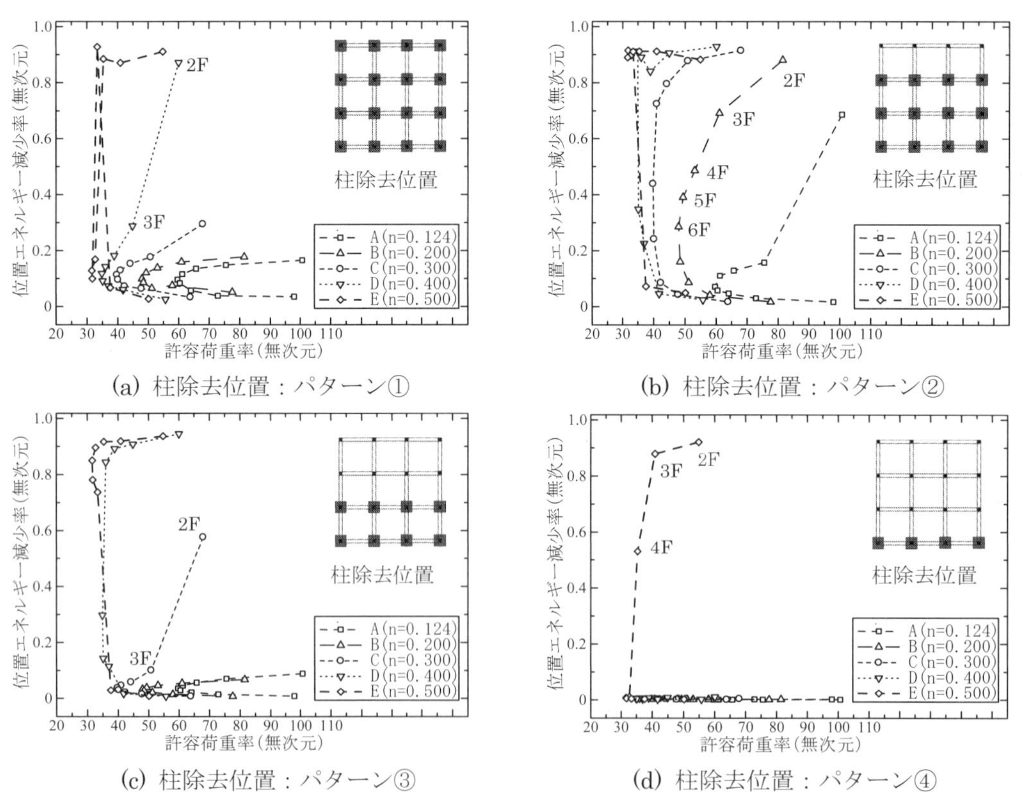

(a) 柱除去位置：パターン①　(b) 柱除去位置：パターン②

(c) 柱除去位置：パターン③　(d) 柱除去位置：パターン④

図14.12 各柱除去パターンにおけるモデルごとの許容荷重率と位置エネルギー減少率の関係

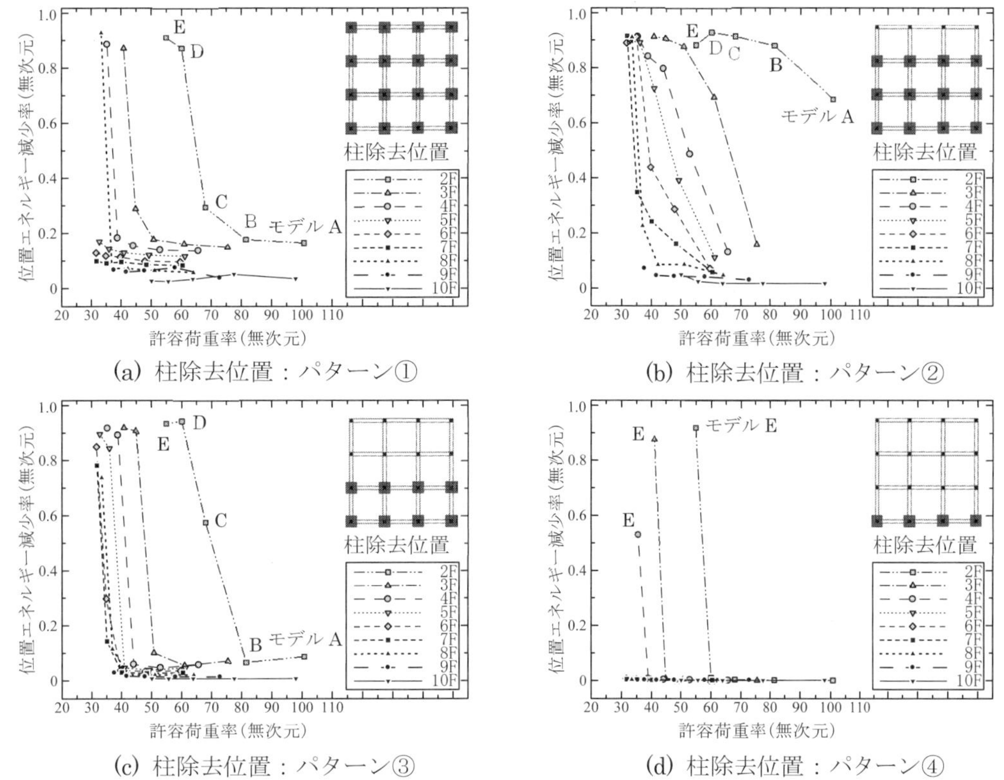

(a) 柱除去位置：パターン①　(b) 柱除去位置：パターン②

(c) 柱除去位置：パターン③　(d) 柱除去位置：パターン④

図 14.13 各柱除去パターンにおける柱除去層ごとの許容荷重率と位置エネルギー減少率の関係

14.3　おわりに

本章では，比較的低強度の 10 層 S 造建物モデルに対し複数パターンの進行性崩壊解析を行い，進行性崩壊の危険性と建物の強度との定性的な関係について，下層部が上層部の重量に対して許容できる荷重の比である，許容荷重率を用いてまとめた。ここでは，建物の強度が低くなり，柱除去層が低層部になるほど崩壊の規模が増大すること，柱除去位置の非対称性が崩壊の規模を増大させる可能性が高いことなどが示された。なお，文献 9)には関連するシミュレーション結果，文献 10)には進行性崩壊と建物の冗長性についてまとまった議論が記されているので，ぜひ参考にされたい。

謝辞

本稿をまとめるにあたり，筑波大学大学院生　我妻 光太氏から多大なる貢献を受けた。ここに謝意を表す。

参考文献

1) B.R. Ellingwood et al.: Best practices for reducing the potential for progressive collapse in buildings, National Institute of Standards and Technology (NIST), 2006.

2) FEMA/ ASCE: World Trade Center Building Performance Study: Data Collection, Preliminary Observations, and Recommendations, FEMA403, 2002.

3) NIST NCSTAR 1: Federal Building and Fire Safety Investigation of the World Trade Center Disaster: Final Report on the Collapse of the World Trade Center Towers, National Institute of Standards and Technology (NIST), 2005.

4) 日本建築学会 WTC 崩壊特別調査委員会：世界貿易センタービル崩壊特別調査委員会報告書, 2003.

5) X. Quan and N. Birnbaum: Computer Simulation of Impact and Collapse of New York World Trade Center North Tower on September 2001, 20th International Symposium on Ballistics, Orland, USA, pp. 23-27, 2002.

6) 福田隆介, 福澤栄治, 小鹿紀英, 森川博司：ニューヨーク世界貿易センタービルの航空機衝突時の全体応答と局部損傷の評価, 日本建築学会構造系論文集, 第 570 号, pp. 77-84, 2003.

7) Zdenek P. Bazant and Yong Zhou: Why Did the World Trade Center Collapse? –Simple Analysis1, Journal of engineering mechanics/ January, pp. 2-6, 2002.

8) 磯部大吾郎, チョウ ミョウ リン：ASI-Gauss 法による世界貿易センタービルの飛行機衝突解析, 日本建築学会構造系論文集, 第 600 号, pp.83-88, 2006.

9) D. Isobe, L. T. T. Thanh and Z. Sasaki: Numerical Simulations on the Collapse Behaviors of High-Rise Towers, International Journal of Protective Structures, Vol. 3, No. 1, pp.1-19, 2012.

10) 日本建築学会: 建築構造設計における冗長性とロバスト性, 応用力学シリーズ 12, 丸善, ISBN:978-4-8189-0611-2, 2013.

第１５章　曲げとせん断破壊を考慮した一質点系モデルとP-I曲線

一般的に構造部材は曲げ破壊することを前提として一質点系モデルを作成することが多いが，版部材においてはKrauthammerら[1),2)]やXu[3)]らが指摘している直接せん断破壊やMicallefaら[4)]が検討している押し抜きせん断破壊などを考慮する必要がある．直接せん断破壊は，図15.1(a)に示すように支持部端部に生じるせん断力によって大きなずれが生じて破壊に至る脆性的な破壊モードである．また，柱，梁部材についても，図15.1(b)に示すようなせん断破壊を考慮する必要がある[5)]．ここでは，柱，梁，床スラブ部材の曲げ破壊とせん断破壊を考慮した一質点系モデル及びPI 曲線の作成方法について説明する。また，それらの解析精度について検討を行う。

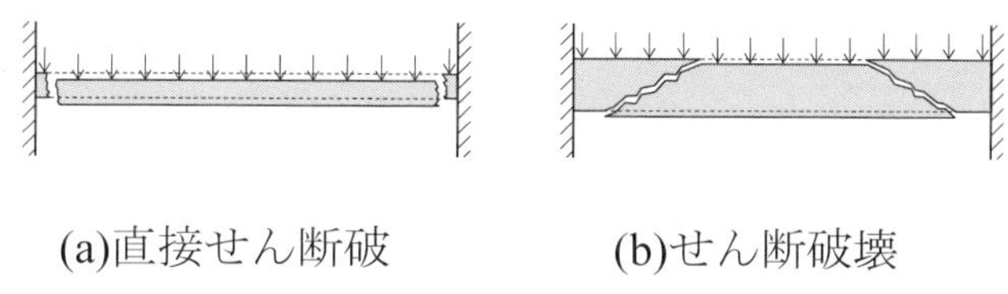

(a)直接せん断破　　(b)せん断破壊

図15.1　直接せん断破壊とせん断破壊の模式図

15.1　柱・梁部材のスケルトンカーブ

柱及び梁部材に対する等価剛性の評価において，曲げ破壊に加えてせん断破壊も考慮するため，せん断剛性K_sを算定し，曲げ剛性K_Bとの直列結合として等価剛性K_eを求める[5)]。ここで，両端を固定端とした柱・梁に等分布荷重が作用すると仮定すると，曲げとせん断破壊に対する等価剛性は次式で表される。

$$K_e = \frac{1}{1/K_B + 1/K_S} \tag{15.1}$$

$$K_B = \frac{384 E_c I}{L^3} \tag{15.2}$$

$$K_S = \frac{8GA_s}{L} \tag{15.3}$$

ここに，E_cはコンクリートのヤング係数で，Iは部材の断面二次モーメント，Lは部材の長さ，Gはせん断弾性係数，A_sはせん断断面積であり次式で表される。

$$G = \frac{E_c}{2(1+\nu)} \tag{15.4}$$

$$A_s = Bj \tag{15.5}$$

ここに，Bは部材幅，νはポアソン比，jは応力中心間距離を表す。

また，梁のせん断破壊に対する最大抵抗R_{su}は，実験式である以下の荒川mean式[6)]を用いて算出する。

$$R_{Su} = 2Bj\left(\frac{0.115k_u k_p (f'_{dc}+18)}{M/Q_d + 0.12} + 0.85\sqrt{p_w \sigma_{dy}}\right) \tag{15.6}$$

$$k_p = 0.82 p_t^{0.23} \tag{15.7}$$

ここに，k_u は断面寸法による補正係数で有効高さ d>400mm の場合は 0.72 となる。f'_{dc} はコンクリートの動的圧縮強度，M/Q_d はせん断スパン比でここでは $L/6d$（d は有効高さ），p_w はせん断補強筋比，σ_{dy} はせん断補強筋の動的降伏強度，p_t は引張鉄筋比(%)を表す。

せん断破壊の場合では，破壊点を越えた後の靭性は期待できないため，スケルトンカーブは等価剛性 K_e を用いた線形型とし，破壊点変位を越えた場合は破壊（甚大損傷）と仮定した。破壊点変位 y_{su} については，次式から算出する。

$$y_{su}=R_{su}/K_e \tag{15.8}$$

せん断破壊に関するスケルトンカーブの作成プロセスを図 15.2 に示す。

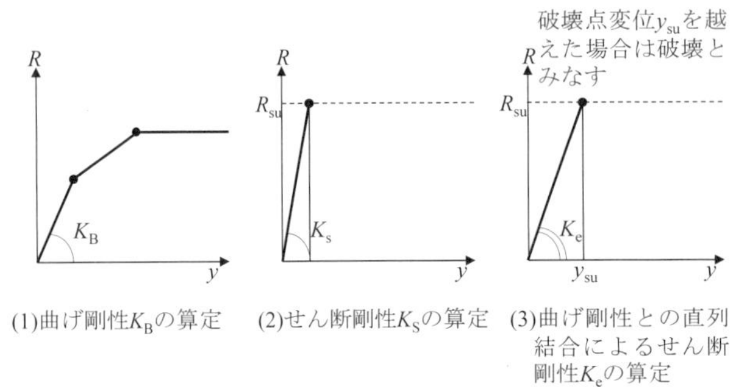

図 15.2　柱梁部材におけるせん断破壊のスケルトンカーブの作成プロセス

一方，曲げ剛性については以下のように算定する[5)]。まず，曲げ破壊におけるスケルトンカーブは，曲げひび割れの発生点と降伏点を折れ点とするトリリニア型と仮定する。そして，ひび割れ発生点の抵抗力 R_c 及び変位 y_c は次式から算定する。

$$R_c=12M_c/L \tag{15.9}$$

$$y_c=R_c/K_e \tag{15.10}$$

ここに，M_c は引張縁がコンクリートの動的引張応力度 f'_t に達するときの曲げモーメントであり，f'_t は f'_c の 1/10 とした。さらに曲げ破壊に対する最大抵抗力 R_{By} を次式から算出する。

$$R_{By}=12M_{By}/L \tag{15.11}$$

ここに，M_{By} は曲げ降伏時のモーメントであり，「鉄筋コンクリート構造計算規準」[7)]の略算式を用いて次式から算出する。

$$M_{By}=\{g_1 q+0.5\eta_0(1-\eta_0)\}\,f'_{dc}BD^2 \tag{15.12}$$

$$q=p_t F_{dy}/f'_{dc} \tag{15.13}$$

$$\eta_0=N/BD\,f'_{dc} \tag{15.14}$$

ここに，g_1 は引張圧縮鉄筋間距離，F_{dy} は鉄筋の動的降伏強度，N は部材に作用する軸力を示す。次に最大抵抗時の変位 y_{By} を算定するため，降伏点剛性低下率 α_y を用いて降伏時剛性 $\alpha_y K_e$ を算定し，最大抵抗力 R_{By} を降伏時剛性 $\alpha_y K_e$ で除することにより次式のように求める[5)]。

$$\alpha_y=(0.043+1.64np_t+0.043a/D+0.33\eta_0)\cdot(d/D)^2 \quad \text{(a/D=2～5)} \tag{15.15a}$$

$$\alpha_y=(-0.0836+0.159a/D+0.169\eta_0)\cdot(d/D)^2 \quad \text{(a/D=1～2)} \tag{15.15b}$$

$$y_{By}=R_{By}/\alpha_y K_e \tag{15.16}$$

ここに n はヤング係数比，a/D はせん断スパン比であり，ここでは $L/6D$（D は部材高さ）となる。

最後に，トリリニアのスケルトンカーブで囲まれた面積とバイリニアのスケルトンカーブで囲まれた面積が等しくなるようにバイリニア型に変換を行う。バイリニア型に変換した際の弾性限界変位 y_{By2} 及び曲げ剛性 K_{B2} は次のように求められる。

$$y_{By2}=y_c+(1-R_c/R_{By})y_{By} \tag{15.17}$$

$$K_{B2}=R_{By}/y_{By2} \tag{15.18}$$

曲げ破壊に関するスケルトンカーブの作成プロセスを図 15.3 に示す。

荷重質量係数 K_{LM} については，曲げ破壊及びせん断破壊時のいずれも K_{LM}=0.77 とした[8),9)]。部材諸元について表 15.1 に示す。表 15.1 に示した部材に対する柱及び梁部材のスケルトンカーブを，図 15.4 及び図 15.5 に示す。なお，曲げの損傷区分は，表 15.1 に示す材端回転角 θ と部材の損傷程度の関係及び最大応答変位から求まる材端回転角に基づいて，「無損傷」から「甚大損傷」までの 5 種類に分類した。

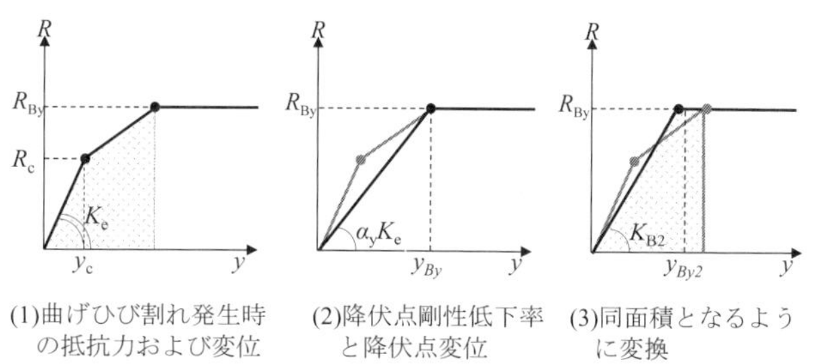

図 15.3　柱梁部材における曲げ破壊のスケルトンカーブの作成プロセス

表 15.1　柱及び梁部材の諸元

部材	柱	梁
部材姿図	N, H / B, D	L / B, D
部材寸法(m)	$B0.7\times D0.7\times H4.0$	$B0.4\times D0.8\times L6.3$
積載荷重	1.8kN/m²	1.8kN/m²
軸力	1,000kN	
主鉄筋	12-D25	引張：5-D25 圧縮：5-D25
主鉄筋降伏強度	345N/mm²	345N/mm²
せん断補強筋	D13@200 (p_w0.2%)	D10@200 (p_w0.2%)
せん断補強筋降伏強度	295N/mm²	295N/mm²
コンクリート圧縮強度f'_c	24N/mm²	
コンクリート引張強度f'_t	2.4N/mm²	

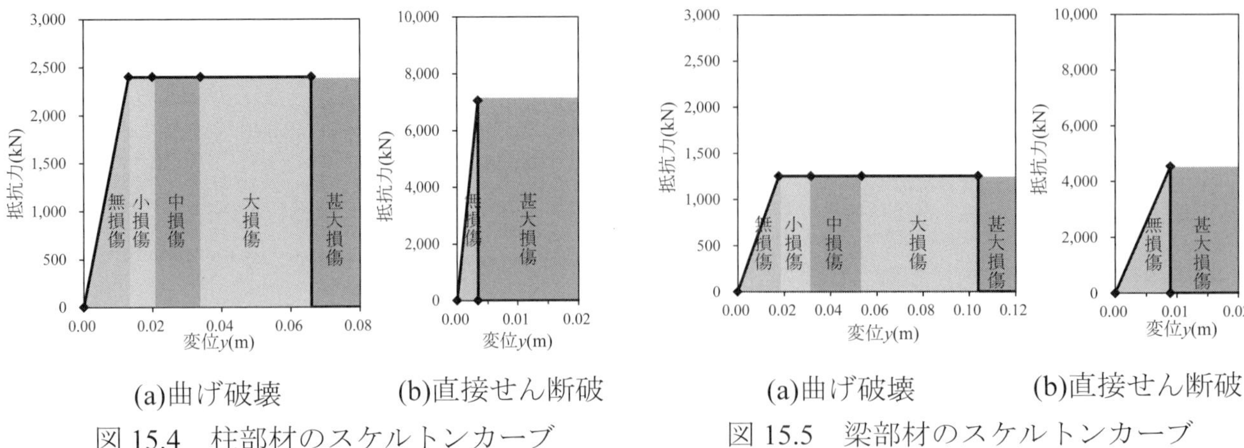

(a)曲げ破壊　(b)直接せん断破

図 15.4　柱部材のスケルトンカーブ

(a)曲げ破壊　(b)直接せん断破

図 15.5　梁部材のスケルトンカーブ

15.2　床スラブ部材のスケルトンカーブ

床スラブについては曲げ破壊の他に，直接せん断破壊について考慮する。本研究では，床スラブのせん断応力と端部のずれの関係を表した Krauthammer の提案式 [1)]を用いて作成した。直接せん断破壊に関するスケルトンカーブは，図 15.6 及び以下に示すように複数の直線によって定義される。

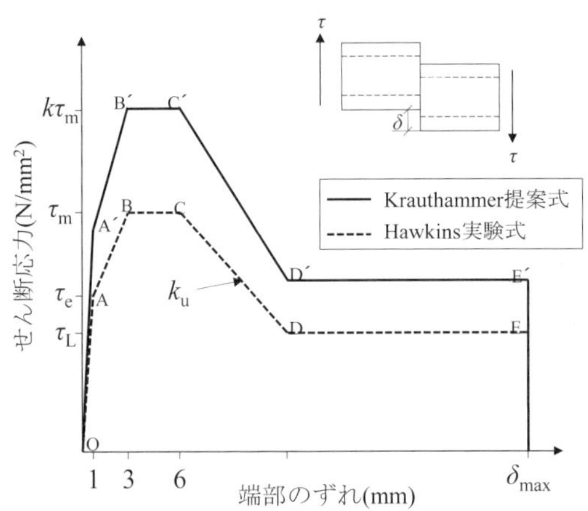

図 15.6　直接せん断破壊に関するスケルトンカーブのモデル

また，Krauthammer の提案式 [1)]は，静的な試験を基に Hawkins らが提案した実験式に対して，他の爆破実験の結果に適合するようにせん断応力に補正係数 k (k =1.4) を乗じている (図 15.6 参照)。各点のせん断応力及び端部のずれについては，次式で表される。

$$\tau_e = 1.14 + 0.157 f'_c \le \tau_m \tag{15.19}$$

$$\tau_m = 0.664\sqrt{f'_c} + 0.8 p_{vt} F_y \le 0.35 f'_c \tag{15.20}$$

$$K_u = 0.543 + 0.03 f'_c \tag{15.21}$$

$$\delta_{max} = 0.212 C(e^x - 1) \tag{15.22}$$

ただし，$x = \dfrac{5.18}{\sqrt{f'_c / d_b}}$，$c = 2.0$

$$\tau_L = \frac{0.85 A_{SB} f'_s}{A_c} \tag{15.23}$$

ここに，f'_cはコンクリートの圧縮強度(N/mm²)，p_{vt}はせん断面に対する鉄筋面積の割合，F_yは鉄筋の降伏強度(N/mm²)，d_bは鉄筋径(mm)，A_{sb}は下端側の鉄筋の面積(mm²)，f'_sは下端鉄筋の引張強度(N/mm²)，A_cはせん断面の面積(mm²)を示す。

さらに，せん断応力τに対するせん断抵抗力R_Sについては，せん断応力τに補正係数kを乗じて次式で求められる。

$$R_s(\tau)=2k\tau A(a+b) \tag{15.24}$$

ここに，Aは床スラブの厚さ，aは短辺の長さ，bは長辺の長さを示す。

ここでは，図 15.6 中の OA から AB 間においては，式(15.17)と同様の方法で面積が等しいバイリニア型になるように補正を行った。また，直接せん断破壊の場合，部材全体が瞬時にせん断方向に変位を生じるため，荷重質量係数K_{LM}についてはK_{LM}=1.0 とした。

床スラブにおける諸元は，表 15.2 に示す値を用いた。また，曲げ破壊に関するスケルトンカーブの作成法についても同様とする。上記の要領で得られた床スラブ部材のスケルトンカーブを図 15.7 に示す。ここで損傷区分については，鉄筋が降伏する点までの間を「無損傷」，鉄筋の降伏点から破断点までを「大損傷」，破断点に到達後を「甚大損傷」と定義した。なお，「小損傷」および「中損傷」については，変位差が小さくスケルトンカーブ上での定義が難しいため設定していない。

表 15.2　床スラブ部材の諸元

部材	床スラブ
部材姿図	b a D
部材寸法(m)	a3.15×b6.6×D0.18
積載荷重	2.9kN/m²
主鉄筋	上端筋：D10,13-@200 下端筋：D10-@200
鉄筋降伏強度F_y	295N/mm²
鉄筋引張強度f'_s	440N/mm²
コンクリート圧縮強度f'_c	24N/mm²

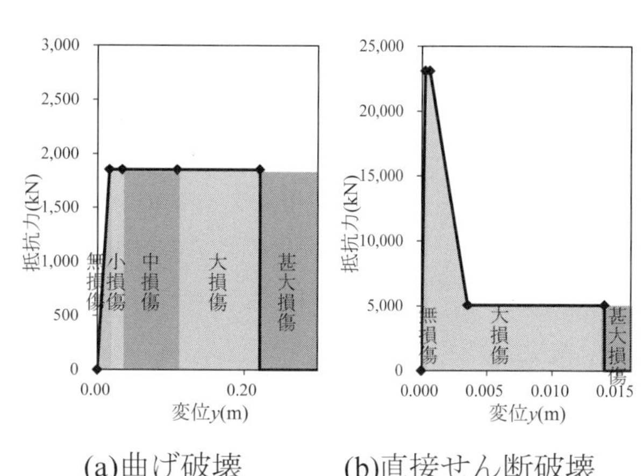

(a)曲げ破壊　　(b)直接せん断破壊

図 15.7　床スラブ部材のスケルトンカーブ

15.3 非線形スケルトンカーブを用いた P-I 曲線の作成方法

P-I 曲線とは，部材に同一の損傷程度（時刻歴応答解析における最大応答変位）を与える圧力 P と力積 I をプロットした点の集合である [10),11)]。P-I 曲線を用いることにより，図 15.8 に示すように P-I 曲線を境界として損傷領域と無損傷領域に分けることができる。

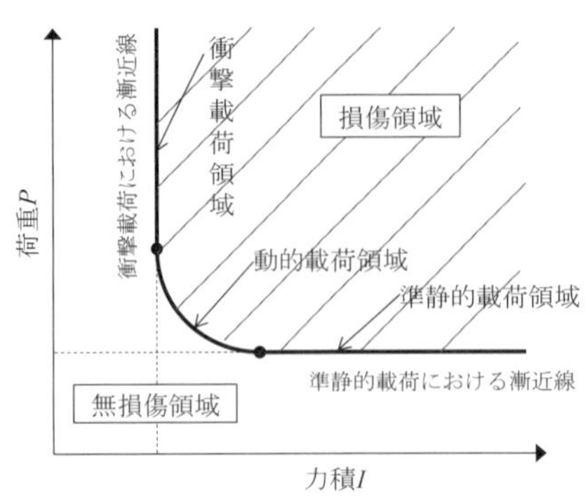

図 15.8　P-I 曲線のイメージ

P-I 曲線に基づいて，部材の固有周期に対する荷重継続時間の比が小さい衝撃載荷から，この比が大きくなる動的載荷や準静的載荷まで，任意の圧力 P_i と力積 I_i の組み合わせに対する構造部材の損傷を簡易に評価することが可能となる。ここでは，P-I 曲線の作成方法について述べる。

①部材種別に対し，対象とする破壊モードの一質点系モデル及び運動方程式を次式のように作成する。

$$K_{LM}M\ddot{y}+R(y)=F(t) \tag{15.25}$$

ここに，K_{LM} は荷重質量係数，M は部材の全質量，R(y)は図 15.4，15.5，15.7 のスケルトンカーブから求まる変位 y に対する部材の抵抗力，$F(t)$は時刻 t における荷重である.

②損傷程度を設定し，その損傷を与える最大応答変位（以下では損傷限界変位と呼ぶ）を表 15.1 から求める。例えば，柱部材の曲げ変形で「大損傷」が生じるためには材端回転角 θ は 0.017(rad)以上となるので，対応する損傷限界変位 y_1 は以下のように求められる。

$$y_1=0.017L/2=0.017\times4.0/2=0.034(\mathrm{m})$$

③荷重継続時間を t_{r1} に固定する。

④式(15.25)中の $F(t)$を変化させて応答変位を求める。この際，最大応答変位が損傷限界変位 y_1 と等しくなる荷重 F_1 について，図 15.9 に示すように二分法を用いて求める。

⑤荷重継続時間 t_r と荷重 F を用いて，最大反射圧 P_r と単位面積あたりの力積 I に変換する。

$$P_r=F/S \tag{15.26}$$

$$I=P_rt_r/2 \tag{15.27}$$

ここに，S は荷重を受ける部材面の面積を示す。

⑥手順③から⑤を t_r の値を変化させ繰り返す。⑤で算出された最大反射圧と単位面積あたりの力積の組み合わせを同一平面にプロットしていくことで，図 15.10 に示すように P-I カーブを得ることができる。

なお，荷重継続時間 t_r については，表 15.3 に示す日本建築学会で示された載荷速度による分類[5)]に基づき，$0.01\leqq t_r/T\leqq10$ の範囲において繰り返し計算を行った。

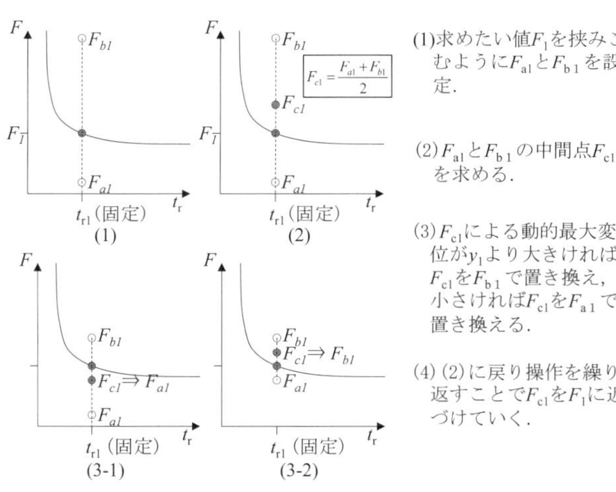

図 15.9　二分法を用いた損傷限界変位に対応する荷重の算出方法

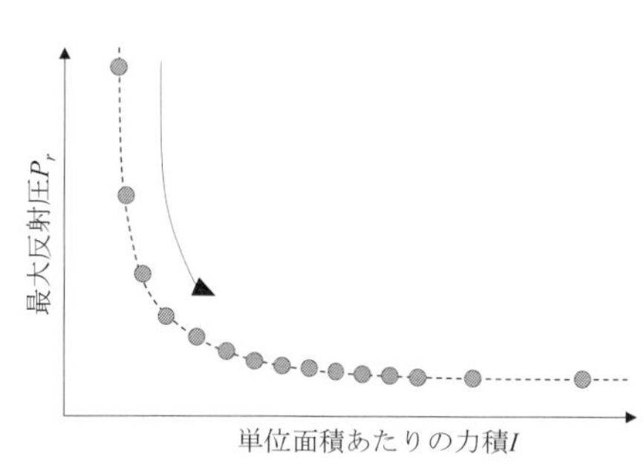

図 15.10　P-I 曲線作成のプロセス

表 15.3　載荷速度による分類

分　類	定　義	区　分
衝撃載荷領域	衝撃荷重の作用時間が部材の固有周期に比べて極めて短い場合	$t_d/T<0.064$
動的載荷領域	衝撃荷重の作用時間と部材の固有周期が比較的近い場合	$0.064\leqq t_d/T\leqq 6.4$
準静的載荷領域	衝撃載荷の作用時間が部材の固有周期に比べて極めて長い場合	$6.4<t_d/T$

15.4　P-I 曲線による RC ボックスの直接せん断破壊に対する評価

15.1 節および 15.2 節で示したスケルトンカーブと 15.3 節で示した P-I 曲線について，過去の実験データと比較を行うことで直接せん断破壊に対する精度を検証する。ここでは，過去に米軍が実施した実験[12)]を対象とし，実験および Krauthammer らの数値解析[2),13)]による結果からも直接せん断破壊が生じているとされているケース DS1-5 を対象とした。実験の試験体は幅・奥行き・高さがすべて 1.2m の RC ボックスであり，スラブの厚みは 142mm である。コンクリートの圧縮強度は 41N/mm^2，主鉄筋には D13（降伏強度 433N/mm^2），せん断補強筋には D10（降伏強度 415N/mm^2）を用いている。実験の概要を図 15.11 に示す。また，爆破実験の結果，中央部では約 380mm，端部では約 210mm の最大変位が生じている。

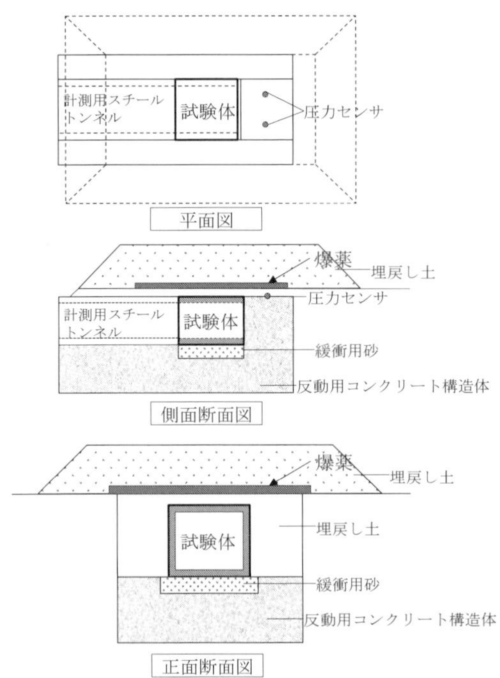

図 15.11　直接せん断破壊に関する既往の実験

試験体の寸法及び断面諸元に基づいて，曲げ破壊及び直接せん断破壊に関するスケルトンカーブを図 15.12 のように作成した。また図 15.13 に，スケルトンカーブを基に作成した P-I 曲線と，実験値である圧力と力積の関係をプロットしたものを示す。ここで曲げ破壊の P-I 曲線を作成するためには損傷限界変位が必要である。しかし，文献からその値を得ることが出来なかったので，ここでは実験終了時の最大たわみ，すなわち中央部と端部での変位差（170mm）を損傷限界変位と仮定して作成した図 15.13 から実験条件である圧力と力積の位置は，直接せん断破壊による破壊位置と曲げに対する無損傷領域にプロットされており，実験結果と一致している。また，直接せん断破壊に関するスケルトンカーブを用いて得られた変位（端部のずれ）～時間関係を図 15.14 に示す。図から，解析値は実験結果をある程度良好に再現していることがわかる。また，約 0.5msec の時点で端部のずれが約 7mm の破断点に達していることがわかる。Krauthammer らの解析によると，部材端部の曲げ抵抗にまだ余裕があるにも関わらず，約 0.6msec において直接せん断破壊が生じていると報告されており [2]，本解析は実験結果とほぼ一致していると言える。

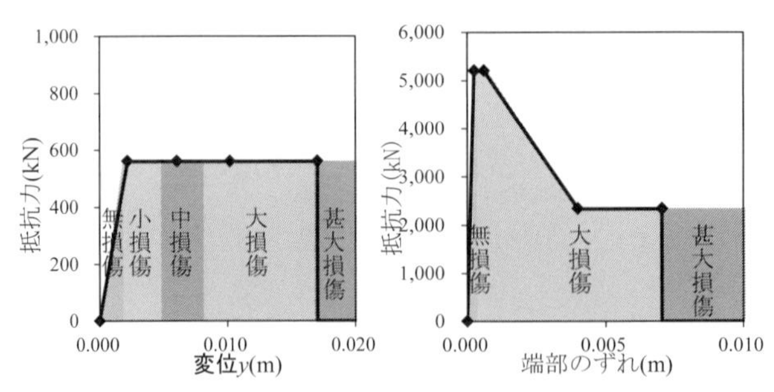

(a)曲げ破壊　　　　(b)直接せん断破壊

図 15.12　ケース DS1-5 のスケルトンカーブ

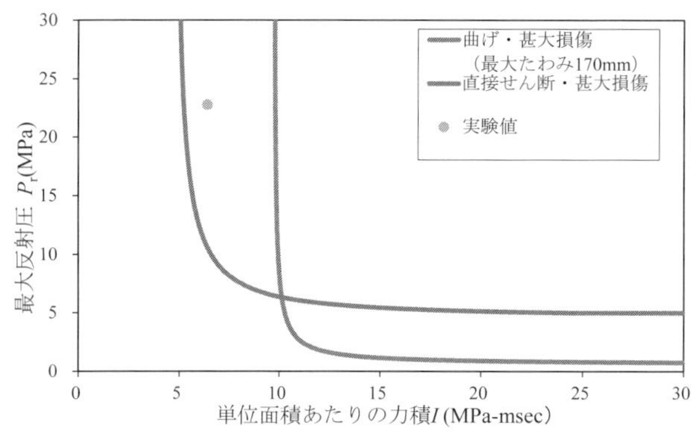

図 15.13　P-I 曲線と実験値の関係

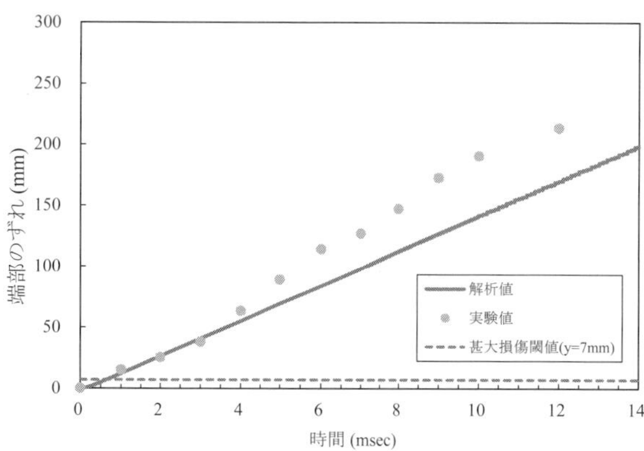

図 15.14　端部のずれに関する解析値と実験値

参考文献

1) T.Krauthammer，M.ASCE，N.Bazeos，T.J.Holmquist：Modified SDOF Analysis of RC Box-type Structures，Journal of Structural Engineering，Vol.112(4)，pp.726-744，1986.

2) T.Krauthammer, H.M.Shanaa, A.Assadi : Response of Structural Concrete Elements to Severe Impulsive Loads，Computers and Structures，Vol.53(1)，pp.119-130，1994.

3) J.Xu，C.Wu，Z.X.Li：Analysis of Direct Shear Failure Mode for RC Slabs Under External Explosive Loading，International Journal of Impact Engineering，Vol.69，pp.136-148，2014.

4) K.Micallefa，J.Sagasetaa，M.Fernández Ruizb，A.Muttoni：Assessing Punching Shear Failure in Reinforced Concrete Flat Slabs Subjected to Localized Impact Loading，International Journal of Impact Engineering，Vol.71，pp.17-33，2014.

5) 日本建築学会：建築物の耐衝撃設計の考え方，2015.

6) 荒川卓：鉄筋コンクリートはりの許容せん断応力度とせん断補強について，日本建築学会大会学術講演梗概集，1967.

7) 日本建築学会：鉄筋コンクリート構造計算規準・同解説，2010.

8) M. Biggs：Introduction to Structural Dynamics，John, McGraw-Hill,Inc.，1964.

9) C.H.Norris：Structural Design For Dynamic Loads, McGraw-Hill,Inc.，1959.

10) P.D.Smith, J.G.Hetherington : Blast and Ballistic Loading of Structures, Butterworth-Heinemann, 1994.

11) W.E.Baker，P.A.Cox，P.S.Westin，J.J.Kulesz，R.A.Strehlow：Explosion Hazards and Evaluation, Elsevier

12) T.B.slawson：Dynamic Shear Failure of Shallow-Buried Flat-Roofed Reingforced Concrete Structures Subjected to Blast Loading，Technical Report SL-84-7，Structures Laboratory，U.S.Army Engineer Waterways Experiment Station，Vicksburg，Miss，1984.

13) P.H.Ng，T.Krauthammer：Pressure Impulse Diagrams for Reinforced Concrete Slabs，2nd Design and Analysis of Protective Structures 2006.

第１６章　C4 爆薬の接触・近接爆発に対するコンクリート版の損傷評価

16.1　はじめに

近年，花火工場等における不測の爆発事故やテロ活動による爆破事例が国内外で多発している。爆発に対して人命や構造物を防護するためには，爆発現象および爆発によって生成された爆風圧による構造物の破壊プロセスを解明する必要がある。爆薬の爆轟特性や爆風圧の伝播特性に関しては，応用化学の火薬学分野で基本的な爆発現象の解明が進み，爆発による衝撃波の応用に関する研究も行われつつある。ところが，爆発荷重を受ける構造物の破壊に関する研究は，米国・シンガポール・イスラエルなど一部の国では実規模～小型の爆発実験が盛んに行われているが，日本国内においては実験施設の制約や安全上の問題から限られた研究機関や一部の大学で行われているにすぎない。国内における最近の研究としては，森下ら[1),2),3)]が鉄筋コンクリート（以下，RC と称する。）版を対象とした接触および近接爆発実験を行っている。この研究では，ペントライト（TNT とペンスリットの混合物）およびペンスリット爆薬を用い，爆薬量やスタンドオフ（離隔距離）の大小による爆破影響とコンクリートの強度や鉄筋の配置がコンクリート版の局部破壊の大きさに与える影響を調べるとともに，局部破壊の推定法を提案している。今後の課題としては，①信頼性のあるデータを継続して蓄積すること，②コンクリートや爆薬の種類を変化させ，破壊に与える影響を調べること，③構造物全体をモデル化して破壊挙動を解明すること，④爆発荷重を受ける構造物の防護方法の検討，などがあげられる。

一方，近年のコンピュータの高性能化および爆発専用数値解析ソフトの開発により，爆発荷重を受けるコンクリート構造物の破壊挙動が数値シミュレーションによって予測可能になっている。片山ら[4)]は，実規模のコンクリートアーチ構造内部で TNT 爆薬が爆発した場合について衝撃解析コード AUTODYN を用いた数値解析を行い，RC 構造物の破壊挙動がシミュレーションによって予測できることを示している。また，丹羽ら[5)]は，森下らが行った実験について衝撃専用解析ソフト LS-DYNA を用いて解析し，実験の結果と比較した結果ほぼ満足できる精度でシミュレートできることを報告している。ただし，3 次元解析が必要な複雑で大規模な構造物を対象とする場合の解析結果の信頼性・妥当性については，今後も引き続き検討が必要であると考えられる。

本章では，爆発に対するコンクリート部材の破壊特性を調べてコンクリート構造物の耐爆防護に関する資料を得るため，ｉ）C4 爆薬の爆発にともなう爆風圧特性を調べる基礎爆発実験，ⅱ）小型コンクリート版に対する接触・近接爆発実験，およびⅲ）AUTODYN による実験ｉ）およびⅱ）の数値シミュレーションを行う。

16.2　C4 爆薬の爆発による爆風圧特性

C4 爆薬の爆発に対するコンクリート版の損傷・破壊を検討するに先立ち，地上で C4 爆薬を爆発させ，爆薬量と離隔距離の関係を調べた。

16.2.1　C4 爆薬の爆風圧に関する基礎実験

(1) 実験の概要

実験は，防衛大学校の爆発実験施設内の爆発ピット（半球形室内直径 4m）で行った。図 16.1 に，爆薬と計測状況の概要を示す。本研究では，取り扱いが安全で成形が容易であるC4爆薬を用いて実験を行っている。C4爆薬は，円柱形（高さ/径＝1/1）に成形し，その上面から6号電気雷管の添装薬側を地面に向けて挿入し起爆した。このC4爆薬を地上から10cm離隔して設置し，爆薬中心（爆源）から83，103，123，143cmの4箇所の位置で側方へ伝播する爆風圧（波面圧力）を計測した。爆風圧の測定には爆発計測用トランスデューサ（PCB社製ICPペンシル型計測器137A22，測定範囲：3.45MPa，共振周波数：500kHz以上，分解能：0.069kPa）を用いた。実験では，C4爆薬の質量を12.5，25，100，200gの4種類に変化させて，それぞれ1ケースずつ爆風圧の大きさと距離の関係を調べた。

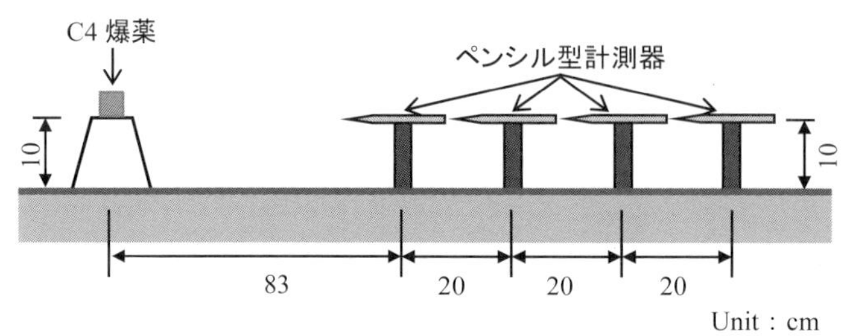

図16.1　実験の概要

(2) 実験結果

図16.2に，各爆薬量における爆風圧～時間関係を示す。いずれの爆薬量においても，爆風圧が到達すると瞬時に大きな圧力が生じている。図16.2(d)に示す爆薬量200gの場合，爆源から83cmおよび143cm離れた位置で生じた最大爆風圧は表16.1からそれぞれ約521kPaおよび184kPaであり，その大きさは離隔距離の比のほぼ2乗に反比例する傾向がある。また，図16.2の各波形はいずれの場合も初期に複数のピークが現れる性状を示している。さらに，爆源近傍（83cm）と遠距離（143cm）において計測された圧力波形を比較すると，遠距離の場合のピーク値が遅れて生じていることがわかる。これは，爆源から計測地点が遠くなるほど爆発ピットの壁による反射波の影響を受けるためと考えられる。また，いずれの位置においても，最大爆風圧を示した後は急激に減衰して負圧に転じている。その後は，正弦波状に減衰していく現象が生じている。爆風圧が負圧になる理由は，爆発によって爆発ガスが膨張し，大気圧以下になると爆発ガスは逆に収縮するためである。また，収縮後，大気圧以上になると爆発ガスは再度膨張し，正圧を生じる。正弦波状の減衰振動は，これを繰り返すことによって生じる。正圧の継続時間（爆風圧が到達してから負圧が生じるまでの時間）は，爆薬量が大きくなるほど，また計測位置が離れるほど長くなる傾向がある。ちなみに，83cmの位置では約0.5～1.0msの継続時間であった。

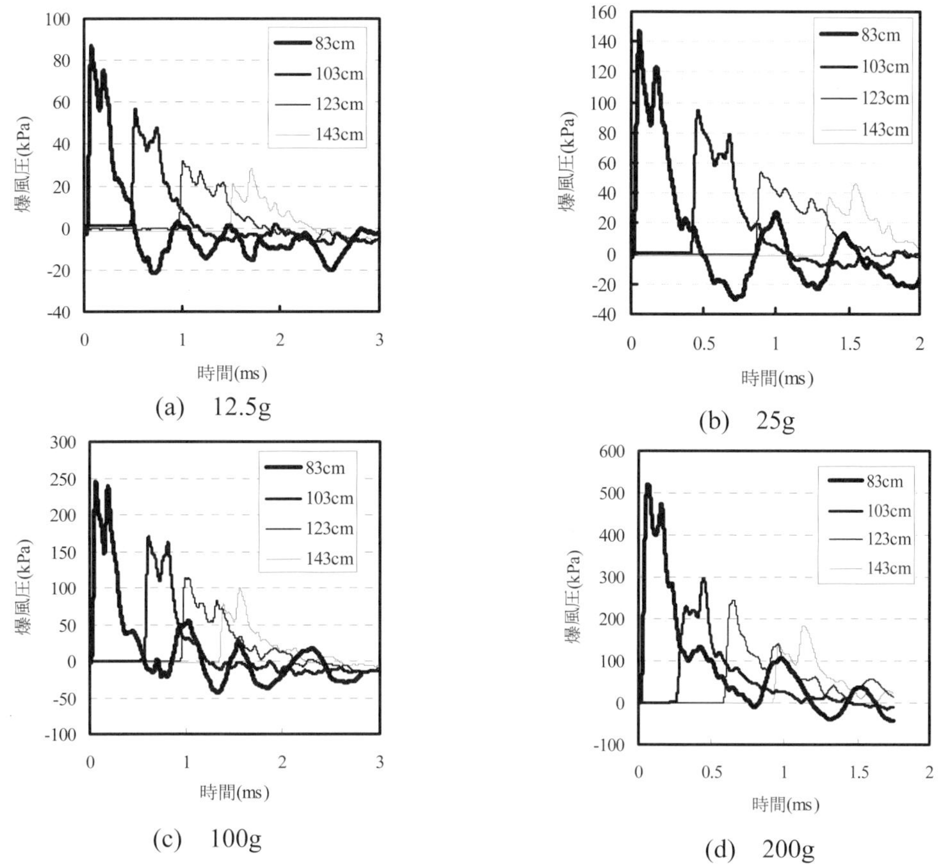

(a)　12.5g　(b)　25g

(c)　100g　(d)　200g

図 16.2　C4 爆薬の爆風圧～時間関係

表 16.1　最大爆風圧

爆薬量(g) / 壁距離(cm)	12.5	25	100	200
83	87	147	245	521
103	57	94	170	298
123	32	54	114	243
143	29	46	100	184

単位：kPa

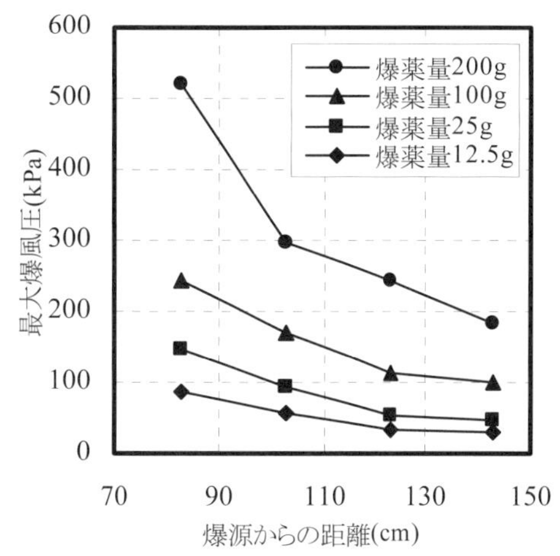

図 16.3　最大爆風圧と離隔距離の関係

各爆薬量の爆発における最大爆風圧と距離の関係を，表 16.1 および図 16.3 に示す。これより，最大爆風圧は，爆薬量の増加とともに大きくなっていることがわかる。また，離隔距離が大きくなるにしたがって，急激に減衰している。図 16.3 の最大爆風圧と距離の関係を換算距離 K （爆薬量 W (g)，離隔距離 D (cm)とすると，$K = D/W^{\frac{1}{3}}$ ）を用いて表すと，図 16.4 のようになる。図中には，べき乗関数で近似回帰した次式で与えられる曲線を示している。

$$p_s = 70.0 \times K^{-0.8} \tag{16.1}$$

ここに，p_s ：最大爆風圧(kPa)，K ：換算距離(g/cm$^{1/3}$)である。

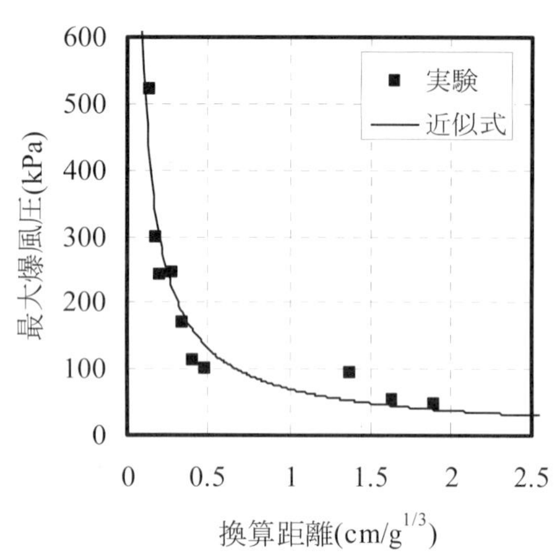

図 16.4　最大爆風圧と換算距離の関係

表 16.2　JWL 式のパラメータ値

ρ(mg/mm^3)	A(kPa)	B(kPa)	R1	R2	ω
1.601	6.0977×10^8	1.295×10^7	4.5	1.4	0.25

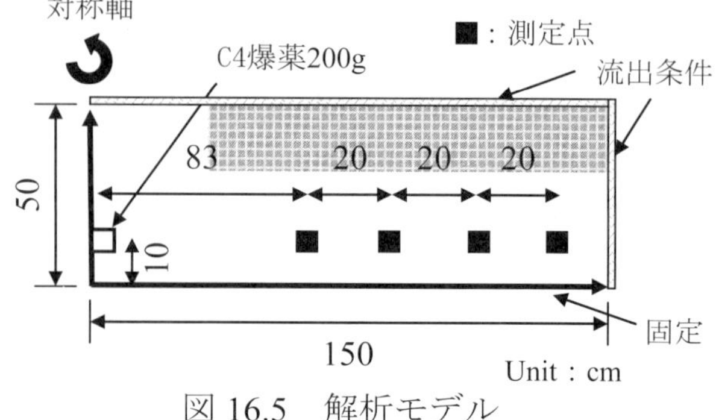

図 16.5　解析モデル

16.2.2　実験に対する数値シミュレーション

一般に，爆薬の爆轟特性および爆風圧は，圧力，体積および温度の関係式である状態方程式として記述される。これまでに，BKW 式，KHT 式などいくつかの状態方程式が提案されている[6]が，本研究では, 式の形が簡便でコンピュータシミュレーションに適している Jones-Wilkins-Lee（JWL）式を用いて，実験の数値シミュレーションを行った。JWL 式は次式で表される。

$$P = A(1-\frac{\omega\eta}{R_1})e^{-\frac{R_1}{\eta}} + B(1-\frac{\omega\eta}{R_2})e^{-\frac{R_2}{\eta}} + \omega\eta\rho_0 e \tag{16.2}$$

ここに，P は爆轟圧力，A，B，R_1，R_2，ω は定数，e は単位質量あたりのエネルギー，$\eta=\rho/\rho_0$，ρ は密度，ρ_0 は初期密度である。

C4 爆薬に対する JWL 式のパラメータ値は， Lawrence Livermore 研究所が C4 爆薬用に提案した表 16.2 に示す値を用いた。図 16.5 に，解析モデルを示す。ここでは，2 次元軸対称のオイラー座標系で解析を行った。解析領域を 60,000 要素に分割し，実験と同じ円柱型の C4 爆薬を対称軸上の原点から 10cm 上の位置に設置した。なお，地盤は固定境界としてモデル化した。図 16.6 に，爆薬量 200g の爆発における距離 83cm および 143cm 位置での爆風圧～時間関係を，実験結果と比較して示す。解析と実験結果を比較すると，最大爆風圧および正圧の継続時間はほぼ一致していることが認められる。図 16.7 に各センサー位置に波面圧力が到達したときの爆風圧分布を示す。なお，図中の圧力は，大気圧（100kPa）を含んで表示している。これより，爆源の近傍では衝撃波が地面で反射するために複雑な爆風圧分布を示している。また，波頭は半球状に広がりながら安定して伝播していることがわかる。

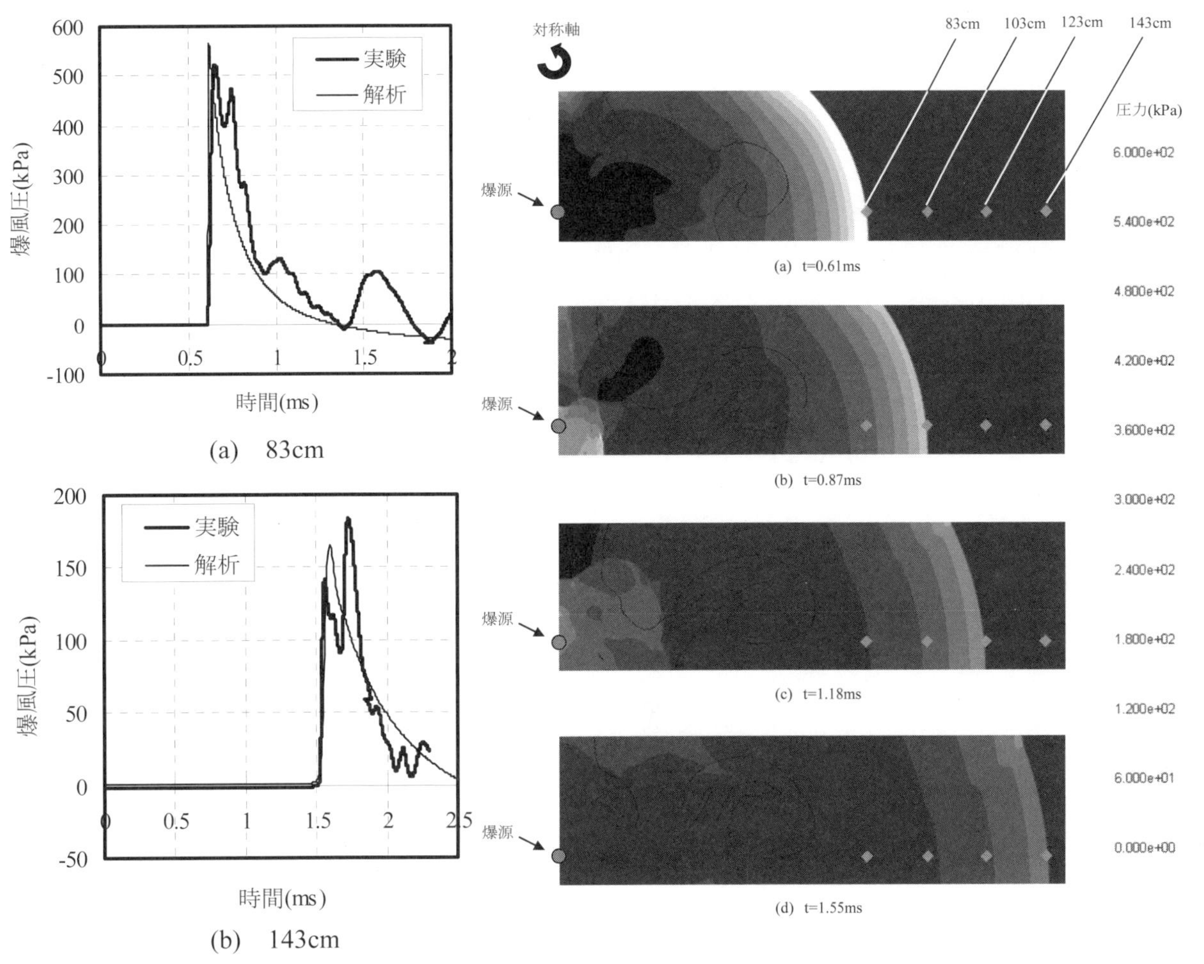

図 16.6　爆風圧の解析結果

図 16.7　爆風圧の伝播状況（爆薬量 200g）

図 16.8 には，各爆薬量の爆発における最大爆風圧と離隔距離の関係において，解析と実験結果を比較して示している。図から，爆薬量が多い 100g および 200g の場合は，両者はほぼ良好に一致していることがわかる。一方，爆薬量が少ない 25g と 12.5g の場合，爆心から近い位置での値に差異が生じている。

以上の検討より， C4 爆薬の爆発による爆風圧特性は JWL 式を用いることにより，概ねシミュレートできると言える。

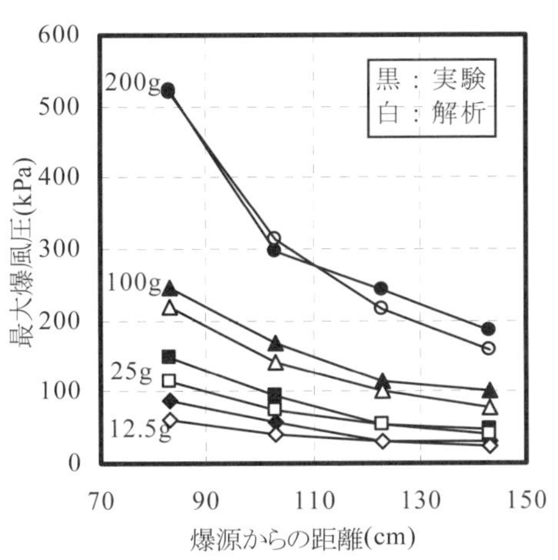

図 16.8　爆風圧シミュレーション結果

16.3　C4 爆薬の接触・近接爆発に対するコンクリート版の損傷・破壊に関する実験的検討

C4 爆薬の爆発条件としては，コンクリート版表面に爆薬を接触させた状態で爆発させる接触爆発と，コンクリート版の表面から離隔（スタンドオフ）させて爆発させる近接爆発の 2 種類である。

16.3.1 実験概要

コンクリート版供試体は，縦：50cm×横：50cm，厚さ：5，10cm の 2 種類である。実験時の圧縮強度，引張強度は，それぞれ 25.9，1.78N/mm^2 であった。コンクリート版供試体および爆薬の設置状況を，図 16.9 に示す。コンクリート版は，支持幅 5cm の枠状支持台に載せ（4 辺単純支持），版表面中央に C4 爆薬を設置し起爆した。近接爆発の場合は，針金で作成した治具で高さ（スタンドオフ）を調整した。実験ケースを,表 16.3 に示す。実験パラメータは，爆薬量 W：20～180g およびスタンドオフ：0～15cm である。

図 16.9　供試体設置状況（近接爆発）

表 16.3　実験ケース

番号	t(cm)	W(g)	S(cm)	番号	t(cm)	W(g)	S(cm)
1	10	20	0	5	10	180	7
2	10	50	0	6	5	50	7
3	10	50	4	7	5	50	10
4	10	50	7	8	5	50	15

16.3.2 実験結果および考察

接触（スタンドオフ：0cm）または近接爆発に対して生じるコンクリート版の局部破壊は，図 16.10 に示すようにクレータ（表面破壊），スポール（裏面剥離）および貫通に分類される。本研究においても，この分類に従って,爆発条件と破壊の関係を調べた。

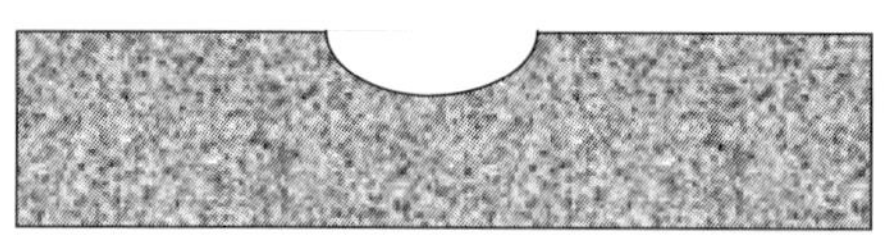

(a)　表面破壊（クレータ）

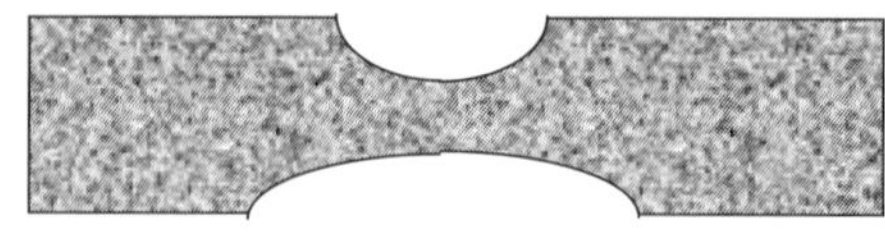

(b)　表面破壊と裏面剥離（スポール）

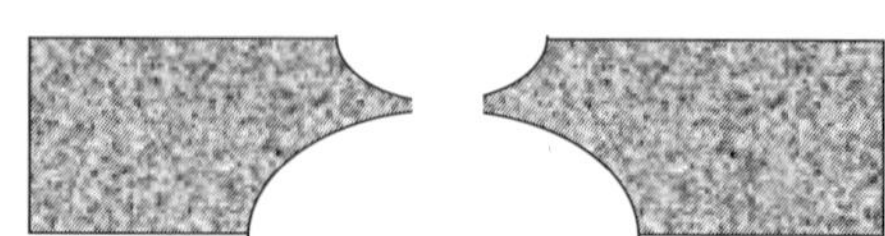

(c)　貫　通

図 16.10　破壊の種類

(1)接触爆発による破壊

厚さ 10cm のコンクリート版に対して，薬量 20 および 50g をそれぞれ接触爆発させたときに生じた破壊状況を，　写真 16.1 に示す。表面に残された爆発痕から，爆発による圧力は版中央に集中して作用していることがわかる。薬量 20g では爆発面にクレータおよび裏面にはひび割れが発生し，50g では表面のクレータと裏面にスポール破壊が生じた。

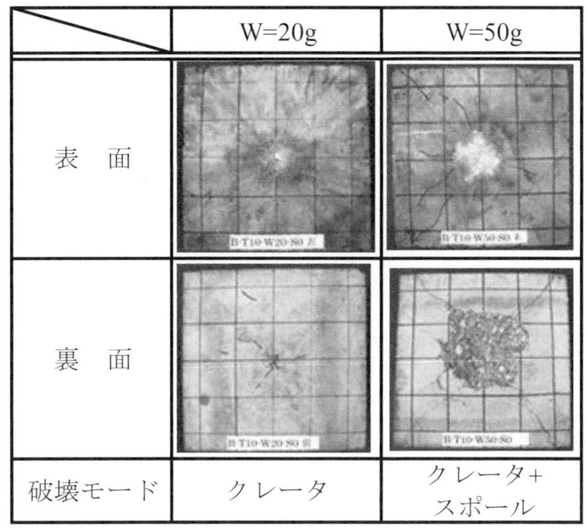

	W=20g	W=50g
表　面		
裏　面		
破壊モード	クレータ	クレータ+ スポール

写真 16.1　版厚 t=10cm の接触爆発

(2)近接爆発による破壊

厚さ 10cm のコンクリート版に対して，薬量 50g でスタンドオフが 4 および 7cm および 180g でスタンドオフ 7cm の 3 条件で近接爆発させた。破壊状況を，写真 16.2 に示す。爆薬量 50g でスタンドオフが 4cm の場合は，表面にクレータと裏面にひび割れが生じ，スタンドオフ 7cm では表面にわずかな爆破痕が生じただけで破壊は生じなかった。また，スタンドオフが 7cm のとき薬量 180g では貫通破壊とそれにともなう版の全体破壊が生じた。次に，厚さ 5cm のコンクリート版に対して，薬量 50g でスタンドオフを 7，10，15cm の 3 条件で近接爆発させた。破壊状況を，写真 16.3 に示す。スタンドオフが 7cm の場合は，裏面にスポール破壊が生じた。スタンドオフ 10，15cm になると，コンクリート版は無筋であるため大きな曲げひび割れが生じて破壊したが局部破壊は確認できなかった。なお，表面には深さ 2mm 程度の爆発痕が残っていた。

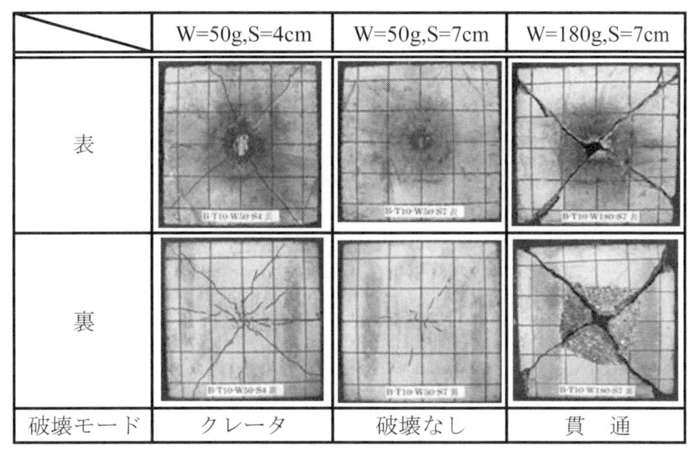

	W=50g,S=4cm	W=50g,S=7cm	W=180g,S=7cm
表			
裏			
破壊モード	クレータ	破壊なし	貫　通

写真 16.2　版厚 t=10cm の近接爆発

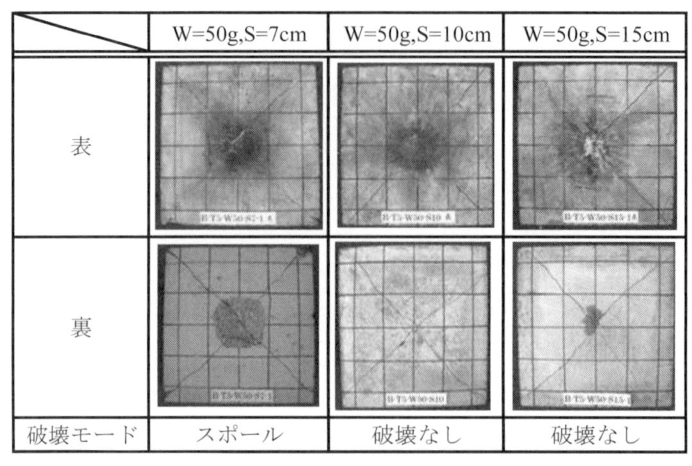

写真 16.3　版厚 t=5cm の近接爆発

16.3.3　Mcvay 評価式による損傷評価との比較

近接爆発を受ける鉄筋コンクリート版の損傷予測法に Mcvay の式がある。森下らは,この式を準拠した上で接触爆発に対する評価およびクレータ発生限界を補足する式（以下，修正 Mcvay 式と呼ぶ）を提案している [1]。

（スポール限界）接触爆発：$T/W^{1/3} = 3.6$ (16.3a)

近接爆発：$T/W^{1/3} = 2.80\left(R/W^{1/3}\right)^{-0.59}$ (16.3b)

（貫通限界）　接触爆発：$T/W^{1/3} = 2.0$ (16.4a)

近接爆破：$T/W^{1/3} = 1.24\left(R/W^{1/3}\right)^{-0.59}$ (16.4b)

（クレータ発生）　$R/W^{1/3} \leq 3.1$ (16.5)

ここに，T：版厚(cm)，R：スタンドオフ(cm)，W：TNT に換算した爆薬量(g)，である。

本実験条件により生じた破壊を,上式による評価と比較して図 16.11 に示す。なお, 式(16.3)～(16.5)は TNT 爆薬に対する評価式であるため，C4 爆薬の質量を爆発熱換算により TNT の 1.25 倍として修正している。これより，本実験でのクレータ発生限界は換算距離 1.5 付近となり評価式による 3.1 よりも小さい。また，多少のばらつきはあるものの，貫通およびスポール限界は評価式とほぼ傾向は一致していることがわかる。すなわち，異種の爆薬でも爆薬量を TNT 換算することにより，修正 Mcvay 式を用いて貫通およびスポール破壊の発生をある程度推定できると言える。

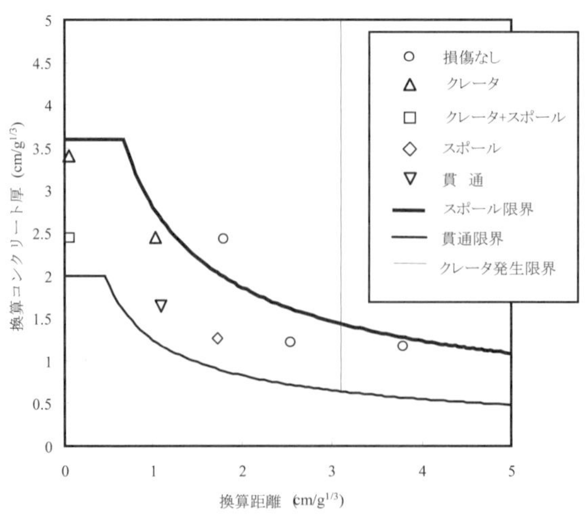

図 16.11　破壊結果に対する実験と評価式の比較

16.4　接触・近接爆発に対するコンクリート版の損傷シミュレーション

接触および近接実験の数値シミュレーションを，衝撃解析コード AUTODYN を用いて行った。これまで，爆発荷重を受けるコンクリート版の損傷・破壊に関して行われた数値解析の研究例は少ない。また，実験においても計測上の制約から，コンクリート版に作用する爆風圧やコンクリート内部に生じるひずみ計測など，解析結果の妥当性を検証するために必要なデータを得ることは困難であり，現在のところ十分ではない。本研究では，基礎的な段階として，数値シミュレーションに用いるコンクリートのモデル化について検討を行った。なお，C4 爆薬は，先に検討した数値モデルを用いている。

16.4.1 解析および構成モデル

(1) 解析モデル

図 16.12，16.13 に，接触および近接爆発の解析モデルを示す。実験では，版全体の曲げひび割れも発生したが，本研究では局部破壊を対象としているため，解析は 2 次元軸対称系で行った。コンクリート版はラグランジュ座標系で，　C4 爆薬および空気はオイラー座標系でモデル化した。

解析対象のコンクリート版のメッシュは，9,177 要素（1 要素あたり 1.75mm×1.75mm の大きさ）に分割した。また，爆薬および空気のメッシュは 60,000 要素とした。C4 爆薬の解析モデルは先に検討したモデルを用い，空気は理想気体としてモデル化した。コンクリート版の境界条件は，実験と同様に，供試体端部の下側を上下方向のみ拘束した。

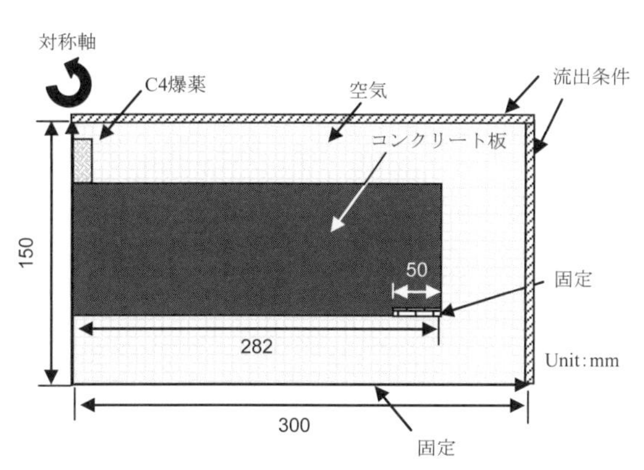

図 16.12　接触爆発の解析モデル

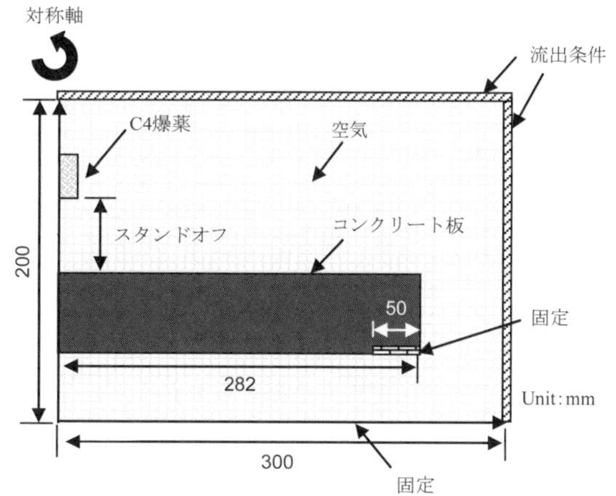

図 16.13　近接爆発の解析モデル

(2) コンクリートの静水圧モデル

本解析では，まず要素ごとに体積ひずみに応じた静水圧（圧力）成分の評価を行い，次に静水圧に応じた降伏基準値で降伏判定を行う。通常，固体の解析では，それほど大きな体積ひずみが生じないので次に示す線形の静水圧～体積ひずみ関係を用いることが多い。

$$I_1 = K\varepsilon_V \tag{16.6}$$

ここに，I_1 は静水圧，K は体積弾性係数，ε_V は体積ひずみ，である。

コンクリート版が爆発荷重を受けると，コンクリート内部に大きな圧力が発生することが考えられる。森下ら [7)]は，衝撃静水圧実験を行いコンクリートの静水圧特性を次式でモデル化している。

$$I_1 = f_c'\left(a\varepsilon_V + b\varepsilon_V^2 + c\varepsilon_V^3\right) \tag{16.7}$$

ここに，f_c'：一軸圧縮強度（25.9kPa），a，b，c は定数で，$a = 8.92\times10^6(kPa)$，$b = -3.536\times10^2(kPa)$，

$c = 5.96356 \times 10^{-3}\,(kPa)$ である。

本研究でも，森下らが提案した非線形の静水圧モデルを用いて，解析結果に与える影響について考察した。図 16.14 に，線形モデルと森下らの静水圧モデルを示す。森下らの静水圧モデルは，体積ひずみの増加とともに一度緩やかな勾配を示すが，体積ひずみが 0.04 を過ぎると静水圧が急に大きくなる傾向を示す。

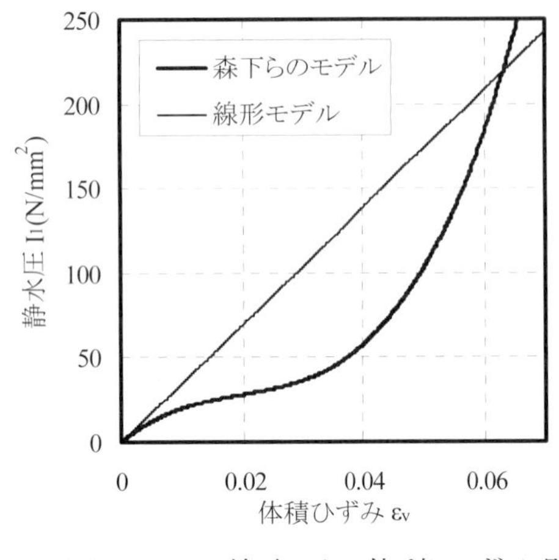

図 16.14　静水圧～体積ひずみ関係

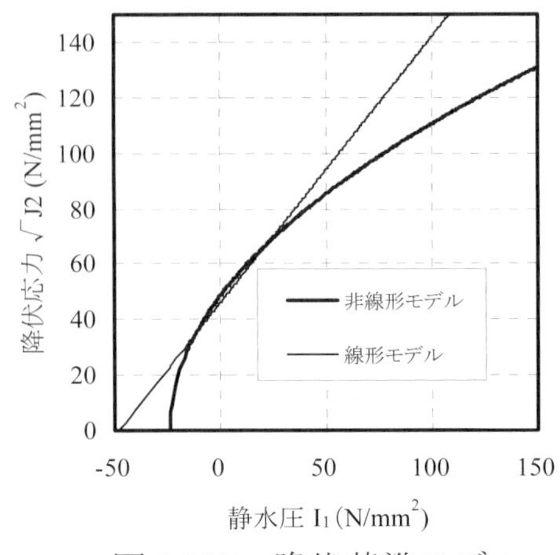

図 16.15　降伏基準モデル

(3) コンクリートの降伏基準とひび割れ発生基準

図 16.15 に，コンクリートの降伏基準モデルを示す。とくに，接触爆発の場合はコンクリート内部に発生する静水圧が大きくなることが想定されるので，コンクリートの降伏基準としては静水圧に依存して降伏強度が変化する Drucker-Prager モデルを選択した。この際，静水圧に対応して降伏強度が増加する割合を，図に示すように線形および非線形の 2 種類を用いた。なお，非線形モデルは，一軸引張強度と一軸圧縮強度を通過するようにモデル化したものである。

ひび割れの基準については，静水圧が膨張圧になり，コンクリートの一軸引張強度と等しい圧力（$I_1 = -f_t$ ）に達したときひび割れが発生するものとした。ひび割れ後は，応力をゼロにするカットオフモデルを用いている。

(4) ひずみ速度効果

ひずみ速度効果については，本来は全ての位置で時々刻々変化するが，計算時間短縮のため全ての要素で同じひずみ速度が生じるものと仮定した。具体的には，高速一軸圧縮および一軸引張試験で得られた強度の増加率を，降伏基準モデルの降伏応力の増加として反映させた。ひずみ速度効果によるコンクリートの一軸圧縮および引張強度増加の評価式として，以下に示す藤掛らおよび Ross らの式がある。

動的圧縮強度の増加率：藤掛らの式[8)]

$$\frac{f'_{cd}}{f'_{cs}} = \left(\frac{\dot{\varepsilon}}{\dot{\varepsilon}_s}\right)^{0.006\left[Log\left(\frac{\dot{\varepsilon}}{\dot{\varepsilon}_s}\right)\right]^{1.05}} \tag{16.8}$$

ここに，$\dot{\varepsilon}_s$:静的載荷時のひずみ速度[(1.2×10^{-5}(1/s)]，: $\dot{\varepsilon}$:急速載荷時のひずみ速度(1/s)，f'_{cs} :静的載

荷時の圧縮強度(N/mm²)，f'_{cd} :動的載荷時の圧縮強度(N/mm²)である。

動的引張強度の増加率：Ross らの式[9)]

$$\eta(\dot{\varepsilon})=\frac{f_{td}}{f_{ts}}=\exp\left[0.00126\left(Log\frac{\dot{\varepsilon}}{\dot{\varepsilon}_s}\right)^{3.373}\right] \tag{16.9}$$

ここに，$\dot{\varepsilon}_s$ ：静的載荷のひずみ速度[1.0×10⁻⁷(1/s)]，$\dot{\varepsilon}$ ：急速載荷時のひずみ速度(1/s)，f_{ts} :静的載荷時の引張強度(N/mm²)，f_{td} :動的載荷時の引張強度(N/mm²)である。

表 16.4 に，本解析で用いたひずみ速度と対応した強度の増加を示す。ここで，ひずみ速度は 10^2 ～10^3 のオーダーと非常に大きく，適用した式(16.8)，(16.9)の実験条件を外れているが，他に有用な実験データがないため外挿して用いた。

表 16.4　ひずみ速度の変化による解析ケース

ひずみ速度	ひずみ速度効果(倍率)		強度(N/mm²)	
	圧縮	引張	圧縮	引張
1.0×10^{-5}(静的)	1.0	1.0	25.9	1.8
1.0×10^{2}	2.1	8.0	53.7	14.3
5.0×10^{2}	2.4	14.6	62.9	26.0
1.0×10^{3}	2.6	19.6	67.7	34.8
5.0×10^{3}	3.1	41.9	81.3	74.6

16.4.2 解析パラメータの影響

解析パラメータの影響を確認するため，ｉ）接触爆発：爆薬量 50g・版厚 10cm の条件でクレータとスポールが生じたケース，ⅱ）近接爆発：爆薬量 50g・版厚 5cm・スタンドオフ 7cm の条件でスポール破壊したケースの 2 ケースについて解析を行った。

(1) 降伏基準およびひずみ速度効果の影響

静水圧モデルが解析結果に与える影響については後述することとし，ここでは，静水圧モデルが線形の場合に，降伏基準モデルおよびひずみ速度効果がコンクリートの損傷に与える影響を調べる。図 16.16，16.17 は，降伏基準モデルとひずみ速度の組み合わせによるコンクリートの損傷状況の変化を示している。ここで，図中の塗りつぶされた要素は，膨張圧によってひび割れが生じたことを示している。

図 16.16 は接触爆発の結果であるが，ひずみ速度が 1.0×10^{-5}（静的）の場合は，降伏基準によらず版全体が極めて大きく破壊されていることがわかる。また，ひずみ速度が大きくなると，破壊は急激に小さくなり，とくにひずみ速度が 1.0×10^{2} 以上になると，裏面の引張破壊は爆薬直下の位置近傍に集中してくることがわかる。また，線形の降伏基準を用いた場合には，表面のクレータが小さく，裏面の破壊が大きくなる傾向がある。逆に，非線形の降伏基準では，表面のクレータが大きくなり裏面でのスポールは抑制されている。この理由は，次のように考えられる。接触爆発の場合は，コンクリート版上の爆薬位置近傍に極めて大きな圧力が発生して，コンクリートには大きな静水圧が生じる。線形の降伏基準は，図 16.15 に示したように静水圧に比例した降伏応力となるため，非線形モデルに比べて大きな圧力を負担することになり，表面の変形は小さくなったと考えられる。一方，非線形の降伏基準では相対的に柔らかい性質を示すため，表面での変形が大きく，また裏面

へ伝達される応力波の大きさも低減されるものと考えられる。図より，非線形の降伏基準モデルとひずみ速度が 1.0×10^3(1/s)を用いた場合に，実験を比較的よくシミュレートできると言える。ただし，裏面のスポール破壊領域は，裏側の表面近傍のみであり内部には発達していないので，さらに検討する必要がある。

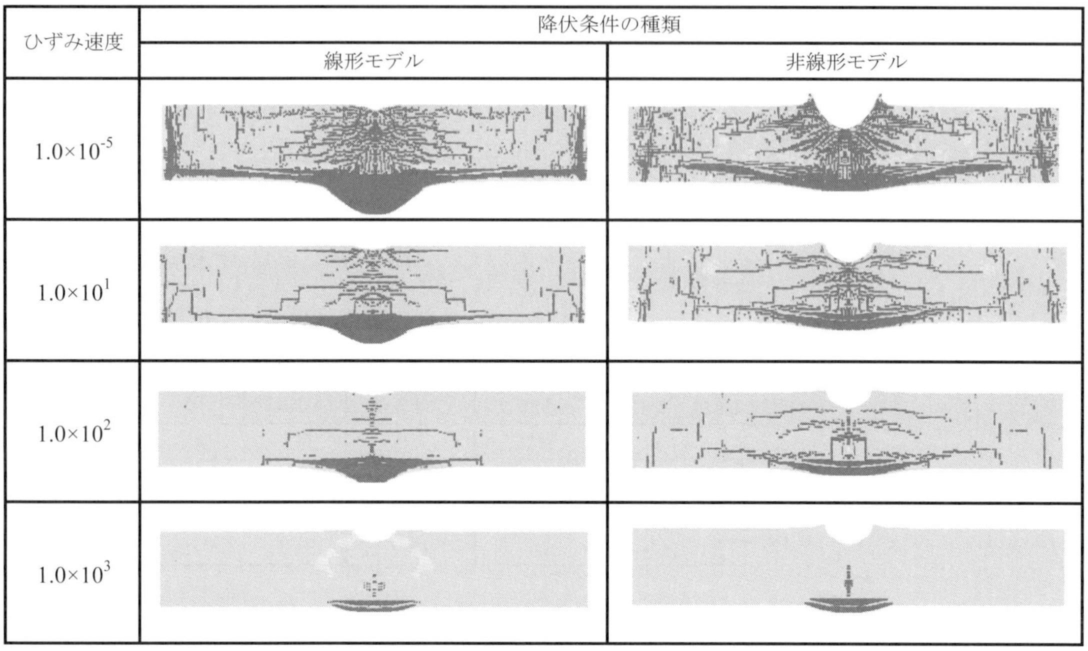

ひずみ速度	降伏条件の種類	
	線形モデル	非線形モデル
1.0×10^{-5}		
1.0×10^{1}		
1.0×10^{2}		
1.0×10^{3}		

図 16.16　接触爆発の解析結果

次に，図 16.17 に示す近接爆発の場合，ひずみ速度の増加とともに破壊が小さくなる傾向は接触爆発と同じである。また，降伏基準による解析結果の相違はさほど大きくないが，非線形モデルの方が破壊はやや小さく生じる。近接爆発の場合には，コンクリート版表面に作用する爆風圧が接触爆発に比べて小さいため，コンクリートの降伏基準モデルよりも引張側モデルの影響が大きくなるため，違いが顕著に現れなかったものと考えられる。

以上の結果より，非線形の降伏基準に 1.0×10^3(1/s)のひずみ速度を考慮することにより，近接および接触爆発のいずれに対しても実験を比較的良好にシミュレートできることがわかった。

参考のため，解析で得られたコンクリート版中心位置での爆風圧～時間関係を図 16.18 に示す。これより，コンクリート版上の爆風圧は，コンクリート版がないとき（自由空中爆発）に比べて約 10 倍程度大きく，作用時間も 2 倍ほど長いことがわかる。すなわち，コンクリート版表面での反射・干渉によってこのように変化した爆風圧がコンクリート版に作用したものと考えられる。

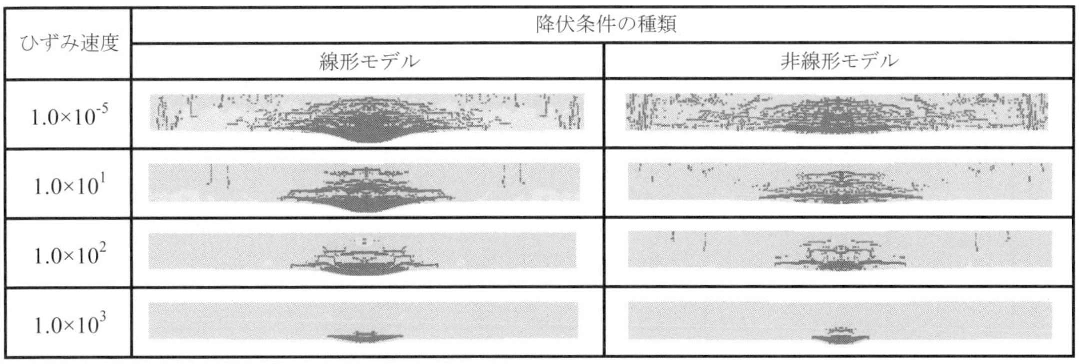

ひずみ速度	降伏条件の種類	
	線形モデル	非線形モデル
1.0×10^{-5}		
1.0×10^{1}		
1.0×10^{2}		
1.0×10^{3}		

図 16.17　近接爆発の解析結果

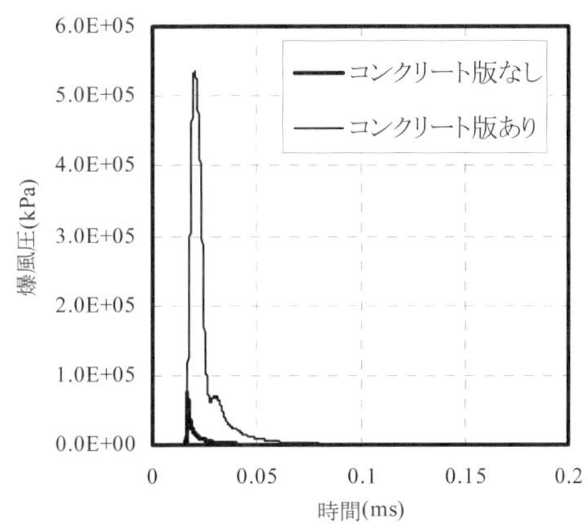

図 16.18　コンクリート版上の爆風圧～時間関係

(2) 静水圧モデルの影響

図 16.19 に，線形モデルおよび森下らの静水圧モデルを用いた場合の損傷状態の比較を示す。なお，降伏基準は非線形モデル，ひずみ速度は 1.0×10^{3}(1/s)である。接触爆発の場合は，版表面上に生じるクレータの大きさおよび裏面に生じるひび割れの大きさが低減される傾向がある。一方，ひび割れ領域は実験と同様にコンクリート内部に広がる傾向が認められる。これは，図 16.14 に示したように，森下らのモデルでは載荷当初は静水圧が小さく，線形モデルに比べて剛性を低めに評価する。一方，体積ひずみがある程度大きくなると逆に剛性が大きくなる挙動を示す。このような特性の相違による結果，内部にひび割れが発達したと考えられる。図から，裏面に伝達される応力の程度やひび割れ発生の状況などの傾向は，森下らのモデルの方が実験結果に近いことがわかる。近接爆発の場合は，接触爆発に比べて版表面に作用する圧力自体は小さいと考えられるが，森下らのモデルの場合は静水圧があまり大きくならないため，裏面に伝達される応力も小さくなり，ひび割れが抑制されていることがわかる。

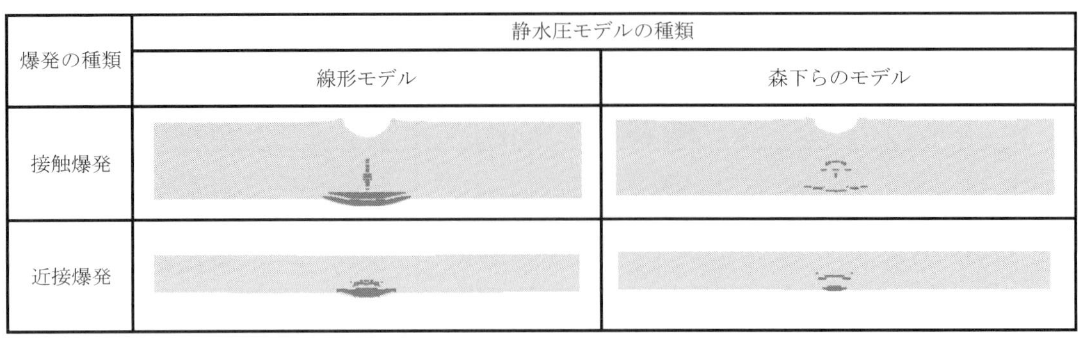

図 16.19　静水圧モデルが解析結果に与える影響

16.4.3 実験結果との比較

これまでの検討の結果，コンクリートの構成モデルとしては，森下らの静水圧および非線形の降伏基準モデルにひずみ速度 1.0×10^3(1/s)を考慮したとき，実験をよくシミュレートできることがわかった。そこで，全実験ケースに対してシミュレーション解析を行った。図 16.20 に解析で得られた破壊状況を示す。また，解析および実験結果を修正 Mcvay 式と比較して図 16.21 に示す。これより，解析による破壊モードは，一部を除き実験結果と概ね良好に対応している。

番 号	解析結果	解析破壊モード	実験破壊モード
1		クレータ	クレータ
2		クレータ+スポール	クレータ+スポール
3		クレータ+スポール	貫 通
4		損傷なし	損傷なし
5		クレータ+スポール	クレータ
6		スポール	スポール
7		損傷なし	損傷なし
8		損傷なし	損傷なし

図 16.20　シミュレーション結果

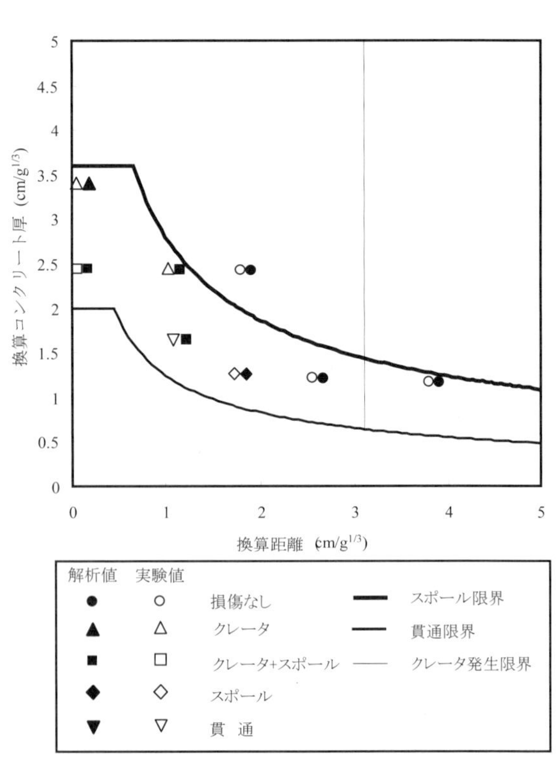

図 16.21　解析結果と実験結果の比較

16.4.4 爆薬の形状が破壊に与える影響

本研究では，爆薬設置の安定性を考慮して円柱状に成形して実験を行ったが，同じ爆薬量でも爆薬の形状や寸法によって爆風圧は異なる特性を示すことが考えられる。そこで，円柱形と球形の爆薬モデルを作成して，比較を行った。解析の対象は，爆薬量 180g，スタンドオフ 7cm のケースである。図 16.22 にコンクリート版中心で得られた爆風圧～時間関係を示す。これより，円柱形の最大爆風圧は約 2.5×10^6kPa，球形では約 7.0×10^5kPa であり，球形にすることで最大爆風圧が約 33％低減していることがわかる。図 16.23 には損傷状況の比較を示しているが，この図からも球形に成形した爆薬の場合には，表面および裏面の損傷が小さくなっていることがわかる。既往の評価式では，爆薬の質量やスタンドオフのみがパラメータとなっているが，ここで示したように破薬の形状や寸法の影響も大きいため，今後さらに検討する必要があると考える。

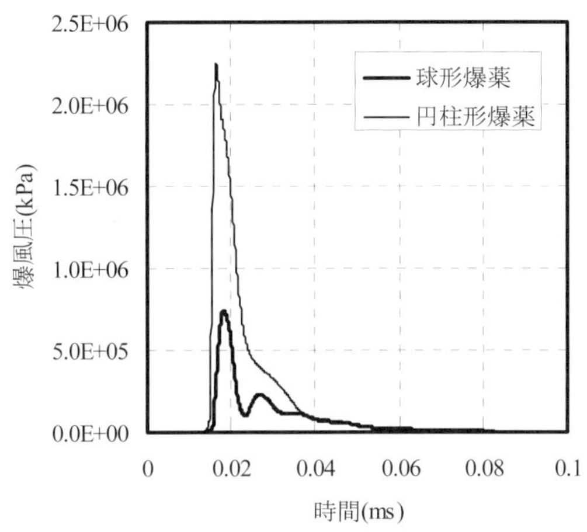

図 16.22　爆薬の形状による爆風圧の変化

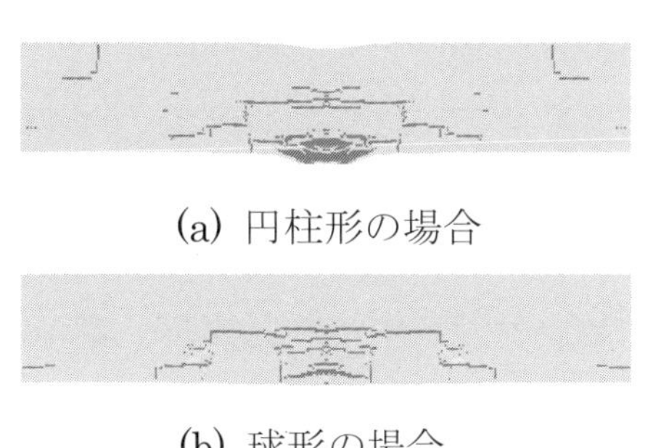

(a) 円柱形の場合

(b) 球形の場合

図 16.23　爆薬の形状による損傷の相違

16.5　まとめ

本章では，C4 爆薬による爆風圧特性を調べるとともに，C4 爆薬の接触および近接爆発に対するコンクリート版の破壊に関して実験および解析的な検討を行った。

C4 爆薬による爆風圧特性を把握するために，基礎的な爆発実験を行った。実験結果を基に，爆風と換算距離の関係を定式化した。次に，衝撃解析コード AUTODYN を用いて，C4 爆薬による爆風圧の伝播シミュレーションを行った。C4 爆薬のモデル化に JWL 式を用いたところ，解析値は実験を良好にシミュレートした。 また，C4 爆薬の爆発を受けるコンクリート版の局部破壊を実験により調べた。実験の結果，クレータ発生限界は換算距離 1.5 付近となり修正 Mcvay 式による限界値 3.1 よりも小さいことがわかった。しかし，C4 爆薬の質量を爆発熱換算して TNT と等価な質量にすることにより，ばらつきはあるが貫通およびスポール限界の発生条件をある程度推定できることがわかった。

コンクリート版の局部破壊をシミュレートする際の解析パラメータについて検討を行った。その結果，森下らの静水圧および非線形の降伏基準モデルにひずみ速度 1.0×10^3(1/s)を考慮すると，実験を比較的良好にシミュレートできることがわかった。爆薬の形状や寸法は解析結果に大きく影響し，球体と円柱の爆薬を比較すると，球形に成形した爆薬の爆発による最大爆風圧は，円柱形の爆薬の爆発に比べ 33％に減少し，コンクリート版の損傷も軽減された。

参考文献

1) 森下政浩，田中秀明，伊藤孝，山口弘：接触爆発を受ける鉄筋コンクリート版の損傷，構造工学論文集，Vol.46A，pp.1785-1796，2000.3.

2) 森下政浩，田中秀明，安藤智啓，萩谷浩之：接触爆発を受ける鉄筋コンクリート版の損傷に及ぼすコンクリート強度及び鉄筋間隔の影響, コンクリート工学論文集, 第15巻第2号, pp.89-98, 2004.5.

3) 田中秀明，森下政浩，伊藤孝，山口弘：爆発を受ける鉄筋コンクリート版の損傷に及ぼす爆破位置の影響，土木学会論文集，No675/I-55，pp.297-312，2001.4.

4) M.Katayama, M. Itoh, S. Tamura, M. Beppu and T. Ohno: Numerical analysis method for the RC and geological structures subjected to extreme loading by energitic materials, Proc. of Design and Analysis of Protective Structures against Impact/Impulsive/Shock Loads, pp.287-297, 2003.12.

5) 丹羽一邦，藤掛一典：鉄筋コンクリート版の衝撃爆破破壊シミュレーション，第7回衝撃問題に関するシンポジウム論文集，pp.175-180，2004.11.

6) 社団法人　火薬学会：エネルギー物質ハンドブック，pp165-170，1999.3.

7) 森下政浩，阿曽沼剛：衝撃3軸負荷及び衝撃静水圧負荷を受けるコンクリートの変形・破壊挙動，コンクリート工学論文集，第16巻第2号，pp.13-22，2005.5.

8) 藤掛一典，上林勝敏，大野友則，水野淳，鈴木篤：ひずみ速度効果を考慮した三軸応力下におけるコンクリートの直交異方性構成モデルの定式化, 土木学会論文集, No.669/V-50, pp.109-123, 2001.2.

9) Ross，C.A，Thompson，P.Y. and Tedesco，J.W.: Split-hopkins on pressure-bar tests on concrete and mortar in tension and compression, ACI Material Journal, V.86, No.5, pp.475-481, September-October, 1989.

第１７章　爆土圧を受ける鉄筋コンクリート版の破壊シミュレーション

17.1　はじめに

地中式火薬庫における内部爆発等の地中爆発によって地盤内に発生する圧力（爆土圧）を受ける地下あるいは地上構造物の安全性照査法を確立するためには，爆土圧や地盤振動の評価およびこれらの外力を受ける構造物の応答解析手法の確立が必要である。しかし，地中爆発による爆土圧や地盤振動に関する研究は少なく，今後検討すべき課題が多く残されている。とくに，地盤材料の動的特性は，速度効果や繰返し効果など外乱による影響を強く受けることが報告されている[1), 2)]。米軍テクニカルマニュアル[3)]では，いくつかの地盤材料に対する爆土圧の評価式が提案されているが，この評価式は実験式であるため適用範囲が限定されること，また日本の地盤材料との整合性が不明であるなどの問題点がある。近年，数値シミュレーション技術が向上してきており，将来的に爆土圧を数値シミュレーションによって評価することができれば，防護設計法において非常に有効な性能照査手法の要素技術になると考えられる。

地盤材料の構成則としては，カムクレイモデルなどが提案され，広く用いられている．しかし，衝撃問題に対してはひずみ速度の考慮など課題が多いため，過去に行われた爆土圧の数値シミュレーションに関する研究ではシンプルな弾塑性解析に基づいた解析が行われており[4)-10)]，実験結果をある程度再現できることが示されている。しかし，個々の材料モデル（状態方程式，構成式）が異なっていること，また材料モデルのパラメータが爆発による地盤の挙動にどのような影響を与えているかが不明であるなどの問題点がある。このため，多くの課題はあるものの，シンプルなモデルを用いて実験結果と比較し，ひずみ速度の影響などを内包したパラメータを用いたモデルが用いられている。地中爆発による爆土圧を評価するための工学的な数値モデルについて基礎的な検討を行った研究[11)]もあるが，この中では基礎的な段階として地盤材料の構成式の種類が爆土圧に与える影響に着目して検討を行い，通常の弾塑性モデルと比較して密度によってせん断剛性を変化させるモデルが実験を比較的良好に再現できることが報告されている。また，地盤材料の湿潤密度と飽和度から，解析に用いるヤング係数とポアソン比を算定する関係式の提案も行われている。しかし，解析に用いた構成モデルにおいて，地盤の密度や飽和度によらずせん断強度を一定にしていること，また爆土圧の距離減衰が実験に比べて小さいなどの問題を有している。

本章は，これらのモデルを修正して，より精度の高い数値モデルの検討を行うとともに，爆土圧を受ける鉄筋コンクリート版の破壊シミュレーションを紹介する。まず，過去に提案されたモデルを改良し，解析結果と実験結果[12)]を比較して精度の検討を行った。次に，地中爆発を受ける鉄筋コンクリート版の 3 次元数値シミュレーションを行った。

17.2　密度依存剛性モデルの改良

17.2.1　密度依存剛性モデルの概要

密度依存剛性モデルは，粒状体等に適用されるモデルであり，降伏応力（$=\sqrt{3J_2}$，J_2 は偏差応力の第 2 不変量）の特徴を規定するとともにせん断弾性係数を密度によって変化させる。地盤材料の動力学特性を表現する場合は，せん断ひずみや間隙比の大小によってせん断弾性係数を変化させる方法が一般的である [1), 2)]。密度依存剛性モデルとは，この物性を構成式として考慮したモデルであり，本研究では図 17.1 に示すようにバイリニアの降伏応力～圧力関係およびせん断弾性係数～密度関係を定義した。なお，せん断弾性係数～密度関係における勾配 β は材料定数である。

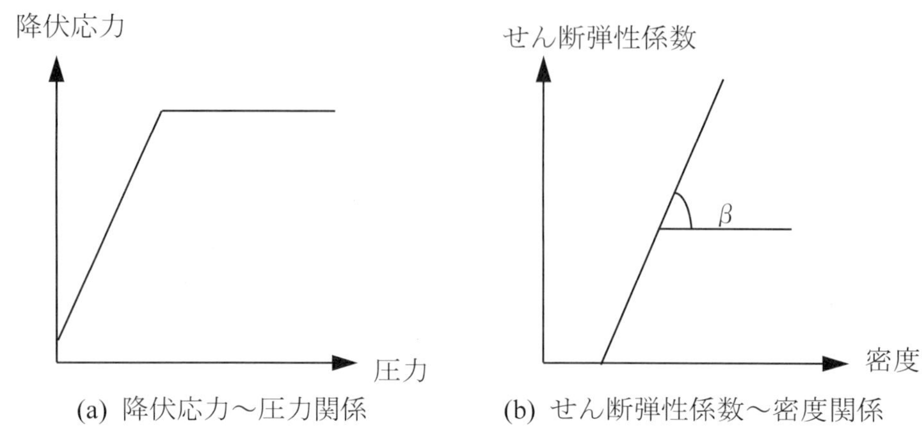

(a) 降伏応力～圧力関係　(b) せん断弾性係数～密度関係

図 17.1　密度依存剛性モデル

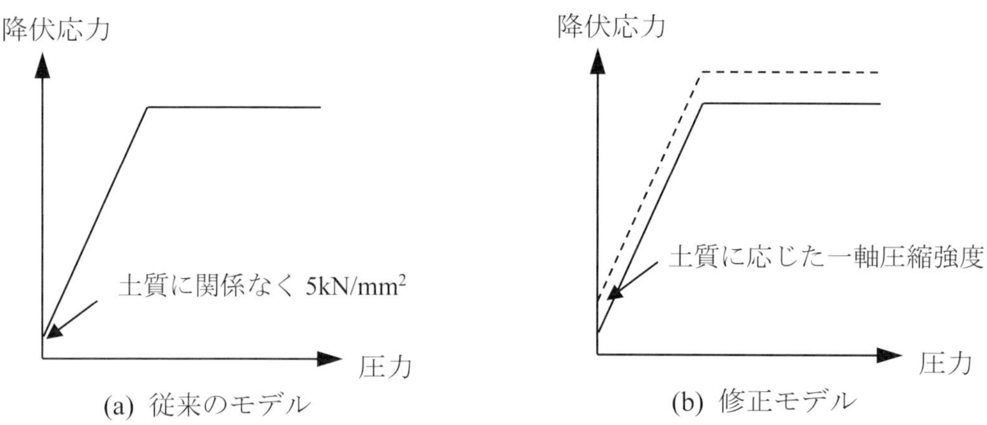

(a) 従来のモデル　(b) 修正モデル

図 17.2　降伏応力～圧力関係の修正

17.2.2　密度依存剛性モデルの改良と入力データの設定

既報の密度依存性モデルは，図 17.2 に示すように密度や飽和度に関わらず，せん断強度を一定（5kN/mm^2）にしていた。また，せん断弾性係数と密度の関係の設定法が明確ではなかった。そこで，以下の要領で改良を試みた。

一般的には，ヤング係数 と粘性土の一軸圧縮強度 は，いずれも N 値を基に推定できる [13)]。

$$\text{砂礫，洪積層：}\ E = 0.28N\left(\text{kN/cm}^2\right) \tag{17.1a}$$

$$\text{沖積層：}\ E = 0.14N\left(\text{kN/cm}^2\right) \tag{17.1b}$$

$$q_{\text{u}} = 12.5 \times 10^{-4} N\left(\text{kN/cm}^2\right) \tag{17.2}$$

ここに，N は N 値を示す。

ヤング係数が既知であれば，式(17.1)および(17.2)から，一軸圧縮強度を求めることができる。一方，せん断弾性係数 は，ヤング係数とポアソン比から以下のように計算される。

$$G = \frac{E}{2(1+\nu)} \tag{17.3}$$

ここに，νはポアソン比を示す。

上記を再度整理すると，以下の手順になる。

1)　N値を基に，式(17.1)～(17.2)から一軸圧縮強度を求め，図 17.2 の入力値として用いる。

2) あるいは密度と飽和度の影響を考慮する場合は，後述する関係式を用いて，地盤材料の密度と飽和度からヤング係数とポアソン比を求める。式(17.1)～(17.2)から，N値を介して一軸圧縮強度を求め，図 17.2 の入力値として用いる。

3) 式(17.3)から，せん断弾性係数を求める。与えられた密度と求めたせん断弾性係数を，図 17.3 の入力値として用いる。

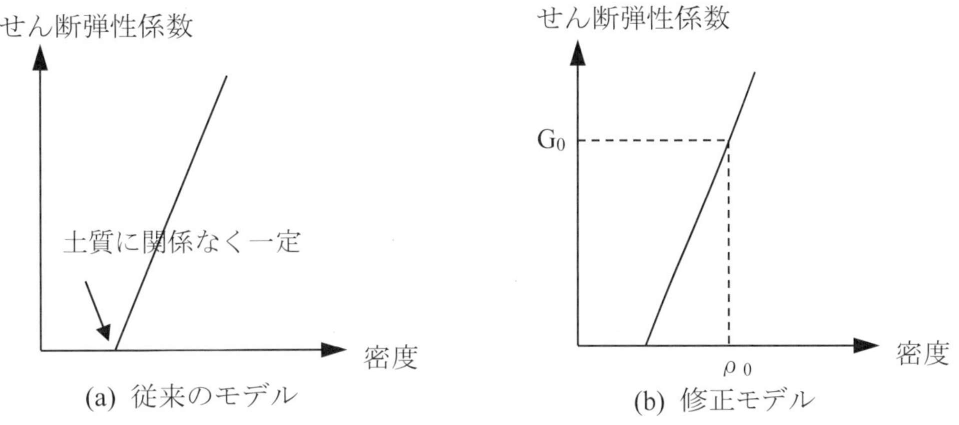

図 17.3　せん断弾性係数～密度関係の修正

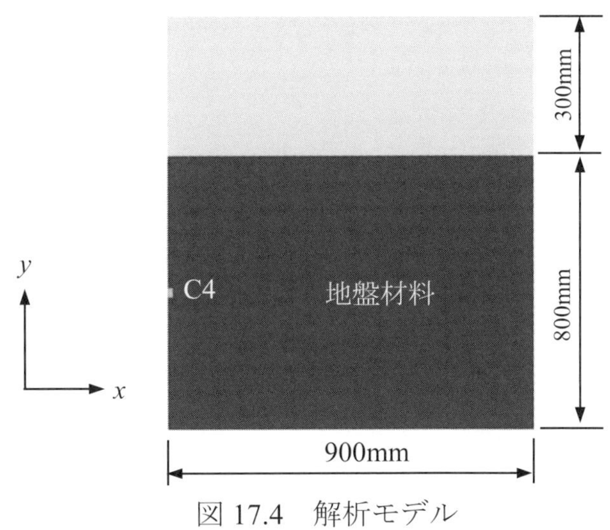

図 17.4　解析モデル

17.2.3　改良モデルに入力するヤング率とポアソン比の定式化

改良した密度依存剛性モデルには，地盤の密度と飽和度に応じたヤング係数とポアソン比を求める必要がある。本研究では，数値解析による爆土圧の精度を，市野らの実験[12)]と比較することで検証する。実験では，円柱形に成形した C4（質量 9.7g）を地下 30cm に設置し爆発させ，爆源から 40，65，80cm の位置で土圧を計測している。なお実験では，ヤング率やポアソン比に関する材料試験は行われていない。そこで，本研究ではパラメトリック解析を行い，実験結果を再現できるヤング係数とポアソン比の組み合わせを求めた。図 17.4 に解析モデルを示す。解析モデルは，Euler

座標系でモデル化し，パラメトリック解析によって後述の回帰式を導出するため，計算時間を考慮して2次元軸対称モデルとした。解析領域は，x軸方向に900mm，y軸方向に800mmの範囲について要素数を45,000（225×200）と設定した。なお，爆薬部は3mm程度の要素とした。爆土圧による地表面の形状変化を表現するために材料を指定しない要素を地表面境界から300mmの高さまで設定した。C4爆薬は，式(17.4)に示すJWLの状態方程式を適用した。

$$P = A_{JWL}\left(1-\frac{\omega\eta}{R_1}\right)\exp\left(-\frac{R_1}{\eta}\right)+B_{JWL}\left(1-\frac{\omega\eta}{R_2}\right)\exp\left(-\frac{R_2}{\eta}\right)+\omega\eta\rho_{ref}e \tag{17.4}$$

ここで，$\eta=\rho/\rho_{ref}$，ρは密度，ρ_{ref}は参照密度，e：単位体積あたりの内部エネルギーであり，A_{JWL}，B_{JWL}，R_1，R_2，ωは爆薬に固有な物性値であり，シリンダー膨張試験と呼ばれる試験と数値解析によって決定される材料データである。

ヤング率とポアソン比の設定方法としては，同じ爆土圧を再現できる組み合わせは無数に存在するため，ヤング係数を地盤材料に対して適切な範囲で設定し，ポアソン比を0.25～0.3の間で調整した。図17.5は湿潤密度1.52g/cm^3，ポアソン比0.26の場合にヤング係数を変化させたときの位置40cmにおける最大爆土圧を示している。これより，ヤング係数が大きくなると急激に最大爆土圧が大きくなることがわかる。図17.6は，湿潤密度が1.52g/cm^{3}の場合に，ヤング係数とポアソン比を組合せて同じ最大爆土圧が生じるケースを示している。図の縦軸は距離減衰率であり，爆源からの2地点間の最大爆土圧の比を示している。図17.6(a)から，ポアソン比が小さくなるにつれて距離減衰率も小さくなることがわかる。つまり，ポアソン比が小さいほど爆土圧が小さくなることを示している。ただし，図17.6(b)に示す，爆源からの距離が65cmと80cmのように距離がある程度離れた場合には明瞭な傾向は認められなかった。このような感度解析を行って，市野らが行った中目砂，山砂，赤土の全ての実験ケースを再現した。

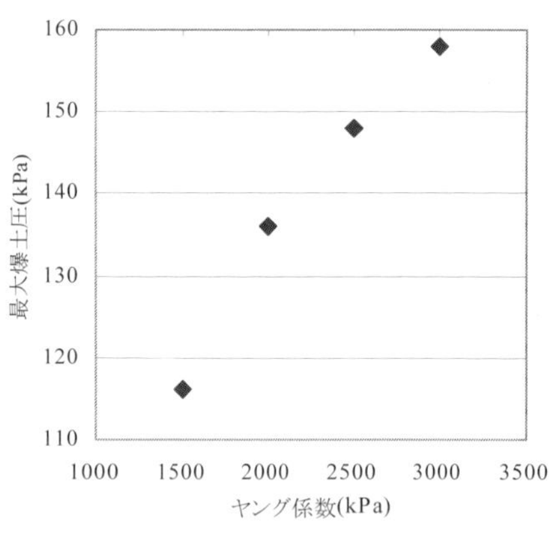

図17.5　ヤング係数が最大爆土圧に与える影響

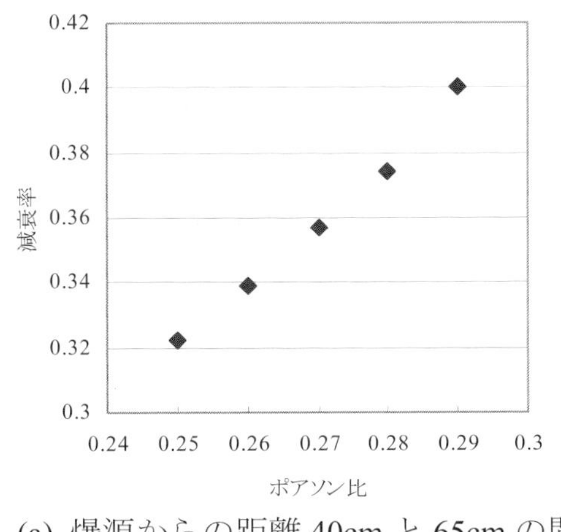

(a) 爆源からの距離 40cm と 65cm の間

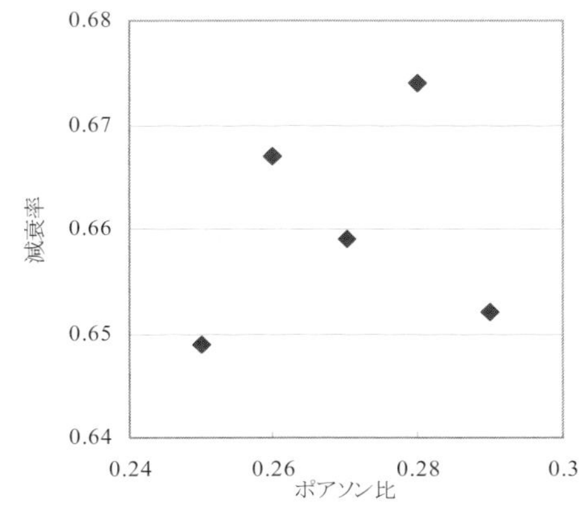

(b) 爆源からの距離 65cm と 80cm の間

図 17.6 ポアソン比が距離減衰に与える影響

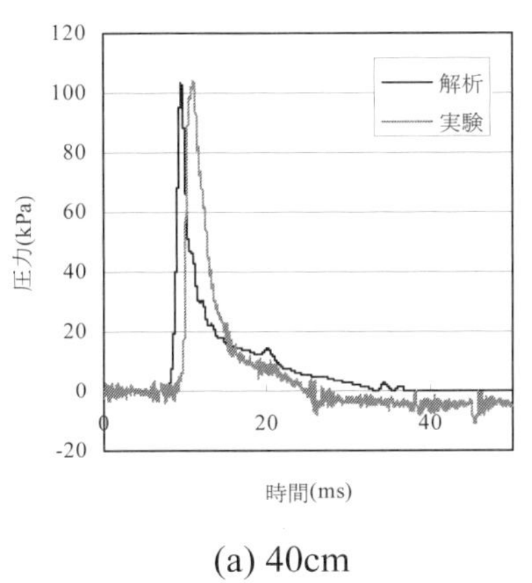

(a) 40cm

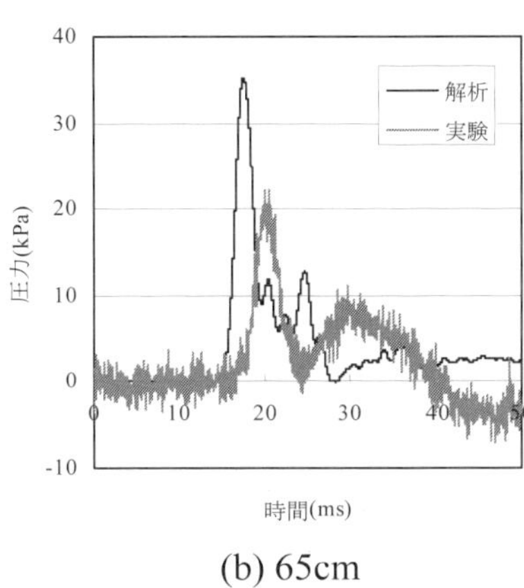

(b) 65cm

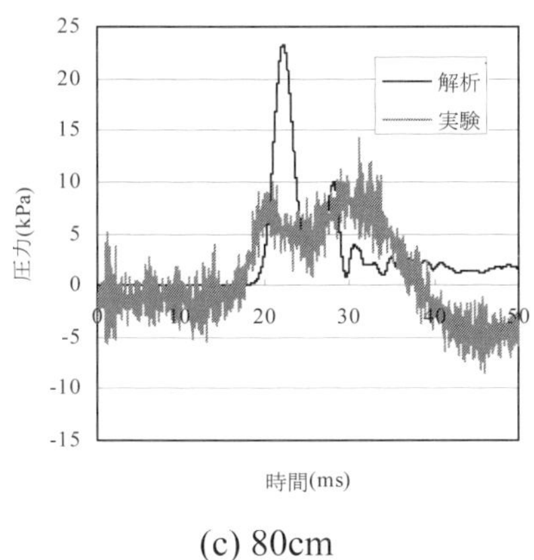

(c) 80cm

図 17.7　解析結果の例

解析結果の一例として，図 17.7 に中目砂で飽和度 28%の実験ケースに対する解析結果を示す。図中の原点は，解析の開始時刻であり，実験データは位置 40cm における圧力の立ち上がりが一致するように調整している。これより，このケースでは波形性状は実験に類似しているが，爆源からの距離が離れると解析による最大爆土圧が実験よりも大きくなり，距離が 65cm では解析値は実験値の約 1.5 倍，距離 80cm では 3 倍になった。爆土圧の伝播速度については，実験では 200～250m/s と計測されており，解析でもほぼ同じ結果であった。

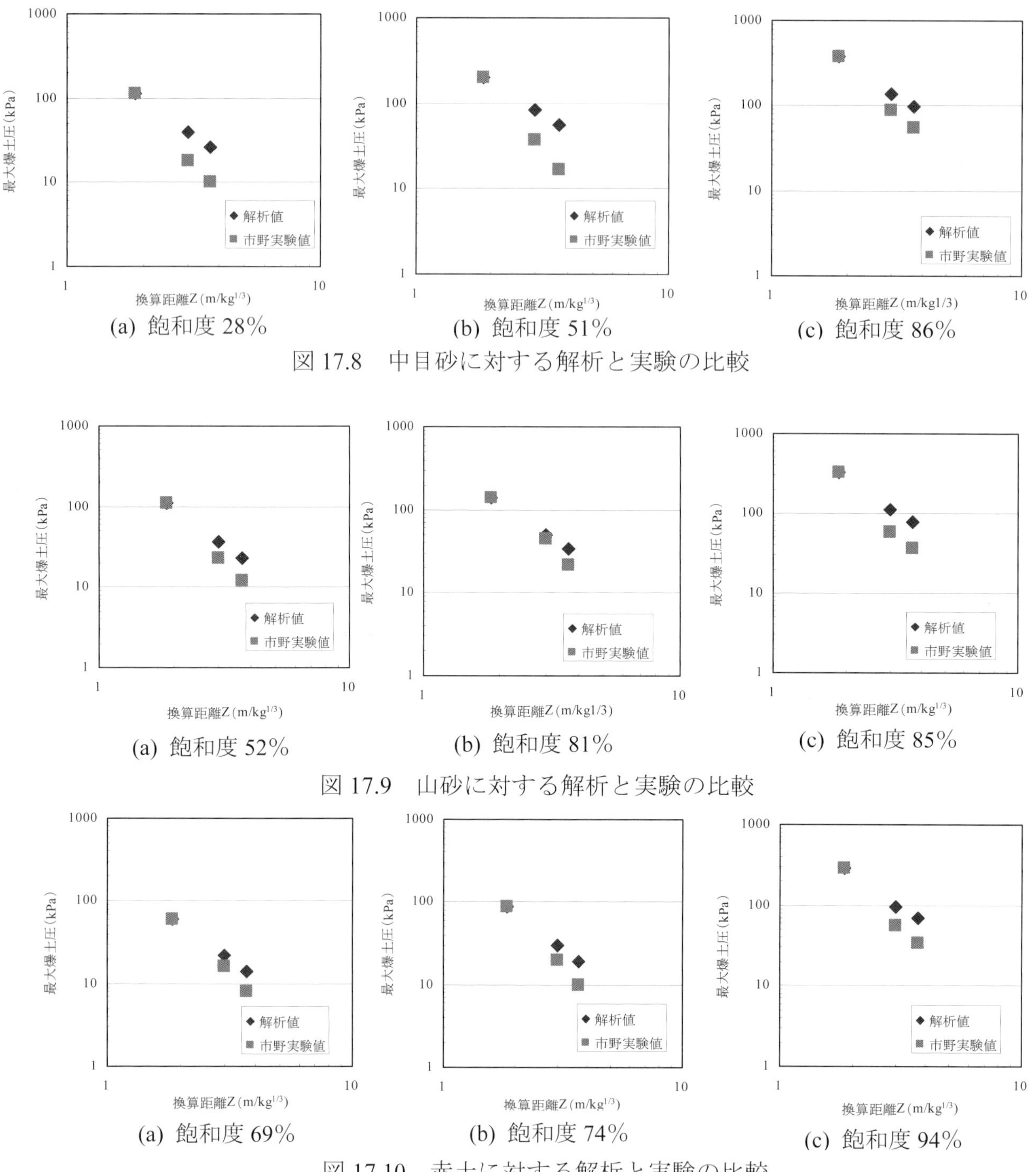

(a) 飽和度 28%　(b) 飽和度 51%　(c) 飽和度 86%

図 17.8　中目砂に対する解析と実験の比較

(a) 飽和度 52%　(b) 飽和度 81%　(c) 飽和度 85%

図 17.9　山砂に対する解析と実験の比較

(a) 飽和度 69%　(b) 飽和度 74%　(c) 飽和度 94%

図 17.10　赤土に対する解析と実験の比較

図 17.8～図 17.10 に，市野らの実験で得られた最大爆土圧と解析による最大爆土圧を比較した例を示す。これより，土質に関わらず，距離 40cm では最大爆土圧を良好に再現していることがわかる。一方，距離が離れると解析値は実験値より大きくなる傾向を示し，実験に比べて 3 倍以上大きくなるケースもあった。ただし，従来のモデルよりも距離減衰の精度が高くなった。なお，図には全ての解析結果を示していないが，全体的に中目砂や山砂の解析結果は，赤土に比べて実験値よりも大きくなる傾向があった。

市野らは，最大爆土圧と飽和度および密度の回帰式を提案していることから，解析パラメータであるヤング係数とポアソン比を地盤定数である飽和度と密度から求める回帰分析を行った。市野らの実験によると，最大爆土圧は飽和度が 60%を超えると急に増加する傾向を示す。また，密度が 1.6g/cm^3 を超えると，最大爆土圧が急激に増大する。一方，解析においては，ヤング率とポアソン比が大きくなると，最大爆土圧が大きくなる傾向があった。そこで，解析で用いるヤング率とポアソン比を，地盤材料の湿潤密度と飽和度から算出する回帰式を以下のように誘導した。

$$E = 65.77 \times S_r + 11040.67 \times \rho_t - 17287.9 \quad (17.5)$$

$$\nu = 0.000207 \times S_r + 0.051289 \times \rho_t + 0.168892 \quad (17.6)$$

ここに，S_r は飽和度，ρ_t は湿潤密度を示す。
式(17.5)，(17.6)の重相関係数は 0.86 および 0.90 であり，実験データの再現性が高い式と言える。

17.2.4　爆土圧の 3 次元シミュレーション

17.3 節において，爆土圧を受ける鉄筋コンクリート版の損傷，破壊に関する 3 次元シミュレーションを行うため，ここでは，市野らの実験に対して 3 次元解析を行い，爆土圧の再現精度を確認する。

図 17.11 に，解析モデルを示す。実験条件の対称性を考慮して，実験の 1/4 をモデル化した。なお，爆土圧による地表面の形状変化を再現するために，物質が何も入っていない要素を地表面境界より 200mm の高さまで設定した。境界条件は，土質モデルの周囲は全て透過条件とし，伝播した爆土圧が反射しないようにした。C4 爆薬については，質量は実験と同じ 9.7g としたが，円柱型の要素分割を詳細にモデル化するのは困難であったため，簡単のため 1.8cm×1.8cm×2.0cm の直方体とし，単位体積重量を 1.49g/cm^3 とした。解析に用いた要素の大きさは 9mm×9mm×10mm であり，総要素数は 90×40×80=288,000 である。

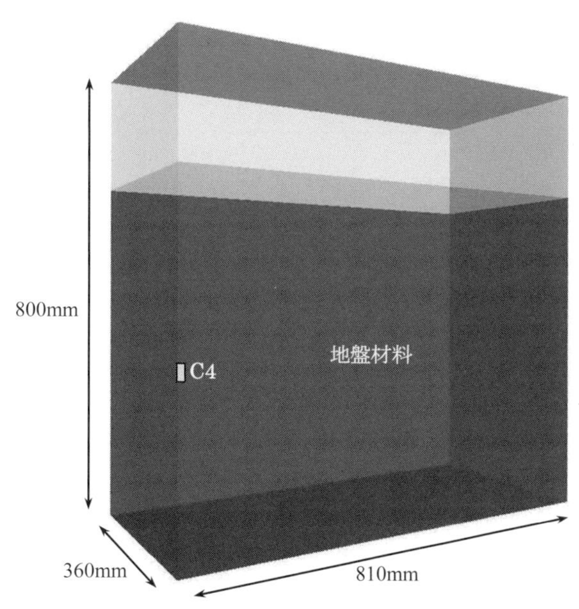

図 17.11　3 次元解析モデル

図 17.12 に，飽和度 52%，湿潤密度 1.56g/cm^3 の中目砂に対する爆土圧～時間関係を示す。これより，爆源からの距離 40cm の位置では，解析値は実験を良好に再現していることがわかる。一方，距離が 65cm, 80cm と離れるにつれて，2 次元シミュレーションよりも距離減衰が小さく評価され，

実験に比べて解析による爆土圧が大きくなる傾向があった。また，2 次元解析では，波動の伝播速度も実験とほぼ一致していたが，3 次元解析の場合は実験に比べてやや遅くなる傾向がみられた。これらの問題は要素分割数や爆薬形状の影響によるものと考えられるため，構成則とともに今後も検討する必要がある。図 17.13 に，中目砂のケースに対する実験と解析との比較を示す。これより，3 次元解析の場合には誤差がやや大きくなる傾向があるが，実験結果を比較的良好に再現できていることがわかる。

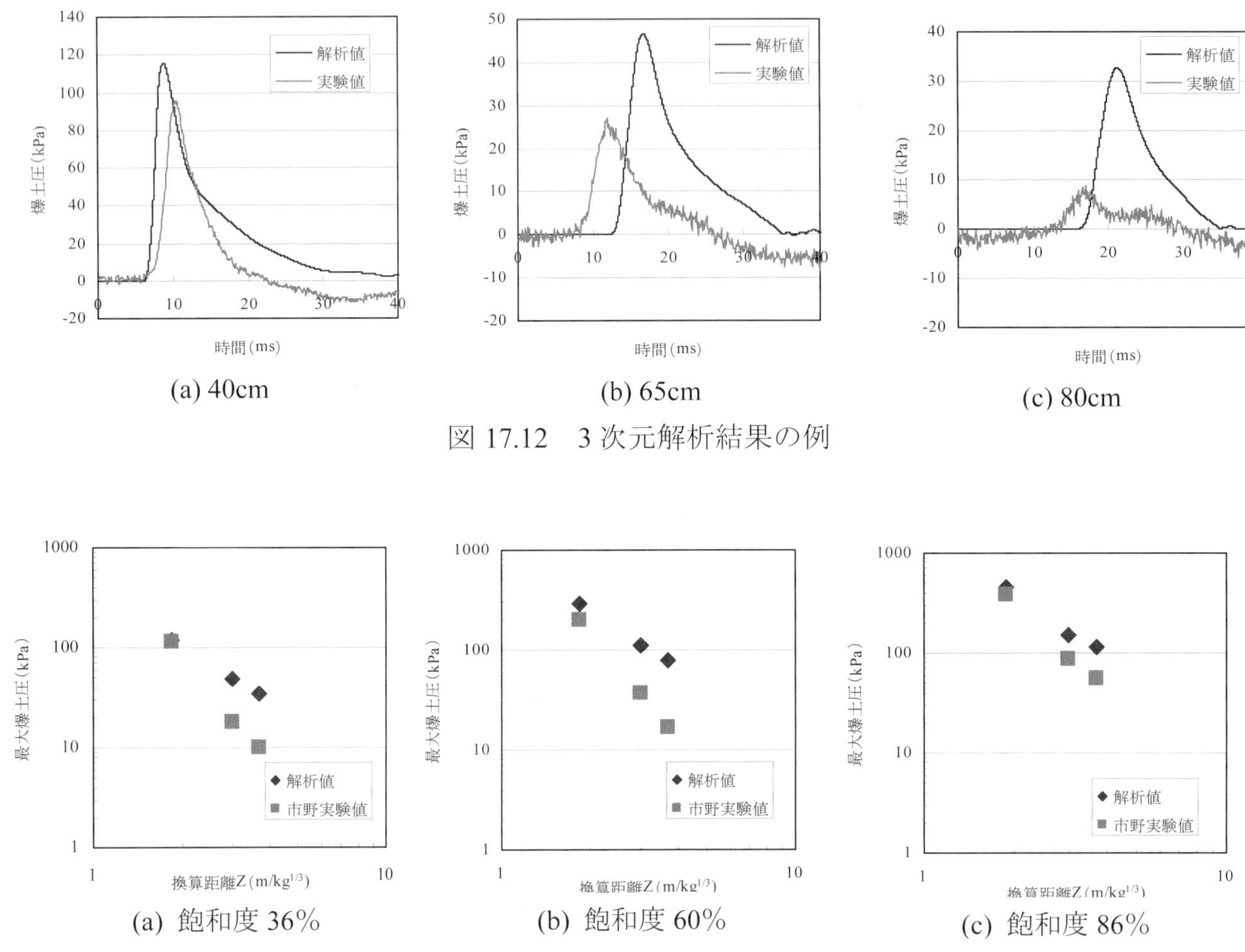

(a) 40cm　(b) 65cm　(c) 80cm

図 17.12　3 次元解析結果の例

(a) 飽和度 36%　(b) 飽和度 60%　(c) 飽和度 86%

図 17.13　中目砂に対する解析と実験の比較（3 次元）

17.3　爆土圧を受ける鉄筋コンクリート版の破壊シミュレーション

本節では，市野らが行った爆土圧を受ける鉄筋コンクリート版の破壊についてシミュレーション解析を行い，提案した爆土圧モデルと鉄筋コンクリート版との連成解析による破壊の再現性について検討する。

17.3.1　実験の概要

市野らの実験 [14)]の概要を図 17.14 に示す。コンクリート版に対する爆土圧載荷実験を行うため，地盤を約 100cm 掘り下げて底面を水平に整地している。整地した底面に厚さ 1.2cm の合板を敷き，その上に支持用の鋼材 2 本を 40cm の間隔で平行に配置している。実験用の構造部材は，図 17.15 に示す厚さ 5cm のコンクリート版である。補強のために D6 鉄筋が 12cm 間隔で配筋されており，コンクリートの一軸圧縮強度は 26.4N/mm^2，粗骨材の最大寸法は 20mm である。この部材を支持用鋼材に載せて二辺を単純支持し，スパンは 40cm である。コンクリート版の上面から鉛直上方 50 cm の位置に爆薬を配置している。爆発時のエネルギーが空中に散逸されることを防ぐため，上載荷重を付加するための地盤材料と土嚢を爆薬から 50 cm の高さまで積み上げている。爆薬は直径と高さがともに約 49mm の円柱形に成形した C-4 爆薬 125g (密度 1.32g/cm^3)である。計測項目は，コンクリート版の支間中央の残留変形量である。

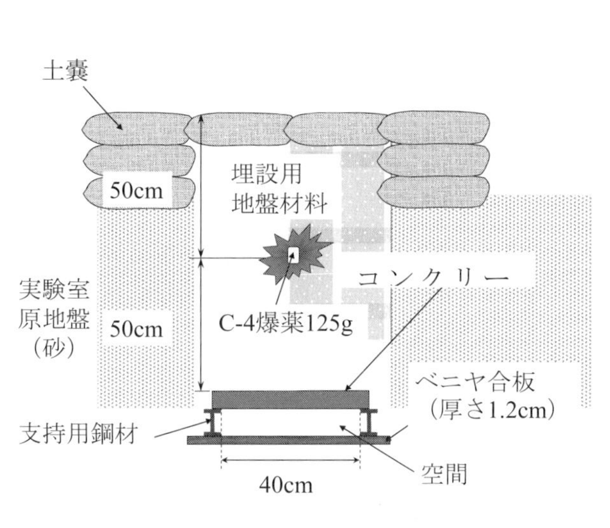

図 17.14　実験の概要

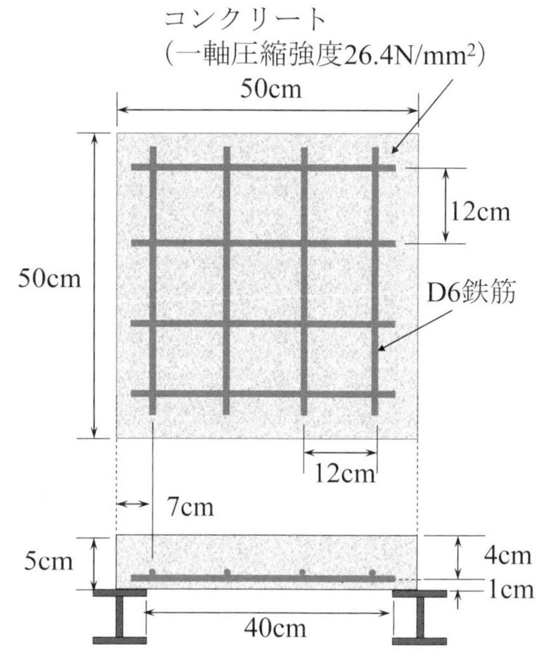

図 17.15　コンクリート版供試体

実験用の地盤材料として，中目砂，山砂および赤土の 3 種類を使用し，地盤の飽和度を実験パラメータとしている。中目砂の飽和度は，11～53 %であった。ただし，山砂および赤土の飽和度は，山砂が 71～87 %，赤土が 85～96 %であった。

実験結果の一例として，飽和度 71%～87%において，鉄筋コンクリート版の破壊性状が大きく変化した山砂の結果を図 17.16 に示す。飽和度が 71 %の場合，鉄筋コンクリート版の裏面には中央近傍の鉄筋に沿う比較的大きな 2 本のひび割れが生じている。また，側面には 2 本の縦ひび割れが生じており，残留変形が明瞭に認められる。飽和度が 79 %に上昇すると，鉄筋コンクリート版の表面には，鉄筋間隔 12cm より小さい間隔で 2 本のひび割れが生じた。板裏面には，中央の 2 本の鉄筋に沿って幅が数 mm の大きなひび割れが生じた。その一部ではコンクリートが剥落し，鉄筋が一部露出している。 側面から見ると，板の中央付近に幅数 mm の曲げひび割れが複数生じており，鉄筋コンクリート版全体が下側にたわみ変形して，著しい残留変形を生じている。飽和度 87 %の場合は，鉄筋コンクリート版の左側がブロック状に破壊している。裏面は，縦横に配筋した鉄筋に沿ってひび割れが生じ，コンクリートの破壊にともなって鉄筋が露出している。側面には，数本のひび割れが生じ，下側に大きくたわんでいる。板の支持位置では，せん断ひび割れが進展して鉄筋コンクリート版がせん断破壊している。すなわち，飽和度の上昇にともなって鉄筋コンクリート版の損傷が激しくなることがわかる。

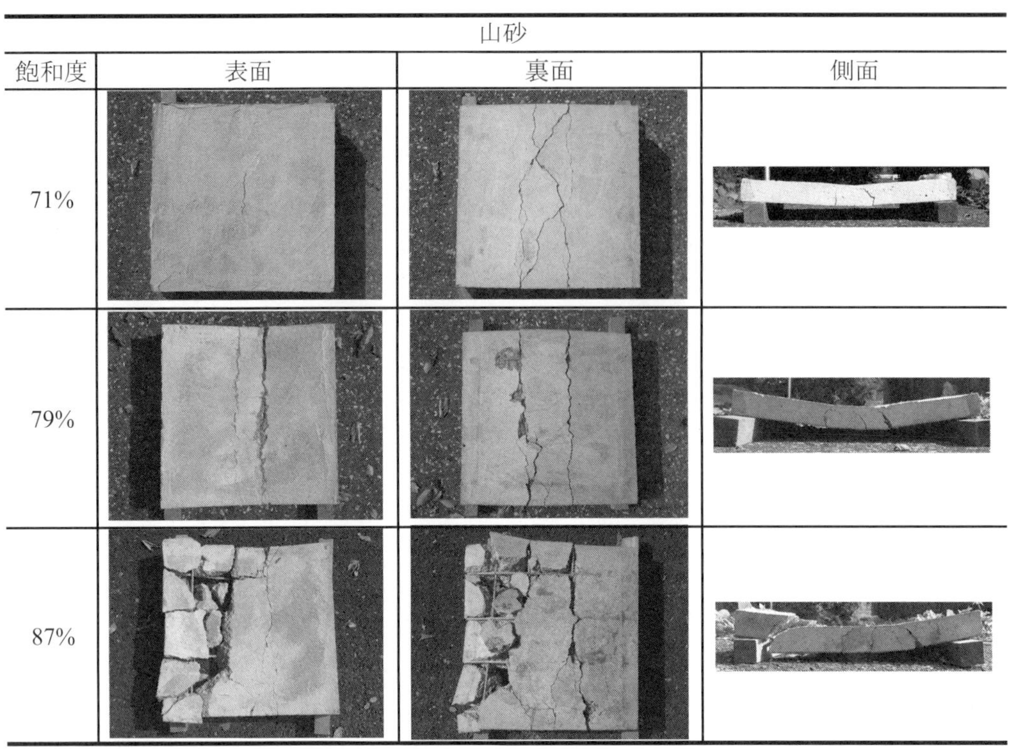

図 17.16　鉄筋コンクリート版の破壊状況（山砂，文献 14）から引用）

17. 3. 2　解析の概要

図 17.17 に解析モデルを示す。解析では，実験条件の対称性を考慮して，1/4 部分をモデル化した。C4，地盤モデルについてはEuler座標系で，鉄筋コンクリート版はLagrange座標系でモデル化した。C4 爆薬の質量は実験と同じ 125g とし，形状は簡単のため直方体とした（単位体積重量 1.56g/cm^3）。鉄筋コンクリート版については，コンクリートはソリッド要素とし，鉄筋ははり要素を用いた。解析に用いた要素の大きさは 1 辺 10mm の立方体であり，地盤の要素数は 54,880，コンクリートの要素数は 3,125 である。コンクリートの構成則については，接触爆発や高速衝突など，多軸状態が生じる場合には圧力依存性を考慮する必要があるが，実験後の破壊性状の観察から，ここではそれほど大きな圧力状態は発生していないと判断されたため，Von-Mises の降伏関数を用いて塑性を表現した。鉄筋についても，Von-Mises の降伏関数を用いた。コンクリートの破壊については，圧力による破壊基準を設定し，文献 15)を参考にして膨張圧が 6MPa になった時点で強度を失うものとした。ひずみ速度効果については，コンクリート，鉄筋ともに 100(1/s)を仮定し，強度の増加を降伏応力に反映した。すなわち，鉄筋については高橋が提案した式[16)]から，コンクリートについては，藤掛ら[17)], Ross ら[18)]がそれぞれ提案した動的圧縮および引張強度増加の算定式から増加率を求め，降伏応力をあらかじめ増加して計算した。境界条件は，鉄筋コンクリート版は，実験と同様に版の端から 5cm 部分を拘束し，スパンを 40cm になるようにした。地盤部分については境界部分に透過条件を設定した。

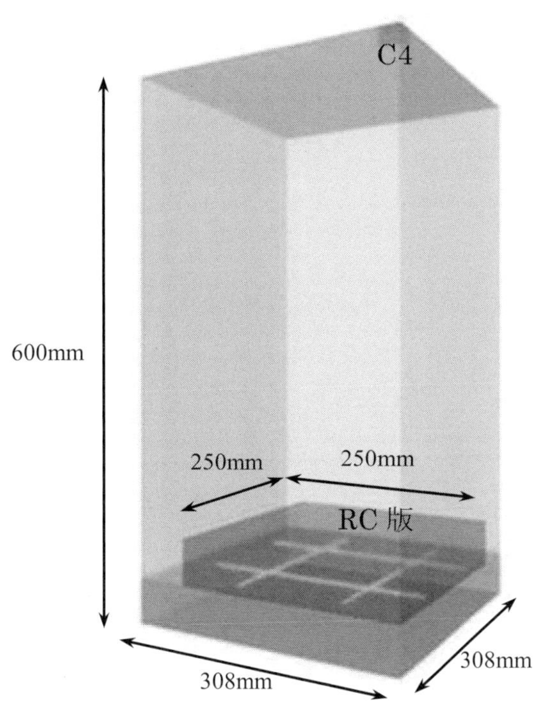

図 17.17　解析モデル

17.3.3　解析結果および考察

実験の全 8 ケースの解析を行った。図 17.18 に，山砂の場合の解析で得られた破壊性状を示す。飽和度が 71%の場合は，実験と同様に裏面から 2 本の曲げひび割れが生じた。飽和度が 79%になると，曲げひび割れが進展するとともに，版中央部のたわみが大きくなった。飽和度が 87%になると，さらに多くのひび割れが発生し，鉄筋がかなり降伏してたわみが大きくなった。実験ではせん断破壊が生じたが，解析では簡易な弾塑性モデルでコンクリートをモデル化しているため，明瞭なせん断ひび割れを再現できなかった。したがって，せん断破壊したケースではコンクリートモデルの精度によって解析と実験値の差異が大きくなったと考えられる。今後，要素分割の影響や材料モデル等を検討する必要がある。図 17.19 に，解析で得られた版中央部のたわみを実験と比較して示す。これより，解析結果は各ケースの実測値と近い値を示し，飽和度が上昇するにしたがって残留変位も大きくなる傾向も示している。しかしながら，中目砂，山砂と比べ赤土では残留変形が小さく，山砂，中目砂に関しては残留変形が大きくなる傾向にある。この理由は，山砂や中目砂では解析による爆土圧が高めに評価されることが関係していると考えられる。なお本解析では，爆薬の形状を変化させたことによって，爆薬の密度がやや大きくなっており，解析結果に影響していると考えられる。

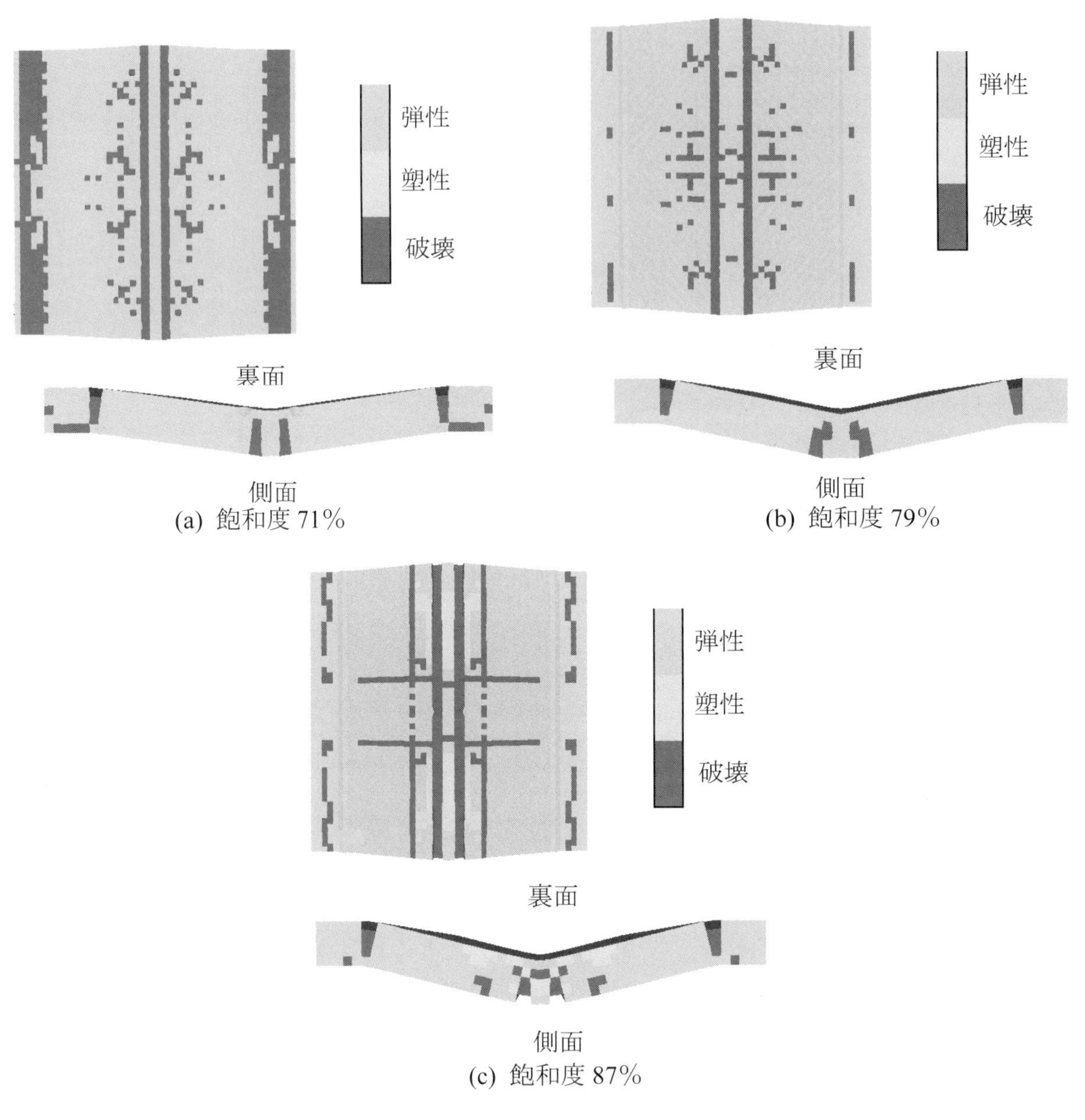

(a) 飽和度 71%

(b) 飽和度 79%

(c) 飽和度 87%

図 17.18　解析結果

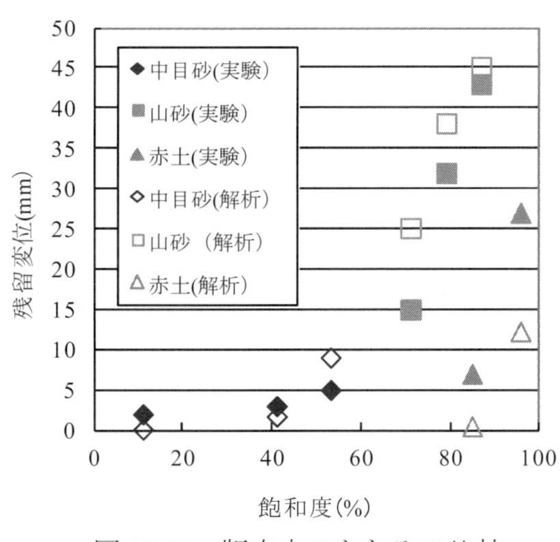

図 17.19　版中央のたわみの比較

17.4　おわりに

本研究は，過去に提案した密度依存剛性モデルを修正して，より精度の高い数値モデルの検討を行うとともに，爆土圧を受ける鉄筋コンクリート版の破壊シミュレーションを行ったものである。本研究の成果を以下に要約する。

(1) 密度依存剛性モデルに対して，土質に応じた一軸圧縮強度，およびせん断弾性係数～密度関係を設定するように改良した。提案したモデルは，既報のモデルよりも爆土圧の距離減衰を良好に再現できた。

(2)提案したモデルを用いて，実験の 3 次元シミュレーションを行った。爆薬形状のモデル化や要素分割数に問題があるが，実験結果をある程度の精度で再現することができた。

(3) 爆土圧を受ける鉄筋コンクリート版の破壊を，提案したモデルを用いてシミュレーション解析した。飽和度が大きい場合のせん断破壊は正確に再現できなかったが，曲げ変形および版中央のたわみはある程度良好に再現できた。

なお，本研究では，パラメトリック解析に基づいて解析定数のヤング率，ポアソン比を求めているが，これらの精度について材料試験や既往の爆土圧実験との比較を通じて検証する必要がある。また，地盤モデルについても，構成則の修正やせん断弾性係数～密度関係の非線形性を考慮するなど継続して検討する必要がある。

参考文献

1) 足立紀尚，龍岡文夫：新体系土木工学 18　土の力学（III），技報堂出版，1981.
2) 石原研而：土質動力学の基礎，鹿島出版会，1976.
3) Headquarters, Department of the Army: Fundamentals of protective design for conventional weapons, TM5-855-1, 1986.
4) E. C. Leong, H. K. Cheong and T. C. Pan: A Device for the Measurement of Sub-Surface Ground Vibrations, Geotechnical Testing Journal, pp.286-296, 1986.
5) E. C. Leong, S. Anand, H. K. Cheong, C. H. Lim : Re-examination of peak stress and scaled distance due to ground shock, International Journal of Impact Engineering, 34, pp.1487-1499, 2007.
6) D. Ambrosini, B. Luccioni: Craters produced by explosions on the soil surface, Journal of Applied Mechanics, ASME, 736, pp.890-900, 2006.
7) B. Luccioni, D. Ambrosini, G. Nurick, I. Snyman: Craters produced by underground explosions, Computers and Structures, 87, pp.1366-1373, 2009.
8) Z. Wang, H. Hao, Y. Lu: A three-phase soil model for simulating stress wave propagation due to blast loading, Int. J. Numer. Anal. Meth. Geotech., 28, pp.33-56, 2004.
9) Y. Lu, Z. Wang, K. Chong: A comparative study of buried structure in soil subjected to blast load using 2D and 3D numerical simulations, Soil Dynamics and Earthquake Engineering, 25, pp.275-288, 2005.
10) Z. Wang, Y. Lu, H. Hao, K. Chong: A full coupled numerical analysis approach for buried structures subjected to subsurface blast, Computers and Structures, 83, pp.339-356, 2005.
11) 別府万寿博，岡垣光祐，片山雅英，伊東雅晴：数値シミュレーションによる爆土圧特性の評価に関する基礎的研究，構造工学論文集，Vol.57A，pp.1194-1204，2011.3.
12) 市野宏嘉，大野友則，別府万寿博，蓮江和夫：爆薬の地中爆発において地盤の粒度組成および飽和度が爆土圧特性に及ぼす影響，土木学会論文集 C，Vol.64，No.2，pp.353-368，2008.
13) 林貞夫：建築基礎構造，共立出版，2002.9.
14) 市野宏嘉，大野友則，別府万寿博，蓮江和夫：爆土圧を受ける地中埋設構造部材の変形と損傷に関する実験的研究，構造工学論文集，Vol.55A，pp.1349-1357，2009.3.
15) M. Itoh, M. Katayama, S. Mitake, N. Niwa, M. Beppu and N. Ishikawa, Numerical study on impulsive local damage of reinforced concrete structures by a sophisticated constitutive and failure mode, International Conference on Structures Under Shock and Impact, 2000.
16) 高橋芳彦：高速載荷試験による鉄筋コンクリートはりおよび鋼板・コンクリート合成はりの耐衝撃性評価に関する基礎的研究，九州大学博士学位論文，1990.12.
17) 藤掛一典，上林勝敏，大野友則，水野淳，鈴木篤：ひずみ速度効果を考慮した三軸応力下におけるコンクリートの直交異方性モデルの定式化，土木学会論文集，No.669/V-50，pp.109-123，2001.
18) Ross, C. A., Thompson, P. Y. and Tedesco, J. W.: Split-hopkinson pressure-bar tests on concrete and mortar in tension and compression, ACI Material Journal, Vol.86, pp.475-481, 1989.

第１８章　アーク放電火災への衝撃解析コードの適用例

18.1　研究の背景と目的

発電所には，電力系統を保護・制御するために遮断器等の保護継電器等と高圧の母線を一緒に金属製筐体に収めたスイッチギア（以下，電源盤）が設置されている。

アーク放電は，高電圧下において電極材料の一部が蒸発して発生した気体により絶縁が破れ，両極間に電流が流れる現象であるが，2011 年 3 月の東日本大震災の際に，女川原子力発電所の高圧電源盤において，アーク放電に起因するアーク火災が発生した。高圧電源盤内で大規模なアーク放電が発生した場合，電源盤内での圧力や温度の大幅な増加の原因となり，システムの深刻な故障へと繋がるだけでなく，アーク発生後の二次的な火災により，近接するケーブルや機器へ大きく影響を及ぼす懸念があり，アーク火災のリスクを低減するための対策は重要である。そこで，非耐震・アーク未対策の実物大高圧電源盤，耐震・アーク未対策の実物大高圧電源盤を用いて，電源盤内でアーク放電を起こし，盤内の圧力やアーク放電時に放出されるアークエネルギーを測定するとともに，アーク発生後の火災の進展状況を確認した。また，圧力増加を推定するため，試験で得られたエネルギーを用いて，衝撃解析コード AUTODYN による検討を行った。

18.2　試験によるアプローチ [1)]

18.2.1　試験の概要

高エネルギーアーク故障（High Energy Arcing Faults，以下 HEAF）およびその後の火災に伴う不確実性を解くことや共通電圧レベルにおける火災による影響を定量化するため，高圧電源盤を用いた HEAF 試験を電力中央研究所大電力試験所で実施した。試験対象はフェーズⅠで非耐震・アーク未対策の電源盤を，フェーズⅡで耐震・アーク未対策の電源盤とした。試験は，電源盤の型式，最高出力電圧，電流，アーク放出箇所をパラメータにして計 13 回実施した。試験では，無負荷状態かつ，通常運転時と同様に前面扉を閉めた状態の電源盤内部のアーク発生位置に直径 0.5mm 銅線を設置することでアークを発生させた。表 18.1 に，試験条件および試験結果一覧を示す。アークの強さとして，アーク電流，アーク電圧，アークパワー（アーク電流とアーク電圧の積），アーク継続時間，盤内圧力，盤周囲雰囲気の温度を測定した。図 18.1 に，AUTODYN による解析対象としたフェーズⅡ試験 5-1 で使用した耐震・アーク未対策の定格電圧 7.2kV 級電源盤の概要を示す。

18.2.2　試験結果

図 18.2 に，試験設備の配置と試験シリーズ 5 の試験概要図を示す。図 18.3 に，試験 5-1 で観察された構成要素の破損状況を示す。上部ケーブル室において継続時間 0.2s のアークが生じた場合，天井や背面のパネルが剥がれ，天井パネルとの衝突により，試験体上部に設置したケーブルトレイに変形が生じた。図 18.4 に，計測したアーク電流，アーク電圧，アークエネルギーの一例として，試験 4-1 の計測結果を示す。アーク電流の平均値は 14.9kA であり，アーク電圧は 500 から 800V に変動している。また，試験毎に平均試験電流が異なるために試験電流を用いて補正した補正アーク継続時間 t'_{arc} とアークエネルギーの関係を図 18.5 に示す。アークエネルギーが約 25MJ の試験ケース 3-1 では，アーク発生時に高温ガスが瞬時に上方へ放出され，上部天板が外れビスが飛散していた。ダクト内や既往の評価による影響範囲 [2)]（天端から約 1.5m，側面から約 0.9m の範囲，zone of influence，以下 ZOI）内のコントロールケーブルに目立った損傷はなく，継続的な火災は確認されていない。一方，アークエネルギーが増大するとともに，HEAF 火災に進展する場合があり，その最小値は 27.6MJ であった。なお，遮断器室内でアークを発生させた場合，アークエネルギーが 40MJ を超えると，消火作業が必要な火災が発生した。図 18.6 に最大圧力と最大圧力到達時間を，図 18.7 に内部圧力の時刻歴の例を示している。耐震仕様の電源盤は強固であるが，耐えうる圧力は最大で

表18.1　試験条件および試験結果一覧（参考文献抜粋）[1)]

試験名	アーク放出箇所		試験電圧	試験電流*	短絡保持時間	アークエネルギー測定値	火災発生
	電源盤	位置					
フェーズⅠ：非耐震仕様・アーク未対策電源盤（計8台使用）							
1-1	盤A上段	ｹｰﾌﾞﾙ室二次側	6.9kV	18.9kA	0.1sec	3.09 MJ	なし
1-2	盤 B 上段	ｹｰﾌﾞﾙ室二次側			0.3sec	8.17 MJ	なし
2-1	盤 C 上段	ｹｰﾌﾞﾙ室二次側			0.5sec	12.9 MJ	なし
2-2	盤 D 上段	VCB**室ﾀｰﾐﾅﾙ部			0.5sec	10.4 MJ	なし
3-1	盤 E 上段	ｹｰﾌﾞﾙ室二次側			1.0sec	24.7 MJ	なし
3-2	盤 F 上段	VCB**室ﾀｰﾐﾅﾙ部			1.0sec	20.3 MJ	なし
3-3	盤 E 下段	ｹｰﾌﾞﾙ室二次側			1.0sec	27.6 MJ	火災発生***
3-4	盤 F 下段	VCB**室ﾀｰﾐﾅﾙ部			2.0sec	41.8 MJ	火災発生****
4-1	盤 A 下段	VCB**室ﾀｰﾐﾅﾙ部			2.0sec	44.6 MJ	火災発生****
4-2	盤 B 下段	VCB**室ﾀｰﾐﾅﾙ部			1.0sec	17.7 MJ	なし
フェーズⅡ：耐震仕様・アーク未対策電源盤（計 2 台使用）							
5-1	盤 I 上段	ｹｰﾌﾞﾙ室二次側	8.0kV	40.0kA	0.2sec	12.8 MJ	なし
5-2	盤 I 下段	VCB**室ﾀｰﾐﾅﾙ部			0.2sec	8.68 MJ	なし
5-3	盤 J 下段	VCB**室ﾀｰﾐﾅﾙ部			0.5sec	25.3 MJ	なし
*　アーク電流：系統指示値による最大三相短絡電流，　**　真空遮断器							
***　20 分後に自己鎮火，　****着火後 7-10 分後に散水消火							

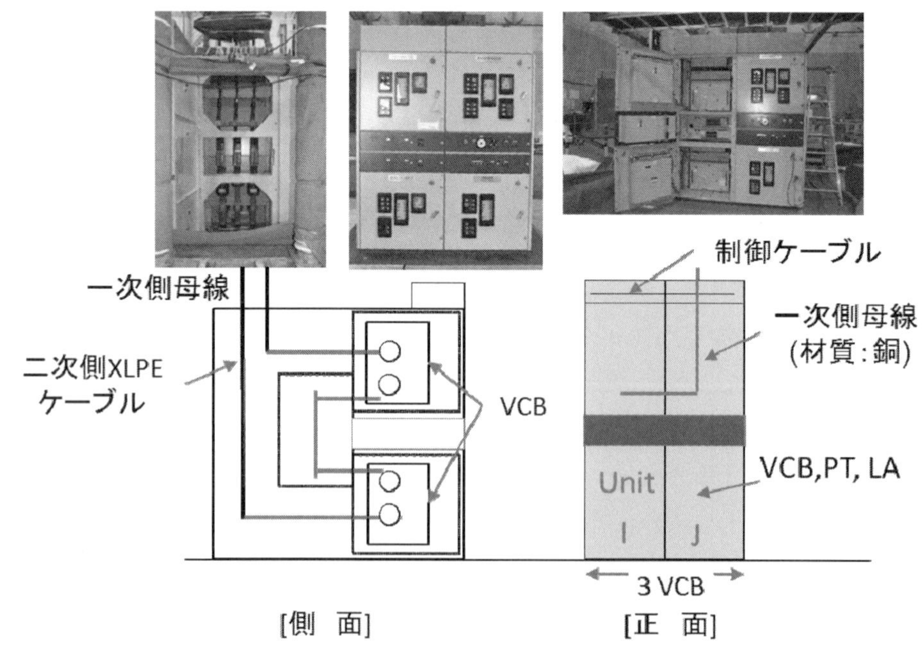

図18.1　耐震7.2kV級電源盤の概要[1)]

（試験5-1：上段ケーブル室二次側）　　（試験5-3：下段VCBターミナル部）

図18.2　試験設備の配置と試験シリーズ5の試験概要図（参考文献抜粋）[1)]

（電源盤の天板の状況）　　（天板との衝突により変形したケーブルトレイ）

図18.3　試験5-1で観察された構成要素の破損状況[1)]

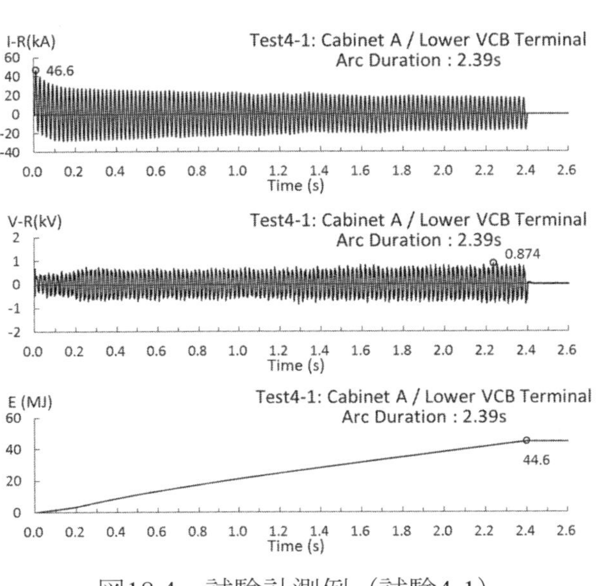

図18.4　試験計測例（試験4-1）
（参考文献抜粋）[1)]

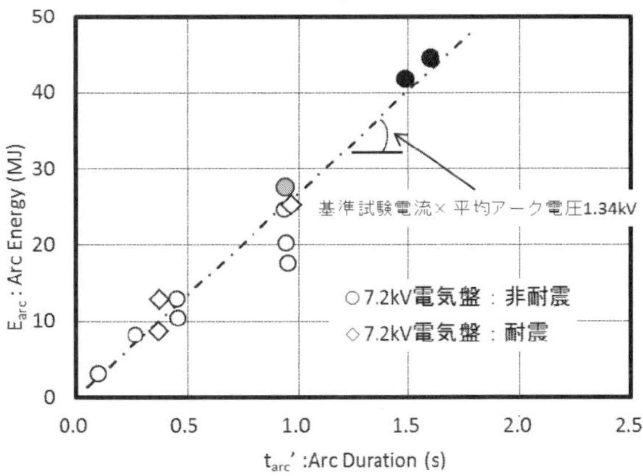

図18.5 補正アーク継続時間と
アークエネルギーの関係[1)]

約90kPaであった。圧力の時刻歴はピーク後に低下しており，アーク放電による衝撃波の到達初期に，電源盤のパネル（天井，背面，側面）が大きく変形，開放，または剥落したものと考えられる。

18.3　数値解析によるアプローチ [1)]

18.3.1　数値解析手法

HEAFによるZOIを決定するためには，電源盤の構造的な弱部を盤外部へ流出する高温ガスの移動範囲を推定することが不可欠である。そのため，アーク発生による圧力上昇に関する数値解析手法の精度を検討するために，アーク圧力と筐体変形の相互作用が考慮可能な衝撃解析コードAUTODYNを使用した。数値解析は図18.8に示すパルス関数の積み重ねにより指定したアークエネルギーを模擬する独自のユーザーサブルーチンをAUTODYNに組み込み実施した。

本手法を検証するために，図18.9に示す密封容器を用いた岩田らによる内部アーク試験[3)]を対象に，ベンチマーク解析を実施した。試験および解析条件を表18.2に示す。アークエネルギーのうち圧力上昇に利用されるエネルギーの割合（k_p）は電極材質（銅）より，既往の文献[3)]を参考にして0.53に設定した。図18.10に，容器内圧力増加量に関する解析結果と測定結果の比較を示す。数値解析では，パルス関数によりエネルギーを入力しているため，圧力振動の振幅が測定結果に比べ大きいが，圧力増分は測定結果によく対応していることがわかる。

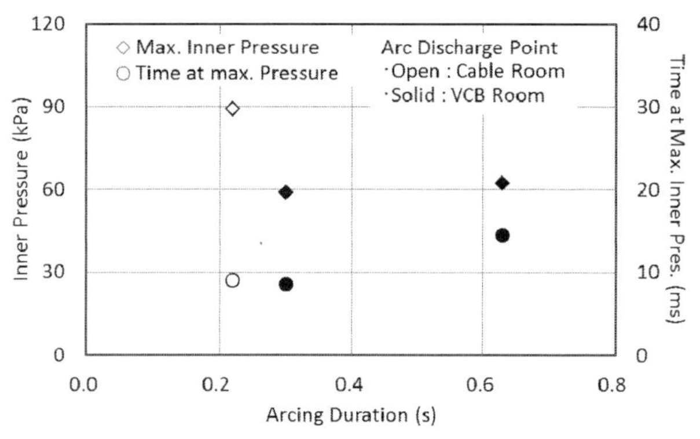

図18.6　最大圧力と最大圧力到達時刻（試験5-1～5-3）[1)]

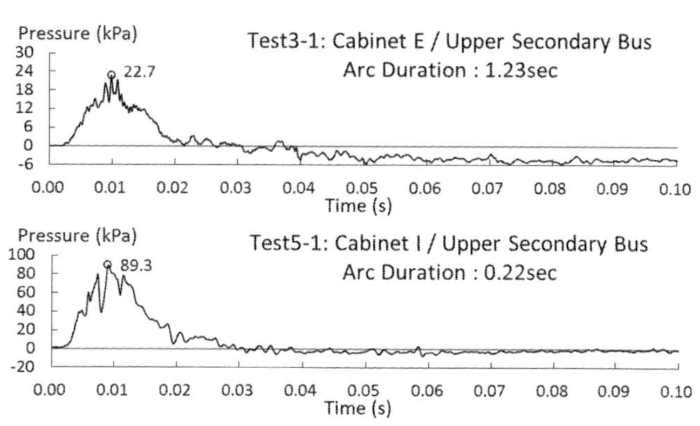

図18.7　内部圧力の時刻歴の例（参考文献抜粋）[1)]

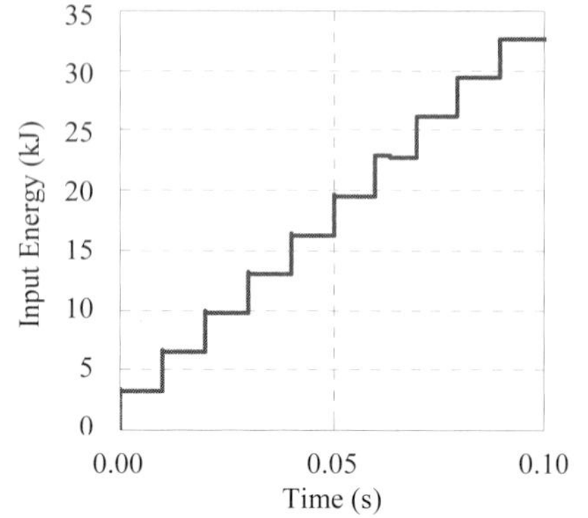

図18.8　AUTODYNにおける入力エネルギー例[1)]

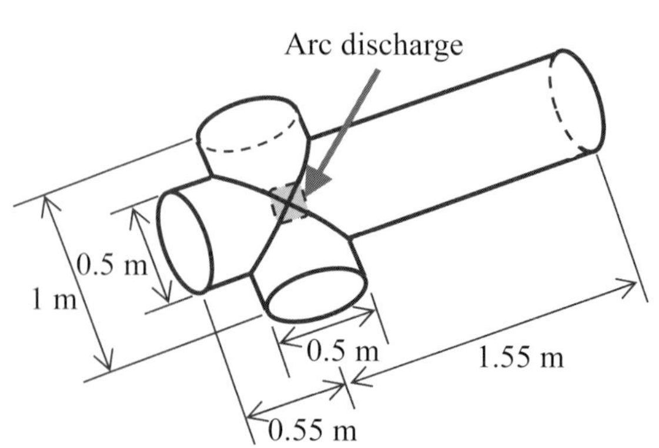

図18.9　試験概略図[1)]

18.3.2　HEAF 試験への適用

上述の数値解析手法を用いて，HEAF 試験（試験ケース 5-1）に関する衝撃応答解析を実施した。図 18.11 に，試験 5-1 を対象とした 2 台のケーブルダクト付き実物大電源盤の数値解析モデルを示す。試験 5-1 では，指定した電源盤内アーク放電領域に 2ms ごとに 69kJ のエネルギー増分を設定した。さらに，天井と側面パネルを固定するボルトに破断応力（相当応力 420MPa）を考慮した。表 18.3 に解析条件を示す。k_pは電極材質（銅）より 0.53 に設定した。

表18.2　ベンチマーク解析に関する試験および解析条件[1)]

容器容量	0.52m^3
充填ガス	空気
初期圧力	0.1MPa
アーク放電条件	交流50Hz（単相）
アーク電流	12.5kA
アーク継続時間	0.1sec
電極材質	銅
電極ギャップ長	50mm
入力アークエネルギー	252kJ×k_p（k_p = 0.53）

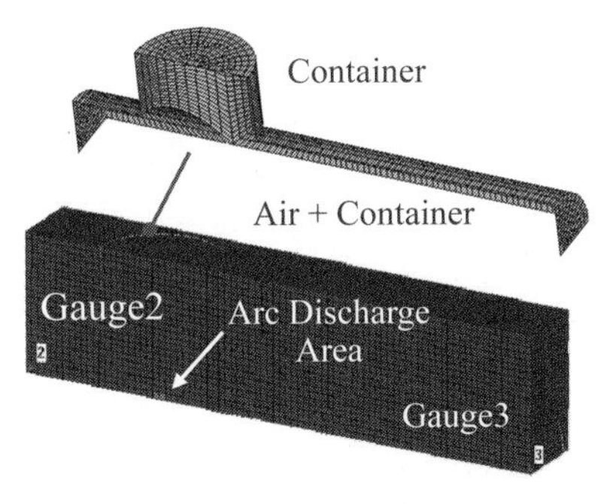

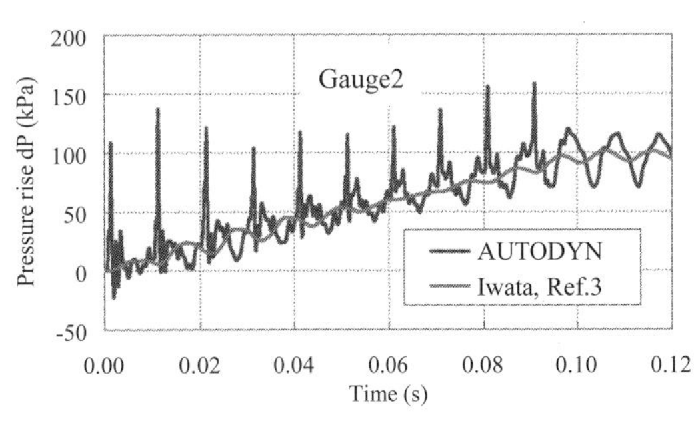

図 18.10　圧力増加の比較[1)]

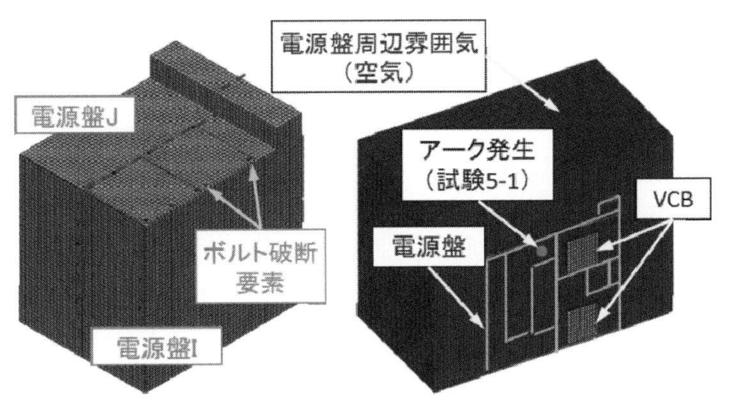

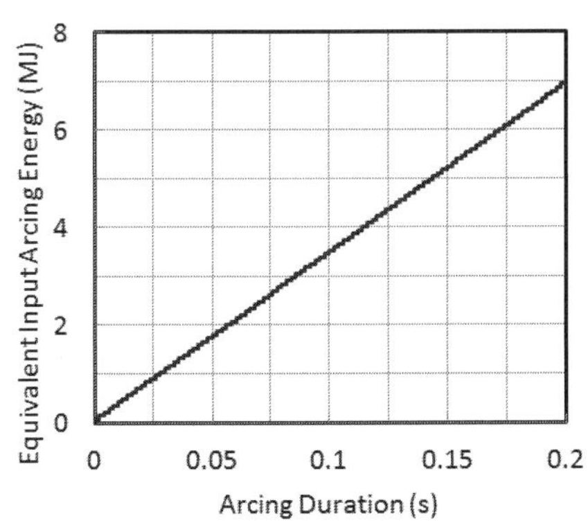

（3次元解析モデル）　　（等価アークエネルギー入力値）

図18.11　試験ケース5-1を対象とした数値解析モデル（耐震仕様・非アーク対策）[1)]

18.3.3　数値解析結果

図18.12および図18.13に，数値解析より得られた電源盤の変形，温度分布，圧力時刻歴を示す。電源盤Ｉで最大内圧が発生したアーク発生箇所近傍における衝撃解析による最大圧力は69kPaであり，わずかに試験値71kPaに比べ小さいが，解析による最大圧力の発生時間は試験結果とよく一致している。さらに，固定ボルトの破断による天井パネルの剥離や後部ドアの開放が再現されており，構造的な脆弱部や圧力上昇による筐体破損の発生範囲を数値解析により追跡できることが明らかになった。しかしながら，全アーク継続時間（0.05s）を解析するには，通常のPCで1週間もの長時間を要することに留意する必要がある。

18.4 まとめ

アーク故障火災による電源盤内の圧力上昇メカニズムや電源盤を通る熱伝達を明らかにすること，隣接した電源盤や周辺設備に関する影響範囲を明らかにするため，13回のHEAF試験を実施した。試験結果より，約25MJ以下の全アークエネルギーでは，ダクト内やZOI内にあるコントロールケーブルに目立った損傷は見られず，継続的な火災は確認されなかった。一方，アークエネルギーが増大するとともに，HEAF火災に進展する場合があり，その最小値は27.6MJであった。なお，遮断器室内でアークを発生させた場合，アークエネルギーが40MJを超えると，消火作業が必要な火災が発生した。また，圧力増加を推定する衝撃解析コードAUTODYN を用いた数値解析法と試験結果は精度良く一致することが明らかとなった。

表18.3　HEAF試験に関するAUTODYN解析条件[1)]

試験ケース	試験5-1
電源盤タイプ	耐震・アーク未対策
パネル厚さ	3.2mm
アーク電流・電圧	40.0kA × 8.0kV
アーク継続時間	0.2sec
アーク発生箇所	電源盤Ｉ　上段：ケーブル室
アーク放電体積	1000cm^3
入力アークエネルギー	12.8MJ×k_p（k_p = 0.53）
電極材質	銅
電極ギャップ長	50mm
備考　メタルクラッドの板材：ソリッド要素，シェル要素 内部および周辺の外気：オイラー要素 VCB（真空遮断器）：剛体要素 取付ボルト（天井，側面パネル）：ビーム要素 エネルギー増分（69kJ）をアーク放電体積に2ms毎に入力	

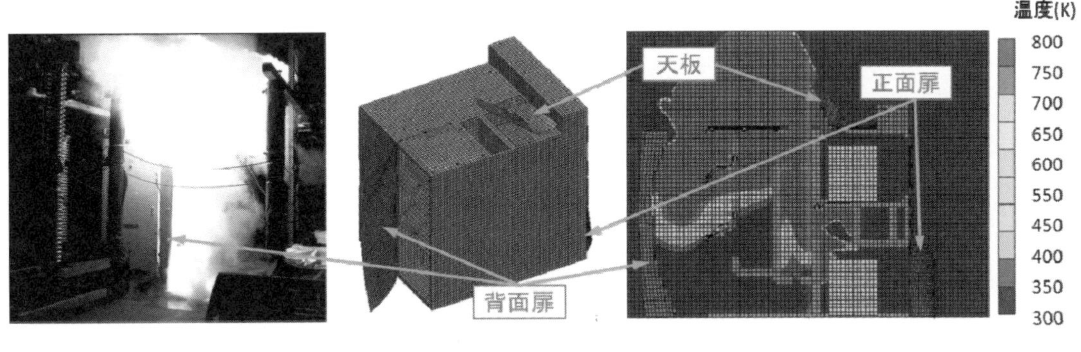

（HEAF試験状況）　（変形状態）　（温度分布）

図18.12　変形状態と温度分布（試験5-1，アーク発生後0.04s時）[1)]

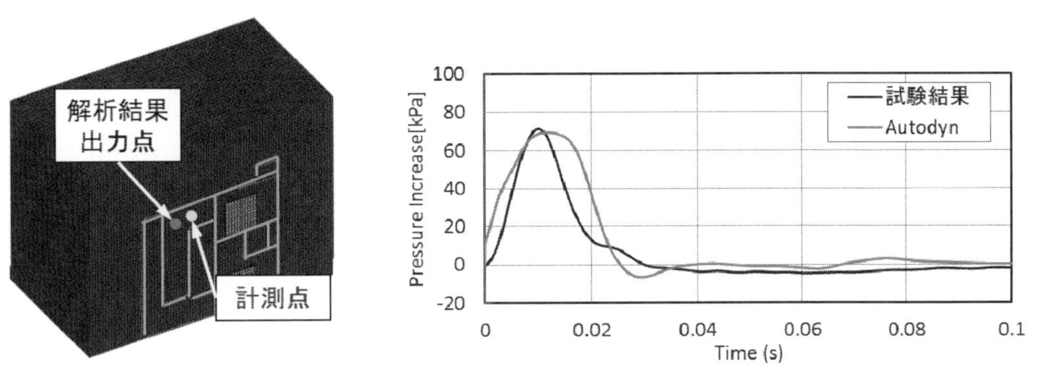

図18.13　電源盤I内部の圧力時刻歴（試験5-1）[1)]

参考文献

1) 白井孝治, 他：高圧電源盤における高エネルギーアーク故障（HEAF）火災評価試験, 電力中央研究所報告 O16001, 2017.3.

2) EPRI/NRC : EPRI/NRC-RES Fire PRA Methodology for Nuclear Power Facilities, NUREG/CR-6850, 2005.

3) 岩田幹正, 他：密封容器内のアークによる圧力上昇シミュレーション手法の開発, 電力中央研究所報告 H09021, 2010.5.

第Ⅱ編　落石防護構造物の性能照査設計に資する各種検討事例

これまでの経緯と本編の構成

本研究小委員会の前身である構造物の性能照査型耐衝撃設計に関する研究小委員会ならびに構造物の性能照査型耐衝撃設計に関する研究小委員会では，衝撃作用を受ける構造物の性能照査型設計コードに関しても検討を行い，小委員会の活動成果として「防災・安全対策技術者のための衝撃作用を受ける土木構造物の性能設計－基準体系の指針－」（土木学会，構造工学シリーズ 22，2013）を公表している。この中では，衝撃作用を受ける構造物の性能設計型包括設計コード案が示されるとともに落石作用を受ける構造物を対象とした落石防護構造物の性能設計コード案やワイヤロープ型落石防護工の包括設計コード案も作成されている。これらには，要求性能や各種限界状態，性能規定例が示されているが，これらを構造物毎に合理的に決定するためには，各構造物の終局に至るまでの耐衝撃挙動を把握しておくことが重要であるものと考えられる。

そこで第Ⅱ編では，落石防護構造物として数多く採用されているロックシェッド，落石防護棚，落石防護網・柵に関して実務設計の参考に資する資料を提供することを目的として性能照査設計の参考になると思われる各種検討事例を取りまとめたものである。

第１章では，落石防護構造物の設計は何を基本として行うべきかについては，性能照査設計の導入を前提として議論されるケースも多いが，ここでは一度立ち返ってその背景と経緯を確認することとした。

第２章では，落石防護工の性能設計体系を形成するにあたって，設計供用期間を定める際に必要な背景情報を整理記述した。

第３章では，落石防護工を設計する際に必要となる落石およびその他の作用についての現状や新たな知見について整理した。

第４章では，ロックシェッドおよび落石防護棚について，要求性能や限界状態の設定に際して参考になると思われる各種実験結果を紹介するとともに，衝撃荷重の設定に関しての実験結果や解析結果の利用法について取りまとめた。さらに，実験や数値解析による性能照査事例を示した。

第５章では，落石防護網・柵に関して，要求性能や限界状態の設定に際して参考になると思われる各種実験結果を紹介するとともに，実験や数値解析による性能照査事例を示した。

本編が，各種落石防護構造物の包括設計コード作成のための参考となるとともに，実務者に有益な情報となることを期待するものである。

第１章　我が国における性能設計導入の背景と経緯

1.1　国際協定と国際規格

我が国が性能設計導入に進んだ背景には，国際協定の締結と国際規格の策定の２つの流れがある。

国際協定は多国間で交わされた貿易を主とする協定であり，GATT（General Agreement on Tariffs and Trade : 関税および貿易に関する一般協定）が源流となる。GATT は，1986 年から 1994 年に行われたウルグアイラウンドで合意された世界貿易機関を設立する協定（マラケシュ協定）によって発展的に解消し，WTO（World Trade Organization : 世界貿易機関）に引き継がれた。

WTO は 1995 年に設立され，我が国は設立当初から加盟している。GATT は協定に留まったのに対し，WTO は機関，組織としての処理能力を持ったのが両者の根本的な違いである。WTO 協定は協定本体および 4 つの付属書で構成され，加盟国には協定本体と付属書 1～3 の受諾が義務付けられている。

付属書 1 は 1A（物品の貿易に関する多角的協定），1B（サービスの貿易に関する一般協定），および 1C（知的所有権の貿易関連の側面に関する協定）で構成され，1A は（A）から（M）にいたる 13 の協定からなり，その中の１つに「(E）貿易の技術的障害に関する協定（通称 TBT 協定)」があり，技術における国際規格の遵守が我が国にも求められている [1]。

一方，国際規格の策定については，ISO（International Organization for Standardization : 国際標準化機構）が 1947 年に設立され，我が国は JISC（日本工業標準調査会）を代表窓口として 1952 年に加盟している。JISC は，経済産業省に設置された審議会であり，JIS の制定や改訂を主務とした組織であり，ISO や IEC（国際電気標準会議）に日本の代表として参加している [2]。

ISO の中には現在 300 の TC（Technical Committee : 技術委員会）があり，各 TC は幾つかの SC（Sub-committees : 分科会），更にその下に幾つかの WG（Working Group : 作業部会）を設置して国際標準化活動を行っている。

技術委員会の中の１つに TC98（構造物の設計の基本）がある。TC98 は，SC1（用語と記号 : 幹事国フランス），SC2（構造物の信頼性の原則 : 幹事国ポーランド），SC3（荷重，力，作用 : 幹事国イギリス），および TC98 直轄の例外的 WG1，WG2 で構成されている。性能設計に大きく関係するコードである ISO 2394（構造物の信頼性に関する一般原則）は TC98／SC2／WG1 で検討されており，1973 年に初版が，1986 年に第 2 版が，現在の第 3 版は 1998 年に発行されている [3]。

我が国の各 TC への参加は，JISC が窓口となり，JISC の委託を受けた建築・住宅国際機構等の国内審議団体が担っており，2001 年に発行された ISO 3010（構造物への地震作用）等の作成にも寄与している。

1.2　国内の動き

1.2.1　政府，国土交通省が進めた政策

前節で示した国際協定の締結や国際規格策定の流れの中で，政府は 2001(H13)年 3 月に「規制改革推進 3 カ年計画」を閣議決定し，我が国の技術基準を国際規格に整合させ，今までの仕様規定を原則として全て性能規定化するよう検討を行うことを決定した。

国土交通省ではこれに先立ち，1998(H10)年 12 月に「土木・建築にかかる設計の基本検討委員会

（共同委員長：長瀧重義、岡田恒男）」を省内（当時は建設省）に設置し，2001(H13)年 3 月の閣議決定に従い，2002(H14)年 3 月に同委員会で策定された『土木・建築にかかる設計の基本』を，2002(H14)年 10 月の省内委員会（土木・建築における国際標準対応省内委員会／委員長：技監）で承認し，以下の基本方針を決定した[4]。

〈基本方針 1：国土交通省内における扱い〉……国土交通省所掌の設計に係わる技術標準は,『土木・建築にかかる設計の基本』の考え方に従って今後整備，改訂を進める。

〈基本方針 2：対外的な周知〉……国際技術標準策定への対応は，基本的には国内の各審議団体が中心となって進められていることから，多くの学識者および技術者に，この『土木・建築にかかる設計の基本』が設計に関する基本的な“日本の考え”として認知される必要があり，国内基準の制定など適切な対応を図る。

2002(H14)年 12 月に行われた国土交通省の国土技術政策総合研究所が開催した講演会では, 建築，港湾，道路等の各分野で『土木・建築にかかる設計の基本』に沿って今後諸基準を改訂することが公表され, 2003(H15)年 3 月に策定された国土交通省の「公共事業コスト構造改革プログラム」では，基準類の性能規定化を推進し『土木・建築にかかる設計の基本』に沿って土木工事共通仕様書の改訂（共通），道路橋の技術基準の検討（道路），港湾の施設の技術上の基準の性能規定化（港湾）を行うことが事例として掲載されている。なお，同プログラムは 2008(H20)年 3 月に再策定されており，前記事例の他，鉄道，空港他も追記されている。

1.2.2　国土交通省所掌の技術基準類の改訂 [1]

道路，河川，港湾，鉄道，建築等の各分野では，ISO 2394 等の国際規格のモニタリングを続ける中で，法体系の整備や各技術基準の性能規定化の準備を進め，前項 1.2.1 の〈基本方針 1：国土交通省内における扱い〉の考えに適合すべく，以下の制定，改訂が行われてきている。

(1) 道路分野

1)『道路橋示方書』……2002(H14)年 3 月に性能規定型を基本に改訂

（注 1）従来の仕様型の設計手法は，性能規定型設計の 1 つとして見なし認定されている。

（注 2）道路橋示方書Ⅴ（耐震設計編）は，1996(H8)年 12 月の改訂時に性能規定型が部分的に導入されている。

2)『防護柵の設置基準』……1998(H10)年 11 月に性能規定型で改訂

3)『舗装の構造に関する技術基準・同解説』……2001(H13)年 9 月に性能規定型で改訂

4)『道路土工要領および各指針』……2009(H21)年 6 月に性能規定型を基本に改訂

(2) 河川分野

『河川構造物の耐震性能照査指針（案）・同解説』……2007(H19)年 3 月に性能規定型で改訂

(3) 港湾分野

『港湾の施設の技術上の基準・同解説』……2007(H19)年 4 月に性能規定型で改訂

(4) 鉄道分野

1998(H10)年 11 月に運輸技術審議会鉄道部門（座長：運輸省井口雅一）が技術基準の性能規定化他を答申し，2001(H13)年に『鉄道に関する技術上の基準を定める省令（国土交通省令第 151 号)』が交付される中，土木構造物関係では以下に示す仕様規定から性能規定への改訂が行われている。

1)『鉄道構造物等設計標準・同解説（耐震設計)』……1999(H11)年に性能規定型で改訂

2)『同上（コンクリート構造物)』……2004(H16)年に性能規定型で改訂

3)『同上（変位制限）』……2006(H18)年に性能規定型で改訂
4)『同上（土構造物）』……2007(H19)年に性能規定型で改訂
5)『同上（鋼・合成構造物）』……2009(H21)年に性能規定型で改訂
6)『同上（基礎構造物）』,『同上（土留め構造物）』,『同上（耐震設計）』……2012(H24)年に性能規定型で改訂

(5) 建築分野

1998(H10)年 6 月に改訂された『建築基準法』が公布され，2000(H12)年 6 月に『同法』が施行され，性能規定の導入が行われている。2001(H13)年以降には『建築基準法施行令』（政令),『建築基準法施行規則』,『国土交通省告示』によって性能規定による技術基準の具体化が進められている。

（注）上記の動きは，1998(H10)年 12 月の「土木・建築の設計の基本検討委員会（委員長：長瀧重義)」の国土交通省内での設置，2001(H13)年 3 月の「規制改革推進 3 カ年計画」の閣議決定，2002(H14)年 10 月の国土交通省内委員会（土木・建築における国際標準対応省内委員会／委員長：技監）で決定した〈基本方針１：国土交通省内における扱い〉と連動している。

1.2.3　学会による技術基準類の改訂 [1)]

ここでは当委員会が所属する土木学会，および地盤工学会が作成した性能設計に関する代表的な技術基準類について紹介する。学会の動きは，前項 1.2.1 で示したとおり，2002(H14)年 10 月の国土交通省内委員会（土木・建築における国際標準対応省内委員会／委員長：技監）で決定した〈基本方針２：対外的な周知〉が背景にある。

(1) 土木学会関連

1)技術推進機構

国土交通省からの依頼を受け，2002(H14)年に土木学会の技術推進機構の中に「包括設計コード策定基礎調査委員会（委員長：日下部治)」を設置し，2003(H15)年 3 月に『包括設計コード（案)：性能設計概念に基づいた構造物設計コード作成のための原則・指針と用語：第 1 版（code PLATFORM ver.1)』を作成している。

2)構造工学委員会

2008(H20)年 12 月に『性能設計における土木構造物に対する作用の指針』を作成し，2010(H22)年 9 月に『土木構造物共通示方書Ⅰ（総則，用語他）およびⅡ（作用・荷重)』を作成している。

また，2013(H25)年 1 月に『防災・安全対策技術者のための衝撃作用を受ける土木構造物の性能設計－基準体系の指針／構造工学シリーズ第 22 号』を作成している。

3)コンクリート委員会

2002(H14)年に『コンクリート標準示方書』を性能照査型で改訂し、2007(H19)年以降の改定でもそれを踏襲している。

4)トンネル工学委員会

2009(H21)年 10 月に『性能規定に基づくトンネルの設計とマネジメント／トンネルライブラリー第 21 号』を作成している。

(2) 地盤工学会

2002(H14)年に地盤工学会の基準部の中に「基礎設計基準化委員会」を設置し，2004(H16)年 7 月に『性能設計概念に基づいた基礎設計の原則・指針と用語（案)：地盤コード 21』を作成してい

る。

参考文献

1) 土木学会誌 vol.98 : 特集　いま、性能設計を考える－国際化と災害激化を受けて－, p.4-35, 2013.3.

2) 経済産業省日本工業標準調査会事務局：基準認証政策の歩み 2013，2013.3.

3) 土木学会構造工学委員会構造設計国際標準研究小委員会：活動成果報告書（国際標準に基づく構造物の設計法），p.3，2000.8.

4) 国土交通省：土木・建築にかかる設計の基本について，2002.10.

第２章　設計供用期間について

本章では，落石防護工の性能設計体系を形成するにあたって，設計供用期間を定める際に必要な背景情報を整理記述する。

2.1　設計供用期間を示すことの意義

土木構造物の設計における要求性能を提示することは，調達の基本条件でもある。要求性能を定義するのは，国内のある防護工の調達と別の防護工の調達において，要求性能がまちまちであることを防止するためである。ここでは，一様であることを求めているのではなく，「同じ用語と考え方で明確に示しておく」ことを求めている。このとき，構造物に求めている供用期間が，代替案A,B,Cで異なると，比較が極めて困難になる。具体的には，A案は50年ほど大丈夫だが，価格が100【単位】であり，B案は30年で価格が70【単位】というのでは，そのまま価格の比較で優劣を決めることはできない。

この場合，公正な調達という観点からは，調達側の示す要求性能としての設計供用期間は，50年である,と示しておき，納入側は，A案はその保有性能としての供用期間*が50年とし,B案は30年であると明示させる体系にあるとするならば，ライフサイクルコスト（LCC）の比較として，A案は50年間で100【単位】であり，B案は同期間で2回目の調達を必要とするものとして，120【単位】が必要であると認識すれば，比較が可能である。

LCCの計算法は，これほど単純ではないが，公正な比較ができることは，重要である。また，納税者に対する説明においても，供用期間が長くなると維持補修費が必要であることや，保有性能の劣化を覚悟しなければならないことについての，説明性や透明性が高まる。

＊ 保有性能としての供用期間に維持補修行為をどのように組み込むのか，という問題については，「設計供用期間」の中における維持補修と建て替えとの区分などと軌を一にする定義が必要である。

2.2　H25衝撃委員会報告における設計供用期間記述について

H25 衝撃委員会報告における設計供用期間記述について構造物の耐衝撃性能評価研究小委員会（H21-25：園田佳巨委員長）の活動報告書，「構造工学シリーズ 22 防災・安全対策技術者のための衝撃作用を受ける土木構造物の性能設計—基準体系の指針－」に示した第Ⅱ編衝撃作用を受ける各種構造物の包括設計コード　1.落石防護構造物の包括設計コードにおいて，設計供用期間について，次のように記している。

1.2.2　落石防護構造物の設計供用期間

設計段階において，落石防護構造物が所定の機能を十分果たすことを想定する期間を設計供用期間とし，個別に定めるものとする．

【解説】

所有者が定める予定供用期間に対して，供用期間中の材料の劣化，各種作用に対する損傷そして維持管理方法などを総合的かつ適切に考慮して定めるものとする．

特に明示しない場合の標準的な設計供用期間は，ISO2394 の概念に従って 50 年を基本とする．

また，第 I 編衝撃作用を受ける構造物の性能設計型包括設計コード　6.用語の定義において，次のように解説している。

設計供用期間

設計段階において，構造物が所定の機能を果たすことを想定する期間であり，さまざまな設計条件を決定する際の基準となる時間の長さ．

これらの記述は，実際の基準策定においては，国内的事情や国際的な環境を踏まえて，適宜に修正すべきものであるので，改めてこのような記述に至る参考情報を述べる。

a)　用語解説

これは，ISO2394 に記されている英語をそのまま訳したものである。この説明では，前項で述べた趣旨は充分に反映できない。このような議論を踏まえて，土木構造物共通示方書 I において，次のように定義を修正している。

設計供用期間

設計段階において，構造物が所定の機能を満たすことを想定する期間であり，さまざまな設計条件を決定する際の基準となる時間の長さ。

すこし踏み込んで説明する。

○　「設計段階において想定する期間」であるので，実際に供用していて，もう少し永く供用することを意思決定して伸ばすことも可能である。

○　「所定の機能を満たすこと」を求められているのである。設計供用期間中に，修復限界を超える作用が発生したならば，その想定にしたがって補修をすることが見積もられるし，終局限界を超える作用が発生したならば，建て替える（現物は供用を停止する）こともあり得る。

修復限界や終局限界は，作用の種類や構造物に使用されている材料や部材の種類ごとに，「さまざま」であるので，これらに対して「すべからく決定する」際の基準時間長さである。

b) 「とくに明示しない場合の設計供用期間は，50年」としていること

具体的に基準を策定する場合に，「とくに明示しない場合の設計供用期間」を具体的に定めることを期待するものであり，この数値に格別の理由があるわけではない。

参考情報をいくつか記しておく。

○ ISO2394(1998)には，設計供用期間の参考例として，「特に重要な場合を除いて，一般の建築構造や公共構造物の設計供用期間を50年」としている。この記述は，各種公的な基準に於いて参考とされているようである。

→漁港海岸事業標準設計参考図書，水産庁漁港漁場整備部防災漁村課，平成23年3月。

○ 減価償却資産の耐用年数等に関する省令（昭和40年3月31日大蔵省令第15号）に定めている似通った構造物の耐用年数は，次のようである。趣旨が異なるのであくまでも参考であるが，概して50年を超えるものは少ない。

構造物	年数	構造物	年数	構造物	年数
トンネル(RC)	75	橋(RC)	60	爆発物防護壁(RC)	25
堤防，防波堤（土造）	40	上水道（土造）	30	爆発用防壁（土造）	17

○ 社会的価値観の変化についても，言及しておく必要がある。設計供用期間は，構造物に対する要求性能を構成する要素の一部である。ところで，公共構造物は社会の要求に応えるように設計され，供用されるものである。50年前の日本社会の道路交通に対する要求レベルと現在との差異は，著しいものである。未来は，いかがなものであろうか。

つまり，設計供用期間の決定においては，決定にあたる土木技術者の未来の価値観を見通す能力の限界についても配慮する必要がある。

第３章　落石およびその他の作用

3.1　落石作用

3.1.1　落石調査の現状

(1) はじめに

ここでは，落石による衝撃作用を受ける構造物の設計に用いる落石作用設定のために必要となる斜面の落石調査について述べる。

(2) 落石の安定度

落石対策便覧では，調査として，はじめに概査により斜面の落石に関する安定度を斜面単位で大まかに判定し，詳細な調査が必要と判断された斜面に関して精査を行って，浮石や転石の分布状況や不安定度，落石経路等を明らかにし対策の基礎資料としている。

安定度評価方法は，一般的に落石対策便覧に示される現地調査による安定度評価の一例[1)]や，高速道路調査会の落石危険度判定方法を参考にした石の安定状態の区分[2)]が用いられている。

(3) 現地踏査

現地踏査は，一般的に防護の対象とする落石を現地調査し，個々の浮石・転石毎の大きさ，安定度評価を実施する。また，落石防護構造物に達するときの落石エネルギーを計算し一覧表にとりまとめる。通常の落石防護構造物で対処できないような転石が多く分布する斜面では，必要に応じて個々の落石の大きさや安定度等を個別の調査票に整理するとよい。対象斜面が大きな場合には，防護の対象や落石エネルギー等を考慮して，対策工の選定を念頭においた斜面区分を行うこともある。なお，表 3.1 に斜面の現地踏査における浮石や転石の一覧表の例を示す。

表 3.1　現地踏査における浮石・転石の一覧表例

番号	比高 (m)	長径 (cm)	中径 (cm)	短径 (cm)	質量 (kN)	安定度評価	落石エネルギー (kJ)
1	20	80	80	70	11.0	2	2,100
2	30	120	100	80	22.5	3	6,000
3	50	50	45	45	2.5	1	1,200
4	40	60	50	45	3.0	1	1,200
5	110	20	20	20	0.2	1	200
6	55	40	35	30	1.0	1	500
7	35	65	60	60	6.0	3	2,000
8	210	35	35	30	1.0	2	2,000
9	75	30	30	25	0.5	1	350
10	120	30	25	20	0.3	1	550

(4) 現地調査

現地調査は，より詳細に個々の落石や斜面全体の安定性を検討したり，設計に必要な地盤定数等を把握するために実施するもので，主に物理探査，ボーリングおよびサウンディング調査，岩石・土質試験が用いられている。

(5) 対策工の選定

対策工の選定は，対象とする最大落石エネルギーを決定して検討することが多いが，通常の落石

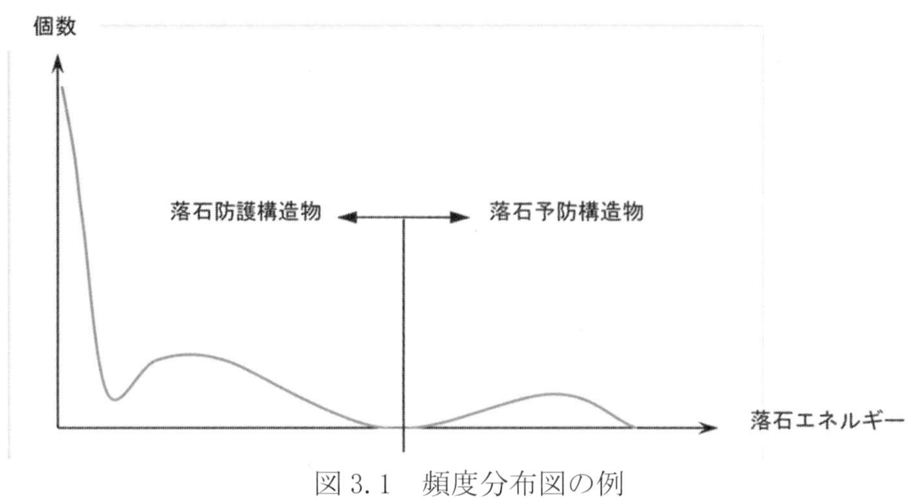

図 3.1　頻度分布図の例

防護構造物で対応できないものに対しては，高エネルギー吸収型の落石防護構造物および落石予防構造物についても検討するものとする。

表 3.1 に示した番号 2 の落石は落石予防構造物の選定を検討し，それ以外の落石に対しては落石防護構造物の選定を検討した。このような検討の基礎資料とするため，図 3.1 に示すような落石エネルギーの頻度分布図を作成しておくのがよい。

3.1.2　設計落石作用の設定

(1) はじめに

落石防護構造物への作用方向，作用位置等の作用条件は，斜面ごとの地形，地質，斜面の風化度および植生等によって著しく異なる。よって，落石防護構造物の設計にあたっては，斜面の調査や過去の落石経験等を基に，もっとも妥当と思われる落石の作用条件を推定しなければならない。ここでは，落石作用の設定事例について述べる。

(2) 落石エネルギー

落石防護構造物の設計に用いる落石作用は，対象とする最大落石エネルギーを設定することが多いが，表 3.1 に示す番号 2 の落石については，落石エネルギーが大きく落石防護構造物で対処するには安全性や経済性の観点から適切ではないことから落石予防構造物を選択するのが最適と考えられる。そこで，番号 1 の落石を設定作用とした。

(3) 落石の作用位置および作用方向

落石の作用位置および作用方向は，落石防護構造物に不利になる位置に不利になる方向で作用させることが望ましい。一般的に，落石の作用位置は，落石シミュレーションにより推定した最大跳躍高さを設定している。また，落石の作用方向は，落石防護構造物の阻止面に対して垂直に作用させている。

(4) 構造特性を考慮した検討

落石防護構造物には様々な種類があることから，それらの構造特性を考慮し，落石の作用を設定することが望ましい。表 3.1 に示す番号 8 の落石は，落石エネルギーは最大ではないが，小さくて速い速度の落石となるため，落石防護柵を選定対象にする場合には，落石のすり抜けに対しての検討が必要になる。

3.2　落石防護網･柵を積雪地域に配置する場合の設計への配慮

3.2.1　雪による作用

落石防護工を積雪地域に設置する場合は，雪崩対策工の設計を参考に設計を行えばよい。ここでは，落石防護網･柵を積雪地域に設置する場合に一般的設計事項以外に配慮すべき事項について記述する。

図 3.2 に雪による基本的な作用を示す（設計荷重は全てを考慮する必要は無く，設置地点の諸条件や構造などによって適宜考慮する)。

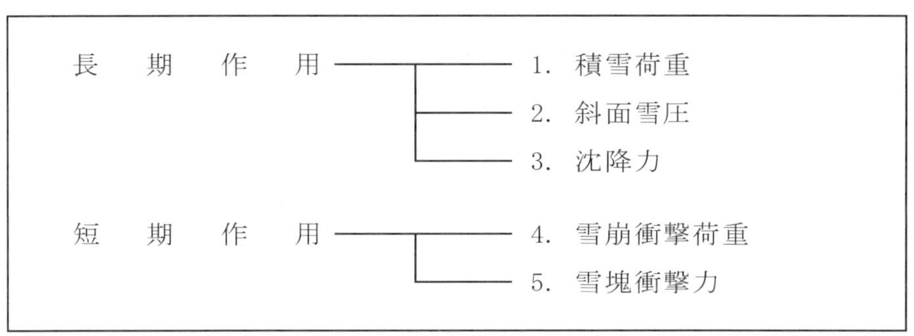

図 3.2　雪による基本的な作用

(1) 設計積雪深

設計積雪深は，防護対象等により適宜決める必要がある。集落雪崩対策工事技術指針（案）[3)]では，50 年再現確率積雪深または既往最大積雪深，道路防雪便覧 [4)]では 30 年確率最大積雪深としている。

(2) 性能照査

許容応力度法で設計する場合は，荷重の組み合わせに応じて許容応力度の割増しを行い，照査を行う。許容応力度の基本値を集落雪崩対策工事技術指針（案）を参考にして表 3.2 に示す。

限界状態設計法で設計する場合は，部材特性に応じた弾性範囲の性能を確保できるよう，各限界状態の設計積雪深や安全率を設定する。部材の照査は，鋼・合成構造標準示方書（土木学会）を参考に行うとよい。

表 3.2　鋼材の許容応力度の基本値

(N/mm^2)

鋼　　種	SS400,SM400, SMA400W	SM490	SS490Y,SM520, SMA490W	SM570,SMA570W
許容軸方向引張応力度	140	185	210	255

(3) 斜面雪圧

防護柵に斜面雪圧を考慮する場合，斜面からのグライドや設置場所によっては除雪車の排雪等による積雪深増加が起こるので，斜面雪圧を考慮する高さの決定に注意が必要である。

また，想定以上の作用がワイヤロープに生じ緩衝金具などの機能を低下させることが考えられるので注意が必要である。

(4) 沈降力

控えワイヤなど支柱を斜面から支える構造の防護工は控えワイヤの沈降力により，支柱が山側に倒れたり，アンカーの抜けまたはワイヤクリップの抜けが生じないよう注意が必要である。特に控えワイヤに緩衝金具などを設置している場合は，前項と同様緩衝金具の機能低下が生じやすいので注意が必要である。

3.2.2　防護柵のメンテナンス

斜面中腹に防護柵を設置する場合，特に積雪が多く雪崩の発生が頻繁に起こる地域では降雪前に雑草木処理や調査が行われることがあり人力で作業が行われる。防護柵がネット型の場合，作業足場が不安定となり安全確保に対する特別な配慮が必要となることがある[5)]。このような積雪地域特有のメンテナンスが必要となることがあるので注意が必要である。

3.2.3　落石防護網・柵の積雪による損傷事例

積雪による防護工の想定される損傷箇所の例および損傷事例を図 3.3，写真 3.1 に示すので，設計にあたり注意が必要である。

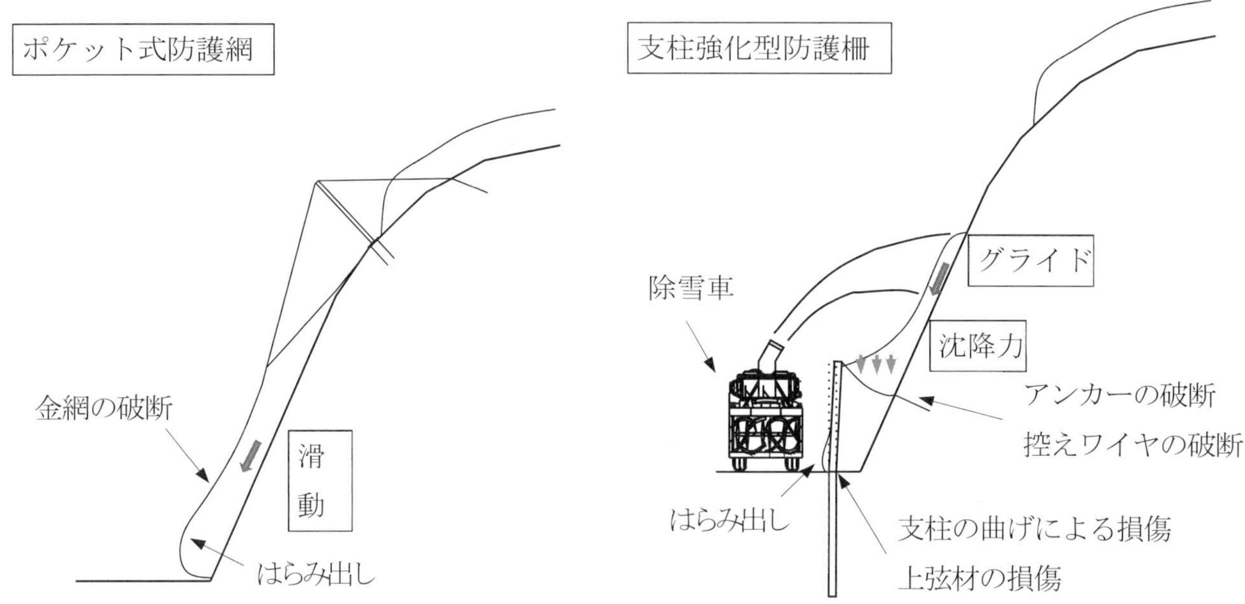

図 3.3 損傷箇所の例

写真 3.1 損傷事例

3.3 崩壊土砂の荷重評価に関して

3.3.1 はじめに

我が国は，地形や環境などの条件により，暴風や豪雨，地震による揺れや津波等の自然災害が起こりやすいという性質をもっており，歴史的に見ても甚大な自然災害の被害に直面してきた。近年，東日本大震災の発生をきっかけに，国全体として自然災害への脅威を認識し，その対策を見直そうという傾向が強くなってきている。また，地震による被害もさることながら，地球環境の変化からか，我が国においても記録的猛暑ないし寒波はもちろん，特に豪雨などの異常気象による洪水や土砂災害などの被害が頻発している。そして 2013 年 10 月に発生した伊豆大島土砂災害や，近縁のもので言えば 2012 年 7 月に発生した九州北部豪雨などに代表されるように，災害が大規模化した場合，その環境や人命へ大きな被害が及ぶため，地震同様に対策を取らなければならない。

土砂災害の中で急斜面地の斜面崩壊は土砂災害発生件数の半数以上を占める。その斜面崩壊とは，土層中のある連続面を境にしてその上の土塊が一体となって滑り落ちる現象であり，すべり面に働く摩擦力と粘着力によって滑りに抵抗し，これらが滑りを起こす力よりも小さくなると斜面は滑動する。この種の斜面崩壊は主に降雨により引き起こされるとされているが，その理由は雨水による土塊重量の増大のほか，地震動により誘発されるものもある。

このような崩壊土砂に対して，待ち受け式擁壁で防護することが一般的である。待ち受け式擁壁は現行の設計法においては，崩壊土砂による移動の力と堆積による力を設計荷重とし，その荷重に耐えられるように設計することとしており，今後，性能設計へ移行し，より合理的な設計法を確立するには，設計荷重の精査が必要であるといえる。そのような背景を踏まえて，ここでは，崩壊土砂の荷重評価に関して整理する。

3.3.2 荷重評価に関して

(1) 現行の設計荷重

土砂災害から人命や財産を守ることを目的として，土砂災害防止工事などのハード対策と併せて，危険性のある区域を明らかにし，その中で警戒避難体制の整備や危険箇所への新規住宅等の立地抑制等のソフト対策を充実させて行くために，2001 年に新たに「土砂災害警戒区域等における土砂災害防止対策の推進に関する法律」，通称「土砂災害防止法」が制定された。国土交通省はその一部で，土砂災害の被害を受ける構造物の設計について新たに崩壊土砂の移動の力（以降，衝撃力と称す）と堆積した場合の力を考慮するための設計式（国土交通省告示第三百三十二号，以後「告示式」と呼ぶ）を定めている。

急斜面地崩壊による崩壊土砂の移動による力（衝撃力）F_{sm} （kN/m^2）は以下のとおりである。

$$F_{sm} = \rho_m g h_{sm}\left[\left\{\frac{b_u}{a}\left(1-\exp\left(-\frac{2aH}{h_{sm}\sin\theta_u}\right)\right)\cos^2(\theta_u-\theta_d)\right\}\exp\left(-\frac{2aX}{h_{sm}}\right)+\frac{b_d}{a}\left(1-\exp\left(-\frac{2aX}{h_{sm}}\right)\right)\right] \tag{3.1}$$

$$a=\frac{2}{(G-1)c_g+1}f_b \tag{3.2}$$

$$b_u=\cos\theta_u\left\{\tan\theta_u-\frac{(G-1)}{(G-1)c_g+1}\tan\varphi\right\} \tag{3.3}$$

$$b_d=\cos\theta_d\left\{\tan\theta_d-\frac{(G-1)}{(G-1)c_g+1}\tan\varphi\right\} \tag{3.4}$$

急傾斜地崩壊による崩壊土砂の堆積による力 F_{sa} （kN/m²）は以下のとおりである。

$$F_{sa}=\frac{\gamma h\cos^2\varphi}{\cos\delta\left\{1+\sqrt{\sin(\varphi+\delta)\sin\varphi/\cos\delta}\right\}^2} \tag{3.5}$$

そして，構造物に作用する衝撃力 F は，衝撃緩和係数を α とし，式(3.6)のように表される。

$$F=\alpha\cdot F_{sm} \tag{3.6}$$

ここで，定義式に含まれるそれぞれの値は，以下のとおりである。

崩壊土砂の土質定数等

X　急傾斜地の下端から水平長（m）

H　急傾斜地高さ（m）

g　重力加速度（m/s²）

θ_u　急傾斜地の傾斜度（°）

θ_d　当該急傾斜地の下端からの平坦部の傾斜度（°）

注）構造物は通常敷地を平坦にして建築するのが普通であることから，原則として θ_d=0 とする（ただし，傾斜度を有したまま建築されることが明らかなと判断される場合には，その傾斜度を用いて計算するものとする.）

G　土粒子の比重（t/m³）

土石等の固体部分を構成する重さと水の重さの比．固体部分の組成により異なる．一般的な土石の比重は 2.6 程度が用いられる.

ρ_w　水の密度（t/m³）

c_g　土粒子の容積濃度

ρ_m　水と土粒子の混合物の密度（t/m³）

φ　土粒子の内部摩擦角（°）

γ　土石の単位体積重量

f_b　流動抵抗係数

δ　壁面摩擦角（°）

h_{sm}　移動高さ（m）

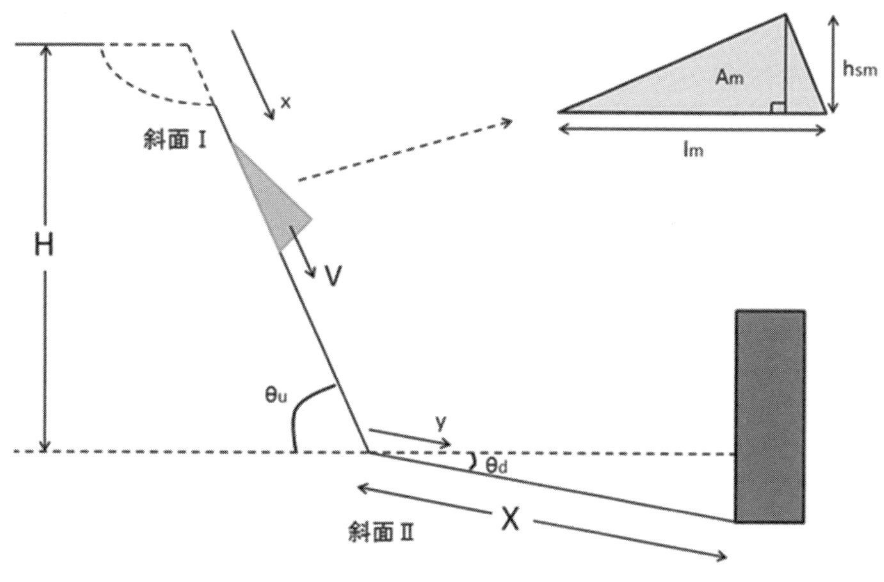

図 3.4　崩壊土砂による移動の力（衝撃力）の算定のための模式図

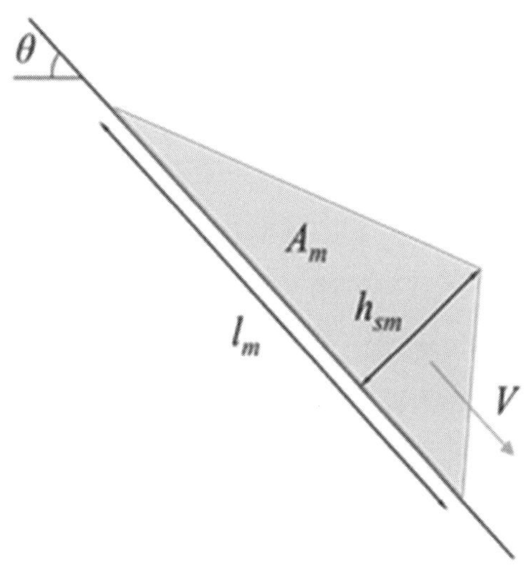

図 3.5　崩壊土砂に仮定される流動機構

現行の設計では，移動の力を崩壊土砂による衝撃力とみなし，崩壊土砂による構造物への衝撃作用を考慮している。この移動の力は，図 3.4，3.5 に示すように，崩壊土砂を質点として捉え，この土塊に働く力を重力，固体摩擦力，流体摩擦力を考慮して立式した以下の運動方程式を解くことで得られたものである。

$$\frac{d}{dt}\left(\rho_m A_m V\right) = \rho_m A_m g \sin\theta - \rho_w c_g \left(G-1\right) A_m g \cos\theta \tan\varphi - \rho_w l_m f_b V^2 \tag{3.7}$$

ここに，運動は単位幅当たりの土砂流動を表し，土塊の形状を図 3.5 に示すような流下方向側面から見た三角形とし，見掛けの断面積を A_m，底辺，高さをそれぞれ l_m, h_{sm} とし，移動中は一定の値とする。崩壊土砂の衝撃力を表す設計式においては，様々な材料定数が存在しているが，これらは現地土砂の種類により決定することとしている。

以上のように，告示式で表わされている衝撃力は，崩壊土砂が形状を維持し質点として運動した場合を想定している。しかし，実際の斜面崩壊現象は，流動的で複雑な運動をするため，形状を固定させた考えは衝撃力を厳密に表現できているとは言い難い。崩壊土砂は一般的に密度の大きい礫が先行して衝突すると考えられているため，崩壊土砂を構成する土砂の種類によって大きな衝撃力を発生させる可能性があるとともに，その含水状態によって，土塊形成状況が変わることにより流動の度合いが異なるため，衝撃力に影響を及ぼす可能性がある。また，告示式は崩壊土砂の運動を形状の変わらない剛体的な扱いとしているため，土砂の緩衝効果を考えた時，実現象よりも設計値が過大に評価されていることも懸念される。そのため，構造物に作用する衝撃力は，衝撃緩和係数として一般的に 0.5 を乗じることにしているが，その根拠に関しても理論的に明らかにされてはいない。現行の設計では待ち受け式擁壁は安全側の設計になっていることが推察できるが，今後，性能設計へ移行し，合理的な設計法を確立していくためには，より実現象に応じた設計荷重を設定していく必要があり，そのためには，模型実験や数値解析による崩壊土砂の斜面流動過程や荷重に関して評価しいくことが必要であるといえる。既に現在までに模型実験や数値解析による様々な取り組みがされてきているが，それらの成果を踏まえて，崩壊土砂の荷重評価について再考する段階にきているといえる。

(2) 荷重評価に関する既往の研究の整理

崩壊土砂による荷重評価に関する模型実験はこれまでに数多く実施されてきているが，その中でも，内田や曽我部ら [6), 7)]は，崩壊土砂量や斜面角度による衝撃荷重への影響やその流動機構の解明を目的に様々な研究を実施している。その結果，崩壊土砂の作用衝撃力の空間分布や時間分布を考慮すれば，擁壁の断面を縮小化できる可能性を示している。さらに，がけ崩れによる擁壁の被災実態調査の情報から，崩土が擁壁に作用したピーク荷重を推定し，その空間分布が擁壁の安定性に及ぼす影響について評価しており，その結果，擁壁に作用したピーク荷重は被災崩壊地の形態が三次元的に推定できれば，告示式によって衝撃荷重の空間分布が推定できる可能性を示している。

数値解析による検討としては，土砂を離散化した粒子の集合体として扱う離散化モデル，土砂を流体のような連続体として扱う連続体モデル，土塊全体を質点として扱った質点モデルに大別されるが，土砂は見掛け上流体的な運動であるが，ミクロな視点から見ると様々な材質，形状，大きさを伴った不連続な粒子の集合であり，それら要素ごとの特性を平均化し，連続体として考えると様々な不確定要素が浮き彫りになるため，土砂の動的挙動を解析するためには不連続体の解析に適した離散化モデルを用いるのが一般的であるといえる。その中でも，特に個別要素法（以降，DEM と称す）が土砂の解析において広く用いられている。前田ら [8),9)]は土砂のせん断機構を考察し，衝撃を受ける土砂の緩衝効果，内部摩擦角や土圧係数の関係や土砂のせん断変形などを DEM により表現できる可能性を見出している。また，伯野ら [10)]により提案された拡張個別要素法（以降，EDEM と称す）では，土砂粒子間に存在する間隙水の影響を間隙ばねで表現できるため，DEM では考慮されない要素間の引張力等を表現できるようになった。また，個別要素法では要素の形状を変化させ，回転に対する抵抗性を持たせても過度に回転し移動する要素が現れる。この運動を抑えようとする回転抵抗モデルが，山田，酒井 [11)]らにより提案され，要素の移動を制限した。このように，DEM は離散化する要素それぞれに特性を付与し，様々な挙動を表現できる可能性があるといえ，崩壊土砂の流動過程や構造物への作用衝撃力を評価することに適しているといえる。

(3) 含水状態が荷重に与える影響

ここでは，土砂の含水状態が荷重に与える影響について記す。(2)で述べたように，崩壊土砂量や斜面角度に関する検討は数多く実施されているが，崩壊土砂の含水状態が荷重に与える影響についてはあまり明らかにされていない。そこで，模型実験やEDEM解析の結果から，含水状態が荷重に与える影響[12)]について示す。ただし，本節に示す結果は一例であり，含水状態と荷重の関係を一般化するに至ったものではないことを付記する。

検討方法としては，まず，土砂の流動および衝撃荷重特性を把握するために，アクリル製模型斜面を用いた実験を実施した。模型の材質は厚さ15mmのアクリル板を使用し，開閉扉を開き，試料を土砂充填部より受架台まで1000mmの斜面上を流下させ，受架台裏面に設置した3つのロードセルにより荷重を測定し，その合力を測定値として採用した。なお，高速カメラとビデオカメラを利用し，流下前の初期形状，流下後の堆積形状，水路上の土砂の残留状態，衝突時の形状変化，実験の全体像についても撮影することとした。試料はケイ砂0.01 ㎥を用い，実験ケースは斜面角度2ケース（45°と60°），含水状態2ケース（乾燥と含水比10%）の計4ケースである。

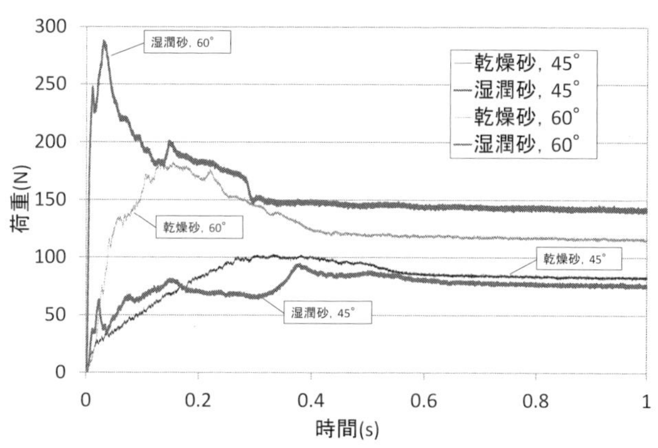

図3.6　実験により得られた荷重特性

図3.6に実験により得られた荷重特性を示す。この図より，含水状態の違いによる影響については，斜面角度によらず両ケースに対して見られる同様の傾向として，乾燥状態の土砂では，なだらかに荷重が増加するのに対し，含水比 10%の土砂では，急激に荷重が立ち上がる傾向がみられた。これは，乾燥状態の土砂では砂粒子が離散しながら流動し，壁面に衝突するのに対し，含水した土砂では水分による付着力の効果である塊として流動・衝突したことによるものと推察される。また，斜面角度60°の場合では，含水比10%の土砂の場合で，乾燥砂の場合と比較して最大荷重で約1.5倍に上昇することが確認され，含水によって，土砂はより衝撃的な荷重を生じさせることが確認できた。次に，流動状態について，図3.7にEDEM解析の結果と並べて示す。この図より，乾燥砂の場合では，斜面流動過程や衝突時の形状は清水に近い傾向を示すのに対して，含水比10%の土砂では，様々な形状の土塊を形成して流動し，順次衝突するような傾向を示すことが確認できた。以上より，含水比10%程度であっても，土砂の流動過程や衝撃力は乾燥砂の場合と比較して大きく異なるといえるため，現行の設計荷重における流動抵抗係数を変えるだけでは，含水状態を把握できたとはいえない可能性が示唆される。

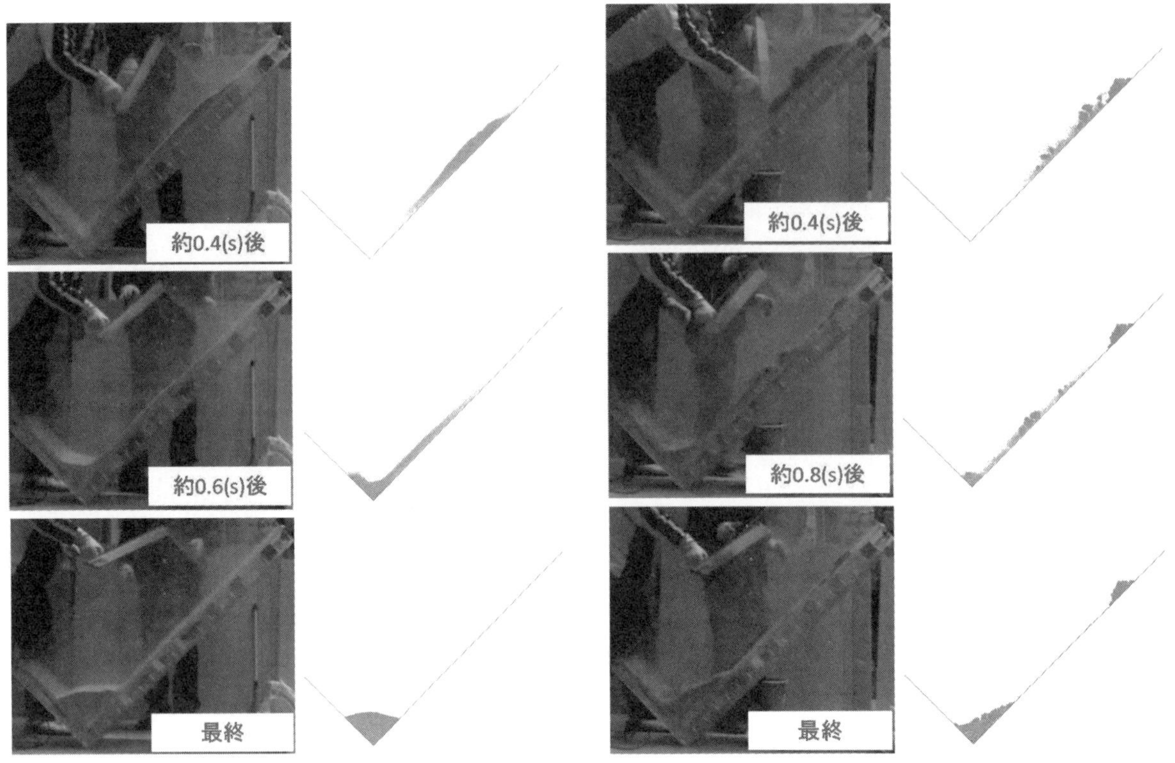

(a)乾燥砂の場合（左：実験，右：解析）　　(b)湿潤砂の場合（左：実験，右：解析）

図 3.7　土砂の流動過程の比較（斜面角度 45°の場合）

3.3.3　まとめ

崩壊土砂に対する防護構造物である待ち受け式擁壁に関しては，現行の設計では，崩壊土砂を質点として捉えた運動方程式から算定される移動の力を衝撃力とし，それに衝撃緩和係数を乗じることで構造物への作用衝撃力を算定し，それをもとに断面設計しているが，今後，性能設計へ移行し，より合理的な設計法を確立していくには，安全性照査で用いられる荷重を正確に把握しておく必要があるといえる。現に，崩壊土砂を模擬した模型実験において，含水状態が 10%程度異なるだけで，その流動過程が清水に近い傾向から様々な土塊を形成して流動する傾向にシフトするとともに，励起される最大衝撃力は 50%程度増加することが確認できており，これらの影響を精査した上で荷重評価していくことが望ましい。また，現行の設計式における衝撃緩和係数についても，一般的に 0.5 を用いているが，今後，検討していく必要があるといえる。

参考文献

1)　日本道路協会：落石対策便覧，2000.

2)　高速道路調査会：落石防護施設の設置に関する調査研究報告書，1974.

3)　(社) 雪センター：集落雪崩対策工事技術指針（案）本編，pp.20-21，1996.2.

4)　(社) 日本道路協会：道路防雪便覧，p.48，1990.2.

5)　町田敬，松井富栄，町田誠：維持管理による雪崩防止対策，ゆき，No.99，pp.70-73，2015.6.

6)　内田太郎，曽我部匡敏，小山内信智，吉川修一，亀田信康：室内実験による崩壊土砂の衝撃荷重に関する検討，第 7 回，構造物の衝撃問題に関するシンポジウム講演論文集，pp.193-198，2004.11.

7)　内田太郎，曽我部匡敏，小山内信智，吉川修一：崩壊土砂の作用荷重の空間分布が待受け式擁壁の安定性に及ぼす影響，第 7 回，構造物の衝撃問題に関するシンポジウム講演論文集，pp.1-6, 2004.11.

8) 内藤直人，前田健一，羽柴寛文：個別要素法を用いた異なる粒子特性・堆積条件の緩衝砂の落石衝撃による力積特性，第 47 回地盤工学研究発表会，2012.7.

9) 前田健一，近藤明彦，舘井恵，大石暢彦：せん断時の粒状体における応力鎖の流動的変形とインターロッキング，第 47 回地盤工学研究発表会，2010.8.

10) 破壊のシミュレーション－拡張個別要素法で破壊を追う－，森北出版，1997.10.

11) 山田祥徳，酒井幹夫，茂渡悠介，土屋将夫，平山修一：離散要素法による回転抵抗モデルの開発，J. Soc. Powder Technol, Japan, 47, 214-221, 2010.

12) 玉井宏樹，路馳，園田佳巨，別府万寿博：崩壊土砂の衝撃力評価に向けたDEM 解析の適用に関する基礎的研究, 第 11 回構造物の衝撃問題に関するシンポジウム論文集, 論文 No.(21), 2014.10.

第４章　ロックシェッド，落石防護棚の耐衝撃挙動と性能照査事例

4.1　要求性能と限界状態の定義に資する各種実験

4.1.1　緩衝材を設置したRC梁部材の衝撃実験

(1) はじめに

落石防護工のなかでロックシェッドや落石防護棚は衝撃力を緩和させるため敷砂などの緩衝材を設置しており，その耐衝撃性能は緩衝材を含む構造物全体で評価する必要がある。

ここでは緩衝材の影響を調べるために行われたRCはりの部材実験について紹介する[1),2)]。

(2) 実験概要

1) 実験供試体

実験には幅150mm 高さ250mm スパン1,2,4mのRCはりを使用した。コンクリートの強度は28.5N/mm^2，主鉄筋はSD345 D13　スターラップはSD295 D6　を使用した。図4.1にスパン2mの場合の配筋図を示す。

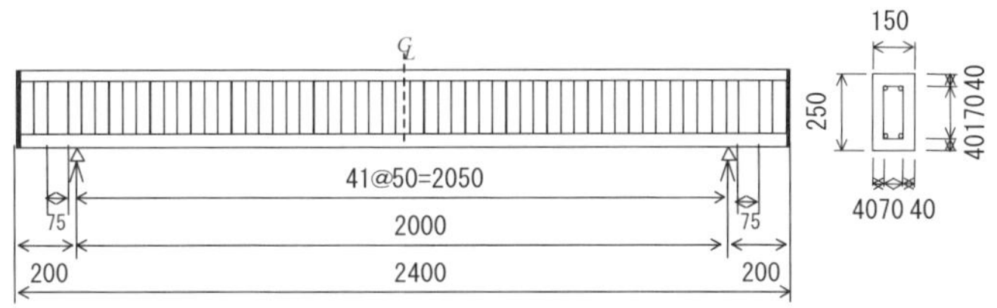

図4.1　供試体配筋図

図4.2　衝撃実験概要

2) 実験方法

図4.2に衝撃実験装置を示す。重錘の質量は300kgで2本のガイドレールに沿って自由落下する。また緩衝材は，緩衝材なしの直接衝突，ゴム（シバタ工業(株)製FV-65　150mm×150mm×50mm)，砂（厚さ240mm)，砂（厚さ120mm）とし，砂は7号珪砂を奥行き400mm,幅･高さ300mmの砂箱に所定の厚さ敷き詰めて使用した。

実験条件の一覧を表4.1に示す。

単一落下実験の衝突速度は，繰り返し実験の結果から，スパンの2%の変位を生じさせる条件または落下装置の制限による6m/sとした。

表4.1　実験条件一覧

スパン	静的実験	緩衝条件*	繰返し落下	単一落下
1ｍ	１体	ＮＣ	1-5m/s 1体	5m/s　4体
		Ｒ	1-6m/s 1体	6m/s　3体
		Ｓ１	1-6m/s 1体	6m/s　3体
		Ｓ２	1-6m/s 1体	6m/s　3体
2ｍ	１体	ＮＣ	1-5m/s 1体	5m/s　3体
		Ｒ	1-5m/s 1体	5m/s　3体
		Ｓ１	1-6m/s 1体	6m/s　3体
		Ｓ２	1-6m/s 1体	6m/s　3体
4ｍ	１体	ＮＣ	1-5m/s 1体	5m/s　3体
		Ｒ	1-5m/s 1体	5m/s　3体
		Ｓ１	1-6m/s 1体	6m/s　3体
		Ｓ２	1-6m/s 1体	6m/s　3体
(*)　ＮＣ:直接衝突　　Ｒ　:ゴム緩衝材（H=50mm)				
Ｓ１:砂緩衝材1(d=240mm)　Ｓ２:砂緩衝材2(d=120mm)				

(3) 実験結果

図4.3に緩衝材別のスパン長の相違によるRCはりへのエネルギー伝達率の比較を示す。伝達エネルギーは，荷重変位曲線における最大変位までの下側の面積とし，戻りの分は考慮していない。荷重として重錘下部のピエゾ式ロードセルで計測した載荷点荷重を用いたエネルギー伝達率を**Rp**,支点反力を用いたものを**Rr**，砂層下のロードセルの値を用いたものを**Rps**とした。

また，図には大阪市大の園田が提案した運動量保存則によるエネルギー伝達率[3)]を Rm として示してある。

Rm は以下の式で与えられる。

$$Rm = 1 / (1 + m / M)$$

m：緩衝材及び部材の崩壊モードに依存する質量

M：重錘の質量

図に示すように本実験では，スパン 4m をのぞき Rp，Rr，Rps の差は小さい。

直接衝突の場合はスパン長によらず Rm と実験で得られたエネルギー伝達率はよく一致している。ゴム緩衝材の場合はスパン 2m 以上では Rm と実験で得られたエネルギー伝達率が概ね一致している。スパン 1m ではスパン 2m と比べ Rm は大きくなっているが，実験で得られたエネルギー伝達率は小さくなっている。砂緩衝材の場合，スパン 4m では Rm と実験で得られたエネルギー伝達率は概ね一致しているが，スパンが短くなるにつれ実験で得られたエネルギー伝達率は小さくなり，Rm との差が大きくなる。さらに，砂緩衝材が厚い方がエネルギー伝達率は小さい。

(4) まとめ

実験の範囲では，運動量保存則によるエネルギー伝達率 Rm は実際の構造物へのエネルギー伝達率の上限を与えるが，緩衝材や構造物の剛性によっては実際より過大な値となる。

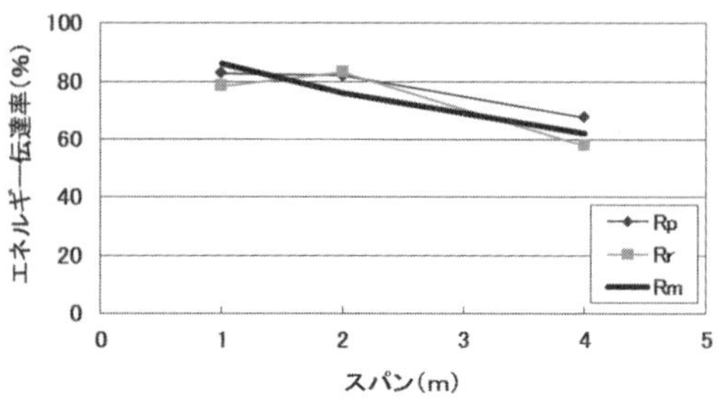

(a) NC：直接衝突

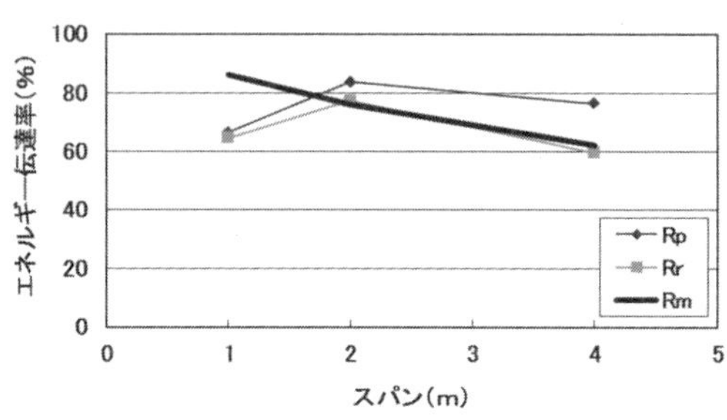

(b) R：ゴム緩衝材

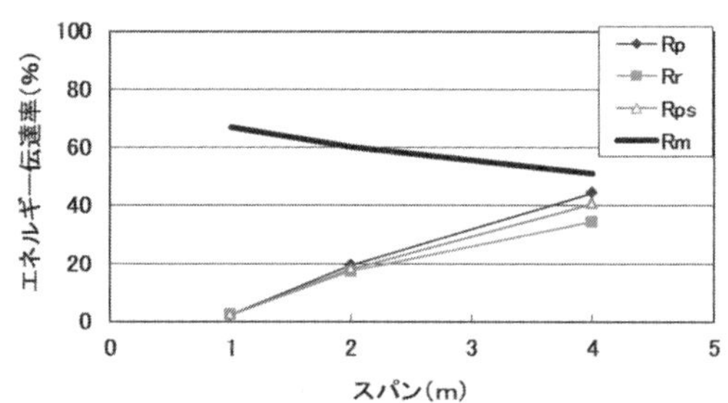

(c) S1：砂緩衝材 1 (d=240mm)

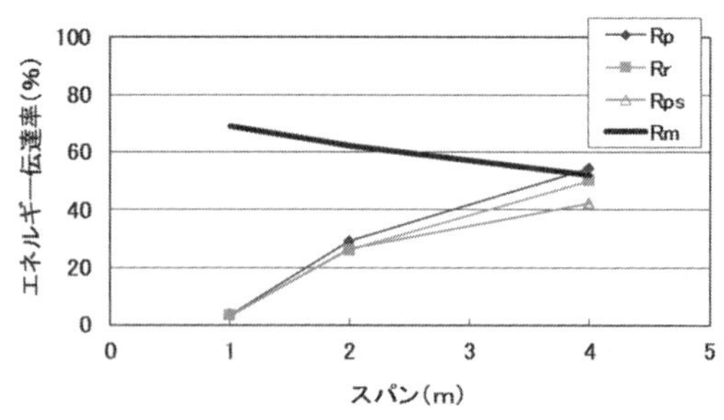

(d) S2：砂緩衝材 2(d=120mm)

図 4.3 スパン長の相違による RC 梁へのエネルギー伝達率の比較

4.1.2　PC製ロックシェッド実物スラブ耐力実験

(1) はじめに

プレキャストPCロックシェッドの実物実験は何度か行われており，主桁の破壊条件は許容力度法の設計条件を大きく上回ることが確認されている。しかし，主桁断面を構成するスラブに関する研究は少ない。

本項では，プレキャストPCロックシェッドのスラブの破壊挙動を確認するための実物実験の結果を報告する[4),5)]。

(2) 実験概要

実験には図4.4に示す供試体を用いた。

主桁の形状寸法は，桁長9.33m，桁幅1.495m，桁高0.9m，スラブ厚0.15mである．構造形式は，主桁5本を3本と2本に分けそれぞれをPC鋼棒で横締し，スパン5.6mで単純支持した。

重錘落下位置は縁切部のスラブ中心とし，重錘は質量1,3,5tをそれぞれサンドクッション厚90,120,150cmに落下させた。落下高については実験結果一覧に示す。

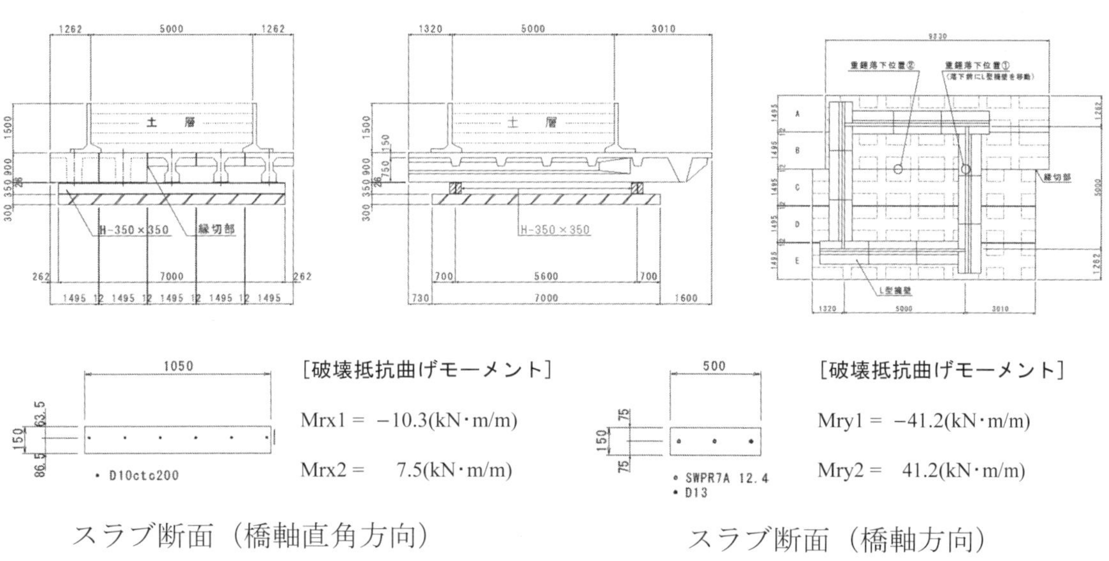

図4.4　供試体

(3) 実験結果

表4.2に実験条件および実験で得られた重錘衝撃力の一覧を，図4.5にクラック発生状況を示す。今回の実験供試体については，重錘衝撃力1988tf以下（重錘質量3t−落下高20m）ではクラックが発生しなかった。また，クラック発生後，同落下位置で重錘質量5t−落下高20,36.4mの実験を行ったが，クラックの進展はあったが，大変形を伴う破壊は見られなかった。

表4.2　実験結果一覧表

ケース	重錘質量(t)	落下高さ(m)	敷砂層厚(cm)	転圧回数(回)	重　錘衝撃力(kN)	落下位置	クラック
1	1.0	30.0	90	1	1069	①	なし
2	1.0	30.0	90	5	1175	①	
3	3.0	10.0	120	1	1242	②	
4	3.0	20.0	120	1	1988	②	
5	3.0	30.0	120	1	2562	①	発生
6	3.0	30.0	120	1	2862	②	
7	3.0	30.0	120	5	3123	①	
8	5.0	20.0	150	1	3119	②	
9	5.0	36.4	150	1	3793	②	

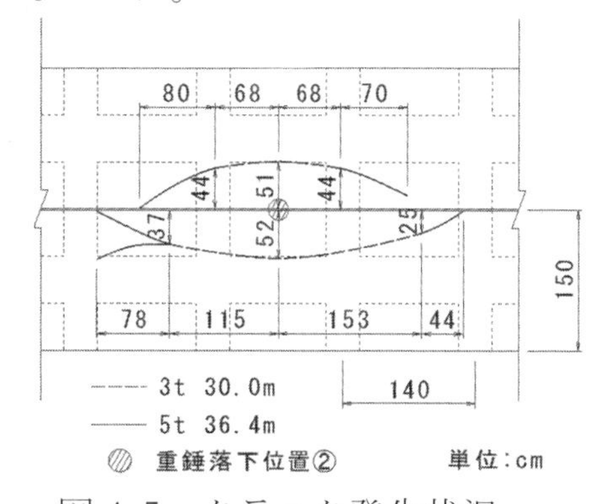

図4.5　クラック発生状況

4.1.3　2/5 縮尺 RC 製ロックシェッドの衝撃実験

(1) 試験体概要

模型は, 外幅 4.4m, 道路軸方向長さ 4.8m, 壁高さ 2.8m の箱型構造とした。内空断面は幅 3.6m, 高さ 2m である。部材厚さは, 頂版, 底版, 柱, 壁共に 0.4m である。形状寸法を図 4.6 に, 道路軸直角方向断面の配置図を図 4.7 に示す。

鉄筋比については一般的なロックシェッドと同程度としており, 頂版下面および上面の軸方向鉄筋として D13 を 50mm 間隔（主鉄筋比 0.75 %）で配置している。頂版の配力筋については, 鉄筋量が軸方向鉄筋の 50 % 程度を目安に, 上面, 下面共に D13 を 100mm 間隔で配筋している。鉄筋の材質は全て SD345 であり, 力学的特性は D13 の降伏強度が 413N/mm^2, 引張強度が 580N/mm^2, D16 の降伏強度が 430N/mm^2, 引張強度が 609N/mm^2 である。コンクリートのかぶりは, 芯かぶりで 60mm である。コンクリートの設計基準強度は 24N/mm^2 であり, 実験時の圧縮強度は 29.7 N/mm^2 であった [6]。

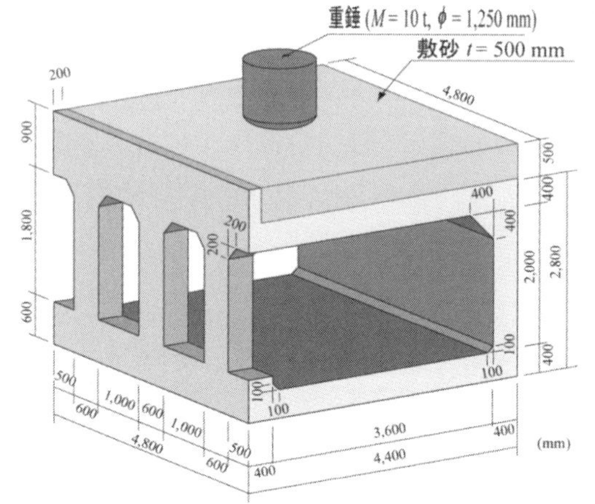

図 4.6　試験体の形状寸法

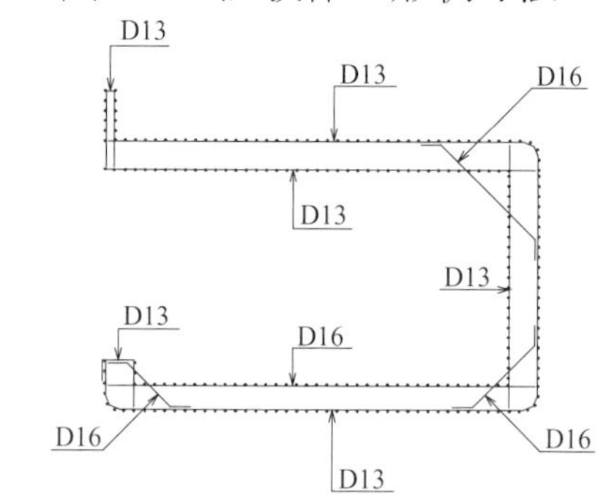

図 4.7　道路軸直角方向断面の配置図

(2) 実験概要

実験ケース一覧を表 4.3 に示す。実験は, 緩衝材として敷砂 500mm を施設した頂版上にトラッククレーンを用いて, 10t 重錘を所定の高さまで吊り上げ, 着脱装置を介して落下させることにより実施している。衝撃荷重載荷位置はロックシェッド頂版中央部に限定し, 落下高さの低い方から順次載荷する漸増繰返し載荷法により実験を行った。

表 4.3　実験ケース一覧

実験ケース	敷砂の有無	重錘質量 M (ton)	落下高さ H (m)	入力エネルギー E_k (kJ)
S-H1.00	有 500mm	10	1	98
S-H5.00			5	490
S-H10.00			10	980

(3) 実験結果

図 4.8 には, 最大重錘衝撃力, 載荷点最大変位および残留変位と入力エネルギーの関係を示している。最大重錘衝撃力と入力エネルギーの関係には, 敷砂緩衝材を用いた場合における Hertz の接触理論に基づく振動便覧式 [7] に基づき, かつ敷砂厚と落石直径の比から

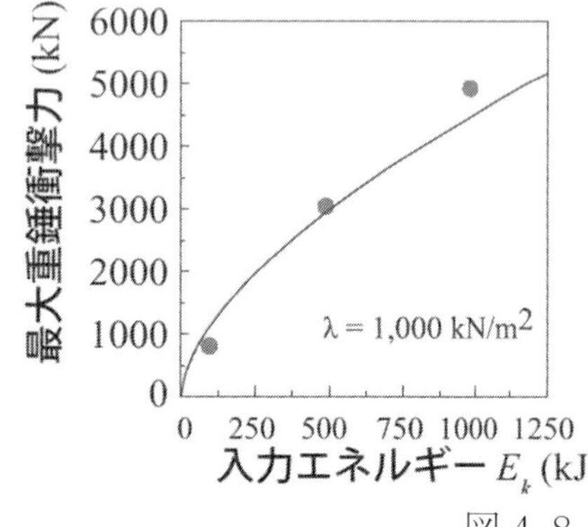

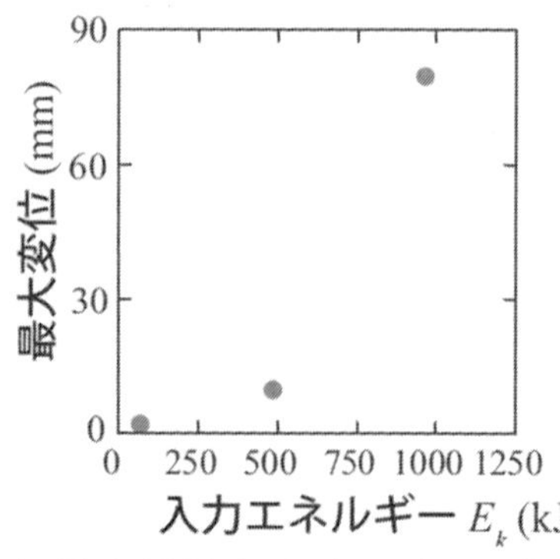

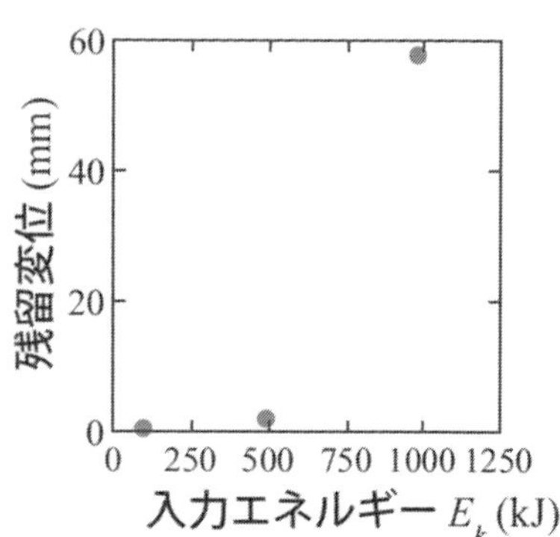

図 4.8　各種応答値と入力エネルギーの関係

決定される割り増し係数を考慮して算出した衝撃力（ラーメ定数：$\lambda = 1{,}000 \mathrm{kN/m^2}$，割増係数：$\alpha = (D/T)^{1/2} = 1.58$，D：重錘径 125 cm，T：敷砂厚 50 cm）も併せて示している。最大重錘衝撃力は落下高さの増加と共に増大している。

入力エネルギー $E_k = 980\mathrm{kJ}$ の場合には，残留変位が顕在化している。一方，$E_k = 490\mathrm{kJ}$ では，損傷が小さいことが分かる。最大変位と残留変位を比較すると，入力エネルギー $E_k = 980\mathrm{kJ}$ の場合における最大変位に対する残留変位の比は 0.75 程度となっている。また，残留変位を道路軸直角方向の内空全幅に対する割合で見ると，その値は 1.6%（= 60/3,600）程度である。この値は，これまでの大型 RC 梁実験に関する終局と定義している残留変位とスパン長の比 2％に近く，ひび割れ発生状況からも終局に近い状態であることが確認できる。一方，$E_k = 490\mathrm{kJ}$ の場合の最大変位に対する残留変位の比は 0.2 程度となっている。これは，残留変位の道路軸直角方向の内空全幅に対する割合が 0.05%（= 2/3,600）程度であることにより，供用可能な損傷状態にあることが推察される。

(4) ひび割れ発生状況

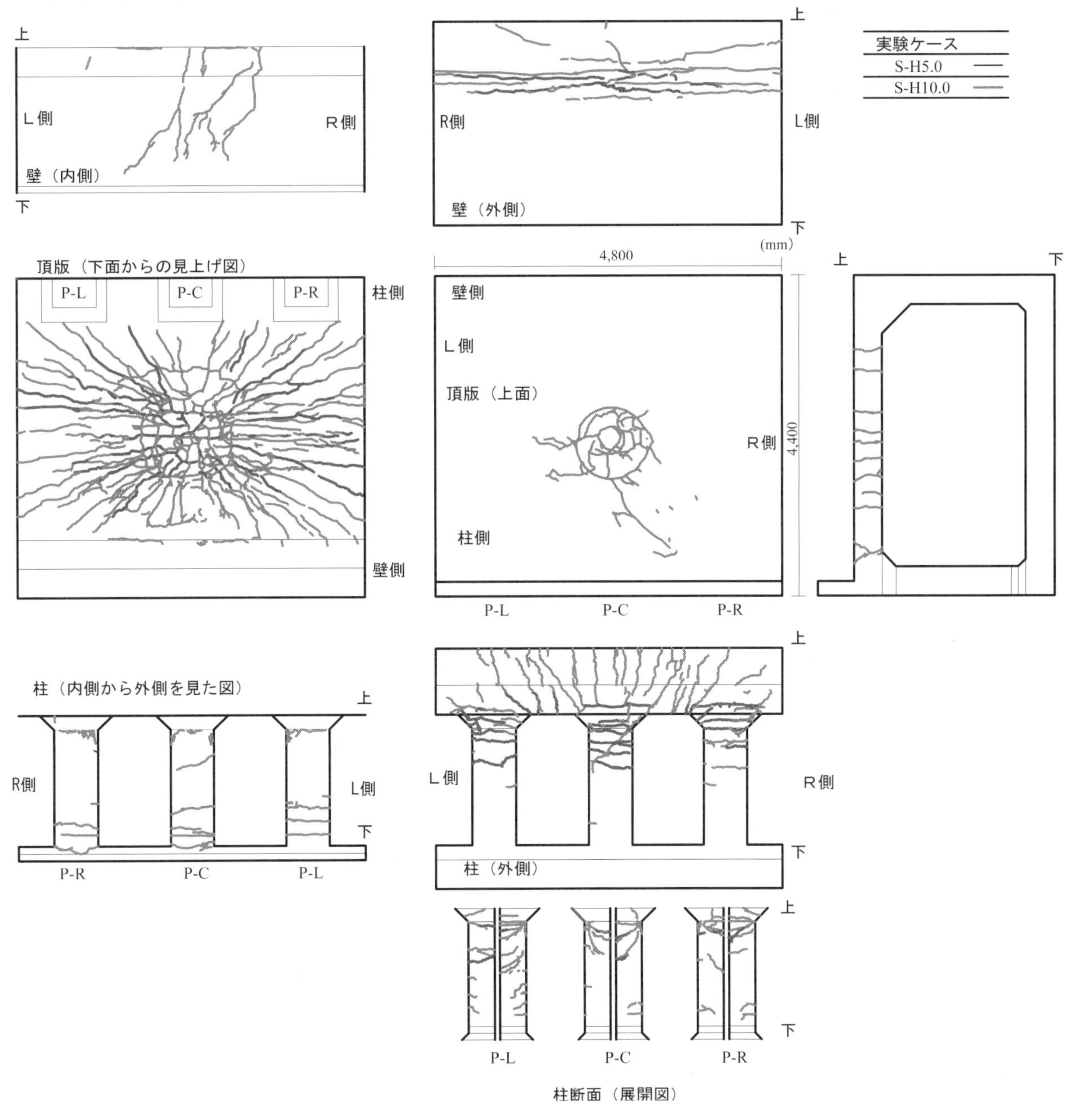

図 4.9　ひび割れ状況図

図 4. 9 には，ひび割れ発生状況を各実験ケース順に重ね書きをして示している。試験体全体のひび割れ発生状況を各実験ケース順に重ね書きをして示している。なお，S-H1.00 の場合には，ひび割れの発生は確認できなかった。S-H5.00 の場合には，残留変位が 2mm 程度であるが，頂版下面の載荷点を中心に RC 版特有の放射状の曲げひび割れや各柱および側壁の頂部に道路軸直角方向の 2 次元曲げに対応した曲げひび割れが発生している。しかしながら，かぶりコンクリートの剥落も見られず，十分供用可能であることが分かる。

S-H10.00 の場合においては，重錘の敷砂への貫入量が 41cm に達しており，重錘直下の敷砂は過度に締め固められた状態となっている。このため，頂版の上面には重錘が直撃した場合と類似の円形状の押し抜きせん断破壊型のひび割れが発生している。また，頂版下面には，放射状のひび割れが一層拡大し，かつ一方向曲げを示す道路軸方向のひび割れや円形状のひび割れも発生し，押し抜きせん断破壊の傾向も確認できる。大きなかぶりコンクリートの剥落は確認できないものの，残留変位が道路軸直角方向スパン長の 1.6%に達しており，押し抜きせん断破壊の兆候も見られることから，終局限界に近い状況であることが示唆される。

(5) 設計落石エネルギーの算定

設計落石エネルギーの算定を以下の手順により行った。

① 現行設計と同様に落石覆道模型を二次元骨組にモデル化（試験体のひび割れ状況から試験体全体の剛性を考慮）する。

② 静的二次元骨組解析により落石荷重と各部材の応力度を算出（載荷位置は実験と同様に中央部）する。

③ 頂版鉄筋応力度が許容値に達する落石荷重を算定する。

④ 衝撃力の算定式より上記落石荷重を生じさせる落石の落下高さを算定する。

⑤ 落石重量と落下高さより，設計落石エネルギーを決定する。

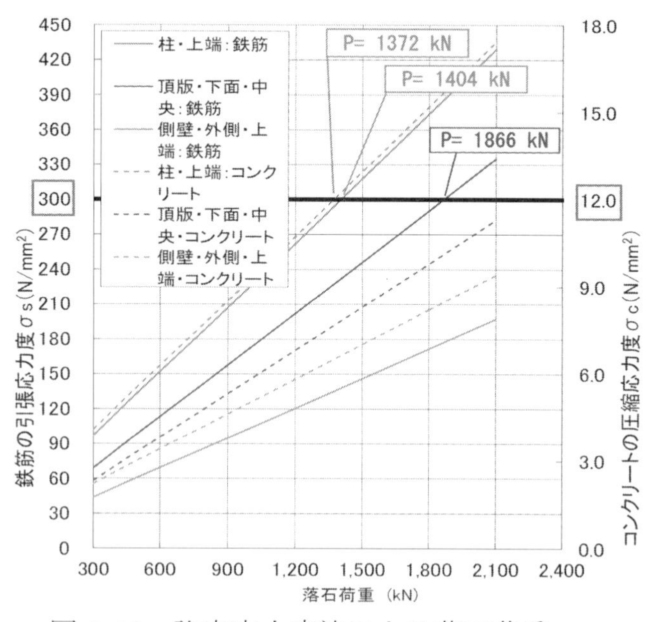

図 4. 10　許容応力度法による落石荷重

図 4. 10 には，二次元静的骨組解析による作用落石荷重と各部材に発生する断面力より算出した，鉄筋の引張応力度あるいはコンクリートの圧縮応力度との関係を許容値とともに示している。

ここで各部材の許容値は，鉄筋 (SD345) に関しては地震の影響や衝突荷重を受ける場合の許容応力度の基本値 σ_{sa} = 200 N/mm^2，コンクリートについては設計基準強度 24 N/mm^2 に対する曲げ圧縮応力度の基本値 σ_{ca}=8 N/mm^2 に落石時の短期荷重割増し係数[7] 1.5 を乗じて求めたものであり，それぞれ σ_{sa} = 300 N/mm^2 ，σ_{ca} = 12N/mm^2 となる。

図より，本試験体の設計落石荷重は P = 1,372 kN であり，柱の上端コンクリート圧縮応力度が許容値に達している。しかしながら，実験結果の場合には頂版部の局所的な応答が卓越していることから，ここでは頂版下面中央部における鉄筋の引張応力度が許容値に達する場合の落石荷重を設計荷重 P = 1,866 kN として考察する。

次に設計荷重載荷時の入力エネルギーを概算する。すなわち，落石対策便覧[7]に示されている衝撃力算定式 $P = 2.108\,(m \cdot g)^{2/3} \cdot \lambda^{2/5} \cdot H^{3/5} \cdot \alpha$ より，実験条件である，重錘質量：m = 10 ton ，重力加速度：g =9.8 m/s^2，ラーメの定数：λ = 1,000 kN/m^2，割増係数：$\alpha = (D / T)^{1/2} = 1.58$，D：重錘径 125 cm，T：敷砂厚 50 cm と，上述の設計落石荷重 P = 1,866 kN より，落下高さ H を逆算して求めると H = 2.33 m となる。これにより設計落石エネルギーは E_0 = 228.3 kJ となる。

また，上記は全幅(4.8m)を有効幅としたものであり，柱 1 本(1．6m)当りにすると荷重は 1/3 の値となるため，P=622kN とする。上記と同様に求めると，落下高さ H = 0.37 m ，設計落石エネルギーは E_0 = 36.3 kJ となる。

有効幅を柱間隔とした場合，設計落石エネルギーに対する各実験のエネルギー倍率は，S-H1.00 の E_k = 98kJ では 2.7 倍，S-H5.00 の E_k = 490kJ では 13.5 倍，S-H10.00 の E_k = 980kJ では 27.0 倍となる。

(6) 2/5 縮尺 RC 製ロックシェッド衝撃実験のまとめ

設計落石条件：W=10t，H=0.37m，E_0=36.3kJ　(有効幅 L_e=1.6m(柱間隔))
最終落石条件：W=10t，H=10m，E_k=980kJ
倍　率　　：E_K/E_0=980/36.3=27.0 倍
残留変位量　：H=10m 時；60mm，内空幅の 1.6%(=60/3600)
　　　　　　　H= 5m 時； 2mm，内空幅の 0.05%(2/3600)

4.1.4　1/2 縮尺 RC 製ロックシェッドの衝撃実験

(1) 試験体概要

模型は，外幅 5.5m，道路軸方向長さ 6.0m，壁高さ 3.5m の箱形構造とした。内空断面は幅 4.5m，高さ 2.5m であり，内空の四隅にはハンチを設けている。部材厚さは，頂版，底版，柱，壁共に 0.5m である。形状寸法を図 4. 11 に，配筋状況を図 4. 12 に示す。

鉄筋比については一般的なロックシェッドと同程度としており，頂版下面および上面の軸方向鉄筋として D22 を 125mm 間隔（主鉄筋比 0.73%）で配置している。頂版の配力筋については，鉄筋量が軸方向鉄筋の 50% 程度を目安に，上面，下面共に D13 を 125mm 間隔で配筋している。鉄筋の材質は全て SD345 であり，力学的特性は D22 の降伏強度が 381～400 N/mm^2，引張強度が 549 ～571N/mm^2，D13 の降伏強度が 378～397N/mm^2，引張強度が 539～564 N/mm^2 である。コンクリートのかぶりは，芯かぶりで 75mm である。コンクリートの設計

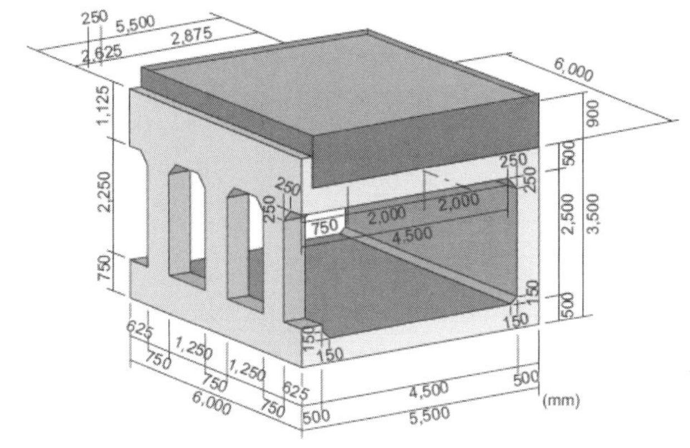

図 4. 11　試験体の形状寸法

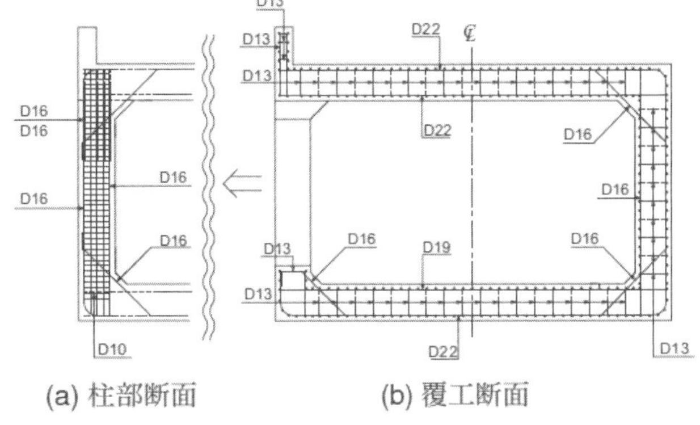

図 4. 12　試験体の配筋状況

基準強度は24N/mm^2 であり，実験時の圧縮強度は28.3N/mm^2 であった[8),9)]。

(2) 実験概要

実験ケース一覧を表4.4に示す。実験は，緩衝材として敷砂900mmを施設した頂版上にトラッククレーンを用いて，10t重錘を所定の高さまで吊り上げ，着脱装置を介して落下させることにより実施している。衝撃荷重載荷位置はロックシェッド頂版中央部に限定し，落下高さの低い方から順次載荷する，漸増繰返し載荷法により実験を行った。

表4.4　実験ケース一覧

実験ケース	敷砂の有無	重錘質量 M (ton)	落下高さ H (m)	入力エネルギー E_k (kJ)
S-II-H1.0	有 900mm	10	1.0	98
S-II-H2.5			2.5	245
S-II-H5.0			5.0	490
S-II-H10.0			10.0	980
S-II-H15.0			15.0	1470
S-II-H20.0			20.0	1960
S-II-H25.0			25.0	2450

(3) 実験結果

図4.13には，最大重錘衝撃力，載荷点最大変位および残留変位と入力エネルギーの関係を示している。最大重錘衝撃力と入力エネルギーの関係には，敷砂緩衝材を用いた場合におけるHertzの接触理論に基づく振動便覧式[7)]に基づき，かつ敷砂厚と落石直径の比から決定される割り増し係数を考慮して算出した衝撃力（ラーメ定数：λ = 1,000kN/m^2，割増係数：$\alpha =(D/T)^{1/2} = 1.18$，D：重錘径125 cm，T：敷砂厚90 cm）も併せて示している。最大重錘衝撃力は落下高さの増加と共に増大している。

最大変位は，入力エネルギーが E_k = 1,470kJ までは線形に増大しているが，E_k = 2,000kJ では増加勾配が大きく示されている。残留変位は，最大変位の場合と同様に，入力エネルギーが

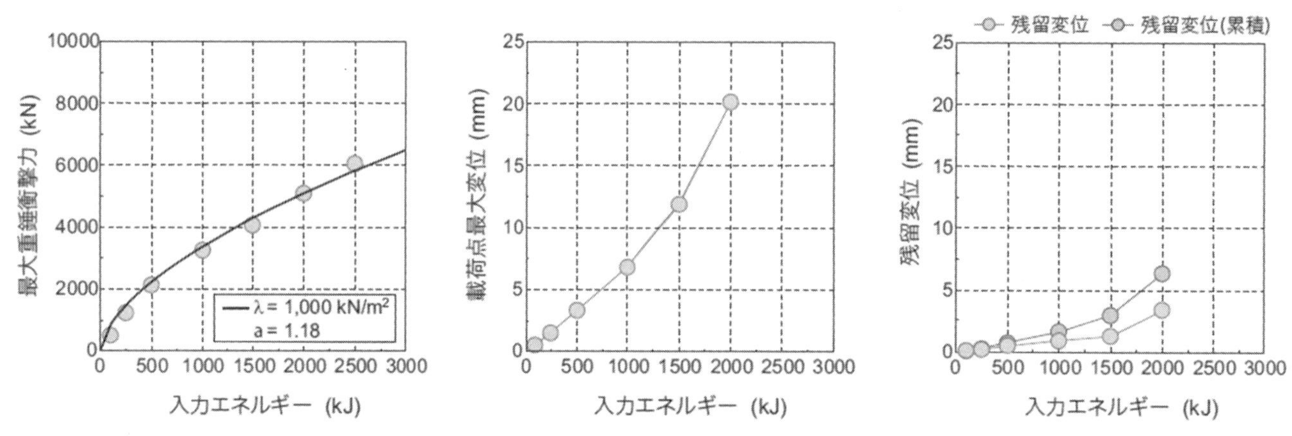

図4.13　各種応答値と入力エネルギーの関係

E_k =1,470kJ を境に残留変位の増加割合が大きくなっており，E_k = 2,000kJ では残留変位が急増していることが分かる。これは，入力エネルギーが大きいことと，繰り返し載荷による累積損傷によって劣化損傷が一層進んだことによるものと推察される。なお，S-II-H25.0では，頂版裏面コンクリートが剥落する可能性があったため，変位は計測していない。

(4) ひび割れ発生状況

図4.14には，各実験ケース終了後のひび割れ状況を示している。また，表4.5には，各実験ケースにおける鉄筋ひずみの最大応答値を一覧にして示している。なお，S-II-H1.0ではいずれの部材においてもひび割れの発生は確認できなかった。

頂版裏面のひび割れは，入力エネルギーの小さいS-II-H5.0まではスパン中央部に曲げひび割れが発生し，その後S-II-H10.0において載荷点を中心とする放射状のひび割れが発生している。

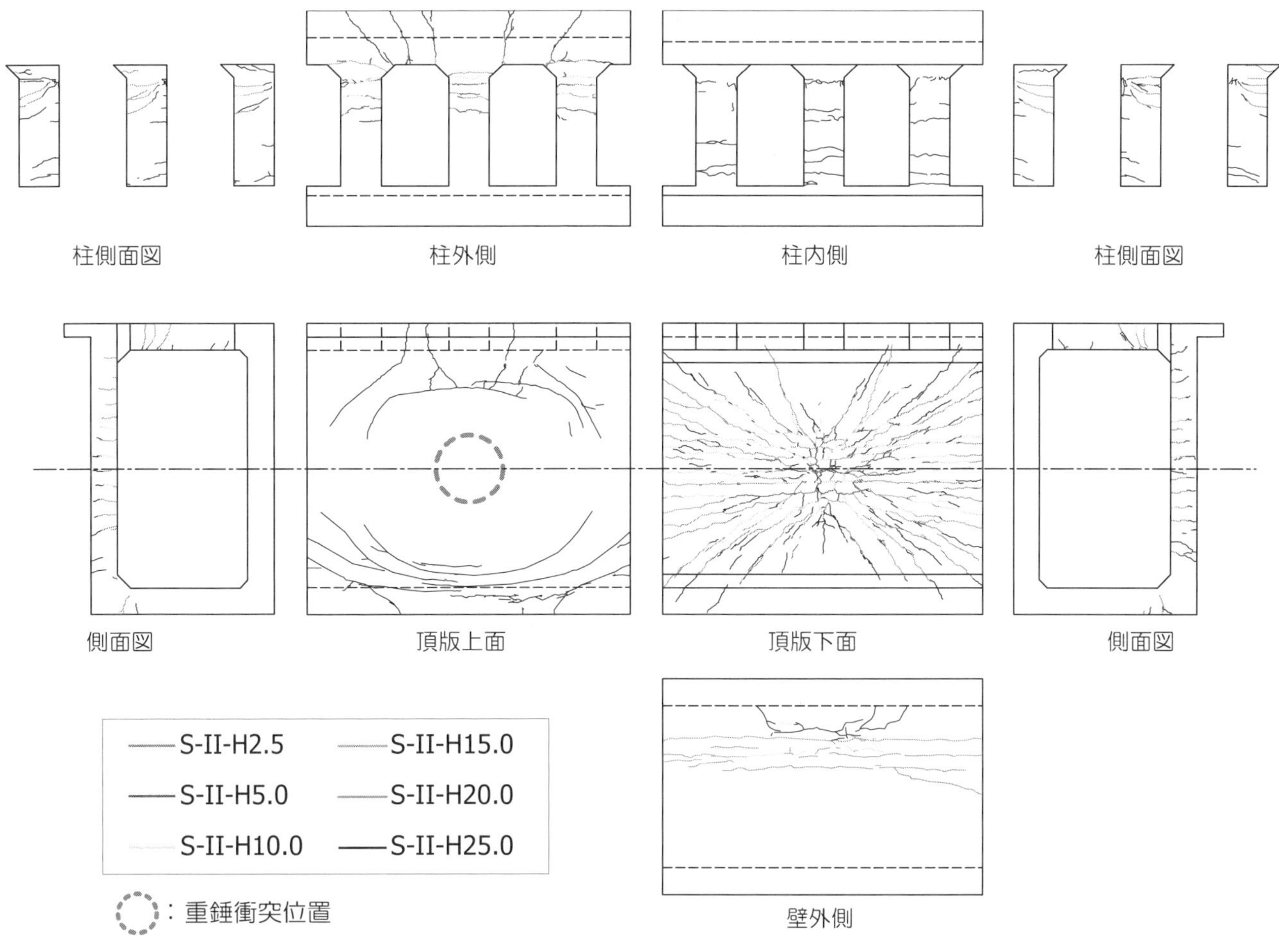

図 4. 14　ひび割れ状況図

さらに入力エネルギーが増大すると曲げひび割れの増加および斜めひび割れが延伸する。S-II-H20.0 では曲げひび割れおよび斜めひび割れの密度が増加しており，この時点で残留変位も急増している。S-II-H25.0 では，ひび割れが裏面全体に分布すると共に，載荷点直下ではスパン方向の曲げひび割れと断面方向のひび割れが直行し格子状のひび割れとなっていることが分かる。これより，コンクリートが剥落に近い状態に至っているものと推察される。本ケースでは，頂版上面にも負の曲げによるひび割れも確認される。

頂版下面中央の鉄筋ひずみを見ると S-II-H20.0，S-II-H25.0 でそれぞれ 2,202μ，3,177μ と降伏ひずみより大きな値を示しており，ひび割れが頂版裏面全体に広がり，剥離に近い状態になっていることを裏付けている。

表4. 5　鉄筋ひずみの最大応答値一覧

実験ケース	頂版下面中央 ε(μ)	柱外側上端 ε(μ)	壁外側上端 ε(μ)
S-II-H1.0	49	33	18
S-II-H2.5	190	102	55
S-II-H5.0	492	581	119
S-II-H10.0	1,261	1,359	690
S-II-H15.0	1,806	2,204	1,206
S-II-H20.0	2,202	6,531	1,613
S-II-H25.0	3,177	8,891	1,974

柱部に着目すると，入力エネルギーの小さい S-II-H2.5 まではひび割れの発生は認められない。SII-H5.0 以降のケースからは，柱部の外側上方に曲げひび割れが発生し，落下高さの増加に伴いひび割れが増加している。S-II-H25.0 では，柱上部内側ハンチ付け根でコンクリートの圧壊が生じ，頂版と同様，終局に至っていることが推察される。頂版と同様に鉄筋ひずみに着目すると，柱外側上端では S-II-H20.0，S-II-H25.0 で，6,531μ，8,891μ と降伏ひずみより大きく，柱上部が終局に至ったことを裏付けている。

壁部に着目すると，S-II-H10.0 まではひび割れの発生は認められない。S-II-H15.0 以降では，壁部の外側上方に曲げひび割れが発生し，落下高さの増加に伴いひび割れは増加するが，終局までは至っていないものと推察される。頂版，柱と同様に鉄筋ひずみに着目すると，壁外側上端ではS-II-H25.0で降伏ひずみ程度の1,974μが発生しており，終局までに至っていないことを裏付けている。

(5) 設計落石エネルギーの算定

設計落石エネルギーの算定は，前項の2/5縮尺RC製ロックシェッドと同様な手順で行っているが，模型を二次元骨組にモデル化するにあたっては，有効幅 L_e を柱間隔としている。

図4.15には，二次元静的骨組解析による作用落石荷重と各部材に発生する断面力より算出した，鉄筋の引張応力度あるいはコンクリートの圧縮応力度との関係を許容値とともに示している。

ここで各部材の許容値は，鉄筋（SD345）に関しては地震の影響や衝突荷重を受ける場合の許容応力度の基本値 $\sigma_{sa} = 200\ \mathrm{N/mm^2}$，コンクリートについては設計基準強度 $24\ \mathrm{N/mm^2}$ に対する曲げ圧縮応力度の基本値 $\sigma_{ca} = 8\ \mathrm{N/mm^2}$ に落石時の短期荷重割増し係数[7] 1.5 を乗じて求めたものであり，それぞれ $\sigma_{sa} = 300\ \mathrm{N/mm^2}$ ，$\sigma_{ca} = 12\mathrm{N/mm^2}$ となる。

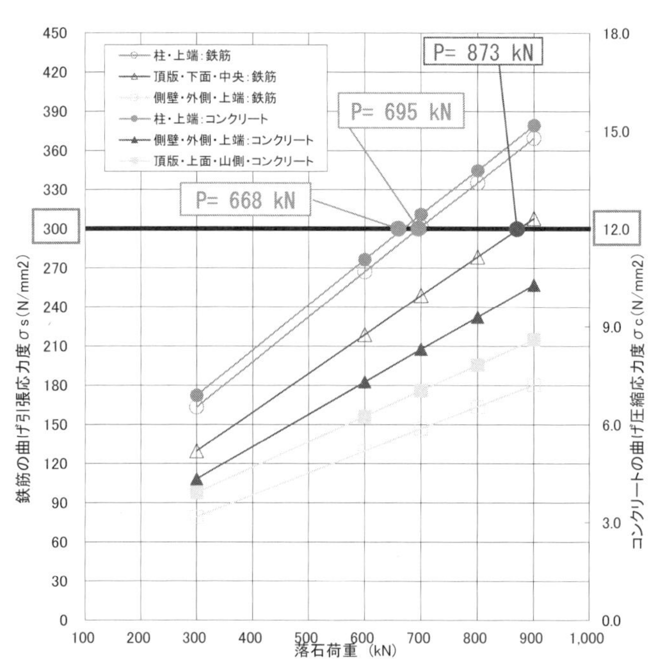

図4.15　許容応力度法による落石荷重

図より，本試験体の設計落石荷重は P = 668kN であり，柱の上端コンクリート圧縮応力度が許容値に達している。しかしながら，実験結果の場合には頂版部の局所的な応答が卓越していることから，ここでは頂版下面中央部における鉄筋の引張応力度が許容値に達する場合の落石荷重を設計荷重 P = 873kN として考察する。

次に設計荷重載荷時の入力エネルギーを概算する。すなわち，落石対策便覧[7] に示されている衝撃力算定式 $P = 2.108\,(m \cdot g)^{2/3} \cdot \lambda^{2/5} \cdot H^{3/5} \cdot \alpha$ より，実験条件である，重錘質量：$m = 10$ ton ，重力加速度：$g = 9.8\ \mathrm{m/s^2}$，ラーメの定数：$\lambda = 1{,}000\ \mathrm{kN/m^2}$，割増係数：$\alpha = (D/T)^{1/2} = 1.18$，D：重錘径 125 cm，T：敷砂厚 90 cm と，上述の設計落石荷重 P = 873kN より，落下高さ H を逆算して求めると H = 1.07 m となる。これにより設計落石エネルギーは $E_0 = 104.9$ kJ となる。

以上より，設計落石エネルギーに対する各実験のエネルギー倍率は，S-II-H1.0 の E_k = 98kJ では0.9倍，S-II-H2.5 の E_k = 245kJ では2.4倍，S-II-H5.0 の E_k = 490kJ では4.7倍，S-II-H10.0 の E_k = 980kJ では9.3倍，S-II-H15.0 の E_k = 1,470kJ では14.0倍，S-II-H20.0 の E_k = 1,960kJ では18.7倍，S-II-H25.0 の E_k = 2,450kJ では23.3倍となる。

(6) 1/2縮尺RC製ロックシェッド衝撃実験のまとめ

設計落石条件：W=10t，H=1.07m，E_0=104.9kJ(有効幅 L_e=2.0m(柱間隔))

最終落石条件：W=10t，H= 25m，　E_k=2,450kJ

倍　率　　：E_K/E_0=2,450/104.9=23.3倍

残留変位量　：H=20m時(18.7倍)；6.4mm，内空幅の0.14%(=6.4/4500)

4.2　衝撃荷重の設定

落石防護工の設計[7]に性能設計を適用する上では，衝撃荷重の設定は重要であり，想定する落石荷重を精度良く予測する必要がある。性能設計では，動的解析を用いた検討が特に有効であるが，落石による衝撃荷重の時刻歴を設定する必要がある。落石荷重の時刻歴波形を得るには，重錘落下実験や数値解析を利用する方法があり，想定する条件に近く十分な信頼性があることが要求される。一般に，落石防護工には経済・合理性の観点から緩衝材が設けられるため，サンドクッションなどの緩衝材を設置した条件下でのデータ取得が好ましく，設計上で詳細な荷重分布が必要となる場合，数値解析を利用することが特に有効である。

4.2.1　実験結果の利用

対象とする構造物の模型や実構造物の一部を利用した実験結果に基づき，構造物の性能照査を実施することは信頼性を確保する上で望ましい。しかしながら，経済性や想定可能なケース数の問題，模型スケールや実験方法などに起因する再現精度の問題がある。そのため，実験では構造物が塑性域に至らない条件下で荷重応答の履歴を取得し，設計照査においては実規模の条件を考慮した数値解析を利用するなどの手順も有効である。落石防護工の設計においては，緩衝材としてサンドクッションが用いられることが多く，剛な土槽への重錘落下実験などから得られる荷重波形は，多くの構造物の設計に役立てることができる。

ここでは，実験結果の利用の例を紹介する[10]。写真 4.1 は，金沢大学構造工学研究室ハードラボに設置されている自由落下式実験装置の全体を示したものである。幅 2.35m, 奥行き 3.5m, 高さ 4.5m の重錘落下用フレームを用いて重錘を中心に設置した土槽に自由落下させる装置である。土槽底面には写真 4.2 に示すように土圧計を配置しており，底面での土圧分布と伝達衝撃力を得ることができる。土槽には緩衝材として厚さ 30cm，50cm，70cm の敷砂材を敷設し，重量 2.0kN の重錘を使用してそれぞれ落下高さ 0.5m，1.0m，1.5m，2.0m，2.5m，3.0m から 3 回ずつ全てスパン中央位置に落下させた。使用した砂は新潟県胎内市黒川地内川砂であり，その特性値を表 4.6 に示す。

写真 4.1　自由落下式実験装置（土槽）

写真 4.2　土槽底面に配置した土圧計

表 4.6　使用した砂の特性値

D_{10} (mm)	D_{30} (mm)	D_{60} (mm)	有効粒径 (mm)	均等係数	曲率係数	最大間隙比 e_{max}	最小間隙比 e_{min}
0.20	0.34	0.61	0.49	3.1	0.95	0.784	0.488

4.2.2　数値解析の利用

衝撃荷重の設定にあたり，数値解析を利用することは有効であり，実験などからは取得の難しい詳細なデータを得ることが可能である。また，想定する条件の実験結果などがある場合については比較検討することで信頼性を高めることができる。

緩衝材の果たす役割は荷重応答の周期を延長し，衝撃力のピークを低減すること，変形・流動・摩擦などによる応答の抑制や減衰効果が大きい。特にサンドクッション材は変形が大きく，流動や飛散時の激しい動きや，ダイレイタンシーなどの粒状体材料に特有の性質があり，有限要素法解析コードなどによる検討が難しいことから個別要素法などの離散体解析手法やメッシュフリー法の一種である SPH・MPS 法などの粒子法も利用されている。

以下にサンドクッションを介した伝達衝撃力の推定に個別要素法を適用する上での留意点と解析事例を示す[10)]。個別要素法では，図 4.16 に示すように対象とする構造を 3 次元では球要素や多面体要素，2 次元では円要素や多角形要素といった要素の集合体として離散化を行う。これらの要素は剛体とみなし，要素の接点間に挿入したばねとダッシュポットによって材料の持つ弾性的性質および非弾性的性質を表現している。この個々の要素の並進 $\mathbf{u}$ および回転 $\boldsymbol{\varphi}$ についての運動方程式は次式で表現できる。

$$m\ddot{\mathbf{u}} + c\dot{\mathbf{u}} + k\mathbf{u} = 0 \qquad (4.1a)$$

$$I\ddot{\boldsymbol{\varphi}} + cr^2\dot{\boldsymbol{\varphi}} + kr^2\boldsymbol{\varphi} = 0 \qquad (4.1b)$$

ここで，m および I はそれぞれ各要素の質量および慣性モーメントであり，k，c はそれぞればね定数および減衰係数である。また，r は要素を円要素または球要素としたときの半径である。なお，式中のドット（·）は時間に関する微分を表している。

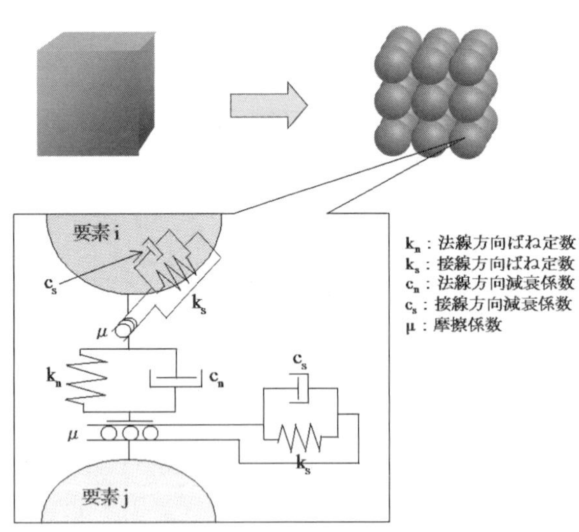

図 4.16　要素の結合モデル

式(4.1)は減衰振動を表し，与えられた要素について同様の運動方程式を連立して解くことによって，運動状態から静止状態に至るまでの対象構造物の挙動を解析することができる。ところが，通常 1 つの要素は周囲の複数個の要素と接触しており，式(4.1)のばね定数 k や減衰係数 c は，それら数個の接点に挿入されたばねやダッシュポットの合成されたものとなるので，未知変数 u と未知角 ϕ を含む式のそれぞれの連立方程式となり，この方程式を解くことは非常に困難となる。そこで，式(4.1)

を次式に示すような陽的差分となる形に変形し，時間刻み毎の逐次計算が一般に行われている。

$$m(\ddot{\mathbf{u}})_t = -c(\dot{\mathbf{u}})_{t-\Delta t} - k(\mathbf{u})_{t-\Delta t} \tag{4.2a}$$

$$I(\ddot{\boldsymbol{\varphi}})_t = -cr^2(\dot{\boldsymbol{\varphi}})_{t-\Delta t} - kr^2(\boldsymbol{\varphi})_{t-\Delta t} \tag{4.2b}$$

この式は，時刻tよりΔt時刻前の変位$(\mathbf{u})_{t-\Delta t}$，角度$(\boldsymbol{\varphi})_{t-\Delta t}$と速度$(\dot{\mathbf{u}})_{t-\Delta t}$，角速度$(\dot{\boldsymbol{\varphi}})_{t-\Delta t}$より現在時刻の加速度$(\ddot{\mathbf{u}})_t$，角加速度$(\ddot{\boldsymbol{\varphi}})_t$を求める式である。

サンドクッションを介した伝達衝撃力を精度良く推定するには，落石とクッション材の接触面の経時変化と砂粒の流動現象を捉える必要がある。衝撃力波形の立ち上がりは落石形状とその運動および緩衝材の弾性応答の再現性に大きく影響を受け，また弾性波が反射して以降はクッション材の流動や摩擦損失などの影響を強く受ける。接触や流動・摩擦現象の再現には特に個別要素法が有効であるが，一方でそのモデル化については固有の難しさがあり，解析の実施にあたっては留意する必要がある。

個別要素法は接触面にばねを介することで作用力の授受を行う方法であり，弾性挙動の再現には規則性のない要素配置とすることが重要である。バルクとしての合成ばね定数は要素サイズや接触経路によるため，必要な精度を得る上では実験結果や弾性体の解析結果などとの比較によるパラメータの同定が必要となる。また，解析上の効率の問題から，個々の要素は球体として扱うことが多く，このようなケースでは要素間接触が点接触となる問題がある。球体間の接触では回転に抵抗する際の支点がないことから，要素の回転時に砂粒が持つ所定のせん断強度が得られず，流動時に滑動が発生することで衝撃力波形のピークが捉えられなくなる。この問題については，複数の球体をオーバーラップさせた剛体を要素として支点を確保することや[11]，粒子形状などによる回転抵抗を考慮した要素を導入するなどの対策が有効である[12]。

図4. 17は剛な土槽への重錘落下式のサンドクッションの実験を再現したものであり，3次元個別要素法により解析を行っている[12]。図4. 17および図4. 19に示すようにクッション材は粒径にばらつきのあるランダムな配置でモデル化しており，図4. 18に示すように円柱状の重錘は格子状に配置した要素集合でモデル化されている。球要素でモデル化したクッション材には特に回転抵抗となる要素は組み込まれていないが，重錘底部の形状がフラットであり，重錘サイズに比較して土槽が小さいためクッション材の流動があまり生じず，実験結果と再現解析の衝撃力の履歴は良く一致している。

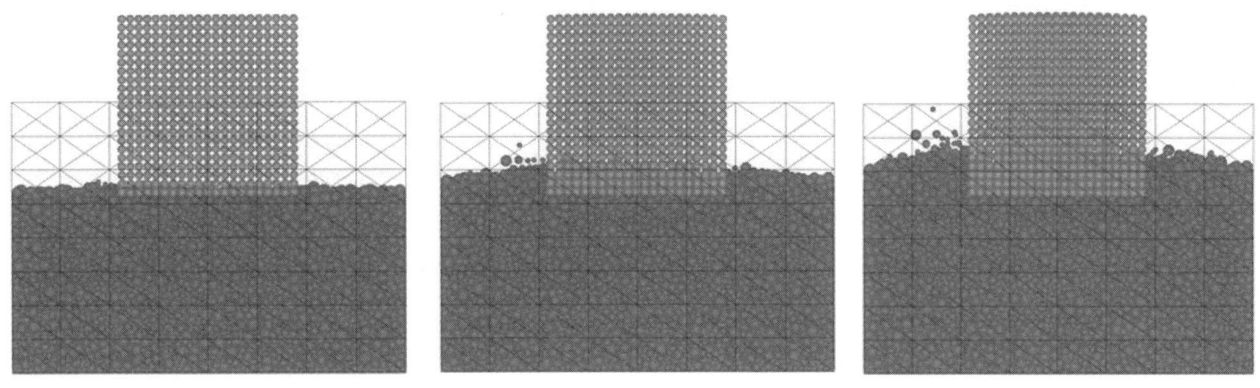

図4. 17　重錘落下実験の再現解析の事例（クッション材への重錘貫入の経時変化）

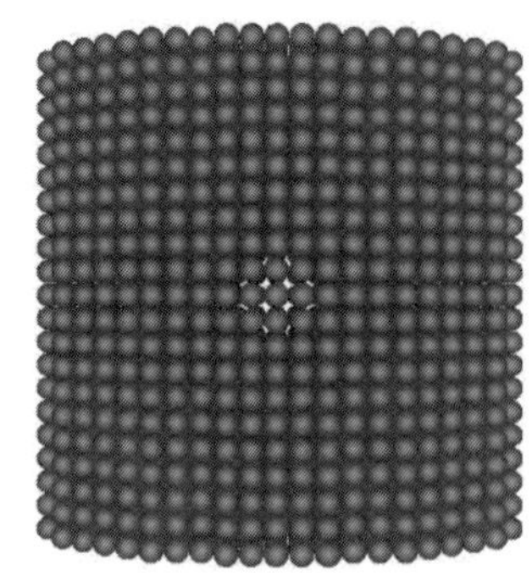

図 4. 18　平底重錘の解析モデル

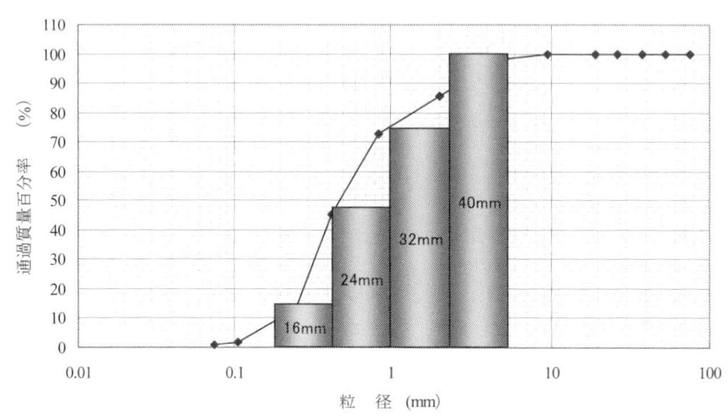

図 4. 19　クッション材と緩衝材モデルの通過質量百分率

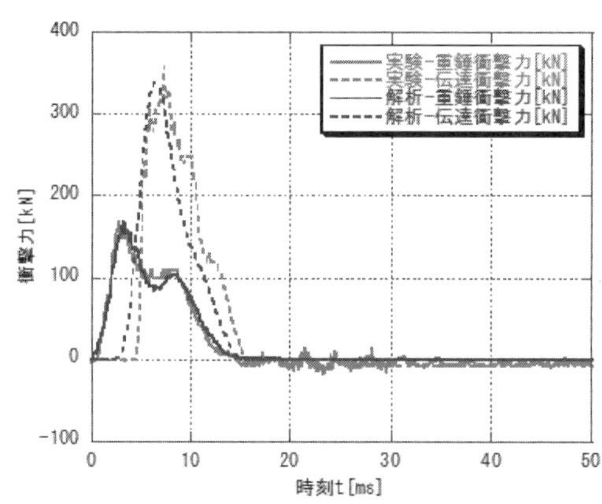

図 4. 20　重錘落下実験と再現解析の衝撃力応答比較

図 4. 20 より重錘落下実験と再現解析の衝撃力応答波形は，重錘がクッション材と接触することで最初に重錘衝撃力が立ち上がり，次にクッション材の弾性波動が土槽底面に達した時点で伝達衝撃力が立ち上がる。伝達衝撃力は土槽底面で後続波と反射波が重なるために大きくなり，衝撃力のピークは重錘衝撃力の 2 倍程度の大きさとなることが確認できる。なお，重錘がクッション材なしで接触する条件に比べると平均衝撃力は抑えられ，また受圧面が広がることから構造物のダメージは低減するため，緩衝材としての有効性は変わりない。重錘衝撃力はピーク後に重錘が浮き上がることで低下するが，伝達衝撃力のピーク発生時刻以降に土槽底面で反射したクッション材から受ける土圧により第 2 のピークを生じ，その後は浮き上がりによって緩やかに減衰することが確認できる。伝達衝撃力についても，重錘衝撃力の第 2 のピーク発生時刻以降に，重錘位置で反射した弾性波による盛り上がりが実験と解析の両方の結果から確認できる。

このように衝撃力波形を数値解析から推定できると，実験に比べて多様な条件に対応可能であり，また実規模の時間・空間的に詳細なデータが取得可能であることから，性能設計の適用においても非常に有効である。ただし，伝達衝撃力の高精度な推定にはモデル化やパラメータの設定について十分な検討が必要である。

4.3　実験による性能照査手法

4.3.1　RC 製ロックシェッドの性能照査事例

(1) 試験体概要

図 4.21 には，実験に使用した RC 製ロックシェッド模型の形状寸法を，写真 4.3 にはその外観を示している。試験体は，道路軸方向の長さが 12 m, 外幅 9.4 m, 壁高さ 6.4 m の箱型構造であり，内空断面は幅 8 m，高さ 5 m で，頂版，底版，側壁，柱の厚さはいずれも 0.7 m である。柱の道路軸方向の長さは 1.5 m，内空の四隅にはハンチを設けている。

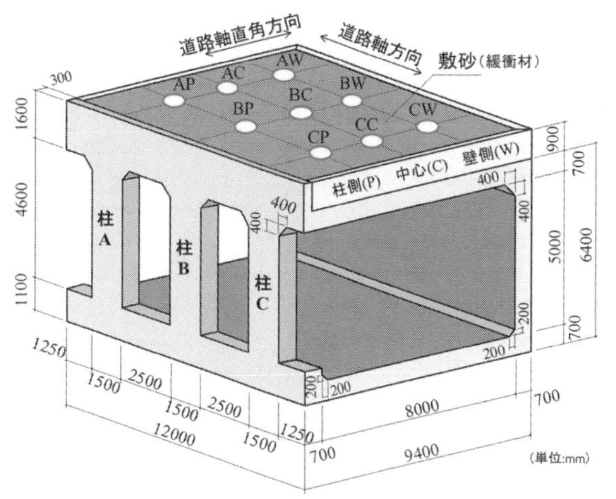

図 4.21　試験体の形状寸法および載荷位置

図 4.22 には，試験体の配筋状況を示している。鉄筋比については一般的なロックシェッドと同程度としており，頂版下面および上面の軸方向鉄筋比についてはそれぞれ D25 を 125 mm 間隔および D29 を 250 mm 間隔（鉄筋比 0.68 %）で配置している。頂版の配力筋については，現行設計と同様に鉄筋量が軸方向鉄筋の 50 % 程度を目安に，上面が D19，下面が D22 をいずれも 250 mm 間隔で配置している。壁の断面方向鉄筋は，外側が D29，内側が D19 をいずれも 250 mm 間隔で配置している。底盤の断面方向鉄筋は，上面が D22，下面が D16 をいずれも 250 mm 間隔で配置している。柱の軸方向鉄筋は，外側，内側共に D29 を 144 mm 間隔で 10 本，道路軸方向の両面は D29 を 250 mm 間隔で配置している。帯鉄筋は，D16 を中間拘束鉄筋を含め，高さ方向に 150 mm 間隔で配置している。コンクリートのかぶりは，いずれの部材も鉄筋からの芯かぶりで 100 mm としている。

写真 4.3　試験体の外観

鉄筋の材質は全て SD 345 である。また，コンクリートの設計基準強度は 24 N/mm^2 であり，実験時の底版，柱/壁，頂版の圧縮強度はそれぞれ，30.7 N/mm^2，30.2 N/mm^2，37.9 N/mm^2 であった。

(2) 実験方法

実験は 1 つの試験体に対して，表 4.7 に示す実験 No の順番で順次，弾性域実験の後，塑性域実験を実施している。各実験ケースを分かりやすくするために，緩衝材の種類（S：敷砂，G：砕石，T：TLAS），図 4.21 に示す重錘載荷位置として，柱の位置を示す A，B，C と柱側，中央，壁側を示す，P，C，W に，重錘質量と重力加速度，落下高さを乗じ求められる入力エネルギーE(kJ) をハイフンで結び簡略化して示している。ここでは，敷砂と砕石緩衝材，TLAS の実験について考察し

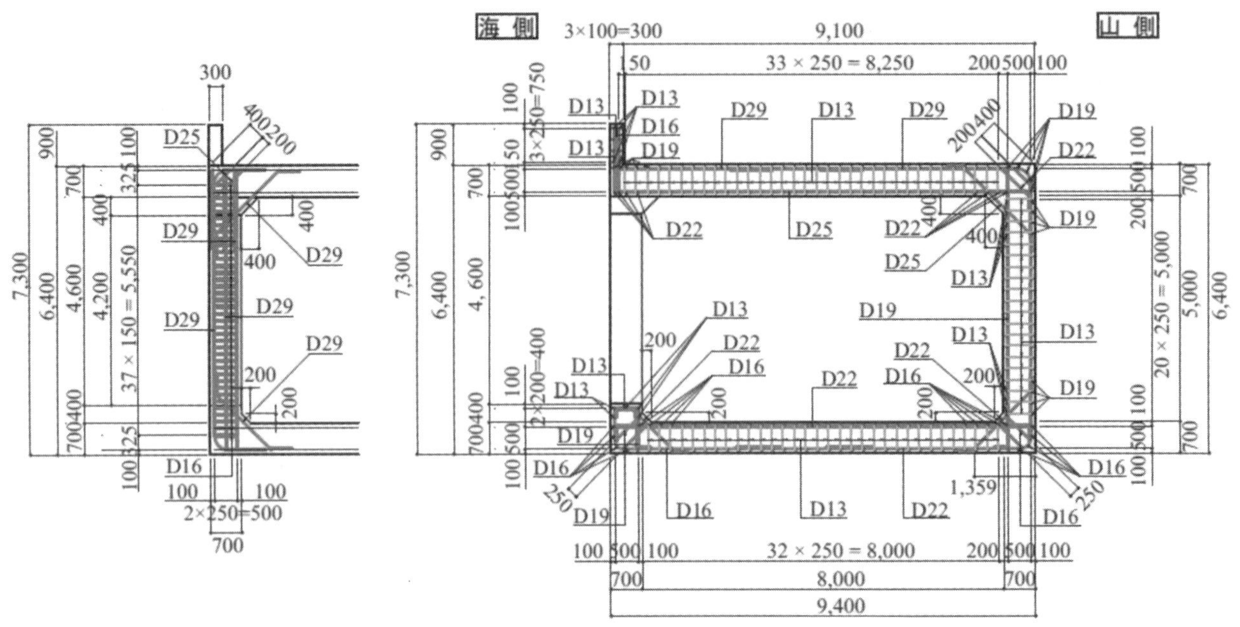

図 4.22　試験体の配筋状況

ている。実験は，トラッククレーンを用いて弾性域の場合には 2 ton の重錘を，塑性域の場合には 5 ton，10 ton 重錘を所定の高さまで吊り上げ，着脱装置を介して自由落下させることにより実施している。衝撃載荷実験は表 4.7 に示す落下高さの低い方から順次載荷する，漸増繰返し載荷法により行った。2，5 ton 重錘は，直径 1.00 m，高さ 97 cm で，底部より高さ 17.5 cm の範囲が半径 80 cm の球状となっている。10 ton 重錘は，直径 1.25 m，高さ 95 cm で，底部より高さ 30 cm の範囲が半径 1 m の球状となっている。

表 4.7　実験ケースと載荷点頂版変位量

No	実験ケース	緩衝材	載荷位置	重錘質量(t)	落下高さ(m)	入力エネルギー(kJ)	載荷点最大変位(mm)	載荷点残留変位(mm)
1	S-BC-E20	砂	BC	2	1	20		
2	S-BW-E40		BW		2	40		
3	S-BP-E40		BP					
4	S-BC-E40		BC					
5	S-AC-E40		AC					
6	S-AW-E40		AW					
7	S-AP-E40		AP					
8	G-AW-E20	砕石	AW	2	1	20		
9	G-AC-E20		AC					
10	G-AP-E40		AP		2	40		
11	G-AC-E40		AC					
12	G-BC-E40		BC					
13	G-BW-E40		BW					
14	G-BP-E40		BP					
15	G-CW-E40		CW					
16	G-CC-E250		CC	5	5	250	6.3	1.2
17	T-BC-E3,000	三層	BC	10	30	3,000	9.1	1.4
18	T-CC-E3,000		CC				9	0.8
19	S-AC-E250	砂	AC	5	5	250	4.6	0.4
20	S-BC-E1,500		BC	10	15	1,500	12.2	1.9
21	G-BC-E1,500	砕石	BC	10	15	1,500	27.4	5.1
22	G-AC-E1,500		AC				37.1	9.7
23	G-CC-E3,000		CC		30	3,000	76.1	35.3

(3) 緩衝材

既設緩衝材の実態として，性能照査型設計では構造物の新設時のほか，既設ロックシェッドの現有耐荷力評価設計が必要となる。このため，北海道内の既設ロックシェッド頂版上の緩衝材実態調査を実施した。その結果[13]を以下に要約する。

1)既設ロックシェッドの緩衝材の多くは現地発生土の礫質土である。

2)礫質土緩衝材の締固め度は平均で 92%と非常に強固に締固まっている。

以上より，既設ロックシェッドの耐荷力評価のためには現地発生土と同様な礫質土を用い，緩衝材として非常に強固に締固めた状態で実験を実施しなければ，有用な実験結果が得られないことが分かった。

砕石緩衝材の選定にあたっては，上記の既設ロックシェッド頂版上の礫質土緩衝材の粒度分布と同様で，粒度分布（13.2 mm，2.36 mm，0.6 mm のふるい通過率がそれぞれ 60.8 %，26.7 %，14.3 %）の小樽市見晴産の砕石（0～30 mm 級）を選定し，使用した。

実験に使用した敷砂緩衝材料はこれまでの実験[16~18]と同一産地とし，砂は石狩市知津狩産の細砂を使用した。粒度試験結果は，0.6，0.3，0.15，0.075 mm のふるい通過率がそれぞれ 98，60，5，1 %となっている。

設置方法は，敷砂緩衝材の場合には，従来の実験と同様に厚さ 30cm 毎に敷砂を投入し足踏みおよびバケット容量 0.2m^3 のバックホウを 1 往復させせることによって各層ごとの締固めを行い，所定の厚さである 90cm に成形した。砕石緩衝材も敷砂緩衝材と同様に 30cm 毎に砕石を投入し，既設ロックシェッドの礫質土緩衝材の密実な状態での実験と同様となるように，タンピングランマーを複数台使用し，縦横それぞれ 1 往復以上転圧を行った。

(4) 計測方法

本実験における測定項目は, 1)重錘の頂部表面に設置したひずみゲージ式加速度計（容量 100 G，200 G，500 G，1000 G，応答周波数はそれぞれ DC～2.0 kHz，3.5 kHz，5 kHz および 7kHz）4 個による重錘衝撃力，2)非接触型レーザ式変位計（LVDT，測定範囲±100 mm，応答周波数約 1kHz）31 台による内空変位，3)鉄筋に貼付したひずみゲージ 240ch による鉄筋ひずみである。また，4)高速度カメラ 2 台による重錘貫入量計測である。

高速度カメラは有効画素数 1,024×1,024 とし，フレームレート 1,000 コマ（枚）／秒（1ms（1/1,000 秒））にて撮影し，デジタルデータレコーダと同期を行っている。衝撃実験時の各種応答波形については，サンプリングタイム 0.1ms でデジタルデータレコーダにて一括収録を行っている。また，各波形の高周波成分については 1ms の矩形移動平均法（サンプリングタイム間隔における重み付け平均をとり，データを平準化）により処理を行っている。また，塑性域の各実験ケースの終了後には，試験体のひび割れ状況を撮影している。

(5) 実験結果と考察

1) 敷砂または砕石を用いた塑性域実験の比較

本実験では 1 つの試験体に落下高さの低い方から順次載荷する漸増繰返し載荷法により，弾性域実験の後，塑性域の実験を実施した。全 23 ケースの実験時の載荷点頂版最大変位量と繰り返しによる各実験後の残留変位量は表 4. 7 に示している。

ここでは，載荷位置と入力エネルギー E = 1,500 kJ が同一な敷砂または砕石緩衝材を用いた塑性域実験結果（S-BC-E1,500，G-BC-E1,500 の比較の際には，以後，E1,500）について考察する。

2) 各種時刻歴応答波形

図 4. 23 には，載荷位置と入力エネルギー E = 1,500 kJ が同一な，敷砂または砕石緩衝材を用いた塑性域の実験結果について，重錘が緩衝材に衝突した時間を 0 ms として，重錘衝撃力，載荷点における頂版下面の鉛直変位，緩衝材への重錘貫入量の時刻歴応答波形を比較して示している。

(a) 図より，敷砂または砕石緩衝材の重錘衝撃力波形は重錘衝突初期より重錘衝撃力が鋭く励起していることが分かる。砕石緩衝材は波動継続時間が 50 ms 程度の鋭い正弦半波状の 1 波による波形性状であるのに対して，敷砂緩衝材の場合には最大ピーク値近傍は砕石緩衝材とほぼ同一時刻に発

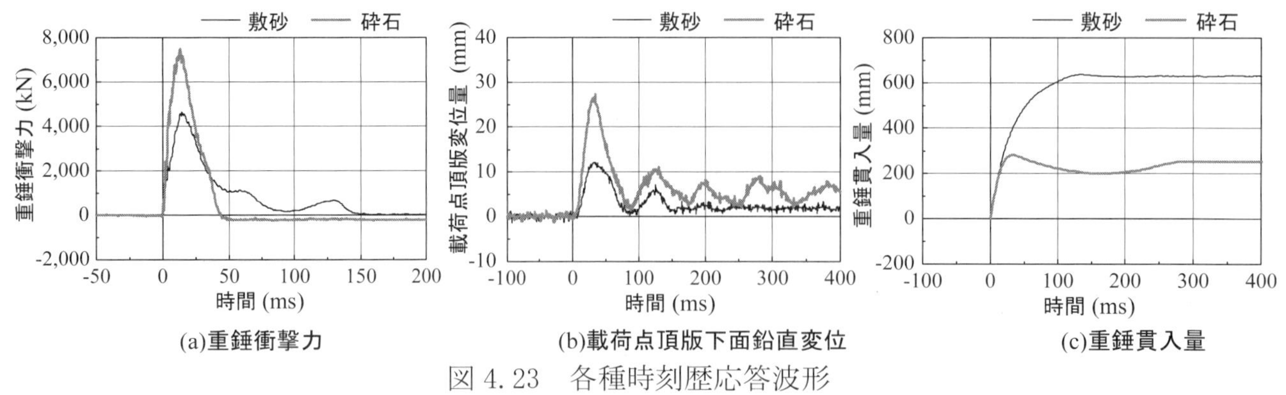

図 4. 23　各種時刻歴応答波形

生し，その後振幅が小さい正弦半波状の 2 波で構成されている。敷砂緩衝材と砕石緩衝材のそれぞれの最大重錘衝撃力値は，13.4 ms 時に 4,634 kN，14.7 ms 時に 7,491 kN となっており，砕石緩衝材の最大値は敷砂緩衝材の最大値よりも 1.62 倍大きい結果となった。

(b)図より，いずれにおいても頂版鉛直変位波形は重錘衝撃力よりも若干遅れて励起していることが分かる。頂版の時刻歴応答変位は最大変位を示した後，リバウンドするように負側へ変位し，減衰自由振動の状態に移行している。敷砂緩衝材の場合には衝撃力を受けた頂版が変位開始から 150 ms 程度で収束していることから，減衰自由振動の状態であったと推察される。一方，砕石緩衝材の場合には，載荷点直下の頂版変位は衝撃を受けたと同時に大きな三角形状の波形性状を示し，その後次第に減少する傾向を示し，正弦波状に波形が変化していることが分かる。敷砂緩衝材と砕石緩衝材のそれぞれの最大変位量はほぼ同時刻の約 30 ms で発生し，敷砂が 12.2 mm，砕石が 27.4 mm であり，残留変位量は敷砂が 1.9 mm，砕石が 5.1 mm となっており，砕石緩衝材は敷砂緩衝材よりも最大変位量で 2.25 倍，残留変位量で 2.69 倍大きい結果となった。砕石緩衝材の場合における残留たわみは 0.06 %（道路軸直角方向の内空幅 8 m との比）となり，後述のひび割れ図からもロックシェッドは終局限界状態には至っていないことが確認された。

(c)図より，敷砂緩衝材と砕石緩衝材への最大重錘貫入量はそれぞれ 64 cm と 28 cm であった。敷砂緩衝材の最大重錘貫入量は緩衝材層厚 90 cm の約 70 %に達し，入力エネルギーが E = 1,500 kJ 以上の場合には敷砂による緩衝材としてのエネルギー吸収機能が低下する可能性が示唆された。敷砂緩衝材と砕石緩衝材のそれぞれの最大重錘貫入量は，約 130 ms で 640 mm，約 30 ms で 280 mm となっており，砕石緩衝材の最大貫入量発生時刻は最大変位発生時刻とほぼ同時刻であることが分かる。

砕石緩衝材の最大変位量発生時刻と最大貫入量発生時刻がほぼ同時刻であったことから，ここでは敷砂緩衝材の各種時刻歴応答波形を重ねて図 4. 24 に示す。
図より，時刻歴として重錘衝突初期より重錘衝撃力が鋭く励起すると同時に，重錘も敷砂内に貫入していることが分かる。その後，約 5 ms 経過後に上下縁の鉄筋ひずみが励起している。その後，重錘衝撃力，頂版上縁鉄筋ひずみ，頂版下縁鉄筋ひずみが最大値（1,310 μ）に達した後，頂版の変位量が最大値に達していることが分かる。また，約 130 ms で励起している重錘衝撃力波形と重錘貫入量の最大値はほぼ同時刻に発生しており，この敷砂緩衝材の重錘衝撃力波形性状と最大重錘貫入量の関係は，緩衝材の緩衝特性に特化した大型緩衝材実験においても同様な計測結果が得られている [13]。

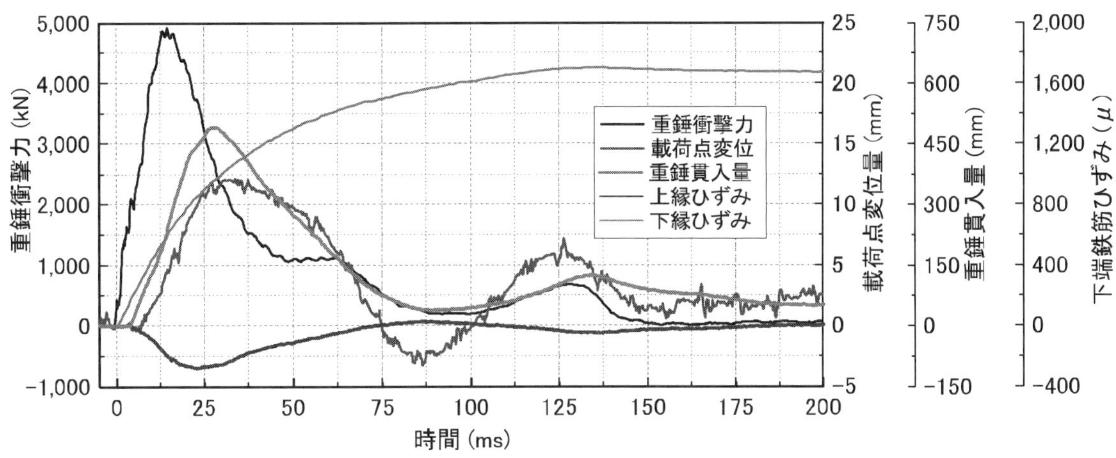

図 4.24　各種時刻歴応答波形

3) 変位分布の経時変化

図 4.25 には，載荷位置を通る道路軸直角方向の内空変位分布に関する経時変化を重錘衝突後 t = 5 ms，以降 t = 10 ms から 10 ms 刻みで t = 70 ms まで示している。図中，マークの無い箇所は欠測点である。各変位分布は緩衝材の種類によらず，時間の経過とともに載荷点直下を中心として変位量は増加し，t = 30 ms 程度で最大値に達した後，減衰状態に移行している。

頂版の変位分布に着目すると，敷砂緩衝材の場合には載荷点を中心とした曲げによる緩やかな曲線状の変位分布性状を示しているのに対し，砕石緩衝材の場合には載荷点中心部で変位量が著しく大きく，かつ載荷点中心部を頂点に頂版が角折れに類似した変位分布性状を示している。また，柱部と側壁部では上端部の変位が大きく，側壁部に比べて柱部上端の方が変位量は大きく示されている。敷砂緩衝材と砕石緩衝材との比較では，頂版部，柱部，側壁部の最大変位は砕石緩衝材による実験結果の場合が敷砂緩衝材の場合における実験結果よりも，それぞれ 2 倍程度大きい。

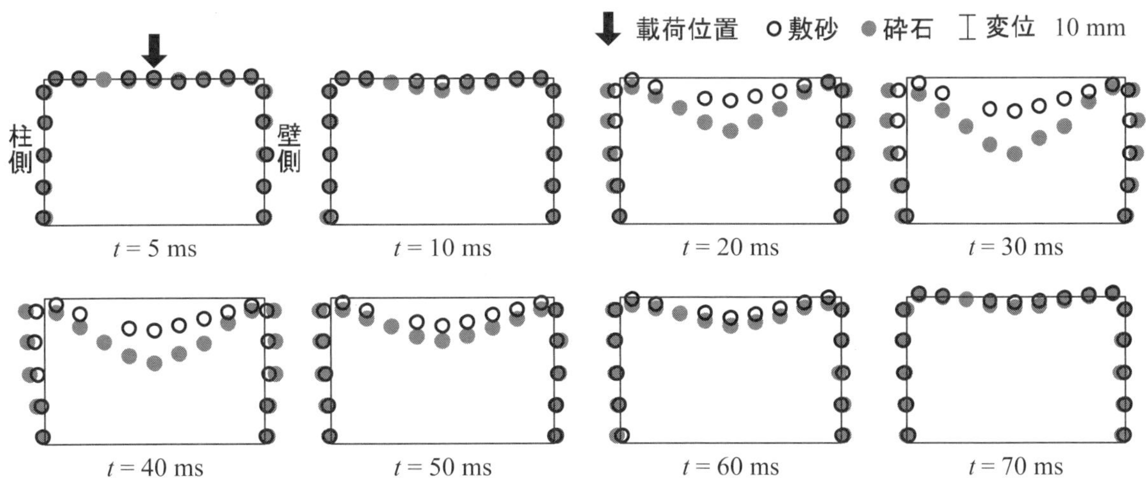

図 4.25　載荷位置を通る道路軸直角方向の内空変位分布(E1, 500)

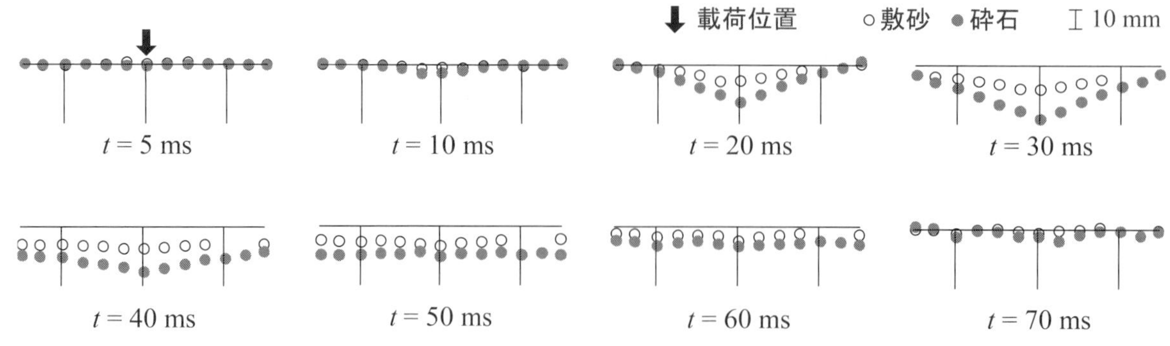

図 4. 26　載荷位置を通る道路軸方向の頂版変位分布(E1, 500)

図 4. 26 には，載荷位置を通る道路軸方向の頂版変位分布に関する経時変化を重錘衝突後 t = 5 ms, 以降 t = 10 ms から 10 ms 刻みで t = 70 ms まで示している。なお，図中マークの無い箇所は欠測点である。道路軸直角方向変位分布と同様に，各変位は緩衝材の種類によらず，時間の経過とともに載荷点直下を中心として変位量は増大し，t = 30 ms 程度で最大値に達した後，道路軸方向全幅にわたり，ほぼ同様の変位が時間の経過と共に発生し，減衰側に移行している。ここで載荷点直下の変位計測は道路軸方向，道路軸直角方向とも 1 つのレーザ変位計により計測を行っている。道路軸方向の t = 50 ms ～ 60 ms 前後の頂版変位分布が道路軸方向全幅にわたり同様な値となっていることから，道路軸直角変位は頂版全体に渡って同様な分布性状を示していたものと推察される。

4) ひび割れ分布性状

図 4. 27 には，実験 No.20 と 21 の各実験後の頂版裏面ひび割れ性状を上からの見下げ図として示している。図中の黒線によるひび割れ性状は各実験前の既存のひび割れ状況を示している。赤線はそれぞれの緩衝材を用いた場合の実験により発生したひび割れ分布性状を示している。

本実験では 1 つの試験体に対して，弾性域の実験後，試験体へのひび割れなどの影響を考慮し，入力エネルギーの低い塑性域の実験から漸増させて行っている。

図より，緩衝材の種類によらず道路軸方向への曲げひび割れと共に載荷位置から放射状のひび割れが発生していることが分かる。このような傾向は砕石を用いる場合に顕著（(b)図）であり，放射状のひび割れが頂版端部まで達している。なお, 頂版下面のひび割れ幅は最大で 2 mm 程度であり，コンクリート片の剥落などの損傷には至っていない。また，両実験ケース終了後には既存の曲げひび割れの開口幅が拡大していることを確認している。

以上より，許容応力度法により設計された実規模ロックシェッドに対して，入力エネルギー E = 1,500 kJ を作用させた場合の実規模実験に基づく性能照査の結果は，砕石緩衝材の場合よりも敷砂緩衝材の場合が緩衝効果として高い。また, 砕石緩衝材を用いた場合の頂版の損傷は残留変位量が 5 mm 程度であり，頂版下面のひび割れ幅も最大で 2 mm 程度である。性能規定型設計では，使用や修復，終局限界状態など各種の規定[14, 15]はあるが，本実験結果では通行車両に支障を与えるものではなく, 砕石緩衝材実験時の頂版下面主鉄筋ひずみも 2,000 μ 以下であること等から, 使用限界状態を無補修と定義する場合には，使用限界状態を超えた状態にあるものと考えられる。

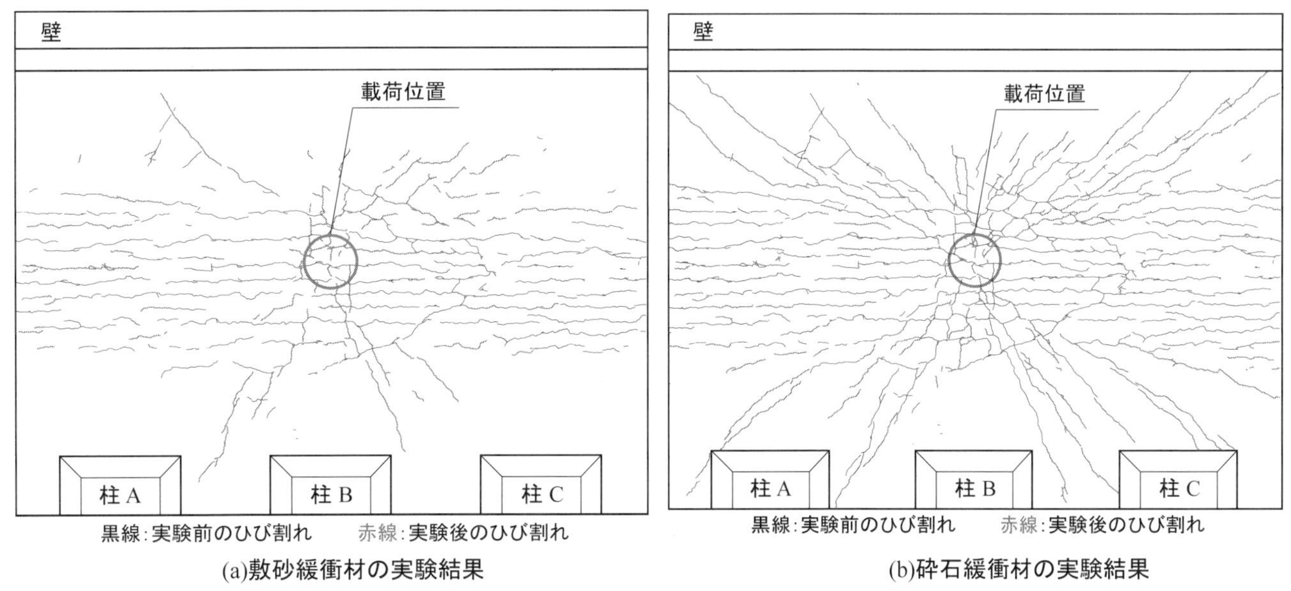

(a)敷砂緩衝材の実験結果　(b)砕石緩衝材の実験結果

図 4. 27　各実験後の頂版裏面ひび割れ性状(見下げ図 E1, 500)

しかしながら，図 4. 24 に示すように敷砂緩衝材の場合には重錘が緩衝材厚の 7 割程度まで貫入していることから，1,500 kJ より大きなエネルギーに対しては，重錘（落石）が敷砂緩衝材を過度に圧縮し，緩衝材が緩衝性能を十分に発揮できない可能性があることに留意する必要がある。

5) 各種最大値と入力エネルギーの比較

載荷位置と入力エネルギーが同一な敷砂緩衝材または砕石緩衝材を用いた場合の実験結果について比較検討を行った。ここでは，各種最大値と入力エネルギーの比較検討を行うこととし，全 23 ケースの各種最大値について考察する。各図の図中に記載の記号は塗りつぶしを基本とし，入力エネルギー E = 250 kJ 以上の中央部での載荷（図 4. 21 柱記号 B）の場合には記号を塗りつぶしで，それ以外の端部柱（A，C）の場合には記号を白抜きとして示している。

a) 最大重錘衝撃力と入力エネルギーの関係

図 4. 28 には, 全 23 ケースの最大重錘衝撃力と落石対策便覧[7]により算出した重錘質量 m = 10 ton の衝撃力（$P = 2.108 (m \cdot g)^{2/3} \cdot \lambda^{2/5} \cdot H^{3/5} \cdot \alpha$，重錘質量：m = 10 ton，重力加速度：$g = 9.8\ m/s^2$，ラーメの定数：$\lambda = 1{,}000 \sim 4{,}000\ kN/m^2$，割増係数：$\alpha = 1.18$，D：重錘径 125 cm，T：敷砂厚 90 cm）を曲線で示している。

図より, 各実験結果の最大重錘衝撃力は入力エネルギーの増加に伴い増大していることが分かる。また，図から実験結果の最大重錘衝撃力は，砕石緩衝材を用いる場合には $\lambda = 4{,}000\ kN/m^2$ 程度の値を仮定することにより，敷砂緩衝材を用いる場合には $\lambda = 1{,}500\ kN/m^2$ 程度の値を仮定することにより，適切に評価可能であると考えられる。以上より，実物大実験による性能照査結果として，頂版厚 70 cm の既設 RC 製ロックシェッドの塑性域の重錘衝撃力を適切に評価可能であると考えられる。

ここで注意をしなければならないのは，入力エネルギーの落石質量と落下高さの関係である。ロックシェッドの頂版厚が厚く構造部材の剛性が高い場合を想定し，これまでに実施した頂版を剛体と仮定した場合の大型緩衝材実験装置による砕石緩衝材の実験結果において，重錘質量 m = 2 ton, 落下高さ H = 20.00 m，31.25 m の実験結果では，砕石緩衝材の最大重錘衝撃力や構造物に入力される最大伝達衝撃力は，$\lambda = 20{,}000\ kN/m^2$ 程度の実験計測値が得られており[16]，設計の際に想定され

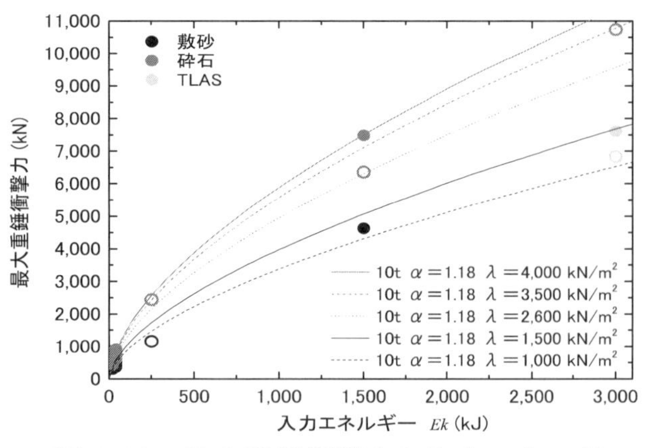

図 4.28　最大重錘衝撃力と入力エネルギー

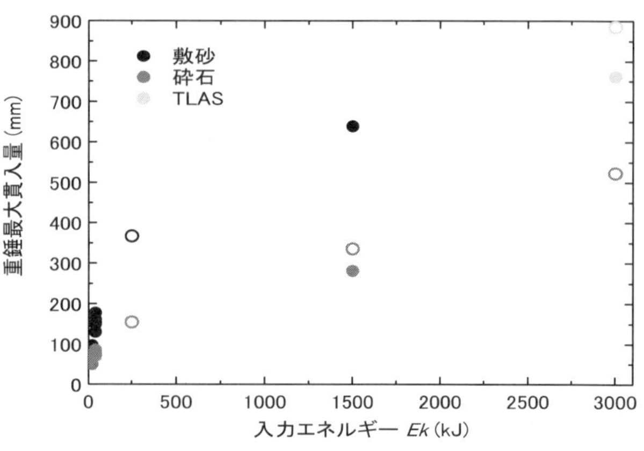

図 4.29　最大重錘貫入量と入力エネルギー

ている落石条件を踏まえて，ラーメの定数を適切に設定することが重要である。

b) 最大重錘貫入量と入力エネルギーの関係

図 4.29 には，全 23 ケースの最大重錘貫入量と入力エネルギーの関係を示している。各種緩衝材の重錘貫入量は入力エネルギーの増加に伴い，重錘の最大貫入量も増加していく傾向にあることが分かる。砕石緩衝材においては重錘貫入量が小さく，図 4.28 より最大重錘衝撃力は大きい傾向にあることが分かる。敷砂緩衝材においては先に記したとおり，より大きなエネルギーに対しては緩衝性能を十分に発揮できない可能性があることに留意する必要がある。

c) 載荷点最大変位量と入力エネルギーの関係

図 4.30 には，弾性範囲内の実験では載荷点の頂版変位量が計測されていないことから，計測された載荷点直下の頂版最大変位量と入力エネルギーの関係を示している。図より，上記で比較をおこなった砕石緩衝材の場合には，試験体中央部よりも端部における実験結果の方が最大変位量は大きいことが分かる。これは端部の場合，中央部に比べて試験体の剛性が低いことによるものである。また，入力エネルギー E = 3,000 kJ の同一載荷点における比較では，砕石緩衝材においては最大変位量が 76.1 mm であるのに対して，同一の入力エネルギーでは緩衝材を TLAS とした場合には，最大変位量は 9 mm と TLAS は緩衝特性に優れていることが分かる。

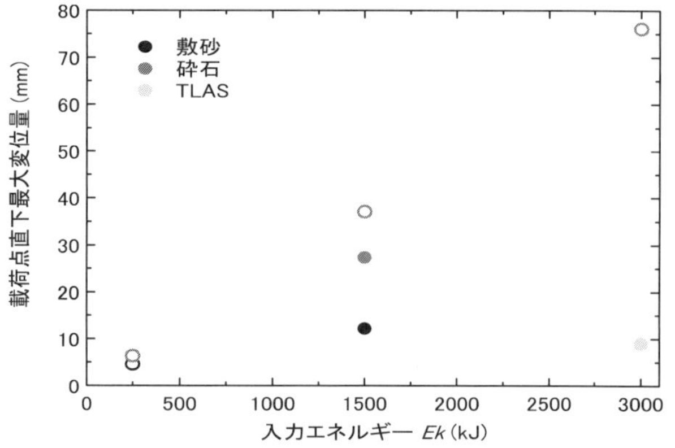

図 4.30　載荷点最大変位量と入力エネルギー

e) 残留変位量と入力エネルギーの関係

図 4.31 には，最大変位が計測された載荷点直下の頂版の残留変位量と入力エネルギーの関係を示している。

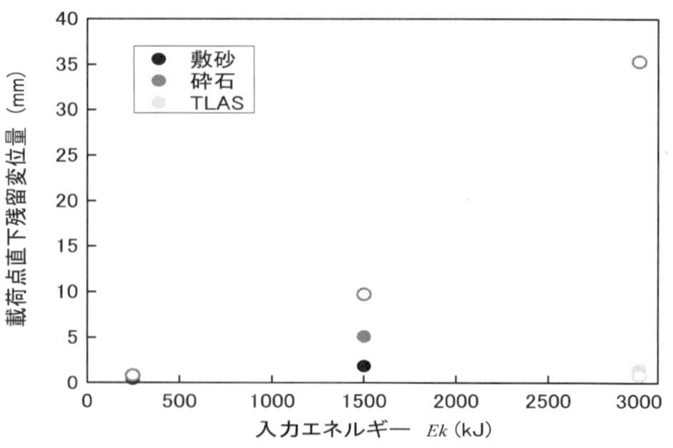

図 4.31　残留変位量と入力エネルギー

各実験後の残留変位の値の傾向は，最大変位量の結果と同様な結果となっている。入力エネルギー E = 3,000 kJ の砕石緩衝材では残留変位量が 35.3 mm，残留たわみは 0.44 %（道路軸直角方向の内空幅 8 m との比）であるのに対して，緩衝材を TLAS とした場合には，残留変位量が 1.4 mm であり，ほぼ弾性的な挙動となっている。

写真 4. 4 には，砕石緩衝材の入力エネルギー E = 3,000 kJ の実験後の試験体頂版部側面ひび割れ状況を示している。写真より，頂版部には曲げによる試験体の道路軸方向と平行なひび割れが確認できる。しかしながら，写真に見られるようにコンクリート片が剥落するような終局限界状態とはならず，車両が通行可能な状態となっている。しかしながら，ひび割れが生じたコンクリート構造物からは降雨等により石灰質が溶出すると共に，鉄筋が腐食することから，使用限界状態や修復限界状態など，各種の限界状態の定義においては今後検討が必要であるもの判断される。

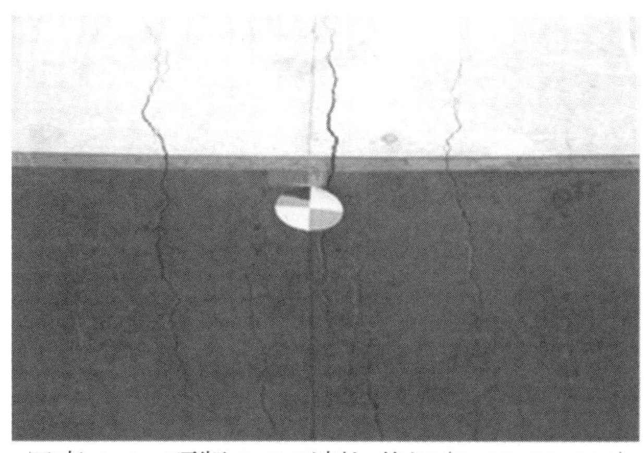

写真 4. 4　頂版のひび割れ状況(G-CC-E3, 000)

(6) 設計落石エネルギーの算定

実験対象とする実規模 RC 製ロックシェッド模型は，落石対策便覧に基づき，二次元静的骨組解析により作用断面力を算出し，許容応力度法の下に断面設計を行ったものである。設計に用いる落石衝撃力を決定する際の入力エネルギーについては，1)既往研究[17)~20)]より，許容応力度法に基づいて設計されたロックシェッドは，入力エネルギー的に 20～30 倍の安全率を有していること，2)実験場での載荷可能最大入力エネルギーは E_{max} =3,000kJ（質量 m = 10 ton，落下高さ h =30 m）であること，3)実験において実際の終局限界を確認したいこと，の理由により，最大載荷可能エネルギー E_{max}=3,000kJ の 1/30 である E_k=100kJ で計画した。

許容応力度法に基づく骨組モデルは，試験体の頂版・側壁・柱・底版部の断面中央部に配置するようにモデル化した。断面設定の際には，試験体延長 L=12.0m に対し，柱間隔（Le=4.0 m）を道路軸方向の有効幅 Le としてモデル化している。

落石衝撃力は，落石対策便覧における振動便覧式より，以下のように算出される。ただし，ラーメの定数は道路防災工調査設計要領（案）落石覆工編[21)]を参考にして，λ=8,000kN/m^2，割増係数 α=1 とする。

$$P = 2.108 \cdot (m \cdot g)^{2/3} \cdot \lambda^{2/5} \cdot h^{3/5} \cdot \alpha \tag{4.3}$$
$$= 2.108 \times (2 \times 9.80665)^{2/3} \times 8{,}000^{2/5} \times 5^{3/5} \times 1$$
$$= 1{,}466 \text{ (kN)}$$

ここに，P : 落石衝撃力（kN），m : 重錘質量（t），g : 重力加速度（m/s^2），λ : ラーメの定数（kN/m^2），h : 落下高さ（m）である。

実験条件である m=10t，ラーメの定数 λ＝1,500kN/m^2，割増係数 α ＝(1.25/0.9)$^{0.5}$＝1.18 より，上記落石衝撃力 P=1,466kN/m^2 となる落下高さ h を逆算すると，h＝1.937m となる。

よって，設計落石エネルギーは E=10×9.80665×1.937＝190.0kJ である。

以上より，設計落石エネルギーに対する各実験のエネルギー倍率は，E=250kJ の場合では 1.3 倍，E=1,500kJ の場合では 7.9 倍，E=3,000kJ の場合では 15.8 倍となる。

(7) 実規模 RC 製ロックシェッド実験のまとめ

設計落石条件：敷砂緩衝材使用，P＝1,466kN，W=10t，H=1.937m，E_0=190.0kJ（有効幅 L_e=4m（柱間隔））

・敷砂緩衝材の場合（中央載荷時）

最終落石条件：W=10t，H=15m，E_k＝1,500kJ

倍率：E_k/E_0＝1,500/190＝7.9 倍

重錘衝撃力：4,800kN

載荷点最大変位：12.2mm

残留変位：1.9mm，内空幅の 0.024%（＝1.9/8000）

鉄筋ひずみ：1,310μ

・砕石緩衝材の場合（端部載荷時）

最終落石条件：W=10t，H=30m，E_k＝3,000kJ

倍率：E_k/E_0＝3,000/190＝15.8 倍

重錘衝撃力：11,000kN

載荷点最大変位：76.1mm

残留変位：35.3mm，内空幅の 0.44%（＝35.3/8000）

・三層緩衝構造（中央・端部載荷時）

最終落石条件：W=10t，H=30m，E_k＝3,000kJ

倍率：E_k/E_0＝3,000/190＝15.8 倍

重錘衝撃力：7,000kN

載荷点最大変位：9.1mm（中央部載荷時），9.0mm（端部載荷時）

残留変位：1.4mm，内空幅の 0.0125%（＝1.4/8000）

　　　　　0.8mm，内空幅の 0.01%（＝0.8/8000）

4.3.2　落石防護棚の性能照査事例

(1) まえがき

落石防護工の 1 つとして，道路斜面の法尻に設置される PC 製の落石防護棚がある。実物大落石防護棚の耐落石性能を確認するため，2005 年 11 月日本サミコン(株)研究所において重錘衝突実験が行われ，実際の性能は許容応力度法で求められる性能を大幅に上回ることが確認された [22),23),24)]。

この実験では 1500kJ まで作用させたが，修復限界状態以下であったので，補修・補強の後，2015 年 8 月に 3600kJ まで作用させる実験を行ったので紹介する。

(2) 実験概要

1) 実験供試体

2005 年の実験で実験供試体として，桁高 0.65m，桁幅 2.0m の落石防護棚を 4 セット設置し，横締め緊張を行い 1 ブロックとした。ブロック目地部にも載荷するため，No.5 セットも単独で設置した。また，主桁面に垂直に落石が作用するように，実際の構造から 30° 回転させた構造とした。

本実験供試体上部工の許容応力度法による設計条件は，重錘重量 10kN 落下高 12m（位置エネ

ルギー120kJ）である。

2005年の実験では各部に，重錘重量10kN落下高12m（位置エネルギー120kJ）を6回，重錘重量30kN落下高34m（位置エネルギー1000kJ）を6回，重錘重量50kN落下高30m（位置エネルギー1500kJ）を6回載荷したが，実験供試体の損傷は小さく修復限界状態に達しなかった。

今回の実験に際し，以下の補修・補強をおこなった。

- ・No.1～4セット　：ひび割れ注入と断面修復
- ・No.5　セット　：新規取り替え（本セットは端部載荷用に単独設置したものであり性能確認用ではない.）
- ・各セット　：落下防止用鉄板設置
- ・目地部横梁　：鉄板設置
- ・土砂囲い目地部　：鉄板設置

写真4.5　供試体（補修後）

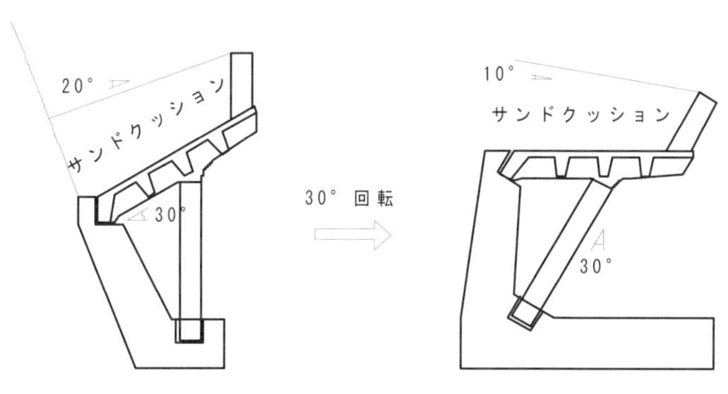

図4.32　供試体設置方向

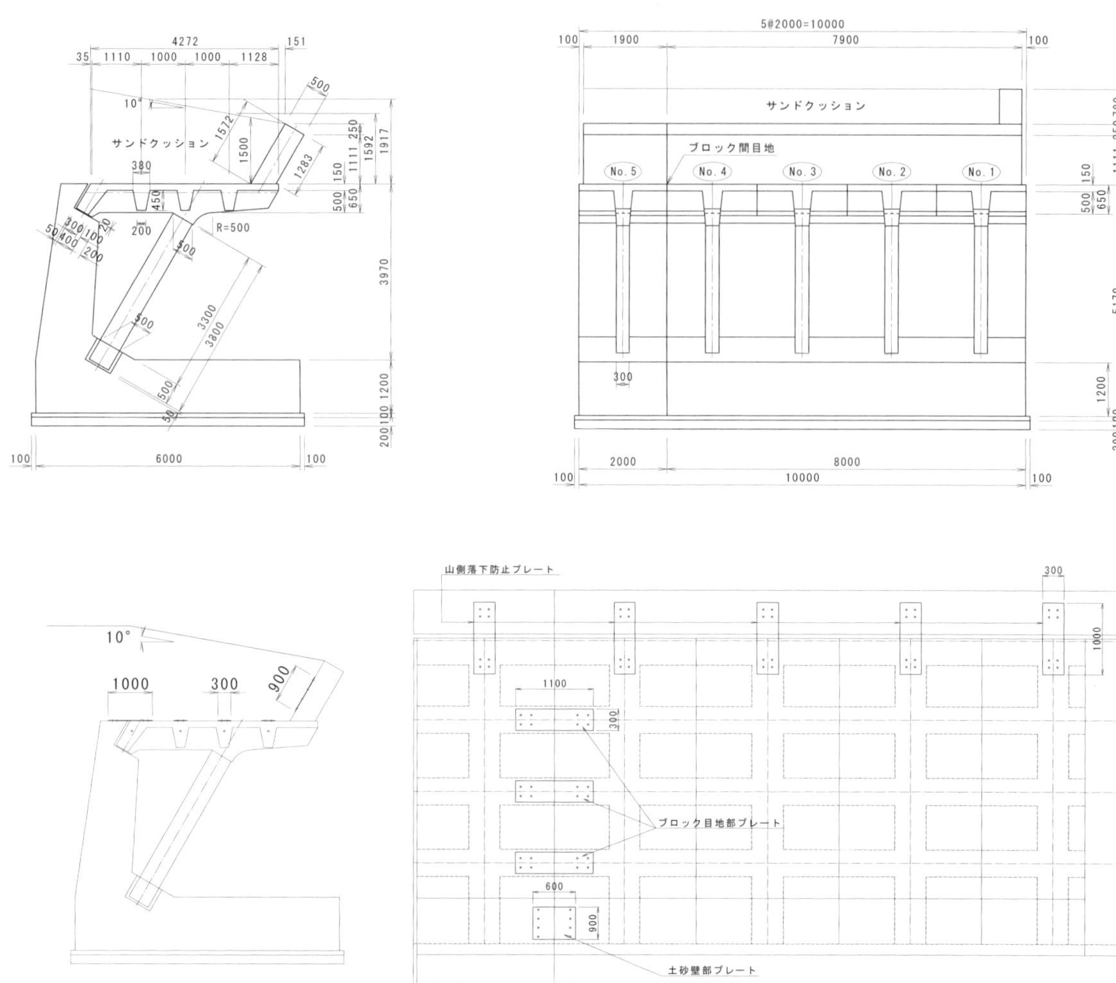

図 4. 33　供試体構造図

2) 実験方法

実験では写真 4. 6 に示す重量 113kN，形状は EOTA 準拠のコンクリート製重錘を写真 4. 7 に示すようにクレーンで吊り上げ所定の高さから自由落下させた。

サンドクッションの締め固めは，各実験終了後に掘り返し，300mm ごとに振動プレートで 9 回転圧した。

載荷位置を図 4. 34 に示す。最初に 2 番桁の山側桁端から 2m の位置に載荷して，状況を確認したあと，ブロック端部桁である 4 番桁の支間中央と山側桁端から 2m の位置に載荷し，続いて 2 番桁と 3 番桁の間の目地部に同様に載荷した。

最初の実験の衝突速度は 20.9m/s で衝突時エネルギーは 2500kJ，それ以降の実験の衝突速度は 25m/s で衝突時エネルギーは 3600kJ であった。

表 4. 8 に実験条件一覧を示す。

写真 4.6　重錘

写真 4.7　実験状況

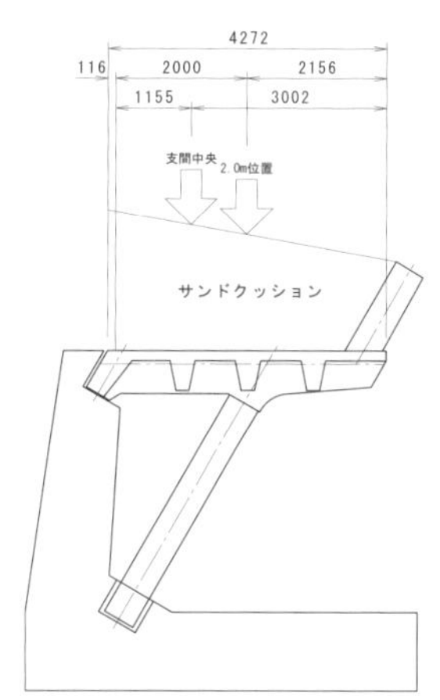

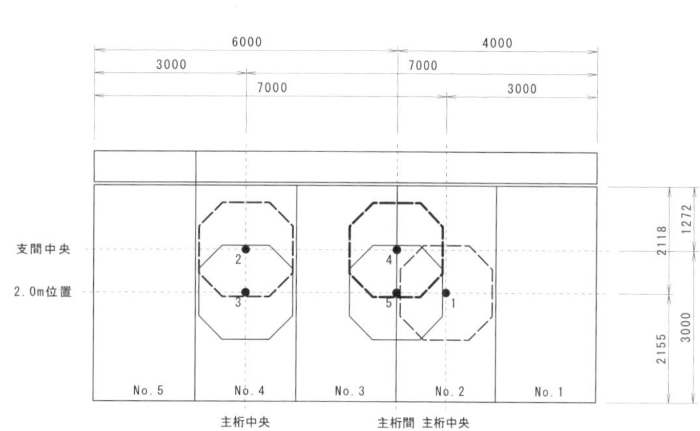

図 4.34　　載荷位置

表 4.8　実験条件一覧

No.	重錘重量	落下高さ	落下位置	実験番号
1	113 kN	22.2 m	1	T22-2m-113-22
2	113 kN	32 m	2	T44-SC-113-32
3	113 kN	32 m	3	T44-2m-113-32
4	113 kN	32 m	4	T23-SC-113-32
5	113 kN	32 m	5	T23-2m-113-32

(3) 実験結果

重錘に設置した加速度計のデータから算出した最大重錘衝撃力を図 4.35 に示す。図には，落石対策便覧の落石衝撃力算出式においてラーメの定数が 1000, 2000, 3000kN/m^2 の場合の衝撃力を示す。今回の実験では，ラーメの定数は 1000～2000kN/m^2 の範囲であった。

写真 4.8～4.11 には 5 回の実験終了時の様子を示す。

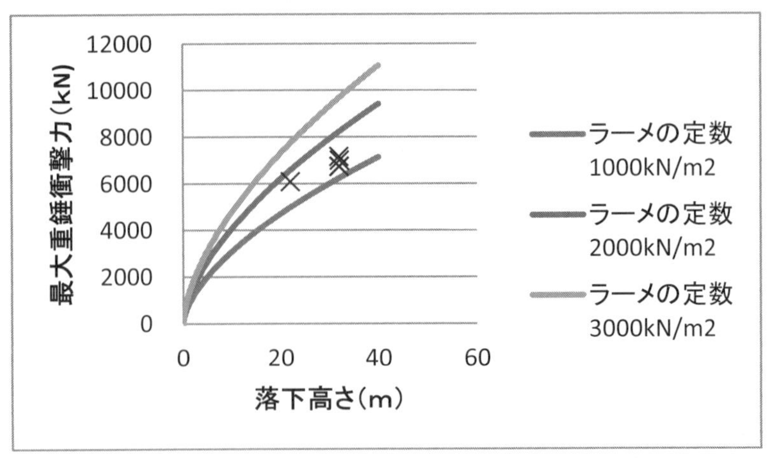

図 4.35　最大重錘衝撃力

写真 4.8　実験終了時の状況（全景）

写真 4.9　実験終了時の状況（土砂囲い）

写真 4.10　実験終了時の状況（柱）

写真 4.11　実験終了時の状況（横梁）

(4) まとめ

1500kJ で実験を行った供試体に補修・補強を行い 2500kJ で 1 回，3600kJ で 4 回載荷した。山側横梁や柱などの損傷は大きかったが，重錘は完全に補足することができ，終局限界状態未満であった。

地震時などに発生することが考えられる複数落石などにも対応可能である。

4.4　数値解析による性能照査手法

4.4.1　エネルギー一定則を用いた構造物へのエネルギー伝達率の推定法

(1)はじめに

ロックシェッドなどの落石防護構造物は，一般に敷砂などの緩衝材を衝突面に設置している。

設計は衝撃力の最大値を静的荷重で置き換えた許容応力度法で行われることが多いが，実際の性能はエネルギー基準で設計の数十倍との報告もある。

エネルギーを用いた設計法として，構造物へのエネルギー伝達率を運動量保存則から導く方法が知られているが，**4.1.1 緩衝材を設置した RC 梁部材の衝撃実験**で示したように，運動量保存則によるエネルギー伝達率は実際の上限を与えるが，構造物の剛性が高い場合や緩衝材の性能が良い場合は過大な値となる。

ここでは，構造物の最大変位を推定する簡易照査方法としてエネルギー一定則を用いる方法を紹介する[25)]。

(2)簡易照査手法

図 4.36 に各最大変位推定方法の概念図を示す。

1)運動量保存則を用いる方法（推定方法 1）

推定方法 1 は**4.1.1 緩衝材を設置した RC 梁部材の衝撃実験**で示した方法で，運動量保存則によるエネルギー伝達率を用いて構造物の最大変位を推定する。具体的には，衝突体の衝突時運動エネルギーにエネルギー伝達率を乗じて構造物への伝達エネルギーを算出し，荷重変位曲線が囲む面積と等しくなるように最大変位を決める。この方法において伝達エネルギーは，構造物の質量と衝突体の質量の比と衝突体の衝突時運動エネルギーだけで算出される。

2)最大伝達衝撃力を用いる方法（推定方法 2）

推定方法 2 は，剛体上の実験等により緩衝材下の最大伝達衝撃力を予め得ておき，その最大伝達衝撃力を荷重として，構造物が塑性変形せずに弾性変形すると仮定した場合の変位を静的に求め，次にエネルギー一定則を用い構造物の弾性変形エネルギーと実際の弾塑性変形エネルギーが等しいと仮定して，最大変位を推定する方法である。本手法においては時間的な影響は考慮しないため，従来の許容応力度法に近い手法であるが，エネルギー一定則を用いて最大変位を推定するところが異なる。

3)伝達衝撃力波形を用いる方法（推定方法 3）

推定方法 3 では，剛体上の実験等により緩衝材下の最大伝達衝撃力波形を予め得ておき，その伝達衝撃力波形を荷重として，構造物が塑性変形せずに弾性変形すると仮定した場合の最大弾性変位を動的に求める。

単純な構造であれば質点系に置き換え Duhamel 積分を用いて最大弾性変位を求めてもよい。

次に得られた最大弾性変位から推定方法 2 と同様にエネルギー一定則を満たすように最大変位を推定する。この方法では推定方法 2 と違い伝達衝撃力の時間的変動を考慮できる。

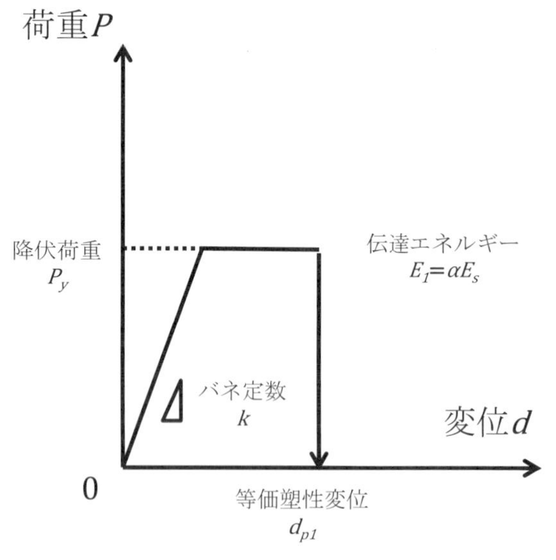

(a)　推定方法1

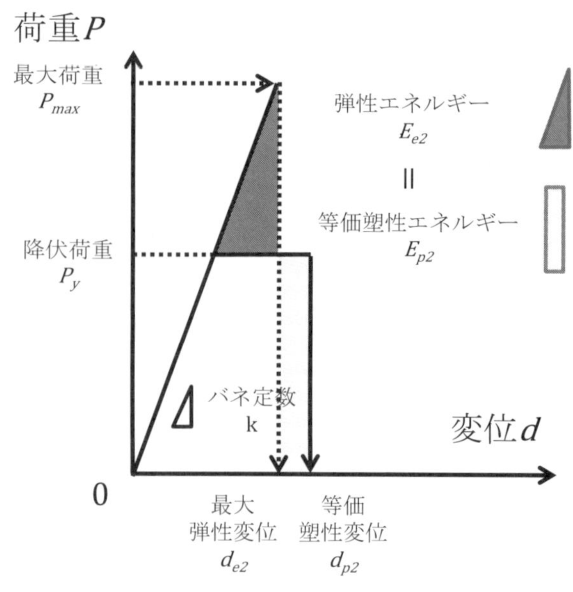

(b)　推定方法2

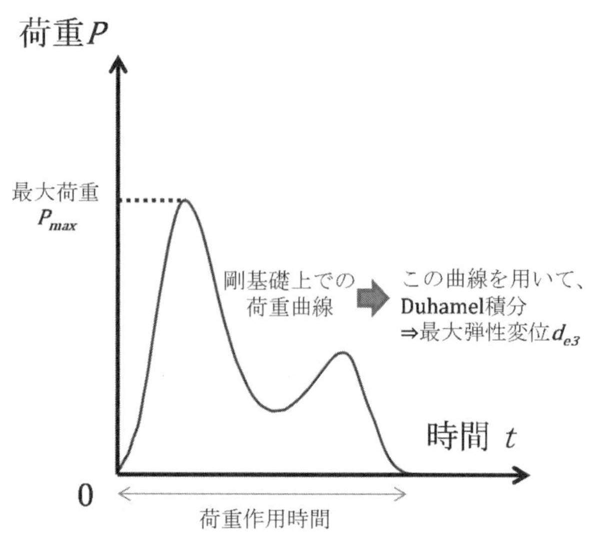

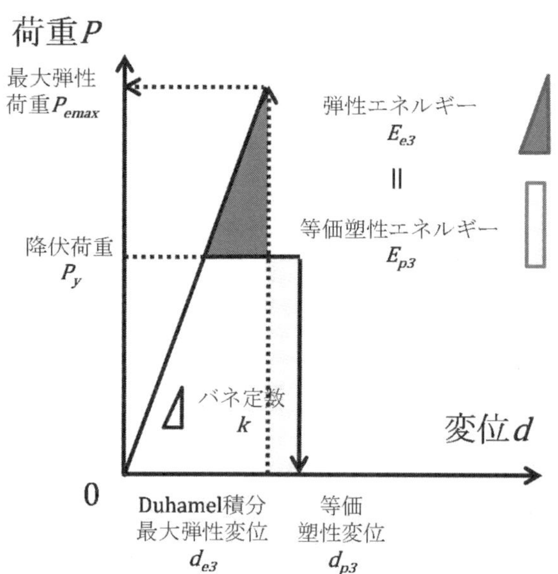

(c)　推定方法3

図4.36　最大変位の推定方法概念図

(3) 確認実験

1) 実験方法

各推定方法の適用性を確認するため，弾性範囲の応答のわかりやすいスパン2m単純ばりのH鋼で実験を行った。H鋼の仕様は高さ100mm×幅100mm×ウェブ厚6mm×上下フランジ厚8mmで，降伏応力度は320N/mm^{2}である。

実験装置は**4.1.1緩衝材を設置したRC梁部材の衝撃実験**と同じものを使用し，重錘の質量は450kg, 衝突速度は1m/s刻みで1～5m/sとした。

写真4.12　剛体上の緩衝材の重錘落下実験

敷砂緩衝材は胎内川産の川砂を用い，30×40×30cm の鋼製土槽に層厚 24cm となるように詰め，十分な締固めを行った。

剛体上の実験の様子を写真 4. 12 に, H 鋼はりの実験の様子を写真 4. 13 に示す。

写真 4. 13　H 鋼はり重錘落下実験

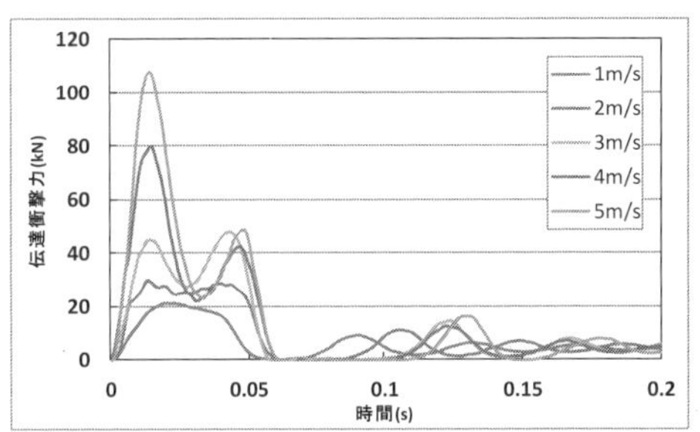

図 4. 37　各衝突速度の伝達衝撃力（剛体上）

2) 実験結果

図 4. 37 に剛体上の伝達衝撃力波形を, 図 4. 38 に H 鋼はり実験時の伝達衝撃力波形を示す。衝突速度 3m/s 以上の場合，剛体上では 2 つのピークを持つが，H 鋼はり実験時は 1 つになっている。

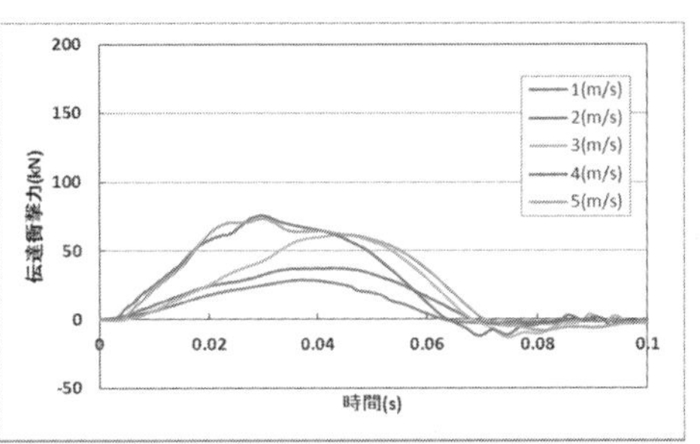

図 4. 38　各衝突速度の伝達衝撃力（H 鋼はり）

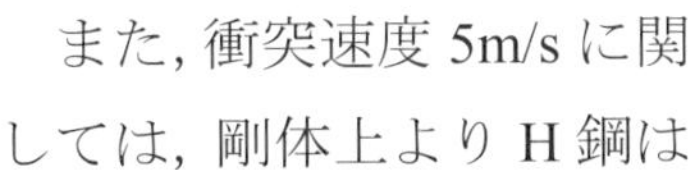

また, 衝突速度 5m/s に関しては，剛体上より H 鋼はり実験時のほうが，衝撃力の最大値が小さい。

図 4. 39 に H 鋼はり実験時の載荷点下 H 鋼はりの変位を示す。

衝突速度 4m/s 以上で残留変位があり, 塑性変形したことがわかる。

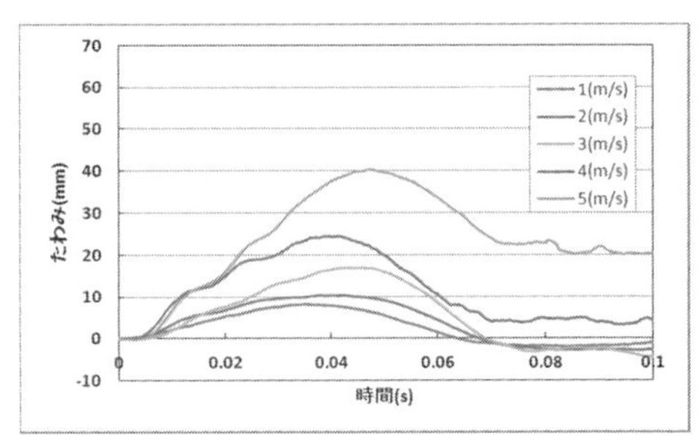

図 4. 39　各衝突速度の H 鋼変位（H 鋼はり）

(4) 各推定方法と実験結果の比較

表 4. 9 に実験結果ならびに各推定方法の衝突速度 5m/s の場合の最大変位を示す。推定方法 3 の動的弾性解析には，Duhamel 積分を使用した。

本実験の範囲では，運動量保存則による伝達率を使用した推定方法 1 による推定値は実験結果の 2.46 倍となりかなり大きな値となった。

エネルギー一定則を用いた推定方法 2 および 3 の推定値はそれぞれ実験結果の 0.82 倍，1.07 倍となりよい推定結果であった。

表 4. 9　衝突速度 5m/s の場合の最大変位の比較（単位 mm）

実験結果	40.33
推定方法 1	99.30　(2.46)
推定方法 2	33.05　(0.82)
推定方法 3	43.11　(1.07)

注）(　)は推定値／実験値

(5) まとめ

今回は H 鋼を用いたモデルでの検証であったが，今後適用範囲を確認し，実際の設計に応用していくことが望まれる。

4.4.2　RC 製ロックシェッドに対する三次元動的骨組解析の適用性

(1) はじめに

ここでは，実務設計を視野に入れ比較的簡便な三次元動的骨組解析を実規模 RC 製ロックシェッドに対する性能照査型設計のための解析ツールの一つとして適用することを目的に，要素長や減衰定数，入力荷重波形の違いや敷砂緩衝材の有無が数値解析結果に及ぼす影響を，載荷点直下の頂版変位波形に着目して実規模実験結果[26)]と比較することにより検討を行ったものである[27)]。

(2) 実験概要

1) 試験体概要

図 4. 40 は，落石衝撃力 P = 1,466 kN に対して許容応力度を満足するように設計した RC 製ロックシェッド試験体の形状寸法を，写真 4. 14 には外観を示している。試験体は，道路軸方向長さが 12 m，外幅 9.4 m，壁高さ 6.4 m の箱型ラーメン構造である。内空断面は幅 8 m，高さ 5 m であり，内空の四隅にはハンチを設けている。柱の道路軸方向幅は 1.5 m，部材厚さは，頂版，底版，柱および側壁共に 0.7 m である。鉄筋比は一般的なロックシェッドと同程度としており，頂版下面および上面の軸方向鉄筋はそれぞれ D25 を 125 mm 間隔および D29 を 250 mm 間隔（鉄筋比 0.68%）で配置している。頂版の配力筋は，現行設計と同様に鉄筋量が軸方向鉄筋の 50%程度となることを目安に，上面が D19，下面が D22 をいずれも 250 mm 間隔で配置している。側壁の断面方向鉄筋は，外側が D29，内側が D19 をいずれも 250 mm 間隔，また配力筋は外側に D19，内側に D13 をいずれも 250 mm 間隔で配置している。底版の断面方向鉄筋は，上面に D22，下面に D16 をいずれも 250 mm 間隔で配置しており，配力筋は上面，下面共に D16 を 250 mm 間隔で配置している。柱の軸方向鉄筋は，外側，内側共に D29 を 144 mm 間隔で 10 本，道路軸方向の両面には D29 を 250 mm 間隔で配置している。帯鉄筋は D16 を中間拘束鉄筋を含め，高さ方向に 150 mm 間隔で配置している。コンクリートのかぶりは，いずれの部材も鉄筋からの芯かぶりで 100 mm としている。鉄筋の材質は全て SD345 である。また，コンクリートの設計基準強度は 24 N/mm^2 であり，実験時の底版，柱/側壁，頂版の圧縮強度はそれぞれ，30.68 N/mm^2，30.19 N/mm^2，37.87 N/mm^2 であった。

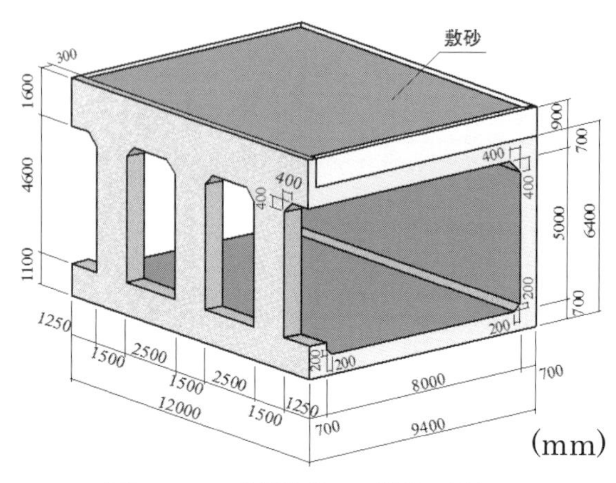

図 4. 40　試験体の形状寸法

写真 4. 14　RC 製ロックシェッド

表 4. 10　実験ケース一覧

実験No.	実験ケース名	緩衝材	載荷位置	重錘質量(t)	落下高(m)	入力エネルギー(kJ)
1	S-BC-E20	敷砂	BC	2	1	20
2～7	S-BW-E40～ S-AP-E40	敷砂	BW,BP,BC, AC,AW,AP	2	2	40
8,9	G-AW/AC-E20	砕石	AW,AC	2	1	20
10～15	G-AP-E40～ G-CW-E40	砕石	AP,AC,BC, BW,BP,CW	2	2	40
16	G-CC-E250	砕石	CC	5	5	250
17,18	T-BC/CC-E3000	TLAS	BC,CC	10	30	3,000
19	S-AC-E250	敷砂	AC	5	5	250
20	S-BC-E1500	敷砂	BC	10	15	1,500
21	G-BC-E1500	砕石	BC	10	15	1,500
22	G-AC-E1500	砕石	AC	10	15	1,500
23	G-CC-E3000	砕石	CC	10	30	3,000

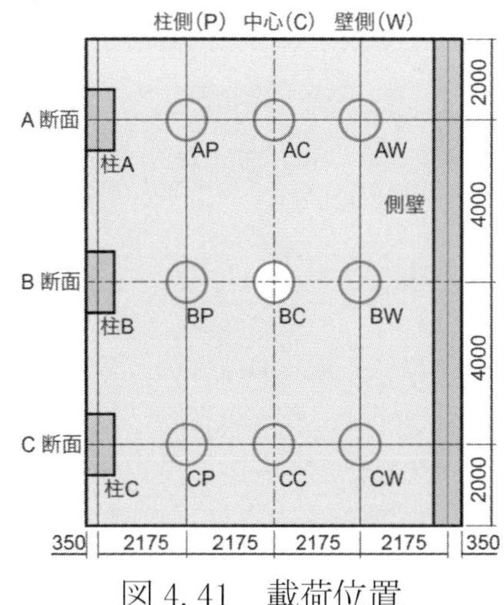

図 4. 41　載荷位置

2) 実験ケースおよび解析ケース

表 4. 10 に実験ケースの一覧を，図 4. 41 には載荷位置を示している。比較検討対象とした実験ケースは No.20 の S-BC-E1500 である。数値解析では，先ず初めに実験結果の重錘衝撃力波形を入力荷重とすることによって，実験結果との比較検討を行うこととする。既往の研究より，RC 梁の衝撃問題にファイバーモデルを用いる場合にはその要素分割長は部材厚に対して 0.5～1.0 倍程度に設定することで精度が得られるとの報告がある。したがって，本数値解析では上記要素分割長の範囲内で，かつある程度均等に分割が出来るように標準要素長を部材厚の 0.7 倍（0.5 m）とした。さらに，要素長を長くした場合には解析モデルの作成や解析時間に対して有利であることから，比較のために標準要素長を部材厚の 1.4 倍（1.0 m），2.8 倍（2.0 m）とした場合についても検討した。減衰定数に関しては h = 1.0%, 2.5%, 5.0%，10.0%の 4 種類に変化させた数値解析を実施し，その影響について検討を行った。上記の検討結果を基に，実験結果を精度良く解析可能な要素長および減衰定数を決定し，それらを用いて入力荷重波形や敷砂緩衝材の質量考慮の有無に関する検討を実施している。表 4. 11 には，数値解析ケース一覧を示している。

表 4. 11　数値解析ケース一覧

解析No.	要素長(m)	減衰定数(%)	緩衝材の有無	入力荷重波形	Pmax(kN)
1～4	0.5	1.0, 2.5, 5.0, 10.0	有	重錘衝撃力	4,913
5～8	1.0	1.0, 2.5, 5.0, 10.0			
9～12	2.0	1.0, 2.5, 5.0, 10.0			
13	0.5	2.5		重錘衝撃力折線近似	4,800
14				重錘衝撃力台形	4,800
15				設計衝撃力台形	4,300
16			無	重錘衝撃力	4,913

(3) 数値解析概要

1) 数値解析モデル

図 4. 42 には，本数値解析に用いた 3 種類の三次元骨組解析モデルを示している。要素分割長は前述したとおり，部材厚を D とした場合の標準要素長を，0.5 m（0.7D），1.0 m（1.4D），2.0 m（2.8D）の 3 種類とした。また，試験体内空の四隅にはハンチを設けていることから，隅角部には道路橋示方書に準拠し剛域を設定している。柱と頂版の接合部には頂版の道路軸方向の変位やねじりを適切に柱に分担するように，柱頂部より放射状に剛域を設定している。骨組モデルには，断面寸法や各材料定数を考慮したファイバー要素を使用した。ファイバー要素のセルの分割は，材軸が道路軸直角方向の部材に関しては，図 4. 43 に示すように各セルの中心近傍に軸方向鉄筋が配置されるように設定している。また，上記に直交する要素に関しても，同様のセル分割に対して前述

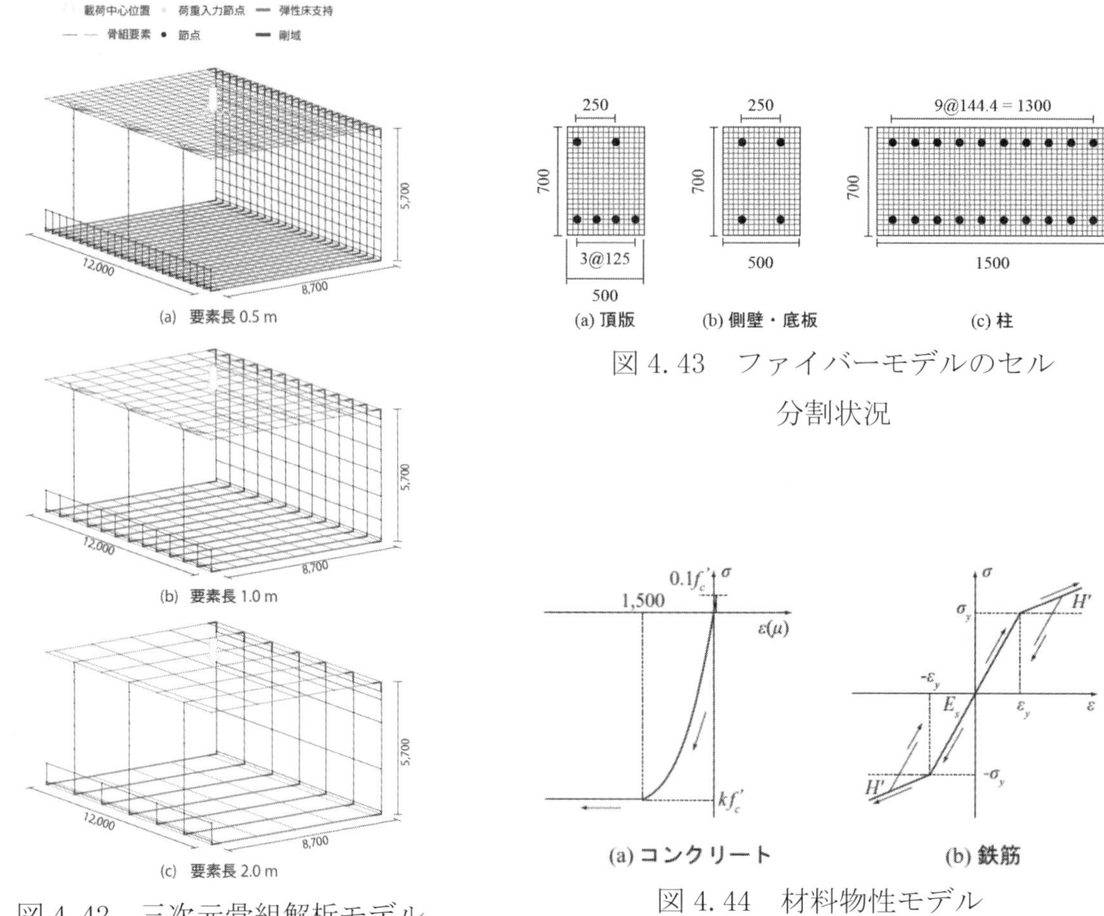

図 4.42　三次元骨組解析モデル

図 4.43　ファイバーモデルのセル分割状況

図 4.44　材料物性モデル

(2)の 1)試験体概要に示す配力筋を配置している。なお，底面の境界条件は弾性床支持とし，圧縮方向のみバネを考慮している。ただし，試験体はコンクリート剛基礎上に設置されていることから，バネ定数は十分に大きな値を入力している。コンクリートおよび鉄筋の質量は，道路軸直角方向の部材のみに考慮し，道路軸方向部材は剛性のみを考慮している。なお，ねじり剛性は断面形状に応じて解析ツール内で自動算出され，その値は線形弾性が仮定されている。また，頂版上の敷砂緩衝材の質量は要素に付加することで考慮している。減衰定数は質量比例分のみを考慮し，事前に固有振動解析を行い，鉛直方向最低次曲げ振動モードに対応した固有振動数に対して，h = 1.0%，2.5%，5.0%，10.0%に変化させた。また，本数値解析には Engineer's Studio（Ver.1.07.00）を使用している。

2) 材料物性モデル

図 4.44(a)，(b)には，本数値解析に用いたコンクリートおよび鉄筋の材料物性モデルを示している。

材料物性モデルは，道路橋示方書に則して設定している。コンクリートの圧縮領域に関しては，相当ひずみが ε_{c0} =−0.15%に達した状態で降伏するものと仮定している。この際の降伏強度は一軸圧縮強度とした。また，引張領域に関しては，コンクリートの引張強度 f_t に達した段階で応力を解放するモデルとし，その強度 f_t は圧縮強度 f'_c の 1/10 と仮定した。鉄筋要素に用いた物性モデルは，塑性硬化係数 H'を弾性係数 E_s の 1%とするバイリニア型の等方硬化則を適用している。

(4) 実験結果と数値解析結果の比較

1) 要素長および減衰定数の影響

図 4. 45～図 4. 47 には，後述する図 4. 51 の重錘衝撃力波形（実験結果）を入力荷重とした場合の各要素長における載荷点直下の頂版変位波形を示している。なお，以後の考察に使用する変位波形および変位量は，いずれも頂版上の任意節点における解析結果である。

図 4. 45 に示す標準要素長 0.5 m の各変位波形に着目すると，波形の立ち上がりから最大値に至るまでの波形は，全ての減衰定数の場合でほぼ同様の性状を示していることが分かる。最大値は減衰定数が大きいほど小さくなる傾向を示しており，減衰定数 h = 10.0%の場合においては実験結果の最大値を過小評価する傾向であった。最大値以降は実験結果と異なる性状を示しており，実験結果が t = 150 ms 以降において残留変位近傍で微動しているのに対し，解析結果は大きく振動している。

図 4. 46 に示す標準要素長 1.0 m の各変位波形に着目すると，波形の立ち上がりは概ね一致しているものの，全ての減衰定数において実験結果の最大値には至っていない。

図 4. 47 に示す標準要素長 2.0 m の場合においては，さらに実験結果を過小評価する結果であった。

図 4. 48 には，各要素長と載荷点最大変位に関する実験結果に対する計算結果の比を示している。図より，標準要素長を 0.5 m，減衰定数 h = 2.5～5.0%と設定することで，実験結果の載荷点最大変位を最も良く再現可能であることが分かった。

図 4. 49，4. 50 には，減衰定数 h = 2.5%における計算結果で，載荷点変位が最大値を示す時刻における道路軸直角方向および道路軸方向の変位分布を実験結果と共に示している。

図 4. 49 より，道路軸直角方向の変位分布は，いずれの要素長においても実験結果と同様に載荷点直下を最大値とする滑らかな 2 次放物線状の分布性状を示している。最大変位は，前述の通り要素長が 1.0 m，2.0 m と長くなるに従って実験結果を過小評価している。一方，要素長 0.5 m の場合には，側壁近傍の変位量が実験結果に比較して若干小さく示されているものの，それ以外の解析結果は実験結果を精度良く再現出来ている。

図 4. 50 より，道路軸方向の変位分布について見ると，要素長が 1.0 m，2.0 m の場合には載荷点直下の最大変位は過小評価しているものの，両自由端の変位は実験結果と同程度の値を示していることから，要素長を長くすることによって道路軸方向の剛性が試験体に比較して大きく評価されているものと推察される。一方，要素長が 0.5 m の場合には，載荷点直下を含む 6 m 程度の範囲において，解析結果は実験結果を精度良く再現している。ただし，両自由端近傍の変位は解析結果が実験結果に対して過小評価していることが分かる。

以上より，入力荷重を重錘衝撃力波形とした三次元動的骨組解析は，最大応答値以降の波形性状に関しては，いずれの解析ケースにおいても実験結果を精度良く再現出来ていない。しかしながら，標準要素長を 0.5 m（0.7D），減衰定数を h = 2.5～5.0%と設定することで，実験結果の最大変位や道路軸直角方向変位分布および道路軸方向の載荷点近傍における変位分布は概ね再現出来ていることから，本解析法は，実務設計における解析ツールの一つとして十分適用可能であるものと考えられる。

2) 入力荷重波形の影響

図 4. 51 には，入力荷重波形の違いによる影響を検討するために用いた入力荷重波形図を示し

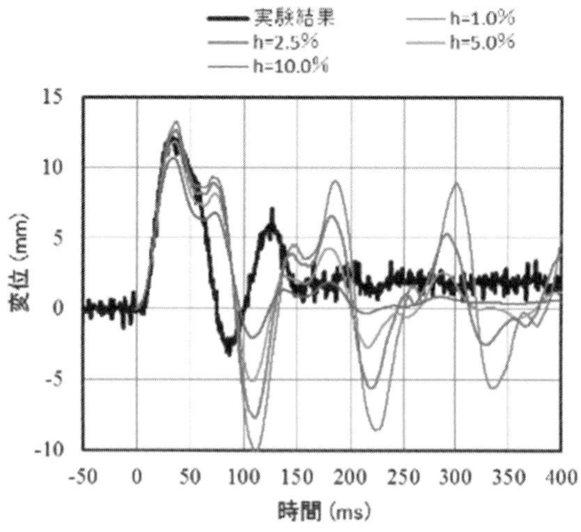

図 4.45　載荷点変位時刻歴波形
（要素長 0.5 m(0.7D)）

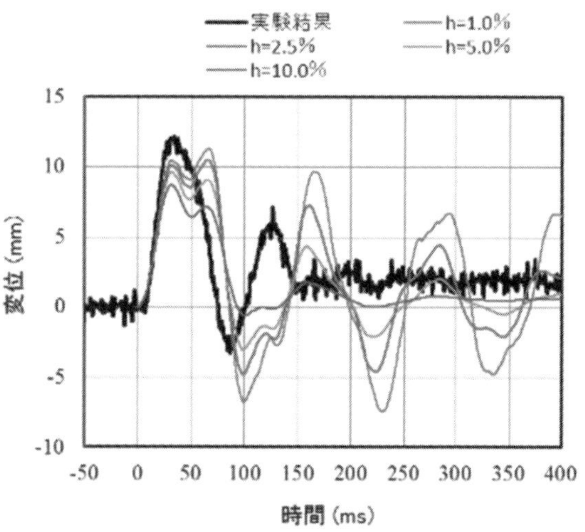

図 4.46　載荷点変位時刻歴波形
（要素長 1.0 m(1.4D)）

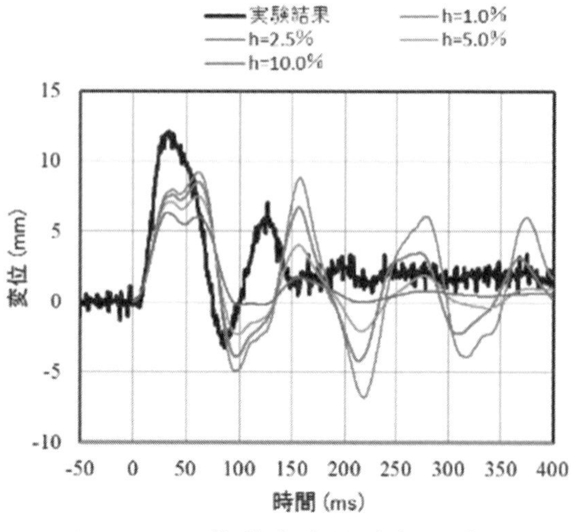

図 4.47　載荷点変位時刻歴波形
（要素長 2.0 m(2.8D)）

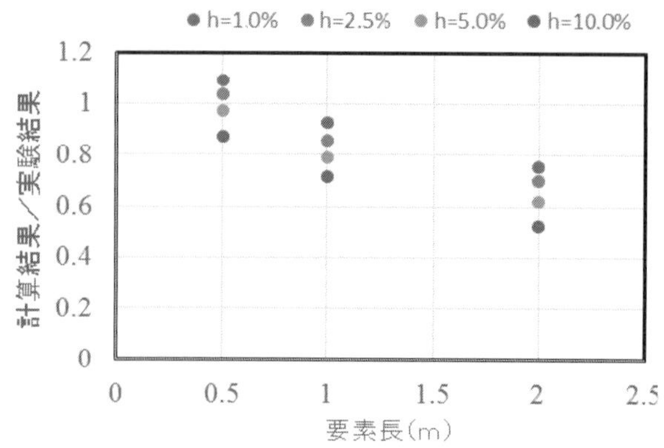

図 4.48　要素長および減衰定数の影響

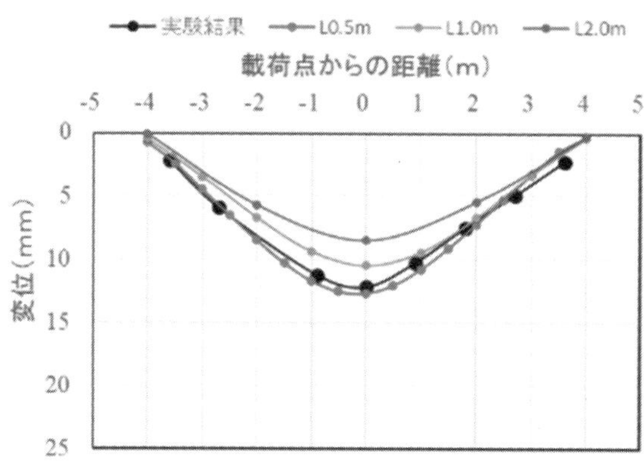

図 4.49　最大変位発生時の道路軸直角方向変位分布

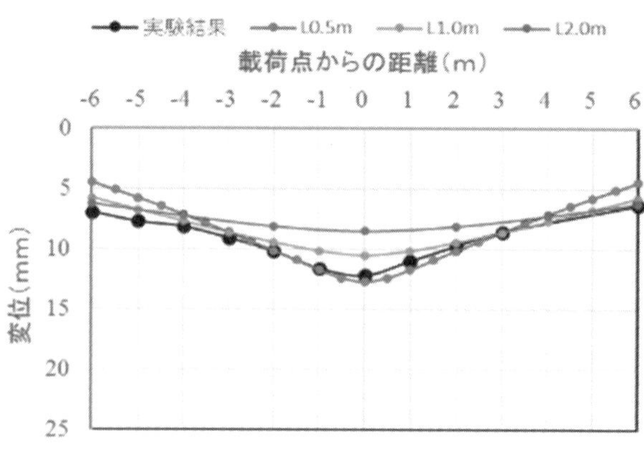

図 4.50　最大変位発生時の道路軸方向変位分布

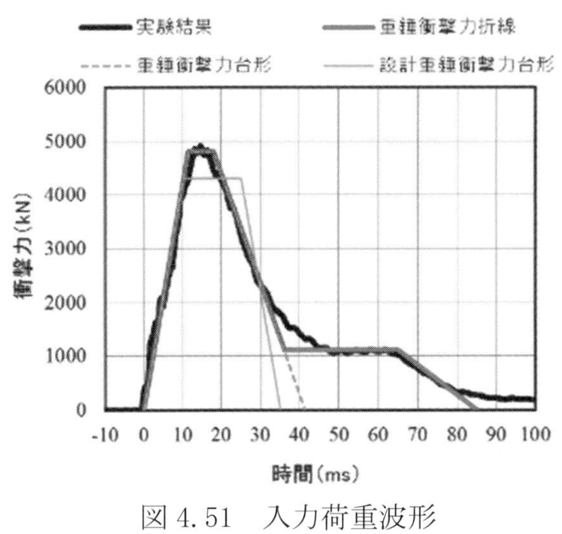

図 4. 51　入力荷重波形

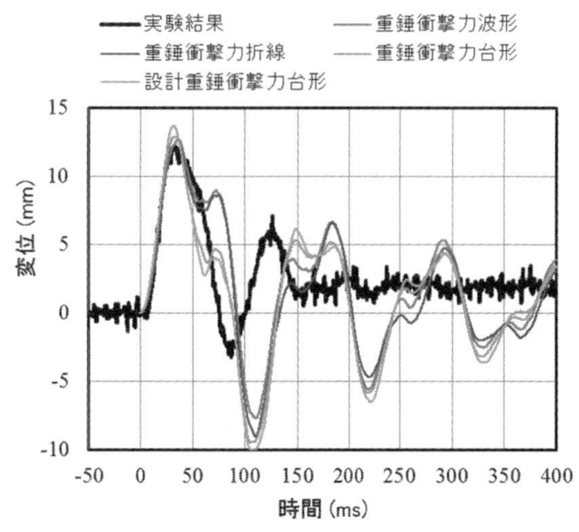

図 4. 52　載荷点変位時刻歴波形(入力荷重波形の影響)

ている。黒の実線は，前述までの検討において入力荷重波形として用いた重錘衝撃力波形を示している。重錘衝撃力波形は正弦半波状の波形に台形状の波形が合成されたような性状を示しており，最大重錘衝撃力は $P = 4{,}913$ kN，最大値到達までの時間は 14.6 ms，継続時間は 100 ms 程度である。赤の実線は重錘衝撃力波形を折れ線近似したものであり（以後，重錘衝撃力折線），最大衝撃力は $P = 4{,}800$ kN, 最大値到達時間は 11.5 ms で 18 ms まで継続し, 36 ms から 65 ms まで $P = 1{,}100$ kN の荷重が持続した後，85 ms で除荷している。緑の破線は，台形状部分の有無の影響を検討するために重錘衝撃力折線波形の前半の台形部分を抜き出したものであり (以後, 重錘衝撃力台形)，最大衝撃力は $P = 4{,}800$ kN，最大値到達時間は 11.5 ms で 18 ms まで継続し，その後 41.4 ms で除荷している。青の実線は，文献 28)を参考に敷砂緩衝材を用いた場合の数値計算に一般的に使用されている台形状に簡易化した入力荷重波形であり（以後，設計重錘衝撃力台形)，最大値到達および最大値から除荷までの時間がそれぞれ 10 ms，最大衝撃力継続時間が 15 ms で，荷重継続時間が 35 ms である。最大衝撃力は，落石対策便覧に示されている衝撃力算定式より，ラーメの定数を $\lambda= 1{,}000$ kN/m^2，割り増し係数 $\alpha= 1.179$ として，$P = 4{,}300$ kN とした。

図 4. 52 には，要素長を 0.5 m，減衰定数を $h = 2.5$%とした場合の各入力荷重波形載荷時の載荷点直下における変位波形を実験結果と共に示している。

重錘衝撃力折線を入力荷重とした場合には，重錘衝撃力波形をそのまま入力した場合とほぼ同様の波形性状を示しており，実験結果の最大変位を精度良く再現している。次に，重錘衝撃力台形を入力荷重とした場合には，変位の立ち上がりから最大変位に至るまで，前述の重錘衝撃力折線を入力荷重とした場合と同様の性状を示しており，入力荷重波形の後半部における台形状の平坦部荷重の影響は小さいことが分かる。この部分の影響については，最大変位発生時以降の波形性状の違いとして現れている。設計重錘衝撃力台形を入力荷重とした場合には，波形性状は重錘衝撃力台形を入力荷重とした場合と同様であるが，最大変位に関しては設計重錘衝撃力台形を入力荷重とした場合が過大評価している。これは，最大衝撃力は，前者が後者に対して 10%程度小さいものの，最大衝撃力の継続時間が 2.3 倍程度長いためと推察される。

以上より，入力荷重波形に関しては，最大衝撃力を緩衝材の種類や締固め度によって適切に評価し，台形状に簡易化したモデルを用いることで応答変位の最大値を安全側に評価できる可能性があることが明らかになった。

3) 緩衝材質量の有無の影響

図 4. 53 には，要素長を 0.5 m，減衰定数を h = 2.5%とした場合の敷砂緩衝材の質量の有無による載荷点直下の変位波形を実験結果と比較して示している。なお，入力荷重波形は重錘衝撃力波形を直接入力している。図より，敷砂の質量を考慮しない場合には，波形性状は考慮する場合とほぼ同様であるものの，波形の周期は質量の減少により短くなり，実験結果により類似している。また最大変位に関しては，考慮する場合よりも若干過大となっており，設計的には安全側の評価を与える。

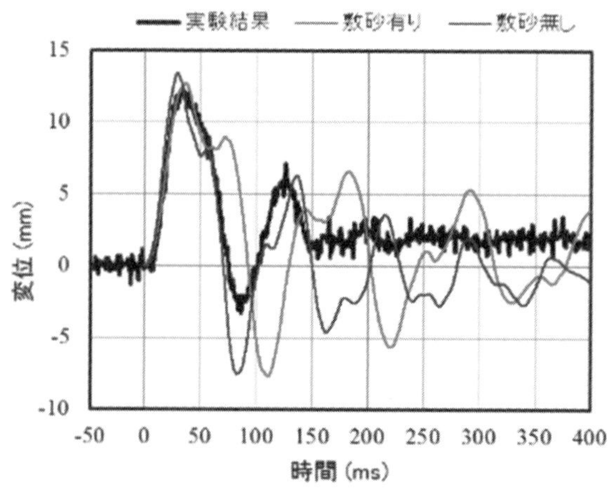

図 4. 53　載荷点変位時刻歴波形(敷砂質量の影響)

(5) まとめ

本研究では，実務設計を視野に入れ比較的簡便な三次元動的骨組解析を実規模 RC 製ロックシェッドの性能照査設計に適用することを目的として，要素長や減衰定数，入力荷重波形の違いや敷砂緩衝材の質量の有無が数値解析結果に及ぼす影響を，載荷点直下の頂版変位に着目して実規模実験結果との比較により検討した。本研究で得られた結果をまとめると，以下の通りである。

1) 入力荷重を重錘衝撃力波形とした三次元動的骨組解析において，最大応答値以降の波形性状は，いずれの解析ケースにおいても実験結果を再現出来ていない。しかしながら，標準要素長を部材厚の 0.7 倍（0.5 m），減衰定数を h = 2.5～5.0%と設定することで，実験結果の最大変位や道路軸直角方向変位分布および道路軸方向の載荷点近傍変位分布を概ね再現出来ることから，本解析法は実務設計における解析ツールの一つとして十分適用可能であるものと考えられる。
2) 入力荷重波形に関しては，最大衝撃力を緩衝材の種類や締固め度によって適切に評価し，台形状に簡易化したモデルを用いることで応答変位の最大値を安全側に評価できる可能性がある。
3) 敷砂緩衝材質量の考慮の有無に関しては，解析結果の波形性状は両者とも類似であるものの，最大変位に関しては考慮しない場合が若干大きく，設計的には安全側の評価を与える。

4.4.3 RC製ロックシェッドに対する入力エネルギー倍率と損傷程度に関する検討

(1) 概要

ここでは，4.4.2に示したように三次元動的骨組解析結果が実現象を概ね再現できるものとして，設計落石エネルギーを基本として，その整数倍のエネルギーに対するロックシェッドの鉄筋応力や変位等に関する数値パラスタを実施した。また，鉄筋応力や変位を基に実験結果による損傷程度との比較を行った。解析条件は，前項4.4.2と同一である。

(2) 三次元動的骨組解析に用いる入力荷重波形

入力荷重は，土木学会：構造工学シリーズ8 ロックシェッドの耐衝撃設計，1998.11.1を参考に図4.54に示すように台形波形で入力する。

最大衝撃力Pmaxは$\lambda=1{,}000\mathrm{kN/m^2}$として，落石対策便覧式で算出した。

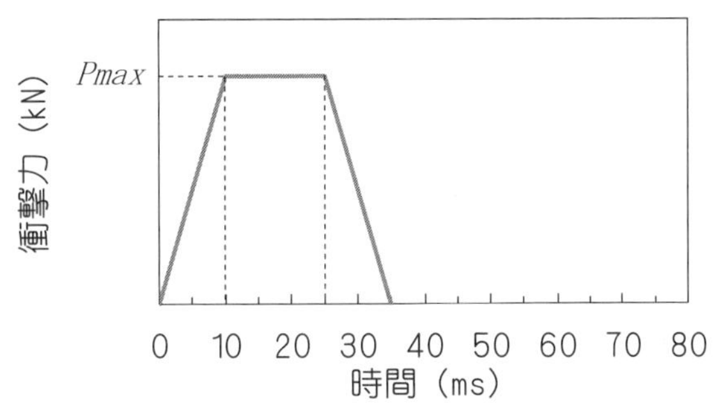

図4.54　入力荷重波形

(3) 試験体の設計荷重（落石質量を10tonとした場合）

設計落石衝撃力P＝1,466kNより，落石質量10tonの場合の落下高さを逆算すると，

$P=2.108\cdot(m\cdot g)^{2/3}\cdot\lambda^{2/5}\cdot H^{3/5}\cdot\alpha$

$1{,}466=2.108\times(10\times9.80665)^{2/3}\times1{,}000^{2/5}\times H^{3/5}\times1.179$

H＝2.54（m）

ここで，$\alpha=$（落石径／敷砂厚）$^{1/2}=(1.25/0.9)^{1/2}=1.179$

設計落石条件は，m=10ton，H=2.54m

落石エネルギーは，E=10×9.80665×2.54＝249≒ 250（kJ）

(4) 計算ケース

計算ケースは，以下に示す9ケースである。

P=1,466（kN）（m=10t，H=2.54m，E＝250kJ：設計落石衝撃力）

P=2,200（kN）（m=10t，H=5m，E=490kJ：設計の約2倍）

P=3,335（kN）（m=10t，H=10m，E=980kJ：設計の約4倍）

P=4,253（kN）（m=10t，H=15m，E=1,470kJ：設計の約6倍）

P=5,055（kN）（m=10t，H=20m，E=1,960kJ：設計の約8倍）

P=5,779（kN）（m=10t，H=25m，E=2,450kJ：設計の約10倍）

P=6,447（kN）（m=10t，H=30m，E=2,940kJ：設計の約12倍）

P=7,072（kN）（m=10t，H=35m，E=3,430kJ：設計の約14倍）

P=7,661（kN）（m=10t，H=40m，E=3,920kJ：設計の約16倍）

(5) 計算結果

図 4. 55 より，
①三次元動的骨組解析を適用することにより，設計落石時の鉄筋応力は静的設計の約 1/2
②鉄筋が許容応力度設計における許容値 300N/mm^2 に達するときの落石エネルギーは，設計の 6 倍

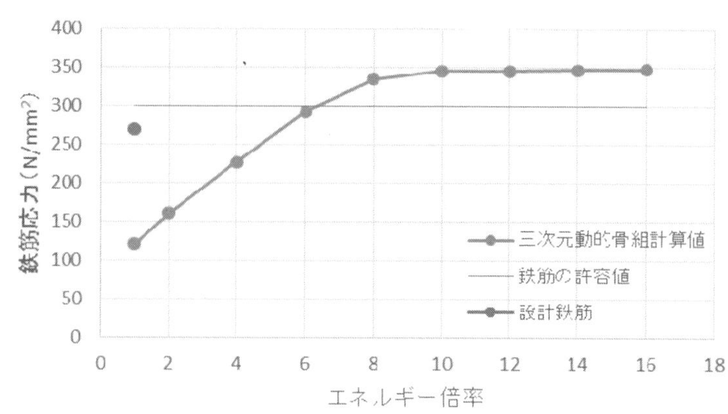

図 4. 55　エネルギー倍率と鉄筋応力の関係

図 4. 56，4. 57 より，
①実験結果の鉄筋応力と変位は，同一衝撃力における三次元動的骨組解析結果よりも小さい。
理由としては，材料強度や載荷面積の違いが考えられる。
②実験値の鉄筋応力，変位が発生する三次元動的骨組解析のエネルギー倍率は，敷砂実験の場合で 5 倍程度，砕石実験の場合で 16 倍程度である。

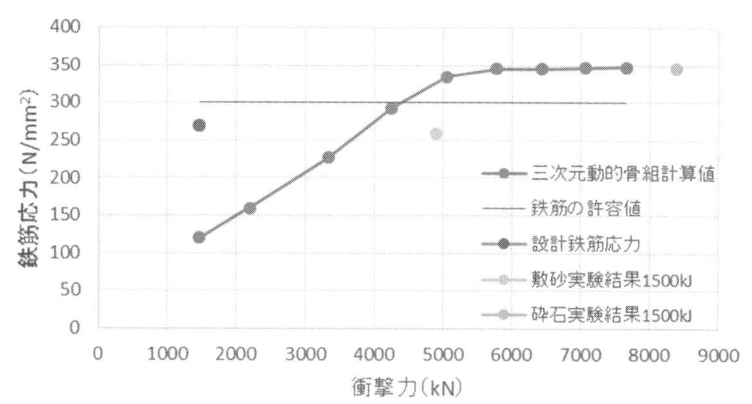

図 4. 56　衝撃力と鉄筋応力の関係

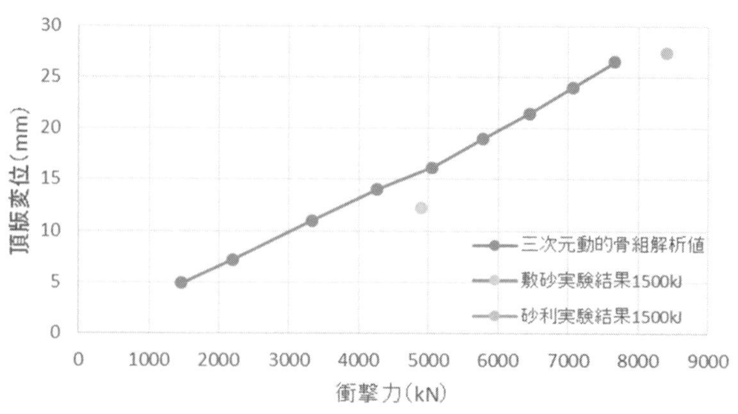

図 4. 57　衝撃力と頂版変位の関係

・図 4.58 より，コンクリートのひずみは衝撃力の増加とともに増大しており，設計エネルギーの 14 倍程度でコンクリートひずみが 1,500μ 程度に達している。
このことから，圧縮縁のコンクリートひずみも性能規定を行う上での指標となり得るものと考えられる。

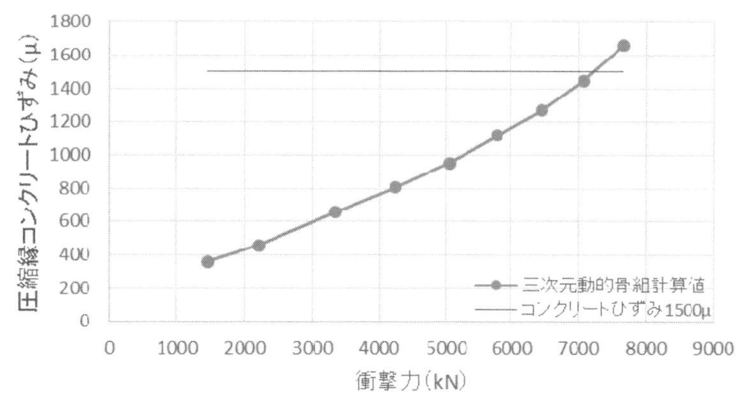

図 4.58　衝撃力とコンクリートひずみの関係

(6) 実験後のロックシェッド頂版裏面のひび割れ状況

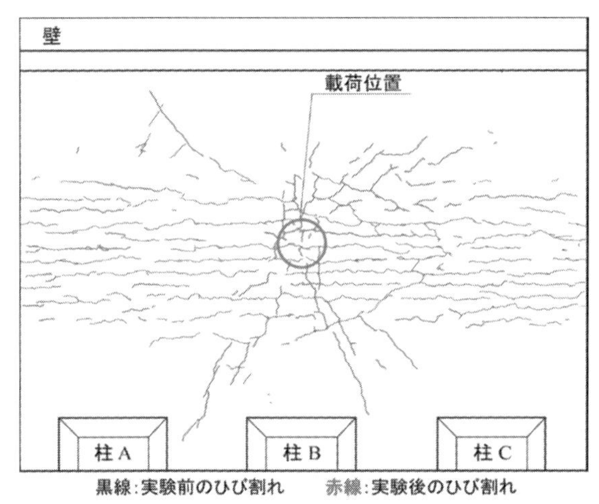

図 4.59　敷砂実験結果（設計 E の 5 倍程度）
・実験後の残留変位 2.3mm

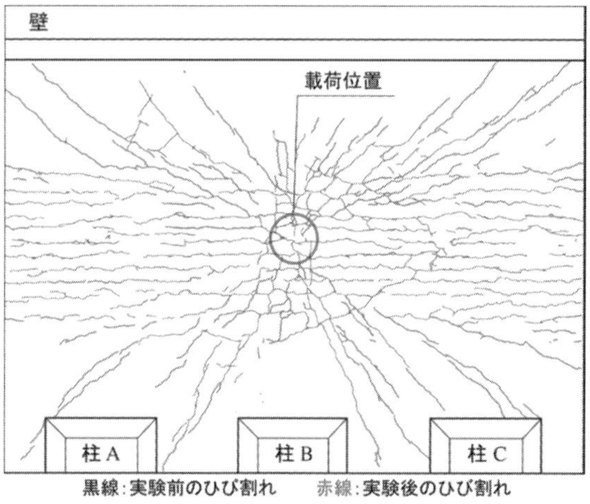

図 4.60　砕石実験（設計 E の 16 倍程度）
・実験後の残留変位 5.1mm

(7) まとめ

性能照査設計における各種限界状態を規定するための指標としては，三次元動的骨組解析における鉄筋応力，頂版の載荷点変位，圧縮縁コンクリートひずみなどが考えられる。

4.4.4　RC 製ロックシェッドの性能照査設計例

(1) はじめに

ロックシェッドの設計は，これまで落石による衝撃力を静的荷重に置き換えて許容応力度法を基本として行われてきたが，過去の被災事例や実規模模型に対する衝撃載荷実験等により，落石の作用に対する安全性等の確保の観点からは非常に大きな安全余裕度を有していることが明らかになってきている。一方で，ロックシェッドは落石の作用をはじめ，想定される各種作用に対して，道路の安全性を確保するとともに，重要度に応じて，道路の機能低下をできるだけ抑制すること，および想定される作用により損傷が生じた場合にも，その損傷の発見や機能の回復が比較的容易にできることが重要となる。このため，ロックシェッドの設計では，想定する作用と重要度に応じてロックシェッドの要求性能を設定し，その要求性能を満足することが求められる。しかしながら，ロックシェッドは落石防護工としては最も高価であり,長期間の使用が期待されている傾向にあること，さらには道路空間を直接覆う構造物であることから，その供用期間に発生することが十分予測されるような落石の作用に対しては，過度な変形を許容しない範囲において設計することが適切であると考えられる。ここでは，上記のような考えに基づき，構造工学シリーズ22「防災・安全対策技術者のための衝撃作用を受ける土木構造物の性能設計－基準体系の指針－，第Ⅱ編１．落石防護構造物の包括設計コード」を参考にして RC 製ロックシェッドの性能照査設計の一例を示す。

(2) 落石の作用

ロックシェッドの設計に用いる落石の作用レベルは以下の３つのレベルとする。

- 作用レベル１：頻繁に発生する落石（数年に１回程度：供用期間中に発生することが想定される）
- 作用レベル２：設計供用期間中に発生する可能性の高い落石
- 作用レベル３：発生する確率は極めて低いが規模の大きい落石

(3) 限界状態

ロックシェッドの限界状態は，以下のように設定する。

- 使用限界状態：ごく簡単な落石除去作業と軽微な補修で，構造物の設置目的を達成するための機能を維持できる状態。
- 修復限界状態：適用可能な技術と妥当な経費・期間の範囲で補修を行えば，構造物の継続使用が可能で，構造物の設置目的を達成するための機能を維持できる状態。
- 終局限界状態：被防護対象の安全は確保されているが，後続の落石に対し残存耐力は期待できない状態。

(4) 要求性能

ロックシェッドの荷重作用レベルと要求性能例は表 4.12 のように設定する。

表 4.12　ロックシェッドの要求性能例

落石の作用レベル	最重要	重要	通常
作用レベル１	使用限界状態	使用限界状態	修復限界状態
作用レベル２	使用限界状態	修復限界状態	終局限界状態
作用レベル３	修復限界状態	終局限界状態	－

(5) 性能規定

部材の損傷レベルは限界状態と組み合わせることで性能を規定する。

・損傷レベル１：無損傷で補修の必要がない状態

・損傷レベル２：場合によっては補修が必要な状態

・損傷レベル３：補修が必要な状態

・損傷レベル４：補修が必要で，場合によっては部材の取り替えが必要な状態

損傷レベルによる構造物の性能規定例は表 4.13 のように設定する。

表 4.13　損傷レベルと性能規定例

構造物		使用限界状態	修復限界状態	終局限界状態
部材の損傷レベル	上部工	1	2または3	3または4
	下部工	1	2	3
	基礎	1	2	3

(6) 設計条件

落石の作用に関しては，現地調査により作用レベル２の落石条件が与えられるものとした。

また，重要度に関しては重要構造物とし，部材の損傷レベルは上部工、下部工、基礎ともに損傷レベル２に収まるように数値解析結果を基に設計する。なお，数値解析における照査項目例を表 4.14 のように設定した。

表 4.14　RC 製ロックシェッドの各限界状態に対する主な照査項目

性能水準	上部構造	下部構造	下部構造（基礎）
損傷レベル1	・応力度＜許容応力度	・応力度＜許容応力度	・支持力＜許容支持力 ・応力度＜許容応力度 ・応答変位＜許容変位
損傷レベル2	・作用曲げモーメント＜降伏曲げモーメント ・作用せん断力＜せん断耐力 ・落石衝撃力＜押し抜きせん断耐力	・作用曲げモーメント＜降伏曲げモーメント ・作用せん断力＜せん断耐力	・設計水平力＜基礎の降伏耐力 ・作用せん断力＜せん断耐力
損傷レベル3	・作用曲げモーメント＜終局曲げモーメント ・作用せん断力＜せん断耐力 ・落石衝撃力＜押し抜きせん断耐力	・作用曲げモーメント＜終局曲げモーメント ・作用せん断力＜せん断耐力	・設計水平力＜基礎の降伏耐力 ・作用せん断力＜せん断耐力

(7) 計算例

1) 構造形式

「主構造」箱形式ラーメン構造（現場制作）

＜屋根＞RC 版，＜柱＞RC 矩形柱

「緩衝材」砂単層緩衝構造：緩衝材（砂）0.9m＋飛散防止材（砂利）0.2m

「基　礎」直接基礎

2) 標準断面

道路区分＝第３種第２級相当，歩道なし

標準断面図は図 4. 61 のとおりである。両側に 0.75m の管理用道路を設ける。

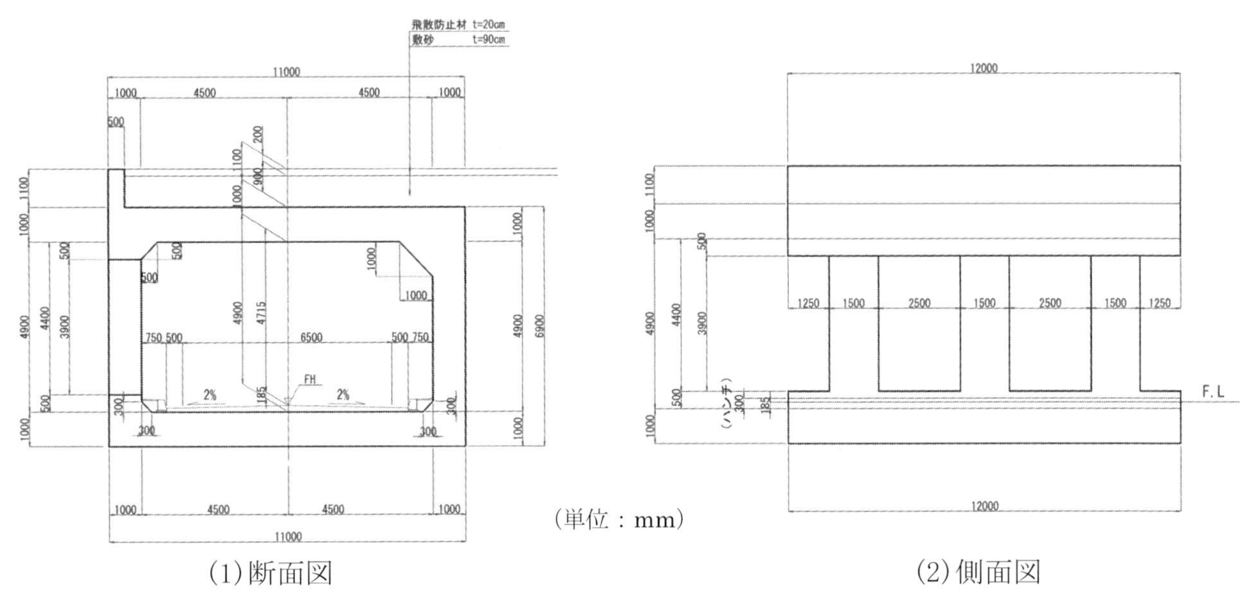

（単位：mm）

(1) 断面図　　(2) 側面図

図 4. 61　構造図

3) 対象荷重（落石）

落石荷重について振動便覧の推定式により算出する。

＜衝撃力算出一般式＞

$$P_0=2.108\,\lambda^{2/5}\cdot W^{2/3}\cdot H^{3/5}\cdot\alpha$$

$$H=\sum_{n=1}^{n=n}\left\{h_n\left(1-\frac{\mu_n}{\tan\theta_n}\right)\right\}$$

W ：落石の重量（m･g）

λ ：被衝突体のラーメの定数

H ：総換算落下高

α ：敷砂厚による割増係数

h_n：各断面での落下高さ

μ_n：各断面での摩擦係数

θ_n：各断面の斜面の角度

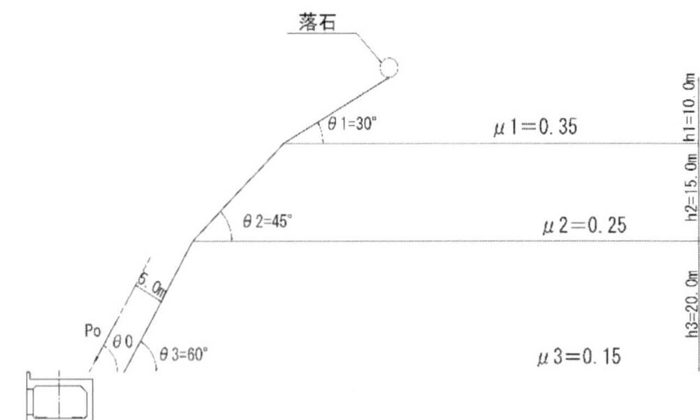

<計算条件>

想定落石径	：	□＝	1.4	× 1.2	× 1.0	m
落石の体積	：	V＝	1.680 m^3			
落石換算径	：	φ＝	1.475 m			
落石の単位重量	：	γ＝	26 kN/m^3			
落石の重量	：	W＝	1.680 ×	26	＝	43.680 kN
ラーメ定数	：	λ＝	1,000 kN/m^2			
ｻﾝﾄﾞｸｯｼｮﾝ厚	：	T＝	0.9 cm			
割増係数	：	α＝	$\sqrt{(1.475\ /\ 0.9)}$		＝	1.280
換算落下高	：	H＝	34 m			

換算落下高の計算		n＝	1	2	3			
地質	：		崖錐	土砂	軟岩			
落下高	：	h_n＝	10.000	15.000	20.000	(m)		
斜面の角度	：	θ_n＝	30	45	60	(°)		
摩擦係数	：	μ_n＝	0.35	0.25	0.15			
各断面での換算落下高さ	：		3.938	11.250	18.268	(m)	Σ＝	33.456 (m)
入射角	：	θ_0＝	θ_3＝	60	°		≒	34 (m)

各数値を衝撃力算出一般式に代入する。

P_0＝ 2.108 × 43.680 $^{2/3}$ × 1,000 $^{2/5}$ × 34 $^{3/5}$ × 1.280 ＝ 4,400 kN

第一落下点での落石衝撃力は　P_{v0}＝ 4,400 × sin 60° ＝ 3,811 ≒ 3,900 kN とする。

P_{h0}＝ 3,811 × 0.35 ＝ 1,334 ≒ 1,400 kN とする。

ここで，数値解析を実施するにあたり部材断面を設定する必要がある。前項 4. 4. 3 図 4. 55 より，許容応力度設計における落石エネルギーの 5 倍程度の落石エネルギーを対象として三次元骨組み解析を実施した場合において，鉄筋応力が両者で同程度の値となる。このことから，上記落石条件の 1/5 の落石エネルギーを部材断面設定用落石条件として許容応力度設計法により断面を設定する。

P_1＝ 2.108 × 43.680 $^{2/3}$ × 1,000 $^{2/5}$ × (34 × 1/5)$^{3/5}$ × 1.28 ＝ 1,675 kN

第一落下点での落石衝撃力は　P_{v1}＝ 1,675 × sin 60° ＝ 1,451 ≒ 1,500 kN とする。

P_{h1}＝ 1,451 × 0.35 ＝ 508 ≒ 600 kN とする。

4) 落石衝撃力の載荷位置

頂版のせん断照査は，押し抜きせん断照査により行うため，落石衝撃力の載荷位置としては図 4. 62 に示すように頂版の 0/4，2/4 の 2 点および側壁の背面より 1m 離れた位置の 3 箇所とする。

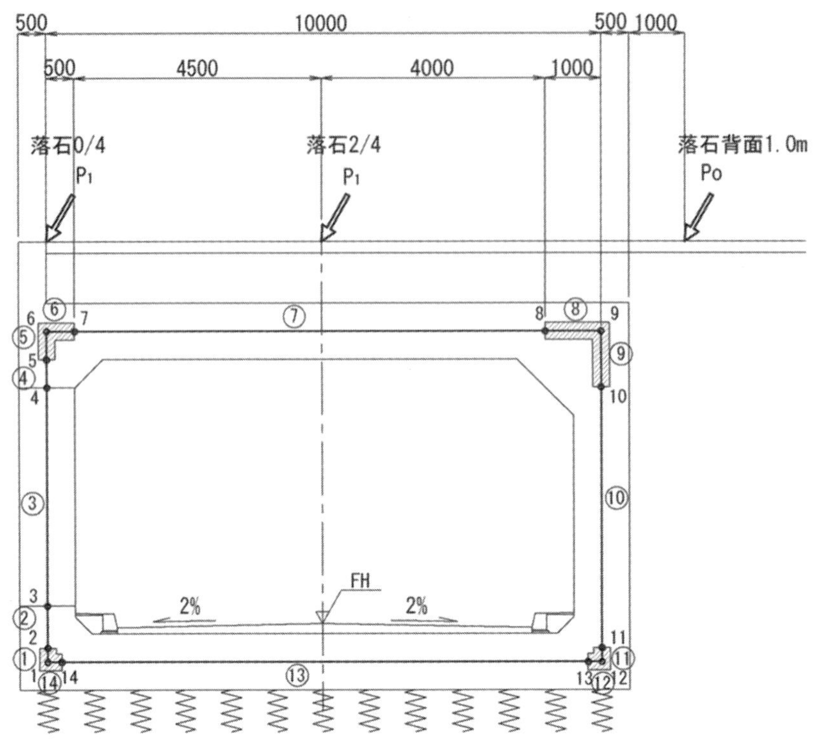

図 4. 62　落石衝撃力の載荷位置

5) その他の荷重

(ⅰ) 単位体積重量

鉄筋コンクリート　　γ_1＝24.5kN/m³

砂　　γ_2＝18.0kN/m³

飛散防止材（砂利）　　γ_3＝19.0kN/m³

アスファルト舗装　　γ_4＝22.5kN/m³

歩道路盤　　γ_5＝20.0kN/m³

(ⅱ) 躯体の重量

以下の躯体重量は奥行き 1.00m 当たりの値を示す。柱は 1 本（4.00m）当たりの値とする。なお，土留壁およびハンチ重量は，最寄点に集中荷重として考慮する。

[頂　版]　　W_S＝1.000×24.5＝24.500kN/m＝24.5kN/m

[山側壁]　　W_l＝1.000×24.5＝24.500kN/m＝24.5kN/m

[　柱　]　　W_C＝1.000×1.500×24.5/4.00m＝9.188kN/m≒9.2kN/m

[底　版]　　W_f＝1.000×24.5＝24.500kN/m＝24.5kN/m

[土留壁]　　W_W＝0.500×1.100×24.5＝13.475kN≒13.5kN

[山側ハンチ]　　W_h＝1.000×1.000×1/2×24.5＝12.250kN≒12.3kN

[谷側ハンチ]　　W_h＝0.500×0.500×1/2×24.5＝3.063kN≒3.1kN

[舗　装]　　W_f＝0.185×22.5＝4.163kN/m≒4.2kN/m

[左右歩道]　　W_f＝0.030×22.5＋0.330×20.0＝7.275kN/m≒7.3kN/m

[活荷重]　　W_f＝10.0kN/m（常時のみ作用）

(iii)緩衝材の重量

緩衝材は砂（γ_2＝18.0kN/m³）0.90m の単層とし，この上に飛散防止材として砂利（γ_3＝19.0kN/m³）を敷く。したがって，緩衝材の重量は次のとおりとする。

[頂　版]　W_S＝0.900×18.0＋0.200×19.0＝20.000kN/m＝20.0kN/m

(iv)土圧計算書数値

土圧計算式　　試行くさび土圧

単位体積重量　γ_t＝19.0kN/m³

裏込め土（砂質土）　内部摩擦角　ϕ ＝30°

壁面摩擦角（土とコンクリート）

常　時　　　δ ＝20°　(2/3ϕ)

地震時　　　δ' ＝15°　(1/2ϕ)

土圧係数　常時，落石時　K_A ＝0.297

　　　　　地震時　　　　K_{EA}＝0.452

土圧強度　常時，落石時　$qH = K_A \cdot \gamma \cdot H \cdot \cos\delta = 5.303 \cdot H$

　　　　　　　　　　　　$qV = K_A \cdot \gamma \cdot H \cdot \sin\delta = 1.930 \cdot H$

　　　　　地震時　　　　$qH = K_{EA} \cdot \gamma \cdot H \cdot \cos\delta' = 8.295 \cdot H$

　　　　　　　　　　　　$qV = K_{EA} \cdot \gamma \cdot H \cdot \sin\delta' = 2.223 \cdot H$

ここでHは地表面より土圧強度算出位置までの深さを示す。

(v)地震の影響

設計水平震度　k_h＝0.20とする。

6)荷重の組合せ

(i)基本荷重ケース

下記の9ケースを基本荷重ケースとする。

CASE-①[死荷重長期]：躯体，緩衝材等自重　　CASE-②[死荷重短期]：躯体，緩衝材等自重

CASE-③[地震時慣性力]：躯体，緩衝材等自重　CASE-④[土　圧]：常　時

CASE-⑤[土　圧]：地震時　　CASE-⑥[土　圧]：落石時

CASE-⑦[落石荷重]：0/4 (P_1)　　CASE-⑧[落石荷重]：2/4 (P_1)

CASE-⑨[落石荷重]：背面 1.0m (P_0)

(ii)組合せ荷重ケース

CASE-1 [常　時]：①＋④　　CASE-2 [地震時]：②＋③＋⑤

CASE-3 [落石 0/4]：②＋⑥＋⑦ (P_1)　　CASE-4 [落石 2/4]：②＋⑥＋⑧ (P_1)

CASE-5 [落石背面 1.0m]：②＋⑥＋⑨ (P_0)

7) 主構造の設計（箱形式ラーメン構造）

（ⅰ）解析条件

ここでは，柱間隔 4m 当たりの静的骨組解析を行い，部材断面を設定する。

なお，落石荷重は 4m 当たりに 1 個とする。

①コンクリート

設計基準強度：σ_{ck}　＝　24 N/mm²

許容曲げ圧縮応力度：σ_{ca}　＝　8 N/mm²

許容せん断応力度：τ_{ca}　＝　0.23 N/mm²

弾性係数：E_c　＝　2.5E+0.4 N/mm²

②鉄筋(SD345)

許容引張応力度：σ_{sa}　＝　180 N/mm²

地震時・落石時の基本値：σ_{sa}　＝　200 N/mm²

③構造形

図 4. 63 は解析に用いる骨組図である。図中○数字は節点番号，（　）数字は部材番号を表す。

④地盤バネ定数

底版下面の地盤はN値を 30 として地盤バネ定数を算出する。

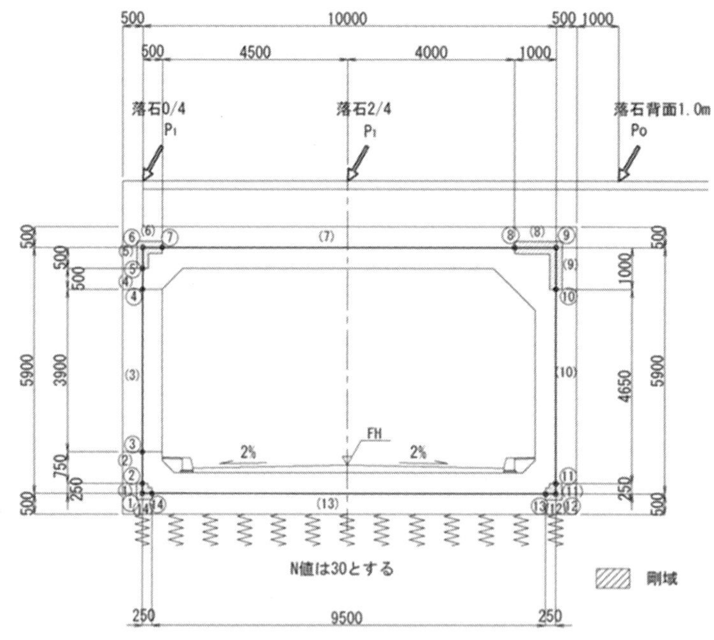

図 4. 63　骨組図（フレームモデル）（単位：mm）

地盤反力係数および地盤バネ定数

E_o ＝　84, 000　kN/m^2　(2, 800N=2, 800×30)

K_{vo}＝ $\dfrac{1}{0.3}$ ・α・ Eo　（α=1、道路橋示方書・同解説 Ⅳ下部構造編より）

＝ $\dfrac{1}{0.3}$ × 1 × 84, 000 ＝ 280, 000　kN/m^3

B_v ＝ $\sqrt{A_v}$ ＝ $\sqrt{11.00 \times 12.00}$ ＝ 11. 489　m

K_v ＝ Kvo ・ $\left(\dfrac{Bv}{0.3}\right)^{-3/4}$

＝ 280, 000 × $\left(\dfrac{11.489}{0.3}\right)^{-3/4}$ ＝ 18, 188　kN/m^3

バネ定数（柱１本　4.00m 当たり）

鉛直バネ定数	18,188	× 4.00	＝	72,752	＝ 72,000	kN/m^2
					(144,000)	
せん断バネ定数	72,752	× 1/3.5	＝	20,786	＝ 20,000	kN/m^2
					(40,000)	
			（　）内数値は、地震時と落石時を示す。			

⑤落石荷重

〔曲げ照査（載荷位置 0/4,2/4)〕

鉛直荷重　P_{v1}　＝　1,500 kN/4.0m

水平荷重　P_{h1}　＝　600 kN/4.0m

〔曲げ照査（載荷位置 背面 1m)〕

鉛直荷重　P_{v0}　＝　3,900 kN/4.0m

〔押し抜きせん断照査〕

鉛直荷重　P_{v0}　＝　3,900 kN

(ⅱ)断面力図

常時，地震時および落石時のうち，曲げモーメントについて最大となる Case-4「落石 2/4」の断面力図は以下のとおりである（頂版,側壁,床版は 1m 当たり，柱は１本分の断面力)。

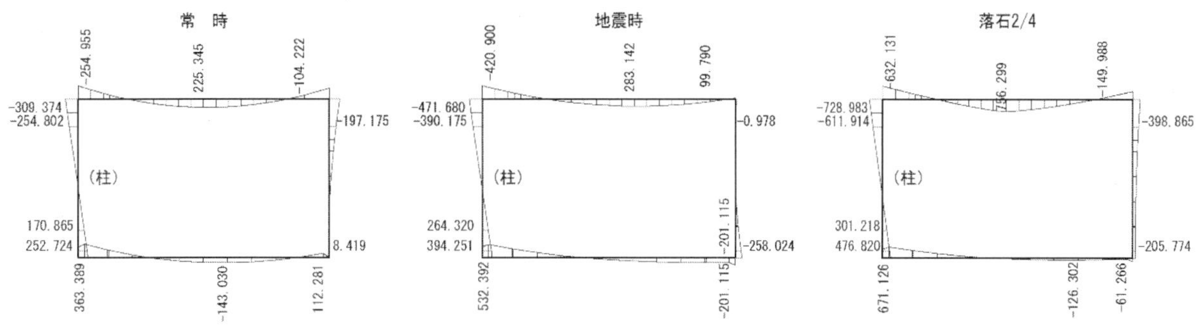

図 4. 64　曲げモーメント図

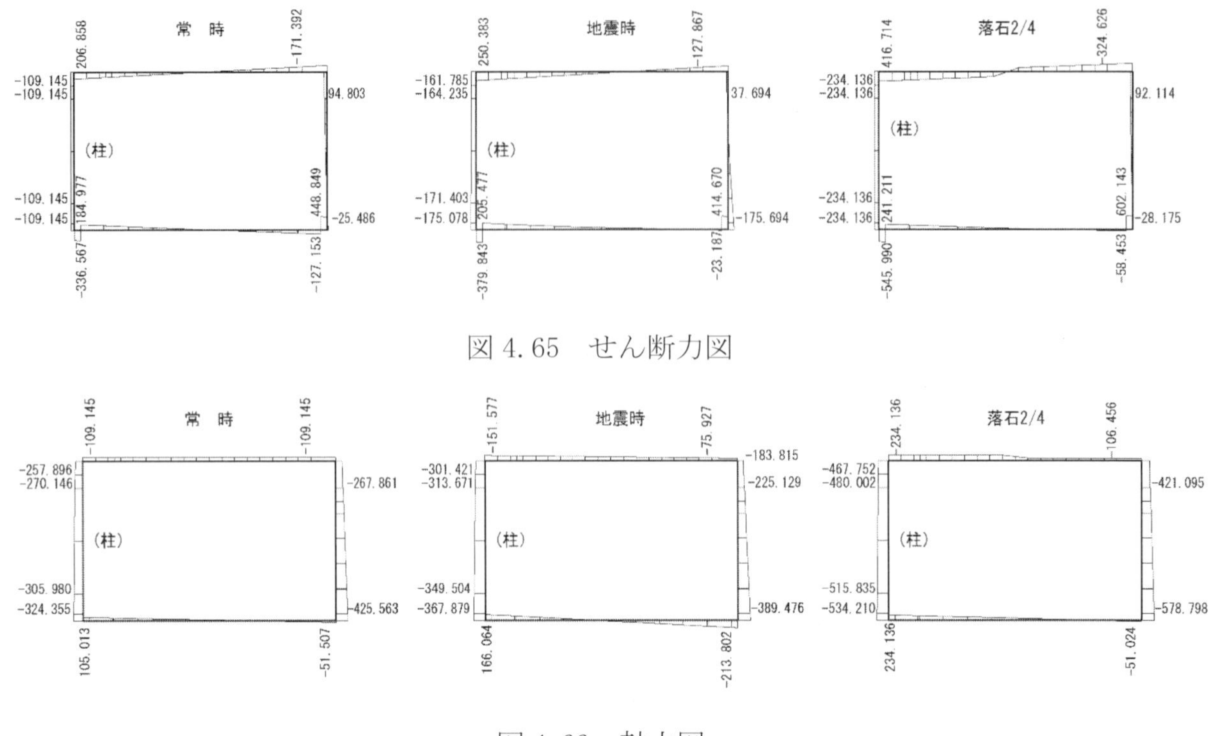

図 4.65　せん断力図

図 4.66　軸力図

(iii) 断面の照査

a) 曲げの照査

以下に曲げ照査結果を示す。

部材長 : 100.0 (cm)

部材名・荷重ケース・照査位置	モーメント	軸力	使用鉄筋量 (cm²)		σs	σsa	σc	σca
	(kN・m)	(kN)	引張側 (As)	圧縮側 (As')	(N/mm²)	(N/mm²)	(N/mm²)	(N/mm²)
谷側側壁								
上端 落 2/4 外	728.98	467.75	D 32 @ 250 = 31.768	D 32 @ 250 = 31.768	227.72	300	7.39	12.0
下端 落 2/4 内	476.82	534.21	D 22 @ 250 = 15.484	D 16 @ 250 = 7.944	218.51	300	6.44	12.0
頂版								
谷側端 落 2/4 上	632.13	0.00	D 32 @ 250 = 31.768	D 25 @ 125 = 40.536	260.57	300	6.24	12.0
中 央 落 2/4 下	756.30	0.00	D 25 @ 125 = 40.536	D 32 @ 250 = 31.768	246.32	300	6.89	12.0
山側端 常 時 上	104.22	0.00	D 25 @ 250 = 20.268	D 25 @ 125 = 40.536	66.18	180	1.26	8.0
山側側壁								
上端 落 2/4 外	398.87	421.10	D 25 @ 250 = 20.268	D 16 @ 250 = 7.944	149.70	300	4.95	12.0
下端 地震時 外	258.02	389.48	D 19 @ 250 = 11.460	D 16 @ 250 = 7.944	115.10	300	3.66	12.0
底版								
山側端 地震時 下	201.12	0.00	D 19 @ 250 = 11.460	D 25 @ 250 = 20.268	220.00	300	3.24	12.0
中 央 常 時 下	143.03	0.00	D 19 @ 250 = 11.460	D 25 @ 250 = 20.268	156.46	180	2.31	8.0
谷側端 常 時 上	363.39	0.00	D 32 @ 250 = 31.768	D 19 @ 250 = 11.460	148.98	180	3.81	8.0

部材長 : 150.00 (cm) (柱1本分)

部材名	モーメント	軸力	使用鉄筋量 (cm²)		σs	σsa	σc	σca
	(kN・m)	(kN)	引張側 (As)	圧縮側 (As')	(N/mm²)	(N/mm²)	(N/mm²)	(N/mm²)
柱								
上端 落 2/4 外	2447.66	1500.30	D 32 - 13 本 = 103.246	D 32 - 13 本 = 103.246	251.77	300	11.70	12.0

b）押し抜きせん断耐力の照査

押し抜きせん断耐力の計算は,「コンクリート標準示方書(2012 土木学会)P187」に準拠して行う。

①押し抜きせん断耐力算出式

$V_p = \beta_d \cdot \beta_p \cdot \beta_r \cdot f'_{pcd} \cdot u_p \cdot d / \gamma_b$

V_p ：押し抜きせん断耐力

$\beta_d \cdot \beta_p \cdot \beta_r$ ：せん断耐力に関する係数

$\beta_d = (1000/d)^{1/4}$ ，β_d＞1.5の場合はβ_d=1.5

$\beta_p = (1000/p)^{1/3}$ ，β_p＞1.5の場合はβ_d=1.5

$\beta_r = 1+1/(1+0.25u/d)$

$f'_{pcd} = 0.20(f'_{cd})^{1/2}$

f'_{cd} ：コンクリート設計基準強度

u ：載荷面の周長

u_p ：設計断面の周長(㎜)で，載荷面からd/2離れた位置で算定するものとする。

d ：頂版の有効高さ(㎜)

p ：頂版の鉄筋比で二方向に対する平均値とする。

γ_b ：安全係数である。ここではγ_b=1.3とする。

②押し抜きせん断耐力の算出

部材厚D ＝ 1,000 mm

かぶりc ＝ 150 mm

有効高さd ＝ 850 mm

主鉄筋 ： D25 @ 125 mm (506.7 × 1,000 / 125 ＝ 4053.6 mm^2)

配鉄筋 ： D22 @ 250 mm (387.1 × 1,000 / 250 ＝ 1548.4 mm^2)

主鉄筋比p_x ＝ 4053.6 /(850 × 1,000) ＝ 0.48 %

配鉄筋比p_y ＝ 1548.4 /(850 × 1,000) ＝ 0.18 %

平均鉄筋比p ＝ 0.33 %

載荷面の直径R ＝ 900 mm

$u = \pi \times 900 = 2,827.4$ mm

$u_{pd} = \pi \times (900 + 2 \times 850 / 2) = 5,497.8$ mm

$\gamma_b = 1.3$

$f'_{cd} = 24$ N/mm2

$f'_{pcd} = 0.2 \times (24)^{1/2} = 0.980$ N/mm2

$\beta_d = (1,000 / 850)^{1/4} = 1.041$

$\beta_p = (100 \times 0.0033)^{1/3} = 0.691$

$$\beta_r = 1 + \frac{1}{1 + 0.25 \times 2,827.4 / 850} = 1.546$$

$V_p = 1.041 \times 0.691 \times 1.546 \times 0.980 \times 5,497.8 \times 850 / 1.3 = 3,917$ kN

(γ_b＝1.0の場合 5,092 kN)

③押し抜きせん断耐力の照査

落石衝撃力 3,900 kN ＜ 押し抜きせん断耐力 3,917 kN ・・・ＯＫ！

(iv)鉄筋組立図

断面照査の結果，配筋は図 4.67 のとおりである。なお，配力筋は主鉄筋の 1/3 以上とする。

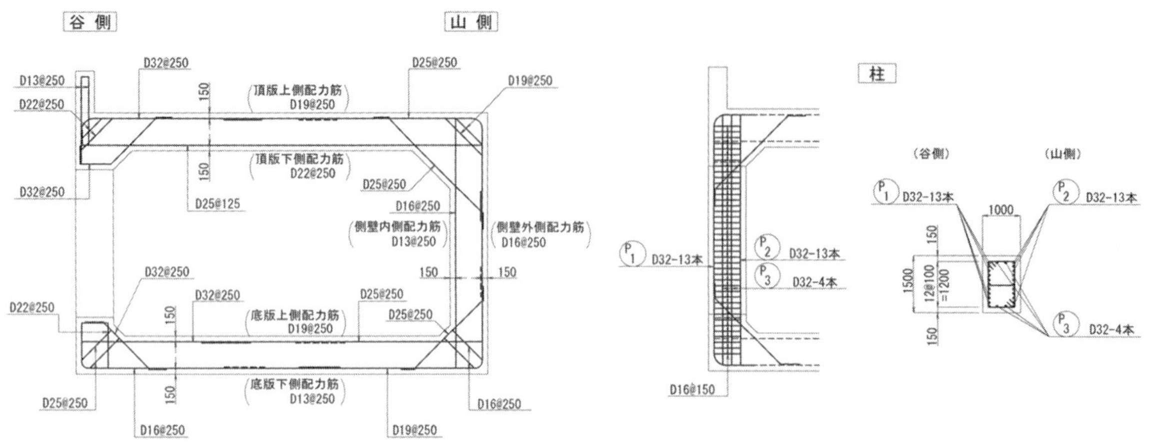

図 4.67　鉄筋組立図

8)谷側ラーメンの設計

(i)形状寸法

谷側ラーメンの形状寸法は図 4.68 のとおりである。

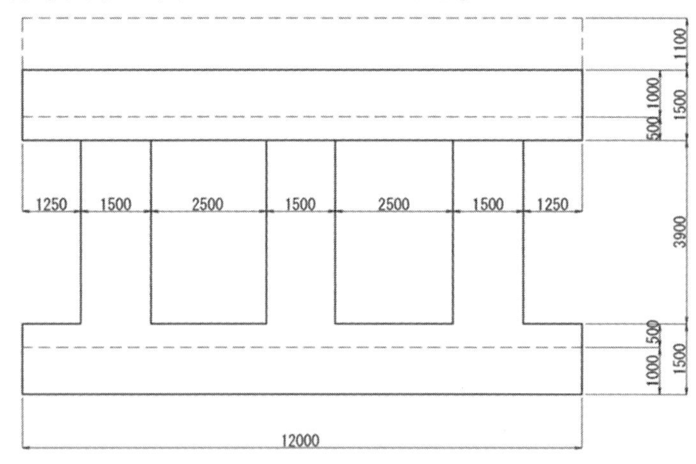

図 4.68　谷側ラーメンの形状　（単位：mm）

(ii)構造形：平面骨組みとして解析する

図 4.69 は解析に用いる構造形である。図中○内数字は節点番号を示し，(　) 内数字は部材番号を示す。

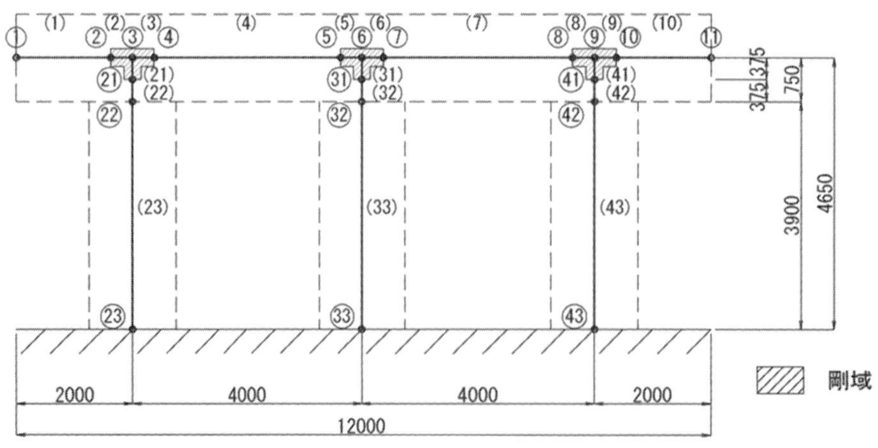

図 4.69　谷側ラーメンの構造形　（単位：mm）

(iii) 落石の衝撃力

[載荷位置]　(4)落石衝撃力の載荷位置の 0/4 谷側の位置に落下した場合を考える。また，道路軸方向には図 4.70 の 3 箇所に載荷する。

[荷重強度]　(3)対象荷重：落石 P_1 より引用する。道路軸方向の水平力に対しては「7)主構造の設計」にて解析済なので，考慮しない。

①梁端部：梁端部から 0.399m の位置

②柱直上：梁端部から 2.000m の位置

③梁中央：梁端部から 4.000m の位置

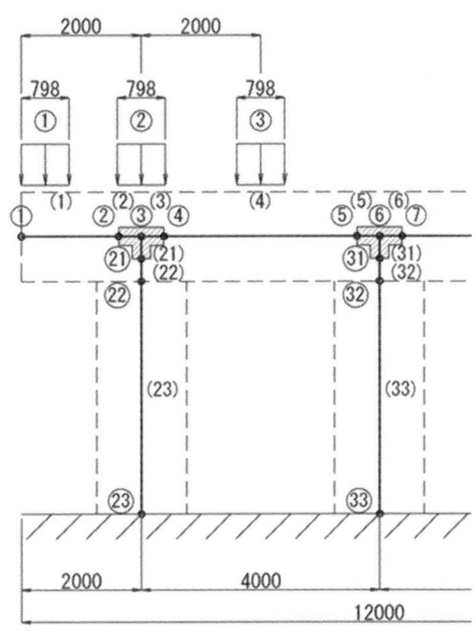

図 4.70　谷側ラーメン落下衝撃力の載荷位置　（単位：mm）

(iv) その他の荷重

柱幅 1.00m あたりで算出する。

[頂　版]　W_S＝1.000×1.500×24.5＝36.750kN/m≒36.8kN/m

[　柱　]　W_C＝1.000×1.500×24.5＝36.750kN/m≒36.8kN/m

[土留壁]　W_W＝0.500×1.100×24.5＝13.475kN/m≒13.5kN/m

[谷側ハンチ]　W_h＝0.500×0.500×1/2×24.5＝3.063kN/m≒3.1kN/m

[緩衝剤]　W_f＝0.500×20.0＝10.000kN/m＝10.0kN/m

(v) 荷重の組合せ

下記 5 ケースの基本荷重ケースと 4 ケースの組合せケースを考える。

①基本ケース

CASE-①[死荷重長期]：躯体自重＋緩衝材　CASE-②[落石 1]：ブロック端部

CASE-③[落石 2]：柱軸上　CASE-④[落石 3]：柱間中央

CASE-⑤[地　震]：（躯体＋緩衝材）の慣性力

②組合せ荷重ケース

CASE-1 [落石①]：①＋②　CASE-2 [落石②]：①＋③

CASE-3 [落石③]：①＋③　CASE-4 [地震時]：①＋⑤

(vi) 地震の影響

k_h＝0.20

(vii) 支点の条件

柱つけ根（固定）

(viii) 材料の条件

コンクリートおよび鉄筋の条件は「7) 主構造の設計」を引用する。

(ix) 断面力図

落石時の断面力図は，図 4.71～4.73 のとおりである。

(x) 断面の照査

省略する（図 4.67 の部材厚・鉄筋にて許容応力度を満足することを確認）。

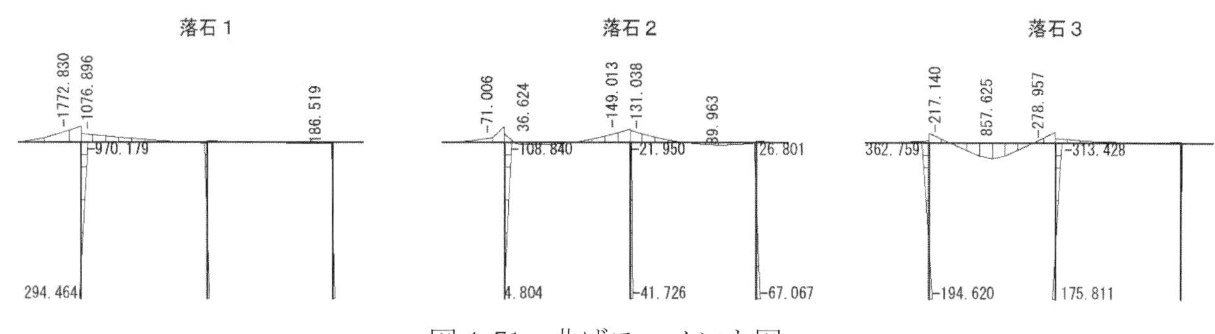

図 4.71　曲げモーメント図

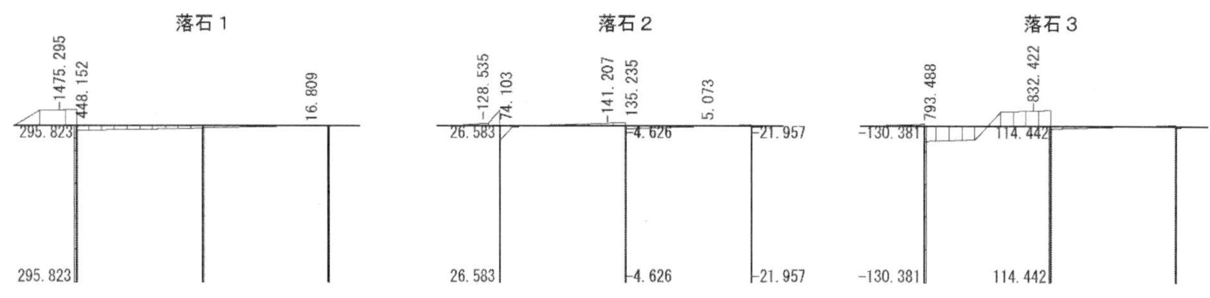

図 4.72　せん断力図

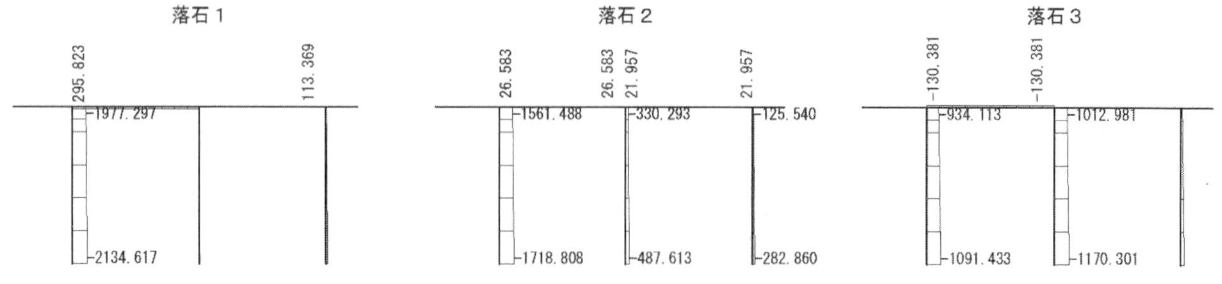

図 4.73　軸力図

9) 三次元動的骨組解析による照査

（ⅰ）計算条件

①モデル条件

標準要素長　　　：0.5m（0.5D　D＝部材厚）

減衰定数　　　　：鉛直方向最低次曲げ振動モードに対して 5%（質量比例分のみ考慮）

要素モデル　　　：ファイバー要素（分割サイズ 33mm）

材料物性モデル：道路橋示方書・同解説Ⅳ下部構造編に即して設定（図 4. 74 参照）

・コンクリートの圧縮領域は相当ひずみが ε_{c0}＝－0.15%に達した状態で降伏するものと仮定

・コンクリートの引張領域はコンクリートの引張強度 f_t に達した段階で応力を解放するモデルとし，f_t は圧縮強度 $f_{c'}$ の 1/10 と仮定

・鉄筋要素は塑性硬化係数 H'を弾性係数 E_s の 1%とするバイリニア型等方硬化側を適用

境界条件　　　　：弾性床支持（N=30 相当の地盤反力係数をバネ定数として設定）

時間増分　　　　：Δt ＝　0.1 msec

モデル図　　　　：図 4. 75 参照

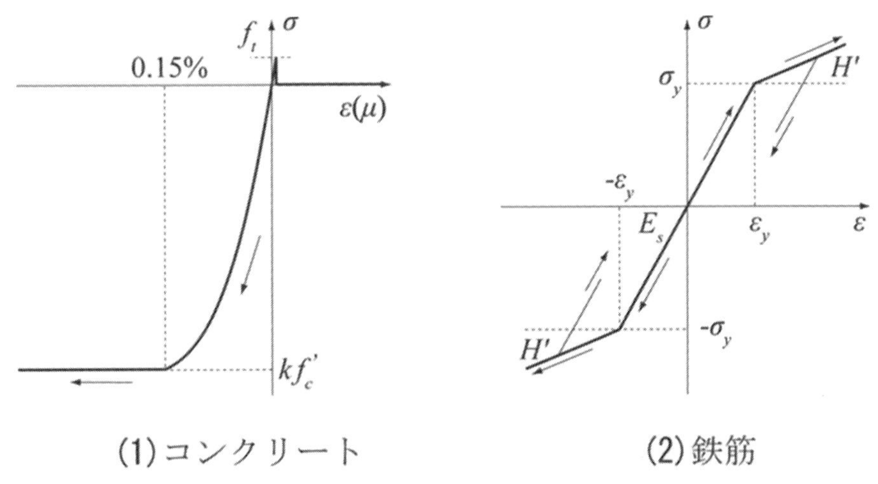

(1)コンクリート　　(2)鉄筋

図 4. 74　材料物性モデル

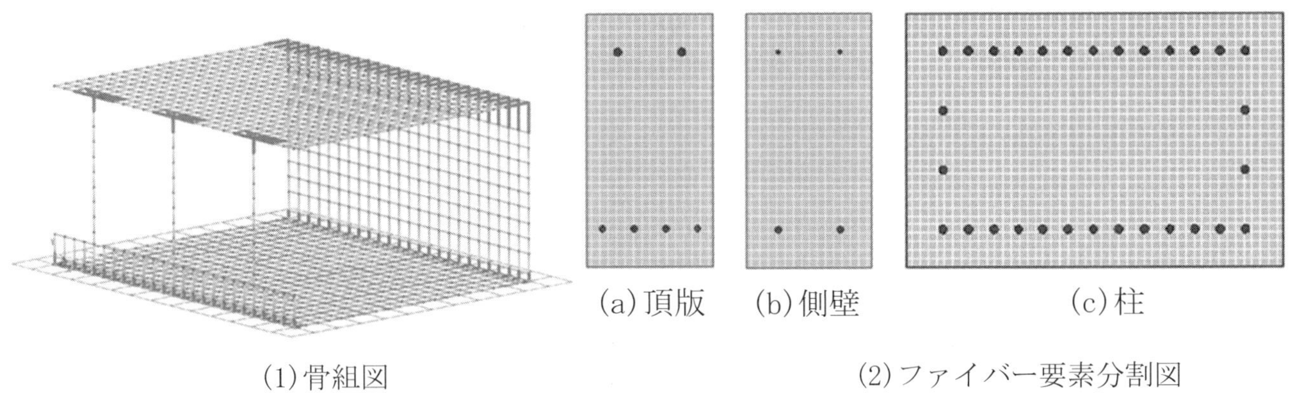

(a)頂版　(b)側壁　(c)柱

(1)骨組図　　(2)ファイバー要素分割図

図 4. 75　モデル図

②荷重条件

自重　　　　：道路軸直角方向の部材のみに考慮（道路軸方向部材は剛性のみ考慮）

敷砂緩衝材　：道路軸直角方向の部材に載荷

土圧　　　　：道路軸直角方向の部材に載荷

落石荷重　　：図 4.76 参照

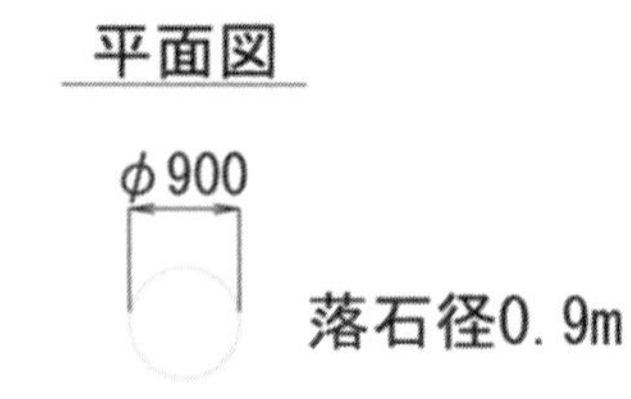

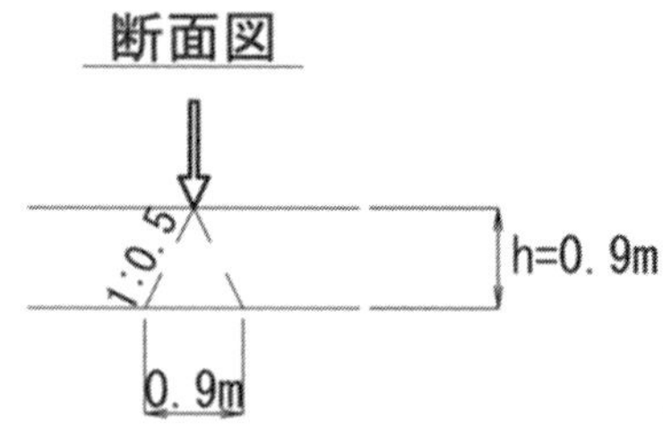

(a) 衝撃荷重の緩衝材による分散

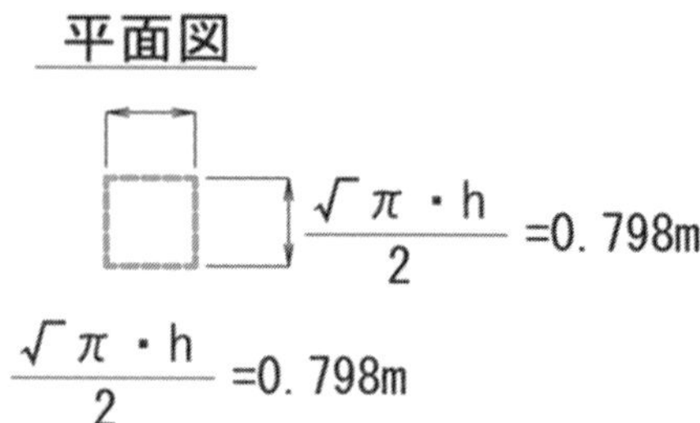

(b) 落石荷重分散範囲

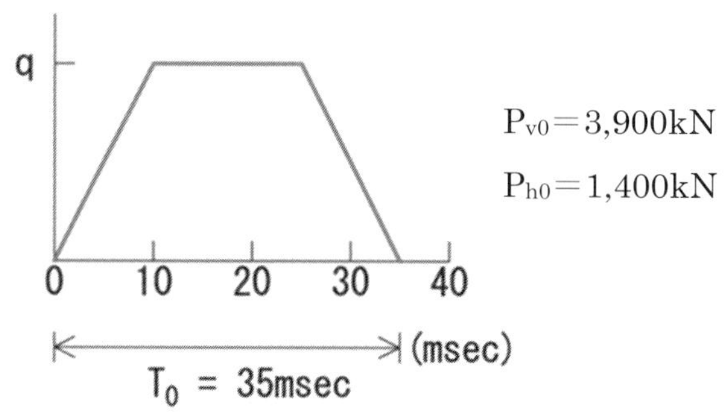

P_{v0}＝3,900kN

P_{h0}＝1,400kN

(d) 落石荷重入力波形

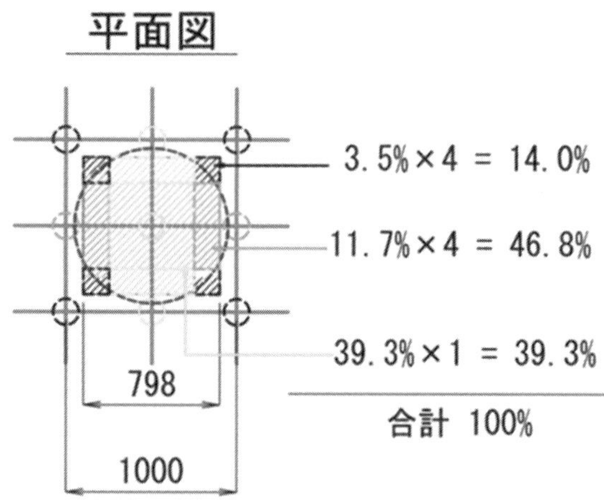

(c) 節点荷重割合の設定

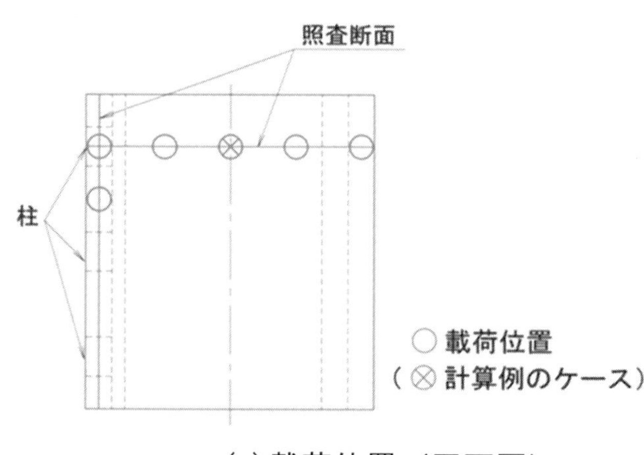

(e) 載荷位置（平面図）

図 4.76　落石荷重

(ⅱ) 照査結果

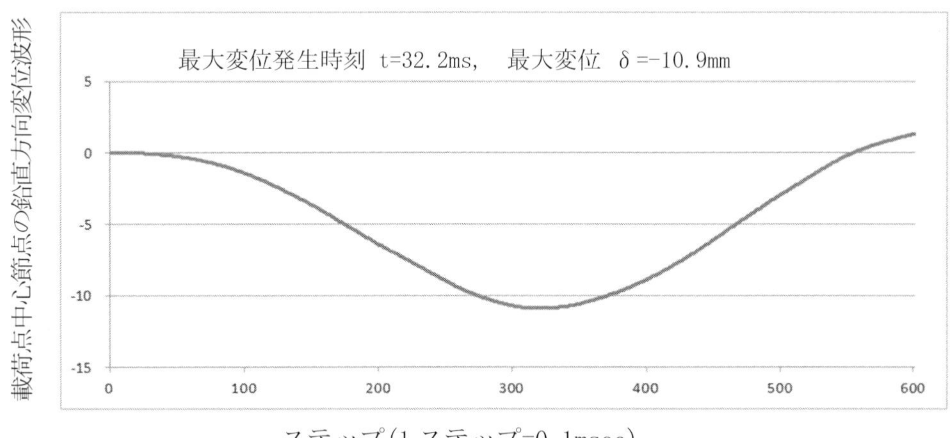

図 4.77　載荷点中心節点の鉛直方向変位波形

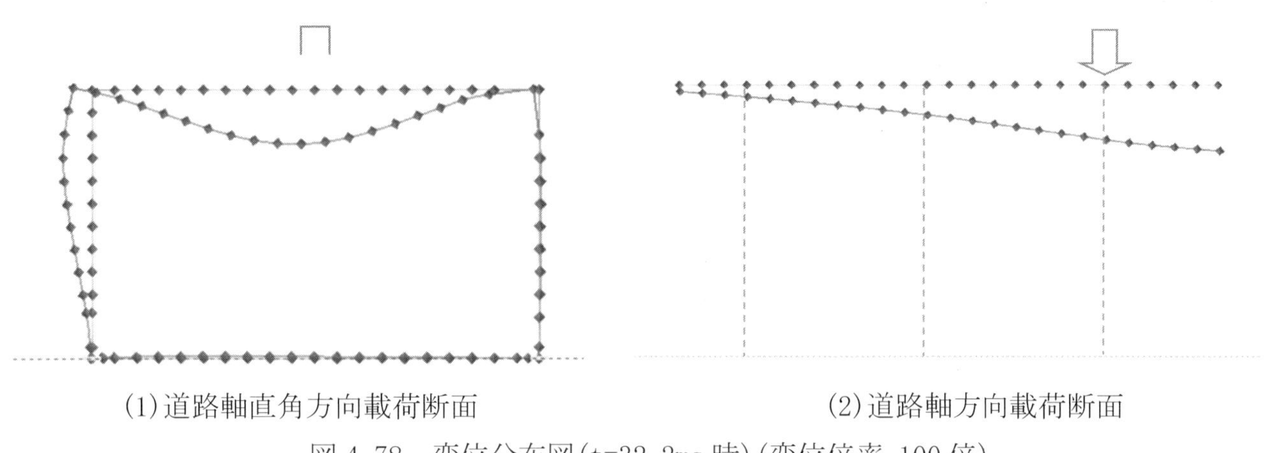

(1)道路軸直角方向載荷断面
(2)道路軸方向載荷断面

図 4.78　変位分布図(t=32.2ms 時)(変位倍率 100 倍)

以下に最大ひずみ例を示す。

図より,すべて降伏モーメント未満となっており表 4.15 より損傷レベル２以下に収まっていることが確認できる。

以下に最大ひずみ例を示す。

図より，一部降伏モーメントを超過するものの，終局モーメント未満となる。

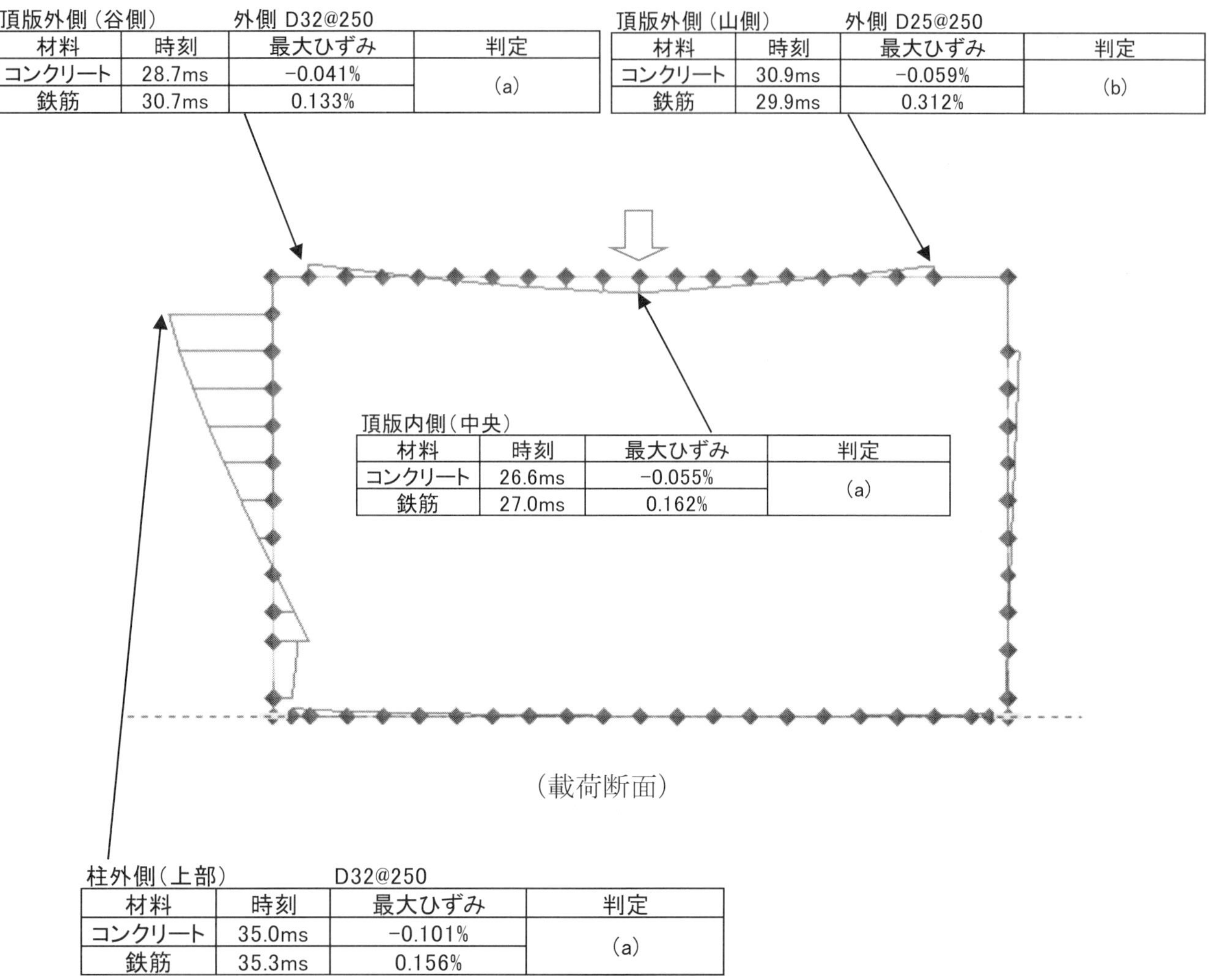

図 4.79　モーメント分布図(t=32.2ms 時)

表 4.15　照査結果

判定

(a) 降伏モーメント未満	鉄筋ひずみ 0.1725%未満
(b) 終局モーメント未満	コンクリートひずみ -0.15%未満
(c) 終局モーメント以上	コンクリートひずみ -0.15%以上

参考文献

1) 中村佐智夫，桝谷　浩，橘紗代子：各種緩衝材を設置したRCはりの衝撃実験，第7回構造物の衝撃問題に関するシンポジウム講演論文集，土木学会，pp.101-106,2004.11.

2) 橘紗代子，桝谷　浩，中村佐智夫：有限要素法（ADINA）によるRCはり衝撃挙動解析に関する研究，応用力学論文集Vol.7，pp.675-684，2004.8.

3) 園田恵一郎：落石覆工の設計法についての一提案，構造工学論文集Vol.39A，pp.1563-1572，1993.3.

4) 音田　奨，他：プレキャストPCロックシェッドのスラブ横梁耐力実験，第12回土木学会新潟会研究調査発表会論文集，pp.9-14，1994.10.

5) 井上　昭一，他：プレキャストPCロックシェッドのスラブ耐力実験，第22回土木学会関東支部技術研究発表会講演概要集，pp.78-79，1995.3.

6) 山口悟，岸徳光，西弘明，今野久志：緩衝材の有無によるRC 製ロックシェッド模型の衝撃載荷実験，コンクリート工学年次論文集，Vol.33,No.2,pp.823-828,2011.6.

7) 日本道路協会：落石対策便覧，2000.6.

8) 山口悟，岸徳光，西弘明，今野久志：緩衝材の有無によるRC 製ロックシェッド模型の衝撃載荷実験，コンクリート工学年次論文集，Vol.33,No.2,pp.823-828,2011.6.

9) 西弘明，岸徳光，牛渡裕二，今野久志，川瀬良司：敷砂緩衝材を設置した1/2 縮尺RC 製ロックシェッド模型の重錘落下衝撃実験，構造工学論文集，Vol.57A,pp.1173-1180,2011.3.

10) 渡辺高志，桝谷浩，油谷勇佑，佐藤彰：落石による敷砂の衝撃挙動の個別要素法を用いた解析について，構造工学論文集，Vol.57A，pp. 1163-1172，2011.

11) 堀口俊行，澁谷一，香月智，田附正文：集合体要素の形状特性が安息角に及ぼす影響に関する解析的検討，構造工学論文集，Vol.57A，pp.136-146，2011.

12) 阪口秀，尾崎叡司，五十嵐徹：円形要素を用いたDEMにおける回転の抑制に関する研究，神戸大学農学部研究報告，20巻2号，pp.239-246，1993.

13) 山口　悟，木幡行宏，小室雅人，内藤直人，岸徳光：敷砂あるいは砕石緩衝材の緩衝特性に関する大型重錘落下衝撃実験，構造工学論文集，Vol.60A，pp.983-995，2014.3.

14) 土木学会：構造工学シリーズ22，防災・安全対策技術者のための衝撃作用を受ける土木構造物の性能設計－基準体系の指針－，20013.1.

15) 土木学会：コンクリート標準示方書［設計編］，2012.

16) 山口　悟，木幡行宏，小室雅人，岸　徳光，西　弘明，今野久志：落石緩衝材としての敷砂と砕石の緩衝特性に関する大型重錘落下衝撃載荷実験，土木学会第69 回年次学術講演会，pp.537-538，2014.9.

17) 山口　悟，岸　徳光，今野久志，西　弘明：敷砂緩衝材を有するRC 製ロックシェッド模型に関する衝撃載荷実験，構造工学論文集，Vol.56A，pp.1149-1159，2010.3.

18) 西　弘明，岸　徳光，牛渡裕二，今野久志，川瀬良司：敷砂緩衝材を設置した1/2 縮尺RC 製ロックシェッド模型の重錘落下衝撃実験，構造工学論文集，Vol.57A，pp.1173-1180，2011.3.

19) 岸　徳光，牛渡裕二，今野久志，山口　悟，川瀬良司：重錘落下衝撃荷重を受ける1/2 スケールRC製ロックシェッド模型に関する数値解析的検討，構造工学論文集，Vol.58A，pp.1029-1040，2012.3.

20) 今野久志，岸　徳光，山口　悟，牛渡裕二: 載荷位置を変化させた1/2 縮尺RC 製ロックシェッド模型の耐衝撃挙動に関する数値解析的検討，コンクリート工学論文集, Vol.34, No.2, pp.673-678,2012.6.

21) 北海道開発局：道路防災工調査設計要領（案）落石対策編，1990.3.

22) 土木学会：構造工学シリーズ 22　防災・安全対策技術者のための衝撃作用を受ける土木構造物の性能設計－基準体系の指針－，DVD 付録 6 落石防護棚の性能照査事例，丸善，2013.1.

23) 中村佐智夫，桝谷　浩，若林　修，佐藤　彰，横田哲也：ロックキーパーの性能実証実験，第 8 回構造物の衝撃問題に関するシンポジウム論文集，土木学会，pp.103-108，2006.11.

24) 荻田真憲，桝谷　浩，若林　修，佐藤　彰，中村佐智夫，横田哲也：ロックキーパーの衝撃荷重に関する考察, 第 8 回構造物の衝撃問題に関するシンポジウム論文集, 土木学会, pp.109-114, 2006.11.

25) 中村佐智夫，桝谷浩，江野翔紀，佐藤彰，徐晨：緩衝材を有する落石防護工の限界状態照査に関する一提案，構造工学論文集 Vol.62A，pp.952-960，2016.3.

26) 山口悟，木幡行宏，小室雅人，岸徳光：敷砂緩衝材を設置した RC 製実規模ロックシェッド模型の衝撃載荷実験，コンクリート工学年次論文集，Vol.36，No.2，pp.553-558，2014.

27) 今野久志，山口悟，牛渡裕二，岸徳光：実規模 RC 製ロックシェッドの三次元動的骨組解析における各種解析パラメータの影響に関する一検討, コンクリート工学年次論文集, Vol.37, No.2, pp.607-612，2015.

28) 土木学会：構造工学シリーズ 8　ロックシェッドの耐衝撃設計，1998.11.

第５章　落石防護網・柵の耐衝撃挙動と性能照査事例

5.1　要求性能と限界状態の定義に資する各種実験

5.1.1　落石防護網の落石衝突時における回転エネルギーの影響に関する検討

(1) はじめに

従来型ポケット式落石防護網に落石が衝突した際の回転エネルギーの影響について検討することを目的として，縦・横それぞれ２本のワイヤロープとひし形金網から構成される最小部材構成の金網構造に対して，重錘落下衝撃実験を実施し，その耐衝撃挙動について検討した [1]。

(2) 実験概要

実験装置および試験体の形状寸法を図 5.1 に示している。実験は，H 形鋼で構成される６ m 四方の鋼製枠内に３ m 間隔で縦横それぞれ２本のワイヤロープを設置し，ワイヤロープで囲まれる３ m 四方の領域にひし形金網（3.3 m × 3.3 m）を設置して行っている。ひし形金網には，素線径の異なる２種類（4.0, 5.0 φ）を，ワイヤロープには 18 φ を用いている。金網とワイヤロープとの接続は，写真 5.1 に示すようにひし形金網の全ての交点をワイヤクリップを用いて固定している。また，ワイヤロープは両端アルミロックとしており，ワイヤロープの交点はクロスクリップで固定した。ワイヤロープは，鋼製治具，ターンバックル，ロードセルを介して鋼製枠にピン接合に近い状態で固定されている。なお，ひし形金網は写真 5.1 に示すように山形に折り曲げられた列線（１本の列線を黄色で示す）を互いに交差させることで構成されている。列線を組み合わせた金網は，編み込みの向きにより主に荷重を受け持つ展開方向と展開直角方向を有する異方性材料である。本研究では，現地設置状況と同様にひし形金網の設置方向に対応させてワイヤロープを便宜的に縦ロープと横ロープに区別して整理している。表 5.1 には，試験体に使用した部材の諸元を示している。

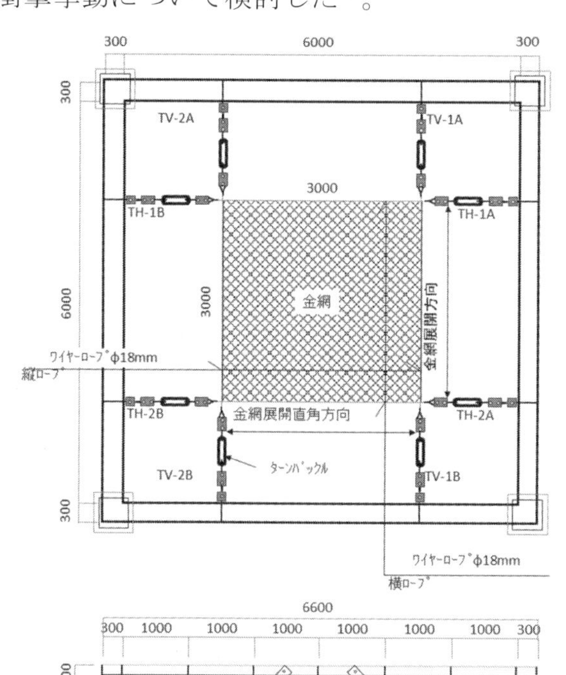

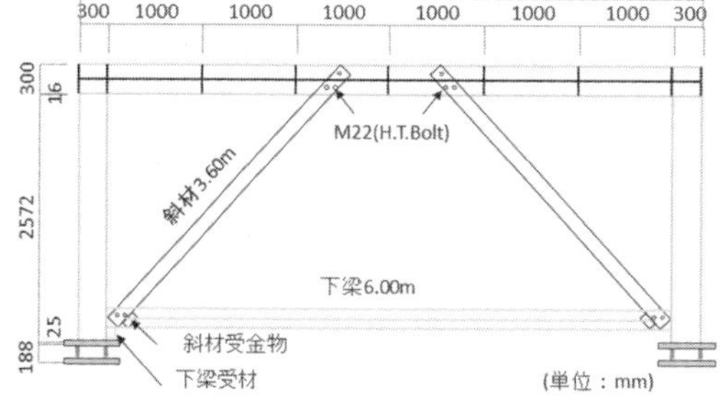

図 5.1　実験装置および試験体の形状寸法

写真 5.1　ひし形金網の構成

(3) 実験方法

写真 5.2 には，重錘落下衝撃実験の状況を示している。実験は，金網中央部に１辺の長さが 50cm の立方体より８つの角部を切り取った重量 3kN のコンクリート製多面体重錘をトラッククレーンにより自由落下衝突させることにより行っている。

表 5.1　使用材料の諸元

材料名	諸元 部材耐力(規格値)
ひし形金網	5.0φ×50×50mm 引張強さ:411(290～540)N/mm^2
	4.0φ×50×50mm 引張強さ:408(290～540)N/mm^2
ワイヤロープ	18φ　3×7G/O　両端アルミロック 破断荷重:193(≧160)kN

写真 5.2　衝撃実験の状況

表 5.2　実験ケース一覧

実験ケース名	金網(mm)	重錘(kN)	落下高(m)	衝突エネルギー(kJ) 並進	回転	合計
D4.0W3H10	4.0	3	10.0	29.4	―	29.4
D5.0W3H10	5.0		10.0	29.4	―	29.4
D4.0W3H10R	4.0		10.0	26.1	3.3	29.4
D5.0W3H10R	5.0		10.0	26.1	3.3	29.4
D4.0W3H20	4.0	3	20.0	58.8	―	58.8
D5.0W3H20	5.0		20.0	58.8	―	58.8
D4.0W3H20R	4.0		20.0	50.2	8.6	58.8
D5.0W3H20R	5.0		20.0	48.9	9.9	58.8

表 5.2 には，実験ケース一覧を示している。実験では，ひし形金網の素線径および衝突エネルギーが異なる場合における重錘の回転エネルギーの有無の影響を検討している。ここで，表中の落下高は重錘落下点の金網表面から重錘底面までの高さであり，衝突エネルギーはその高さより算定した重錘の位置エネルギーである。重錘に回転を与える実験は，多面体重錘に荷吊り用の帯を巻き付け自由落下時に回転を与えている。計測項目は，ロードセルによるロープ張力，高速度カメラ撮影による金網の載荷点直下の鉛直変位量である。なお，表 5.2 に示す回転エネルギーは，高速度カメラの映像により算定した値であり，回転エネルギーの全エネルギーに対する割合は落下高 10m の実験ケースで 11%，落下高 20m の実験ケースで 15%および 17%であった。なお，落下高 10m の実験ケースは過年度に実施した実験ケースであり，落下高 20m の実験ケースとは，ひし形金網とワーヤロープとの接続方法および部材の諸元が若干異なっている。

(4) 実験結果および考察

1) 各種応答波形

図 5.2～5.5 には，落下高 20m で実施した 4 ケースの載荷点変位，縦ロープ（TV-1A/B）張力および横ロープ（TH-1A/B）張力の時刻歴応答波形を示している。

(a)図の載荷点変位波形について比較すると，いずれの実験ケースにおいても重錘が金網に接触後，載荷時間に対してほぼ同様の勾配で変位が増加し，100ms 程度で最大変位に達している。最大変位到達後リバウンド状態に移行しているが，除荷時間に対する変位の減少量は金網の素線径によって異なっており，5.0mm の場合が大きく示されている。これは金網の剛性の違いによるものと推察される。

次に，(b)図，(c)図のワイヤロープの張力波形についてみると，いずれも載荷点変位波形と同様の勾配で立ち上がる正弦半波状の第 1 波とその後の振動波形が示されている。第 1 波の最大張力発生後の波形勾配は，重錘がリバウンドにより金網から離脱するためか立ち上がり勾配よりも急勾配となっている。(b)図，(c)図の最大張力を比較するといずれも横ロープである(c)図の張力が大きく示されており，金網の異方性の影響が現れている。

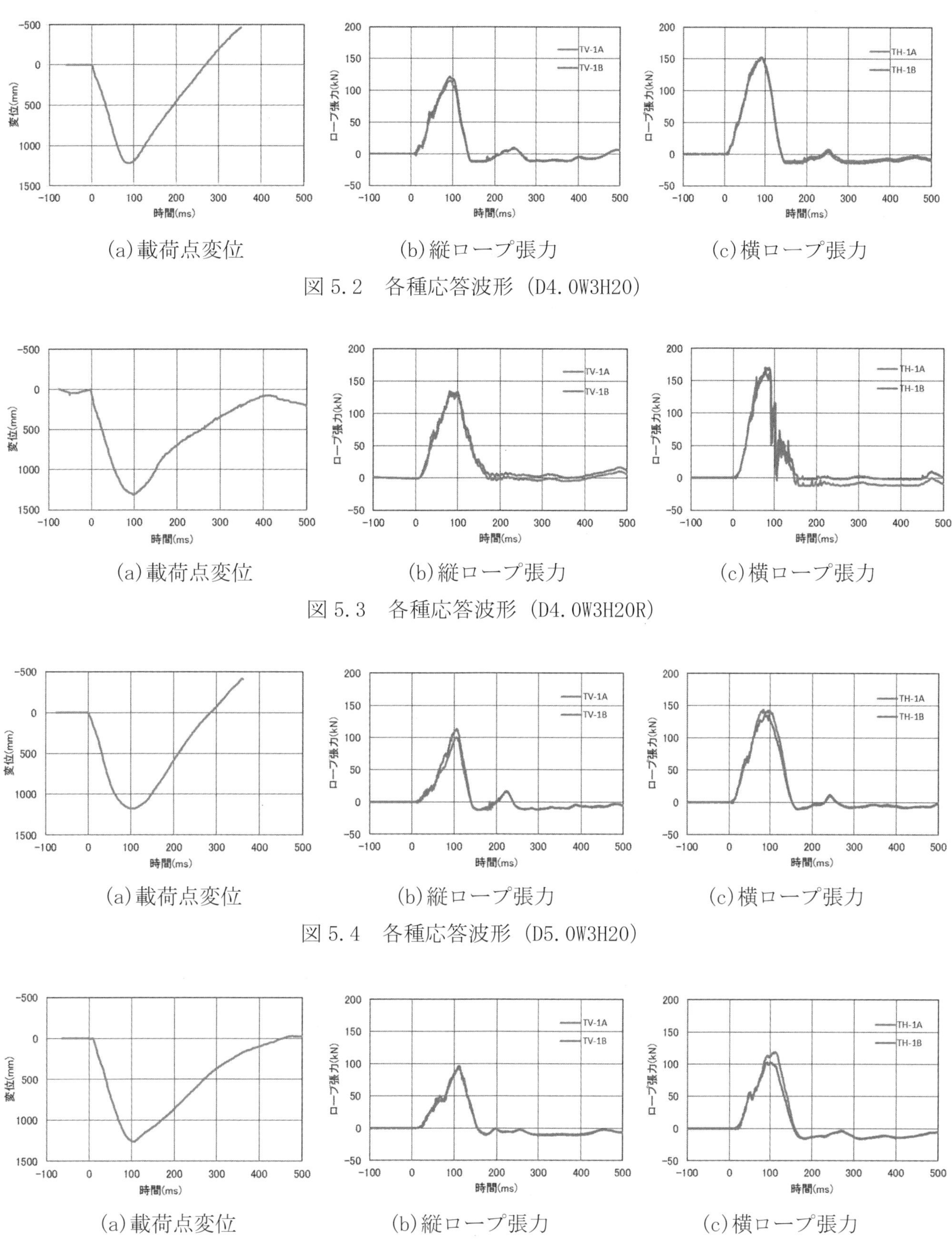

(a)載荷点変位　(b)縦ロープ張力　(c)横ロープ張力

図 5.2　各種応答波形（D4.0W3H20）

(a)載荷点変位　(b)縦ロープ張力　(c)横ロープ張力

図 5.3　各種応答波形（D4.0W3H20R）

(a)載荷点変位　(b)縦ロープ張力　(c)横ロープ張力

図 5.4　各種応答波形（D5.0W3H20）

(a)載荷点変位　(b)縦ロープ張力　(c)横ロープ張力

図 5.5　各種応答波形（D5.0W3H20R）

2) 落下高と金網の最大載荷点変位の関係

図 5.6 には，重錘落下高と金網の最大載荷点変位（以後，単に最大変位と示す。）の関係を示している。落下高 10m と 20m の実験では前述のとおり金網とワイヤロープの固定方法が若干異

なるものの全体的な傾向として，落下高の増加に対応して最大変位も増加する傾向にあること，素線径が小さい方が最大変位が大きく示される傾向にあること，回転の有無に対しては回転有りの場合が無い場合よりも最大変位は小さく示される傾向にあることなどが分かる。落下高 20m の実験ケースについて比較すると，回転有りの場合の最大変位は回転無しの場合に対して，素線径が 4.0mm，5.0mm でそれぞれ 96%，97%となっている。全エネルギーに対する並進エネルギーの割合は，素線径が 4.0mm, 5.0mm の実験ケースにおいて，それぞれ 85%，83%であることから，最大変位に対しては回転エネルギーの有無による影響は顕著に示されない結果となっている。

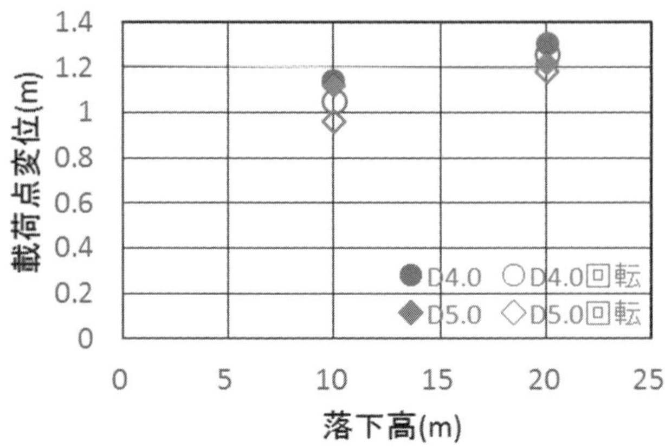

図 5.6　重錘落下高と金網の最大載荷点変位の関係

3) 落下高とワイヤロープの最大張力の関係

図 5.7，図 5.8 には，重錘落下高とワイヤロープの最大張力の関係を示している。なお，重錘落下衝撃実験では，重錘が必ずしも金網の中央部に衝突していないことから，ワイヤロープの最大張力は重錘落下位置の偏心を考慮して，縦・横ロープともにそれぞれ 4 箇所のロードセルにより計測された最大張力を平均した値を使用している。

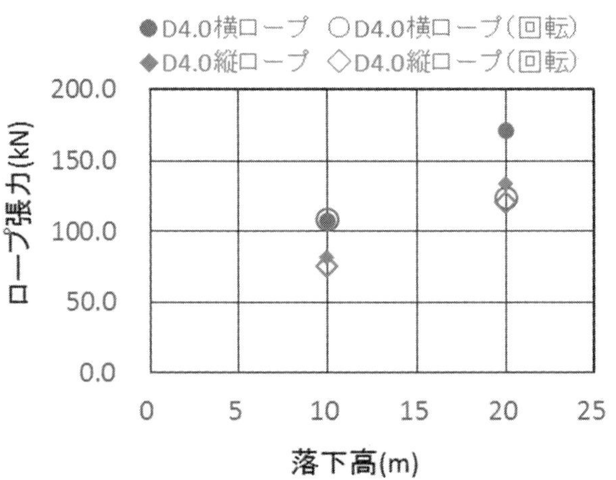

図 5.7　重錘落下高とワイヤロープの最大張力の関係（素線径 4.0mm）

図 5.7 には，素線径 4.0mm のひし形金網を使用した実験ケースに対する重錘落下高と最大張力の関係を示している。図より，落下高の増加に対応して最大張力も増加する傾向にあること，金網の異方性より縦ロープよりも横ロープの最大張力が大きく示される傾向にあることが分かる。重錘の回転の有無に対しては，落下高さ 20m の実験ケースの横ロープにおいて，回転有りの場合の最大張力が回転無しの場合に比較して 73%と小さく示されている。しかしながら，落下高 20m の縦ロープの最大張力および落下高 10m の実験ケースでは重錘回転による明瞭な違いが見られない。

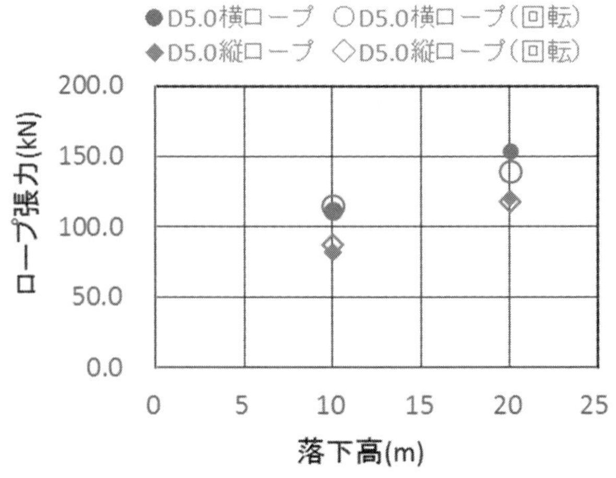

図 5.8　重錘落下高とワイヤロープの最大張力の関係（素線径 5.0mm）

図 5.8 には，素線径 5.0mm のひし形金網を使用した実験ケースに対する重錘落下高と最大張

力の関係を示している。図より，素線径が 5.0mm の場合においても，落下高の増加に対応して最大張力も増加する傾向にあること，金網の異方性より縦ロープより横ロープの最大張力が大きく示される傾向にあることが分かる。重錘の回転の有無に対しては，落下高さ 20m の実験ケースの横ロープにおいて，回転有りの場合の最大張力が回転無しの場合に比較して 91%と小さく示されているものの，同実験ケースの縦ロープおよび落下高 10m の実験ケースでは，重錘回転による明瞭な違いが見られない。以上より，重錘衝突時の回転エネルギーの影響に関しては，全エネルギーに対する回転エネルギー割合がさらに大きい場合についての実験や解析的な検討が必要であるものと考えている。

(5) まとめ

本研究では，従来型ポケット式落石防護網に落石が衝突した際の回転エネルギーの影響について検討することを目的として，縦・横それぞれ 2 本のワイヤロープとひし形金網から構成される最小部材構成の金網構造に対して，重錘落下衝撃実験を実施し，その耐衝撃挙動について検討した。本実験の範囲内で明らかになったことを整理すると，以下のようになる。

1)金網の最大変位およびワイヤロープの最大張力は，落下高の増加に対応して大きくなり，素線径が小さいほど変位量は大きくなる。また，最大張力は横ロープの方が縦ロープよりも大きい。

2)回転の有無に対しては，回転有りの場合が無い場合よりも最大変位は若干小さく示される傾向にあるものの明瞭な違いは見られない。また，ロープ張力については，回転有りの場合が無い場合よりも小さく示される場合がある。

5.2　実験による性能照査手法

5.2.1　高エネルギー吸収型落石防護柵の性能照査事例

高エネルギー吸収型落石防護柵の性能照査実験の載荷位置に関し，一般的にはスイスの基準 2)や EOTA の 基準 3)に従って，3 スパンのうち中央スパンの左右方向中央，上下方向中央，または落石対策便覧 4)の作用位置を参考に中央スパンの左右方向中央，上下方向柵高の 2／3 の位置に載荷されることが多い。

しかしながら，高エネルギー吸収型落石防護柵の構造は複雑で，作用位置によりエネルギー吸収の仕組みが異なることも多く，吸収可能なエネルギーや破壊モードが違うことが想定される。

また，実験時と実際の現場の違いに対し，留意しなければならないことも多い。

ここでは，参考のため標準的な破壊モード以外の結果となった実験例や，補足失敗となった実験例，実験時と現場の違いに対する留意事項などを示す。

5.2.2　柵の実験結果の収集整理

(1) 乗り越え・抜け出しに関する実験例

1) はじめに

近年高エネルギー吸収型落石防護柵は，施工延長当たりの工事費を安くするため支柱間隔を広くする傾向にある。支柱間隔が広い場合，支間中央の下縁付近に落石が衝突すると阻止面がめくれ上がり，地面や下部工との間から落石が抜け出し易くなる。また，上縁付近に衝突する場合も落石が阻止面を変形させ乗り越え，谷側にこぼれ落ち易くなる。

ここでは実際にどのような現象なのかを確認するため，下縁からの抜け出しに対し配慮がない柵の下縁に重錘を載荷した実験例を紹介する。

2) 実験概要

写真 5.3　実験供試体

スパン 10m×3 スパンの高エネルギー旧型落石防護柵を写真 5.3 のように 90° 傾けて設置し，中間スパンの中央下縁に鉛直落下方式で重錘を衝突させた。

重錘はコンクリート製で，重量 15.19kN，スイス SAEFL の基準に準拠しており，一辺 880mm の立法体の頂点を切り取った形状である。載荷位置を図 5.9 に示す。

高エネルギー吸収型落石防護柵の横ワイヤ間隔は 200mm で両端部に最大変位 150mm 程度の緩衝装置が設置されている。

衝突条件は，衝突速度 25.4m/s，衝突時エネルギー500kJ であった。

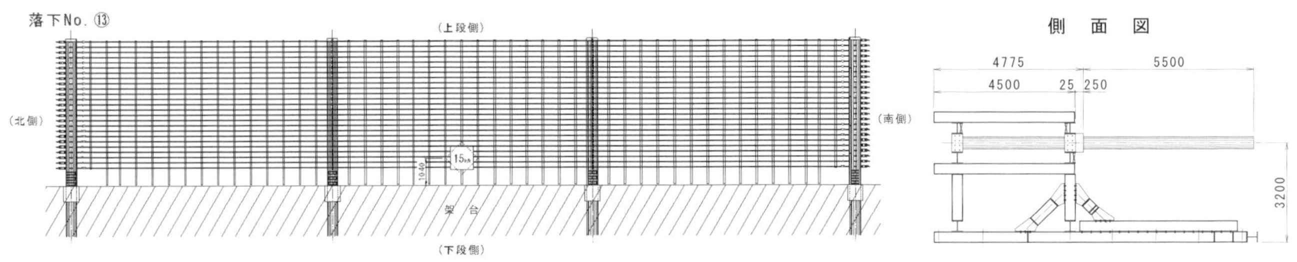

図 5.9　載荷位置

3) 実験結果と考察

横ワイヤロープが破断することがなかったが，写真 5.4 に示すように重錘は，最下段ワイヤロープをくぐり抜けてしまった。

以下の条件に当てはまる場合このような現象が起こりやすいので，特に注意が必要である。

・支柱間隔の広い柵
・緩衝装置の摩擦力の小さい柵
・緩衝装置の変位量の大きい柵
・擁壁上で谷側に空間のある柵
・斜面途中で谷側に空間のある柵
・最下段ワイヤロープと地面や下部工の間の隙間が大きい柵

写真 5.4　実験結果

下縁付近に衝突する場合について実験を行ったが，柵上縁付近に衝突する場合も同様のこと（乗り越え）が想定される。

落石が回転している場合や，支柱が谷側に傾く場合はさらに乗り越えが起こりやすい。

また，上下方向中央に衝突する場合に比べ，下縁や上縁近傍に衝突する場合は，エネルギーの分散が片側になるため，エネルギー吸収的にも危険側であることに注意が必要である。

(2) ワイヤロープの間からのすり抜けに関する実験例

1) はじめに

高エネルギー吸収型落石防護柵の落石補足失敗のモードとして，横ワイヤロープと横ワイヤロープの間からすり抜ける場合がある。ここでは高エネルギー吸収型落石防護柵の開発時に起こったすり抜けの事例について紹介する。

2) 実験概要

スパン 10m×3 スパン柵高 4m の高エネルギー吸収型落石防護柵を写真 5.5 のように 90° 傾けて設置し，中間スパンの中央柵高の 2/3 位置に鉛直落下方式で重錘を衝突させた。重錘はコンクリート製で，重量 6.08kN，スイス SAEFL の基準に準拠しており，一辺 640mm の立法体の頂点を切り取った形状である。

高エネルギー吸収型落石防護柵の横ワイヤ間隔は 300mm で，両端部に最大変位 150mm 程度の緩衝装置が設置されており，阻止面にはφ3.2×50×50 の菱形金網も設置されている。また，1250mm 間隔で従来型落石防護柵で使用されている間隔保持材が設置され，さらに衝突部には SS400φ60.5×t2.3 の鋼管が柵高維持用の中間補助支柱として設置されている。

衝突条件は，衝突速度 25.4m/s，衝突時エネルギー200kJ であった。

写真 5.5　実験供試体

写真 5.6　実験結果

写真 5.7　実験結果

写真 5.8　衝突部状況

(3) 実験結果と考察

重錘の一辺は横ワイヤロープ間隔の 2 倍以上であるにもかかわらず写真 5.6～5.8 に示すように，重錘が間隔保持材と中間支柱を切断し横ワイヤロープと横ワイヤロープの間からすり抜けた。

本高エネルギー吸収型落石防護柵の開発においては，間隔保持材を強いものに変え設置間隔を半分にして再実験し安全性を確認した。また，間隔保持材のないところのほうが危険であるので，間隔保持材と間隔保持材の中間にも載荷して安全を確認した。

このように横ワイヤロープ間隔が落石の大きさの半分以下で

もすり抜けることがあるので，実験で確かめるなど十分な配慮が必要である。

(3) 留意事項

○配置が山凸の場合の支柱直撃

支柱強化型の高エネルギー吸収落石防護柵において，落石が支柱に直撃する場合は支柱が谷側に倒れる事によりワイヤロープを引っ張り，ワイヤロープやエネルギー吸収装置でエネルギー吸収することを期待する工法が少なくない。

しかしながら，落石防護柵の平面配置が山側に凸の場合は，支柱が倒れてもワイヤロープは緩む方向でありワイヤロープやエネルギー吸収装置でのエネルギー吸収が起こりにくい。これは支柱間隔が広くなるにつれ顕著になる現象であり，高エネルギー吸収落石防護柵の配置には注意が必要である。図 5.10 に R100 の山側に凸な配置で，スパン 10m 柵高 3m の場合を示す。この場合，落石が直撃した支柱が約 19° 傾いて，やっと最上段のワイヤロープに初期状態以上の張力がかかり始める。

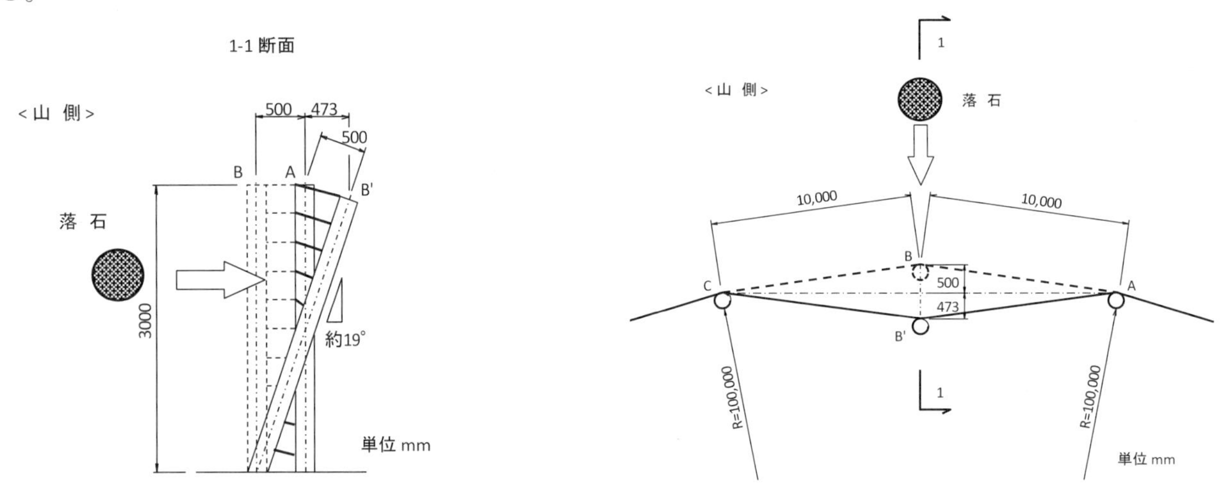

図 5.10　配置が山凸の場合の支柱直撃

○ネット強化型

支柱の付け根が回転し山側にステーワイヤが配置されている工法で特にステーワイヤに緩衝装置が設置されているタイプは，設置状況によっては落石を谷側に逃しやすいと考えられるので，載荷位置，載荷角度など実験方法および現場での設置角度に注意が必要である。

鉛直落下実験では図 5.11 の右図のように設置すると重錘の乗り越えが起こりにくいが，現場での設置状況を踏まえて安全が確認できるような実験を行うべきである。

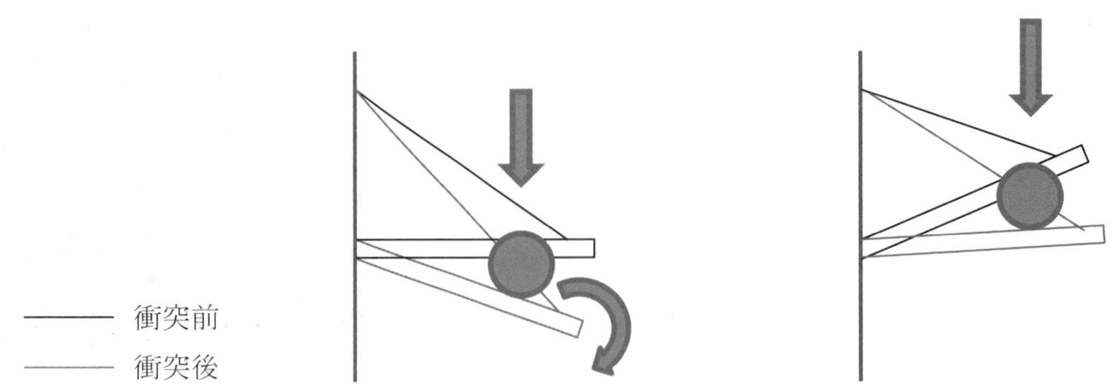

図 5.11　支柱の設置状況と落石衝突前後の落石状況の違い

5.3　数値解析による性能照査手法

5.3.1　大変形有限要素解析による性能評価

(1) 解析の概要

衝撃作用を受ける柔防護構造物の挙動は，複雑であり性能に対する安全余裕度等の推定が困難である。また実規模実験を行うためには，施設，時間および費用等に制約を受けることが多く，解析による性能評価精度の向上が求められている。

ここでは，実験を行った防護柵の解析による性能評価方法として，LS-Dyna を用いた実験の再現解析を試みた [5)]。

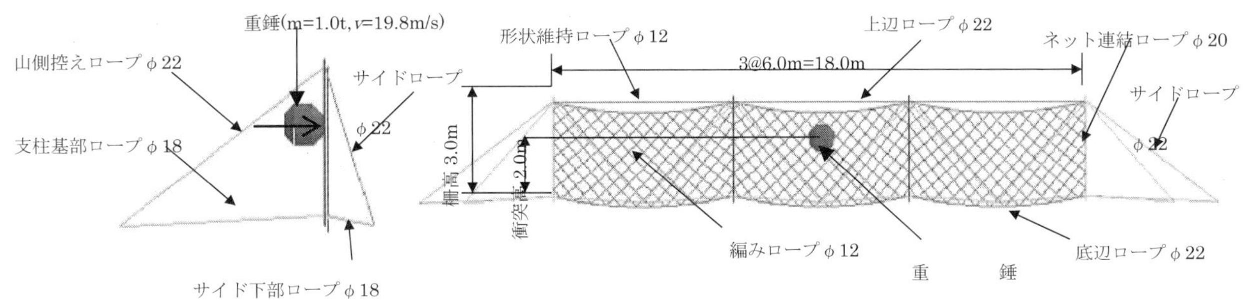

図 5.12　解析モデルの概要

(2) 解析モデル

図 5.12 に解析モデルを示し，解析モデルの概要を次に述べる。

解析モデルに使用した要素特性は，ワイヤロープに圧縮を考慮しないケーブル要素を用い，支柱にビーム要素を用いた。

ワイヤロープの材料特性は，図 5.13 に示す引張試験の応力ひずみ関係から，非線形材料とし入力し，支柱は弾性材料として，鋼材のヤング係数 200GPa を用いた。

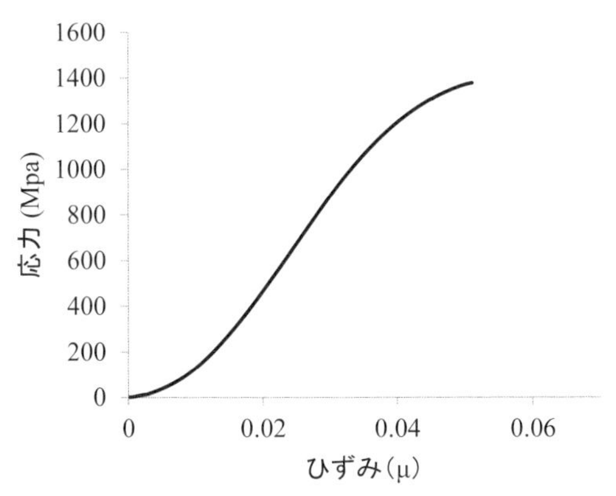

図 5.13　ワイヤロープの応力ひずみ関係

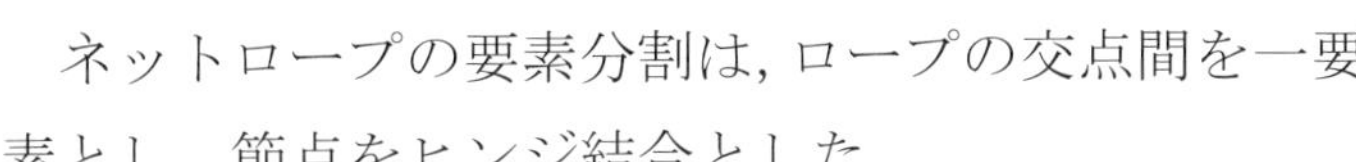

ネットロープの要素分割は，ロープの交点間を一要素とし，節点をヒンジ結合とした。

また，ネットロープと外辺のロープ接続部は，ワイヤネットを編み込むように外辺のロープを組み立てていることから，ネットロープと外辺ロープの交点をスライドできるようにモデル化を行っている。

ロープ係留部および支柱基部の支点は，砂地盤での実験であったことから，地盤の変形を考慮するモデルとした。各支点にはバネ要素を用い，実験で測定したアンカー頭部の最大変位とロープ張力の関係から k=500 kN/m とした。

重錘は，実験で用いた形状で質量 1t でモデル化し，v=19.8m/s で防護柵に衝突させている。

なお，本解析では，設計実務への適用性評価を目的とし金網をモデル化しない簡易モデルとした。

(3) 解析結果

図 5.14 (a)～(j) に解析結果と実験の比較を示す。重錘加速度の経時変化の波形は，最大加速度

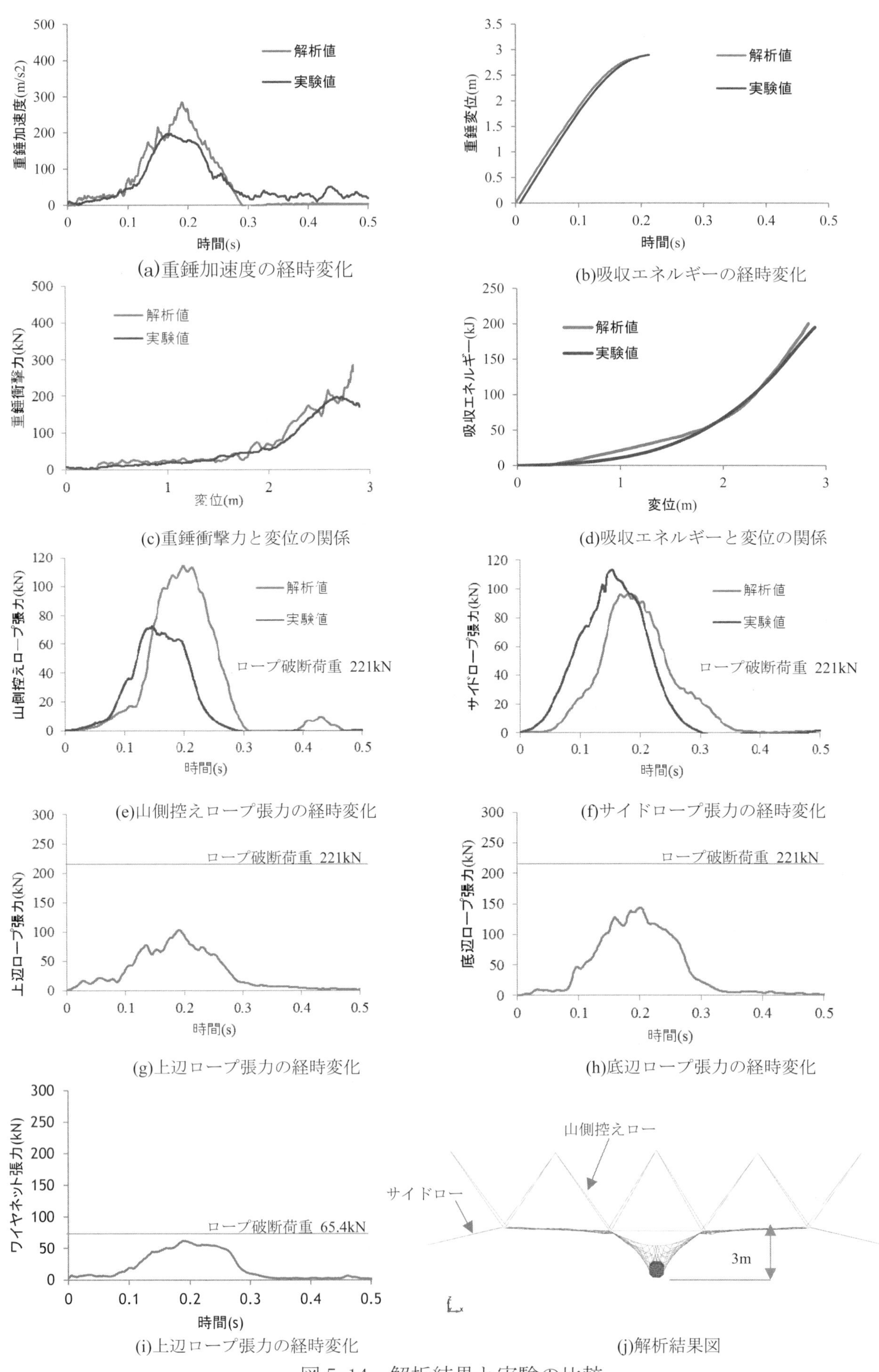

図 5. 14　解析結果と実験の比較

で実験結果の 1.3 倍程度となっており，大きい応答を示しているものの，衝撃力の立ち上がりおよび衝撃力作用時間は概ね再現できているものと考えられる。

重錘の最大変形量は，実験結果を概ね再現できており，防護柵の変形性能の評価として有用な結果といえる。

重錘衝撃力と変位の関係および吸収エネルギーと変位の関係は，概ね実験の波形を再現できており変形量に応じた部材の剛性を評価できているものと考えられる。

実験値と比較したサイドロープの最大張力は，概ね実験値を再現しており，山側控えロープの最大張力は，実験結果に比べ約 1.5 倍となっている。これは，金網をモデル化していないことで，重錘衝突付近の応答が大きくなっているものと考えられる。

上辺ロープ，底辺ロープおよびネットロープの最大張力は，ロープの破断荷重に対する応答値/限界値の比としてみると，0.5～0.9 程度であり，限界状態に対する安全性を確保していることがわかる。

(4) まとめ

本研究で行った落石防護柵の LS-Dyna の解析による性能評価を以下にまとめる。

1) 重錘加速度は，実験値に比べ大きいものの，最大変位は概ね再現でできている。
2) 実験結果と比較した山側ロープおよびサイドロープの最大張力は，0.9～1.5 倍であり，変動があるものの実験の範囲であればシミュレーションが可能である。
3) 本研究で検討した LS-Dyna を用いた簡易モデルは，変形量に関して実験結果を概ね再現できており，ロープ張力に関して，応答値が大きくなる傾向にあるものの，限界値を大きく超えることはなく，実験の範囲では，数値シミュレーションによる性能評価が可能であるものといえる。

5.4 構造細目等

5.4.1 杭式落石防護柵の基礎の設計

(1) 概要

支柱強化型の落石防護柵は，支柱を直接土中に埋め込む杭式タイプと重力式擁壁に支柱を建て込む擁壁タイプに大別される(図 5.15)。落石等の防護柵の支柱は，落石の作用が発生したときに支柱が塑性変形しエネルギーを吸収する構造であり，防護面のワイヤロープ等の柵高を保持し，支柱が変形することでエネルギーを吸収する構造である。

ここでは，基礎の設計を行う上での留意点を整理し，設計手法の違いについて述べる。

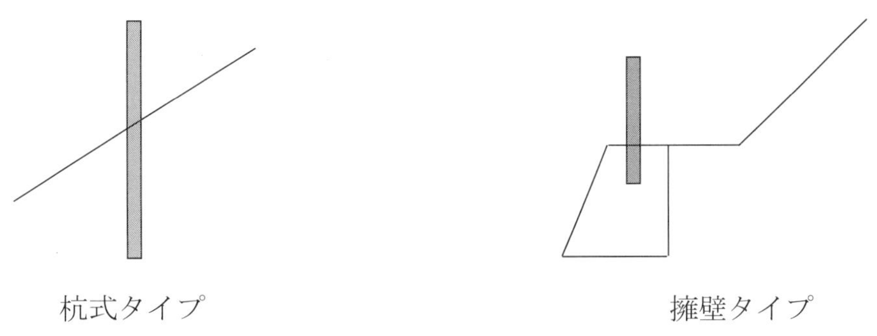

図 5.15　防護柵の設置方法

(2) 杭基礎の解析手法

1) 解析手法の概要

杭基礎の解析方法は，杭基礎便覧において，表 5.3 に示す①極限地盤反力法，②弾性地盤反力法，③複合地盤反力法の手法が解説されている。

表 5.3　杭基礎の解析手法 [6)]

解析法	①極限地盤反力法	②弾性地盤反力法	③複合地盤反力法
計算モデル	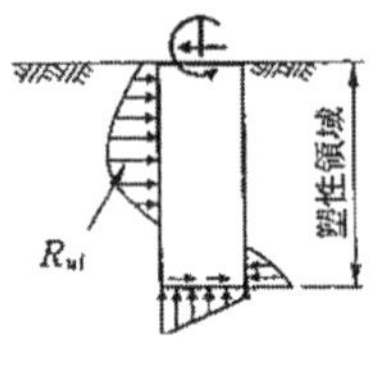 塑性領域 R_{ui}	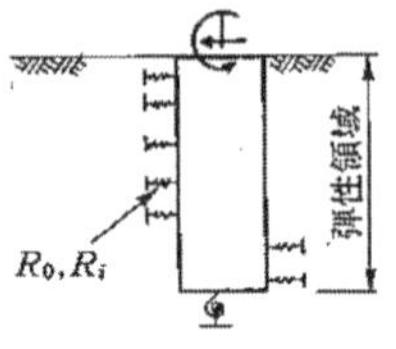 弾性領域 R_0, R_i	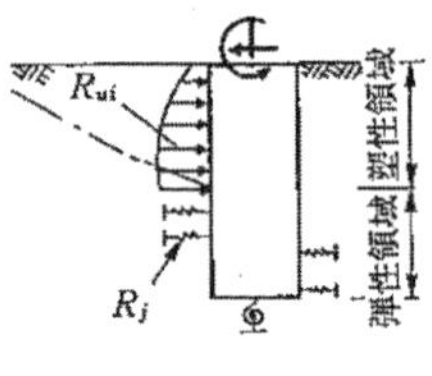 塑性領域 弾性領域 R_{ui} R_j
地盤の要素における荷重強度と変位の模式図	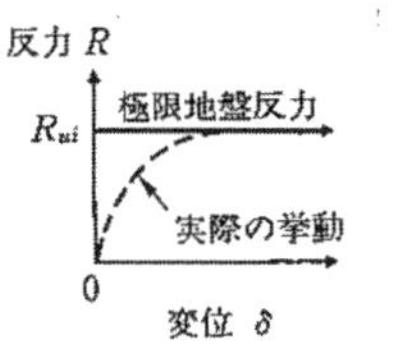 反力 R 極限地盤反力 R_{ui} 実際の挙動 0 変位 δ	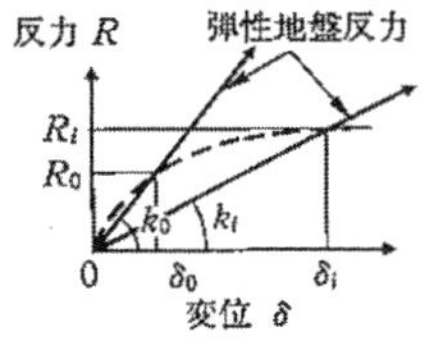 反力 R 弾性地盤反力 R_i R_0 k_0 k_i 0 δ_0 δ_i 変位 δ	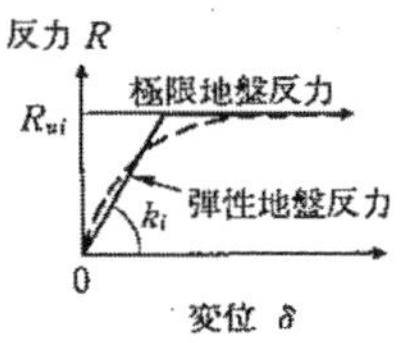 反力 R 極限地盤反力 R_{ui} k_i 弾性地盤反力 0 変位 δ
得失	○根入れの短い剛な基礎に適用 ○基礎の変形との関係が明確でない	○実用的には基礎の変位に対応した設計が可能 ○地盤の極限支持力との関係が明確でない.	○理論的には変形と極限支持力を同時に評価できる. ○地盤定数や計算モデルに敏感である.

① 極限地盤反力法

極限地盤反力法は，杭の根入れ部分全体が極限状態に達するものと仮定し，そのときの地盤反力を求める方法である．本手法は，根入れの短い剛な基礎の安定解析手法であり，簡便に杭の安定を評価できる反面，与えられる地盤反力が変位と無関係であるので，杭の変位を求められない。

簡便に基礎の安定を評価する手法として，比較的簡易な構造の一つである遮音壁の支柱の安定評価に用いられている。

② 弾性地盤反力法

弾性地盤反力法は，線形弾性地盤反力法と非線形弾性地盤反力法に大別される。線形地盤反力法は，地盤反力が杭の変位に比例するものと仮定し，地盤を弾性体として評価することから，極限状態の地盤反力を求められないものの，杭頭あるいは杭先端の境界条件により，変位に対する荷重を求めることができる。

代表的な計算手法として，林-Chang の方法および弾性床上のはり部材の剛性マトリクスを用いた計算法があり，基礎本体の変形を基本にして，水平抵抗を検討する場合に適しており，地すべり鋼管杭，自立式土留めの親杭および道路橋の杭基礎（常時・暴風時およびレベル 1 地震動）の照査に適用されており，地盤を弾性体として評価できる範囲に適している。

非線形弾性地盤反力法は，地盤反力と杭の変位との非線形関係を仮定した手法であり，仮定する非線形関係によっては，複合地盤反力法と明確に区別ができない。本手法においても，地盤の極限支持力は求められず，変位に対する荷重を求めている。代表的なものに港湾の基準に作用されている港研方式があり，相似則から求めた非線形関係が用いられている。

非線形弾性地盤反力法は，解を得るために複雑な計算が必要となるが，港研方式では，基準となる杭について得られた基準曲線，相似則を用いて計算する実用的な手法がとられている。

③　複合地盤反力法

複合地盤反力法は，弾性領域にある地盤に対して，弾性地盤反力法を適用し，塑性領域にある地盤に対して，一般に変位と無関係な受働土圧等の塑性抵抗を考える方法である。理論的には，杭の軸直方向に対して，地盤から定まる極限支持力が求められるが，地盤のモデル化（弾性地盤反力法の種類，塑性抵抗の考え方）が多種多様であり，それに伴う適用限界を考える必要がある。本手法は，斜面上の深礎基礎の照査に適用されている。

2）落石等の防護柵の杭の解析手法

衝撃作用を受ける落石等の防護柵の杭の解析手法は，落石作用時に支柱が塑性変形するものや，地盤の破壊によりエネルギーを吸収するものがあり，厳密に解を求めようとした場合，解析手法は複雑となる。

現在，強化型落石防護柵の性能照査方法は，実規模実験により性能を評価した実証型のエネルギー照査法と根入れ部を荷重で評価する静的解析を複合的に組み合わせた手法が用いられている。

杭の根入れ長の決定は大きく分けて，①弾性地盤反力法を用いた手法（以下，弾性解析），②複合地盤反力法を用いた手法（以下，弾塑性解析）で行っている。

①　弾性解析

弾性解析の杭の根入れは，半無限長の杭として評価できる杭の根入れ（$\beta \cdot Le > \pi \fallingdotseq 3$）を用いた事例が多く，経験的に支柱の根入れ長を 3m 程度確保し，地盤の極限支持力の評価を行っていないことが多い。

解析モデルは，単層の地盤の場合，変位法により簡便的に求めることができるものの，複合地盤や斜面上の設計では，杭前面のバネの低減を考慮する必要があり，剛性マトリクス法による手法で行っている。また，斜面上の杭基礎の解析では，杭前面の地盤の抵抗が脆弱と判断されるとき，表層部分を突出杭として照査している。

この手法により杭の根入れを決定すると，曲げ剛性の大きい杭は根入れが長く，曲げ剛性が小さい杭は，根入れが短くなる。

地すべり鋼管杭では，地盤の降伏・破壊の検討として受働土圧により照査を行っており，地盤の塑性域と弾性域を含めた全土圧を抵抗土圧としている。

遮音壁の杭基礎では，杭の設計を弾性解析で行い，盛土のり面等の傾斜地盤に施工を行う場合は，極限地盤反力法との組み合わせで照査している。

近年の強化型支柱の多くは，コンクリート充填鋼管を用いたものが増加しており，部材の降伏後の特性と前面地盤の塑性化後の特性および要求性能を十分に把握した上で，根入れ長を決定する必要がある。

②　弾塑性解析

弾塑性解析は，杭前面地盤が水平支持力を超えると塑性化領域として判定し，前面土塊を受働土圧としてモデル化し，繰り返し解析を行う手法である。

本手法は，平成 23 年以前の NEXCO 設計要領におけるレベル 1 地震動に相当する杭の根入れの評価では，弾性領域に 2m の根入れを照査（以下，旧照査法）していたものの，現行基準の評価では杭底面の鉛直支持力とせん断抵抗力で照査（以下，新照査法）を行っている。

本手法は，弾性解析に比べて複雑な照査法であり，地盤のモデル化（γ：土の単位体積重量，C：土の粘着力，ϕ：土の内部摩擦角）により大きく解析結果が異なる。特に粘着力を評価しない土砂層が主体となる場合は，著しく杭長が長くなり適用性に劣る[7]ことから，杭前面地盤のモデル化が重要である。

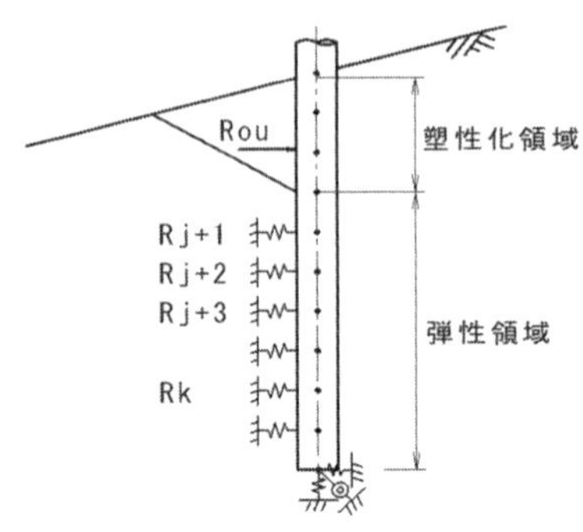

図 5. 16 水平方向の安定

(3) 擁壁タイプ

1) 有効長の留意点

直接基礎の擁壁上に支柱を建て込む擁壁タイプでは，擁壁の有効長の考え方が重要となる。従来の落石防護柵では支柱間隔を 3m としているものに対して，支柱強化型では支柱間隔を 5m～10m 程度のものもある。有効長の評価方法は，①伸縮目地間隔，②基礎高の 4 倍，③伸縮目地にスリップバーを設けた数ブロック等があり，評価方法により大きく断面が異なる。

2) 安定計算の留意点

安定計算は，擁壁の変形を考慮しない転倒・滑動・支持力による評価法と地盤をバネに置き換えて地盤の変形エネルギーにより照査を行う評価法[8]がある。

前者は，支柱の塑性変形に対して擁壁の安定を照査するものであり，モデル化した位置に落石が衝突した際に発生する転倒モーメントと水平力を設計外力として照査を行っているものの，支柱基部付近の落石に対して根入れ部の評価ができないことが課題である。

後者は，擁壁に落石が直撃する場合は，擁壁を剛体として評価し地盤の変形エネルギーにより吸収するものであり，落石対策便覧による手法が一般的に用いられているものの，防護柵に落石が衝突したときの評価方法が課題である。

近年，新しい落石防護擁壁の設計法[8]も提案されており，強化型落石防護柵の設計を行う際に参考にするとよい.

5. 4. 2　落石防護網・柵等のアンカーの設計

(1) はじめに

1) アンカーの要求性能

落石等の防護構造物の基礎の一つであるアンカーの要求性能は，常時の作用，落石の作用，降雨の作用，地震の作用，積雪寒冷地における積雪等の作用に対して上部構造を保持することにあり，アンカーに係留するロープ材等の破断強度に比べ強固なものが望ましい。

一般的に地中に定着するアンカーは，斜面安定工に用いられるグラウンドアンカー[9)]やロックボルト[10)]があるものの，その機能と要求性能は落石防護柵等の基礎構造と大きく異なる。

2) アンカーの種類

アンカーの種類は，岩盤用アンカーボルトやワイヤロープアンカー等のように地盤にグラウト材で定着する構造およびパイプアンカーやコンクリートブロックのように地盤の受働土圧で抵抗する構造に大別される。

近年，高エネルギー型の落石防護柵が開発され，アンカーに作用する荷重も従来型の防護柵・網に比べて増加傾向であり，柔構造のワイヤロープの作用方向に追随できるワイヤロープ型の事例が増加している。図 5. 17 にアンカーの種類の一例を示す。

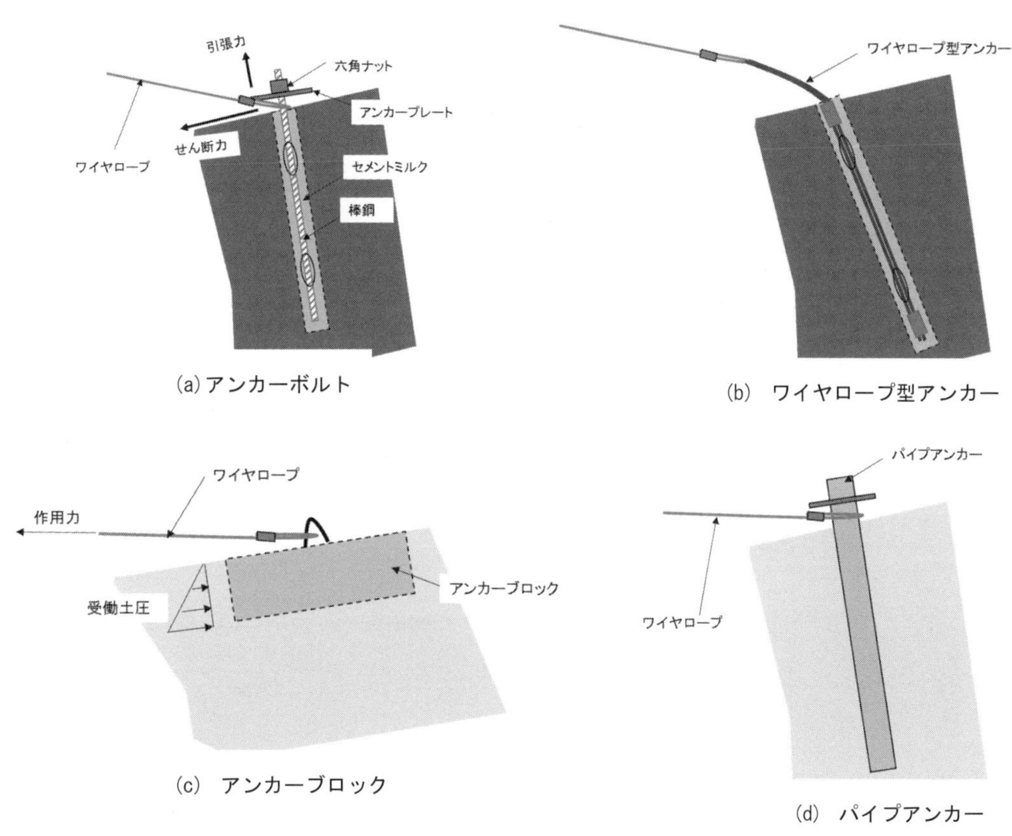

図 5. 17　アンカーの種類の一例

(2) 性能照査方法

1) 岩盤用アンカーボルト

岩盤用アンカーボルトは，ロープの破断荷重に対して十分アンカー材が降伏しないように設計するする必要がある。

① アンカーボルトのせん断耐力

アンカーボルトのせん断耐力は，強固な岩盤に定着している場合，次式で求めることができる。

$S_y = \tau_y \times A / \gamma_b$

ここに，τ_y：アンカーの降伏せん断応力度$=\sigma_y / \sqrt{3}$ (N/mm^2)，σ_y：アンカー材の降伏強度(N/mm^2)，

A：アンカーネジ部の有効断面積(m^2)，γ_b：部材の施工や衝撃等による安全係数である。

② アンカーボルトの引張耐力

アンカーボルトに引張力が作用する場合は，定着材料に応じて照査を行う必要があり，ボルト本体の引張強度，アンカーボルトと定着材料の付着強度，定着材料と岩盤等の定着強度による照査を行う。

i. アンカーボルトの引張耐力

$T_R = \sigma_y \times A / \gamma_b$

ii. アンカーボルトと充填材の付着耐力

$T_R = \tau_{ba} \times U \times l / \gamma_b$

iii. 充填材と地山の付着耐力

$T_{ug} = \tau \times \pi \times d_A \times l / \gamma_b / f_g$

ここに，σ_y：アンカー材の降伏強度(N/mm^2)，A：アンカーネジ部の有効断面積(m^2)，τ：充填材と地山との極限周面摩擦抵抗(N/mm^2)，d_A：削孔径(mm)，l：アンカーボルトの有効定着長(mm)，τ_{ba}：アンカー材と充填材の付着応力度(N/mm^2)，U：アンカー定着部の周長(mm)，γ_b：部材の施工や衝撃等による安全係数，f_g：地盤の引き抜き力に対する安全係数（一般的に 1.5～2.0）である。

岩盤用アンカーボルトの充填材の付着応力度は，ケミカルアンカー等の仕様書による。充填材にセメントミルクを用いた構造では，土木学会コンクリート標準示方書[11)]を参考に設定している事例が多く，類似構造のロックボルト等でグラウト材の充填方式に応じて地盤工学会の文献[9),10)]を参考に照査されている。なお，地山と充填材の極限摩擦抵抗は，現地における基本調査試験により求めることを原則としている事例が多い。

2) ワイヤロープ型アンカー

ワイヤアンカーの引張力の照査は，アンカーロープの破断，アンカーとセメントミルク充填材料の付着強度，定着材料と岩盤等の定着強度による照査を行う。

① アンカーの引張耐力

$T_R = T_U / \gamma_b$

② アンカーと充填材の付着耐力

$T_R = \tau_{ba} \times U \times l / \gamma_b$

③ 充填材と地山の付着耐力

$T_{ug} = \tau \times \pi \times d_A \times l / \gamma_b / f_g$

ここに，T_U：アンカー材の破断荷重(kN)，τ：充填材と地山との極限周面摩擦抵抗(N/mm^2)，d_A：削孔径(mm)，l：アンカーボルトの有効定着長(mm)，τ_{ba}：アンカー材と充填材の付着応力度(N/mm^2)，U：アンカー定着部の周長(mm)，γ_b：部材の施工や衝撃等による安全係数，f_g：地盤の引き抜き力に対する安全係数（一般的に 1.5～2.0）である。

ワイヤロープ型アンカーは，ワイヤロープの作用方向が変形によって大きく変化する柔構造に多く用いられるようになってきており，フレキシブルに屈曲できることからアンカー頭部の局部的な損傷が少ないことが特徴である。また，比較的軟弱な地盤においてもアンカー頭部を鋼管等で補強することで引き抜き力耐力を保持したまま変形できる特徴を有している。図 5.18 は，定着部の損傷抑制を確認した軟弱地盤のアンカー水平載荷試験の事例である。

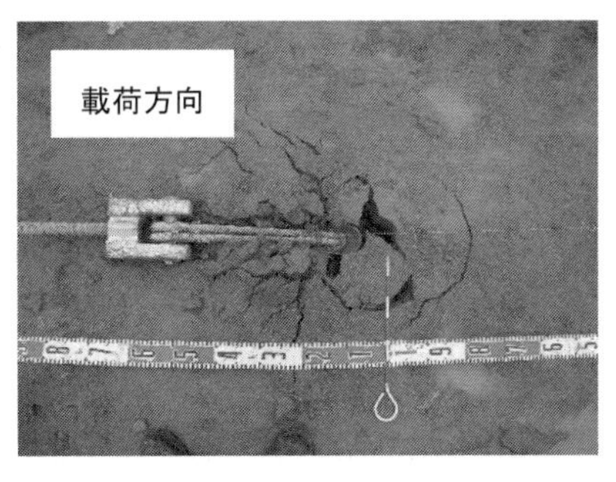

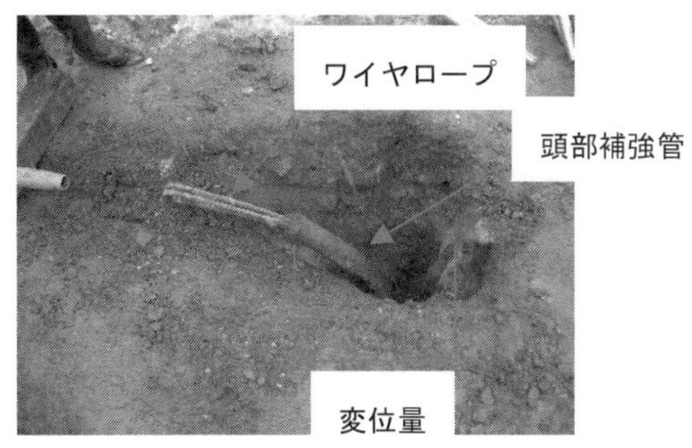

図 5. 18　アンカーの水平載荷試験の事例

フレキシブルにアンカー頭部が変形するワイヤロープ型のアンカーは，係留するロープの作用力に対して十分な引張耐力を有している必要がある。

アンカーの定着体は摩擦抵抗型のもの主流であり，一般的に 2m～10m 程度のものが多く使用されている。

なお，グラウンドアンカーのアンカー体（定着部）の長さは，3m～10m を標準としているものの，現場条件により，標準的な範囲を超える場合は，試験アンカー等により安全性の確認を行うことを前提としている。10m を超えるアンカー体の使用事例では，全数の耐力確認を性能照査とした事例もある。

3) アンカーブロック

アンカーブロックは，土中に埋設される構造であり，滑動，転倒，支持力に対する安定性について照査する必要がある。設計外力に応じた形状は，落石対策便覧等で紹介されている。

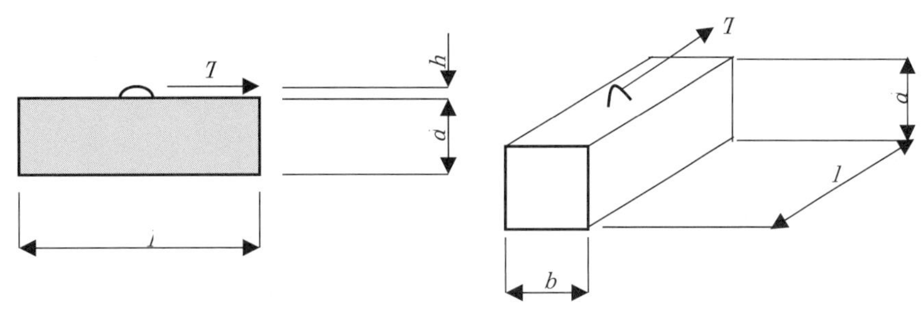

タイプ	T(kN)	b(m)	l(m)	d(m)	h(m)	記事
I	60	1.00	2.00	1.20	0.03	土の内部摩擦角 Φ=30° 土の主働土圧係数 K_a=0.3 土の受働土圧係数 K_p=3.0 土とコンクリートの摩擦係数 μ=0.55 地耐力 q=150kN/m^2 土の単位体積重量 γ_a=18kN/m^3 コンクリートの単位体積重量 γ_c=23kN/m^3
II	40	0.90	1.60	1.20	0.03	
III	30	0.80	1.40	1.20	0.03	
IV	25	0.70	1.30	1.20	0.03	
V	20	0.80	1.20	1.00	0.03	

図 5. 19　アンカーブロックの寸法の目安 [4)]

4) パイプアンカー

パイプアンカーは，アンカーの設置位置が土砂でコンクリートアンカーブロックの設置が困難な場合に用いられる事例が多く，土圧板を追加し受働抵抗を大きくしたものや杭式のものがある。

水平抵抗力の性能照査手法は，軟弱地盤での耐荷試験をもとに基本耐力を定めたものや，鋼管杭として性能照査したものがあり，原則として現地の水平引張試験により耐力を確認している [12)]。

参考文献

1) 今野久志，西 弘明，山澤文雄，加藤俊二，内藤直人，小室雅人：ポケット式落石防護網の落石衝突時における回転エネルギーの影響に関する実験的研究，土木学会北海道支部論文報告集，第72号, 2016.2.
2) Werner Gerber : Guideline for the approval of rockfall protection kits, Swiss Agency for the Environment, Forest and Landscape(SFEFL) and the Swiss Federal Research Institute(WSL)，2006.
3) European Organization for Technical Approvals(EOTA) : ETAG27，GUIDELINE FOR EUROPEAN TECHNICAL APPROVAL OF FALLING ROCK PROTECTIONKITS，2013.4.
4) 日本道路協会：落石対策便覧，丸善，2000.6.
5) 西田陽一，石井太一，桝谷浩：ワイヤネット式落石防護柵の性能評価に関する実規模実験と解析について，土木学会，第11 回 構造物の衝撃問題に関するシンポジウム論文集，2014.10.
6) 日本道路協会：杭基礎設計便覧，2007.
7) 中島栄治他：斜面上の基礎の設計，土木学会論文集 第355号，Ⅳ-2，pp.46-52，1985.3.
8) 地盤工学会：落石対策工の設計法と計算例，2014.11.
9) 地盤工学会：グラウンドアンカー設計・施工基準，同解説，2012.5.
10) 地盤工学会：地山補強土工法設計・施工マニュアル，2011.8.
11) 土木学会編：コンクリート標準示方書，1976.
12) 北海道建設部：雪崩予防柵の手引き（案）2001.3.

第Ⅲ編　衝突作用を受ける各種構造物の性能設計例

これまでの経緯と本編の構成

衝突作用を受ける構造物には多種多様なものがあるが，ここでは性能設計を踏まえた検討例が比較的多い構造物・構造部材に着目し，性能設計の例を提示することとした。

各種の衝突作用を受ける構造物の性能設計を体系化し，包括的な設計コードを作成することが最終目標であるが，構造物の構造上，材料上の特質や衝突作用の違いなどから，包括的な設計コードを確立することは容易ではない。しかしながら，社会的には性能設計の進展が強く要望され，その要求は実務者の設計業務にも及んでいるのが実情である。

包括設計コードを目標とする限りにおいて，各種構造物の特徴を反映した性能設計例の集約および提示は実務者の設計業務に対して大いに参考となり，有益であると考えられる。

本編では，5 種類の構造物（構造部材）に着目し，衝突作用や構造，材料上の特質を反映した性能設計の例を構造物ごとに示し，実務者を含む多くの会員への情報提供の観点をも含めて文章化したものである。

ただし，初めての試みであり，全ての構造物（構造部位）を統一的に扱い得る包括的な設計コードの提示には至っていない。そのため，用語の定義や記載方法，体裁なども章ごとに一部異なる場合があるが，性能設計例を速報し，衝突作用を受ける構造物の性能設計の現状や考え方を提示することの重要性を最優先に考え，本編を取りまとめたものである。

第 1 章では鋼製透過型砂防構造物の性能設計例が示されている。また，比較の観点から従来構造物である重力式堰堤（コンクリート堰堤）に関しても一部検討が行われ，最後には具体的な数値計算例も示されている。

第 2 章では港湾構造物における耐衝撃設計と題して，主に消波ブロックの衝突による防波堤ケーソンの設計マニュアル（案）が提示され，実務者が性能設計を行う上での参考となる情報が提供されている。

第 3 章では竜巻飛来物の衝突による原子力施設防護対策に関する耐貫通設計ガイドと題して，鋼板構造物および高強度金網を適用した防護ネットを防護対策とする場合の性能設計例が実験および解析結果を踏まえて提示されている。

第 4 章では最も基本的な構造要素として曲げ破壊型の RC 梁に着目し，多くの実験結果を基にした性能設計マニュアル（案）と設計事例が提示されている。

第 5 章では支持条件や衝突作用が異なる場合にも適用可能な押抜きせん断型の破壊性状を示す RC 版中央に衝突作用が作用した場合の性能設計例を提示している。なお，せん断破壊型のため，版裏面の損傷状況を重要な因子として着目して諸規定を行っている。

本編が今後，さらに集約された情報・知見や提言を基に作成される衝突作用を受ける各種構造物の包括設計コードの基礎となり，実務者に有益な情報となることを期待するものである。

第１章　鋼製透過型砂防構造物の性能設計

1.1　はじめに

近年，異常気象の影響により，設計で想定したよりはるかに大きな巨礫（写真 1. 1）を含む大規模な土石流が発生して，砂防堰堤を破壊する事例（写真 1. 2～1. 4）が発生した。また一方で，小渓流域で頻繁に小規模な土石流が発生する場合も見受けられる。　これまで鋼製砂防構造物は，「土石流・流木対策設計技術指針及び同解説」[1)]および「鋼製砂防構造物設計便覧」[2)] に基づいて設計されてきた。しかし，最近我が国においても ISO(国際標準化機構）において策定される国際規格の遵守が求められるようになり [3)]，したがって，砂防構造物もその性能設計体系を整えるための包括設計コードを提示してきた [4)]。

本章では，特に鋼製透過型砂防構造物に限定した性能設計法 [5)]について提案するものである。すなわち，特に極めて大きい土石流荷重を受ける鋼製透過型砂防構造物の安全性の観点および小規模土石流を対象とした鋼製砂防構造物の開発の観点から，鋼製透過型砂防構造物の性能設計法を提示するものである。なお、比較の観点から従来の重力式堰堤であるコンクリート堰堤についても一部検討している。　これまで国土交通省においても，2 段階の外力レベルを想定した例 [6)]（付録参照）があったが，ここでは小規模土石流を含めて 3 段階の外力レベル [4)]を設定する。すなわち，現行設計荷重を荷重レベル 2 として，そのまま通常の砂防堰堤の設計を行うものとし，深層崩壊などに起因する大規模な土石流を荷重レベル 3 として構造安全性を照査する。さらに，新たに現行設計荷重以下の小規模な土石流を荷重レベル 1 として応急砂防堰堤または小規模砂防堰堤を開発することを目的としている。　フォーマットはなるべく「土木・建築にかかる設計の基本」[3)]に従うようにし，最後に具体的な数値計算例を示した。

写真 1.1　下流の巨礫 (平均礫径 6.7m)

写真 1.2　鋼製透過型堰堤の破壊事例 1

写真 1.3　鋼製透過型堰堤の破壊事例 2

写真 1.4　コンクリート堰堤の破壊事例

1.2　総則

1.2.1 適用

本「鋼製透過型砂防構造物の性能設計法（案）」は，鋼製透過型砂防構造物を対象として，構造設計に係わる技術標準の策定・改定の基本的方向を示すものである。

砂防構造物全般にかかる設計は，包括的に「土木学会：防災・安全対策技術者のための衝撃作用を受ける土木構造物の性能設計-基準体系の指針-」[4]で示した砂防構造物の包括設計コードの枠組みに従う。またその上位にある ISO2394 を代表とする国際規格の枠組みおよび国土交通省の定めた「土木と建築にかかる設計の基本」[3]に従うものである。

【解説】

① 本「鋼製透過型砂防構造物の性能設計（案）」は,「土木・建築にかかる設計の基本」[3]（国交省）および「防災・安全対策技術者のための衝撃作用を受ける土木構造物の性能設計-基準体系の指針-」[4]（土木学会）を参考にして，鋼製透過型砂防構造物[2]を対象としている。

② 鋼製透過型砂防構造物の性能設計は，「砂防構造物の包括設計コード(案)」[4]に沿って安全性，使用性，修復性といった事項以外に，景観，自然環境に与える影響、経済性等にも配慮した総合的なものであるが，ここでは，以下の設計の基本で規定した安全性，使用性，修復性を考慮した「構造設計」に限定している。

③ 「土木･建築にかかる設計の基本」[3]では,「信頼性設計の考え方を基礎とする」とあり,「限界状態を設定して作用および構造物の耐力が有する不確定性を考慮し，設計供用期間内に限界状態を越える状態の発生を許容目標範囲内に収める」ことを意図している。よって，以下に述べる 安全性を照査する手法の一つとして，外的安定性（安定計算）および内的安全性（構造計算）の考え方においては，その安全係数を決定する場合に所定の信頼性を確保するよう決定することを前提に記述する。

1.2.2　鋼製透過型砂防構造物の設計の基本

本「鋼製透過型砂防構造物の性能設計法（案）」では，構造物の安全性等の基本的要求性能と構造物の性能に影響を及ぼす要因を明示的に扱うことを基本とし，要求性能（安全性）を満たすことの検証方法の一つとして，外的安定性（安定計算）および内的安全性（構造計算）の考え方を採用する。設計においては，設計の対象とする砂防構造物の設計供用期間を定め，設定した期間において，以下の要求性能を確保することを基本とする。

(1)　想定した作用に対して鋼製透過型砂防構造物内外の人命の安全性等を確保する（安全性）。

(2)　想定した作用に対して鋼製透過型砂防構造物の機能（土石流・流木捕捉機能）を適切に確保する（使用性）。

(3)　必要な場合には，想定した作用に対して適用可能な技術でかつ妥当な経費および期間の範囲で修復を行うことで継続的な使用を可能とする（修復性）。

【解説】

① 砂防構造物の設計においても，設計供用期間を設定することを規定した。

② 安全性の概念は「人の安全」を基本とし，ここでは，人為的に建設され，通常は無人の構造物の崩壊を防止することも安全性の概念に含め，「構造物内外の人命の安全性等」としている。

③ 「安全性」，「使用性」という砂防構造物の基本的要求性能と並列して，「修復性」という要求性能を示した。この「修復性」とは，想定した作用による構造物の損傷に対して，妥当な手法，経費，期間で修復することにより，継続使用を可能とすることができるようにする損傷レベルのコントロールを意図している。

④ なお，参考までに鋼製透過型構造物の設計に際しては，局部的な破壊が構造システム全体に対して致命的な影響を及ぼすことがないように，リダンタンシ―（冗長性）やロバストネス（頑強性）やレジリエンス（弾力性）の概念を考慮している。

リダンタンシ―（Redundancy）とは，「冗長性」，「余剰」を意味し，一部の部材が破壊しても構造物全体が機能不全に陥らないように予備の負荷能力を準備している性質。

ロバストネス（Robustness）とは，構造物が想定外の外力に対して脆弱にならないように，十分な抵抗性を確保しておく性質。

レジリエンス（Resilience）とは，回復力のある粘り強さを意味し，被害を最小限に留めるとともに，被害からいち早く立ち直り，元の構造物に戻る性質。

1.2.3　鋼製透過型砂防堰堤に求められる要求性能

鋼製透過型砂防堰堤に求められる要求性能としては，以下のように機能と性能を分けて考える[7)]。

(1) 機能とは，土石流・流木捕捉機能をいう。

(2) 性能とは，外的安定性能（転倒・滑動・地盤支持力）および内的安全性能（部材の強度や変形など構造上の安全性）をいう。

ここでは，(2)の安全性能のみを取り扱い，(1)の機能については，取り扱わない。

すなわち，砂防堰堤は，1.4.2 の力学的荷重に対し，以下の性能を保持しなければならない。

① 外的安定性（安定計算）：転倒、滑動、地盤支持力の安定性の条件を保持しなければならない（図 1.2 参照）。

② 内的安全性（構造計算）：部材あるいは構造全体が限界を越えて変形もしくは破壊してはならない（図 1.4，図 1.11，図 1.15 参照）。

【註】外的安定性については，1.7.1，1.8.3，また内的安全性については，1.7.2，1.8.5，1.8.6 に詳細に記述している。

1.3　限界状態

1.3.1　限界状態の定義

検証の対象とする限界状態としては，使用限界状態，修復限界状態および終局限界状態とする。ただし，設計対象としている砂防構造物の目的等に応じて限界状態を選択するものとする。

【解説】

① 使用限界状態，修復限界状態および終局限界状態の定義は，表 1.1 に示すように「土木・建

築にかかる設計の基本」[3)]の通りとした。

② 設計に際して，すべての限界状態を考慮する必要はなく，各構造物の特性に応じて，限界状態を選択するものとする。

表 1.1　限界状態の定義 [4)]

限界状態	定義
使用限界状態 (Serviceability limit state)	想定される作用により生ずることが予測される応答に対して，構造物の設置目的を達成するための機能が確保される限界の状態（例：転倒安定：ミドルサード，応力：許容応力度内）。
修復限界状態 (Restorability limit state)	想定される作用により生ずることが予測される損傷に対して，適用可能な技術でかつ妥当な経費および期間の範囲で修復を行えば，構造物の継続使用を可能とすることができる限界状態。
終局限界状態 (Ultimate limit state)	想定される作用により生ずることが予測される破壊や大変形等に対して，構造物の安定性が損なわれず，その内外の人命に対する安全性等を確保し得る限界の状態（例：転倒安全率＝1.0，構造破壊の照査）。

1.3.2 限界状態に対する基本的な考え方

限界状態に対する基本的な考え方は，図 1.1 の通りである。すなわち，

① 使用限界状態以下の場合は，何もしないで使用可能である。

② 使用限界を超えて修復限界までの間は，経過観察もしくは小修復して使用可能とする。

③ 修復限界を超えて終局限界までの間は，大改修をして使用可能とする。

④ 終局限界を超えた場合は，建て替え，または補強または交換する。

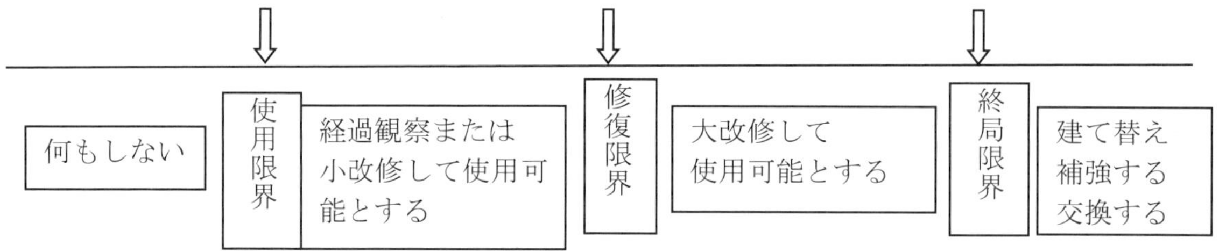

図 1.1 限界状態に対する基本的な考え方

1.4 作用

1.4.1 作用の定義

作用とは，以下のものをいう。

(1)　鋼製透過型砂防構造物に集中あるいは分布して作用する力学的な力の総称（直接作用）。

(2)　鋼製透過型砂防構造物に課せられる変形や構造物内の拘束の原因となるもの（間接作用）。

(3)　鋼製透過型砂防構造物の材料を劣化させる原因となるもの（環境作用）。

また，荷重とは，鋼製透過型砂防構造物に働く作用を必要に応じて，砂防構造物の応答性を評価するモデルを介して，断面力や応力や変位等の算定という設計を意図して静的または動的計算の入力に用いられるために，砂防構造物に直接載荷される力学的な力の集合体に変換したものをいう。

【解説】

(1) 作用と荷重の違いは表 1.2 の通りである。

表 1.2 作用と荷重の違い

作用	荷重
砂防堰堤の特性とは無関係なものである。	砂防堰堤の特性により異なり、砂防堰堤の設計の基本となるものである。

(2) 間接作用としては，温度変化に伴う膨張・収縮、地盤沈下等が挙げられる。

(3) 環境作用（Environmental influences）については，腐食等が考えられる。

ここでは, (1) の力学的荷重（直接作用）についてのみを対象とする。

1.4.2　砂防堰堤に作用する力学的荷重

砂防堰堤に作用する力学的荷重は，自重，静水圧，堆砂圧，土石流流体力，地震荷重，礫衝突荷重，流木衝突荷重，底面に発生する揚圧力があるが，ここでは，以下のように荷重レベル 1,2,3 を設定する。

①荷重レベル 1（5 年－20 年再現確率）：小渓流域で頻繁に発生する小規模な土石流を言い，荷重の種類は現行設計荷重と同じである。

②荷重レベル 2（100 年再現確率）：現行の設計荷重をそのまま荷重レベル 2 とする。

③荷重レベル 3（200 年再現確率）：主として深層崩壊などに起因する大規模土石流荷重をいう。

1.4.3　荷重レベルと限界状態との関係

荷重レベルと限界状態との関係について示すと，表 1.3 のようになる。

表 1.3 荷重レベルと限界状態との関係

荷重レベル	荷重レベル 1 以下	使用限界	荷重レベル 2 以下	修復限界	荷重レベル 3 以下	終局限界	荷重レベル 3 以上
通常構造物	何もしない		一部部材交換を含む小修復		大改修または建て替え		建て替えまたは補強または交換

1.5　砂防堰堤の種類

ここで対象とする砂防構造物は、以下の 3 種類の砂防堰堤である。

① 緊急砂防堰堤：主として荷重レベル 1 に対応し，緊急的にまたは小規模渓流に設置可能な砂防堰堤で供用期間は約 20 年とする。

② 通常砂防堰堤：主として荷重レベル 2 に対応し，現行の砂防堰堤で供用期間は約 50 年とする。

③ 重要砂防堰堤：主として荷重レベル 3 に対応し，保全対象直上流，堰堤の規模が大きい等，下流域への影響が大きい重要な砂防堰堤で供用期間は約 70 年とする。

1.6 性能マトリックス

1.6.1 耐土石流性能マトリックス

以上より，砂防堰堤の種類による限界状態の選択のイメージを表わす耐土石流の性能マトリックスは，荷重レベルに応じて 表 1.4 のように表わされる。

表 1.4　耐土石流の性能マトリックス

土石流規模	使用限界状態	修復限界状態	終局限界状態
荷重レベル 1(5-20 年再現確率)	○	△	
荷重レベル 2(100 年再現確率)	◆	○	△
荷重レベル 3(200 年再現確率)		◆	○

ここで，記号△，○，◆ は，それぞれ以下の砂防堰堤を意味する。

△:緊急砂防堰堤，　○:通常砂防堰堤，　◆: 重要砂防堰堤

1.6.2 砂防堰堤の種類による照査

表 1.4 は，以下のように説明できる。

(1) 緊急砂防堰堤または小規模砂防堰堤の場合

荷重レベル 1 に対して，一部の部材が塑性変形を許容する修復限界状態を設計の目途とし，荷重レベル 2 に対して終局限界状態を照査する（実質上は 2 段階となる）。

(2) 通常砂防堰堤の場合

荷重レベル 1 は，荷重レベル 2 に含まれるので荷重レベル 2 に対して，修復限界状態を設計の目途とし，大規模な荷重レベル 3 を設けて，終局限界状態に対する安全性照査を行う (実質上は 2 段階となる）。

(3) 重要砂防堰堤の場合

荷重レベル 2 に対して使用限界状態を設計の目途とし，荷重レベル 3 に対して修復限界状態内になるように安全性照査を行う（実質上は 2 段階となる）。

1.7 性能規定

荷重レベル 1 および荷重レベル 2 に対しては，現行の性能規定[1),2)]を満足させるものとし，荷重レベル 3 では，以下の荷重に対して安全性照査を行う。

(1) 礫衝突時：礫の直撃など局所的に作用する外力で，本体の内的安全性（構造計算）について照査する。

(2) 土石流作用時：土石流など想定される土砂移動現象中に作用する流体力で，本体の外的安定性（安定計算）と内的安全性（構造計算）について照査する。

(3) 損傷後：土砂移動現象終了後で恒常的に作用する外力（堆砂圧等）に対して，礫衝突または流体力で損傷した場合を初期条件として，外的安定性（安定計算）を照査する。

1.7.1　外的安定性（安定計算）

砂防堰堤を剛体と仮定して，荷重レベル 3 に対して下記の安定条件を満足するか否かを照査する。

(1)　転倒：外力モーメントが抵抗モーメントを上回らない。

(2)　滑動: 底面せん断力が極限底面せん断抵抗力を上回らない。

(3)　地盤支持力: 底面圧縮力が極限地盤支持力を上回らない。

(4) コンクリートの内部応力度；極限引張応力度を下回らない。
例えば，表 1.5 のような限界値が考えられる。

表 1.5 外的安定性の限界値

安定条件	荷重レベル 2	荷重レベル 3	備考
滑動に対する安定	$F_S \geq 4.0$	$F_S \geq 1.0$	F_S：滑動に対する安全率
転倒に対する安定	$\lvert e \rvert \leq B/6$ $\lvert e \rvert \leq B_S/6$	$F_r \geq 1.0$	e：偏心距離，F_r：転倒に対する安全率， B：コンクリート砂防堰堤の底面幅， B_S：鋼製透過型砂防堰堤の底面幅
地盤支持力に対する安定	$Q_1, Q_2 \leq Q_a$	$Q_1, Q_2 \leq Q_a'$	Q_1：下流側地盤反力，Q_2：上流側地盤反力 Q_a：許容地盤支持力，Q_a'：極限地盤支持力
コンクリートの内部応力	σ_1，　$\sigma_2 \leq \sigma_{ca}$	$\sigma_1 \leq \sigma_{ca}'$ $\sigma_2 \geq \sigma_{ta}'$	σ_1：下流側内部応力度，σ_2：上流側内部応力度，σ_{ca}：許容圧縮応力度，σ_{ca}'：極限圧縮応力度，σ_{ta}'：極限引張応力度

1.7.2　内的安全性（構造計算）

砂防堰堤を弾塑性体と仮定して、静的解析または動的解析により下記の安全条件を満足しているか否かを照査する。つまり，①堤体の一部が過度の変形もしくは破壊しない。②砂防構造物全体としての形状保持ができる。鋼管構造物の場合，例えば，表 1.6 および表 1.7 のような性能規定（案）が考えられる。

(1) 部材レベルの局部変形（へこみ変形）

表 1.6　鋼管部材の局部変形 (案)

限界状態	使用限界	小修復	修復限界	大修復	終局限界	交換
へこみ変形/ 鋼管径(δ/D)	0.1		0.4		0.7	

(2) 構造レベルの全体変形

表 1.7　鋼製構造物の全体変形 (案)

限界状態	使用限界	小修復	修復限界	大修復	終局限界	建て替え
水平変形/堰堤高さ(⊿/H)	2%		5%		10%	

1.7.3 性能照査方法

以上より，砂防堰堤の性能照査法は，表 1.8 のようになる。

表 1.8　砂防堰堤の性能照査法

土石流規模	外的安定性(安定計算)	内的安全性（構造計算）
レベル 1 荷重 (5 年-20 年再現確率)	土石流作用時：安定性照査 満砂時：安定性照査	礫衝突時：礫衝突に対するエネルギー照査 土石流作用時：部材の応力照査 満砂時：部材の応力照査
レベル 2 荷重 (100 年再現確率)	土石流作用時：安定性照査 満砂時：安定性照査	礫衝突時：礫衝突に対するエネルギー照査 土石流作用時：部材の応力照査 満砂時：部材の応力照査
レベル 3 荷重 (200 年再現確率) (大規模深層崩壊など)	土石流作用時：安定性照査 損傷後：安定性照査	礫衝突時：礫衝突に対して部材の応力および変形照査 土石流作用時：部材の応力照査 損傷後：部材の応力照査

1.8 数値計算例

1.8.1 目的

ここでは，通常の砂防堰堤を性能設計に適用する場合について数値計算によって検討し，性能設計法の問題点を探ることを目的とする。

1.8.2 方法

(1) まず，荷重レベル2に対し，コンクリート製砂防堰堤と鋼製透過型砂防堰堤の安定条件（転倒，滑動，地盤支持力，コンクリートの内部応力度）を満足するように，それぞれ堰堤本体の形状を決定する[8)]。また鋼製透過型堰堤の場合は鋼管の寸法などは弾性解析によって決定する。

(2) 次に，荷重レベル 3 に対してコンクリート製砂防堰堤と鋼製透過型砂防堰堤に対する安全性照査を行う[9),10)]。その際，衝撃解析プログラム（ここでは，ANSYS AUTODYN[11)]）を用いて，砂防堰堤の破壊性状を調べる。

1.8.3 荷重レベル 2 の設定

(1) 荷重レベル 2 と安定条件

荷重レベル 2（計画規模の土石流荷重）に対して，安定計算により砂防堰堤の断面形状を決定する。すなわち、荷重レベル 2 として, 100 年超過確率の降雨で発生する土石流を採用し，コンクリート製砂防堰堤（図 1.2(a)）および鋼製透過型砂防堰堤(図 1.2(b))を対象に安定計算により砂防堰堤の断面形状を決定する。安定条件は，表 1.5 に示すように滑動，転倒，地盤沈下，コンクリートの内部応力度の条件を満足することとする。

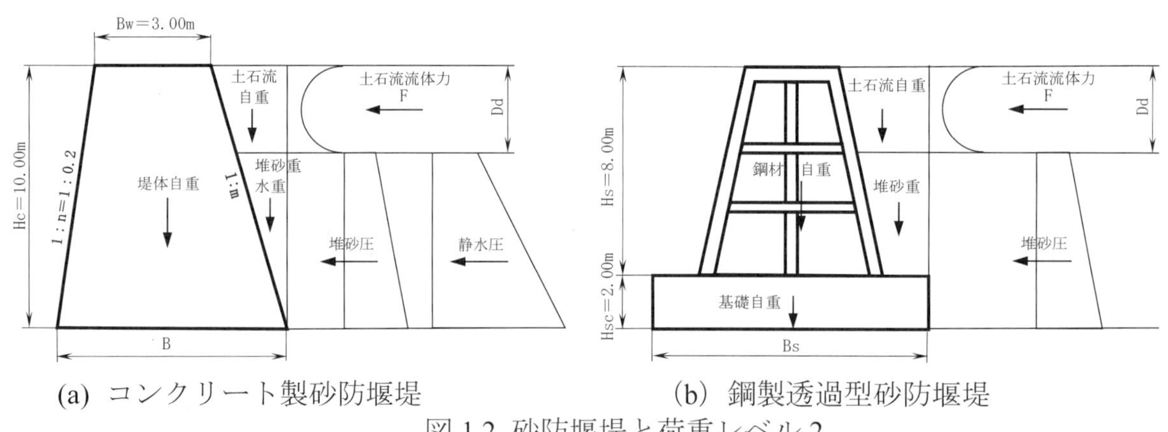

(a) コンクリート製砂防堰堤　　(b) 鋼製透過型砂防堰堤

図 1.2 砂防堰堤と荷重レベル 2

荷重レベル 2 は，表 1.9 に示すようにある流域面積（A=0.32km^2）を想定し，既往最大の 24 時間雨量を 371mm/24hr と仮定する。河床勾配 I=1/6，土石流ピーク流量 73.50m^3/s，流れの幅 15m，水深 1.12m とすると，マニングの式から流速 4.37m/s，また流体力は $F=\rho A v^2$ より F=34.68kN/m が求められる。また砂防堰堤の諸元は，コンクリート砂防堰堤の場合，高さ 10m，下流法勾配 0.2，天端幅 3m とし，鋼製透過型堰堤の場合は，高さ 8m，基礎コンクリート高さ 2m，合計高さ 10m とした。なお，荷重レベル 2 の安定条件の許容値は、地盤の許容支持力 1200kN/m^2，コンクリートの許容圧縮応力度は設計基準強度の 1/4 とした。

(2) 安定条件の基本式

滑動，転倒，偏心距離，地盤反力，内部応力度の基本式は以下のとおりで，限界値は表 1.5 および表 1.9 のとおりである。

滑動安全率: $F_s = (f\Sigma V + \tau_0 B)/\Sigma H$ (1a)

転倒安全率: $F_r = M_r / M_0$ (1b)

偏心距離: $e = B/2 - d, \quad d = (M_r - M_0)/\Sigma V$ (1c), (1d)

地盤支持力: $Q_1 = \Sigma V /(1+6e/B)B, \quad Q_2 = \Sigma V /(1-6e/B)B$ (1e),(1f)

基礎コンクリートの応力: $\sigma_1 = Q_1, \quad \sigma_2 = Q_2$ (1g), (1h)

ただし，F_s: 滑動安全率，e: 偏心距離，F_r: 転倒安全率，ΣV：鉛直方向の力の合計，ΣH：水平方向の力の合計，f：堰堤底面の摩擦係数，τ_0：堰堤底面のせん断力，B_s: 鋼製透過型砂防堰堤の底版コンクリートの幅，M_r：抵抗モーメント，M_0：外力モーメント，$Q_{1,2}$: 上流側および下流側の地盤支持力，Q_a: 許容地盤支持力，Q_a': 極限地盤支持力，$\sigma_{1,2}$：基礎コンクリートの上流側および下流側の内部応力度，σ_{ca}：許容圧縮応力度，σ'_{ca}：極限圧縮応力度，σ'_{ta}：極限引張応力度。

表 1.9 荷重レベル 2 および荷重レベル 3 の安定限界値および砂防堰堤の諸元

土石流の諸元			コンクリートの諸元	
流域面積	A= 0.32 km²		設計基準強度	σck= 18000 kN/m²
24時間雨量(既往最大)	P24= 371 mm/24hr		許容圧縮応力度(レベル2)	σca= 4500 kN/m² (σck/4)
河床勾配	I= 1/6		極限圧縮応力度(レベル3)	σca'= 6750 kN/m² (σck/4×1.5)
土石流ピーク流量	Qsp= 73.50 m³/s		極限引張応力度(レベル3)	σta'= -337.5 kN/m² (-σck/80×1.5)
土石流の流れの幅	Bda= 15.00 m		コンクリート砂防堰堤の諸元	
土石流の水深	Dd= 1.12 m		堤高	Hc= 10.00 m
土石流の流速	U= 4.37 m/s		下流法勾配	n= 0.20
土石流流体力	F= 34.68 kN/m		水通し天端幅	Bw= 3.00 m
基礎地盤の諸元（軟岩Ⅰ（CM級））			鋼製透過型砂防堰堤の諸元	
提体底面の摩擦係数	f= 0.7		鋼製部高さ	Hs= 8.00 m
許容支持力度(レベル2)	Qa= 1200 kN/m²			
極限支持力度(レベル3)	Qa'= 3600 kN/m² (1200×3)		基礎コンクリート厚さ	Hsc= 2.00 m
せん断強度	τo= 600 kN/m²			

(3) レベル 2 荷重によるコンクリート砂防堰堤の安定計算結果[8)]

表 1.10 に示すように，コンクリート砂防堰堤の形状は，下流側勾配 0.2 として，安定計算結果，上流側勾配 0.3，底面幅 8m と決定した。また鋼製透過型砂防堰堤の底面幅は 8.4m と決定された。

表 1.10　荷重レベル 2 および荷重レベル 3 に対する安定計算結果

項　　目				コンクリート砂防堰堤		鋼製透過型砂防堰堤	
				レベル2　荷重により決定した断面形状 下流法勾配n=0.2，上流法勾配m=0.3，底面幅B=8.00m		レベル2　荷重により決定した断面形状 底面幅Bs=8.40m	
				レベル2荷重	レベル3荷重	レベル2荷重	レベル3荷重
土石流の諸元				土石流荷重検討結果			
土石流のピーク流量		Qsp=	m³/s	73.5	754.0	73.5	638.0
土石流の径深		Dr=	m	−	3.23	−	3.01
土石流の水深		Dd=	m	1.12	5.68	1.12	5.04
土石流の流速		U=	m/s	4.37	8.86	4.37	8.45
土石流流体力		F=	kN/m	34.68	722.96	34.68	583.50
安定条件				安定計算結果			
滑動に対する安定		Fs=		8.09 ≧ 4.0	4.97 ≧ 1.0	21.52 ≧ 4.0	7.47 ≧ 1.0
転倒に対する安定	|e|=		m	1.28 ≦ 1.33	−	0.09 ≦ 1.40	−
	Fr=			−	1.07 ≧ 1.0	−	1.00 ≧ 1.0
基礎地盤に対する安定	Q1=		kN/m²	374.24 ≦ 1200	707.78 ≦ 3600	112.23 ≦ 1200	425.08 ≦ 3600
	Q2=		kN/m²	7.64 ≦ 1200	−	98.67 ≦ 1200	−
ｺﾝｸﾘｰﾄの内部応力度	σ1=		kN/m²	374.24 ≦ 4500	707.78 ≦ 6750	112.23 ≦ 4500	425.08 ≦ 6750
	σ2=		kN/m²	7.64 ≦ 4500	-335.02 ≧ -337.5	98.67 ≦ 4500	-211.78 ≧ -337.5

1.8.4 荷重レベル3の設定

荷重レベル3の設定法には，以下の方法が考えられる。

(i) 過去の土石流災害の最大クラスの巨礫から礫衝突荷重を採用する。

(ii) 過去の大規模深層崩壊土石流で，規模の大きい流体力を採用する。

(iii) 今後新たに発生する土石流荷重に対して，土石流シミュレーション解析手法[13)](個別要素法＋粒子法)などを開発してレベル3荷重を設定する。

(iv) 砂防堰堤の安定計算の限界条件から極限流体力を逆算して，これを荷重レベル3の流体力とする[8)]。

ここでは，荷重レベル 3 として(iv)の方法により極限流体力を，また(i)の方法から大規模な礫衝突荷重を採用する。つまり，荷重レベル2に対して決定した断面形状に対して土石流ピーク流量を極限状態の安定条件を満足させるまで増加させて極限流体力を求め，これを荷重レベル3の流体力荷重とした。また礫荷重は，災害現地調査から最大クラスの礫径と流速を選定した。

(1) 荷重レベル3に対する安定条件の限界値

表1.5の外的安定性の限界値を具体的に示す。滑動の安全率はFs≧1.0，転倒は合力の作用位置が底面外に出なければ転倒しないので，外力による転倒モーメントMoに対する自重の抵抗モーメントMrの安全率をFr=Mr/Mo≧1.0とした。また，基礎地盤に対しては地盤反力度を極限支持力度以下とし，上流側のコンクリートの内部応力度については引張応力度を許容した。

荷重レベル3に対するコンクリートの極限応力度は，表1.10のように荷重レベル2の場合の1.5倍とした[8)]。また，荷重レベル3の基礎地盤（軟岩I (CM級)と想定）についても荷重レベル2の許容支持力度の3倍の極限支持力度[8)]とした。

荷重レベル3の流体力荷重図は，荷重レベル2と同じパターンとした。

(2) 荷重レベル3に対する安定計算結果

荷重レベル2に対して決定された断面形状に対して，荷重レベル3による安全性を検討する。計算方法は，流体力の大きさを徐々に大きくして，荷重レベル3の安定限界値を満足する極限流体力を求めた。計算結果は表1.10に示すように，コンクリート砂防堰堤では内部応力が，鋼製透過型砂防堰堤では転倒の安定条件が限界となった。そのときの土石流流体力の大きさは，コンクリート砂防堰堤で722.96kN/m，鋼製透過型砂防堰堤で583.50kN/m となった。

(3) 荷重レベル3の決定

よって，安定計算から決まる極限状態の土石流荷重の内，小さい方を荷重レベル3の極限流体力(F＝583.5kN/m)とした。また礫荷重は，現地調査から得られた最大クラスの直径 3.0m の礫を速度8.45m/s で衝突させることとした。

1.8.5 荷重レベル3に対するコンクリート砂防堰堤の安全性照査[9)]

(1) 解析対象とした堰堤

図1.3に解析対象とした堰堤の形状を示す。高さ10m，基礎幅8m，水通し天端幅3mのコンクリート製堰堤を対象とした。コンクリートの密度は2300kg/m^3，圧縮強度は18MPaとした。

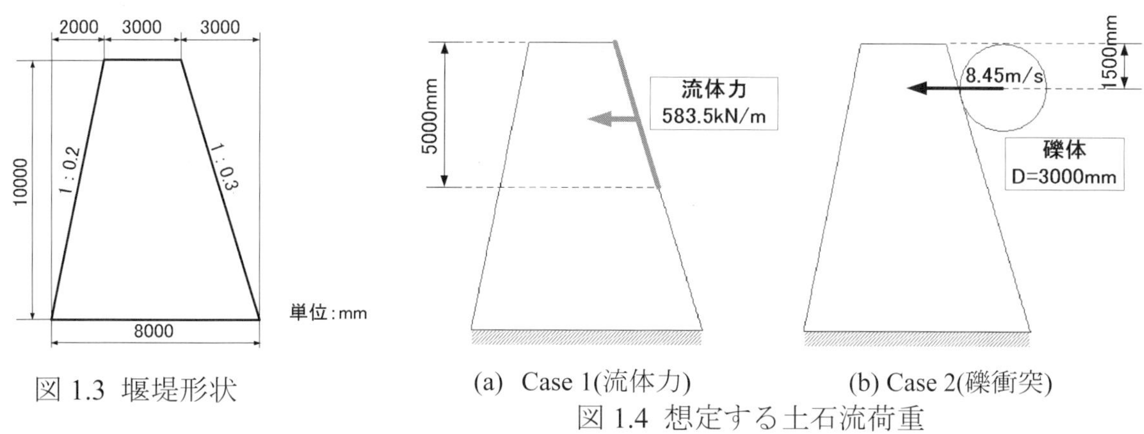

図 1.3 堰堤形状

(a) Case 1(流体力)　(b) Case 2(礫衝突)

図 1.4 想定する土石流荷重

(2) レベル 3 荷重の設定

図 1.4 に想定する土石流荷重を示す。Case 1 は安定計算から得られた極限流体力をコンクリート堰堤に作用させるものである。すなわち，Case 1 では流速 8.45m/s 相当の土石流流体力 583.5kN/m を作用させる。Case 2 は，現地調査から得られた最大クラスの直径 3.0m の礫を速度 8.45m/s で堰堤上部に衝突させるものであり，衝突位置は堰堤上端から 1.5m の位置とした。礫体は完全弾性体とした。ここで，両条件ともに堆砂圧，静水圧は考慮していない。

(3) 解析モデル

解析モデルは, 2 次元平面ひずみ体系とし，堰堤下端の基礎部分は完全固定とした。コンクリートは弾塑性および破壊を考慮した非線形材料モデル [12)]を採用した。

(4) 解析結果

1) Case 1(極限流体力)

図 1.5 に堰堤内部の破壊状態図を示す。流体力作用開始後約 15ms より固定部上流側から引張破壊が生じた。その後，約 30ms に至るまでに固定部が全域で引張破壊した。すなわち，極限流体力を作用させた場合は固定部において引張による全体破壊が生じた。

図 1.6 は, 30ms における堰堤の速度ベクトル図である。固定部が引張破壊することで堰堤は荷重に対して抵抗できず，最終的に下流側基礎を中心に回転する速度分布を持った。 つまり，堰堤は左回りに回転する傾向を示している。

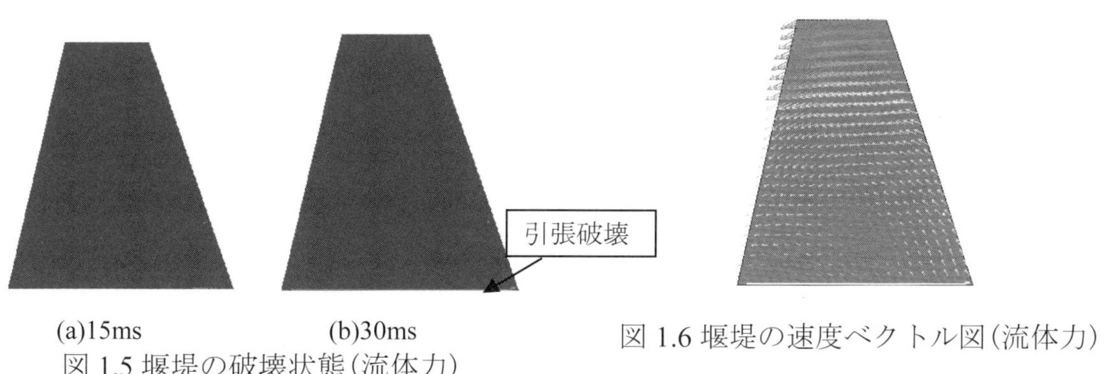

(a)15ms　(b)30ms

図 1.5 堰堤の破壊状態(流体力)

図 1.6 堰堤の速度ベクトル図(流体力)

2) Case 2(礫衝突)

図 1.7 に堰堤内部の破壊状態図を示す。衝突開始後 5ms で衝突部近傍からせん断破壊が生じ，堰堤内部に進展した。同時に，固定部上流側からも引張破壊が生じた。最終的に内部の破壊は堰堤を横断して裏面側(下流側)まで達しており，固定部も全域で引張破壊に至った。

図 1.8 は堰堤及び礫の速度ベクトル図である。堰堤は下流側の基礎を中心に回転する速度分布を持っている。つまり，礫衝突によっても堰堤は基礎が引張破壊しているため，堰堤全体が下流側に転倒しようとしていることが確認された。一方，礫の運動は当初水平に堰堤に衝突するが，その後上方へ向かっていることが分かる。

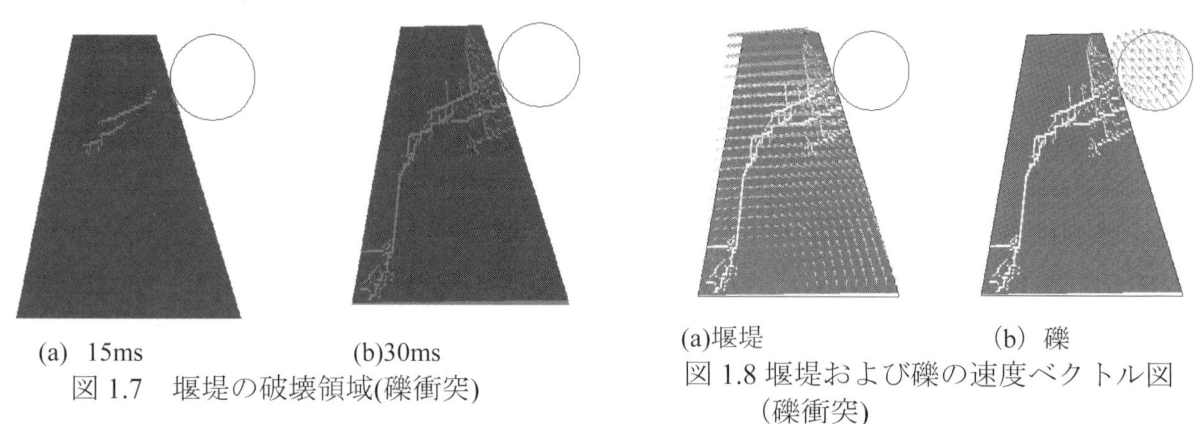

(a)　15ms　　(b)30ms
図 1.7　堰堤の破壊領域(礫衝突)

(a)堰堤　　(b)　礫
図 1.8 堰堤および礫の速度ベクトル図（礫衝突)

図 1.9 は，堰堤頂部の水平方向変位－時間関係を荷重条件により比較したものである。流体力を作用した場合より礫衝突の場合の方が，堤体頂部の変位が極めて大きいことがわかる。

以上，荷重レベル 3 がコンクリート砂防堰堤に作用した場合，極限流体力作用の場合は，固定部が引張破壊し，礫衝突の場合は固定部の引張破壊と同時に堰堤内部にせん断破壊が発生することが認められた。

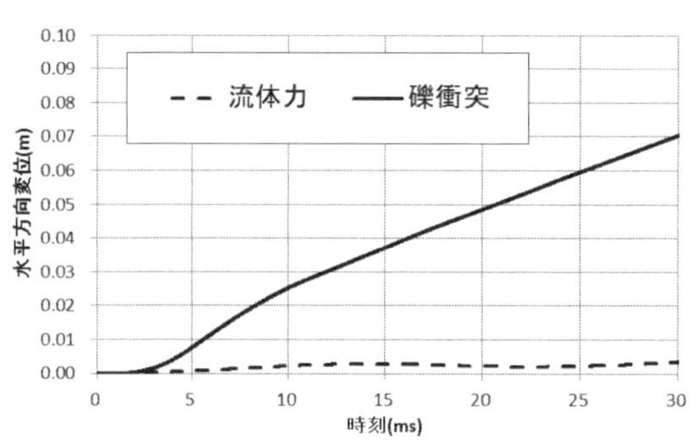

図 1.9　堰堤頂部の水平方向変位時刻歴

1.8.6　荷重レベル 3 に対する鋼製透過型砂防堰堤の安全性照査 [10)]

(1) 荷重レベル 3 の土石流荷重の設定

荷重レベル 3 として，コンクリート堰堤の場合と同じく，Case1 として極限流体力 583.5kN/m, を作用させ，Case2 として礫衝突荷重（礫径を 3m，衝突速度 8.45m/s）を用いた。

(2) 解析対象とした鋼製堰堤

解析の対象とした鋼製堰堤は，図 1.10 に示すように，直径 508mm の鋼管と直径 318mm の鋼管を接合した形状で堰堤の高さは 8m である。鋼管の接合部はモデル化していないが，鋼管直径，肉厚等は全てシェル要素を用いて忠実にモデル化した。鋼管基部は完全固定とした。鋼管の密度は 7.85g/cm^3，ヤング係数は 206GPa，ポアソン比は 0.3，降伏応力は 315MPa，引張強さは 593MPa に設定した。

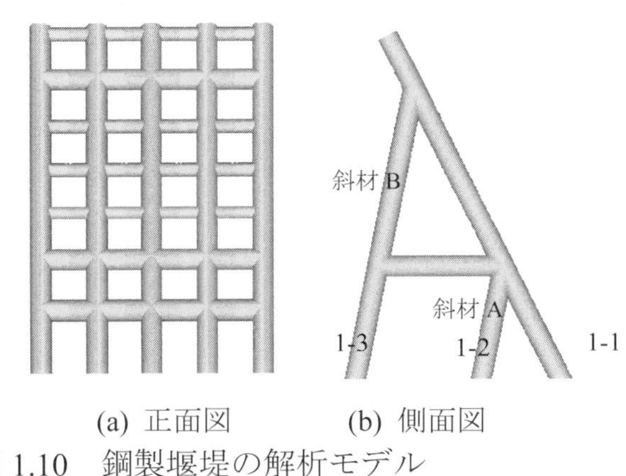

(a) 正面図　　(b) 側面図

図 1.10　鋼製堰堤の解析モデル

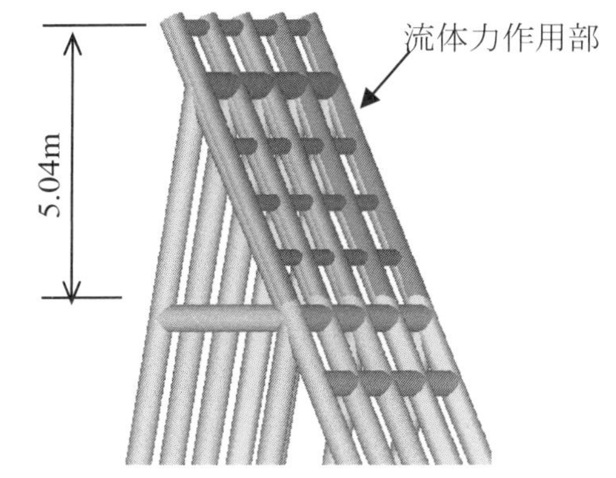

図 1.11 流体力に対する解析モデル

(3) Case1:土石流流体力に関する検討

1) 解析モデル

図 1.11 に流体力の作用部を示す。解析では，堆砂圧および静水圧は考慮せず，圧力として 583.5kN/m を作用させた。

2) 解析結果および考察

図 1.12 に，流体力を作用させた上流側部材の塑性ひずみ分布を示す。図中(a)は上流側の表面を，(b)図は下流側の面を示している。図 1.12 から，塑性ひずみは下流側の斜材（図 1.10 参照）が支えている部位やこれらが支点となって柱がたわむ部位に集中していることがわかる。またひずみの大きさは，斜材が支えている部位は 1～5%，堰堤中央部の下流側では 1%前後であった。図 1.13 に鋼製堰堤の最終変形状態を示す。図から，大きな塑性ひずみが発生するものの，鋼製堰堤が崩壊するような変形は発生していない。

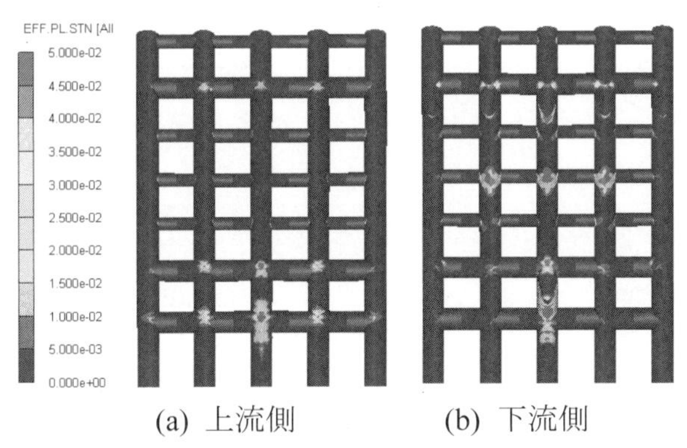

(a) 上流側　　(b) 下流側

図 1.12 流体力に対する塑性ひずみ分布

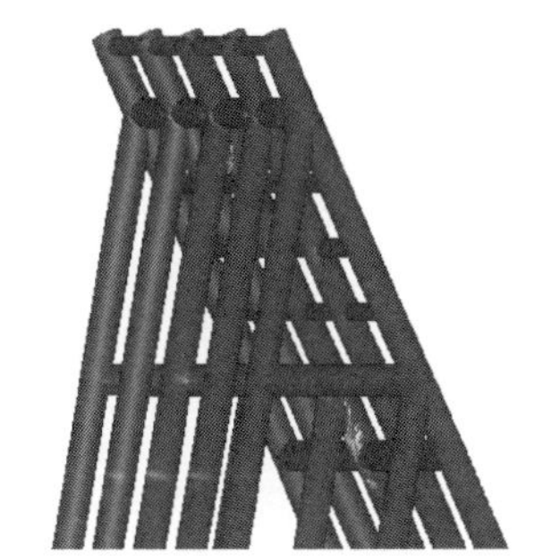

図 1.13　最終的な変形状態

図 1.14 に正面中央部の柱における上流側部材（図 1.10 の鋼管 1-1），斜材 A（図 1.10 の鋼管 1-2），斜材 B（図 1.10 の鋼管 1-3）の上下方向の支点反力～時間関係を示す。ただし，+側は押し込み力，－側は引抜き力を表している。図 1.14 から，上流側に配置された鋼管基部（図 1.10 の 1-1）では最大で 3000kN 程度の引き抜け力が生じることが分かる。よって，極めて大きな流体力が作用する場合には，鋼管柱基部の引き抜けに対しても照査する必要がある。

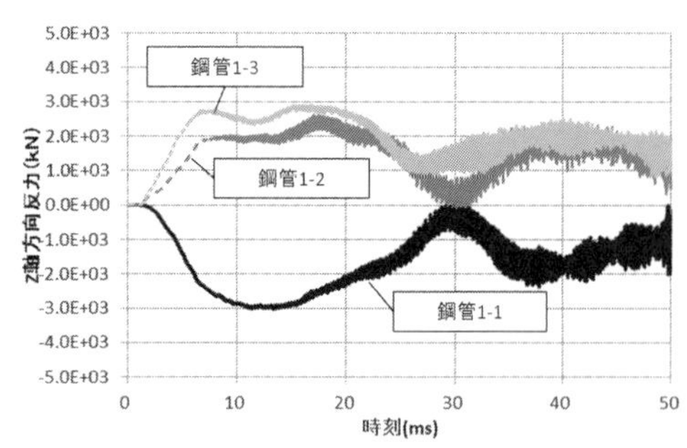

図 1.14 支点反力～時間関係(流体力の場合)

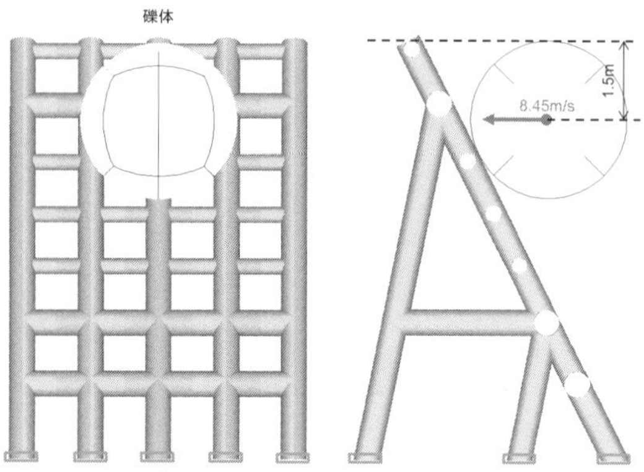

礫体
8.45m/s
1.5m

(a) 正面図　(b) 側面図

図 1.15 礫衝突に対する解析モデル

(4) Cace2:礫衝突に関する検討

1) 解析モデル

図 1.15 に礫衝突に対する解析モデルを示す。鋼製堰堤の要素分割や境界条件については，流体力を作用させた場合と同じである。礫衝突荷重については，直径 3m の礫を衝突速度 8.45m/s で，堰堤頂部から 1.5m 下の位置へ衝突させた。礫は弾性体と仮定し，密度 2.60g/cm^3，ヤング係数 49GPa，ポアソン比 0.23 である。

2) 解析結果および考察

図 1.16 に，礫を衝突させた上流側部材の塑性ひずみ分布を示す。図中(a)は上流側の表面を，(b)図は下流側の面を示している。また，図(c)は衝突部を拡大して，塑性化および破断領域を示している。図から，礫が衝突した部位に非常に大きな塑性ひずみが発生すること，また流体力の場合と同様に，斜材が支持する位置に最大ひずみが集中することがわかる。礫が衝突した部材の最大ひずみは 5%を超えていることがわかる。流体力の場合と同様に，堰堤中央部材の下流側にも大きな塑性ひずみが生じた。この理由は，斜材が支持している区間でたわみ変形が生じて塑性化したものと考えられる。ただし，堰堤の全体的な崩壊には至らなかった。

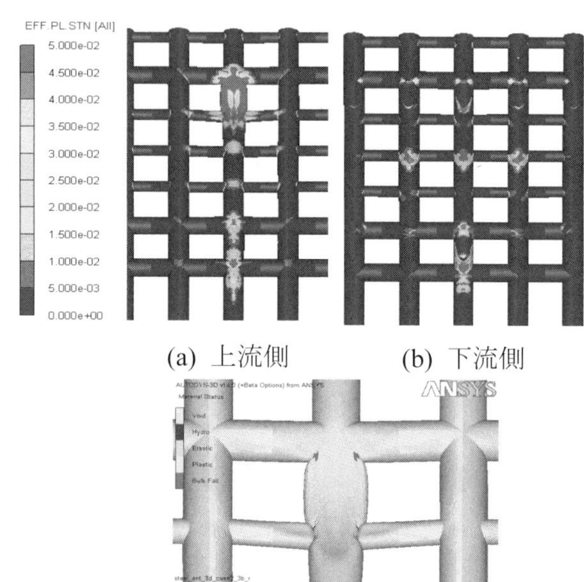

(a) 上流側　(b) 下流側

(c) 衝突部拡大

図 1.16　礫衝突に対する塑性ひずみ分布

図 1.17 に，図 1.14 と同様の上下方向の支点反力～時間関係を示す。流体力の場合と比較すると，斜材 A(鋼管 1-2)については支点反力が小さくなるが，斜材 B(鋼管 1-3)は同等の最大反力が生じることがわかる。一方，上流側部材(鋼管 1-1)については，局部的な応答（へこみ変形による局部吸収エネルギー）が支配的なため，流体力作用時の半分程度の値となった。

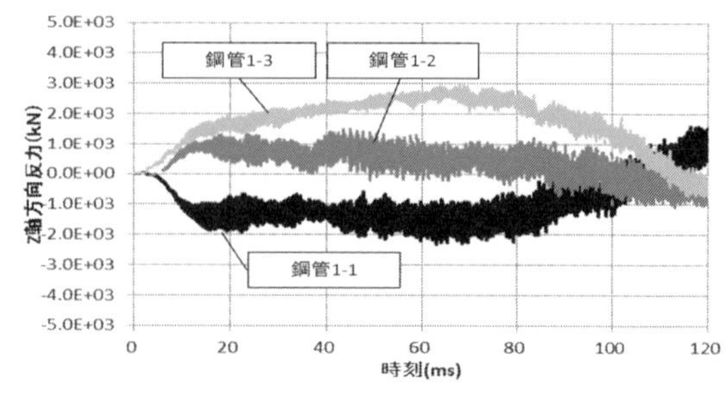

図 1.17　支点反力～時間関係
(礫衝突の場合)

以上より，荷重レベル 3 が鋼製透過型砂防堰堤に作用した場合は，流体力および礫衝突荷重とも大きな塑性ひずみ（約 5%）の損傷が生じるが，構造物全体として破壊するような状態に至らないことが認められた。つまり，ここで設定した荷重レベル3に対して十分安全であることが照査された。

1.9 結論および問題点

本章では「鋼製透過型砂防構造物の性能設計法（案）」を提案して，以下の結論と問題点を得た。

(1) 表1.4 のような耐土石流性能マトリックスおよび表1.8のような性能照査法を示すことにより，鋼製透過型砂防堰堤の3段階の性能設計法を提案した。

(2) しかし，実際上は，1.8の数値計算例で示したように2段階設計を行うことになる。

(3) 各荷重レベルの設定，特に荷重レベル3の設定については，今後の検討が必要である。

(4) また細部の限界値など，具体的数値についても今後検討する必要がある。

1.10 あとがき

従来，堤体内に生ずる応力計算手法が十分で無かった時代に設計・建設されてきたコンクリート製砂防堰堤（重力式堰堤）の長い設計法の歴史と，近年，平時の流砂に対する透過機能と土石流時の砂礫堰き止め機能の両立性を成功させ，建設されてきた鋼製透過型砂防堰堤の設計法との整合性を図ることは未だ課題が多い。しかしながら，国内外の構造物の設計法が，ISO2394をはじめとして信頼性設計に基づく性能設計の方向に向かっている，今後，各種の不確定要因に係わるデータの蓄積がなされることも考慮し，信頼性設計における部分係数法[3)]についても検討していく必要がある。

謝辞：本章をまとめるに当たり，政策研究大学院大学水山高久教授，防衛大学校別府万寿博教授，砂防・地すべり技術センター嶋丈示次長，砂防鋼構造物研究会山口聖勝氏，守山浩史氏，国領ひろし氏，伊藤忠テクノソリューションズ（株）松澤遼氏など多くの方々にご指導・ご支援をいただいた。ここに心から謝意を表するものである。

参考文献

1) 国土交通省砂防部，国土技術政策総合研究所：土石流・流木対策設計技術指針 解説，国土技術政策総合研究資料第905号，平成28年4月.

2) 砂防・地すべり技術センター：鋼製砂防構造物設計便覧，鋼製砂防構造物委員会編集，平成21年版.

3) 国土交通省：「土木・建築にかかる設計の基本」，大臣官房技術調査課，平成14年10月21日.

4) 土木学会：防災・安全対策技術者のための衝撃作用を受ける土木構造物の性能設計-基準体系の指針-, 構造工学シリーズ22, 2013年.

5) 石川信隆，飯塚幸司，嶋丈示，香月智，水山高久：鋼製透過型砂防堰堤の性能設計に関する一提案，平成28年度砂防学会研究発表概要集, B-204-205，平成28年5月.

6) 国土交通省水管理・国土保全局砂防部：「土砂災害対策の強化に向けた検討会、ハード対策分科会討議資料」，平成26年3月.

7) 国土交通省水管理・国土保全局砂防部保全課：砂防関係施設の長寿命化計画策定ガイドライン（案）平成26年6月.

8) 山口聖勝，石川信隆，田村毅，嶋丈示，水山高久：極めて大きな土石流流体力を受ける砂防堰堤の極限状態における安定計算法，平成27年度砂防学会研究発表概要集，B-218-219，平成27年

5月.

9) 松澤遼, 別府万寿博, 嶋丈示, 石川信隆,水山高久: 極めて大きな土石流荷重を受けるコンクリート砂防堰堤の耐衝撃性に関する解析的検討, B-220-221, 平成27年度砂防学会研究発表概要集, 平成27年5月.

10) 別府万寿博、松澤遼、嶋丈示、石川信隆、水山高久：極めて大きな土石流荷重を受ける鋼製砂防堰堤の耐衝撃性に関する解析的検討、平成27年度砂防学会研究発表概要集,A-82-83, 平成27年5月.

11) ANSYS AUTODYN: http://www.engineering-eye.com/AUTODYN/index.html

12) M.Itoh, M.Beppu and R. Matsuzawa, *Numerical Simulations of RC slabs subjected to impact loadings by using the improved CAPROUS constitutive model*, Proc. of the 10th International Conference on Shock & Impact Loads on Structures, Singapore, November 2013.

13) 別府万寿博、松澤遼、嶋丈示、石川信隆、水山高久:DEM-MPS 法による土石流荷重評価と砂防堰堤の耐荷性能に関する一考察, 平成28年度砂防学会研究発表概要集, B-222-223, 平成28年5月.

【付録】2段階の外力レベルに応じた砂防堰堤の要求性能（文献6）より）

外力レベル	使用限界	終局限界
レベル1 （例:1/100 確率規模の土石流）	①　底面に引張応力が生じない。 ②　底面せん断力と底面せん断抵抗力の比が所定の安全率を下回らない。 ③　底面圧縮力が地盤支持力を上回らない。 ④　鋼製構造物の部材の一部が塑性変形が生じない。	
レベル2 （例：大規模深層崩壊土石流）		①　応力作用面が底面外に出ない。 ②　底面せん断力が底面せん断抵抗力を上回らない。 ③　底面圧縮力が地盤支持力を上回らない。 ④　鋼製構造物全体としての形状保持ができる。

第２章　港湾構造物における耐衝撃設計

2.1　はじめに

港湾構造物では，設計荷重以上の波力や消波ブロック，船舶，漂流物の衝突のような衝撃力が作用する場合があり，これらにより損傷に至った事例が報告されている[1]。このうち，消波ブロックによって被覆されたケーソン式の防波堤では，台風などの荒天時に波力によって消波ブロックが移動し，ケーソンの側壁に繰り返し衝突することによって穴あきに至る局部破壊が発生する場合がある。消波ブロックの衝突によるケーソンの穴あき損傷の例を写真 2.1 に示す。ケーソン壁の穴あき損傷は中詰材の流出を招き，ケーソン本体の重量を減少させるため，滑動に対する安定性も低下し，防波堤の機能低下に至るケースもある。従来の設計基準[2]では，ケーソン側壁の局部破壊については考慮されておらず，耐衝撃設計・照査方法の確立に向けた検討が行われてきた。その結果，平成 25 年 4 月に「耐衝撃性に優れる防波堤ケーソンの設計マニュアル（案）」が整備され，公開された[3]。また，平成 26 年 6 月には，港湾の施設の技術上の基準・同解説の部分改訂がなされ，ケーソン側壁の局部破壊に対して参考にすることができる設計・照査方法として，上記マニュアル（案）を含む資料が公開された[4),5]。

本章では，実務者が性能設計を実施するために参考となる情報を提供することを目的として，「耐衝撃性に優れる防波堤ケーソンの設計マニュアル（案）」（以下，本マニュアル案と記す）を提示し，その基本的な考え方を示す。なお，記載にあたっては，衝撃作用を受ける土木構造物の性能設計における包括設計コード[6]（以下，包括設計コードと記す）が提案されていることを踏まえ，これに極力即して記載した。

写真 2.1　消波ブロックの衝突によるケーソンの穴あき損傷の例

2.2　耐衝撃性に優れる防波堤ケーソンの設計マニュアル（案）[3)]

2.2.1　総則

(1)目的

本マニュアル案の目的は特に記載されていないが，マニュアルのタイトルから「耐衝撃性に優れた防波堤ケーソンを設計すること」であることは明白である。

(2)適用範囲

本マニュアル案の適用範囲は，「ケーソン式混成堤の設計において，消波ブロックの衝突に対して耐衝撃性に優れるケーソン側壁を設計する場合に適用する」と示されている。したがって，同じ港湾構造物であっても，波自体による衝撃作用や船舶の衝突など他の漂流物による衝撃作用は適用範囲になっていないことに留意が必要である。

本マニュアル案では耐衝撃設計の要否について，「耐衝撃性に優れるケーソン側壁の設計の要否は，過去の被災の有無，施設の立地条件，施設の維持管理レベル，重要度，供用期間，施設の利用状況と将来計画，予想される発生コストなどを総合的に評価して決定する」としており，全てのケーソン式混成堤に耐衝撃設計を義務づけるものとはしていない。一方，これまで穴あき被災を生じた港湾施設において，復旧するまでの間に発生する費用の項目を表 2.1 のように例示し，さらに，被災箇所や被災の程度，あるいは補修工事の実施に伴い，供用中の施設利用に制限が生じる可能性を示唆し，被災が生じた場合のリスクについて検討することを促している。

表 2.1　被災を生じた港湾施設における主な費用発生項目

費用発生項目
・同一港湾施設内の点検費用 （他に同様の被災が発生していないか把握） ・被災箇所の調査費用 （対策を検討するための被災状況の正確な把握） ・被災箇所の補修対策検討費用 （有識者への検討依頼，解析的な検討の実施など） ・補修工事費用 （消波ブロックの撤去や上部コンクリートの撤去など，ケーソン側壁の補修以外の工事費用も含む）

(3)記述方針

本マニュアル案では，防波堤ケーソンの性能照査全体の中における耐衝撃設計の位置づけについて図 2.1 のように示している。これは，まずケーソン自体の安定性に対して性能照査を行い，それをクリアした後に構造部材の性能照査を行う一般的な性能照査の流れがあり，これに追加的に行うことを示している。一般的な性能照査の流れは港湾の施設の技術上の基準・同解説に従っており，耐衝撃設計の記述もこれに従うものとする。

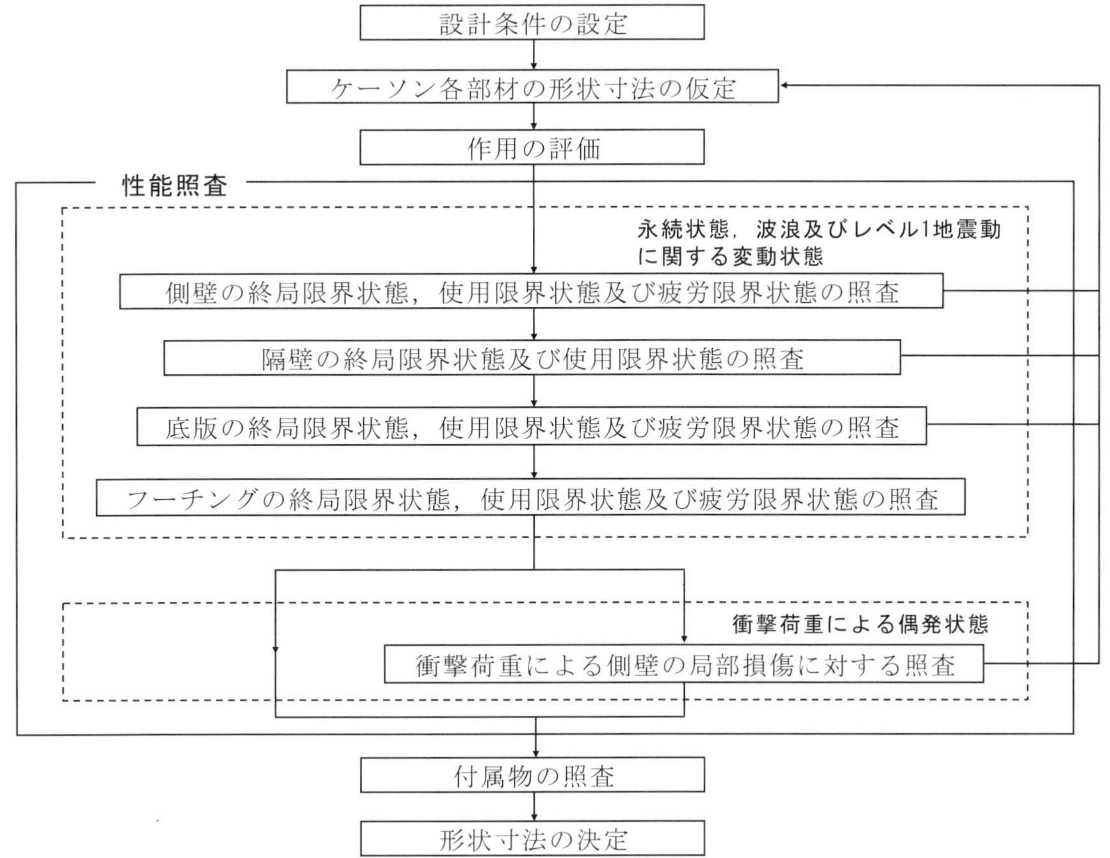

図 2.1　衝撃力に対する照査を含めたケーソンの性能照査の順序

(4)用語の定義

防波堤ケーソンの構造的特徴を踏まえて，支間の方向や鉄筋の呼び方，部材の方向などが定義されている（図 2.2)。

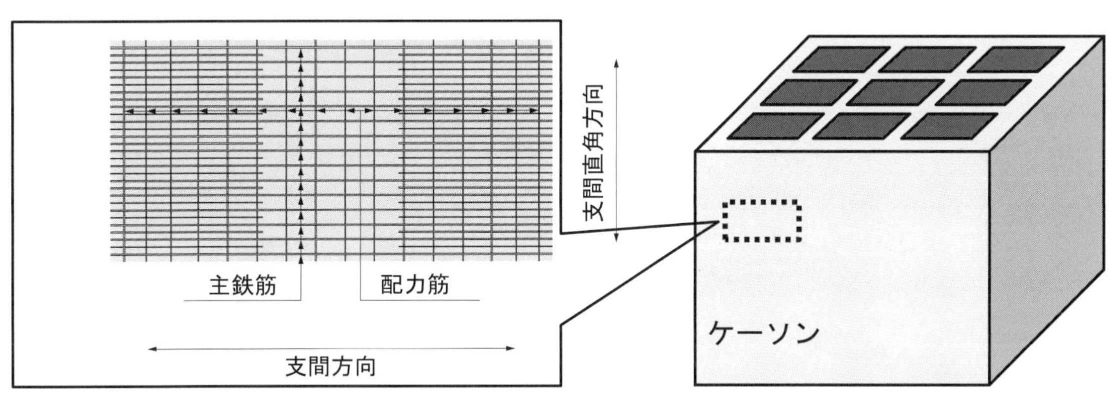

図 2.2　用語の定義

2.2.2　要求性能および性能規定

(1)要求性能

防波堤ケーソンの穴あきによる被災事例では，ケーソン側壁に曲げによる変形やひび割れはほとんど生じておらず，押抜きせん断破壊と類似した破壊形態である局部破壊に伴って穴あきが発生している。これを踏まえ，本マニュアル案では設計の基本方針として，局部破壊に対する安全性を照査することが記載されている。また，解説において局部破壊に対する抵抗性を満足することが必要と明記されており，これが要求性能であるといえる。

(2)性能規定

防波堤ケーソンの穴あきによる被災は，消波ブロックによる衝突が繰り返されて生じるものと考えられている。これを踏まえ，本マニュアル案では局部破壊に対する抵抗性を表す指標として，局部破壊が生じるまでの繰り返し衝突回数を規定している。

2.2.3　照査方法

(1)照査の基本方針

本マニュアル案による照査は，ケーソン側壁をモデル化したRC版の衝撃実験の結果に基づいて構築された設計式により行われている。具体的には，部材条件と衝突する消波ブロックの条件から局部破壊が生じるまでの繰り返し衝突回数を算出し，設計上定めた衝突回数を上回ることを照査することが基本方針となっている。

(2)耐衝撃設計断面の範囲の設定

本マニュアル案では，「ケーソンの側壁において，耐衝撃性が必要とされる範囲は，消波ブロックの衝突が想定される範囲を考慮して適切に設定する」こととしている。ただし，適切な範囲を特定することは難しいため，解説文の中では，過去の被災事例で報告されている穴あき被災が生じやすいと考えられる部位を図2.3のように列挙し，それらに該当する防波堤およびケーソン側壁については，耐衝撃性が必要とされると考えてよいとしている。また，同じ側壁の中でも静水面付近と海底付近で被災のリスクは異なる。本マニュアル案の解説文では，既往の研究成果から静水面付近における被災事例が多いことを示しながらも，それ以外の箇所でも被災が生じた例があることから，基本的に，耐衝撃性が必要とされる範囲はケーソン側壁全面とすることが望ましいとしている。

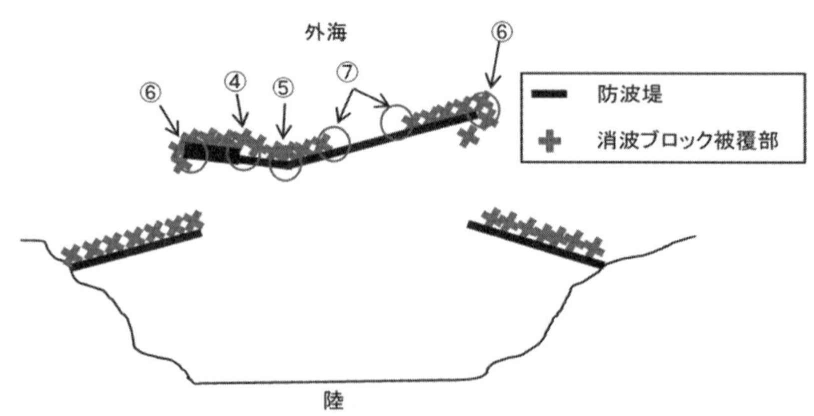

図2.3　ケーソンの穴あき被災が生じやすい防波堤および部位

(3)ケーソン側壁のモデル化

本マニュアル案による性能照査方法は，実験により挙動を確認した実績[7),8)]を基に構築されている。既往の実験では，実構造物の側壁について支間長と高さの比が 4:3 の二辺支持された RC 版にモデル化して検討が行われているため，本マニュアル案においてもその考え方に従っている。ケーソン側壁のモデル化のイメージを図 2.4 に示す。また，実際の防波堤ケーソンの中には中詰材として一般的に砂が投入されているが，中詰材の影響を定量評価することは現状では困難であることから，中詰材の存在は無視して良いとしている。

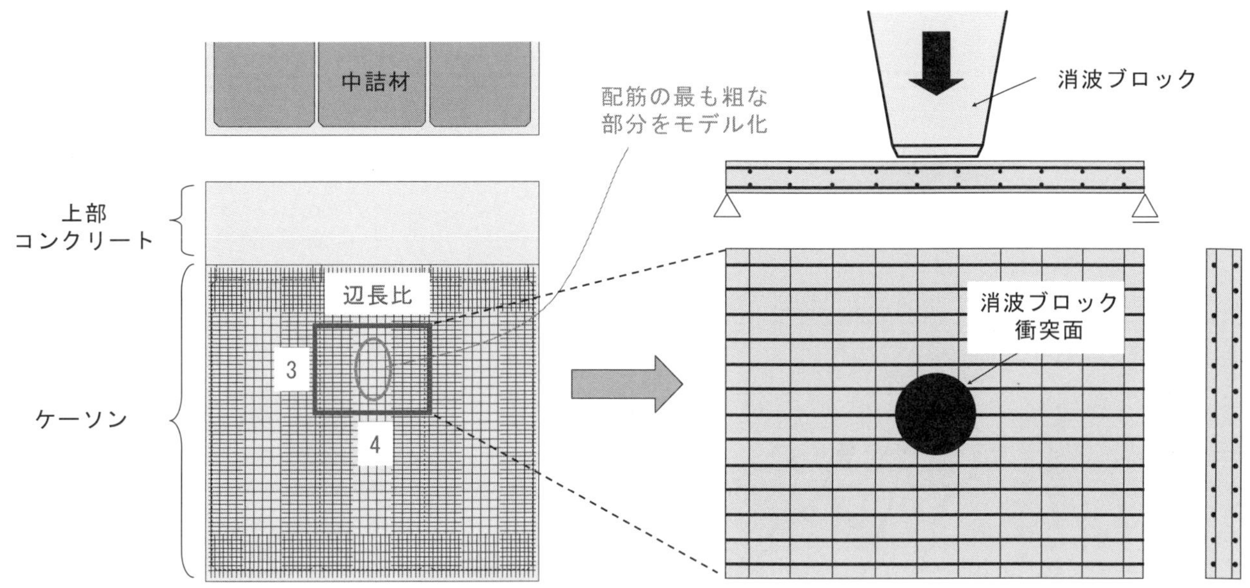

図 2.4　ケーソン側壁のモデル化のイメージ

(4)消波ブロックのモデル化

衝突する物体である消波ブロックについて，その質量や衝突速度など，性能照査を行うために必要な条件を示している。波力による消波ブロックの運動形態や移動速度の評価方法については，既往の研究[9),10)]や過去に整備された技術マニュアル[11)]を基に設定されており，砕波時の波速の 0.08 倍の速度で水平移動すると想定している。質量は消波ブロックの資料を用いるとしている。

(5)局部破壊に対する安全性の照査

安全性の照査は，消波ブロックの衝突条件およびケーソン側壁の部材条件から RC 版が局部破壊するまでの繰返し衝突回数（破壊衝突回数 N_u）を算出し，設計上許容する衝突回数（設計衝突回数 N_e）と比較することにより照査することとしている。図 2.5 に局部破壊に対する安全性の照査の流れを示す。

破壊衝突回数 N_u は，二辺支持された RC 版の衝撃実験結果（実構造物の 2/5 サイズ，衝突回数は数回～150 回程度）を基にエネルギー比 R の関数として定式化されている。また，同式内において引張鉄筋比および短繊維補強の影響が係数 α で考慮されている。N_u と R の関係を図 2.6 に示す。ここでエネルギー比 R とは，局部破壊面のコンクリートの破壊エネルギー E_p に対する衝突エネルギー E_i の比である。局部破壊面のコンクリートの破壊エネルギー E_p の算出にあたっては，局部破壊

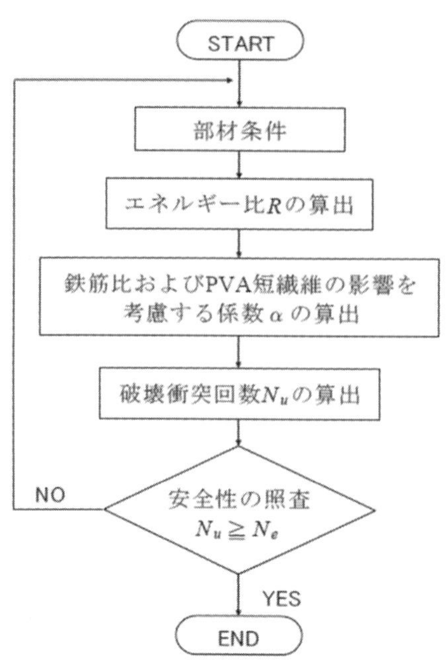

図 2.5　局部破壊に対する安全性の照査の流れ

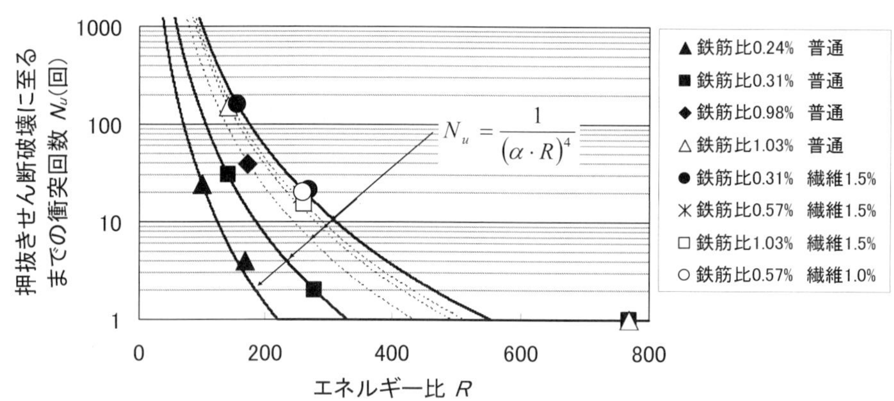

図 2.6　エネルギー比 R と局部破壊に至るまでの衝突回数 N_u の関係

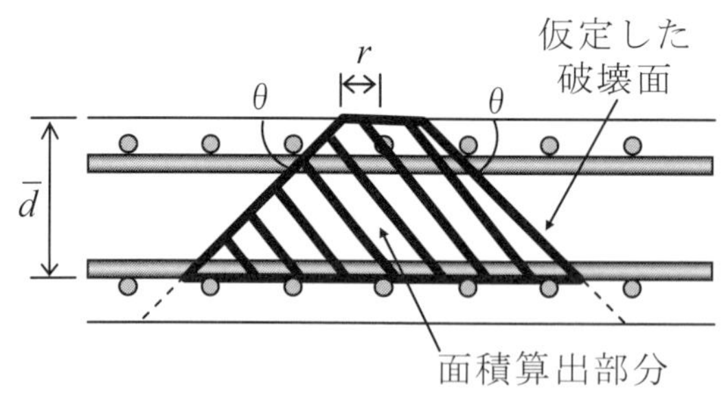

図 2.7　破壊エネルギーの算出に用いる押抜きせん断破壊面のモデル

面の形状を，RC 版と一定の角度をなすコーン状と仮定し，図 2.7 に示すように，コンクリート上縁から有効高さの範囲のコンクリートを破壊エネルギーの算定に用いることとしている。また，衝突エネルギーE_iについては，消波ブロックの質量と衝突速度から運動エネルギーを求めている。

設計上許容する衝突回数である設計衝突回数 N_e については，現状の知見において理論的な根拠を持った回数の設定は困難としながらも，実際に穴あき被災を生じた複数の施設に対して行った照査の結果を踏まえて150回と設定している。

2.2.4　その他配慮事項および照査例

本マニュアル案では，その他配慮事項として，耐衝撃設計断面と通常断面の接合部ならびにPVA短繊維補強コンクリートを使用する際の打設範囲に関する留意事項について記載されている。前者については，耐衝撃設計断面と通常設計断面が接合する箇所において，双方の鉄筋量が異なることにより配筋が不連続となる可能性があることを踏まえ，鉄筋の定着方法について記載されたものである。後者については，短繊維補強コンクリートを用いる場合に耐衝撃設計断面内に普通コンクリートが混入することによる性能の不足を想定し，適切な打設範囲について記載されたものである。

参考文献5）では，本マニュアル案以外の付録として，本マニュアル案による耐衝撃性能の照査例，本マニュアル案に関する補足資料，予防対策費用算定における数量および被災後補修費用算定における数量表が記載されており，具体的な案件に対して耐衝撃設計を行う際の参考となる。

2.3　まとめ

本章では，実務者が性能設計を実施するために参考となる情報を提供することを目的として，「耐衝撃性に優れる防波堤ケーソンの設計マニュアル（案）」を提示し，その基本的な考え方を示した。本マニュアル案はインターネット上で公開されている[3)]ので詳細については本書を参照されたい。本マニュアル案は適用対象構造物が防波堤ケーソンに限定されているため，他の衝撃現象において直ちに本設計方法を適用できるわけではないが，衝撃実験結果をもとに評価式を構築し，耐衝撃設計法を確立した一例として参考となれば幸いである。

参考文献

1) 平山克也，南靖彦，奥野光洋，峰村浩治，河合弘泰，平石哲也：2004年に来襲した台風による波浪災害事例，港湾空港技術研究所資料，No.1101，2005.6.

2) 国土交通省港湾局監修：港湾の施設の技術上の基準・同解説，日本港湾協会，2007.

3) http://www.pa.thr.mlit.go.jp/sendaigicho/technology/technology01.html

4) http://www.mlit.go.jp/kowan/kowan_tk5_000017.html

5) 川端雄一郎，加藤絵万，岩波光保：維持管理を考慮した防波堤ケーソン側壁の耐衝撃設計に関する検討，港湾空港技術研究所資料，No.1279，2013.12.

6) 土木学会：防災・安全対策技術者のための衝撃作用を受ける土木構造物の性能設計，土木学会構造工学シリーズ22，2013.1.

7) 岩波光保，松林卓，横田弘，小野寺美昭：繰返し衝撃荷重を受ける二辺支持鉄筋コンクリート版の破壊挙動，コンクリート工学年次論文集，Vol.31，No.2，pp.799-804，2009.7.

8) 松林卓，岩波光保，山田岳史，竹鼻直人：二辺支持鉄筋コンクリート版の耐衝撃性評価に関する検討，コンクリート工学年次論文集，Vol.31，No.2，pp.805-810，2009.7.

9) 有川太郎，池辺将光，大嵜奈々子，黒田豊和，織田朋哉，下迫健一郎：消波ブロックによるケーソン壁面押抜きせん断破壊に関する研究，港湾空港技術研究所報告，Vol.44，No.1，2005.3.

10) 山口貴之，別府万寿博，大野友則：衝撃砕波を受ける消波ブロックの直立壁への衝突現象に関する実験的研究，海岸工学論文集，Vol.50，pp.711-715，2003.

11) 国土交通省東北地方整備局仙台港湾空港技術調査事務所：防波堤ケーソンの損傷対策に関する技術マニュアル（案）－消波ブロック衝突による側壁損傷対策－，2007.1.

第３章　竜巻飛来物の衝突による原子力施設防護対策に関する耐貫通設計ガイド

3.1　総則

3.1.1　目的

竜巻飛来物[1),2)]による衝突を受ける原子力発電所内の竜巻防護施設については，供用期間中に極めてまれに発生する突風・強風を引き起こす自然現象としての竜巻及びその随伴事象等によって当該施設の安全性を損なうことのない設計であることを確認する必要がある。

本ガイドは，構造工学シリーズ 22「防災・安全対策技術者のための衝撃作用を受ける土木構造物の性能設計－基準体系の指針－」[3)]（以後，性能設計指針）を参照し，実務者に有用な竜巻飛来物の衝突による防護対策に関する耐貫通設計ガイドを示すことである。

解説：

原子力規制委員会[1)]は，外部からの衝撃作用による原子力施設の安全性を確保するため，想定される自然現象（地震及び津波を除く）が発生した場合においても原子炉施設の安全機能を損なわないものでなければならないとしており，敷地周辺の自然環境を基に想定される自然現象の一つとして，竜巻の影響を挙げ，平成 25 年 6 月に原子力発電所の竜巻影響評価ガイド[2)]を定め，電気事業者に対し，竜巻影響評価と竜巻防護対策の実施を求めている。

図 3.1 に，竜巻飛来物と竜巻防護施設との衝突に関する設計・評価フローを示す．本設計ガイドは，設計実務者が竜巻飛来物の衝突による竜巻防護施設の安全機能維持に必要な構造強度（耐貫通性能）を評価する際に参考とするものである。なお，本ガイドは，以下の指針類を参照して例示したものである。

- 防災・安全対策技術者のための衝撃作用を受ける土木構造物の性能設計－基準体系の指針－[3)]
- 性能設計概念に基づいた構造物設計コード作成のための原則・指針と用語（Code PLATFORM ver.1）[4)]

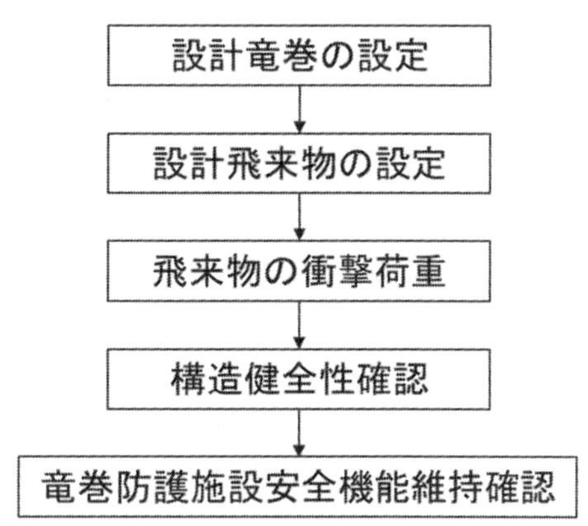

図 3.1　竜巻飛来物の衝突に対する竜巻防護施設の評価フロー

3.1.2　適用範囲

本ガイドの適用範囲は，原子力規制委員会が「原子力発電所の竜巻影響評価ガイド」[1),2)]で規定する竜巻飛来物の衝突による以下の２つの防護対策を対象とする。

・鋼板構造物

・高強度金網を適用した防護ネット

解説：

電気事業者は，原子力発電所における竜巻飛来物防護対策として，鋼板を取り付けた鋼板構造物や竜巻襲来時の風荷重や地震荷重の軽減が可能な防護ネットを採用しており，衝撃荷重を受ける鋼板構造物の局部破壊評価や防護ネットの吸収エネルギー等の応答量を合理的に評価する設計ガイドの整備が望まれている。

表3.1に，原子力規制委員会が規定する竜巻飛来物の諸元の設定例を示す。また，図3.2に，本設計ガイドに準じて設置された竜巻防護工法の例[5)]を示す。

表3.1　竜巻飛来物及び最大速度の設定例（V_D=100(m/s)の場合）[1), 2)]

竜巻飛来物の種類	棒状構造物		板状構造物	塊状構造物	
	鋼製パイプ	鋼製材	コンクリート板	コンテナ	トラック
サイズ(m)	長さ×直径 2×0.05	長さ×幅×奥行 4.2×0.3×0.2	長さ×幅×厚さ 1.5×1.0×0.15	長さ×幅×奥行 2.4×2.6×6	長さ×幅×奥行 5×1.9×1.3
質量(kg)	8.4	135	540	2300	4750
最大水平速度(m/s)	49	51	30	60	34
最大鉛直速度(m/s)	33	34	20	40	23

図3.2　原子力発電所に設置された竜巻防護工法の例[5)]

3.2　用語の定義

竜巻飛来物：原子力規制委員会で規定する竜巻により飛来物化したもの．表 3.1 に具体例を示す。
鋼板構造物：剛性を発揮するように設計された種々の部材を結合し組み上げたもののうち，鋼板により構成されるもの
防護ネット：竜巻飛来物の防護対策として，主として鋼製の金網支持構造物に多重に重ねた高強度金網をワイヤロープおよび緩衝機構を介して取り付けた防護設備
ひずみ基準：系の許容値をひずみで評価する場合の基準
ひずみ速度依存性：載荷速度（ひずみ速度）により材料の力学的特性が変化すること
動的増加係数：ひずみ速度依存性により，ある動的現象において材料の強度が静的な状態からどの程度増加したかを表す係数
材料構成則：材料の応力とひずみ関係を表す数式表示であり，除荷～再負荷～破壊までの材料挙動を関数と種々のパラメータで規定したもの

3.3　竜巻防護対策の要求性能および性能規定

3.3.1　一般

竜巻防護対策に要求される性能および性能規定は次の通りである。
（1）要求性能
竜巻飛来物による衝撃荷重を受けても，竜巻防護施設の安全機能維持に必要な構造強度を有すること
（2）性能規定
・鋼板構造物においては，竜巻飛来物による衝撃荷重を受けても貫通・破断しないこと
・高強度金網を適用した防護ネットにおいては，竜巻飛来物による衝突エネルギーを受けても貫通・破断せず，ネットと防護対象施設の最小離隔距離を確保できること

解説：
本設計ガイドで対象とする 2 種類の構造物に対し，必要な要求性能を確保するため，以下の評価基準を適用する。
・鋼板構造物：ひずみ基準
・高強度金網を適用した防護ネット：吸収エネルギー基準

竜巻飛来物が鋼板構造物に衝突する場合，竜巻飛来物先端と鋼板との衝突部には局所的大変形や，局所的大変形の進行による破断・貫通が発生すると予測される。このような局所的に衝突エネルギーが集中する変形モードに対し，従来の応力基準で設計した場合には高強度材料の選定や系全体の剛性を高める設計を採用することになり，靱性の少ない構造物となる。

一方，鋼板構造物の局所的な塑性変形を考慮したひずみ基準による設計を用いた場合，高い靭性を確保でき，吸収エネルギーに富む合理的な設計が可能となる。また，高強度金網を適用した防護ネット（ネットを支持する周辺のワイヤロープや緩衝機構も含む）においては，竜巻防護施設との離隔距離を適切に確保しつつ，竜巻飛来物の衝突エネルギーを吸収する合理的な設計手法が求められている。

3.4　鋼板構造物に対する耐貫通評価ガイド

3.4.1　一般

本章で示すガイドは，竜巻飛来物と鋼板構造物との衝突による破断・貫通現象を，ひずみ基準を採用した数値解析により評価する場合を対象とする。

解説：

竜巻飛来物による衝突を受ける鋼板構造物は，一般に複雑な形状をしたものが多い。そのため，数値解析コードの適用により，竜巻飛来物の衝突による鋼板構造物の破壊現象（衝撃応答，変形形状または破損の有無）を追跡し，被衝突部に発生する相当塑性ひずみが適切なひずみ基準を超えないことを確認する必要がある。本ガイドでは，汎用的な衝撃解析コードを用いた数値解析により耐貫通評価を行う場合を対象とする。

3.4.2　評価手順

竜巻飛来物と鋼板構造物との衝突現象を数値解析により追跡する場合，以下の手順で行うこと。なお，信頼できる実験や公開文献により評価の妥当性が検証可能な場合には，その他の手順で実施してよい。

(1) 竜巻飛来物，鋼板構造物のいずれにおいても発生しうる破壊モードおよび衝突部近傍で発生する局所変形を適切に再現可能な要素タイプ，メッシュサイズを用いてモデル化すること。

(2) 竜巻飛来物の衝突角度および速度は，安全側の設計となるように設定すること。

(3) モデル化において使用可能な材料は以下の通りとする。

① 金属材料…最新の日本機械学会（以下，JSME）材料規格[6)]に定められる諸元

② 建築用材料…①に記載の無い材料のうち，最新の建築基準法・同施行令（以下，「政令」），国土交通省告示（以下，「告示」），日本工業規格（以下，「JIS」），日本建築学会による諸規準，日本電気協会による技術規程・技術指針（以下，それぞれを JEAC，JEAG）に定められた諸元

③ ①，②に記載が無い材料…規格値とともに，その根拠を示す機械特性等のデータを提示し，妥当性を明らかにした上で適用すること。

(4) 材料の物性値には適切な動的増加係数を与え，材料構成則ではひずみ速度依存性を適切に考慮すること。

(5) 適切な接触条件や摩擦係数，境界条件を設定すること。

解説：

(1) 竜巻飛来物と鋼板構造物の剛性によっては，竜巻飛来物が衝突部で大変形すること（例えば，圧潰変形等）や，鋼板構造物には貫通に進展する局所的な大変形が発生することが想定されるため，両者に発生する変形／破壊モードを適切に再現可能な解析モデルを作成する必要がある。解析モデルを構成する要素にはビーム，シェル，ソリッドの 3 要素があり，使用する要素は各要素の特徴（計算時間の違い，再現可能な破壊性状など）を考慮して決める必要がある。また，要素分割については，メッシュサイズが大きすぎると各要素に発生する応答量が平滑化されること，逆に小さすぎると計算効率が低下することにつながる。このため，事前にメッシュサイズをパラメータとした感度解析を実施し，評価する系に適したメッシュサイズを決定する必要

がある。

(2)　竜巻飛来物の形状や剛性により，衝突角度によって鋼板構造物に発生する損傷に差が出るため，鋼板構造物の衝突面に対して最大となる速度で衝突するよう（例えば，施設天井については最大鉛直方向速度）安全側に設定する必要がある。

(3)　③については，材料試験や公開文献等の信頼できる真応力－真ひずみ曲線が利用できる場合にはそれを用いてもよい。なお，ひずみ基準で設計する場合、材料の塑性域も評価に含めることから，降伏応力，引張強さ，破断ひずみ，ヤング係数を確認できる材料とする。

(4)　竜巻飛来物の衝突によって起こる衝突部の高速変形のため，変形時に材料の強度が上昇する。このような強度の増倍率（動的増加係数）はひずみ速度に依存するため，解析においては竜巻飛来物とターゲットの衝突時のひずみ速度範囲における動的増加係数を公開文献や信頼できる材料試験結果等の根拠データから適切に設定する。さらに，ひずみ速度依存性を考慮できる構成則（Cowper-Symonds，Johnson-cook 等）を用いて適切な材料モデルを用いるものとする。

(5) 物体同士の接触を適切に再現できるような接触条件や摩擦係数，境界条件を考慮する。

3.4.3　評価基準

鋼板構造物の局所変形を評価するための評価判断基準については，衝突部に発生する応力場による材料の延性低下の影響を適切に考慮できるひずみ基準を用い，次式によって評価すること。なお，その他の評価基準を採用する場合には，設計者がその妥当性を試験や解析により明らかにした上で適用すること。

$$\gamma_i \frac{\varepsilon_a}{\varepsilon_s} \leq 1.0 \tag{3.1}$$

γ_i：安全係数（設計者が適切に設定する）

ε_a：解析で得られる最大相当塑性ひずみ

ε_s：応力状態に応じた鋼板構造物材料の延性低下の影響を適切に考慮できるひずみ基準値

解説：

ターゲットの衝突部では多軸応力場が発生すると考えられる。一般に，多軸応力場が発生した材料は延性が低下することが知られており，応答評価においてもその影響を考慮することが必要である。多軸応力場の指標に応力多軸度係数（Triaxiality factor，以下 TF）がある。これは主応力の和をミーゼス応力で除した値であり，TF が 1 のときは単軸引張，2 のときは二軸引張状態を表している。多軸応力場による延性低下の影響を考慮したひずみ基準の例として，例えば JSME が制定した原子力発電所の PWR 鋼製格納容器のシビアアクシデント時の構造評価ガイドライン[7)]では，局部の相当塑性ひずみの制限値として，引張強さに相当する単軸のひずみに TF（式(3.4)参照）の関数を掛けた値（以下，ひずみ基準：式(3.5)参照）を採用している。このひずみ基準の保守性は，竜巻飛来物を模擬した重錘と鋼板の自由落下衝突試験（3.2 節解説参照）[8)]にて確認されている。被衝突部の貫通・破断の判断は，被衝突部に発生する相当塑性ひずみの値と適切なひずみ基準を比較して判断する。

以下に，鋼板の貫通限界を評価するために実施した衝撃解析による評価例と，本ガイドで示すひずみ基準による破断・貫通の判断の妥当性を確認するために実施した竜巻飛来物のうち鋼製材を模擬した重錘を用いた鋼板上への自由落下衝突試験結果との比較を示す。

(1) 試験方法

図 3.3 に, 自由落下衝突試験の概要を示す。試験体は型鋼で組み上げた支持架台の間に設置され, 重錘は移動式クレーンで吊り上げた後に自由落下で試験体に衝突する。図 3.4 に，試験体および重錘の形状・寸法を示す。以下に，試験体および重錘の詳細をまとめる。

【試験体】
- 材質：SS400（JIS G 3101）
- 寸法：長さ 2140mm×幅 1400 mm×厚さ 9mm（試験有効部：1400mm×1400 mm×9mm）
- 支持方法：ボルトによる端部二辺固定支持

【重錘】
- 構成：重量部，連結部，衝突部
- 衝突部材質：BCR295（国土交通大臣認定の建築材料）
- 衝突部形状：板厚 16mm，外形 250mm×250mm の角パイプ（鋼製材の衝突部形状を模擬）
- 総重量：約 1.1ton

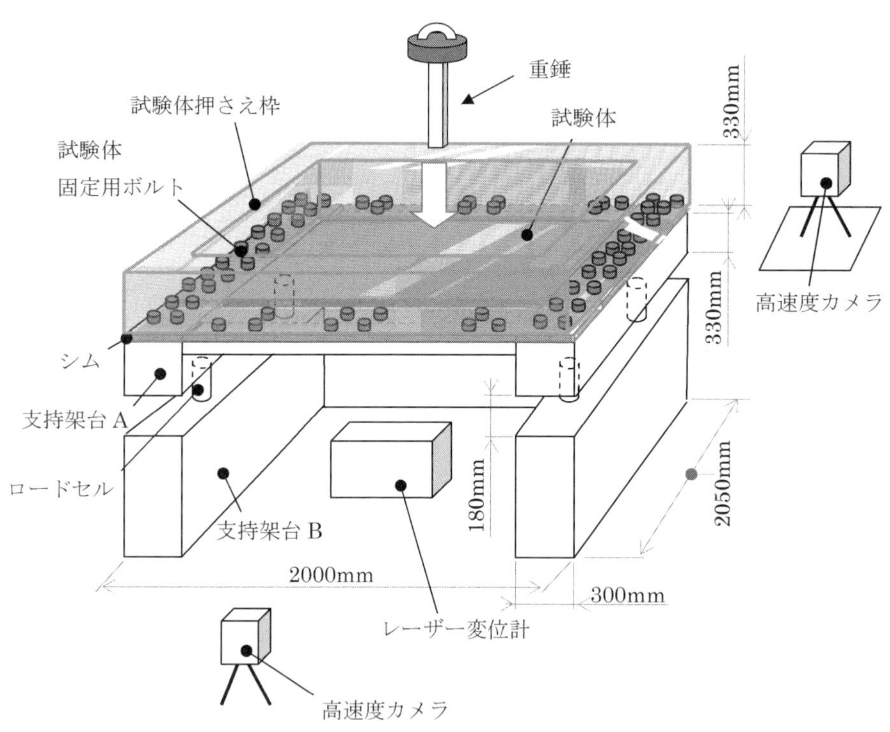

図 3.3　自由落下衝突試験概要

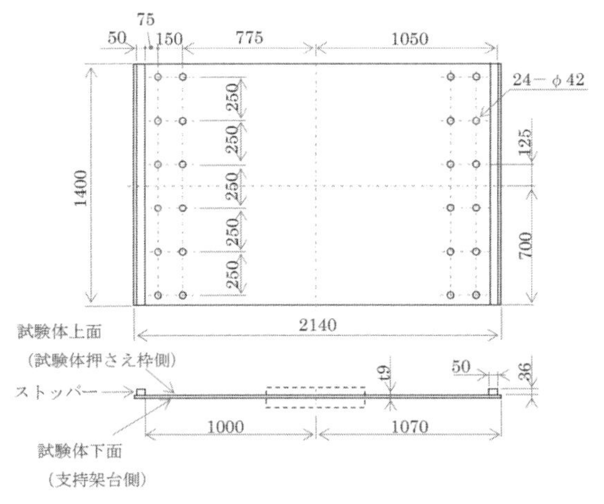

(試験体寸法)

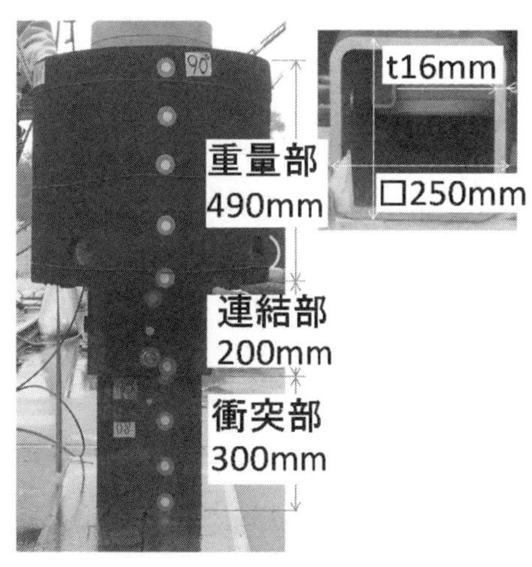

(剛パイプ重錘)

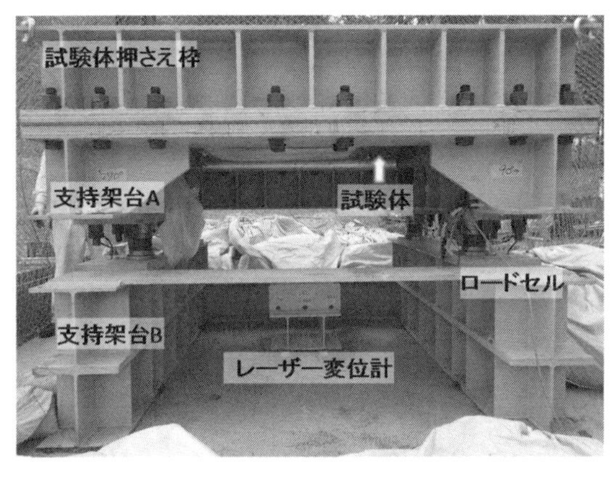

(試験体組立の様子／正面)

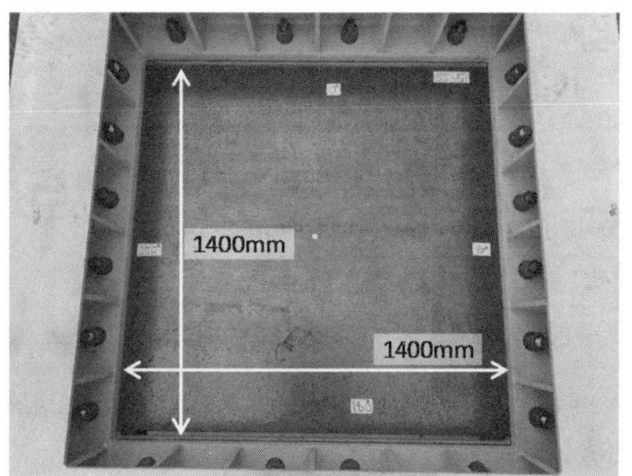

(試験体組立の様子／上面)

図 3.4　試験体および重錘の形状・寸法

(2) 衝撃解析コードによる耐貫通・破断評価

衝撃解析コード AUTODYN(ver.16.1)[9]を用いた解析手法およびひずみ基準による貫通・破断の判断方法について示す。

(a) 解析条件

表 3.2 に解析／試験ケースについて，表 3.3 に解析条件について，表 3.4 に試験体および重錘のメッシュサイズおよび材料構成則について示す。

表 3.2　解析／試験ケース

解析／試験ケース	重錘落下高さ
SS-1	17.0m
SS-2	12.5m
SS-3	9.5m
SS-4	11m

表 3.3　解析条件

項　目	試験体	重錘	支持架台
要素タイプ	シェル要素	重量部：6 面体ソリッド要素 連結部：シェル要素 衝突部：シェル要素	支持架台：シェル要素 ロードセル：6 面体ソリッド要素
接触条件	試験体と重錘衝突部：摩擦係数 0.52 試験体，支持架台，ロードセル：完全一体化モデル（接触，摩擦の設定なし）		
拘束条件	ロードセル底面を完全拘束		
減　衰	なし		

表 3.4　試験体および鋼板のメッシュサイズおよび材料構成則

項　目	試験体	重錘
メッシュサイズ	衝突部近傍：7.5mm	衝突部先端：長さ方向に 15mm
材料物性値	常温引張試験（ひずみ速度 10^{-4} /s）	
動的強度倍率	ひずみ速度 10^{-4}～10^{1} の各オーダーについて，WES 式で算出	
材料構成則	Cowper-Symonds 式	

解析モデルは，試験体の対称性を考慮し 1/2 面対称モデルとした。図 3.5 に，解析モデルを示す。材料物性値は各部材の使用材料を対象に実施した常温静的引張試験で得られた応力－ひずみ関係を使用し，材料構成則にはひずみ速度依存性を考慮できる Cowper-Symonds 式を採用したバイリニア型 [8]としている。材料の動的増加係数は，日本溶接協会の推定式 [10]（以下，WES 式(3.2)，(3.3)）を用いた。表 3.5 に解析で使用した材料物性値を，表 3.6 に WES 式に用いた物性値と得られた動的増加係数を，図 3.6 に試験体（SS400）の材料モデルの例を示す。

$$\sigma_Y = \sigma_{Y0}(T_0)\cdot exp\left[8\times 10^{-4}\cdot T_0\cdot\left(\frac{\sigma_{Y0}(T_0)}{E}\right)^{-1.5}\cdot\quad\left\{\frac{1}{T\cdot ln(10^8/\dot{\varepsilon})}-\frac{1}{T_0\cdot ln(10^8/\dot{\varepsilon}_0)}\right\}\right] \tag{3.2}$$

$$\sigma_T = \sigma_{T0}(T_0)\cdot exp\left[8\times 10^{-4}\cdot T_0\cdot\left(\frac{\sigma_{T0}(T_0)}{E}\right)^{-1.5}\cdot\quad\left\{\frac{1}{T\cdot ln(10^9/\dot{\varepsilon})}-\frac{1}{T_0\cdot ln(10^9/\dot{\varepsilon}_0)}\right\}\right] \tag{3.3}$$

σ_Y: $\dot{\varepsilon}$及び Tの時の降伏応力（MPa），σ_{Y0}: 静的試験での材料の降伏応力（MPa），
σ_T: $\dot{\varepsilon}$及び Tの時の引張強さ（MPa），σ_{T0}: 静的試験での材料の引張強さ（MPa），
$\dot{\varepsilon}$: 局所ひずみ速度(/s)，$\dot{\varepsilon}_0$: 静的条件でのひずみ速度(/s)
T: 評価対象の使用時の最低温度（K），T_0: 室温（K）
E: ヤング係数（MPa）

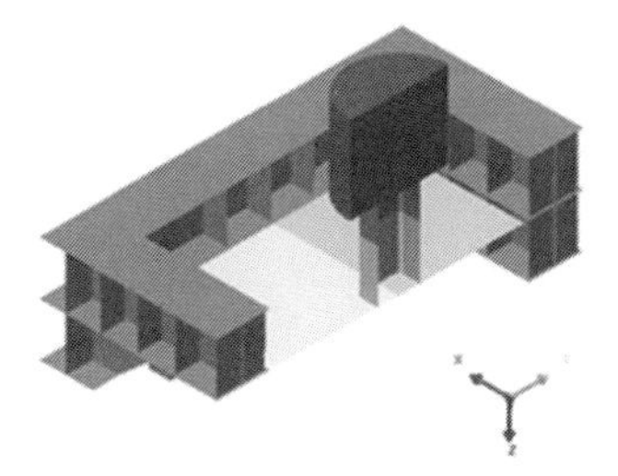

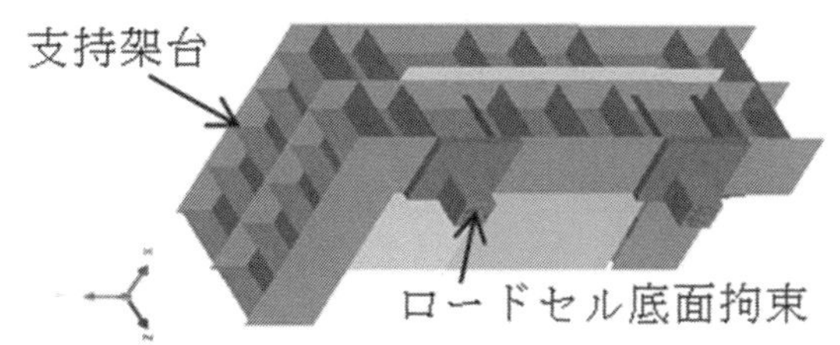

（支持架台上面からの図）　　　　（支持架台下面からの図）

図 3.5　解析モデル

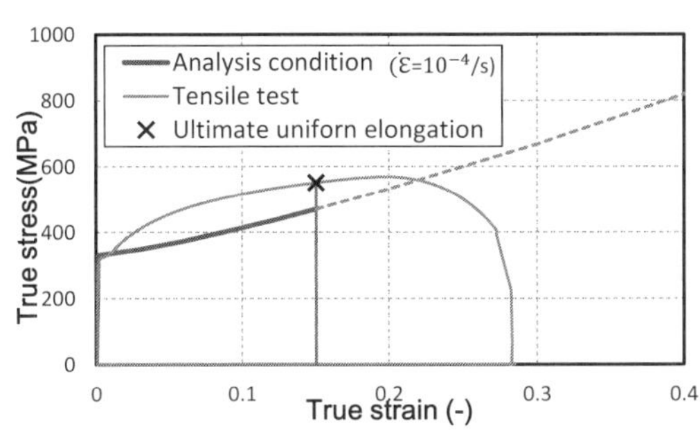

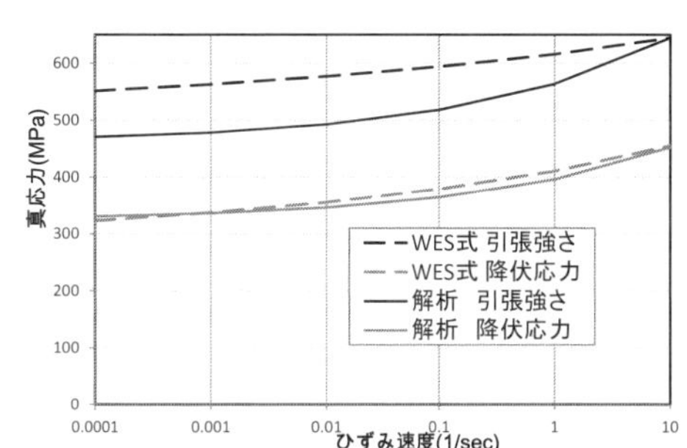

（材料試験結果と真応力-真ひずみの関係）　　（WES 式による真応力とひずみ速度の関係）

図 3.6　材料モデル（試験体 SS400 の例）

表 3.5　解析で使用した材料物性値（公称）

評価部位	材料	降伏応力	引張強さ	引張ひずみ*	ヤング率
重錘衝突部	BCR295	400.2 MPa	436.7 MPa	0.0770	214.6 GPa
試験体	SS400	322.3 MPa	474.4 MPa	0.1624	209.7 GPa

*引張強さに相当する一様伸びの最大値

表3.6　WES式に用いた物性値と解析で使用した動的強度倍率の一覧

評価部位	ひずみ速度 $\dot{\varepsilon}_0$(1/s)	降伏応力 σ_{Yd}(MPa)	引張強さ σ_{Td}(MPa)	ヤング率 E(GPa)	動的強度倍率		
					ひずみ速度 $\dot{\varepsilon}$(1/s)	降伏応力	引張強さ
重錘衝突部	10^{-4}	400.2	436.7	214.6	10	1.29	1.20
試験体	10^{-4}	322.3	474.4	209.7	10	1.41	1.17

(b) TF を考慮したひずみ基準に基づく破壊基準

ここでは，解説で示した JSME のひずみ基準について述べる。図 3.7 に，材料規格値（σ_{sy}：245MPa，σ_{uts}：400MPa）6)を用いて算定した TF=1～2 までのε_Lを示す。試験体の破断限界は，発生する応力状態に応じて 13～23%の間を推移している。

【TF の算定式】

$$TF = \frac{\sigma_1 + \sigma_2 + \sigma_3}{\sigma_e} \tag{3.4}$$

σ_1，σ_2，σ_3：主応力，σ_e：ミーゼス応力

【JSMEが与える局部の相当塑性ひずみ限界（限界3軸ひずみ）】

限界3軸ひずみ： $\varepsilon_L = \varepsilon_{Lu} \cdot exp^{\left[\frac{-\alpha_{sl}}{1+m_2}\left(\frac{\sigma_1+\sigma_2+\sigma_3}{3\sigma_e}-\frac{1}{3}\right)\right]} = \varepsilon_{Lu} \cdot exp^{\left[\frac{-\alpha_{sl}}{1+m_2}\left\{\frac{1}{3}(TF-1)\right\}\right]}$ (3.5)

$\varepsilon_{Lu} := m_2 = 0.60(1.00 - R)$　（ただしフェライト鋼）
$\alpha_{sl} = 2.2$，R：降伏比 $= \sigma_{sy}/\sigma_{uts}$
σ_{sy} ：材料規格[5)]2012年度版 part3 第1章 表6で規定する設計降伏点（MPa）
σ_{uts}：材料規格[5)]2012年度版 part3 第1章 表7で規定する設計引張強さ（MPa）

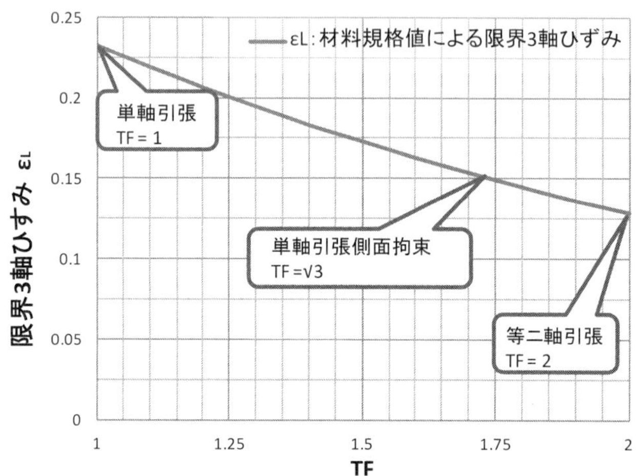

図3.7　SS400試験体の限界3軸ひずみε_LとTFの関係

(c) JSMEのひずみ基準を用いた貫通・破断の評価結果

ケースSS-2（落下高さ12.5m，貫通），SS-3（9.5m，未貫通）およびSS-4（11.0m，未貫通）について，図3.8に相当塑性ひずみのコンター例および衝突部近傍におけるTFにより算定した試験体の限界 3 軸ひずみと，同箇所の相当塑性ひずみの時刻歴波形を示す。ここでは式(3.1)のγ_i=1とし，式(3.1)=1のときすなわち，相当塑性ひずみがひずみ基準値に達したときに破断・貫通すると見なす。SS-2およびSS-4では，重錘が停止する時刻以前に試験体に発生する相当塑性ひずみが限界3軸ひずみを上回り，重錘は試験体を破断・貫通したと評価される。一方，SS-3では，重錘停止前に相当塑性ひずみが限界3軸ひずみに漸近しており，非貫通と評価される。したがって，JSMEのひずみ基準を適用すれば，貫通限界に至る落下高さは9.5m～11.0mと推定される。

(3) 試験結果

図3.9に，試験体の変形状態を示す．衝突試験は，落下高さをパラメータとして，計4回（試験ケース名：SS-1～SS-4）実施した。試験結果より，SS400鋼板が破断限界に至る落下高さは，11.0m（SS-4）と12.5m（SS-2）の間にあること，またJSMEのひずみ基準より判断した破断・貫通評価結果が保守的であることを確認した。

(4) まとめ

鋼製材に代表される竜巻飛来物のように衝突エネルギーが大きく，鋼板に衝突する際の局部的な損傷(破断・貫通限界)の評価方法として，衝撃応答解析より得られる相当塑性ひずみに対し JSME のひずみ基準を用いて貫通・破断評価を行えば保守的な評価となることを明らかにした。

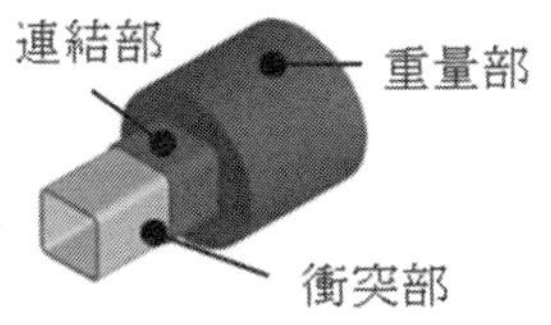

(重錘) 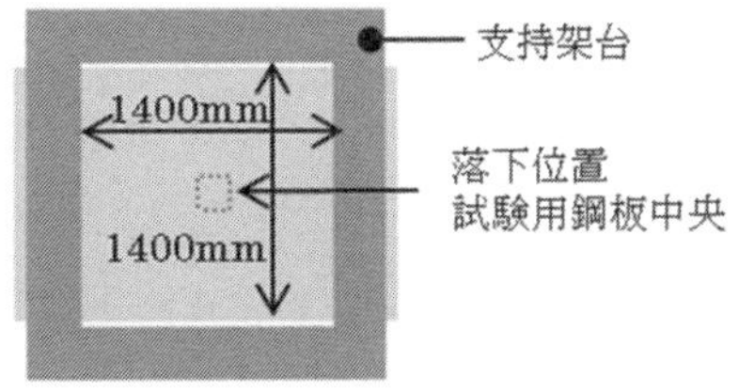　　(試験体と支持架台)

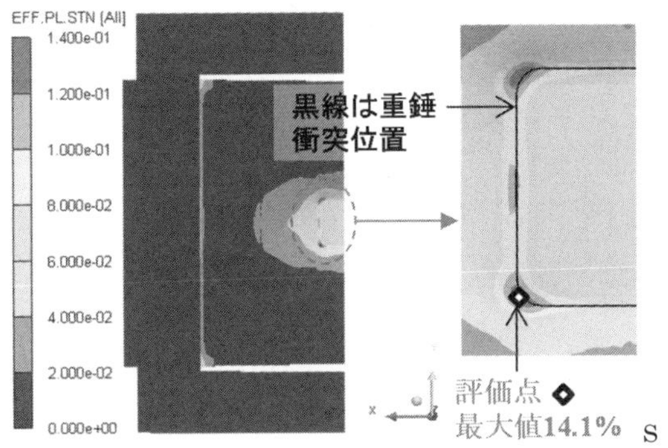

(重錘速度 0m/s における相当塑性ひずみコンター例) 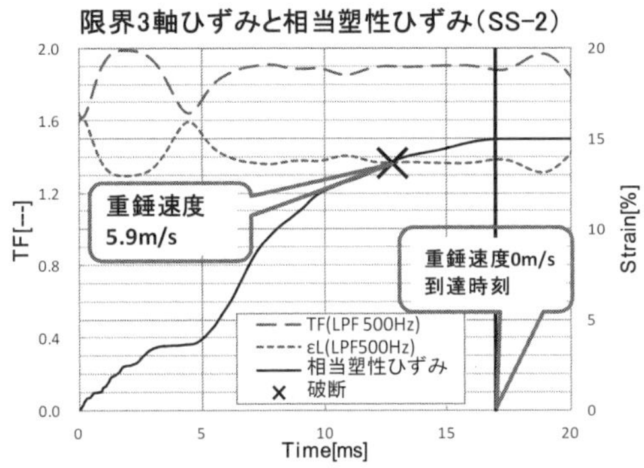　　(SS-2)

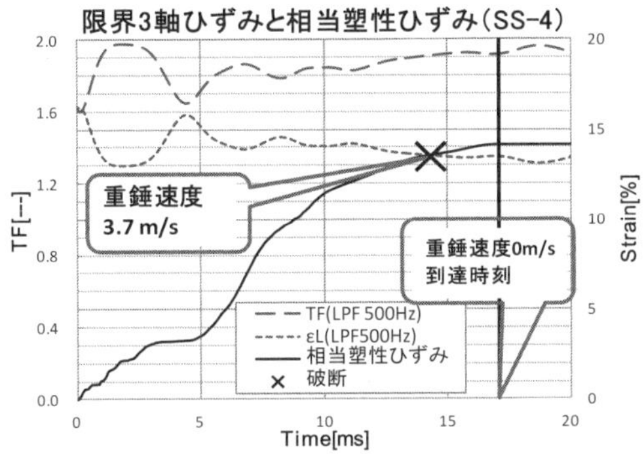

(SS-4) 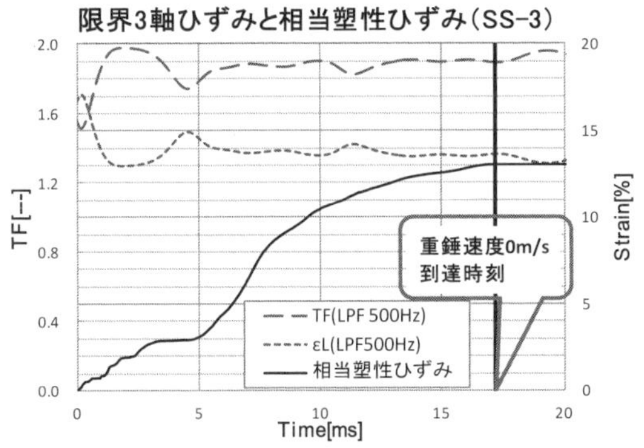　　(SS-3)

図 3.8　試験体の相当塑性ひずみのコンター例および限界 3 軸ひずみによる貫通評価

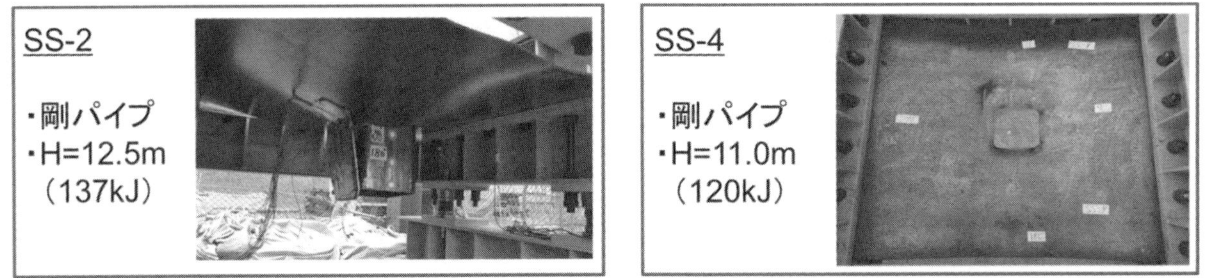

図 3.9　試験体の試験後の破損状態（試験ケース SS-2 および SS-4）

3.5　防護ネットに対する耐貫通評価ガイド

3.5.1　一般

本章で示すガイドは，竜巻飛来物と防護ネットとの衝突による破断・貫通現象について，吸収エネルギー基準を採用した手法により評価する場合を対象とする。

解説：

一般に，高強度金網の適用先には落石防護柵や崩壊土砂防護柵が挙げられる。このような用途では捕捉性能が優先的に求められているが，これら防護柵は支持構造も含めた複合構造全体により衝突エネルギーを吸収する機構を採用しており、防護ネット単体によるエネルギー吸収は想定されていない。一方，原子力発電所内で防護設備を設置する場合，防護設備と周辺設備との離隔距離や施設全体に伝播する支持構造に発生する荷重等の評価が必要となる。

本ガイドでは，金網の限界吸収エネルギー量，金網の交点強度，金網を支持するワイヤロープ張力の応答量を簡易手法で算定し，破断・貫通が発生しないための評価基準について説明する。

3.5.2　評価手順

竜巻飛来物と防護ネットとの衝突現象を，吸収エネルギー基準を採用した解析にて求める場合，以下の手順で行うこと。なお，信頼できる実験や公開文献により評価の妥当性が検証可能な場合には，その他の手順で実施してよい。

(1) 防護ネットに用いる金網の１交点あたりの衝撃引張材料特性（引張荷重－伸び関係）を公開文献または試験により確認すること。

(2) 想定する竜巻飛来物の質量，衝突速度，衝突エネルギーなどから，高強度金網の構成（幅×展開長寸法，１交点の目合い寸法，施工枚数）を設定すること。

(3) 設定した高強度金網に対し，3.5.3 に示す評価基準を満たすことを確認する。これら評価基準を満たさない場合，(2)に戻り適切な高強度金網の寸法や構成を再設定すること。

(4) (2)の高強度金網によって周辺設備との離隔距離や周辺設備に発生する荷重が設計上問題ないことを確認する。問題がある場合，(2)に戻り適切な高強度金網の寸法や構成を再設定すること。

解説：

(1) 金網の限界吸収エネルギー量，交点強度およびワイヤロープに発生する張力の算定には，金網の１交点の変形開始から破断までの引張荷重－伸び関係が必要となる。ここで，１交点の引張荷重－伸び関係は，金網を構成する素線自体の引張荷重―伸び関係ではないことに注意すること。

(2) 想定する竜巻飛来物の寸法・形状に対して十分な大きさを持つ寸法の金網を選定すること。また，想定される衝突エネルギー量によっては，高強度金網の施工面積や施工枚数を増やして防護ネットの限界吸収エネルギー量を増やすこと。

(3) 3.5.3 の評価基準を満たすことを確認し，竜巻飛来物の衝突による防護ネットの破断・貫通が発生しない設計であることを確認すること。

(4) 竜巻飛来物衝突時に，防護ネット自体に有意な損傷が無い場合でも，施設側に伝達される荷重値が施設の安全機能維持に影響を与える場合や，竜巻飛来物との離隔距離が十分に取れない場合は，(2)に戻り高強度金網の仕様を再設定する必要がある。

3.5.3 評価基準

防護ネットの健全性を評価するための評価判断基準については，金網の吸収エネルギーの限界値とし，次式によって評価すること。なお，その他の評価基準を採用する場合には，設計者がその妥当性を試験や解析により明らかにした上で適用すること。

【金網の吸収エネルギー】

$$\gamma_i \frac{E_a}{E_s} \leq 1.0 \tag{3.6}$$

γ_i：安全係数（設計者が適切に設定する）

E_a：竜巻飛来物が与える金網の最大吸収エネルギー

E_s：簡易解析手法による金網の限界吸収エネルギー

解説：

竜巻飛来物の貫通防止を高強度金網で担う場合，竜巻飛来物の衝突エネルギーが金網の全体の限界吸収エネルギー量を下回る必要がある。

以下に，3.5.2 節で示す評価手順による耐貫通性能評価結果と，竜巻飛来物を模擬した重錘と高強度金網を用いた防護ネットとの自由落下衝突試験結果[11)]との比較を示す。

(1) 試験方法

図 3.10 に，自由落下衝突試験の概要および重錘の形状を示す．試験では，H 形鋼をロの字に組み上げた支持架台上に，寸法 3m×4m の高強度金網を取り付けた H300 形鋼製の 3.5m×4.5m の金網支持構造物を固定し，移動式クレーンで吊り上げた重錘を自由落下で高強度金網の中央に衝突させる。試験体の隅角部には，ワイヤロープに発生する荷重の動的効果を緩和するための緩衝構造が取付けられている。図 3.11 に，試験体および重錘の形状・寸法を示す。

以下に，試験体および重錘の詳細をまとめる。

【試験体】

・構成部材：金網支持構造物，高強度金網（2 枚），ワイヤロープ，緩衝構造

・金網寸法：幅 3m×展開長 4m，目合い寸法 50mm

・金網の限界吸収エネルギー量：主金網 80kJ×2+補助金網 40kJ = 200kJ

【重錘】

・形状：直径 0.5m の円柱形状

・総重量：1.5ton

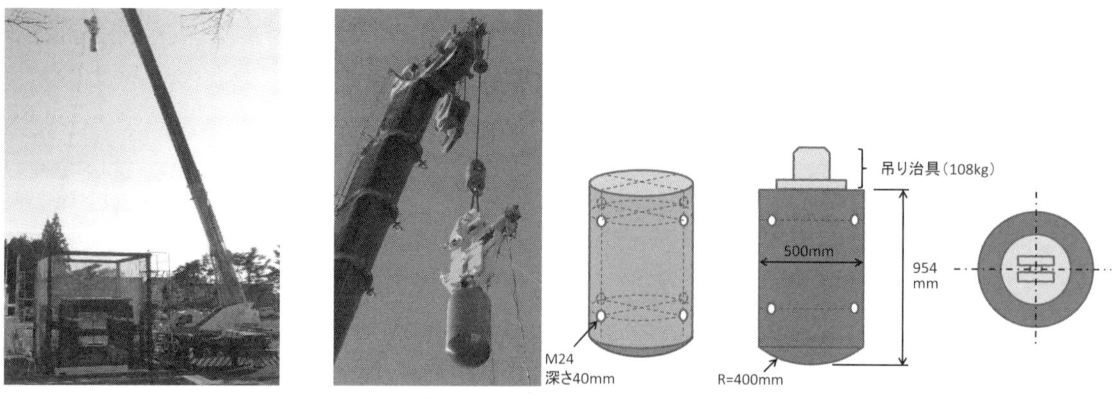

図 3.10　重錘を用いた自由落下衝突試験の概要および重錘の形状・寸法

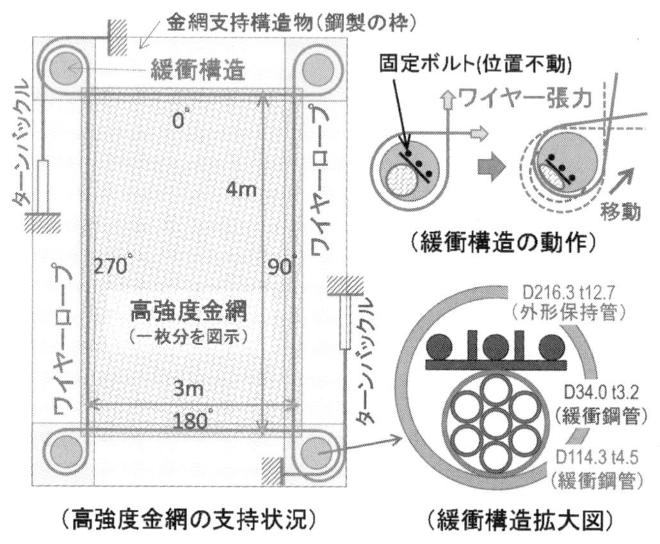

図 3.11　試験体の概要

(2) 簡易解析による限界吸収エネルギー量の算定

初めに，金網中央に衝撃荷重を受ける金網の吸収エネルギー算定手法について述べる。金網の作用力と張力の釣り合い式から，金網の限界伸び量に達するまでのたわみ量と作用力の関係を求め，吸収可能なエネルギーを算出する。図 3.12 に，展開長 L_x と幅寸法 L_y を有する金網の吸収エネルギー算定モデルを示す。ここで，交点の目合寸法を S とすると，目合対角距離は$\sqrt{2}\cdot S$となる．金網を幅方向に長さ L_x の交点列が N_y（$=L_y/(\sqrt{2}\cdot S)$）列，並列した集合体と仮定し，金網全体の吸収エネルギーを，各交点列の吸収エネルギーの総和として算出する。展開方向中央に竜巻飛来物から作用力を受けると，交点列は図 3.13 に示す通り，二等辺三角形状に変形すると仮定する。作用力と張力の関係から，i 列目の交点列の作用力とたわみ量の関係は，式(3.7)で表される。なお，式中の記号$F_i, x_i, \theta_i, \delta_i$ はそれぞれ，i 列目交点列の作用力，伸び量，たわみ角，たわみ量を示している。また，交点列を展開方向に交点が N_x（$=L_x/(\sqrt{2}\cdot S)$）個，連結された列とすると，交点列の剛性 K_x は 1 交点の剛性 K を用いて，$K_x=K/N_x$ となる。i 列目の交点列の吸収エネルギーは式(3.7)を積分して式(3.8)で表示され，金網の総吸収エネルギーは式(3.9)より得られる。

$$F_i = 2K_x x_i \cdot \sin\theta_i = 2K_x L_x(\tan\theta_i - \sin\theta_i) = 4K_x\delta_i\left(1 - \frac{L_x}{\sqrt{4\delta_i^2 + L_x^2}}\right) \tag{3.7}$$

$$E_i = \int F_i d\delta = \int 4K_x\delta_i\left(1-\frac{L_x}{\sqrt{4{\delta_i}^2+{L_x}^2}}\right)d\delta = 2K_x{\delta_i}^2 - K_xL_x\left(\sqrt{4{\delta_i}^2+{L_x}^2}-L_x\right) \tag{3.8}$$

$$E = \sum_{i=1}^{N_y} E_i \tag{3.9}$$

なお，竜巻飛来物と接する交点列の最大たわみ量は破断伸び量に相当するたわみ量とし，展開直角方向に隣接する交点列のたわみ量は，金網端部で 0 となるよう比例的に減じて設定する。ワイヤロープで支持した主金網を複数枚設置した場合，吸収エネルギーは各主金網の合計として考える。また，本手法は，式(3.10)で示されるアスペクト比（=展開長 L_x／幅寸法 L_y）の範囲内で成立することが実験的に確認されており，アスペクト比が 1 未満の場合は，展開長を辺長とした正方形領域により吸収エネルギーを算出することとしている[12]。

$$1 \leq \text{アスペクト比}\ (L_x/L_y) \leq 2 \tag{3.10}$$

図 3.14 に，試験体中央に重錘の衝突を受ける展開長さ 4m×展開直角長さ 3m の金網の目合い変位分布と吸収エネルギー分布を示す。重錘衝突点の目合いは破断変位 17.6mm までの伸びを仮定すると，最大変位 δ_{max} は 1.50m となる。重錘直径（0.5m）から接触目合数を 6 目合とし，展開直角方向に二等辺三角形状に変位が分布すると仮定する。試験体で用いた高強度金網の組合せである表 3.7 の算定諸元ならびに式(3.7)～式(3.9)を用いて金網 1 枚当たりの吸収エネルギーを算定すると 104kJ となる。

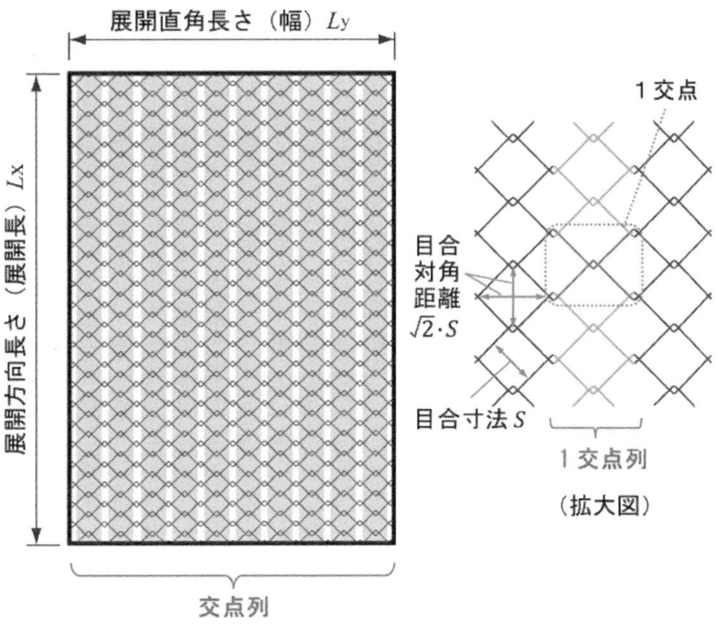

図 3.12　金網の吸収エネルギー算定モデル

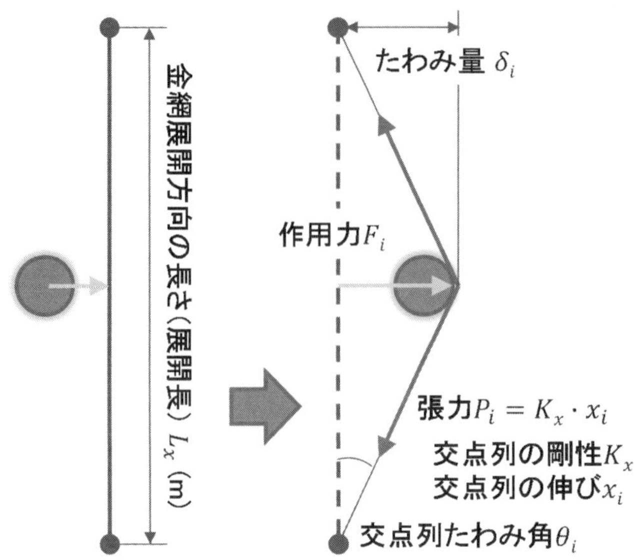

図 3.13　金網交点列の変形状態の模式図

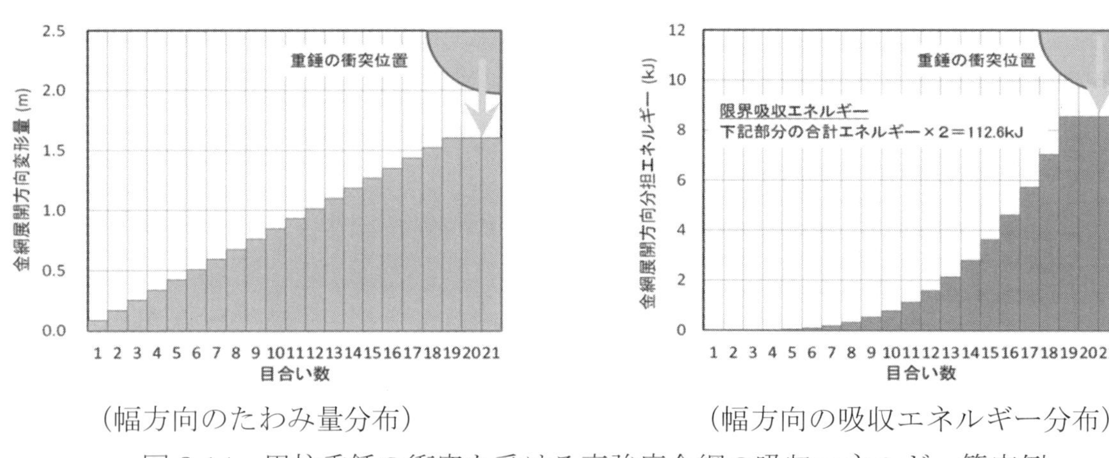

（幅方向のたわみ量分布）　　（幅方向の吸収エネルギー分布）

図 3.14　円柱重錘の衝突を受ける高強度金網の吸収エネルギー算定例

表 3.7 吸収エネルギー算定に用いる諸元

金網目合い寸法 S	50mm
素線直径 d	4mm
素線強度	1400N/mm^2
目合い対角距離	71mm
1m 当たりの目合い数 N	14 個
交点破断強度	15.1kN
交点破断変位	17.6mm
等価剛性 K	858kN/m
破断時たわみ角	36.8deg

(3) 試験結果

図 3.15 に，落下高さ 15.4m から重錘を落下させた場合の重錘の捕捉状況を示す．また，表 3.8 に，試験条件および試験結果を示す。簡易解析手法より得た高強度金網の限界吸収エネルギー量 208kJ（104kJ×金網 2 枚分）を上回るエネルギー252kJ を与えたにも関わらず，重錘は高強度金

網を貫通しないことがわかる。

これらの結果より，(2)で示した算定手法から求めた金網の限界吸収エネルギー量は保守的な評価であり，竜巻飛来物の衝突エネルギーが限界吸収エネルギー量を超えない評価とすることにより，さらに保守的な設計となることがわかる。

図 3.15　重錘の捕捉状況（落下高さ 15.4m）

表 3.8　試験条件と試験結果

高強度金網の構成 幅(m)×展開長(m)×目合(mm)	落下 高さ (m)	最大鉛直 到達距離 (m)	総入力 ｴﾈﾙｷﾞｰ* (kJ)	ワイヤ ロープ 状況	金網 状況	試験 結果
1 枚目, 2 枚目とも：3×4×50 (限界吸収 E：208kJ)**	15.4	1.72	252	健全	健全	重錘捕捉

* 最大鉛直到達位置を基準点とし，落下高さと到達距離の合計から算出される重錘の位置エネルギー

** 限界吸収エネルギー算定手法を用いて算出した算定値

参考文献

1) 原子力規制委員会：実用発電用原子炉及びその附属施設の位置，構造及び設備の基準に関する規則の解釈，原規技発第 1306193 号，平成 25 年 6 月 19 日.

2) 原子力規制委員会：原子力発電所の竜巻影響評価ガイド，原規技発第 1409172 号，制定 2013，改訂 2014.

3) 土木学会構造工学委員会　構造物の性能照査型衝撃設計に関する研究小委員会：防災・安全対策技術者のための衝撃作用を受ける土木構造物の性能設計－基準体系の指針－，構造工学シリーズ 22，2013.

4) 土木学会包括設計コード策定基礎調査委員会：性能設計概念に基づいた構造物設計コード作成のための原則・指針と用語（Code PLATFORM ver.1），2003.

5) 関西電力株式会社：高浜発電所だより第 108 号，2014.10.

6) 日本機械学会：発電用原子力設備規格 材料規格（2012 年版），JSME S NJ1-2012，2012.12.

7) 日本機械学会：発電用原子力設備規格シビアアクシデント時の構造健全性評価ガイドライン ＜PWR 鋼製格納容器編＞，JSME S NX4-2015，2015.12.

8) 坂本裕子，白井孝治，宇田川敏子，近藤俊介：竜巻飛来物と鋼板の衝突挙動に対するひずみ制限による破壊基準の適用性，土木学会構造工学論文集 Vol.62A，2016.3.

9) ANSYS：AUTODYN Theory Manual, Revision 4.3，2015.

10) 日本原子力技術協会：BWR 配管における混合ガス（水素・酸素）の燃焼による配管損傷防止に関するガイドライン（第 3 版），2010.3.

11) 南波宏介，白井孝治，坂本裕子，近藤俊介：高強度金網を用いた竜巻飛来物対策工の合理的な衝撃応答評価手法，電中研研究報 O01，2016.3.

12) 南波宏介，白井孝治，坂本裕子：竜巻防護設備に用いる金網形状の異なる高強度金網に関する吸収エネルギー算定手法の適用性，土木学会構造工学論文集 Vol.61A，2015.3.

第４章　衝突作用を受ける RC 梁の性能設計マニュアル（案）と設計事例

4.1　総則

4.1.1　目　的

本設計マニュアル（案）は，構造工学シリーズ 22「防災・安全対策技術者のための衝撃作用を受ける土木構造物の性能設計－基準体系の指針－」に基づき，実務者に対して有用な衝突作用を受ける RC 梁の性能設計例を示すことを目的としている。

【解説】

本設計マニュアル（案）では，4.1 節で基本概念や適用範囲を示し，4.2 節で衝突作用を受ける RC 梁に求められる性能（要求性能）と RC 梁の耐衝撃性能の評価（性能規定）について示している。4.3 節および 4.4 節には，それぞれ照査方法と審査方法およびその考え方を示している。4.5 節では，本設計マニュアル（案）に準拠して RC 梁を設計し，実験により照査する事例について示す。

4.1.2　適用範囲

本設計マニュアル（案）の適用範囲は，スパン長 2 ～ 10 m 程度の複鉄筋 RC 梁を対象とする。なお，RC 梁の破壊形式は，設計上静載荷時に曲げ破壊する形式（曲げ破壊型）とする。また，緩衝材は設置せず，落石等の衝突体が単純支持された RC 梁のスパン中央部に直接衝突する場合を想定している。衝突速度は V = 14 m/s 程度以下，衝突体は鋼製重錘であり質量は 0.3 ～ 2.0 t である。

【解説】

本設計マニュアル（案）で対象としているのは，RC 構造物の最も基本的な構造要素である RC 梁である。また，RC 梁は通常曲げ破壊するように設計されていることから，曲げ破壊型の RC 梁を対象とする。なお，緩衝材の設置については考慮していない。これは，緩衝材の変形係数や厚さと RC 梁の曲げ剛性との関係などが RC 梁の耐衝撃挙動に大きく影響し，現象が複雑になるためである。この点については，今後の検討課題とする必要がある。衝突体としては，落石等を想定していることから，衝突速度は V = 14 m/s 程度以下を対象とし，ミサイルなどによる高速度衝突は対象外としている。

4.1.3　本設計マニュアル（案）の記述方針

(1) 本設計マニュアル（案）は，以下の指針類に準拠して記述する。
  1) 性能設計概念に基づいた構造物設計コード作成のための原則・指針と用語（Code PLATFORM ver.1），包括設計コード策定基礎調査委員会，2003，土木学会
  2) 衝撃実験・解析の基礎と応用，構造工学シリーズ15，2004，土木学会
  3) 土木構造物共通示方書　性能・作用編，G 衝撃作用，2016，土木学会
  4) 防災・安全対策技術者のための衝撃作用を受ける土木構造物の性能設計－基準体系の指針－，構造工学シリーズ22，2013，土木学会

(2) 本設計マニュアル（案）では，衝突作用を受ける RC 梁を設計する際の目的，要求性能および性能規定に関しての一般事項を示す。

【解説】

4.2 節～4.4 節の設計マニュアル（案）においては，文献 1), 3) および 4) に準拠して記述している。また，4.5 節において，RC 梁の耐衝撃設計法については文献 4) を，衝撃実験法については文献 2) を参考にしている。

4.2　要求性能および性能規定

4.2.1　一般

衝突作用を受ける RC 梁の要求性能は，用途や部位およびその重要度に応じて設定しなければならない。本節における RC 梁の主な目的は，衝突作用を受ける構造物の一構成部材として，衝突作用を伴う災害から人命や財産を守ることである。また，RC 梁の性能は，要求性能の特性に合わせて規定する必要があり，衝突作用の大きさと各限界状態との組み合わせによって示されるものである。

4.2.2　衝突作用の発生頻度と作用の種別

衝突作用のレベルは以下の 3 段階のレベルを設定する。また，衝突作用の種別は，変動作用とする。なお，衝突作用の作用位置や方向は，想定される範囲で RC 梁に最も不利になるように設定する。

・作用レベル 1：頻繁に作用する衝突作用
・作用レベル 2：設計供用期間中に発生する可能性の高い衝突作用
・作用レベル 3：発生確率は極めて低いが規模の大きい衝突作用

【解説】

本設計マニュアル（案）では，例えば落石のように作用の大きさと発生頻度に相関関係がある衝突作用を対象としていることから，衝突作用を変動作用として取り扱うこととした。衝突作用の発生頻度と規模は，専門家や関係機関と十分に検討して設定する必要がある。

なお，衝突作用の作用位置はスパン中央部，その向きは部材軸直角方向とし，RC 梁が最も不利になる場合を設定する。

4.2.3　衝突作用に対する限界状態

本設計マニュアル（案）では，衝突作用を変動作用として取り扱うことから，限界状態としては使用限界状態，修復限界状態および終局限界状態を設定し，これにより性能を規定する。各限界状態は，以下のように設定する。

・使用限界状態：軽微な補修で損傷前の各種性能を確保できる状態
・修復限界状態：適用可能な方法でかつ妥当な経費・時間で損傷前の各種性能を確保できる状態
・終局限界状態：被防護対象の安全性は確保されているものの，さらなる衝突作用に対しては安全性確保が期待できない状態

【解説】

衝突作用は，通常の作用・荷重に比べて発生頻度が低く，かつ作用する場合には，その規模が小さい場合においても，部材にひび割れや残留変位を生ずる傾向にある。一方，曲げ破壊型の RC 梁の場合には，主鉄筋が降伏する程度の損傷を受ける場合においても，その耐衝撃性はほとんど低下しない。従って，軽微な補修を必要とする程度の損傷は使用限界状態の範疇とし，また，比較的大掛かりな補修であっても，その工法が適切でかつ妥当な経費および時間で施工可能な損傷は修復限界状態の範疇とした。

4.2.4　要求性能

(1) RC 梁の要求性能は，使用性，修復性，安全性，耐久性，環境・景観に対する適合性，施工性，維持管理の容易さ，経済性などを考慮して定めるものとする。
(2) 連続する複数の衝突作用を考慮する必要がある場合は，その要求性能を示す必要がある。

【解説】

RC 梁が満足すべき要求性能は，その重要度および衝突作用の作用レベルを考慮して表 4.1 のように与えるものとする。また，各要求性能は，表 4.2 のように説明される。

表 4.1　RC 梁の要求性能例

衝突作用のレベル	RC 梁の重要度		
	最重要	重要	通常
作用レベル 1	使用性	使用性	修復性
作用レベル 2	使用性	修復性	安全性
作用レベル 3	修復性	安全性	―

表 4.2　各要求性能の説明

要求性能	要求性能の説明
使用性	想定した作用に対して構造物の機能を適切に確保する
修復性	必要な場合には，想定した作用に対して適用可能な技術でかつ妥当な経費および期間の範囲で修復を行うことで継続的な使用を可能にする
安全性	想定した作用に対して構造物内外の人命の安全性を確保する

なお，各要求性能と満足すべき限界状態の関係は，表 4.3 に示す通りである。

表 4.3　各要求性能と満足すべき限界状態の関係

要求性能	満足すべき限界状態
使用性	使用限界状態
修復性	修復限界状態
安全性	終局限界状態

4.2.5　性能規定

(1) RC 梁の性能は，要求性能に対応して定量的に規定する。衝突作用に関する要求性能に影響を与える因子として，スパン中央部の残留変位に着目する。

(2) 部材の損傷のレベルは，限界状態と組み合わせることにより性能を規定する指標となる。損傷レベルは，以下の 4 区分とする。

- 損傷レベル 1：無損傷で補修の必要がない状態
- 損傷レベル 2：場合によっては補修が必要な状態．すなわち，軽微な曲げひび割れの発生に伴うわずかな残留変位を生じる状態
- 損傷レベル 3：補修が必要な状態．すなわち，多数の曲げひび割れが発生し，残留変位が RC 梁の純スパン長の 1％ 程度の状態
- 損傷レベル 4：補修が必要で，場合によっては部材の取り替えが必要な状態．すなわち，曲げひび割れの発生のみならず，上縁コンクリートが圧縮破壊に至り，残留変位が RC 梁の純スパン長の 2％ 程度の状態

【解説】

RC 梁の耐衝撃性能は，スパン中央部の残留変位に基づいて照査する。これは，既往の研究成果より，RC 梁の曲げによる損傷度合いと残留変位に相関があることを確認しているためである。従って，残留変位が極めて小さい場合は損傷レベル 1 もしくは 2 であり，残留変位が RC 梁の純スパン長の 1％ 程度の状態では，主鉄筋が降伏し残留変位を生ずる損傷レベル 3 程度である。ただし，上縁コンクリートは圧壊していないため，RC 梁の耐衝撃性は下面（引張応力作用面）の補修補強等により新設と同程度まで回復可能である。また，残留変位が純スパン長の 2％ を超過すると，上縁コンクリートが圧壊して断面欠損し，その結果，RC 梁の耐衝撃性が大きく低下する。したがって，残留変位が純スパン長の 2％ 程度の状態を損傷レベル 4 とする。

表 4.4 に損傷レベルによる RC 梁の性能規定の一覧を示す。

表 4.4　損傷レベルによる RC 梁の性能規定

	使用限界状態	修復限界状態	終局限界状態
RC 梁の損傷レベル	1 および 2	3	4

4.3 照査

4.3.1 RC 梁の実験による性能照査方法

構造物の性能照査を実験的に行う場合，構造物に課される要求性能を設定し，性能を正確に評価できる応答値が得られるような実物大実験，あるいは十分な信頼性を持って実構造物への適用が可能な模型実験によって照査することが望ましい。

【解説】

要求性能の照査に用いる手法には，実験的手法や数値解析法に基づく手法など種々の方法がある。本設計マニュアル（案）では，実験的手法を標準的な方法とし，表 4.3 に示した各要求性能に対応する限界状態により照査することとした。実験による照査は，重錘落下衝撃実験により行うことを基本とする。また，限界状態は表 4.4 に示したように，残留変位量に基づく損傷レベルにより評価する。

実験方法は，構造工学シリーズ 15「衝撃実験・解析の基礎と応用」[2)]や構造工学シリーズ 22「防災・安全対策技術者のための衝撃作用を受ける土木構造物の性能設計－基準体系の指針－」[4)] などを参考にして適切に行う必要がある。

4.3.2　RC 梁の数値解析による照査方法

構造物の性能照査を解析的に行う場合，実験の場合と同様に要求性能を設定し，十分な信頼性のある応答が得られるような数値解析法を用いて照査する必要がある。衝突作用を受ける構造物の性能照査においては，照査項目に応じて要求性能を適切に対応させ，次式により照査することを原則とする。

$$\gamma_i \frac{S_d}{R_d} \leq 1.0$$

ここに，S_d：照査用応答値（$= \gamma_\alpha S(F_d)$）

S　：応答値（照査項目に対応して，作用による構造物または部材の応答を表す値）

F_d：照査に用いる作用の値（作用の設計値=荷重係数 γ_f× 荷重の特性値 F_k）

R_d：照査用限界値（$= R(f_d/\gamma_b)$）

R　：限界値（照査項目に対応して，目標性能を満足するために必要とする値）

f_d：材料の設計強度（=材料強度の特性値 f_k ／材料係数 γ_m）

γ_i：構造物係数

γ_a：構造解析係数

γ_b：部材係数

【解説】

数値解析により照査する場合は，十分に信頼できる方法で実施しなければならない。実験結果との比較検討により精度が保証されている方法で実施する必要がある。ただし，現在のところ，残留変位の推定はある程度の精度で推定可能であるものの，ひび割れ幅などの推定は困難であるものと考えられる。解析方法は，構造工学シリーズ 15「衝撃実験・解析の基礎と応用」を参考にするとよい。

4.4　審査

照査結果は，行政機関等が指定した審査機関により適切に審査されなければならない。

4.5　衝突作用を受ける RC 梁の設計と照査の事例

本節では，RC 梁の衝突作用に関する要求性能を設定し，既往の研究成果に基づいて RC 梁を設計するとともに，重錘落下衝撃実験によりその性能照査を試みる。なお，RC 梁の耐衝撃設計は，構造工学シリーズ 22「防災・安全対策技術者のための衝撃作用を受ける土木構造物の性能設計－基準体系の指針－」[4)]の第 IV 編　第 2 節に準拠して行うものとする。また，設計法の精度を実験結果との比較により検証するため，構造物係数や部材係数等の安全係数は考慮しないこととする。

4.5.1　衝突作用と要求性能の設定

室内実験によって性能照査することを前提として，衝突作用と要求性能を設定する。ここでは，衝突作用として，質量 300 kg の鋼製重錘を 1.35 m 程度の高さから落下させる場合を設定する。また，要求性能としては，表 4.1 における「安全性」を設定する。安全性を満足する限界状態は，終局限界状態であり，4.2.5 項を参考にして残留変位に基づいて評価することとした。ここでは，「終局限界状態」に対応する残留変位として，「RC 梁の純スパン長の 2% 程度以下」を設定する。

4.5.2　RC 梁の形状寸法

既往の耐衝撃設計法は，矩形断面 RC 梁の衝撃載荷実験結果に基づいて提案されている。ここでは，提案設計法の扁平断面 RC 梁への適用性を確認することを目的として，梁幅および純スパンがそれぞれ 450 および 2,000 mm の RC 梁の断面設計を行う。なお，終局限界状態に対応する残留変位は，RC 梁の純スパン長の 2% 程度であることから，本設計事例においては安全性を満足する残留変位は 40 mm (= 2,000 × 2%) 以下となる。4.5.1 および 4.5.2 項で示した初期条件を整理すると表 4.5 の通りである。

表 4.5　RC 梁の耐衝撃設計における初期条件の一覧

初期条件		単位	数値
衝突作用	重錘質量 M	kg	300
	落下高さ H	mm	1,350
	入力エネルギー E	kJ	3.97
要求性能（安全性）	残留変位 δ_{rs}	mm	40 以下
RC 梁の形状寸法	梁幅	mm	450
	純スパン長	mm	2,000

4.5.3　断面設計

断面設計は，「構造工学シリーズ 22「防災・安全対策技術者のための衝撃作用を受ける土木構造物の性能設計－基準体系の指針－」[4)]の第 IV 編　第 2 節を参考にし下式を用いて行う。

$$P_{usc} = 0.42\,\frac{E}{\delta_{rs}}$$

ここに，P_{usc}：設計用静的曲げ耐力，E：入力エネルギー，δ_{rs}：残留変位，である。なお，せん断耐力は，P_{usc} の 1.0 倍以上となるように設定する。必要に応じてせん断補強筋を配置する。

表 4.5 より，入力エネルギー E および残留変位 δ_{rs} は，それぞれ 3.97 kJ および 40 mm と設定されている。従って，設計用静的曲げ耐力は，上式に基づくと P_{usc} = 41.7 kN と算定される。

RC 梁の配筋は，ロックシェッドの頂版部を想定して，鉄筋比が 0.7％ 程度となるように設定する。また，コンクリートの圧縮強度を f'_c = 24 MPa, 鋼材の降伏強度を f_y = 380 kN として，コンクリート標準示方書に準拠して耐力計算をすると，P_{usc} = 41.7 kN 程度となる断面高さは 150 mm となる。図 4.1 に，上記の各種条件に基づいて設計した RC 梁の形状寸法および配筋状況を示す。

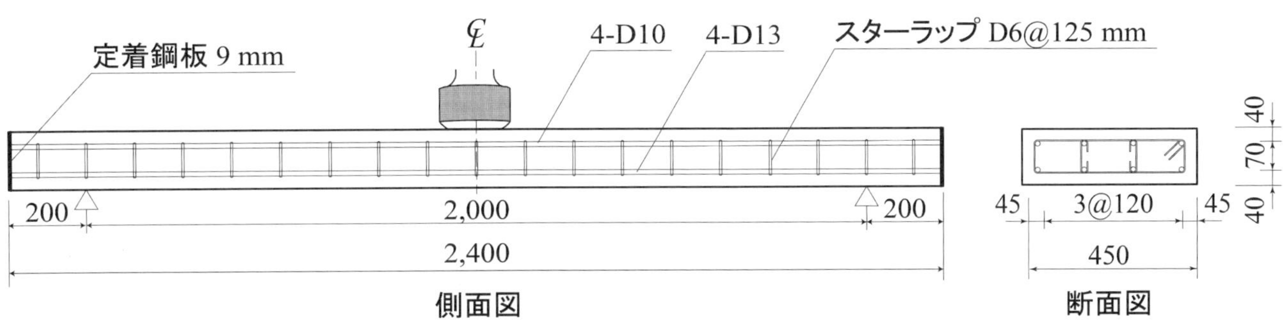

図 4.1　RC 梁の形状寸法および配筋状況

4.5.4　実験による性能照査

(1)　実験概要

実験は，質量 300 kg，先端直径 200 mm の鋼製重錘を 1,350 mm の高さからガイドレールを介して RC 梁のスパン中央部に一回のみ自由落下させることにより行った。重錘底部は，2 mm のテーパを有する球面状となっている。RC 梁は，浮き上がり防止用治具付きの支点上に設置しており，支点部の境界条件はピン支持に近い状態になっている。写真 4.1 には，実験状況を示している。

写真 4.1　実験状況

測定項目は重錘衝撃力 P，両支点の合支点反力（以後，支点反力）R，載荷点変位 δ である。載荷点変位は RC 梁底面の変位をレーザ式変位計を用いて測定した。なお，実験終了後には RC 梁を撮影し，ひび割れ性状を観察している。

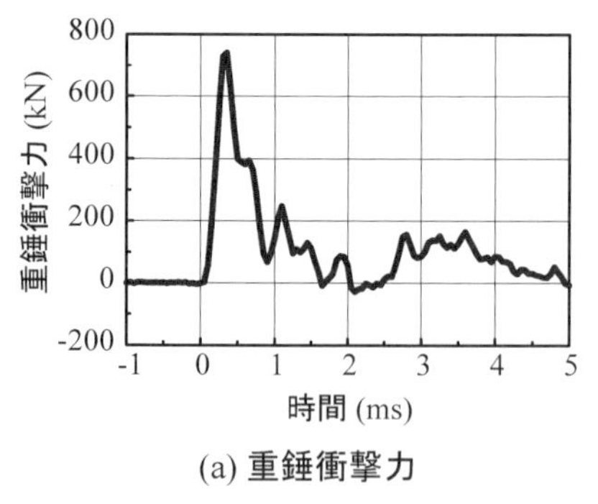

(a) 重錘衝撃力

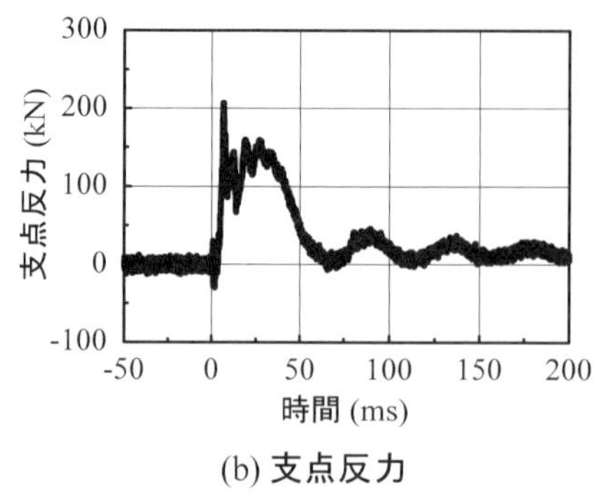

(b) 支点反力

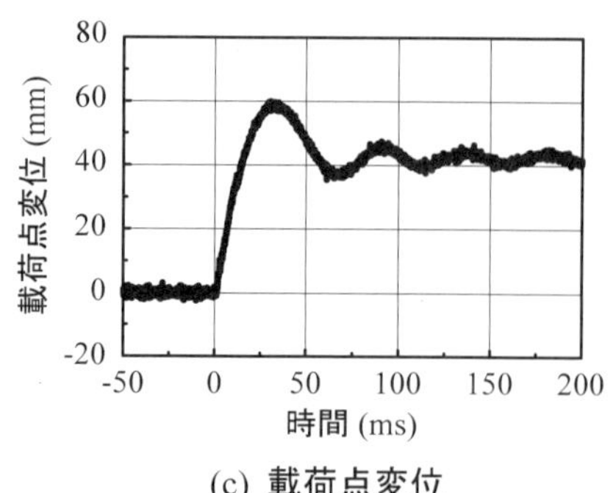

(c) 載荷点変位

図 4.2　各種時刻歴応答波形

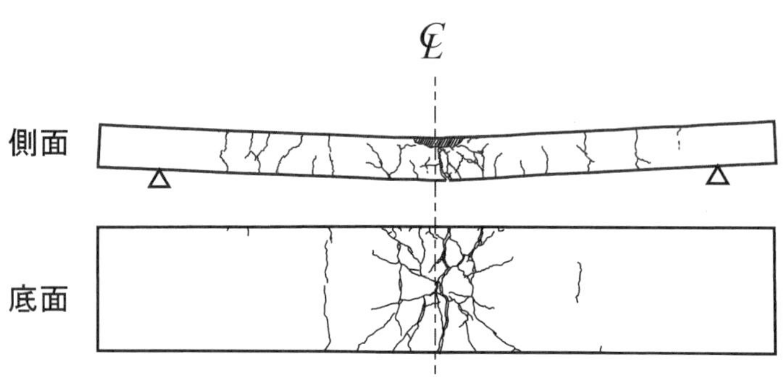

図 4.3　ひび割れ分布性状

(2)　実験結果

図 4.2 には，重錘衝撃力 P，支点反力 R および載荷点変位 δ に関する時刻歴応答波形を示している。図より，重錘衝撃力の場合には主波動の最大振幅が 750 kN 程度で継続時間が 2 ms 程度であるのに対し，支点反力の場合には最大振幅が 200 kN 程度で継続時間が 60 ms 程度であることが分かる。これは，重錘衝撃力の場合には重錘が RC 梁に直接衝突するため短時間に大きな衝撃力が作用するのに対し，支点反力の場合には RC 梁の変形・損傷等の影響が反映されるため，主波動の振幅が低減されるとともに作用時間が長くなったことによるものと考えられる。

一方，載荷点変位波形は，振幅の大きな第一波が励起した後，減衰自由振動状態を呈している。また，変位が大きく残留していることから，RC 梁の主鉄筋は完全に降伏しているものと判断される。なお，残留変位量は 40 mm 程度であり，これは，純スパン長 (= 2,000 mm) の 2% に相当する変位量である。

図 4.3 には，実験終了後における RC 梁側面および底面のひび割れ分布性状を示している．梁側面のひび割れ分布図より，スパン中央部で上縁コンクリートが圧壊し，かつ曲げひび割れが大きく開口し，梁が角折れしていることが分かる。また，梁底面のひび割れ分布図より，スパン中央部において，曲げひび割れが発生・開口するとともに，中心部から放射状に進展するひび割れも見られる。これは，重錘直径が RC 梁の幅よりも小さいため，部材軸直角方向の曲げや，それに伴いねじりモーメントが励起したことによるものと推察される。

(3)　RC 梁の耐衝撃設計法の妥当性評価

前述の表 4.5 に示しているように，要求性能（安全性）は「残留変位が 40 mm 以下」と設定され，それに対し実測の残留変位は図 4.2 に示した通り 40 mm 程度であった。従って，要求性能における残留変位と実測値は概ね対応しているものと判断される。なお，実測値の方が多少危険側となっているが，これは構造物係数や部材係数を考慮することで安全側の設計が可能になるものと考えられる。また，ひび割れ分布図を見ると，上縁コンクリートの著しい圧壊と曲げひび割れの大きな開口を伴う形で RC 梁がスパン中央部で角折れしていることから，終局限界状態に達しているものと判断される。

これらのことから，提案の RC 梁の耐衝撃設計法は，矩形断面のみならず扁平断面を有する RC 梁に対しても適用可能であることが明らかになった。

参考文献

1) 土木学会包括設計コード策定基礎調査委員会：性能設計概念に基づいた構造物設計コード作成のための原則・指針と用語（Code PLATFORM ver.1），2003.

2) 土木学会：衝撃実験・解析の基礎と応用，構造工学シリーズ 15，2004.

3) 土木学会：土木構造物共通示方書　性能・作用編，G 衝撃作用，2016.

4) 土木学会：防災・安全対策技術者のための衝撃作用を受ける土木構造物の性能設計－基準体系の指針－，構造工学シリーズ 22，2013.

第５章　衝突作用を受けるRC版部材の性能設計マニュアル(案)

5.1　総則

5.1.1　目的

本マニュアル（案）の目的は，実務者が衝突作用を受けるRC（鉄筋コンクリート）版部材の性能照査型設計を行うにあたり，情報や考え方を整理し，設計の参考となるように例示したものである。

【解説】

衝撃作用には衝突作用と爆発作用があるが，本マニュアル（案）は衝突作用に限定して記載するものであり，実務者に有用となるように衝突作用を受けるRC版部材の性能照査型設計マニュアル(案)を例示したものである。

RC版に関する性能照査型設計法の例示は現在までの実験研究成果に基づくものであり，今後の解析研究の進捗によっては上記の設計法を補足できる可能性があり，設計法としての信頼度・完成度はさらに向上するものと期待される。

なお，本マニュアル（案）は「衝撃作用を受ける構造物の性能設計型包括設計コード」の下位にあたる性能設計マニュアル（案）であり，今後，多様な構造物，構造部材に対するマニュアル(案)が整備されることが期待される。

5.1.2　適用範囲

(1) 衝撃作用には大別して衝突作用と爆発作用があるが，本マニュアル(案)では衝突作用（例えば剛な衝突体がRC版に衝突する場合）を対象とする。

(2) 物体の衝突による作用は，衝突体と被衝突体の相互作用として生じるので，両者の特性によってその作用が異なることになる。本マニュアル(案)では，衝突体は剛な飛翔体とし変形しないものとする。また，被衝突体はRC版とし，衝突体と被衝突体の間には緩衝材などが介在せず，両者は直接衝突するものとする。

(3) 衝突作用によるRC版の破壊形式は局部破壊と全体破壊に分けられるが，本マニュアル(案)では曲げやせん断力の作用による全体破壊を対象とし，高速衝突時に固有の局部破壊（貫通，貫入，裏面剥離）は対象としない。これは，実験での衝突体の衝突速度が8m/s程度以下と比較的低速であり，被衝突体の破壊形式が曲げ破壊や，静的な局所載荷を受けるRC版の破壊形式である押抜きせん断破壊に類似した性状を示すためである。

(4) RC版の耐衝撃挙動や動的耐荷力は版の支持条件によって変化する。ここでは，実落石覆工頂版の支持条件を参考にして，四辺支持に加えて前・背面が壁構造の二辺支持および前面が柱構造，背面が壁構造の一辺支持＋多点支持を代表する一辺支持＋二隅角点支持を対象とする。

(5) 本マニュアル(案)は実験によって得られた知見を基にしていることから，衝突体の入力エネルギーや衝突面の寸法および形状やRC版の断面寸法など，実験範囲（適用範囲）を明確にすることとし，本マニュアル(案)の適用にあたっては適用範囲が満足されることを原則とする。

5.1.3　本設計マニュアル(案)の記述方針

(1) 本設計マニュアル(案)は土木学会の「衝撃作用を受ける構造物の性能設計型包括設計コード」および最新の「土木構造物共通示方書」に準拠して記述する。
(2) 本マニュアル(案)では，衝突作用を受けるRC版を設計する際の目的，要求性能および性能規定に関しての一般事項を示す。

5.2　目的・要求性能・性能規定

5.2.1　衝突作用を受けるRC版部材の設置目的

落石覆工の頂版などのRC版部材は各種の施設を構成する構造要素の一つであり，設置面積が大きいことから，衝突体が衝突する際に施設や施設内の人命および財産を護ることを目的に設置される。

5.2.2　衝突作用を受けるRC版部材の設計供用期間

衝突作用を受けるRC版部材が所定の機能を十分果たすことを想定する期間を設計供用期間とする。ここでは，衝突作用を受けるRC版部材が公共構造物であることが多く，交換も容易ではないことから，表5.1に示すクラス3（想定設計供用期間50年）とする。

【解説】

表5.1は「衝撃作用を受ける構造物の性能設計型包括設計コード」で示された設計供用期間の概念分類である。落石覆工頂版などは重要な構造物に位置付けられるが，一般的には緩衝材が設置されるなどの配慮がなされ，本マニュアル(案)で想定する直接衝突は生じないようになっている。本マニュアル(案)では直接衝突が生じるRC版部材の設計耐用年数，という観点からクラス3に分類することとした。

表5.1　設計供用期間の概念分類

クラス	想定設計供用期間(年)	例
1	1～5	仮設構造物
2	25	交換構造要素，たとえば構台梁やベアリング
3	50	建物と他の公共構造物，下記以外の構造物
4	100またはそれ以上	記念的建物，特別なまたは重要な構造物，大規模橋梁

5.2.3　衝突作用を受けるRC版部材の性能グレード

衝突作用を受けるRC版部材の設計において，被防護施設の社会的影響を考慮した性能グレードを設定する。

【解説】

RC 版部材の被防護施設の重要度・社会的影響度を考慮して RC 版部材の性能グレードを設定する。ここでは，表 5.1 に示した設計供用期間の概念分類を参考に，RC 版部材の性能グレードを C，B，A，S の 4 つに区分する。

・性能グレード C：規制などにより通常の使用は可能（使用性）で，災害や劣化が生じても人的損失は防ぐこと（安全性）が要求される RC 版部材

・性能グレード B：発生する確率の高い衝突作用に対して，機能が失われたときに社会や経済に及ぼす影響（経済性）はあるが，損傷が生じたとしても人的な損失を防ぎ（安全性），復旧が可能（復旧性，使用性）なことが要求される RC 版部材

・性能グレード A：発生する確率は低いが，規模の大きな衝突作用が発生した場合に機能が失われると，社会や経済に及ぼす影響が比較的大きい（経済性）ので，軽微な損傷が生じたとしても安全性が確保できるように速やかな復旧が可能（復旧性，使用性）であることが要求される RC 版部材

・性能グレード S：発生する確率が非常に小さい大規模な衝突作用が発生した場合には，社会や経済に及ぼす影響が大きい（経済性）ので，災害発生中や直後も支障なく継続的に使用可能である（安全性，使用性）ことが要求される RC 版部材

ここでは 4 区分を示したが，RC 版部材の性能グレードの区分は衝突作用の作用レベルと限界状態の組合せおよび被防護施設の社会的影響度に応じて適切に選択出来る区分であればよい。

5.2.4　衝突作用

(1)　一般

落石などによる衝突作用を受ける RC 版部材の設計には，各限界状態に応じて想定される作用を適切な組合せのもとに考慮しなければならない。

【解説】

作用は荷重作用と環境作用に分けられる。本マニュアル(案)では，主に荷重作用に関して，それぞれの限界状態に対して，これらを適切に組み合わせて RC 版の動的応答を算定することとした。

荷重作用には，作用頻度・持続性および変動の状況によって，一般的に永続作用・変動作用・偶発作用に分類される。永続作用は，RC 版部材の設計供用期間を通じて，その変動が無視できるほどに小さい荷重作用である。

変動作用は，RC 版部材の設計供用期間内の変動が連続あるいは頻繁に起こり，常時作用値に比べて変動が無視できない程度に大きな作用である。偶発作用は，設計供用期間中に作用する頻度が推定できない程度に極めてまれであるが，一旦作用するとその影響が甚大な作用で，社会的にそのリスクが無視できない作用である。

本マニュアル(案)で想定する衝突作用は，上記の変動作用または偶発作用に含まれるものであり，個々の RC 版の設置目的・供用期間や限界状態に応じて設計衝突作用を設定する必要がある。落石を対象とした場合，RC 版部材の設置目的に従って，落石による衝突作用を主たる変動作用として取り扱う場合が一般的であるので，本マニュアル(案)でも**変動作用**として扱うこととする。

環境作用についてその特性値を定める場合には，RC 版の種類，環境条件，維持管理に関する条件などを考慮して定める必要があるが，ここでは，環境条件や維持管理に関する条件が，個々の RC 版部材で大きく異なることが想定されるため，設計上は特に考慮しないこととする。ただし，環境条件や維持管理に関する条件が極めて悪い場合には，これらを個々に考慮するものとする。

本来，RC 版部材に関しては種々の作用を考慮すべきであるが，本マニュアル（案）では，落石作用と類似の衝突作用を対象として記述する。

(2)　衝突作用の作用レベル

(1) RC 版部材の設計に用いる衝突作用の作用レベルは以下の 3 つのレベルとする。
　作用レベル 1：供用期間中の数年に 1 回程度は発生すると想定される衝突作用
　作用レベル 2：供用期間中に発生する可能性が高い衝突作用
　作用レベル 3：供用期間中に発生する確率は極めて低いが，規模の大きな衝突作用
(2) 衝突作用の位置・方向は想定される範囲内で RC 版部材に対して最も不利になるように作用させる。

【解説】

RC 版部材に作用する衝突作用の作用レベルは，発生確率（発生頻度）により原則として以下の 3 つのレベルに分類できるものとした。なお，作用レベルは過去のデータを参考に決定するものとするが，十分なデータがない場合には，合理的なシナリオにより決定するものとする。

・作用レベル 1：荷重作用が小さくとも，これらが繰返し作用するとコンクリートにひび割れが発生し，残留変位が生じる場合もある。ひび割れ注入などの補修が頻繁に必要になると，経済面，安全面上も問題であるので，作用レベル 1 として規定した。ただし，実績として衝突作用が頻繁でない場合は設定する必要はない。
・作用レベル 2：RC 版部材の設計供用期間中（本マニュアル（案）では 50 年）に 1 回程度発生する確率を有する衝突作用。
・作用レベル 3：RC 版部材の設計供用期間中における発生確率は極めて低いものの非常に大きな衝突作用。

衝突作用の作用位置や方向は，RC 版部材の応答に大きな影響を与える。本マニュアル（案）では，全体破壊を対象とし，版部材中央に衝突作用が生じる場合に最も作用曲げモーメントが大きくなること，支持条件に関わらず版部材中央に衝突作用が生じた場合には押抜きせん断型の破壊性状を示しやすいことから，衝突作用は全ての支持条件に対して版中央とする。また，衝突作用の角度は作用位置が版中央の場合，版部材に対して鉛直が最も厳しいことから，作用方向は版部材に対して鉛直方向とする。

5.2.5 限界状態

衝突作用を受けるRC版部材の限界状態は，版裏面のひび割れ性状を基に以下のように設定する。

・機能維持：ひび割れは，幅0.2mm以下の曲げひび割れが中心であり，環境作用（ひび割れ周辺への水分の供給）を抑制することで，継続的にRC版の機能（エネルギー吸収能力，最大応答変位や残留変位の抑制能力）が維持できる状態。

・限定機能維持：曲げひび割れ幅が部分的に0.2mmを超え，放射状ひび割れや不完全な円形状のひび割れあるいは完全な円形状ひび割れが生じているものの，円形状ひび割れ内部のコンクリートは脱落していない状態。そのまま放置すると環境作用との複合や後続の衝突作用によってRC版裏面に完全なる円形状ひび割れが形成され，円形状ひび割れ内部のコンクリートが塊となって落下し，第3者災害を引き起こす可能性がある。そのため，適用可能な技術と妥当な経費，期間のもとで補修，補強を行う必要がある。また，適切な補修，補強を行えばRC版の設置目的を達成する機能を維持できる状態。

・構造体維持：曲げひび割れや放射状ひび割れに加えて完全な円形状ひび割れが発生している状態。曲げひび割れや放射状ひび割れの幅は多くの箇所で0.2mmを超え，円形状ひび割れ内部のコンクリートが一部で脱落している状態。この状態ではまだ完全な押抜きせん断破壊には至っていないものの，すでに版内部には押抜きせん断面が形成されていると予想される状態。

　この状態で放置すると，後続の衝突作用によって完全な押抜きせん断破壊に至る。すなわち，被防護施設の安全はかろうじて確保されているものの，後続の衝突作用に対する残存耐力は期待できない状態。

【解説】

本マニュアル(案)では，下記観点に基づいてRC版裏面のひび割れ性状に着目してRC版の各種限界状態を設定することとした。

衝突作用によってRC版には変位が残留するが，曲げ変形が卓越する曲げ破壊型の単純支持梁とは異なり，せん断変形が主体となるため残留変位量は一般的に小さく，残留変位量を用いた限界状態の設定は困難である。一方，最大応答変位量は残留変位に比べて大きいため，実験レベルでは最大応答変位と限界状態を関連付けることが可能と思われる。ただし，実構造物では変位計を常設し，常時計測することは難しいため，最大応答変位量と限界状態の関係を実構造物で明らかにすることは困難と考えられる。

一方で，ひび割れ幅による規定も考えられるが，版部材のひび割れは曲げ破壊型のRC梁部材のひび割れが曲げひび割れを主体とするのに対して，曲げひび割れ（放射状ひび割れ）や円形状ひび割れ（押抜きせん断を要因とする）および対角線状のひび割れ（ねじりモーメントを要因とする）など幾つかの発生要因が異なるひび割れが生起することが知られている。これらひび割れの生起は版部材の損傷程度と密接に関連すること，および要因の異なるひび割れの幅を画一的に損傷程度の評価因子とすることは矛盾する可能性があることなどから，本マニュアル(案)では，実構造物における維持管理の観点も踏まえて，版裏面のひび割れ性状で限界状態を設定することとした。

機能維持における補修の例として，ひび割れ部周辺に樹脂を塗布するなどして，ひび割れ部周辺への水分・湿気の供給を抑制する方法や部材端面からの水分の浸入を抑制するための止水対策などが考えられる。

限定機能維持における補修方法として，ひび割れ幅が 0.2mm を超える箇所では樹脂注入が必要である。これにより，RC 版内部の鉄筋の環境作用による劣化を抑制することができる。ただし，樹脂注入のみでは，後続する衝突作用によって RC 版裏面に完全な円形状ひび割れが形成され，円形状ひび割れ内部のコンクリート片が落下する危険性がある。そのため，鋼板や連続繊維シートなどで RC 版裏面を補強する必要がある。一方，RC 版表面には局所的に陥没が生じている場合があるので，後続の衝突作用に備えて陥没した部分の断面修復を行うことが望ましい。

構造体維持の状態では，版内部に押抜きせん断面が既に形成されていると予想されることから，RC 版裏面を補強することでは版の機能を維持，回復することは困難である。従って，後続する衝突作用が想定される状況下で，被防護施設の安全を確保するためには，直接衝突を回避することを狙いとして版表面に緩衝材を設置することや，RC 版部材を交換することなどが必要と考えられる。

5.2.6　要求性能

(1) RC 版部材の要求性能は，使用性，復旧性，安全性，耐久性，環境・景観に対する適合性，施工性，維持管理の容易さ，経済性などを考慮して定めるものとする。
(2) 衝突作用に関する要求性能は，設計供用期間内における被防護構造物の目的や重要性を顧慮し，性能グレードと使用性，復旧性，安全性，耐久性などの要求性能の水準を組合せて規定することとする。
(3) 連続する複数の衝突作用を考慮する必要がある場合は，その要求性能を示す必要がある。

【解説】

RC 版部材の要求性能を土木構造物共通示方書にならって，RC 版部材の被防護施設の目的や重要性を考慮し，性能グレード（5.2.3 参照）と安全性，使用性，復旧性などの要求性能の水準との組み合わせで示すこととして表 5.2 に示す。

地震時などでは複数の衝突作用が短期間に連続して作用する場合がある。これを考慮する場合，連続する衝突作用の作用位置や方向性を示し，それに対応した要求性能を示す必要があるが，RC 版部材の同じ位置に同じ方向から衝突作用が短期間に連続する確立は極めて低いことから，本マニュアル（案）ではこれを考慮しなくてよいこととした。

表 5.2　RC 版部材の性能グレードと要求性能の水準

性能グレード	RC 版部材の要求性能の水準
S	発生する確率が非常に小さい大規模な衝突作用が発生した場合には，社会や経済に及ぼす影響が大きい（経済性）ので，災害発生中や直後も支障なく継続的に使用可能である（安全性，使用性）ことが要求される
A	発生する確率は低いが，規模の大きな衝突作用が発生した場合に機能が失われると，社会や経済に及ぼす影響が比較的大きい（経済性）ので，軽微な損傷が生じたとしても安全性が確保できるように速やかな復旧が可能（復旧性，使用性）であることが要求される
B	発生する確率の高い衝突作用に対して，機能が失われたときに社会や経済に及ぼす影響（経済性）はあるが，損傷が生じたとしても人的な損失を防ぎ（安全性），復旧が可能な（復旧性，使用性）ことが要求される
C	規制などにより通常の使用は可能（使用性）で，災害や劣化が生じても人的損失は防ぐこと（安全性）が要求される

5.2.7　性能規定

RC 版部材の性能は，被防護施設の重要度などを考慮した性能グレードと考慮すべき作用に応じた限界状態を定めることで規定するものとする。

【解説】

RC 版部材の被防護施設の重要度や社会的な影響などに係る性能グレードと，考慮すべき作用に応じた限界状態（損傷状態）の組み合わせで RC 版部材の性能を規定する必要がある。

(1)　RC 版部材の性能規定

1) RC 版部材の衝突作用に関する要求性能に影響を与える因子として，部材の損傷に着目する。これは，RC 版部材の各種限界状態を RC 版裏面のひび割れ性状で規定したことにも関連する。なお，RC 版部材を支える支承（支持治具）や，支承が設置される下部構造および基礎構造の安定性も重要ではあるが，本マニュアル（案）の規定が実験結果を基になされていること，全ての実験において支承や下部構造，基礎構造には損傷が生じておらず安定したものであることから，本マニュアル（案）では RC 版部材の損傷のみに着目することとした。

2) RC 版部材の損傷レベル（性能グレード）と限界状態を組み合わせることで性能を規定することとなる。

以下に損傷レベルを 4 区分とした場合の例を示す。

・損傷レベル 1：無損傷でひび割れがなく，補修の必要がない状態。RC 版部材の動的応答が弾性的な状態。（性能グレード C，機能維持）

・損傷レベル 2：軽微なひび割れ（幅 0.2mm 以下の曲げひび割れ（放射状ひび割れ））のみが発生し，環境作用を考慮した補修を場合によっては実施する状態。RC 版部材の動的応答が，ほぼ弾性的な状態。（性能グレード B，機能維持）

・損傷レベル 3：幅 0.2mm 以上の曲げひび割れ（放射状ひび割れ）と対角線状のひび割れおよび不完全または完全な円形状のひび割れが発生しているものの，円形状ひび割れ内部のコンクリートはまだ脱落していない状態。後続する衝突作用によって RC 版裏面のコンクリート片が大きく剥落するなど第 3 者災害のリスクがある程度の確立で考えられる状態。RC 版部材の動的応答は弾・塑性的である。そのため，RC 版部材の耐荷力やエネルギー吸収性能を維持・向上させるためには，ひび割れへの樹脂注入と RC 版裏面を高強度・高弾性の連続繊維シートや鋼板などで補強する必要がある。（性能グレード A，限定機能維持）

・損傷レベル 4：幅 0.2mm 以上の曲げひび割れ（放射状ひび割れ）や対角線状のひび割れに加えて，完全な円形状のひび割れが生じ，円形状ひび割れ内部のコンクリートが一部で脱落している状態。既に RC 版内部には押抜きせん断面が形成されているため，版裏面の補強では耐荷力を確保，向上することが困難であり，直接衝突を回避するなどの方策や RC 版部材の取り替えが必要な状態。（性能グレード S，構造体維持）

【解説】

1) RC 版部材の損傷レベル（性能グレード）と限界状態の組み合わせによって RC 版部材の性能を規定する。なお，限界状態は版裏面のひび割れ性状（損傷レベル）を基に規定している。損傷レベル 4 は版内部に押抜きせん断面が形成された状態であり，もはや版裏面からの補修，補強では RC 版部材の機能を維持することができない状態である。

2) 表 5.3 に性能グレードと衝突作用および限界状態を組み合わせた性能規定の例を示す。

表 5.3　性能規定の例（性能グレードと衝突作用および限界状態の関係）

性能グレード	永続作用	変動作用	偶発作用
S	機能維持	機能維持	機能維持
A	機能維持	機能維持	限定機能維持
B	機能維持	限定機能維持	構造体維持
C	限定機能維持	構造体維持	構造体維持

本マニュアル(案)では，RC 版部材の支承や下部工，基礎工の安定性に関しては規定しないが，実構造物を対象とする場合には，上記に関する部材の性能グレードと衝突作用および各限界状態の関係を明確に規定する必要がある。なお，RC 版部材は下部工や基礎工に比べて補修，補強が容易であることから，RC 版裏面の補修・補強で版の機能が維持できる状態を限定機能維持とした。一方，構造体維持では RC 版部材裏面のみの補修，補強では版の機能を維持，回復することは困難と考えられることから RC 版部材の取り替えが必要な状態とした。なお，本マニュアル（案）では，衝突作用を変動作用として扱うことから，表 5.3 の該当部分を太字にて示した。

各限界状態の定義を 5.2.5 で示したが，これを部材の損傷レベルとの関係で示すと以下のようになる。

機能維持：RC 版にはひび割れがなく弾性的な応答を示し，補修の必要が全くない状態および軽微なひび割れ（幅 0.2mm 以下の曲げひび割れ）のみが発生し，環境作用を考慮した補修を場合によっては実施する状態。

限定機能維持：部分的に幅 0.2mm 以上の曲げひび割れ（放射状ひび割れ）や対角線状のひび割れおよび不完全または完全な円形状のひび割れが発生し，第 3 者災害のリスクがある程度の確率で考えられる状態。RC 版部材の動的応答は弾・塑性的である。なお，後続する衝突作用が比較的大きいと想定される場合は，RC 版部材の耐荷力やエネルギー吸収性能を維持・向上する必要があり，RC 版裏面を連続繊維シート接着工法や鋼板接着工法など適切な方法で補強する必要がある。また，RC 版表面には衝突点で陥没が生じる場合があるので，陥没部分は断面修復を行うことが望ましい。

構造体維持：幅 0.2mm 以上の曲げひび割れ（放射状ひび割れ）や対角線状のひび割れに加えて完全な円形状ひび割れが形成され，円形状ひび割れ内部のコンクリートが一部で脱落している状態。RC 版部材内部には既に押抜きせん断面が形成されていると考えられる状態。

そのため，RC 版裏面のみの補強では耐荷力を確保，向上することが極めて困難である状態。耐荷力の確保，向上および第 3 者災害を防止するためには，緩衝材を設置して直接衝突を回避することや補修，補強工法を併用する必要がある。

また，衝突点には大きな陥没が生じているので，無機系材料などで断面修復を行う必要がある。場合によっては RC 版部材の取り替えの方が経済性に優れる場合もある。

3) RC 版部材の損傷レベルと損傷状況および補修工法の例を表 5.4 に示す。

表5.4　各損傷レベルの損傷状況と補修，補強工法

損傷レベル	損傷状況	補修工法あるいは取替え
レベル1	版裏面にひび割れなし（無損傷）	無補修
レベル2	版裏面に軽微な曲げひび割れ（場合によっては補修が必要な損傷）	無補修または耐久性向上への配慮
レベル3	版裏面に0.2mm幅以上の曲げひび割れと対角線状ひび割れおよび円形状ひび割れが形成（コンクリートの脱落はなし。補修，補強が必要な損傷）	ひび割れ注入と連続繊維シート接着工法他での補強を併用し，RC版表面の陥没部分は断面修復を行う
レベル4	完全な円形状ひび割れが形成され，一部のコンクリートが脱落。多くの箇所でひび割れ幅が0.2mmを超過（版裏面の補強のみでは機能維持が困難であり，場合によっては取替えが必要な損傷）	緩衝材の設置で直接衝突を回避するなどの方策と補修・補強工法とを併用する必要があり，場合によっては取替えの方が経済的

RC版表面の損傷としては衝突点の陥没が考えられる。貫入深さが深い場合には，鉄筋の一部が露出する場合があり，腐食劣化が懸念されるため適切に断面修復を行う必要がある。また，後続の衝突作用を受ける場合には，抵抗断面が減少することになるので，RC版と同程度以上の圧縮強度，ヤング係数を有する材料で貫入部分を断面修復する必要がある。

RC版裏面の損傷は主としてひび割れであり，幅0.2mm以下の場合は，樹脂注入が困難である。このような場合は，樹脂をひび割れ箇所に塗布する方法が考えられる。一方，ひび割れ幅が0.2mm以上の場合は樹脂注入を行い，環境影響による鉄筋やコンクリートの劣化を抑制する必要がある。なお，ひび割れ幅が拡大して多方向に発生している場合は，後続の衝突作用によって円形状ひび割れが形成され，円形状ひび割れ内部のコンクリートが塊となって脱落する可能性が高くなる。耐荷力の維持，向上および第3者災害防止のためには，連続繊維シート材料や鋼板などでRC版裏面を補強する必要がある。

5.3　照査方法

5.3.1　RC 版部材の実験結果を基にした性能照査

「防災・安全対策技術者のための衝撃作用を受ける土木構造物の性能設計－基準体系の指針－」によれば，RC 版部材の性能照査を実験的に行う場合，RC 版部材に課される要求性能に対応する性能規定を限界状態を基に行い，性能を正確に評価できる応答値が得られるような実物大実験，あるいは十分な信頼性を持って実構造物への適用が可能な模型実験によって照査することが望ましい，とされている。

本マニュアル（案）では，重錘の衝突速度，重錘の直径，支持条件，版厚，鉄筋比，コンクリート強度などを変化させた多くの実験結果 [1)～6)] を基に性能照査法を構築することとした。上記の変動因子は RC 版の耐衝撃挙動に大きな影響を及ぼす因子であり，これらの因子を変動させた試験体の総数は全 77 体である。このように，多くの変動因子や試験体数の基で得られた RC 版の衝撃実験結果を基に性能照査法を構築することで，本性能設計法の信頼性を担保することとした。

なお，全 77 体の RC 版を用いた衝撃実験は全て単一衝撃載荷実験（重錘を 1 回のみ RC 版に衝撃載荷させる実験）であり，衝撃載荷実験前には試験体に一切の損傷はない。

【解説】

性能規定の照査に用いる手法には，実験的手法や数値解析法に基づく手法などがある。本マニュアル(案)では，実験的手法を標準的な方法と考え，過去に実施された多くの変動因子，試験体数の基で実験した結果を基に限界状態に応じた性能を照査することとした。実験では，モデル化にともなう不確定性も考慮して，照査基準である性能規定の作用値もしくは限界状態値を適切に補正する必要があるが，本マニュアル（案）では，多くの実験結果を基にして照査法を規定することで，その規定が要求性能照査結果を担保する合理的なものであると位置づけている。また，必要に応じて実験的手法を補完するために数値解析的手法を併用することが望ましい。なお，照査の際には要求性能や性能規定を具体的に提示する必要がある。

本マニュアル（案）では RC 版裏面のひび割れ性状で限界状態を規定せざるを得ないため，RC 版部材の最大支点反力や最大応答変位などの工学的指標（定量的指標）と RC 版部材裏面のひび割れ性状（定性的指標）との対応関係を明らかにすることとした。これにより，データが集積できれば，上記応答量を照査指標の参考値として限界状態を設定し，性能を規定することも可能になるものと考えられる。

また，本マニュアル（案）では性能グレード A の RC 版部材に作用レベル 2 の衝突作用が生じた場合に，限定機能維持にとどめることを規定して RC 版の性能を照査することとする。

(1) 版裏面のひび割れ性状

図 5.1 に支持条件が異なる 3 種類の RC 版のひび割れ性状を示す。いずれの試験体においても不完全あるいは完全な円形状ひび割れが発生しているものの，円形状ひび割れ内部のコンクリート片は脱落していない。ただし，後続の衝突作用が比較的大きいと想定される場合には，円形状ひび割れ内部からコンクリート片が脱落するなど，第 3 者災害のリスクがある程度の確率で考えられる。すなわち，損傷レベル 3 であり，RC 版部材は限定機能維持の状態にあるといえる。

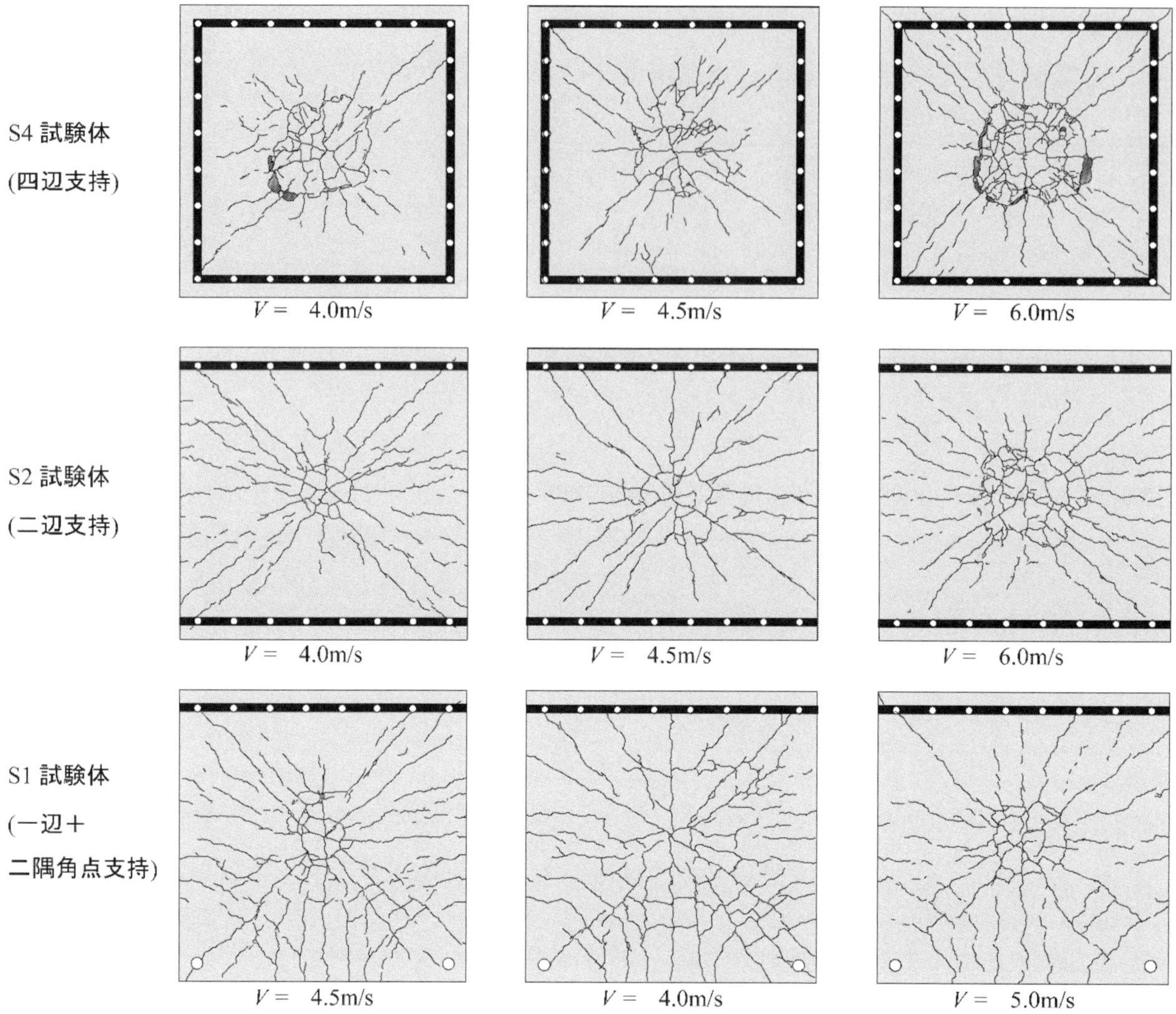

S4 試験体
(四辺支持)

V =　4.0m/s　　V =　4.5m/s　　V =　6.0m/s

S2 試験体
(二辺支持)

V =　4.0m/s　　V =　4.5m/s　　V =　6.0m/s

S1 試験体
(一辺＋
二隅角点支持)

V =　4.5m/s　　V =　4.0m/s　　V =　5.0m/s

(a) H150 試験体　　(b) H180 試験体　　(c) H210 試験体

図 5. 1 限定機能維持の状態における RC 版裏面のひび割れ性状

(2)　衝突速度と重錘衝撃力，支点反力，載荷点変位の関係

RC 版の性能を定量的に規定することを目的として衝突速度と重錘衝撃力，支点反力および載荷点変位との関係を図 5. 2～5. 4 に示した。

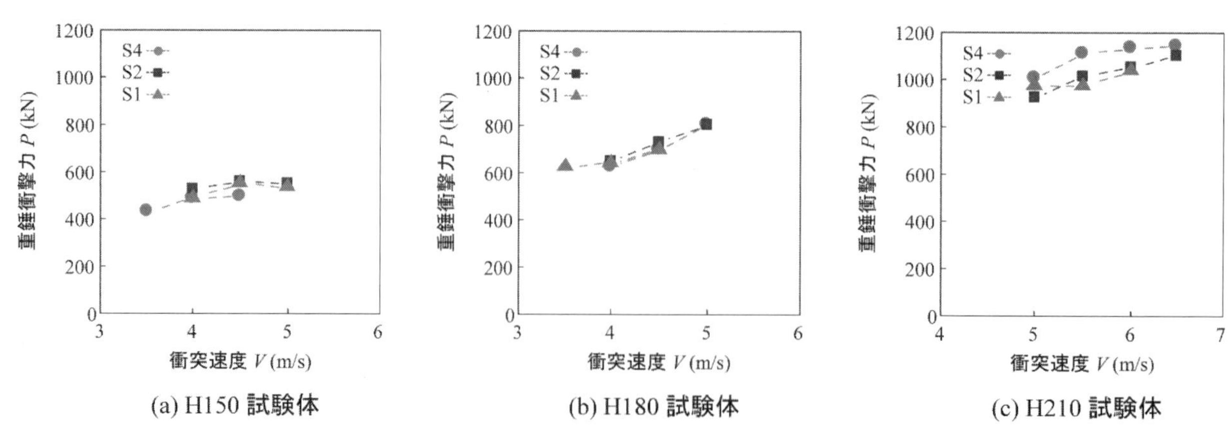

図 5. 2　衝突速度と重錘衝撃力の関係

図 5.2 より，重錘衝撃力と衝突速度の関係は版厚にかかわらず支持条件の影響をほとんど受けないことがわかる。また，重錘衝撃力はすべての試験体で衝突速度の増加にともない増大し，支持条件にかかわらず版厚が厚いほど大きくなる傾向を示している。すなわち，重錘衝撃力は衝突作用による応答値ではあるものの，版裏面における損傷状態の変化に対応する敏感な工学的指標ではないことがわかる。

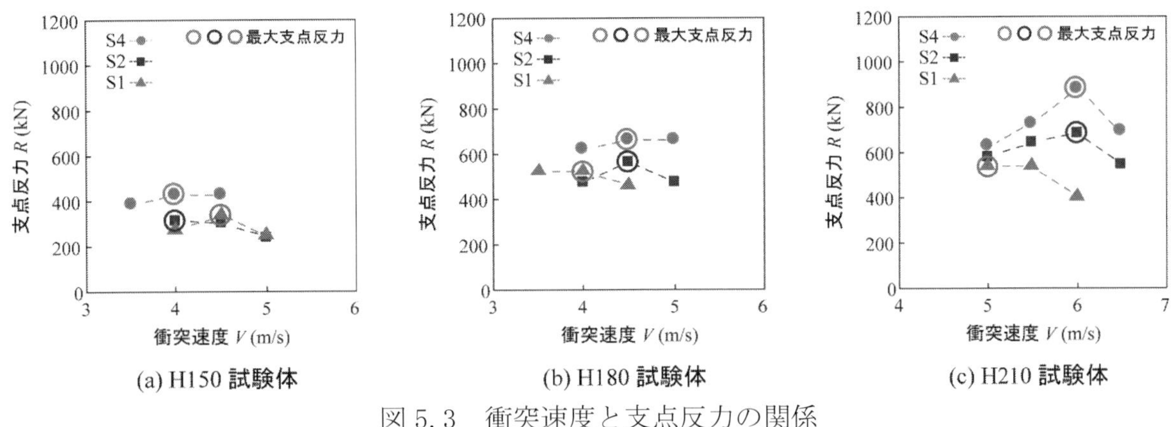

図 5.3　衝突速度と支点反力の関係

図 5.3 から，支点反力は全般的に支持辺数が多く拘束度の高い試験体ほど大きくなる傾向にあることがわかる。また，版厚にかかわらず支点反力は衝突速度の増加にともない増大する傾向にあるものの，ある衝突速度で最大値（図中，○印を付記）を示した後は減少する傾向にある。これは，支点反力の最大値（最大支点反力）が RC 版の動的な耐力（動的押抜きせん断耐力）を示す指標として妥当であることを示している。なお，RC 版の動的押抜きせん断耐力は，支持辺数および版厚の影響を受けていることから，支持辺数に依存する拘束度と版厚に依存する曲げ剛性とが互いに影響しあって出現する応答値であることが考えられる。以上から，最大支点反力は限定機能維持の状態と対応し，動的押抜きせん断耐力を示す工学的指標として極めて重要な指標であることがわかる。

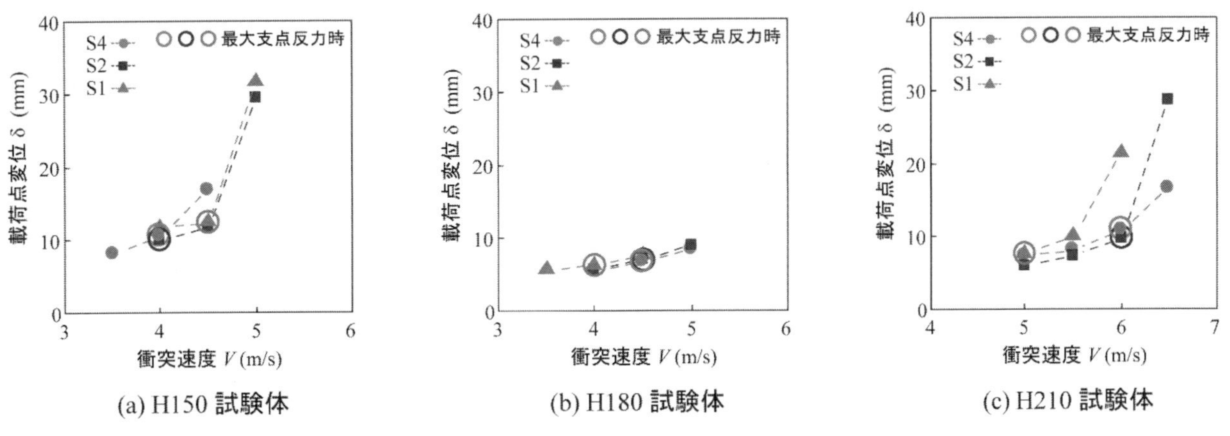

図 5.4　衝突速度と載荷点変位の関係

図 5.4 から，載荷点変位は図中○印で示した衝突速度を超え，RC 版が押抜きせん断破壊に至ると一気に増大する傾向を示すことがわかる。また，それ以前の衝突速度では速度の増加に対応してほぼ線形に増大し，変位が急増する直前までの載荷点変位と衝突速度の関係に及ぼす版厚や支

持条件の影響は軽微であることがわかる。なお，各試験体の最大支点反力時の載荷点変位は，7 mm～10 mm程度であり，支持間隔 1,750mm の 0.4～0.6%であることがわかる。すなわち，RC 版を限定機能維持の状態に留めるためには，RC 版の載荷点変位を支持間隔の 0.4～0.6%以下に留める必要があると考えられる。

5.3.2　安全性の評価

RC 版に低速度の衝突作用が生じた場合，支持条件にかかわらず押抜きせん断型の破壊性状を示す。この破壊形式は局所的に静的な荷重が載荷された場合と同様であることから，安全性の照査は衝突作用が押抜きせん断耐力を下回ることを確認することで行う。すなわち，衝突作用を受ける RC 版部材における作用荷重は作用衝撃力であり，作用衝撃力が動的押抜きせん断耐力（最大支点反力）を下回ることを確認する。なお，本マニュアル(案)での作用衝撃力は実験での実測重錘衝撃力である。

(1)　作用衝撃力

本マニュアル(案)では，作用衝撃力（実測重錘衝撃力）をヘルツの理論式を用いて算定することとする。以下にヘルツの式を示す。

$$n = \frac{4}{3\pi} \cdot \frac{1}{k_1 + k_2} \left[\frac{R_1 \cdot R_2}{R_1 + R_2} \right]^{\frac{1}{2}} \tag{5.1}$$

$$P_{uc} = n^{\frac{2}{5}} \left[\frac{5}{4} v_0^2 \cdot \frac{m_1 \cdot m_2}{m_1 + m_2} \right]^{\frac{3}{5}} \tag{5.2}$$

$$k_1 = (1 - \nu_1^2)/(\pi E_1) \tag{5.3}$$

$$k_2 = (1 - \nu_2^2)/(\pi E_2) \tag{5.4}$$

ここに，ν_1：重錘のポアソン比，ν_2：RC 版のポアソン比，E_1:重錘の弾性係数，E_2：RC 版の弾性係数，R_1：重錘の曲率半径，R_2：RC 版の曲率半径，v_0：衝突速度，m_1：重錘の質量，m_2：RC 版の質量である。

ヘルツの理論式に直接諸定数を代入することで作用衝撃力を求めることができる。RC 版の弾性係数およびポアソン比は，本マニュアル(案)ではコンクリート強度 30MPa を基準とすることから 2.8×10^4 (N/mm^2) および 0.2 としている。なお，30MPa と異なる強度のコンクリートを用いる場合は，強度が力に及ぼす影響は強度の 1/2 乗に比例するものとして補正する必要がある。重錘の弾性係数およびポアソン比は，鋼製重錘を用いる場合は 2.0×10^5(N/mm^2)および 0.3 として良い。重錘の曲率半径は，重錘の直径と底部のテーパ高さにより求まり，重錘直径が 90mm，底部に 2 mm

のテーパが施されている場合は 0.507m となる。なお，RC 版の曲率半径は無限大として良い。また，RC 版の質量は四辺支持の場合は無限大，その他の支持条件の場合は実質量として良い。

図 5.5 にヘルツ式を用いて算定した計算衝撃力 P_{uc} と実測重錘衝撃力 P_{ud} の関係を示す。図には全 77 体の結果を用いた近似直線と 95%信頼区間を示す直線を示している。図より，95%信頼区間において多様な支持条件および版厚の大きな試験体を含むほぼすべての実験結果を内包できることがわかる。

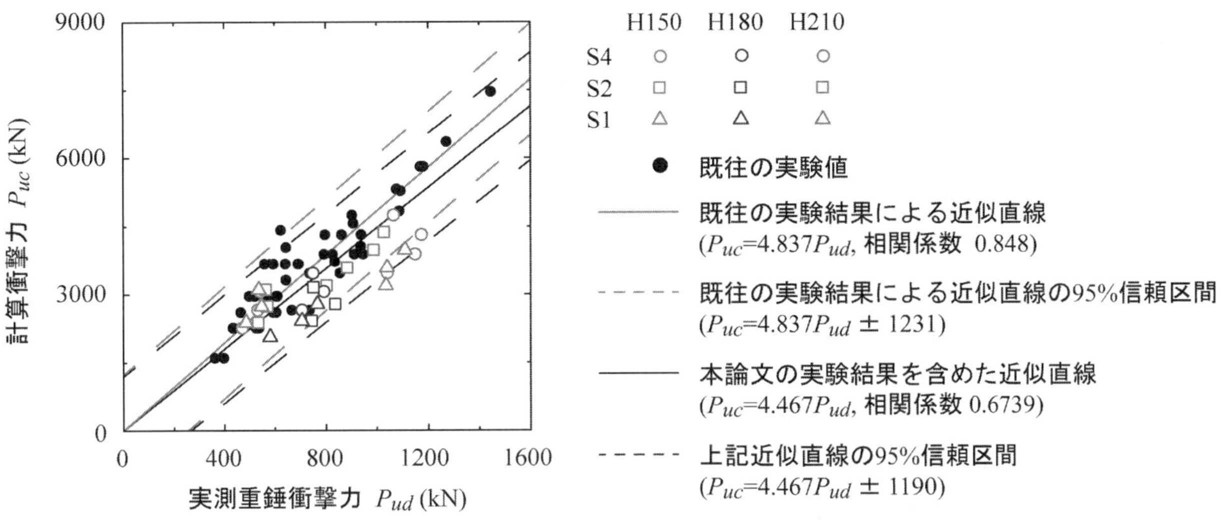

図 5.5　計算衝撃力と実測重錘衝撃力の関係

本マニュアル(案)では，近似式の 95%信頼下限を示す式(5.5)を計算衝撃力 P_{uc} と実測重錘衝撃力 P_{ud} の関係を示す式として採用する。

$$P_{uc}=4.467P_{ud}-1190 \tag{5.5}$$

一方，実測重錘衝撃力は式（5.5）を変換した式（5.6）から求められる。

$$P_{ud}=(P_{uc}+1190)/4.467 \tag{5.6}$$

実測重錘衝撃力は，衝突作用における特性値と考えられ，設計用値は特性値に作用係数を乗じることで定められる。すなわち，設計衝撃力 P_{ud} は式(5.7)により求められる。

$$\boldsymbol{P_{ud}}=((P_{uc}+1190)/4.467)\cdot\gamma_f \tag{5.7}$$

ここに，P_{ud}：設計衝撃力(kN)，P_{uc}：計算衝撃力(kN)，γ_f：作用係数（1.0）である。

土木学会のコンクリート標準示方書では，衝突作用などの偶発的な作用に対する作用係数を 1.0 としている。すなわち，設計作用を作用の特性値に作用係数 1.0 を乗じて求め，危険側になりすぎないようにすることとなっている。ここでは，式（5.6）が比較的広範囲な条件下で実施された実験結果をもとに定めたものであるものの試験体が縮小模型であることなどから，近似直線の 95%信頼下限式を変換した式(5.6)で求まる実測重錘衝撃力を衝突作用の特性値として扱い，作用係数 1.0 を乗じた値を設計衝撃力とすることとした。

(2) 動的押抜きせん断耐力

RC版の動的押抜きせん断耐力は動的応答倍率（動的押抜きせん断耐力すなわち最大支点反力を静的押抜きせん断耐力で除した値）が定まれば，静的押抜きせん断耐力を計算で求めることで評価可能となる。

図5.6に各試験体の実測動的応答倍率と計算動的応答倍率を支持条件と版厚ごとに示した。ここで，実測動的応答倍率は実測の最大支点反力を静的載荷試験から得られた実測の静的押抜きせん断耐力で除した値である。一方，計算動的応答倍率は実測の最大支点反力を計算で求めた静的押抜きせん断耐力で除した値である。

図5.6より，実測および計算動的応答倍率は完全には合致しないものの，両者は同等程度の値を示し，1.5～2.5程度に分布していることがわかる。実測および計算動的応答倍率は四辺支持のS4試験体で2.0以上を示すのに対して，その他の支持条件では1.5～2.0程度であり，S1試験体で全般的に小さい傾向にある。四辺支持の場合は実測および計算動的応答倍率を2.0と評価することで安全側であることがわかる。一方，四辺支持以外の場合における実測および計算動的応答倍率はほぼ1.5～2.0の範囲内にあることから，設計用の動的応答倍率を安全側に1.5と定めることとする。すなわち，RC版の動的押抜きせん断耐力は支持条件に応じて式（5.8）または（5.9）によって算定する。

<u>四辺支持RC版</u>の動的押抜きせん断耐力 V_{pcd}＝

計算静的押抜きせん断耐力 $V_{pcs}\times 2.0$　　(5.8)

<u>四辺支持RC版以外のRC版</u>の動的押抜きせん断耐力 V_{pcd}＝

計算静的押抜きせん断耐力 $V_{pcs}\times 1.5$　　(5.9)

なお，計算静的押抜きせん断耐力 V_{pcs} はコンクリート標準示方書式にて求めることを標準とする。また，計算静的押抜きせん断耐力算定時における部材係数 γ_b は1.3として算定する。

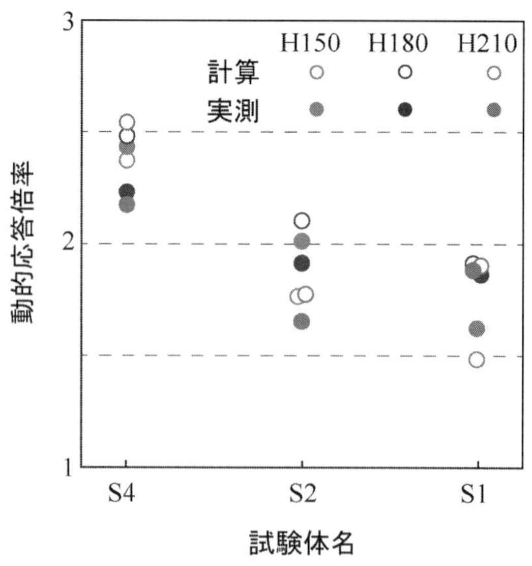

図5.6　支持条件と動的応答倍率の関係

(3) 安全性照査式

安全性はRC版の動的押抜きせん断耐力 V_{pcd} が設計衝撃力 P_{ud} 以上であることを確認することで行う。すなわち，下式（5.10）が満足されることが必要である。

$$設計衝撃力\ P_{ud} < 動的押抜きせん断耐力\ V_{pcd} \tag{5.10}$$

(4) 安全性照査式の適用範囲

上記の安全性照査式は下記のような実験範囲で実施された実験結果を基に提示されたものであり，これらの範囲を大幅に逸脱する場合は，その適用性を以降に示す解析などで検証し，妥当であることを確認した上で使用する必要がある。以下に実験の範囲と実験範囲を超える場合の取り扱い方法に関して記述する。

「実験の範囲および範囲外の取り扱い方法」

衝突速度：実験では重錘が非衝突体であるRC版に衝突する直前の速度は3～8m/s程度である。ただし，衝突速度が10m/s程度と多少大きい場合でもひずみ速度効果は大同小異であり，本マニュアル（案）が適用できる。ただし，10m/sを大きく超える場合には，解析により破壊性状が押抜きせん断型となることを確認した上で使用する必要がある。

RC版の支持条件：四辺支持，二辺支持および一辺＋二隅角点支持の3種類の実験結果であり，四辺支持とそれ以外として分類，照査することが可能である。例えば，三辺支持の場合は四辺支持以外として評価することで，安全側の照査が可能と考えられる。

重錘の材料特性：重錘は鋼製でありエネルギー吸収はほとんどない。例えば落石などが衝突する場合は，落石が破砕することでエネルギーが吸収されることから，本マニュアル（案）の規定は入力エネルギーの大きさの観点では安全側である。

重錘の質量：質量は300 kgで統一しているが，衝突速度と質量の関係から求まる入力エネルギーが，本マニュアル（案）の最大入力エネルギーレベル（9.6kJ程度：300 kg重錘が8m/sで衝突）を大幅に超過する場合でなければ，300 kgを超える質量でも本マニュアル（案）の適用は可能と考えられる。例えば，質量が500kgであっても，衝突速度が6.2m/sで入力エネルギーは9.6kJ程度となり，衝突速度は300 kg重錘使用時の8割程度と小さくなるが，それほど顕著な差異は生じない。すなわち，入力エネルギーレベルが大幅に異ならなければ，重錘の質量が異なっていても本マニュアル案が適用可能である。

重錘の直径：実験に使用した重錘の直径は60～150mmであり，著しく直径が小さい場合には局部破壊が顕著になり，本マニュアル（案）で想定している押抜きせん断型の破壊とならない場合がある。そのため，かぶり厚さ以下の直径（30～40mm以下）による重錘衝突が想定される場合は，本マニュアル（案）の適用には留意が必要である。なお，重錘の直径によって重錘衝撃力や最大支点反力（動的耐力）は大幅に変動する。このことは，静的押抜きせん断耐力の計算値が載荷板の直径に大きく依存することと密接に関連している。

衝突部の形状：重錘底部の形状は球面状であり，片当たりしないようになっている。底部が平坦な場合は，重錘が非衝突体に片当たりする可能性があり，実験データは一般的にばらつきが大きい。一方，先端が尖っている場合は貫入量が大きくなる傾向にあり，版厚が薄い場合は衝突点近傍や版裏面の損傷状況に大きな影響を及ぼす可能性がある。

一般的に，重錘底部の形状は局部破壊（局部損傷）に大きな影響を及ぼす可能性はあるが，本マニュアル（案）で想定する全体破壊（押抜きせん断破壊）に及ぼす影響は，ある程度以上の版厚を有し，重錘の直径がかぶり厚さ以上の場合は入力エネルギーの方が影響は支配的であり，特に問題にする必要はないものと考えられる。

衝突位置：本マニュアル（案）では衝突作用がすべての支持条件下で版中央に生じることを想定している。自由辺近傍や支持辺（支持点）近傍に衝突作用が想定される場合は，別途実験を行って安全性を確認する必要がある。

版厚：実験における版厚は支持間隔1,750mmに対して150～210mmである。版厚や支持間隔が異なる場合でも，版厚を支持間隔で除した値が0.08～0.12程度と同様の場合は，本マニュアル（案）の規定が適用可能と考えられる。なお，上記の比率を多少上回る場合や下回っても，その他の条件が本マニュアル（案）における適用範囲に合致し，衝突作用時および静載荷時に押抜きせん断破壊が想定される場合は，本規定の適用が可能と考えられる。

鉄筋比：鉄筋比の範囲は0.7～1.6％であり，一般的なRC版の鉄筋比の範囲をほぼ網羅していると考えられる。また，鉄筋比が多少変動しても，動的，静的押抜きせん断耐力に及ぼす影響は顕著でないことから，上記の範囲を多少逸脱しても適用性に大きな問題はないと考えられる。なお，鉄筋は下端のみに配筋しているが，上下端に配筋しても耐衝撃性状に及ぼす影響は顕著ではない。これは，コンクリート標準示方書において，下端筋の量と配筋位置のみが静的押抜きせん断耐力に影響を及ぼすとする考えと同様である。

かぶり：かぶりは版裏面におけるコンクリート片の剥落に大きな影響を及ぼす可能性があるため留意が必要である。実験では版厚や鉄筋比にかかわらず一律40mmとした。実験におけるかぶりの版厚に対する比率は0.19～0.27程度であり，実構造物の版厚が800mmの場合は152mm～216mmのかぶりに相当し，実験は比較的大きなかぶりで行っていることになる。

かぶりが大きいと，ひび割れたコンクリートが塊となって脱落しやすくなることから，コンクリート片の剥落という観点からは，安全側に実験されていることとなる。一方で，太径鉄筋を広い間隔で配筋した場合にも同様にかぶり部のコンクリートが脱落する可能性が高まる。以上のことに留意し，かぶりや配筋を適切に定める必要があるが，一般のコンクリート構造物における細目規定を満足していれば，衝突作用下でも大きな問題はないと考えられる。

コンクリート強度：実験で用いたコンクリート強度は20.2～50.9MPaであり，30MPaを基準として正規化された実験結果を基に本マニュアル（案）は規定されている。そのため，30MPaと大きく異なる場合には，強度補正後に本規定を修正して適用しなければならない。なお，コンクリート強度が20MPaを大幅に下回る場合は，コンクリート片の剥落に影響を及ぼす可能性があるため，別途，安全率を適切に設定して本マニュアル（案）を適用するのが良い。

5.3.3 RC版部材の解析による性能照査

本マニュアル（案）は実験結果に基づくものであり，設計対象とするRC版部材の寸法や衝突作用などが前述した適用範囲を大きく逸脱する場合は，以下の条件を満足する適切な解析方法によって性能を照査してもよいこととする。ただし，構造物の性能グレードはA以下とする。

(1) 適用範囲内における実験結果を解析によって検証し，解析結果と実験結果との整合性が高いことが確認された解析方法であること。

(2) 複数の代表的な試験体に対する解析結果が，いずれの試験体に対しても整合性が高いことが確認された解析方法であること。例えば，版厚や衝突速度および衝突体の直径などを変化させた場合でも，実験結果と高い整合性がある解析方法であること。

(3) 本マニュアル（案）では，限界状態をひび割れ性状に基づいて規定していることから，解析結果による版裏面のひび割れ性状と実験結果が精度よく対応し，妥当であるものと評価された解析方法であること。

(4) 上記の条件が満足された場合は，本マニュアル（案）の適用範囲外である設計対象の性能照査を解析によって行ってもよいこととする。ただし，性能グレードSの安全性照査は，解析手法の妥当性が検証され，あわせて実験によって性能が確認された場合のみとする。

【解説】

局所荷重を受けるRC版の性能照査を解析的に行うことは，静載荷状態でも困難を伴うことが知られており，衝突作用を受けるRC版の動的耐荷挙動を精度よく把握することは極めて難しいことが予想される。しかし，解析方法も進歩し，実験結果との対応を詳細に検討するなど知見も大幅に増大するなど，比較的精度の高い解析手法が徐々に提案されるに至っている。

解析で性能照査を行う場合も実験と同様に性能規定に対する限界状態を設定し，十分に信頼性のある応答が得られる解析方法を用いて性能を照査する必要がある。本マニュアル（案）では，実験結果との対応性を評価基準として，解析手法の妥当性や信頼性を担保することとした。

一般的に解析による照査は，限界状態ごとに照査指標を定め，これに対する限界値を定めて，応答値が限界値に到達しないことを照査することで行われる。本マニュアル（案）では，動的押抜きせん断耐力が設計衝撃力を上回ることで安全が担保できるものとしている。しかしながら，解析で動的押抜きせん断耐力（最大支点反力に相当）や設計衝撃力（実測の重錘衝撃力に相当）を精度よく求めることは現在でも難しい。また，本マニュアル（案）では，RC版裏面のひび割れ性状で限界状態を規定していることから，解析によるRC版裏面の性状が実験結果と対応するか否かを評価基準としてよいこととした。なお，RC版の載荷点変位は他の工学的指標に比べて実験結果と整合しやすいことから，載荷点変位を支持間隔で除した比率などを基に解析手法の妥当性を評価することも一つの方法と考えられる。

5.4　審査方法

本マニュアル（案）以外で RC 版の安全性を評価する場合は，実験または十分な信頼性が担保されている解析によるものとする。なお，実験結果は実験条件，使用する材料の特性，実験技術などによっても大きく変動する可能性があるので，多様な条件，材料の基で多くの実験実績を有している機関にて実施することとする。また，解析によって安全性を照査する場合は，5.3.3 で示した条件が満足されていることを確認する必要がある。また，構造物の性能グレードによっては，実験による検証をあわせて実施するものとする。

参考文献

1）岸徳光，三上浩，栗橋祐介：矩形 RC 版の衝撃耐荷挙動に及ぼす重錘直径の影響，構造工学論文集，Vol.54A，pp.1034-1043，2008.

2）岸徳光，三上浩，栗橋祐介：低速度衝撃を受ける四辺単純支持 RC 版の耐衝撃設計法に関する一提案，構造工学論文集，Vol.55A，pp.1327-1336，2009.

3）岸徳光，三上浩，栗橋祐介：支持条件の異なる RC 版の静的および衝撃荷重載荷実験，構造工学論文集，Vol.56A，pp.1160-1168，2010.

4）岸徳光，三上浩，栗橋祐介：四辺支持 RC 版の耐衝撃性に及ぼすコンクリート強度の影響と耐衝撃設計法，構造工学論文集，Vol.57A，pp.1239-1250，2011.

5）岸徳光，三上浩，栗橋祐介：支持条件と版厚が鉄筋コンクリート版の衝撃耐荷挙動に及ぼす影響，構造工学論文集，Vol.58A，pp.1000-1009，2012.

6）岸徳光，三上浩，栗橋祐介：支持条件と版厚を変化させた RC 版の重錘落下衝撃実験と耐衝撃設計法の提案，構造工学論文集，Vol.59A，pp.1025-1036，2013.